After Effects
视频制作超级教程

程明才 编著

人 民 邮 电 出 版 社

北 京

图书在版编目（CIP）数据

After Effects 视频制作超级教程 / 程明才编著
. -- 北京 : 人民邮电出版社, 2020.11（2024.7重印）
ISBN 978-7-115-54354-7

Ⅰ. ①A… Ⅱ. ①程… Ⅲ. ①图像处理软件－教材
Ⅳ. ①TP391.413

中国版本图书馆CIP数据核字(2020)第165401号

内容提要

After Effects 是一款擅长特效合成的视频软件，是当前视频特效制作的一个标配工具，使用者众多。本书梳理出软件常用的、实用的知识点，从基础入门开始，系统讲解软件技术，帮助初学者打好扎实的基础。

在内容结构上，全书分为 20 章，对应分类操作、章节综合实例和扩展动手练习 300 多个，覆盖了 After Effects 的各项知识点。

在学习方法上，本书利用实践验证理论的方式，使读者可通过大量的操作演示、完整实例、练习测试来学习制作技术，对相关知识点从了解、理解再到掌握和运用。

在学习保障上，本套教程以图书+素材资料+视频演示讲解的方式，保障学习的方便与高效。操作和实例均有对应的素材，并有近 300 个、约 9 小时的操作实例讲解视频，易学易懂。本书适用软件版本为 After Effects CC 2018-After Effects 2020。

◆ 编　　著　程明才
　责任编辑　罗　芬
　责任印制　马振武
◆ 人民邮电出版社出版发行　　北京市丰台区成寿寺路 11 号
　邮编　100164　　电子邮件　315@ptpress.com.cn
　网址　https://www.ptpress.com.cn
　涿州市般润文化传播有限公司印刷
◆ 开本：787×1092　1/16
　印张：26.25　　2020 年 11 月第 1 版
　字数：628 千字　　2024 年 7月河北第10 次印刷

定价：128.00 元

读者服务热线：(010) 81055410　印装质量热线：(010) 81055316
反盗版热线：(010) 81055315
广告经营许可证：京东市监广登字 20170147 号

前言

After Effects简称“AE”，由数字媒体软件设计公司Adobe公司开发，用来进行专业的视频合成与特效制作。

传统媒体从“文字时代”到“读图时代”，使专业图像软件Photoshop变得大众化；再到当前的“视频时代”，专业视频软件After Effects也成为众多领域中视频制作的标配工具。After Effects被称为“会动的Photoshop”，类似于Photoshop对静态画面的创意处理，对于动态的画面，After Effects可以进行“只有想不到没有做不到”的视频创作。

After Effects可以称得上是一个“特效大师”，其灵活的合成功能和丰富的动画特效制作功能，可以用来合成影视大片、制作宣传广告、展示教学动画、包装自媒体视频、处理创意视频等，应用领域也由早期的影视行业扩展到当前与视频相关的各行业。

After Effects的一大特色是有着海量的模板资源，这些模板通常制作精美、风格多样，针对各行各业都有相应的设计，用户总能找到适合的模板来参考或使用。使用一个绚丽、精美的After Effects模板，往往只需经过简单的操作就能完成视频制作，例如替换内容和修改文字。这样新手也可能制作出大师级的效果，这也是After Effects拥有众多爱好者的原因之一。

一、关于After Effects的版本

After Effects诞生于20世纪90年代，从After Effects 1.0版本到After Effects 7.0版本，Adobe公司为了配合创意套装Adobe CS（Creative Suite）系列软件服务形式，将其命名为After Effects CS；2013年，Adobe公司为了配合转型的创意云Adobe CC（Creative Cloud）系列软件服务形式，将其命名为After Effects CC；2019年10月，Adobe 2020 全新上线（结束了Adobe CC的命名），将其命名为After Effects 2020，即在After Effects之后直接加上年份。

本教程推荐使用After Effects 2020（17.0）版本来学习。

二、本套教程的结构和学习方法

After Effects是一个容易入门的软件，读者了解基本的流程后就可以进行一些简单的合成操作。如果对Photoshop或Premiere Pro有所了解，那么将更容易上手这款软件。不过由于After Effects的知识点众多，读者要想熟练地使用，还是需要对After Effects的基础功能进行系统、全面的掌握。

01	初识After Effects ——做好学习的准备	11	摄像机 ——空间中的镜头模拟
02	素材的使用与管理 ——海量素材取之有方	12	灯光 ——空间中的光影效果
03	基本合成操作 ——进入合成的世界	13	立体文字和图形 ——实现三维效果
04	关键帧基础 ——动画控制是细活	14	跟踪和内容识别填充 ——运动视频的完美合成
05	关键帧插值 ——让动画流畅自然	15	调色 ——视觉效果的重要指标
06	图层操作 ——对每一层了如指掌	16	抠像 ——合成大片的秘诀
07	效果 ——精彩无限	17	人偶工具 ——角色动画的制作利器
08	遮罩、蒙版和形状 ——设计的好帮手	18	表达式 ——从看得懂到用起来
09	文字和动态图形模板 ——形式多变的创意表达	19	备份、输出与扩展 ——保障制作成果
10	基本三维合成 ——在立体空间中合成	20	After Effects模板 ——使用有要点

其中，对初学者有一定难度的内容，例如关键帧插值、三维场景、调色、表达式等，都从简单入手的角度来设计操作实例，即使是初学者也能动手实现。

为了方便读者在学习过程中顺利地进行制作，除了最后涉及插件和脚本知识点的几个实例之外，全书的操作、实例和练习都避免了外部插件的参与。在非必须使用软件外部插件的情况下，先掌握软件自身功能，再去了解和使用外部插件，学习起来会更加高效。

三、随书学习资料与下载方法说明

本书配备的学习资料包括书中实例的操作讲解视频，操作实例对应的素材和源文件，PPT教学课件，精选快捷键速查表，以及书中实例制作步骤图文详解PDF文档。扫描下方二维码，关注微信公众号“职场研究社”，并回复“54354”，即可获得资源下载链接。

职场研究社

目录

第1章

初识 After Effects——做好学习的准备 016

第2章

素材的使用与管理——海量素材取之有方 034

第3章

基本合成操作——进入合成的世界 053

第4章

关键帧基础——动画控制是细活 073

第 5 章

关键帧插值——让动画流畅自然 092

第 6 章

图层操作——对每一层了如指掌 112

第 7 章

效果——精彩无限　148

第 8 章

遮罩、蒙版和形状——设计的好帮手　164

第 9 章

文字和动态图形模板——形式多变的创意表达 184

第 10 章

基本三维合成——在立体空间中合成 213

第 11 章

摄像机——空间中的镜头模拟 226

第12章

灯光——空间中的光影效果 242

第13章

立体文字和图形——实现三维效果 255

第14章

跟踪和内容识别填充——运动视频的完美合成 274

第 15 章

调色——视觉效果的重要指标 298

第 16 章

抠像——合成大片的秘诀 325

第 17 章

人偶工具——角色动画的制作利器 345

第18章

表达式——从看得懂到用起来 361

第19章

备份、输出与扩展——保障制作成果 386

第 20 章

After Effects 模板——使用有要点 404

初识 After Effects 做好学习的准备

使用After Effects进行视频合成与特效制作，是一件激动人心的事情，但初学者会有一连串的疑问。这一章将帮助初学者初步了解After Effects，并进行简单的试用。

1.1 After Effects 简介

After Effects简称“AE”，由数字媒体软件设计公司Adobe公司开发，与同为Adobe公司出品的Premiere Pro、Photoshop、Illustrator等软件可以无缝结合，打造无与伦比的效果。

After Effects是一个基于层的2D和3D后期特效合成软件，在影像合成、视觉效果、多媒体和动画等方面都有用武之地，适用于电影、电视、网络视频和专业动态图形视觉效果的制作，是电视台、影视广告公司、动画制作公司及多媒体工作室等进行后期制作的常用软件。

以下为本书部分操作实例的效果图，如图1-1所示。

图 1-1 轻松制作二维、三维的视频动画

本书使用的软件版本为After Effects 2020（17.0）。与之前的版本相比，After Effects 2020版本进一步提升了软件的功能、效率和可靠性，增加了新的内容识别填充功能，取消了光线跟踪的3D渲染器，增强了表达式编辑功能，对少数菜单和效果做了调整变动。

After Effects 2020可以打开相同或较低版本的项目文件，但低版本的After Effects不能打开高版本制作的项目文件。After Effects 2020的启动画面如图1-2所示。

图 1-2 After Effects 2020 的启动画面

为了便于讲解，下文如无特别说明，“After Effects”均指“After Effects 2020”。

1.2 安装 After Effects

当前After Effects可以在Adobe 官网免费下载试用或购买，国内用户可以通过中文网站来方便地了解。安装之前，先来看看After Effects 2020的系统要求。

1.2.1 安装要求

Windows最低规格

处理器：具有64位支持的多核Intel处理器。

操作系统：Microsoft Windows 10（64 位）版本1703（创作者更新）及更高版本。

RAM：至少 16 GB（建议 32 GB）。

GPU：2 GB GPU VRAM。

硬盘空间：5 GB 可用硬盘空间用于安装，安装过程中需要额外的可用空间（无法安装在可移动闪存设备上），用于磁盘缓存的额外磁盘空间（建议 10 GB）。

显示器分辨率：1280像素x1080像素或更高的显示器分辨率。

macOS最低规格

处理器：具有 64 位支持的多核 Intel 处理器。

操作系统：macOS 10.13 版及更高版本（注意，macOS 10.12 版不受支持）。

RAM：至少 16 GB（建议 32 GB）。

GPU：2 GB GPU VRAM。

硬盘空间：6 GB 可用硬盘空间用于安装，安装过程中需要额外的可用空间（无法安装在区分大小写的文件系统的卷上或可移动闪存设备上），用于磁盘缓存的额外磁盘空间（建议 10 GB）。

显示器分辨率：1440像素x900像素或更高的显示器分辨率。

注意： Adobe 强烈建议，在使用After Effects时，将 NVIDIA 驱动程序更新到 430.86 或更高版本，早期版本的驱动程序存在一个已知问题，可能会导致软件崩溃；另外，必须具备 Internet 连接并完成注册，才能激活软件、验证订阅和访问在线服务。

1.2.2 安装方法

在Adobe中文官网中，打开“支持与下载>下载和安装”页面，即可看到免费试用版的下载内容。下载前，需要免费注册一个Adobe ID并登录。这里建议先下载Creative Cloud，这是一个小的桌面应用程序，打开后可以从中选择需要的软件直接安装，如图1-3所示。

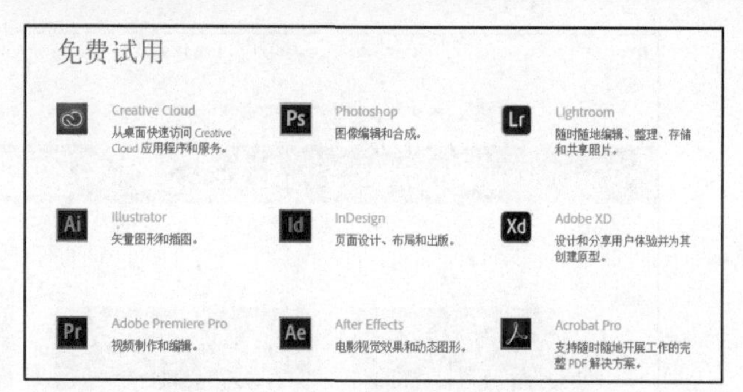

图 1-3 Adobe 中文官网下载页面和 Creative Cloud 桌面应用程序

如果系统C盘有足够的空间，建议After Effects及相关软件应用程序，都安装在系统C盘默认路径下，保持规范使用。

在Creative Cloud中选择After Effects进行在线安装，执行简单的安装步骤即可安装好软件，然后就可以打开激动人心的After Effects软件了。

1.2.3 安装其他相关软件

安装完After Effects后，可以在Creative Cloud中选择相关的软件继续安装，如Adobe Bridge CC，这是一款可以用来查看各种视频、图像、动画格式文件内容的工具；又如Media Encoder，这是一款用来设置多种输出格式，批量、快速渲染输出的辅助工具；此外，还有视频剪辑软件Premiere Pro、图像处理软件Photoshop、矢量图形设计软件Illustrator、音频编辑软件Audition CC等专业的设计制作软件等。

与After Effects的视频文件格式相关的还有一款视频播放工具QuickTime，该软件用来处理常用的MOV格式的视频编码，读者可以从网上免费下载和安装使用。图1-4所示为各软件的图标，上面为After Effects和推荐安装的工具，下面为自主选择安装的部分Adobe系列软件。

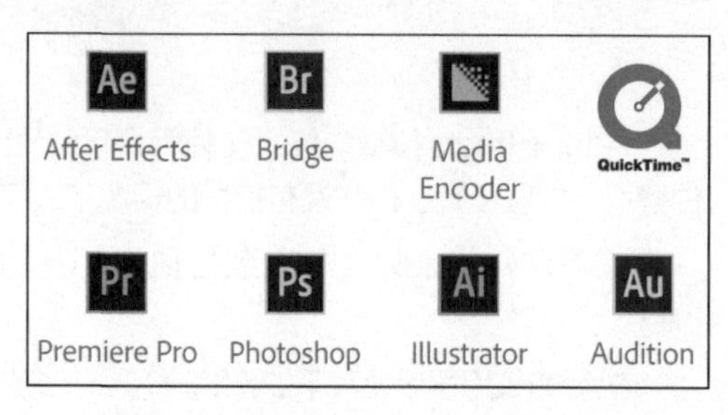

图 1-4 安装 After Effects 与相关软件

这些软件的安装、升级、卸载与常规的软件相似。初学者可以先安装After Effects、QuickTime和 Adobe Bridge，以保证软件正常运行使用。当然，视频制作是一项综合的工作，通常还会使用其他更多的软件工具，Premiere Pro、Photoshop、Illustrator和Audition视需要选择性地安装即可。

1.2.4 使用在线帮助

After Effects中文版的软件和在线帮助资源，使国内初学者在学习和使用上相比早期的英文版要方便得多。选择After Effects的菜单“帮助>After Effects帮助”，将打开官方中文在线帮助页面，可查看软件的相关说明，如图1-5所示。

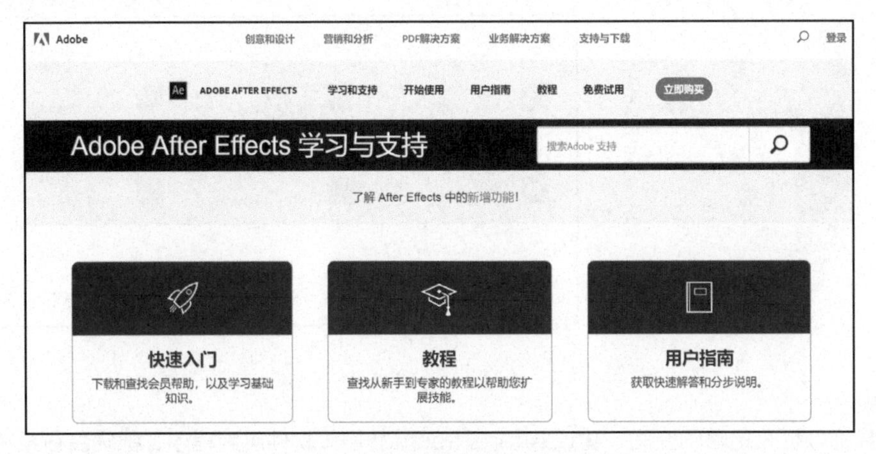

图1-5 方便详细的在线帮助页面

帮助中的“用户指南”是一个全面的软件说明，信息繁多，对软件的各项功能和各种效果有大量的解释说明，初学者阅读起来会比较吃力，随着对软件有更深的了解，可读性才会有所提高。

1.3 建立学习环境

准备好软、硬件并安装好After Effects之后，可以先了解安装后的文件位置，对软件中、英文语言版本按需进行切换使用，根据自己需要建立个人资料库，创造好的学习环境，以便更好地学习和使用这个软件。

1.3.1 After Effects 安装的文件和文件夹

After Effects按默认位置安装后，我们从维护和自定义的角度，可以对其各种功能的文件和文件夹的位置适当做些了解。但在没有指导的情况下，不要轻易更改文件和文件夹，以免破坏软件的运行。

应用软件的主体文件安装位置为：C:\Program Files\Adobe\Adobe After Effects 2020\Support Files。

执行的应用程序为其下的AfterFX.exe文件。

预设文件在其下的Presets文件夹下。

脚本文件在其下的Scripts文件夹下。

安装的插件文件主要在其下的Plug-ins文件夹下。

部分Adobe软件公用插件在C:\Program Files\Adobe\Common\Plug-ins文件夹下。

语言版本文件为其下的AMT文件夹下的application.xml文件。

Windows系统开始菜单中，After Effects快捷方式的文件位置为：C:\ProgramData\Microsoft\Windows\Start Menu\Programs。

系统和软件的运行需要有足够的空间，所以除了将安装的应用软件放在系统盘，平时制作的素材和项目文件等应该放在系统盘之外。

Windows 系统在文件资源管理器下，推荐显示文件的扩展名称。如果没有显示出来，可以选择资源管理器的“查看>选项”菜单，在“高级设置”下展开“文件和文件夹”，找到“隐藏已知文件类型的扩展名”这一项并取消勾选，确定后关闭设置，这样在资源管理器中就可以显示出文件的扩展名称了，如图 1-6 所示。

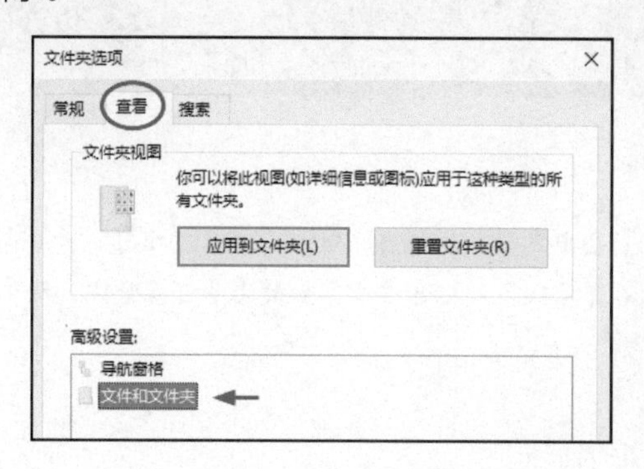

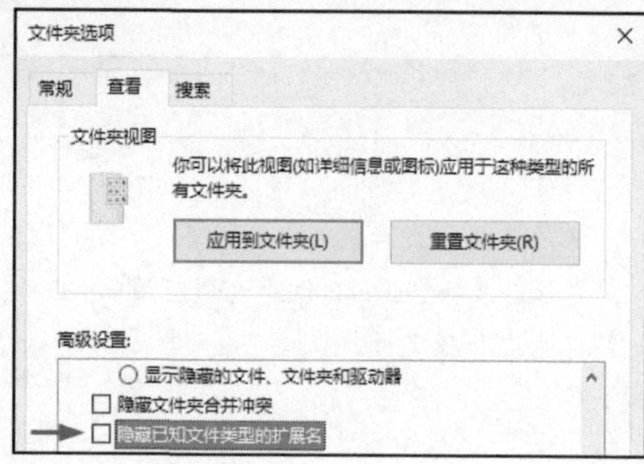

图 1-6 显示文件的扩展名称的设置

1.3.2 After Effects 语言版本的切换

国内初学者在After Effects的学习和使用上，常会遇到一个重要的问题——语言版本问题。当前After Effects的学习途径众多，如图书、网络上的视频教程、模板资源等，其中视频教程和模板资源中有大量英文版本的资源，使用英文版的软件参考对照会更加方便。 此外，中、英文版本制作中的部分表达式，在更换语言版本后，打开时会出现部分不能自动正确转换的现象，所以常有人纠结使用中文版还是英文版。

After Effects语言版本的切换方法有两种，一种方法是打开Adobe Creative Cloud程序，联网并使用Adobe ID登录，像安装时一样在Adobe Creative Cloud菜单的首选项中切换需要的语言；另一种方法是修改安装文件中的语言设置文件，实现中英文的切换。这里使用修改文件的方法，通过简单的自定义即可实现同时使用中文版软件和英文版软件，从而满足不同的需求。

此外，After Effects默认只能打开一个应用界面。如果能打开两个应用界面，学习时一个参考一个操作，或者同时打开一个英文版和一个中文版作对照，将更加实用。下面将通过自定义设置操作，来实现同时打开多个应用界面和切换中、英文版本，大大提高读者学习和使用的效率。

同时打开多个应用界面

STEP 1

在桌面上创建一个After Effects快捷方式，或者在屏幕底部的任务栏上固定一个快捷方式。

STEP 2

在快捷方式上单击鼠标右键并选择菜单“属性”，在打开的对话框中，在“目标”后添加空格和-m，确定后关闭对话框。

STEP 3

执行一次这个快捷方式，即可打开一个After Effects应用界面，连续执行多次则可同时打开多个After Effects应用界面。这样就可以像同时打开多个Word文档那样，同时处理不同的文件，如图1-7所示。

图 1-7 设置打开多个应用界面

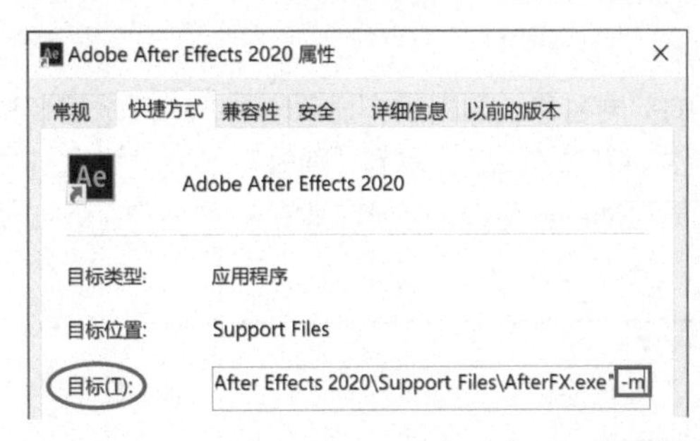

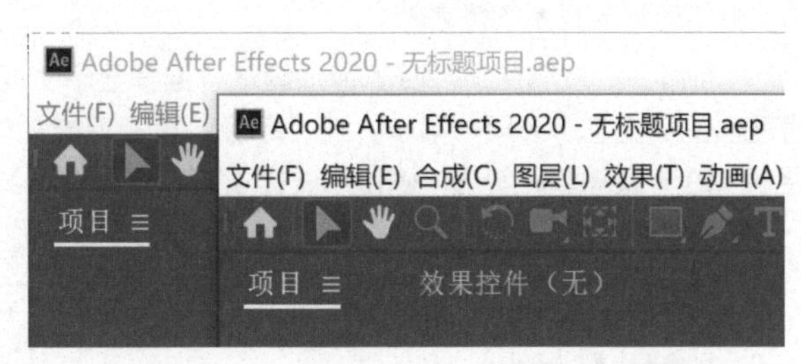

图 1-7 设置打开多个应用界面（续）

修改快捷方式后就可以打开多个After Effects应用界面，但推荐只限于为了对照学习而打开两个界面。After Effects作为大型应用软件，占用资源较多，打开过多界面会影响资源分配，降低运行速度和稳定性。

操作2 修改语言版本文件

STEP 1

在Windows开始菜单的“Windows附件”下显示出“记事本”，也可以在桌面上创建其快捷方式。不要直接选中打开，因为直接打开这个文本修改后将不能按原文件保存。这里采用的方法是在其上单击鼠标右键，选择弹出菜单下的“以管理员身份运行”，在提示“你要允许此应用程序对你的设备更改吗”时，单击“是”按钮，打开记事本，如图1-8所示。

图 1-8 以管理员身份运行记事本

STEP 2

在记事本中选择菜单“文件>打开”，找到C:\Program Files\Adobe\Adobe After Effects 2020\Support Files\AMT文件夹，将文件类型选择为“所有文件（*.*）”，显示出语言版本文件application.xml后，选中并打开，如图1-9所示。

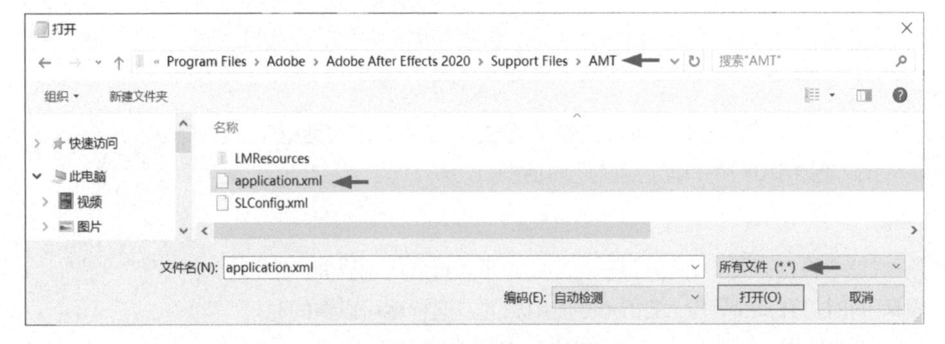

图 1-9 选中并打开语言版本文件

STEP 3

选择菜单“编辑>查找”，在“查找内容”后输入installedLanguages，先找到文本的位置，在其后的“zh_CN”文本后增加带半角逗号的“,en_US”文本，保存后关闭文本，如图1-10所示。

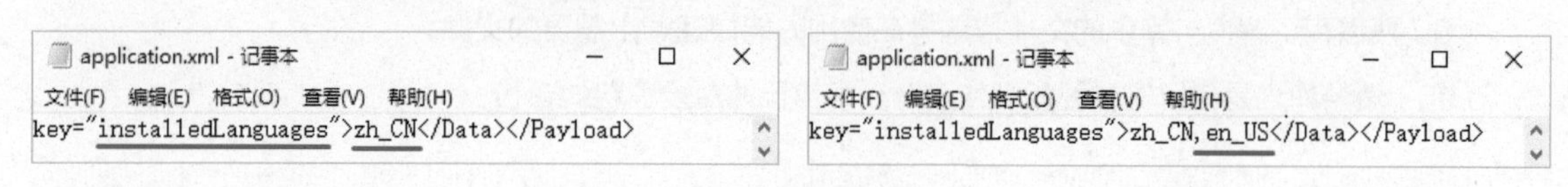

图 1-10 修改文本

操作3 设置切换语言版本的文件名

STEP 1

打开Windows中常用的“文档”文件夹，建议为“文档”文件夹在桌面或桌面底部的任务栏上创建一个快捷方式，以方便打开。

STEP 2

在“文档”文件夹下建立一个空的文本文件，并命名为“ae_force_english.txt”。

STEP 3

最后的工作就是利用这个文件名称来控制软件的语言版本。当名称为“ae_force_english.txt”时，打开After Effects，其应用界面将以英文版显示；接着更改名称，如为文件名称添加括号为“(ae_force_english.txt)”，再打开After Effects，其应用界面将以中文版显示。这样就能先后打开英文版和中文版的应用界面了，方便同时进行对照制作，如图1-11所示。

图 1-11 中、英文应用界面对照制作

通过修改文件的名称，用户可以有选择地打开英文版或中文版的After Effects，使用原名称时启动英文版，改变名称时（如添加括号）则启动中文版。

1.3.3 建立个人资料库

学习使用After Effects进行视频制作是一个长期的过程，知识点和制作经验需要日积月累，这就需要建立个人学习资料库，包括初学时引导学习的图书教程、练习使用的素材文件、参考的作品效果、常用字体库、插件、脚本、模板文件等。根据自己的需求，建立不同的分类资料库文件夹，存放学习资料和制作素材。资料库的建立要做到：

（1）分好类别；

（2）平衡文件级别数量与同级别文件数量，减少层层打开过程，同级别文件也不宜过多；

（3）少用压缩包，压缩包里的文件不能快速调用；

（4）减少重复存放和重复名称，做到资料、文件唯一性存放；

（5）直观命名，避免不明确的命名，方便查找；

（6）有选择性地收录实用的、对自己学习方向有帮助的资料；

（7）精彩、高级的资料不代表对自己有用，不囤积未知资料；

（8）当前知识更新替换快，一些价值递减的旧版资料要果断移出自己的资料库；

（9）熟悉和了解资料库中的文件，这样在使用时能快速调出需要的文件；

（10）资料库也是自己的学习和制作资产，为自己的重要资料做备份。

1.4 软件界面布局

打开After Effects的操作界面，其中有菜单和众多的面板。用户可以根据不同的制作需要显示相关的面板。关闭其他无关的面板。使用软件前需要先了解软件界面中的面板功能和基本操作。

1.4.1 面板

After Effects的操作界面由菜单、工具栏和多个功能面板构成，通常由3个面板占据主要的界面，它们分别是项目面板、时间轴面板和视图面板。

项目面板用来管理导入的素材和建立的合成，时间轴面板用来进行多层素材的合成制作，视图面板则用来显示制作效果。

除了这三大面板，还有信息、音频、预览、效果和预设等功能面板，它们用来显示制作信息和进行相关功能操作，如图1-12所示。

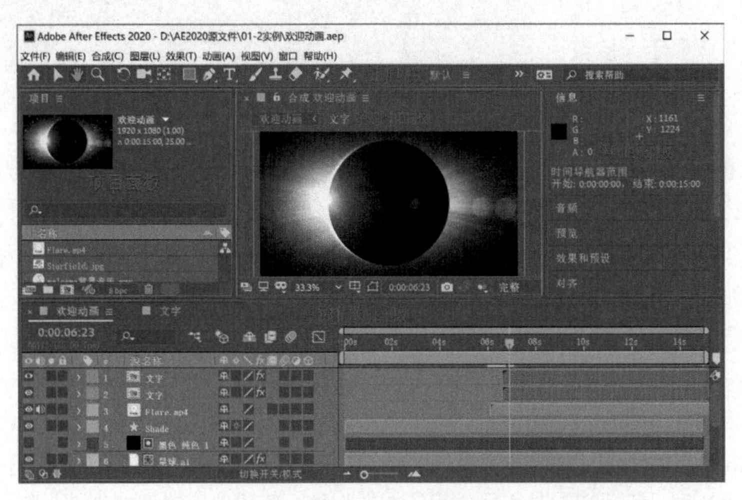

图1-12 操作界面中的菜单、工具栏和主要面板区域

工具栏其实也属于面板，不过它默认始终停靠在菜单下方不变。另外，工具栏中默认常规操作一律使用第一个选择工具。

操作 改变面板布局

操作界面中的面板较多，在进行不同的制作工作时，有些需要打开显示，有些可以关闭以节省空间。为此，软件预设了几种常用的界面布局，称为“工作区”。

STEP 1

在菜单“窗口>工作区”下选择合适的工作区界面布局。

STEP 2

可以直接在工具栏中选择工作区，如果工具栏中的工作区选项没有完全显示出来，可以在右侧通过扩展菜单查看和选择使用。

STEP 3

例如，选择菜单“窗口>工作区>颜色”，或者在工具栏中选择“颜色”工作区，操作界面中的面板布局将改变，显示出调色的相关面板，如图1-13所示。

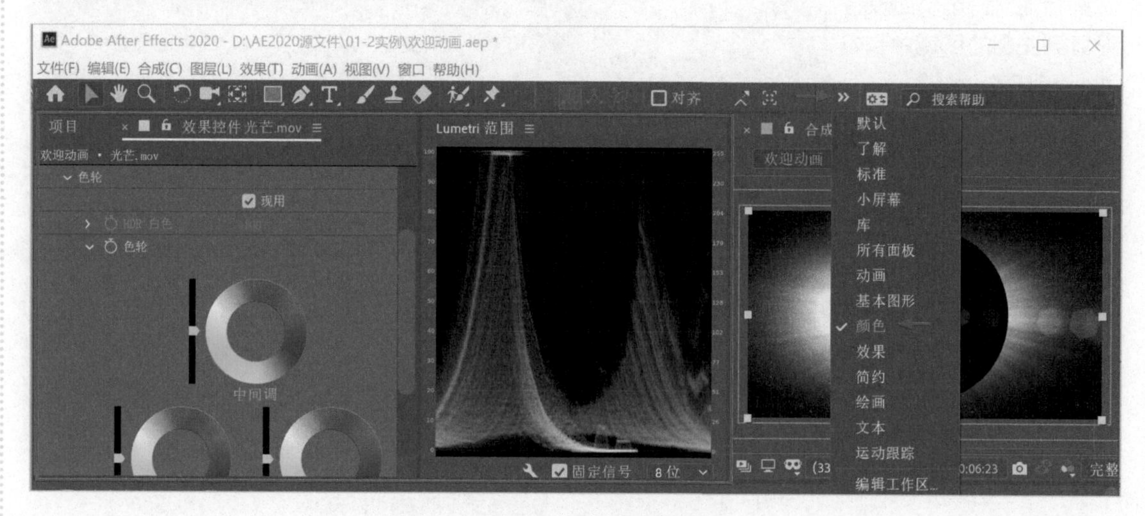

图 1-13 “颜色”工作区

1.4.2 面板控制

界面中的这些面板可以通过标签弹出菜单来关闭显示，通过菜单“窗口”下的勾选状态来打开显示。某个区域可能停放着单个面板，也可能停放多个面板，停放多个面板的区域被称为面板组。例如，图1-14所示的3种面板显示形式，左侧为单个的面板，中部为包括两个面板的面板组，右侧为包括3个面板的面板组，面板组中的面板通过上面的标签切换显示，显示状态的面板的标签下有白色线条的提示。

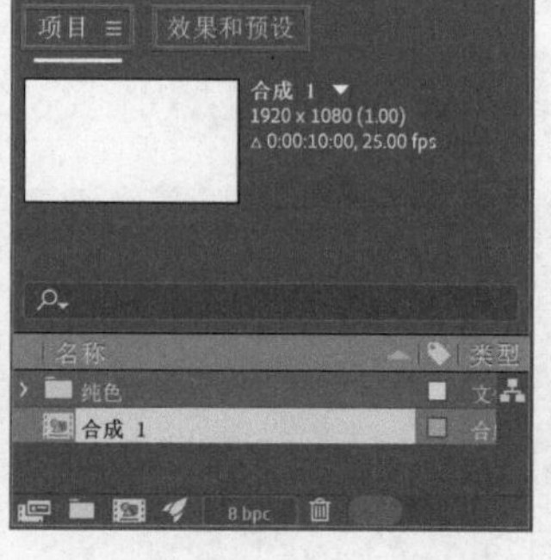

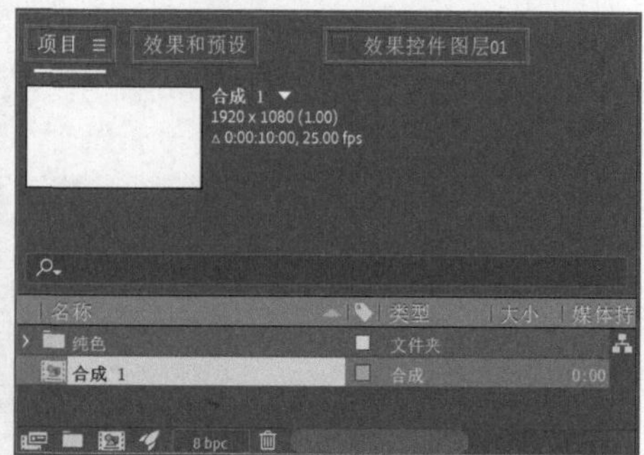

图 1-14 3 种面板显示形式

用鼠标在面板边缘或边角拖曳，可以调节面板的大小。在面板标签处按下鼠标左键并拖曳，可以移动面板的位置。可以将面板在界面的各个区域中自由地停放组合，例如，下面的两个面板区域，左侧为一个单独面板区域，右侧为一个面板组区域，下面对其进行面板拖放操作。

操作1 面板拖放

STEP 1

在右侧其中一个面板标签上按下鼠标左键不放并拖曳，将其移出原面板组。当移动到左侧面板中部并释放时，这个面板将停靠到左侧的区域中，如图1-15所示。

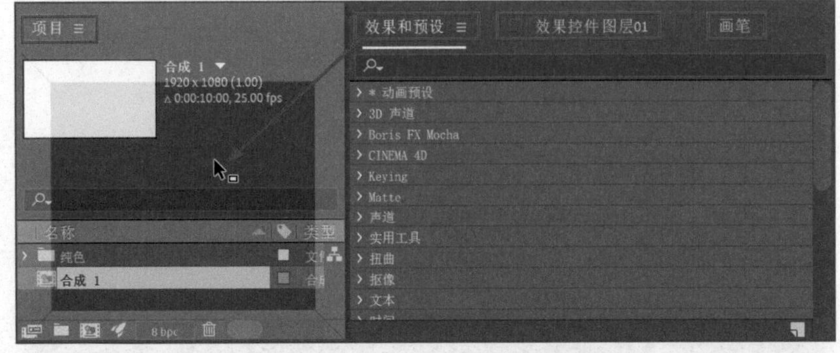

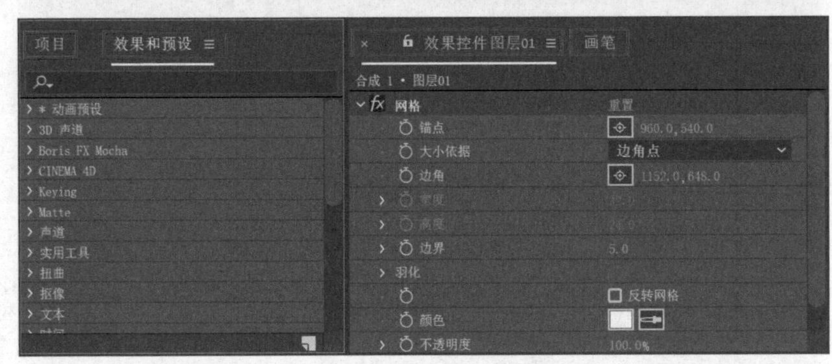

图 1-15 拖曳和在组中显示面板

STEP 2

当移动到左侧面板的一侧并释放时，这个面板将在这一侧单独显示，如图1-16所示。

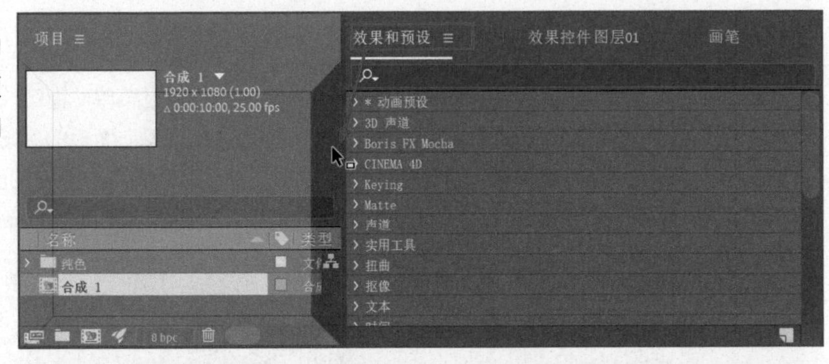

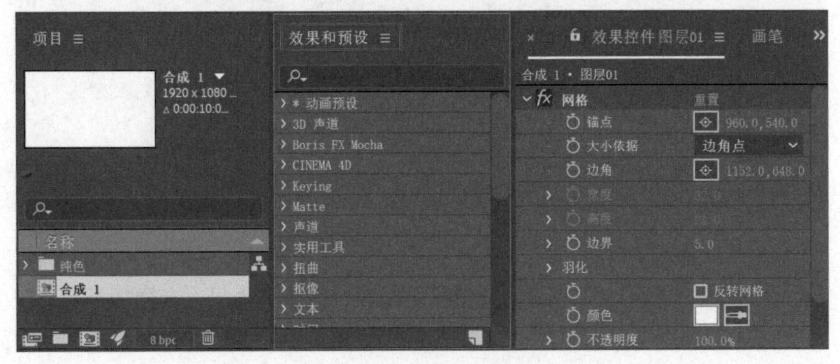

图 1-16 拖曳和单独显示面板

操作2　恢复界面布局

如果不小心弄乱了面板，可以在菜单“窗口>工作区”下将界面重置为原来的布局。例如，弄乱了当前的标准工作区界面布局，可以选择其下的菜单“将‘标准’重置为已保存的布局”，这样就可以恢复到原来默认的“标准”工作区界面布局了，如图1-17所示。

将“标准”重置为已保存的布局
保存对此工作区所做的更改
另存为新工作区...

图 1-17 恢复界面布局

1.4.3 自定义操作界面

除了使用预设好的工作区布局，用户也可以自定义操作界面，并将其保存为新的工作区布局。例如，显示器较小时，可以精简面板的显示；显示器较大时，可以多显示几个面板；进行特定工作时，可以只显示相关的几个面板等。

操作　自定义一个新工作区

STEP 1

这里先调整好界面布局，只显示3个主要面板，如图1-18所示。

STEP 2

选择菜单“窗口>工作区>另存为新工作区”，在弹出的“新建工作区”对话框中将新工作区命名为“三大面板”，单击“确定”按钮，将自定义的工作区添加到菜单中，这样就可以在以后随时选用，如图1-19所示。

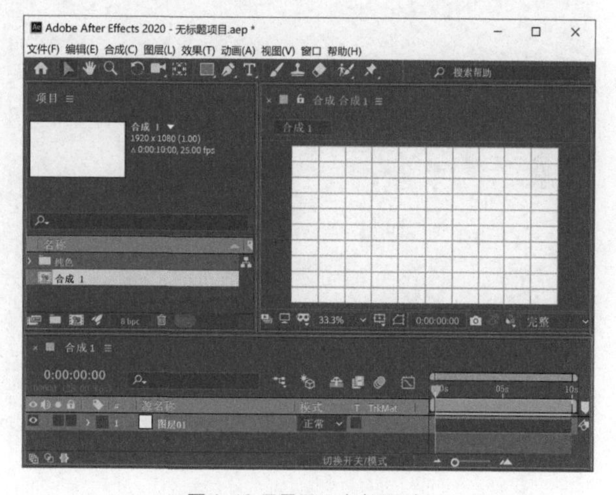

图 1-18 只显示 3 个主要面板

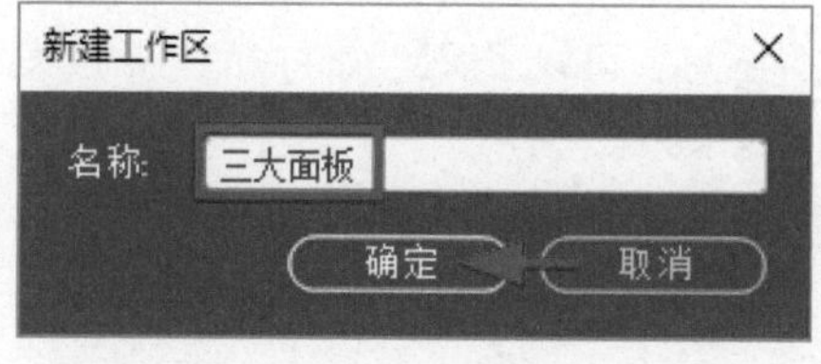

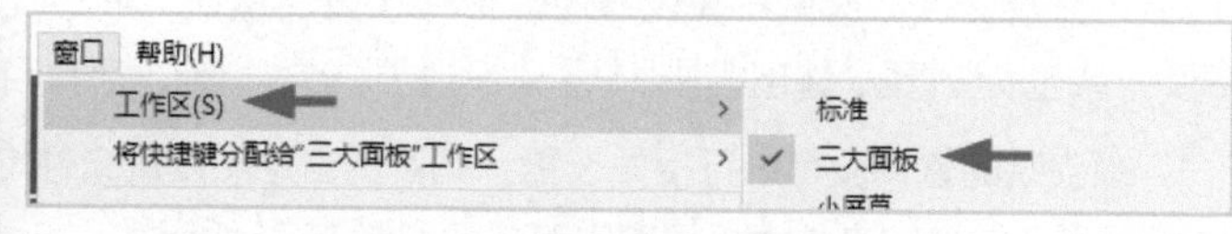

图 1-19 添加自定义工作区

STEP 3

对于添加的自定义工作区，还可以选择菜单“窗口>工作区>编辑工作区”，打开编辑工作区面板，在其中调整显示顺序或删除多余的工作区。

1.5 首选项设置

首选项是指新安装了软件后，可以进行自定义设置的预设选项，如界面使用暗色调还是亮色调、是否启用自动保存功能等。平时根据制作需求也可以随时设置首选项，如根据需要调整网格参考线、更换了声卡调整硬件设置等。这里选择菜单“编辑>首选项>常规”，打开“首选项”，了解其中的一些常用设置。

在“常规”标签下，“启用主屏幕”选项可以控制每次启动After Effects软件时，是否弹出主屏幕面板，取消勾选将不再弹出，如图1-20所示。

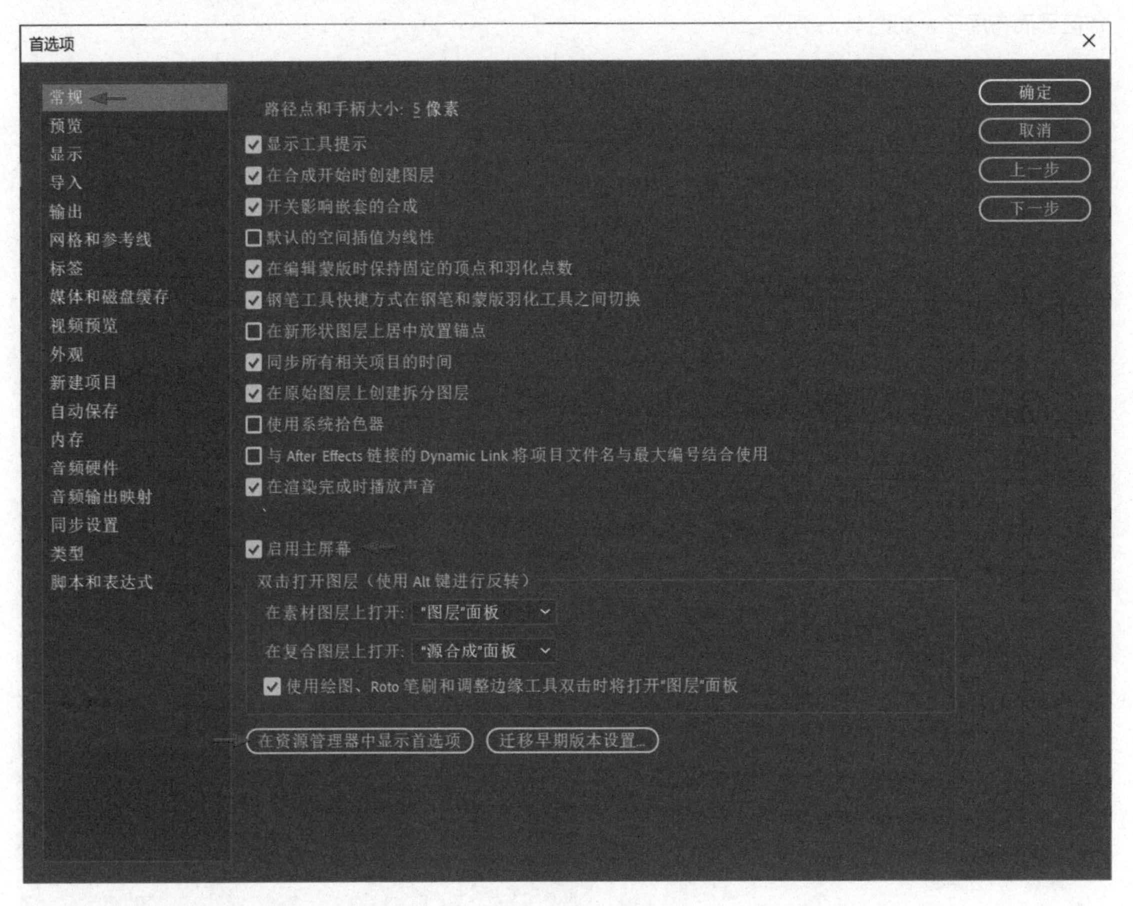

图1-20 常规设置

首选项设置被记载在软件文档中，单击“在资源管理器中显示首选项”按钮可以打开文档所在的位置，查看文件，这里不建议修改，仅作了解。例如，通过文件名称，可以了解到软件中的“合成设置”“首选项设置”“输出模块”“渲染设置”“文本”等，都有自定义设置。

新安装的软件没有进行相关设置，其各类自定义设置文件均显示为1KB或2KB大小。软件进行设置或使用后，对应的文档大小将发生变化，如图1-21所示。

文件名	大小	文件名	大小
Adobe After Effects 17.0 设置.txt	2 KB	Adobe After Effects 17.0 设置.txt	116 KB
Adobe After Effects 17.0 设置-indep-composition.txt	1 KB	Adobe After Effects 17.0 设置-indep-composition.txt	4 KB
Adobe After Effects 17.0 设置-indep-general.txt	1 KB	Adobe After Effects 17.0 设置-indep-general.txt	8 KB
Adobe After Effects 17.0 设置-indep-output.txt	1 KB	Adobe After Effects 17.0 设置-indep-output.txt	228 KB
Adobe After Effects 17.0 设置-indep-render.txt	1 KB	Adobe After Effects 17.0 设置-indep-render.txt	33 KB
Adobe After Effects 17.0 设置-paint.txt	1 KB	Adobe After Effects 17.0 设置-paint.txt	5 KB
Adobe After Effects 17.0 设置-text.txt	1 KB	Adobe After Effects 17.0 设置-text.txt	2 KB

图 1-21 软件使用前后文档大小的变化

经过修改后的首选项还可以恢复为初始设置，初学者恢复时不需要修改这些文档，可以在启动After Effects时，按住Ctrl+Shift+Alt快捷键不放，此时将会弹出“是否确实要删除您的首选项文件？”提示，如图1-22所示。单击“确定”按钮，就会恢复为刚安装时的初始设置，包括“合成设置”“首选项设置”“输出模块”“渲染设置”“文本”等，同时其各类自定义设置文件均显示回1KB或2KB大小。

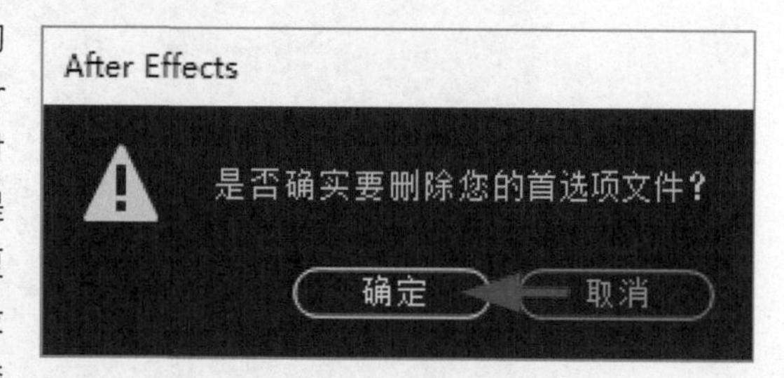

图 1-22 恢复首选项设置

“首选项”的设置和恢复，不仅包括首选项面板中的设置，还涉及“输出模块”“渲染设置”等。

这里在首选项面板中的其他标签下，再了解几个初步使用时要注意的设置，例如，在“媒体和磁盘缓存”标签下，选择有足够空间的磁盘作为缓存盘，如图1-23所示。

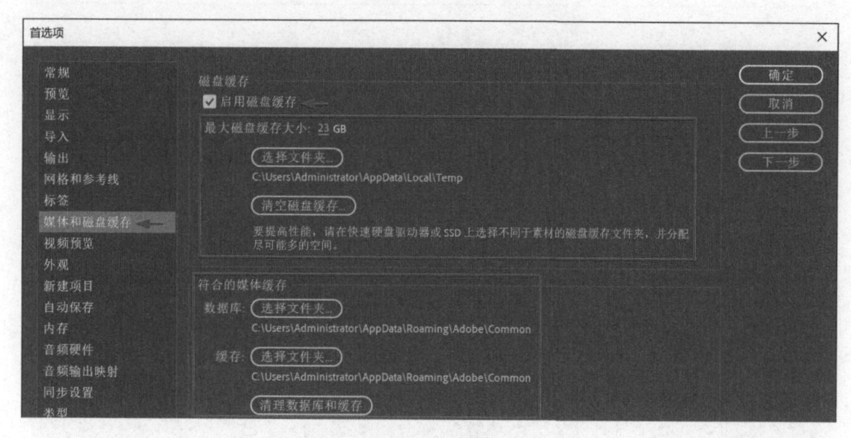

图 1-23 媒体和磁盘缓存设置

在“外观”标签下可以调节界面的亮度，如图1-24所示。

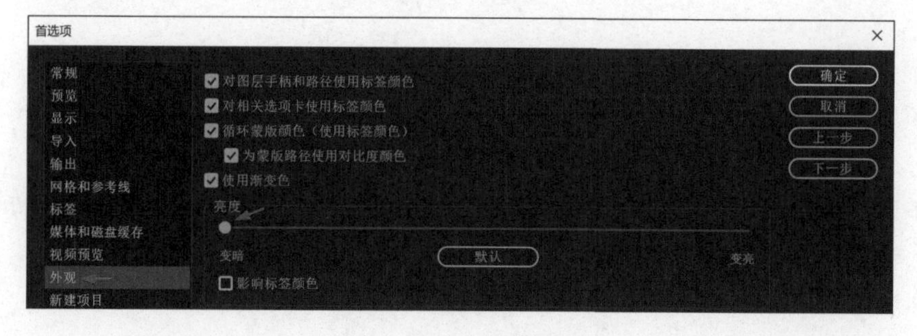

图 1-24 软件界面外观设置

在“自动保存”标签下，可以设置保存的间隔时间和保存版本的数量。当“最大项目版本”默认设置为5时，自动保存的第6个文件将覆盖第1个文件，依次循环，即保留最近的5个版本的文件。这个设置可以根据需要适当增大，尤其在进行重要的制作时，应适当增加版本的数量，最多可设为3位数，如图1-25所示。

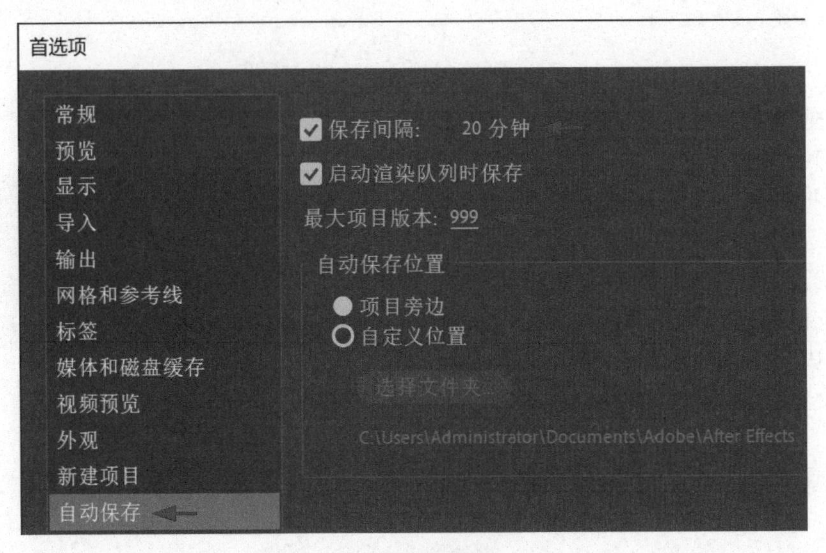

图1-25 自动保存设置

在“音频硬件”标签下，可以设置“默认输出”使用的声卡选项。如果预览时没有声音，需要在这里检查是否选择了正确的声卡选项，如图1-26所示。

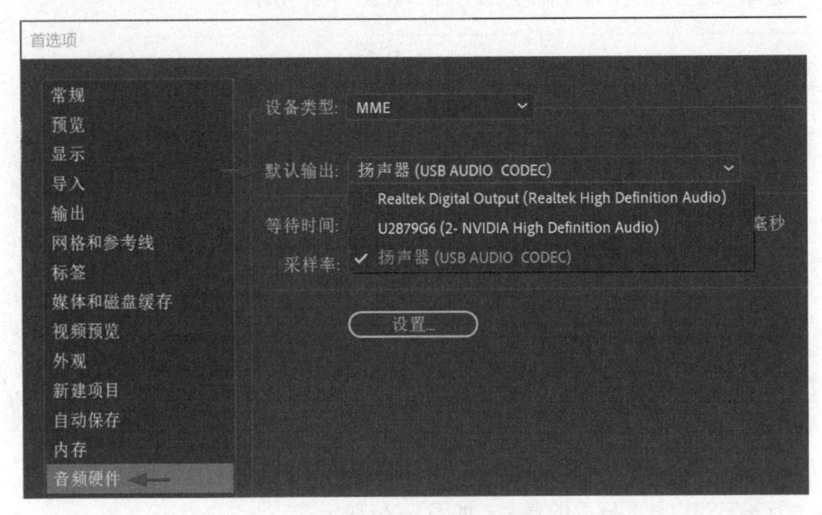

图1-26 音频硬件中的输出设置

1.6 基本工作流程

不同于Photoshop等软件，它们打开图形素材就可以进行制作处理，而打开After Effects进行制作时，通常都需遵循以下基本的工作流程。

1. 导入和组织素材

创建项目，将视频、音频、图片等素材导入项目面板。素材较多时，可在项目面板中分类管理。

2. 创建合成，在合成中添加素材图层或新建参与制作的内容层

创建用于制作的合成，将项目面板中的视频、音频、图片等素材添加到合成时间轴面板中，以多层叠加的方式进行合成制作。除了使用素材图层，还可以在时间轴面板中新建参与合成制作的多种功能图层，如纯色层、形状层、摄像机层、灯光层等。

3. 修改图层属性和为其制作动画

在合成面板中放置图层后，可以根据需要修改图层的属性，如大小、位置、不透明度等。可以使用关键帧或表达式，为图层中的属性设置动画；可以使用跟踪功能，为视频画面中的动态内容添加跟踪元素等。

4. 添加和设置效果

除了设置图层属性、添加关键帧和表达式等制作动画，添加和设置效果可以改变图层的画面外观或声音，甚至可以从头开始生成视觉元素。可以为某个图层添加一个效果或多个效果组合，也可以同时为多个图层添加效果或效果组合，产生无限创意的视觉表达方式。

5. 预览

在动态效果的制作中，需要随时查看和调试动态效果。由于制作中需要计算机进行或多或少的运算反馈，合成效果的刷新显示有一定的延迟，可以通过指定预览的分辨率和帧频率，以及限制预览的合成区域和持续时间，来提高预览的速度。

6. 保存项目和输出成品

在制作中需要及时保存项目，整个制作项目的保存，不仅需要保存项目文件，还需要保留所使用到的素材文件。制作的最后阶段，则是输出制作结果为成品文件，将合成添加到渲染队列面板中，进行品质与格式等输出设置，然后渲染输出最终的视频文件。

以上为After Effects基本的工作流程，有时也可以重复或跳过一些步骤。例如，可以重复修改图层属性、制作动画和反复预览，直到一切都符合要求为止。又如，当不使用素材，而是完全在 After Effects 中创建图形元素动画时，则可以跳过导入素材的步骤。

实例　制作欢迎动画

有了以上的学习和准备后，这里使用随教程提供的素材文件，通过After Effects软件来修改一个动画效果。

STEP 1

启动中文版的After Effects软件，从对应的素材文件夹中选择准备好的项目文件。

STEP 2

打开项目文件后，进入软件的应用界面。在左上方的项目面板中双击“文字”合成，打开其时间轴面板，如图1-27所示。

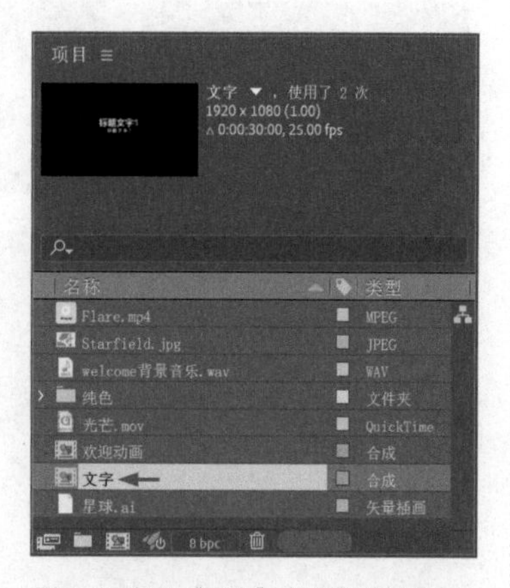

图 1-27 打开“文字”合成的时间轴面板

STEP 3

双击“标题文字1”，可以激活修改文字，这里修改为“Welcome”；同样，双击“标题文字2”，修改文字为“视频制作神奇之旅”，如图1-28所示。

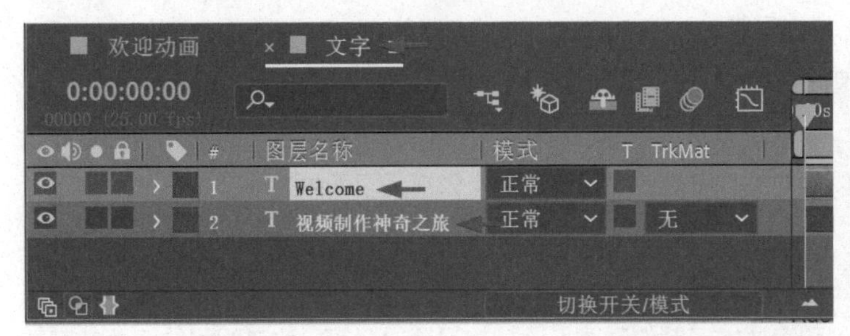

图1-28 修改文字

STEP 4

在左上方的项目面板中双击“欢迎动画”合成，打开其时间轴面板，在时间轴中拖曳时间指示器，查看文字更新后的效果，如图1-29所示。

图1-29 切换合成标签并查看动画

STEP 5

按空格键播放动画，如果视频播放出现减速、音乐变得低沉，是由于有一定的渲染计算，所以没有达到实时播放的正常速度。待播放过程中时间标尺下都变成绿色后，就可以正常播放动画效果了，如图1-30所示。

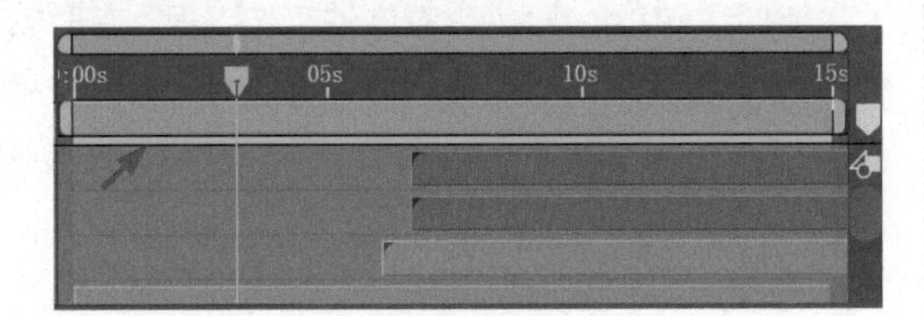

图1-30 实时渲染

STEP 6

查看最终的动画效果，如图1-31所示。

图1-31 最终动画效果

制作手势动画

这里在对应的素材文件夹中准备有“手势动画练习.aep”文件。打开这个文件，在After Effects中利用提供的其他图标文件，尝试修改动画中的图标和文字。

当前练习的动画效果如图1-32所示。

图 1-32 练习的动画效果

其中，可以在项目面板中双击“图标替换”合成，将其在时间轴面板中打开，从项目面板将新素材拖至时间轴中使用；文字在“文字替换”合成中的修改，可参照本章“欢迎动画”实例中的方法。

素材的使用与管理
海量素材取之有方

After Effects作为主流的视频合成制作软件，对各类视频、图片、音乐等文件都有很好的兼容性，素材来源广泛。素材在参与合成制作前，需要先导入项目面板中。对于类型各异的素材，在导入时需要进行相应的设置。这一章将解决制作中的素材导入等问题。

2.1 多种方式导入素材

打开After Effects进行合成制作时，首先要将素材导入项目面板中，导入素材的操作方法有以下几种。

方法 1

选择菜单“文件>导入>文件”。

方法 2

按Ctrl+I快捷键。

方法 3

双击项目面板空白处。

方法 4

在项目面板空白处单击鼠标右键，选择弹出菜单“导入>文件”。

方法 5

先勾选菜单“窗口”下的“媒体浏览器”，在After Effects软件界面中显示媒体浏览器面板，然后就可以浏览素材文件，将需要的文件拖至项目面板中，或双击素材将其导入项目面板中。

方法 6

在After Effects软件界面外，打开“文件资源管理器”，浏览素材文件，将需要的文件拖至软件界面的项目面板中。

方法 7

使用Adobe Bridge浏览素材时，也可以将素材以拖曳或发送的方式，添加到After Effects的项目面板中。

方法 8

如果最近导入了某些素材，还可以在菜单“文件>导入最近的素材”下，选择素材文件。

方法 9

选择菜单“文件>导入>多个文件”，在打开的窗口中导入素材后不关闭窗口，可继续浏览不同文件夹下的素材并选择导入，最后单击“完成”按钮关闭窗口。

此外，在菜单“文件>导入”下，还有以下多个选项。

“从Libraries中”菜单：如果登录了外网的Creative Cloud Libraries，可以导入其中的库文件。

“Adobe Premiere Pro项目”菜单：则是将同一公司下的Premiere Pro剪辑软件制作的项目文件导入After Effects中，并将原序列文件转换为合成，原项目中的素材也将一同导入。

“Pro Import After Effects”菜单：可以导入其他公司同类软件的项目文件，如Final Cut Pro files等的XML、AAF和OMF等交换格式文件。

“Vanishing Point(.vpe)”菜单：用来导入在Photoshop中为图像建立的3D功能的vpe消失点，然后可在After Effects中将静态图像制作出动态的透视效果。

“占位符”菜单：有些制作素材暂时不到位，可以先建立占位符来代替，设置好名称和长度、大小和帧速率，然后按流程正常进行制作，不影响进度，等素材到位时再替换。

“纯色”菜单：与“图层>新建>纯色”菜单相同，都是用来建立某个颜色的静态纯色层。

“导入”菜单下的选项和占位符设置如图2-1所示。

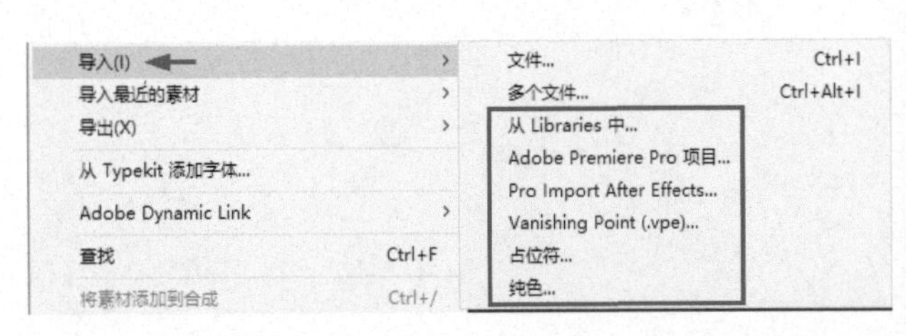

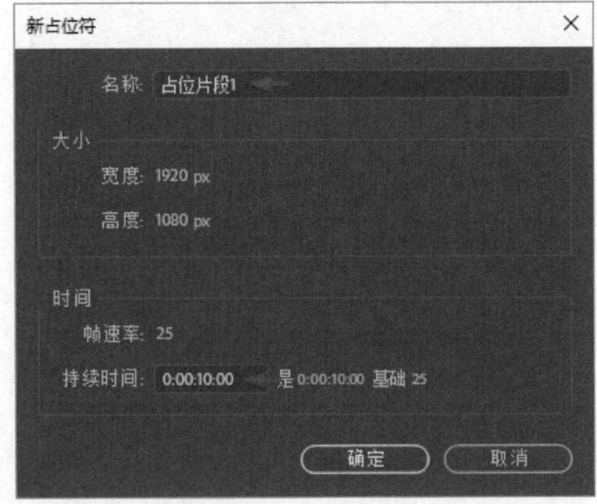

图 2-1 “导入”菜单下的选项和占位符设置

导入After Effects项目面板中的素材文件，为链接路径指向方式，源文件删除或位置改变后，在After Effects中会提示缺失素材，所以使用中的素材不可轻易删除或改变存储位置。另外在本书后面的章节中，有介绍将素材打包到一个文件夹备份保存的方法，这样做可以防止素材的丢失。

2.2 导入素材的格式

After Effects作为主流的视频制作软件，视频、音频、图片文件中常用的格式都可以导入使用，同时还包括部分同类制作软件的项目文件，例如，在新项目中可以导入其他After Effects或Premiere Pro等软件制作的项目文件。可以选择菜单“文件>导入>文件”(快捷键为Ctrl+I)，或者在项目面板中双击，打开“导入文件”对话框，从中单击文件格式下拉列表，查看可导入的文件格式，如图2-2所示。

Adobe Animate Project (*.fla)
Adobe Dynamic Link (*.prproj;*.chproj)
Adobe Soundbooth (*.asnd)
After Effects 项目 (*.aep;*.aepx)
After Effects 项目模板 (*.aet)
AIFF (*.aif;*.aiff;*.aifc)
ARRI (*.ari)
Automatic Duck (*.xml;*.omf;*.aaf)
AVI (*.avi;*.mp4)
Biovision Hierarchy (*.bvh)
BMP (*.bmp;*.rle;*.dib)
Camera Raw (*.tif;*.crw;*.nef;*.raf;*.orf;*.n
Cinema 4D Importer... (*.c4d)
Comma Seperated Value (*.csv)
DPX/Cineon (*.cin;*.dpx)
ElectricImage IMAGE (*.img;*.ei)
Flash 视频 (*.flv)
IFF (*.iff;*.tdi)
Illustrator/PDF/EPS (*.ai;*.pdf;*.eps;*.ai3;*
ImporterAIDE (*.heic;*.heif)
ImporterJPEG (*.jpg;*.jpeg;*.jfif;*.jpe)
ImporterMultiStill (*.gif;*.ico;*.bmp;*.rle;*
ImporterWindowsMedia (*.wmv;*.wma;*.
JavaScript (*.jsx)
JPEG (*.jpg;*.jpeg)
JSON (*.json)
MAXON CINEMA 4D File... (*.c4d)
MAXON CINEMA 4D File... (*.c4d)
Maya 场景 (*.ma)
Motion Graphics JSON (*.mgjson)
MP3 (*.mp3;*.mpeg;*.mpg;*.mpa;*.mpe)
MPEG (*.ac3;*.vob;*.m2v;*.m2p;*.m2a;*.m
MPEG 已优化 (*.mpeg;*.mpe;*.mpv;*.m2p
MXF (*.mxf)
OpenEXR (*.exr;*.sxr;*.mxr)
Photoshop (*.psd;*.psb)
PNG (*.png)
QuickTime (*.mov;*.3gp;*.3g2;*.mp4;*.m
Radiance (*.hdr;*.rgbe;*.xyze)
RED (*.r3d)
RLA/RPF (*.rla;*.rpf)
SGI (*.sgi;*.bw;*.rgb)
Softimage PIC (*.pic)
Sony RAW (*.mxf)
SWF (*.swf)
Tab Seperated Value (*.tsv;*.txt)
Targa (*.tga;*.vda;*.icb;*.vst)
TIFF (*.tif;*.tiff)
WAV (*.wav;*.bwf;*.amb;*.rf64)
动态图形模板 (*.aegraphic)
直接显示 (*.avi)
所有素材文件 (*.prproj;*.chproj;*.asnd;*.ai
所有可接受的文件 (*.fla;*.prproj;*.chproj;*.
所有文件 (*.*)

图 2-2 可导入的文件格式

视频文件

视频文件中，常用的一些文件扩展名（如 MOV、AVI、FLV、F4V等）表示容器文件格式，而不表示特定的音频、视频或图像数据格式。容器文件可以包含使用各种压缩和编码方案编码的数据。After Effects可以导入这些容器文件，但导入其所包含数据的能力取决于所安装的编解码器。例如，After Effects可使用GoPro CineForm编解码器，对本机QuickTime（.mov）文件进行解码和编码。这意味着不再需要安装用于创建和使用此类文件的其他编解码器。在MOV中，After Effects 具有对以下未压缩格式的本机导入支持：DV、IMX、MPEG2、XDCAM、h264、JPEG、Avid DNxHD、Avid DNxHR、Apple ProRes、AVCI和GoPro CineForm。而通过安装额外的编解码器，可以将After Effects的导入能力扩展为能够导入额外的文件类型。

音频文件

音频素材有两种形式：一种形式为包含在视频文件中的音频；另一种形式为多种扩展名称的音频文件（如WAV、MP3、ACC、WMA等）。

图像文件

图像文件也是格式众多，可大致分为常规的位图图像（如JPG、PNG、TGA、BMP等）、部分可包含透明信息通道的合成图像（如PNG、TGA等）、合成记录多个画面或元素的分层图像（如PSD等）、可无损缩放的矢量图形（如AI等）。另外，通过一系列动态连续的图片也可以得到视频素材的效果。

项目格式

直接导入其他项目文件，可以为参考、调用或合并制作带来方便。对于After Effects的项目文件，遵循向下兼容的原则，某个版本的软件可以打开低版本的项目文件，但不能打开更高版本的项目文件。

2.3 基于素材建立合成

After Effects的合成制作，需要在项目中导入素材，然后建立合成来制作视频动画。这个合成的建立方法有两种，一种是根据视频素材自动生成，另一种是根据要求手动设置。后一种方法需要设置视频的高度、宽度、每秒播放多少帧画面、每个像素长和宽的比例等，这个方法将在下一个章中详细介绍。这里介绍简单的自动生成合成的方法。

视频素材都有自身的属性，如视频的高度、宽度、每秒播放多少帧画面、每个像素长和宽的比例为多少等，可以根据所导入的视频素材的这些已有属性自动建立对应的合成。

在项目面板中的素材上单击鼠标右键，选择“基于所选项新建合成”，或者将素材拖至项目面板下部的“新建合成”按钮上并释放，软件就会自动根据素材建立相同属性的合成，如图2-3所示。

图 2-3 使用菜单或拖放的方法自动建立合成

2.4 素材属性的修改与设置

After Effects主要进行视觉效果制作，以画面素材为主，包括视频、图像和图形文件。这些素材文件有众多的自身属性，制作中常涉及的素材属性有影响大小和清晰度的分辨率、影响画面变宽或变窄的像素比、影响视频播放快慢的帧速率、影响背景透明度的Alpha通道、包含多层画面的分层图像等。合成制作中通常需要了解素材的属性，针对不同的制作要求对其属性进行修改与设置。

2.4.1 视频素材的帧速率

帧速率是指录制或播放视频时，每秒钟刷新的画面帧数。对影片内容而言，帧速率指每秒所显示的静止帧格数，以fps（Frames Per Second，帧/秒）为单位来表示。要生成连贯的动画效果，那么帧速率一般不能小于8帧/秒。当前主流高清视频大多为25帧/秒和30帧/秒，普通电影的帧速率通常为24帧/秒。捕捉动态视频内容时，此数字越高抓拍到的动态画面就越多，有助于慢速回放。

与帧速率对应的是合成的“时基”，时基是一个时间显示的基本单位，同样以fps为单位来表示。如果将所建立的合成看作是一个视频素材，时基就可以看作是合成的帧速率，即合成正常的播放或输出遵循时基的值单位。

当前的拍摄设备众多，拍摄素材的帧速率也不尽相同。虽然帧速率不同，但都是按正常速度记录拍摄内容，播放时都会按拍摄内容正常的速度播放，不影响在同一个合成中正常的合成制作。例如，合成的时基为25帧/秒，合成中的素材可以按其自身的25帧/秒或30帧/秒、24帧/秒参与合成，但最终输出视频的帧速率将统一为合成的25帧/秒。

导入After Effects项目面板中的素材在某些情况下也可以更改帧速率，使其不再按原始帧速率播放。

修改素材的帧速率

STEP 1

例如，导入一个按60帧/每秒拍摄的素材，默认帧速率为60帧/每秒时，时长为10秒，如图2-4所示。

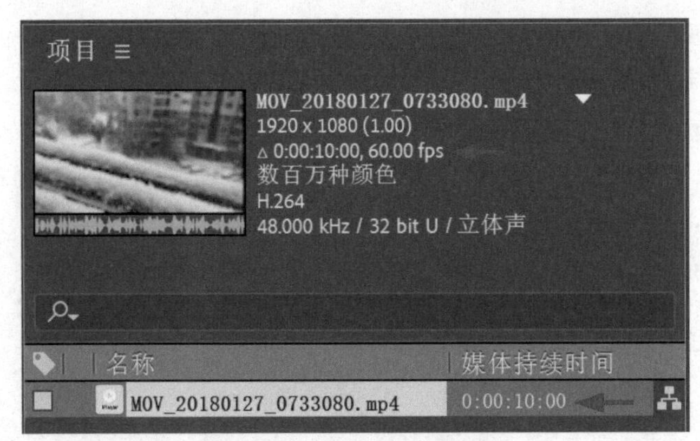

图2-4 导入一个60帧/秒的素材

STEP 2

再次导入这个素材，在其上单击鼠标右键并选择菜单“解释素材>主要”（快捷键为Ctrl+Alt+G），打开“解释素材”对话框，设置匹配帧速率为25帧/秒。因为帧速率降低会导致视频时长改变，所以会提示影响音频的警告，当素材不使用音频时可以忽略或关闭音频。

STEP 3

为了区别修改帧速率前的素材，这里按主键盘上的Enter键修改其名称，在名称后添加“25fps”字样。可以看到帧速率降低之后，时长增加了，由10秒增加到24秒，如图2-5所示。

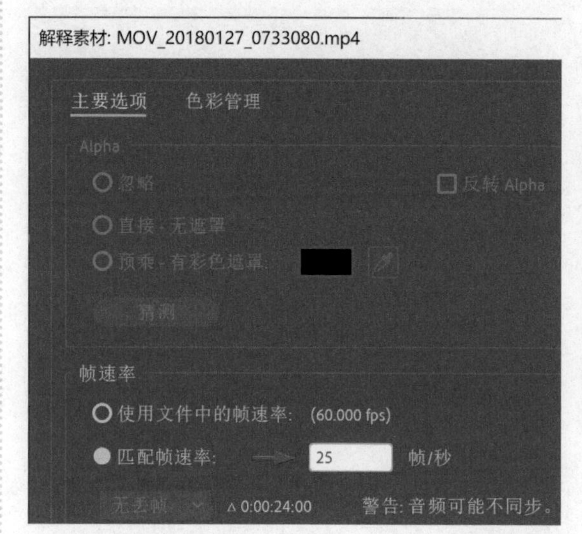

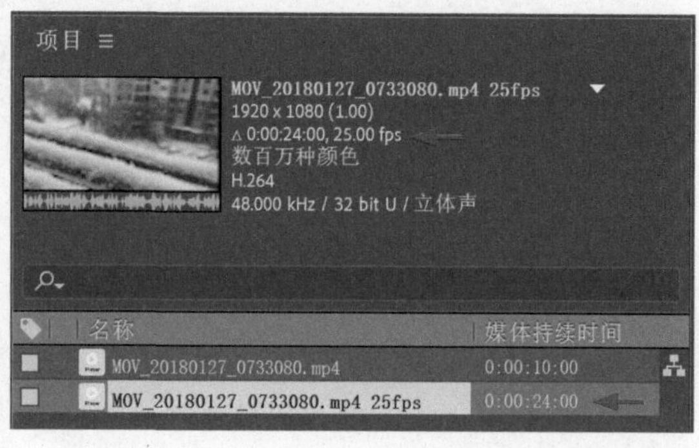

图 2-5 修改帧速率

STEP 4

在时长较长的素材上单击鼠标右键，选择菜单“基于所选项新建合成”。按素材建立的合成，其帧速率为25帧/秒，时长为24秒。

STEP 5

打开合成时间轴面板，再将60帧/秒的素材也拖至时间轴中，对比素材的长度与播放时的速度。可以发现，低帧速率素材的画面变慢，如图2-6所示。

图 2-6 对比不同帧速率素材的播放速度和长度

当原始素材的帧速率不高，慢放时会出现卡顿、不流畅。利用高帧速率素材，将帧速率降低到合成的25帧/秒，则能像普通素材一样流畅地播放。

2.4.2 视频与图像素材的像素比

像素比是指画面中一个像素的宽度与高度之比，而画面的宽度与高度之比则指整个图像的宽度与高度之比。例如，通常所说的高清视频像素比为1:1，宽度与高度的比例为16:9。

操作 比较和修改素材的像素比

STEP 1

这里导入一个方形像素比的图像，如图2-7所示。

STEP 2

在按素材建立的合成时间轴中，滚动鼠标滚轮将画面放到最大，这里将画面中红色矩形框中的区域放大，显示出方形像素，如图2-8所示。

图 2-7 导入方形像素比的图像

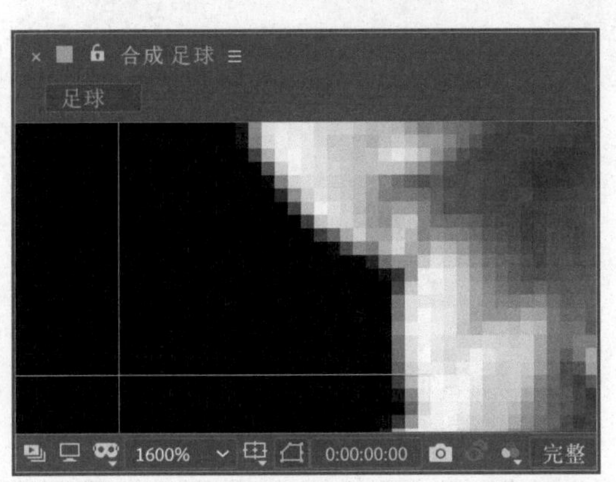

图 2-8 查看方形像素

STEP 3

由于计算机产生的图像的像素比是1:1，所以使用计算机图形软件制作生成的图像大多使用的是方形像素。而由摄影器材所拍摄和生成的视频图像的像素比就不一定是1:1，例如，早期标准清晰度时代，我国的PAL制电视设备采用大于1的非正方形像素比，美国的NTSC制电视设备采用小于1的非正方形像素比等。高清时代视频大多采用1:1的方形像素比，也有部分采用1.33:1或1.5:1等非正方形像素比。例如，这里导入一个非方形像素比的视频素材，如图2-9所示。

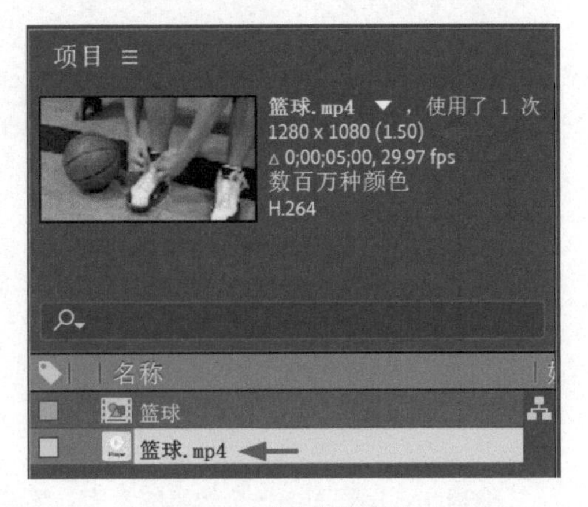

图 2-9 导入非方形像素比素材

STEP 4

在按素材建立的合成时间轴中，可以看到所显示的画面宽度，比正常画面的显示要窄一些，画面中的篮球和人物的高度与宽度的比例不正常。滚动鼠标滚轮将画面放到最大，将画面中红色矩形框中的区域放大，此时显示出的像素为方形的像素，如图2-10所示。

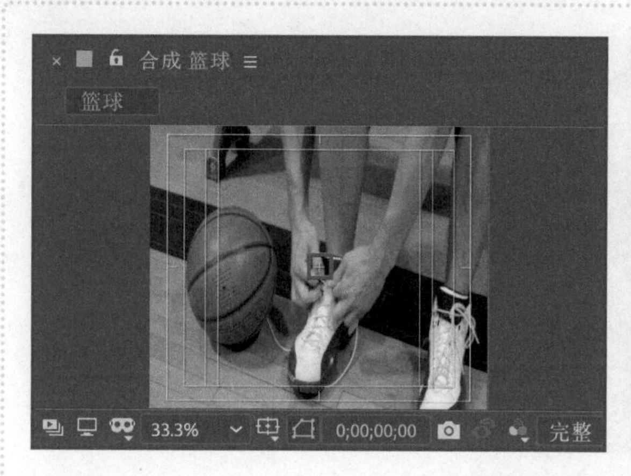

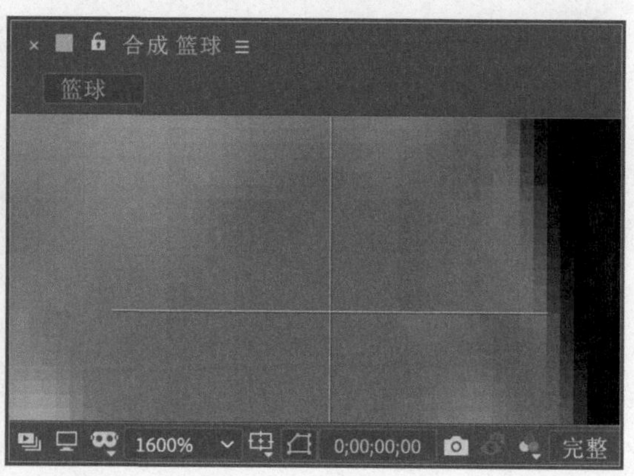

图 2-10 按方形像素比查看素材

STEP 5

单击视图面板下部的“切换像素比长宽校正”图标，画面变宽，画面中的篮球和人物的高度与宽度的比例被校正。滚动鼠标滚轮将画面放到最大，这里将画面中红色矩形框中的区域放大，此时显示出的像素为长方形的像素，每个像素的宽和高的比例为1.5:1，如图2-11所示。

图 2-11 按校正像素比查看素材

从这里可以看出，高清视频中非方形像素比的视频，如果按方形像素来检测，真正的宽度与高度不是16:9，但通过校正每个像素可以使整个画面显示为16:9。虽然1.5:1和1.33:1等像素比的高清视频，理论上画质精度比方形像素比的高清视频要低，但视觉效果上难以区分，画质差别也可以忽略不计。

STEP 6

在合成中可以添加不同像素比的素材，以在合成中的显示效果为准，但最终输出会按合成所设置的像素比统一输出。如果发现画面中的像素比例不正确，可以在项目面板中对素材的像素比属性进行修改。例如，导入一个图像素材，宽为1440像素，高为1080像素，像素比为方形，可以看到当前画面显示比例不正常，也不是16:9的比例。在项目面板中的素材上单击鼠标右键，选择菜单“解释素材>主要”（快捷键为Ctrl+Alt+G），打开“解释素材”对话框，选择1.33的像素比，查看修改后的画面显示效果，可以看到画面显示变得正常，画面的实际显示宽度变为1920像素，宽度与高度的比例校正为16:9，如图2-12所示。

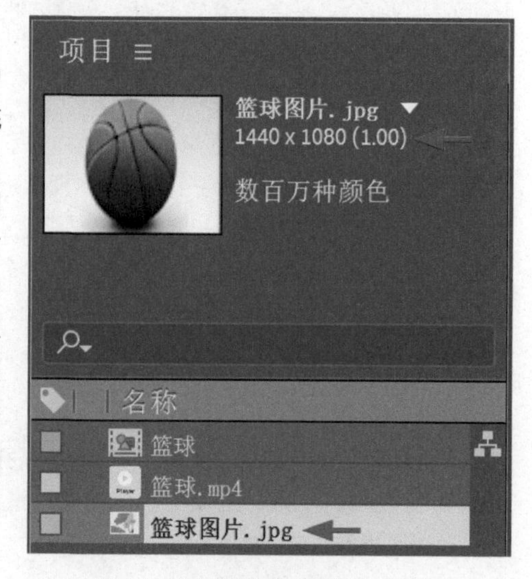

图 2-12 修改像素比以校正素材显示效果

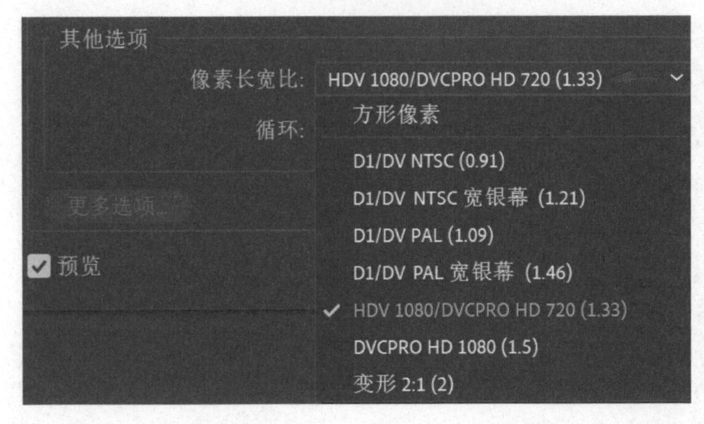

图 2-12 修改像素比以校正素材显示效果（续）

2.4.3 视频与图像素材的 Alpha 通道

Alpha（阿尔法）通道是一个灰度通道，该通道用256级灰度来记录图像中的透明度信息，定义透明、不透明和半透明区域，其中白表示不透明，黑表示透明，灰表示半透明。部分格式的图像和视频中可以设有Alpha通道，使画面背景变得透明，这对多层图像的叠加合成十分有利。

操作 比较和修改素材的Alpha通道

STEP 1

这里导入一个带有Alpha通道的幕布视频素材，再导入一个普通的动画素材。先基于普通素材新建合成，并将带有Alpha通道的素材拖至时间轴，放在上层，查看幕布视频透过透明背景显示出下层的画面的效果，如图2-13所示。

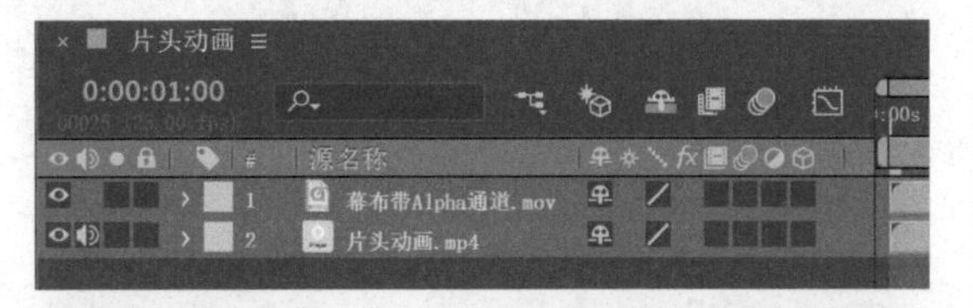

图 2-13 合成 Alpha 通道画面

能设有Alpha通道的图像文件格式常见的有PSD、PNG、TGA等格式，能设有Alpha通道的视频文件格式常见的有MOV、AVI等格式，具体输出设置将在渲染输出的内容中详述。

带Alpha通道的图片通常标识有两种类型，一种叫作“直接-无遮罩”，另一种叫作“预乘-有彩色遮罩”。这两种类型的唯一区别在于，“直接-无遮罩”图片保留最原本的RGB数值；而“预乘-有彩色遮罩”，是原本的RGB信息乘以Alpha的数值以后得到的结果（预乘的意思就是预先乘以Alpha的数值），两种类型有一定的区别。

STEP 2

这里导入一个带有Alpha通道的素材“拉幕_00033.png”到项目面板中，并基于素材新建合成。在项目面板的这个素材上单击鼠标右键，选择菜单“解释素材>主要”（快捷键为Ctrl+Alt+G）查看Alpha通道类型，此时Alpha通道类型默认为“直接-无遮罩”，如图2-14所示。

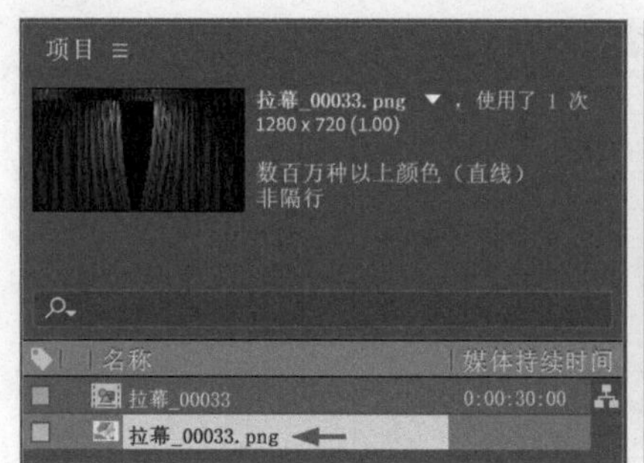

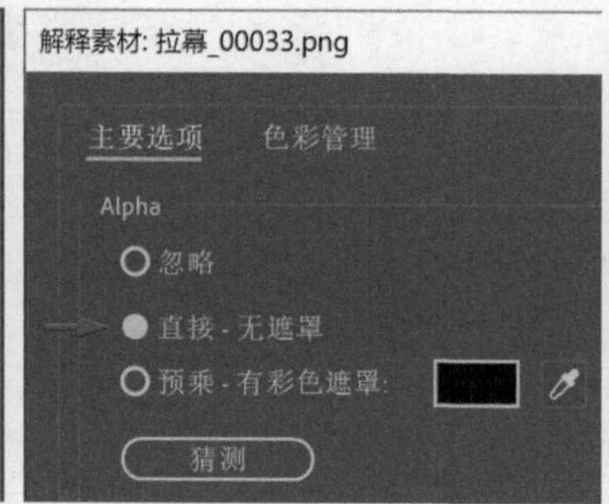

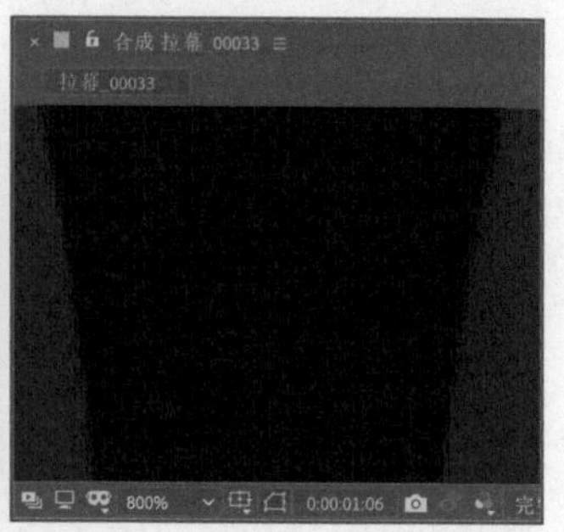

图 2-14 查看 Alpha 通道类型

STEP 3

将Alpha通道类型改为“预乘-有彩色遮罩”，可以看到明显的锯齿边缘，如图2-15所示。

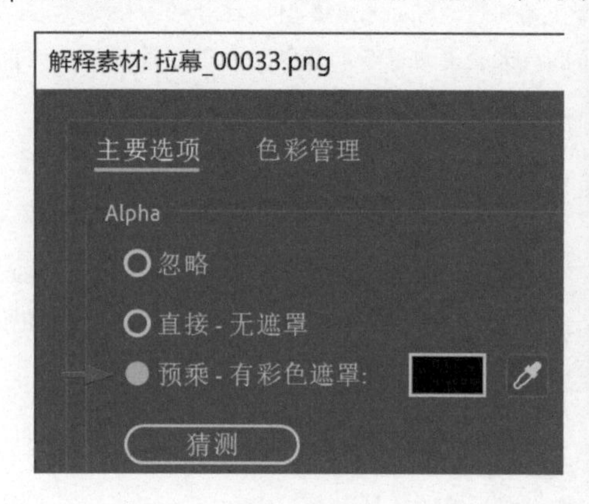

图 2-15 修改 Alpha 通道类型后的对比效果

STEP 4

上面的一些素材在导入时自动标识了Alpha通道的类型，也有一些素材没有标识Alpha通道的类型。例如，这里导入素材“通道素材A.tga”，由于素材没有标识Alpha通道的类型，导入时会弹出Alpha通道选项的对话框，询问这张图的Alpha通道是使用“直接-无遮罩”类型还是“预乘-有彩色遮罩”类型。这里先按默认的“直接-无遮罩”类型使用，单击“确定”按钮，效果如图2-16所示。

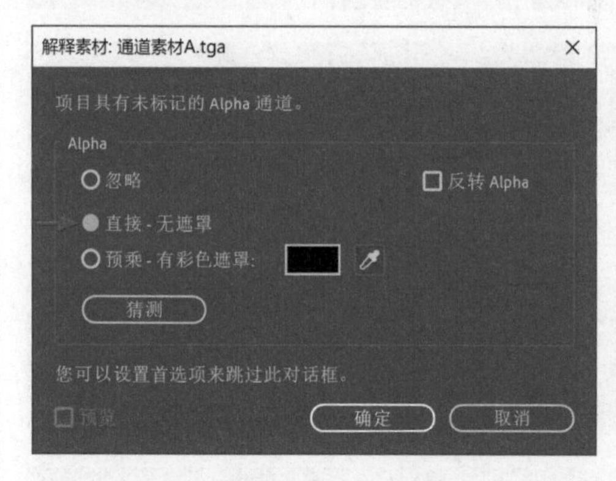

图 2-16 “直接 - 无遮罩”类型的 Alpha 通道素材效果

STEP 5

在项目面板的这个素材上单击鼠标右键，选择菜单“解释素材>主要”(快捷键为Ctrl+Alt+G)，单击“猜测”按钮，Alpha通道类型改变为“预乘-有彩色遮罩”类型，此时光效的辉光变得更加明显，如图2-17所示。

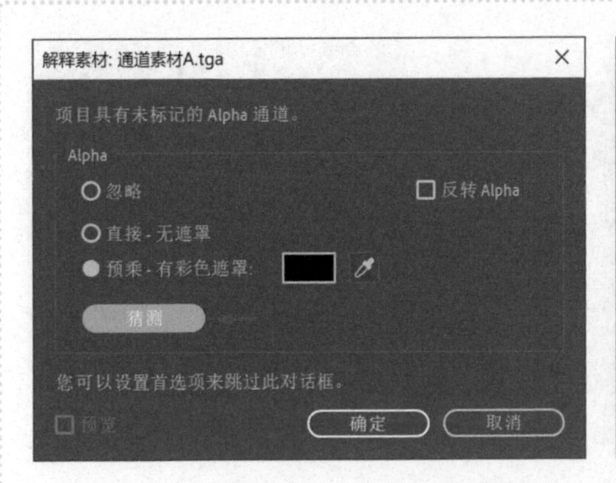

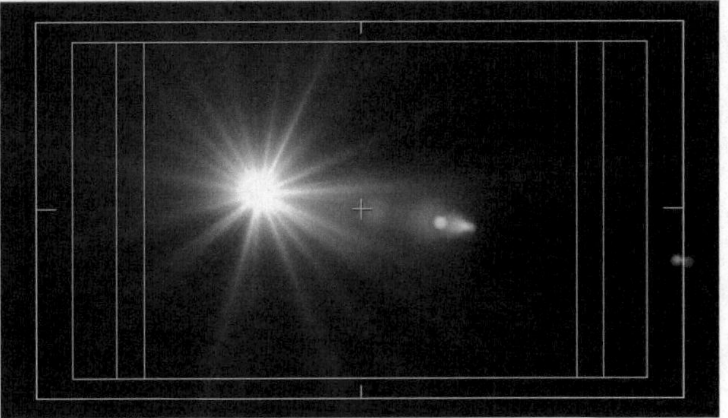

图 2-17 “预乘 - 有彩色遮罩”类型的 Alpha 通道素材效果

导入有 Alpha 通道的素材时，如果不确定使用哪个 Alpha 通道类型，初步的方法是单击“猜测”按钮让软件自己判断，不过最终还是应结合放大查看边缘和合成效果来选用最佳的类型。

2.4.4 视频素材的开始时间码

时间码（time code）是摄像机在记录图像信号的时候，针对每一幅图像记录的唯一时间编码，是一种应用于流的数字信号。该信号为视频中的每个帧都分配了一个数字，用以表示小时、分钟、秒钟和帧数。

制作输出的视频素材时，时间码通常从 0 开始，而摄像机拍摄的素材通常按开机拍摄的时间来标记时间码。

操作 修改素材的开始时间码

STEP 1

这里导入一段拍摄的素材到项目面板中，素材的时间码是从1分48秒18帧开始的，此时基于当前素材新建的合成，时间码不是从0开始的。可以在项目面板素材上单击鼠标右键，选择菜单“解释素材>主要”（快捷键为Ctrl+Alt+G），打开设置面板，查看素材默认的开始时间码，如图2-18所示。

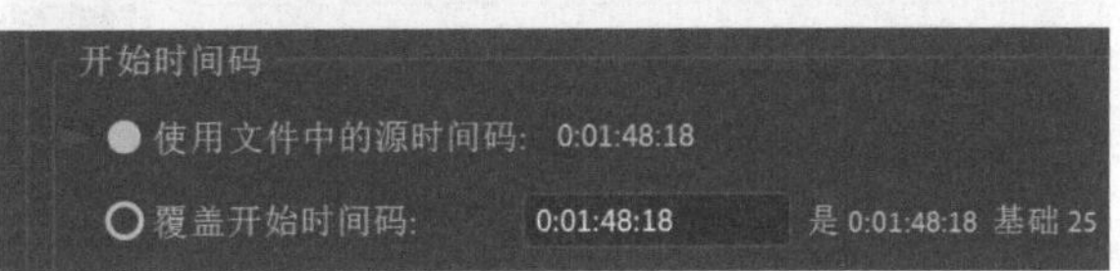

图 2-18 使用拍摄素材原始的时间码

STEP 2

此时，如果在“覆盖开始时间码”处将时间码修改为0，素材开始时间码将被修改为从0开始。这样，再基于当前素材新建的合成时，时间码将从0开始，如图2-19所示。

图 2-19 修改时间码从 0 开始

2.4.5 视频素材的循环次数

视频素材的制作使用中有一类循环动画，如转动的标识元素、循环的背景。当一段视频可以首尾衔接流畅播放时，就可以通过设置视频素材的循环次数来自动延长视频长度，从而省去手动复制、一段一段首尾连接的操作。

操作 设置素材的循环次数

这里导入一段“可循环动画.mp4”视频素材，其默认时长为10秒。在项目面板的这个素材上单击鼠标右键，选择菜单“解释素材>主要”（快捷键为Ctrl+Alt+G），在打开的设置面板中设置循环为3次，单击“确定”按钮，素材的时长变为循环3次后的30秒，如图2-20所示。

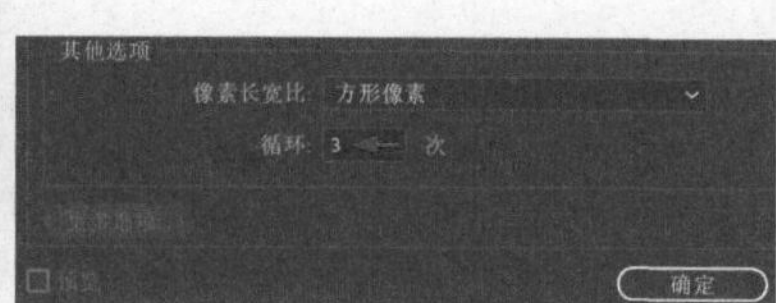

图 2-20 设置素材的循环次数

2.5 图像序列转变为视频素材

在After Effects中，可以将静止图像作为单个素材导入，也可以将一系列图像作为动态图像序列导入，形成一段动态视频素材，其中每个图像作为动态视频中的一帧画面。要将多个图像文件作为图像序列导入，这些文件必须位于相同文件夹中，并且文件名必须使用规范的数字序号模式（如 Seq001、Seq002、Seq003）。

操作 导入图像序列

STEP 1

这里在“1秒图像序列”文件夹下选择第1个文件“拉幕_00000.png”，确认勾选了“PNG序列”选项后，单击“导入”按钮，将这25个图像序列，以动态视频的方式导入项目面板中，如图2-21所示。

STEP 2

在导入图像序列时，首选项中的设置将影响默认图像序列的帧速率。例如，上面图像序列按软件默认设置导入后，帧速率为30帧/秒，即1秒播放30帧的画面。这里选择菜单“编辑>首选项>导入”，将序列素材设为25帧/秒，确定后，重新导入这个图像序列，其帧速率变为25帧/秒，播放时长为1秒，如图 2-22所示。

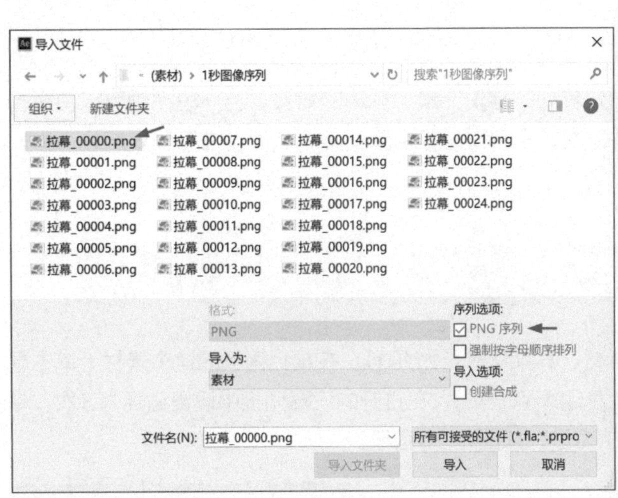

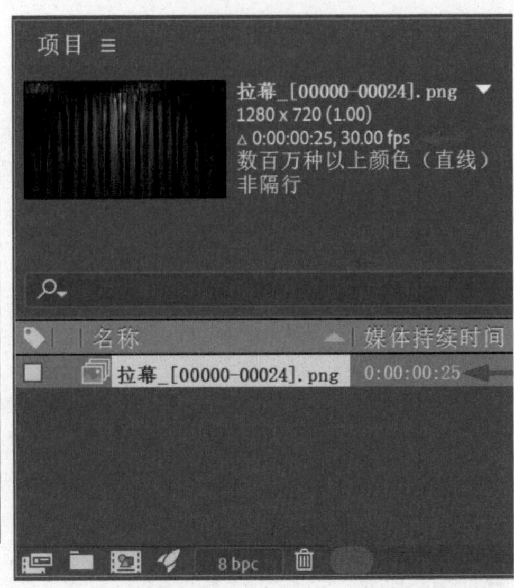

图 2-21 导入图像序列

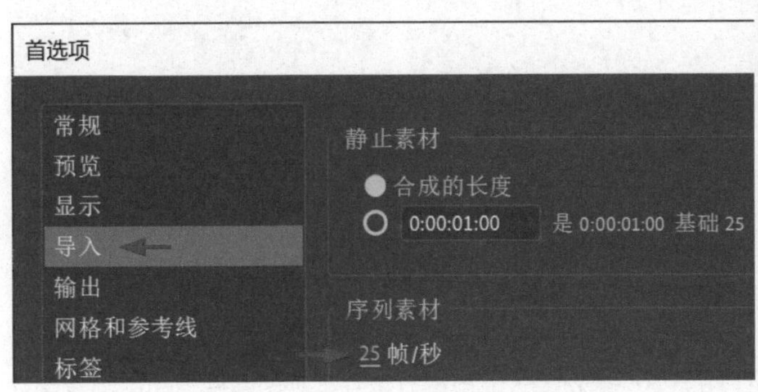

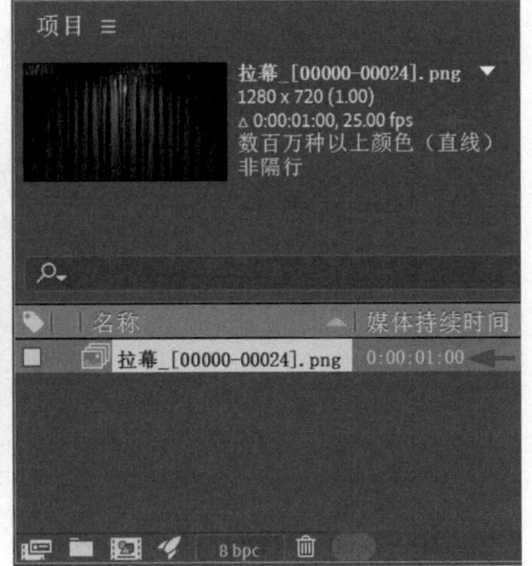

图 2-22 设置导入图像序列时的默认帧速率

导入的图像序列也可以像视频一样进行操作，在图像序列上单击鼠标右键，选择菜单“解释素材 > 主要”（快捷键为 Ctrl+Alt+G），打开设置面板，即可进行帧速率等设置。

2.6 分层图像的导入与设置

分层图像为一种包含多个图层、方便设计制作的文件格式，After Effects 合成制作中常用的有 Photoshop 软件的 PSD 图像格式和 Illustrator 软件的 AI 矢量图形格式等。

因为 After Effects 包括 Photoshop 渲染引擎，所以 After Effects 可导入 Photoshop 文件的图层属性，包括位置、混合模式、不透明度、Alpha 通道、图层蒙版、图层组（导入为嵌套合成）、调整图层、图层样式、图层剪切路径、矢量蒙版、图像参考线以及裁切组等。

这里导入一个 PSD 格式的分层图像，通过设置来对比图层的不同选项。

操作1　将分层图像按图层的种类导入

STEP 1

导入分层图像“文字建筑分层图.PSD”时，会弹出“导入种类”与“图层选项”的对话框，将“导入种类”选择为“素材”，“图层选项”如果使用“合并的图层”，分层图像会合并为普通的图像，单击“确定”按钮，导入包含文字内容和背景的合并图像，如图2-23所示。

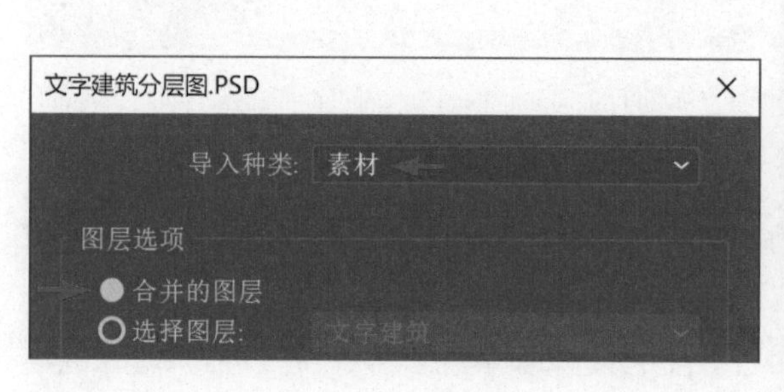

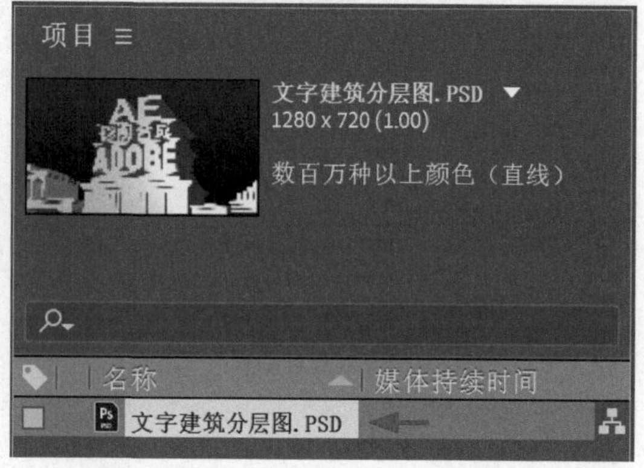

图 2-23 导入时合并分层图像

STEP 2

“图层选项”如果使用“选择图层”，则可以在下拉列表中选择分层图像中的某一层，例如，这里选择“文字建筑”层，单击“确定”按钮，导入这一层图像，不包括“渐变底图”背景，如图2-24所示。

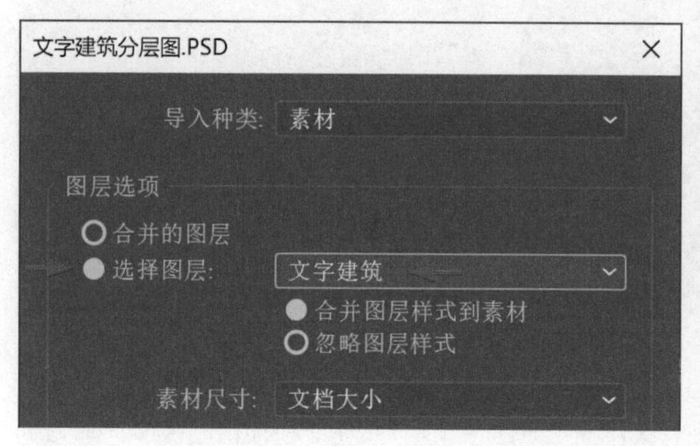

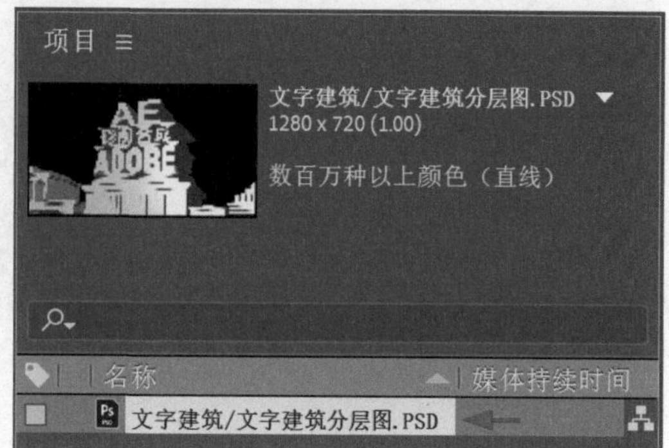

图 2-24 选择图层导入

操作2　将分层图像按不同的图层大小导入

在上面导入某一层图像的操作中，“文字建筑”层图像的“素材尺寸”按“文档大小”导入，因为图层的内容为透明背景，同时上部有部分空间，所以实际图层的高度要小于文档画面的高度。如果将“素材尺寸”按“图层大小”导入，单击“确定”按钮后，导入图像的尺寸将小于原来文档的尺寸，如图2-25所示。

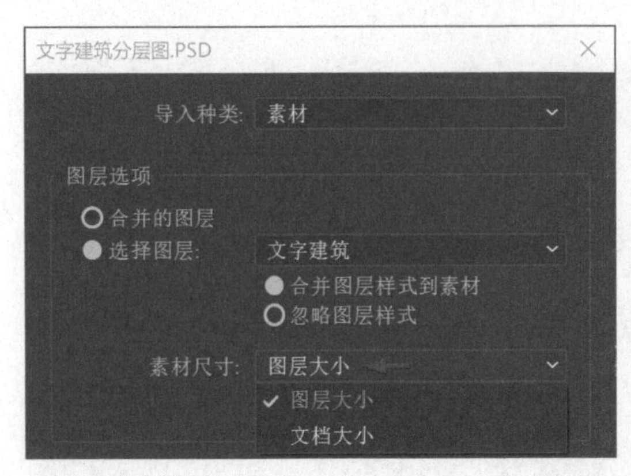

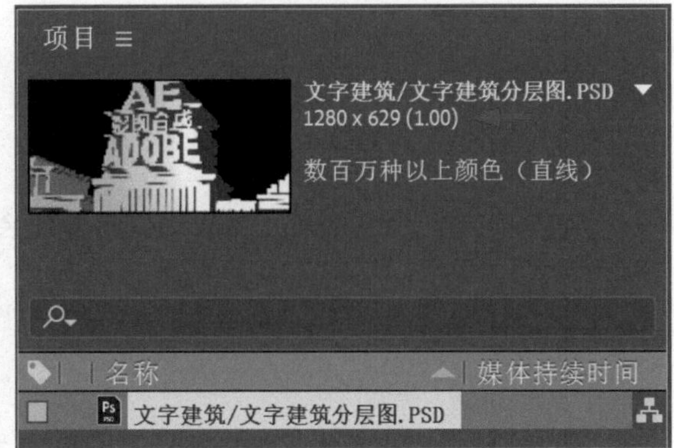

图 2-25 按图层实际大小导入

操作3 将分层图像按合成的种类导入

STEP 1

使用“导入种类”为“素材”，对分层图像文件进行合并或选择某个图层导入，是一种简单明了的导入方法；使用“导入种类”为“合成”，则可以将分层图像中的多个图层同时导入。例如，这里在导入“文字建筑分层图.PSD”时，“导入种类”选择为“合成”，单击“确定”按钮。在项目面板中，导入的图层将会放到文件夹中，同时建立包含图层的合成，按“合成”导入的图层，尺寸与文档的合成尺寸一致，如图2-26所示。

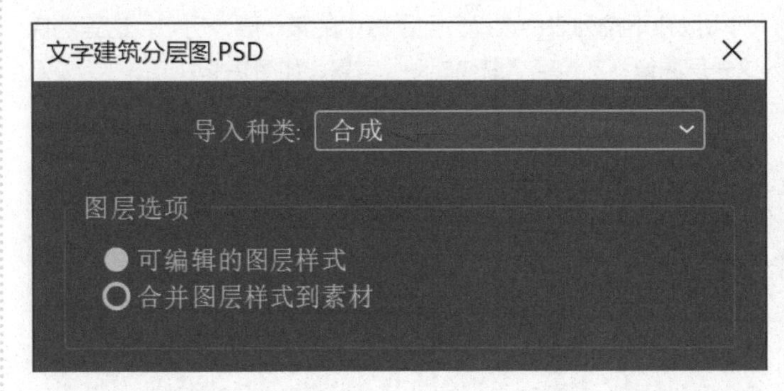

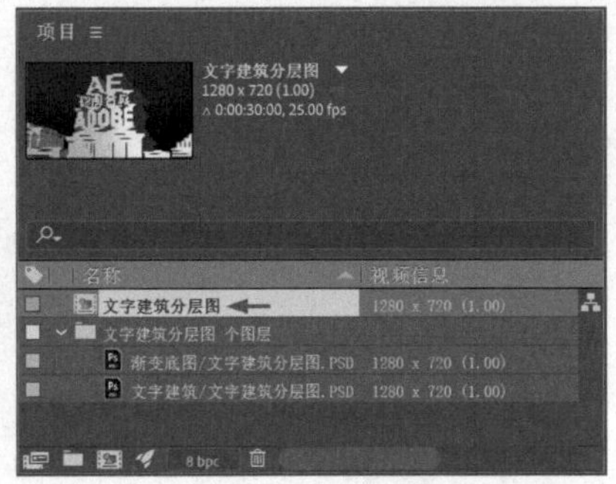

图 2-26 按合成方式导入分层图

STEP 2

例如，将“导入种类”选择为“合成-保持图层大小”，单击“确定”按钮。在项目面板中，导入的图层将会放到文件夹中，同时建立包含图层的合成，按“合成-保持图层大小”导入的图层，尺寸为各个图层实际的尺寸，可能与文档的合成尺寸有所不同，如图2-27所示。

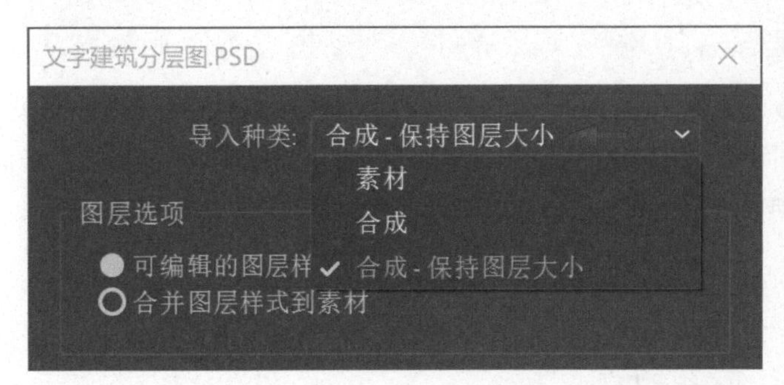

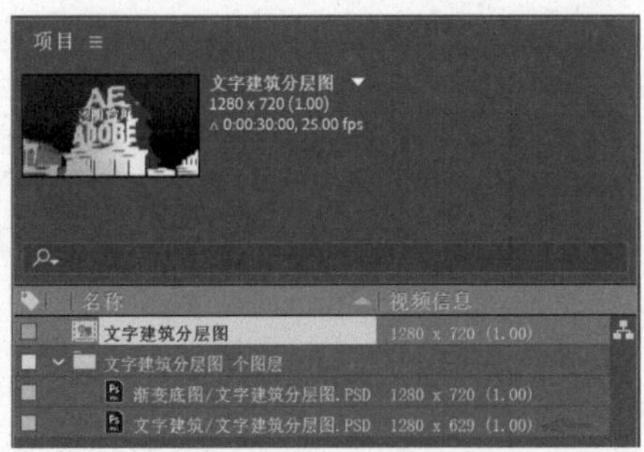

图 2-27 保持图层实际的大小

操作4 导入AI分层图形

STEP 1

导入AI格式分层图形文件的方法与导入PSD文件相同，可以合并为素材，也可以按合成的方式导入。另外对于按合成方式的导入操作，也可以在“导入文件”对话框中完成。例如，这里在打开的“导入文件”对话框中，选择“人物图标.ai”文件，将“导入为”选择为“合成-保持图层大小”，单击“导入”按钮，在项目面板中导入图形的多个图层，并自动建立合成，如图2-28所示。

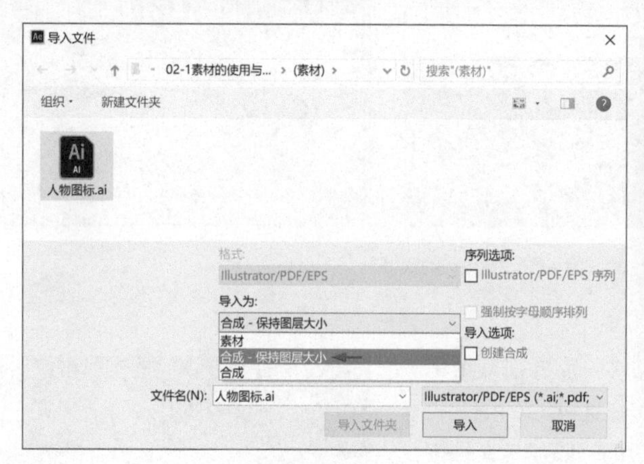

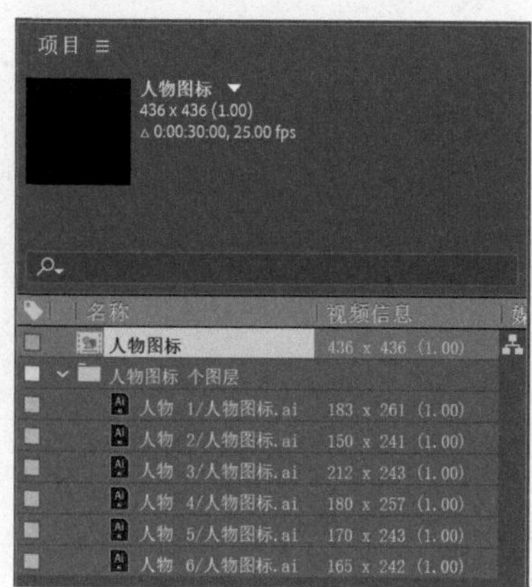

图 2-28 在“导入文件”对话框中按合成方式导入

STEP 2

在打开的合成时间轴面板中，单独显示某个图层，然后在合成视图面板中单击下部的“切换透明网格”图标，这样可以准确地查看图层的画面，如图2-29所示。

图 2-29 单独显示图层和查看透明背景效果

2.7 素材的替换和分类管理

导入项目面板中的素材为其在磁盘上的链接方式，对应原始链接路径的素材发生变化，所导入的素材也会受到影响。导入的素材数量较多或类型较多时，可以在项目面板中进行分类管理，保持项目面板的井然有序。

操作1 素材的替换

STEP 1

在打开项目文件时，如果项目中的素材文件在指向的位置路径找不到对应的素材文件，那么会提示文件丢失。打开项目文件后，在项目面板中丢失的文件会以占位符的画面代替，例如，这里的“片头动画.mp4”素材链接位置失效，提示如图2-30所示。

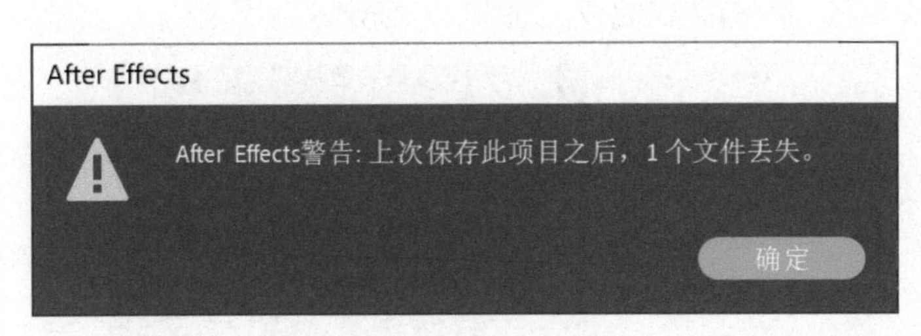

图 2-30 文件链接位置失效的状态

STEP 2

这里如果要恢复“片头动画.mp4”文件，需要在其上单击鼠标右键，选择菜单“替换素材>文件”（快捷键为Ctrl+H），打开替换素材文件的对话框，在其中指定正确的磁盘与文件位置，选中文件，单击“导入”按钮，文件即可恢复。

STEP 3

在项目面板的搜索栏左端单击展开列表，选择“缺失素材”，可以筛选显示出项目中链接失效的文件，单击右侧的关闭图标，关闭筛选，恢复全部素材的显示，如图2-31所示。

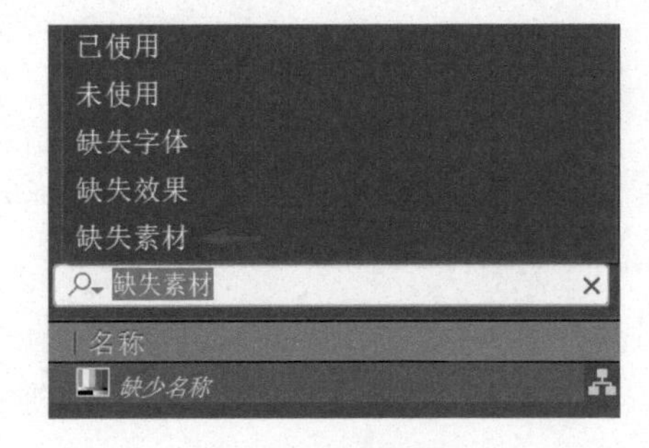

图 2-31 搜索缺失素材

操作2 素材的分类管理

STEP 1

当项目面板中导入的素材和建立的合成数量较多时，可以在项目面板中建立文件夹来分类管理。单击项目面板下部的“新建文件夹”图标，或者在项目面板空白处单击鼠标右键，选择菜单“新建文件夹”，两种方式都可以建立未命名的文件夹。

STEP 2

在项目面板下选中某个素材、合成或文件夹的名称，按主键盘上的Enter键，即可对其重新命名。

STEP 3

在项目面板中，可以使用鼠标将素材拖入或拖出素材文件夹。

图 2-32 使用文件夹分类管理素材

STEP 4

单击素材文件夹左侧的小三角形图标，可以展开或收起文件夹下的内容。

STEP 5

文件夹内可以建立下级文件夹，如图2-32所示。

实例　制作剧场合成动画

实例说明

这里来制作一个简单的实例动画，先在对应的素材文件夹中将素材按需要的方式导入，然后建立合成，用简单的合成操作，制作一个剧场大银幕上播放视频的效果。

图 2-33 素材文件的画面效果

图 2-34 实例效果

先看素材，包括1个文字场景的分层PSD图像、4个光束视频、一段节奏音乐、一张剧场图像、一段幕布拉开的视频。图像和视频素材的效果如图2-33所示。

这些素材被合成制作后的效果如图2-34所示。

实例合成流程图如图2-35所示。

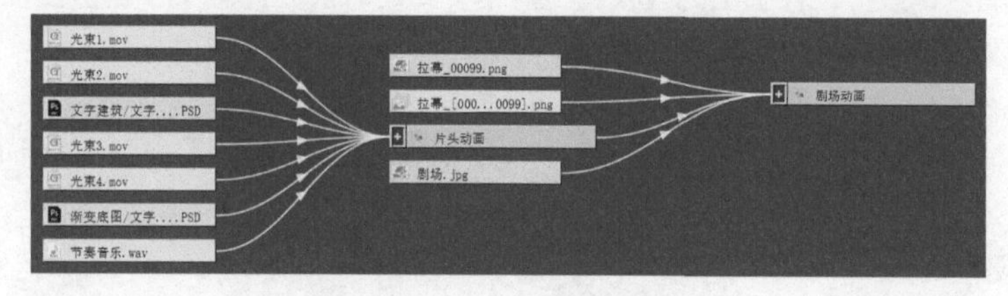

图 2-35 实例合成流程图

扫码观看实例制作步骤讲解视频	实例制作步骤图文讲解
	详见配书资源中的《实例制作步骤图文详解》PDF文档。 下载方式见封底。

制作镜头板动画

这里在对应的素材文件夹中准备有实例练习素材，包括视频素材、图像素材、音频素材，素材的部分画面如图2-36所示。

   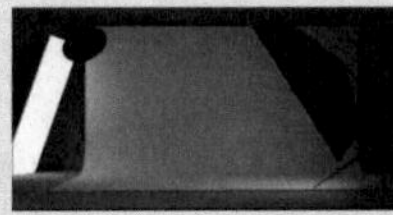

图 2-36 素材画面

当前练习的动画效果如图2-37所示。

图 2-37 实例效果

本练习制作中，先导入提供的素材，其中需要进行导入图像序列的设置、素材循环的设置，其中将“屏显可循环.mov”素材的循环次数设为5次，原来2秒的素材将变为10秒的长度。合成基于这10秒的“屏显可循环.mov”素材新建。

背景图层添加到合成后，会显得尺寸过大，可以选中背景图层并按Ctrl+Alt+Shift+F快捷键适配到合成的大小。

光效层为黑色背景，设置图层的模式为“屏幕”即可。最后注意文字链接在镜头板之后，连接处叠加了光效过渡的效果，如图2-38所示。

图 2-38 设置图层模式并叠加光效过渡效果

合成制作的时间轴图层如图2-39所示。

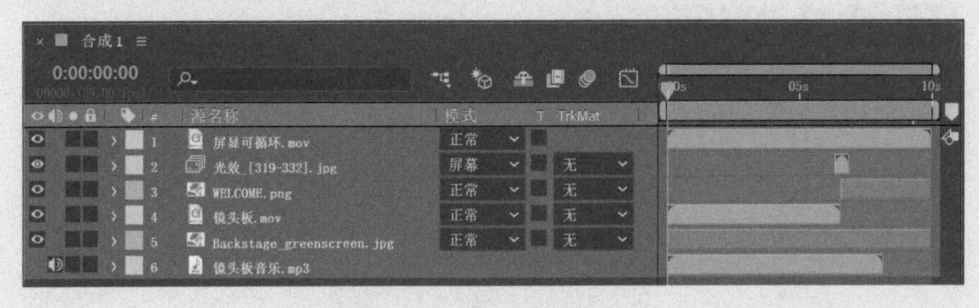

图 2-39 合成制作的时间轴图层

基本合成操作 进入合成的世界

有了可以使用的素材，就可以进入正式的合成制作阶段了。在这个阶段，需要先建立一个预设了视频影片大小、长度等标准的视频影片框架，然后在框架内放置素材，叠加合成，最后在视图面板中显示对应的画面。这个影片框架被称为“合成”，软件制作的大部分操作都是围绕着“合成”内的素材层来进行的。这一章将进入合成操作的世界。

3.1 新建合成的预设和自定义

合成是影片的框架，每个合成均有其自己的时间轴，用来放置多个素材图层，然后制作视频动画效果，最终渲染输出为所需文件格式的成片。简单项目可能只包括一个合成，复杂项目则可能包括多个合成，如数十个、数百个合成，以组织大量素材或多个效果。

3.1.1 合成预设的选择

合成的设置可以手动输入，也可以从预设中选择使用。合成预设是将合成的帧大小（宽度和高度）、像素比以及帧速率设置为多种常见输出格式，方便制作时可以快速地选择使用。

根据预设建立合成

STEP 1

查看和了解预设。选择菜单“合成>新建合成”（快捷键为Ctrl+N），或单击项目面板下的“新建合成”按钮，或者在项目面板空白处单击鼠标右键选择菜单“新建合成”，都可以打开合成设置面板。

STEP 2

在“预设”后单击下拉菜单，显示合成的预设，按用途大致分为4部分，第一部分为标清电视的预设，第二部分为高清电视的预设，第三部分为超高清的4K和8K视频预设，第四部分为电影的预设，如图3-1所示。

HDV/HDTV 720 29.97
HDV/HDTV 720 25
HDV 1080 29.97
HDV 1080 25
DVCPRO HD 720 23.976
DVCPRO HD 720 25
DVCPRO HD 720 29.97
DVCPRO HD 1080 25
DVCPRO HD 1080 29.97
HDTV 1080 24
HDTV 1080 25
HDTV 1080 29.97

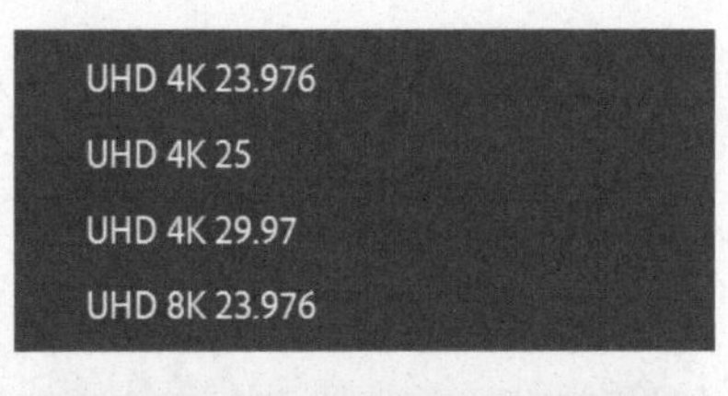

图 3-1 预设的分类

STEP 3

其中，当前常用的高清预设为HDTV 1080 25，即宽度为1920像素，高度为1080像素，像素比为方形像素比，帧速率为25帧/秒。预设的选择，影响着合成的宽度、高度、像素比和帧速率的设置。另外的设置项需要根据实际情况来设置，例如，开始时间码通常为0，持续时间视需要来设置，通常为若干秒，背景颜色通常为默认黑色或白色，如图3-2所示。

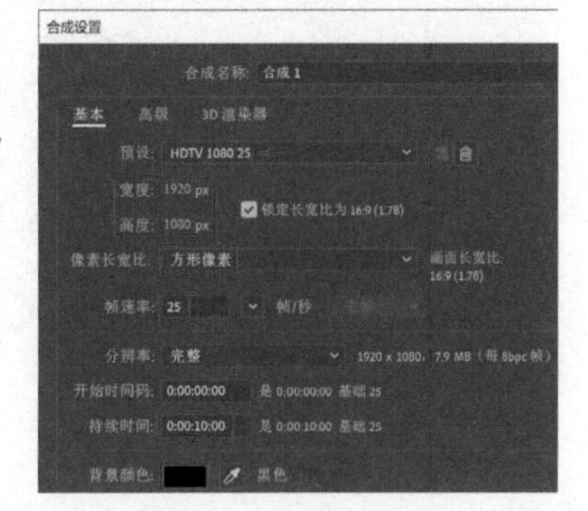

图 3-2 常用的高清预设

STEP 4

选择某一预设，单击“确定”按钮，即可建立新的合成。

3.1.2 合成的自定义设置

有时进行一些指定尺寸大小的视频制作时，需要在预设的基础上修改相关设置。例如，为一个宽2米、高1米的大屏幕制作视频时，可以在HDTV 1080 25预设的基础上，修改宽度和高度的比例为2:1，这样制作和输出的视频，其比例与大屏幕相适配。如果以后有相同的制作，可以将自定义的设置保存为预设来备用。

操作1 自定义合成的预设

STEP 1

新建合成。选择HDTV 1080 25预设。

STEP 2

修改宽度为2000像素，修改高度为1000像素。

STEP 3

修改后预设的名称将自动改变为“自定义”，单击其右侧的新建图标，将新预设命名为“HDTV 25 2比1”。

STEP 4

在“预设”的下拉菜单中出现新增的预设名称，如图3-3所示。

STEP 5

使用该自定义合成的画面如图3-4所示。

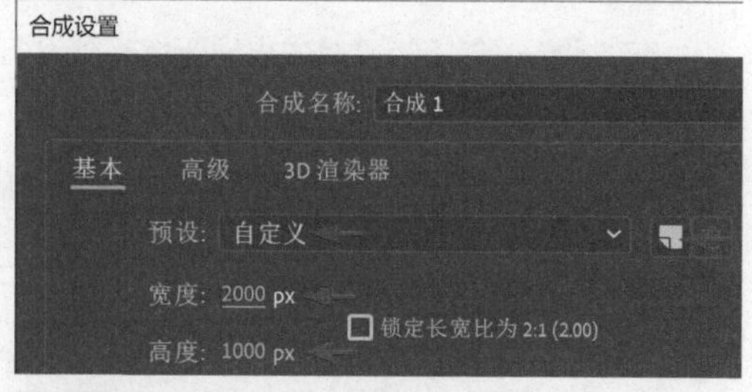

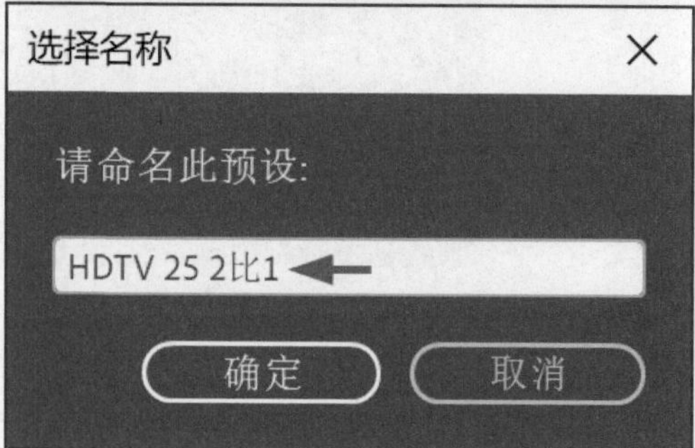

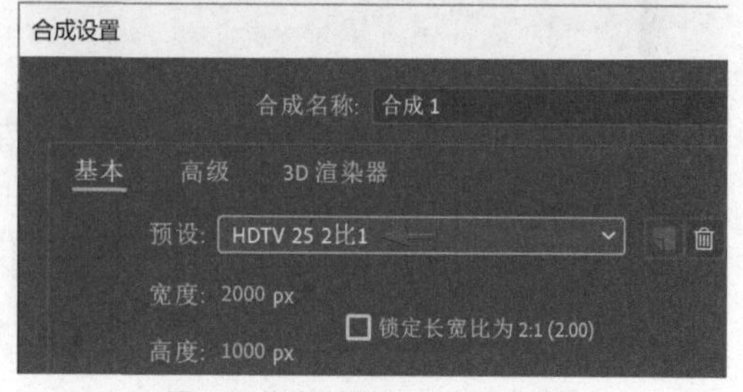

图 3-3 修改预设与建立自定义预设

图 3-4 自定义画面的长宽比例

操作2 自定义手机竖屏合成的预设

STEP 1

新建合成。选择HDTV 1080 25预设。

STEP 2

修改宽度为1080像素，修改高度为1920像素。

STEP 3

修改后预设的名称将自动改变为“自定义”，单击其右侧的新建图标，将新预设命名为“竖屏高清”，如图3-5所示。

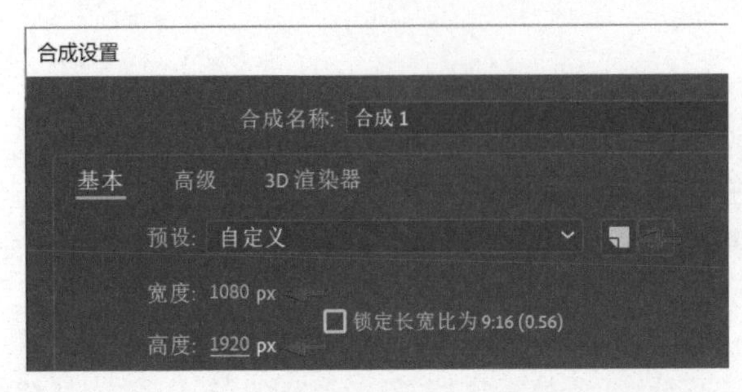

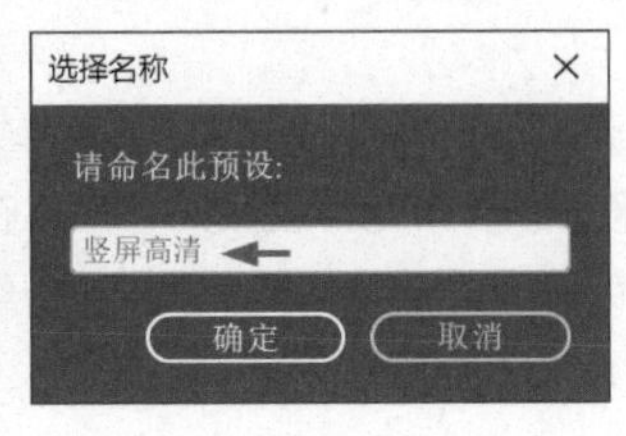

图 3-5 修改预设与建立自定义的手机竖屏预设

STEP 4

在“预设”的下拉菜单中出现新增的预设名称。使用该自定义合成的画面如图3-6所示。

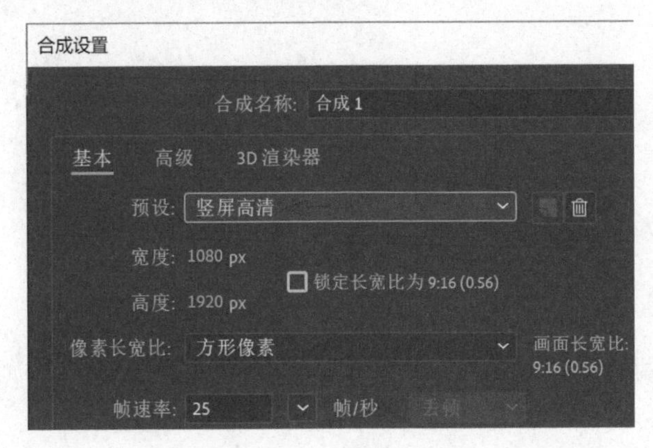

图 3-6 自定义手机竖屏画面

3.2 三大面板联合制作

这里所说的三大面板指项目面板、时间轴面板和合成视图面板。使用After Effects制作影片时，需要先在项目面板中建立合成，然后打开合成的时间轴面板，在时间轴面板中添加素材层进行合成制作，画面则在合成视图面板中显示。简单地说，项目面板相当于素材管理库，时间轴面板用来叠加各素材层进行合成制作，合成视图面板则可以预览时间轴指针位置的画面效果。

为项目设置视频渲染和时间码选项

STEP 1

打开项目面板的弹出菜单，选择“项目设置”，可以设置“视频渲染和效果”下的选项，如果硬件显卡支持GPU加速，选择此选项将有利于加速渲染。

STEP 2

在“时间显示样式”下，时间码的基准默认为30。因为国内制作沿用PAL制式，以每秒25帧设置为主流，所以这里将“默认基准”设为25，如图3-7所示。

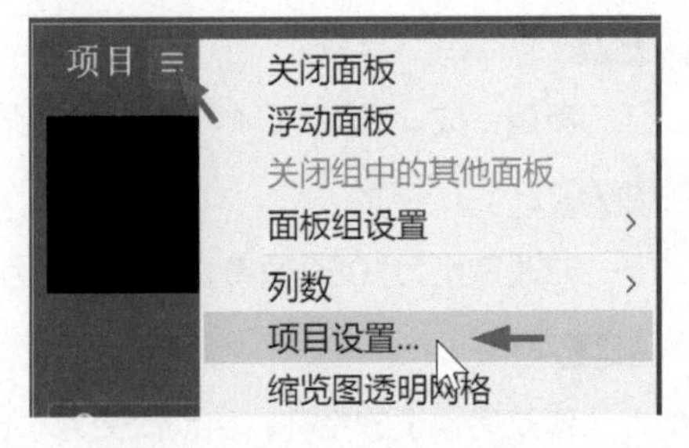

图 3-7 设置视频渲染和时间码选项

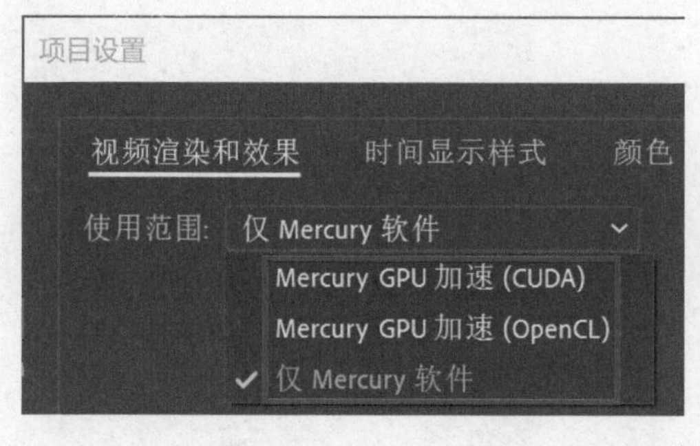

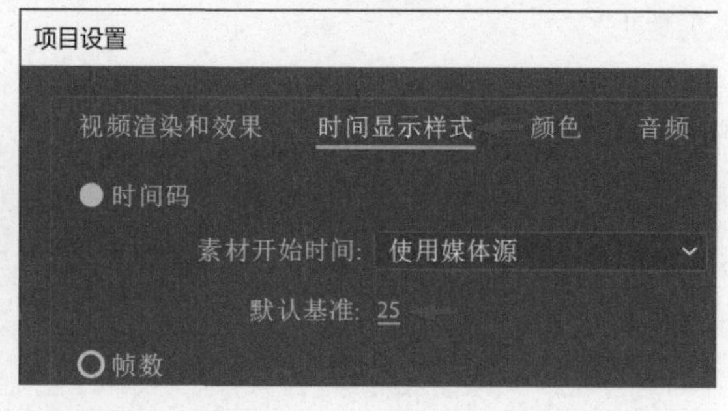

图 3-7 设置视频渲染和时间码选项（续）

操作2 项目面板中的一些基本操作

方法 1

在项目面板内单击素材可以将其选中。

方法 2

按向下或向上的方向键可以切换选择下面或上面的素材。

方法 3

配合Shift键按向下或向上的方向键可以连续选择下面或上面的素材。

方法 4

配合Shift键单击下面或上面的素材可以同时选中两次单击之间的素材。

方法 5

配合Ctrl键单击下面或上面的素材可以同时跳跃选中单击的素材。

方法 6

按Ctrl+A快捷键可以全选项目中的素材。

方法 7

按Ctrl+Shift+A快捷键可以取消全部素材的选择状态。

方法 8

在素材的颜色标签上单击鼠标右键，选择菜单“选择标签组”，可以选中具有相同标签的素材。

方法 9

选中某个素材，选择菜单“编辑>重复”（快捷键为Ctrl+D），可以创建一个相同的副本。

方法 10

选中某个素材，按主键盘上的Enter键，可以修改素材的名称。

方法 11

双击素材的名称可以打开素材的视图。

方法 12

双击合成的名称可以打开合成的时间轴面板。

方法 13

按Alt+\快捷键可以基于所选项新建合成。

方法 14

按Ctrl+/快捷键可以从项目面板中，将选中的素材添加到所打开的合成的时间轴面板中。

方法 15

单击栏目名称可以按正序或倒序排列。

方法 16

在搜索栏中可以输入关键字查找并显示素材名称。

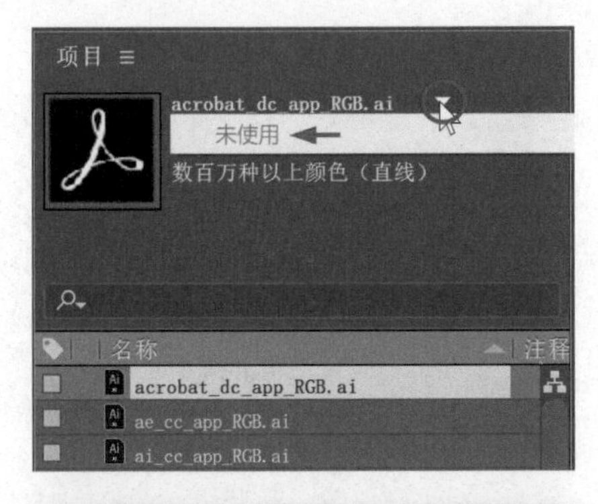

方法 17

在顶部缩略图的素材名称旁有小三角形图标，单击可以查看素材使用次数及所在合成，选择所在合成的弹出显示，则会跳转到合成中的素材上，如图3-8所示。

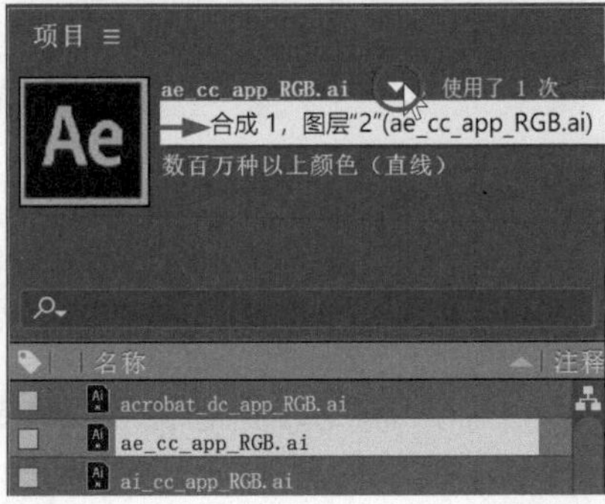

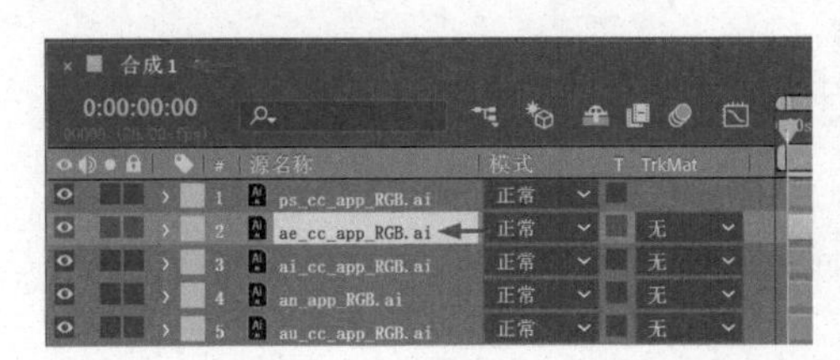

图 3-8 未使用和在使用素材

操作3 时间轴面板中的一些基本操作

方法 1

部分通用操作与在项目面板中的操作相同，例如，单击可以选中图层、配合Shift或Ctrl键单击可以选择多个图层、按Ctrl+A快捷键可以全选图层、按Ctrl+Shift+A快捷键可以全部取消选择、可以选择标签组、按Ctrl+D快捷键可以创建副本、按主键盘上的Enter键可以修改图层名称、双击图层可以打开图层视图、可以在搜索栏中输入关键字查找并显示图层等。

方法 2

需要注意的是，选中某一层后，按上、下、左、右方向键，会移动图像在画面中的位置。

方法 3

选择当前层的下一层或上一层时，可以配合Ctrl键按向下或向上的方向键。

方法 4

可以使用Page Up或Page Down键，也可以配合Ctrl键按向右或向左的方向键，来移动时间轴的时间指示器。

方法 5

在图层上单击鼠标右键选择菜单“在项目中显示图层源”，可以跳转到项目面板对应的素材上。

方法 6

按小键盘上的1至9数字键，可以选中序号1至9中的某个图层。

方法 7

按空格键可以切换播放和停止播放状态。

方法 8

快速按小键盘的多位数，可以选中对应的10以上的图层，例如，在小键盘上快速按10会选中第10个图层。

方法 9

单击图层名称上的栏列，可以在源名称（素材名称）和图层名称（修改后的名称）之间切换显示。

方法 10

图层栏列最基本的开关有视频、音频、独奏、锁定，可以用来切换图层的显示或锁定状态。

方法 11

时间轴左下方有“图层开关”“转换控制”“入点/出点/持续时间/伸缩”3个展开或折叠窗格开关，制作中不涉及的栏列可以折叠起来，以节省显示空间，如图3-9所示。

图 3-9 折叠窗格开关对应的栏列

操作4　合成视图面板中的一些基本操作

合成视图面板下部的功能图标较多，如前面章节涉及的“切换透明网格”“切换像素长宽比校正”图标，这里介绍几个基本的操作。

方法 1

按快捷键．（英文句号，同>键）或，（英文逗号，同<键）可以放大或缩小合成画面的显示，按Alt+\快捷键则按“合适大小（最大100%）”来显示。也可以在合成视图面板下单击“放大率弹出式菜单”图标，选择“适合”选项（将按面板大小匹配显示合成画面的大小）或某个放大率选项，如图3-10所示。

图 3-10 切换画面显示大小的放大率选项

方法 2

在“选择网格和参考线选项”图标上单击，弹出菜单选项，在这里切换相关参考线的显示或隐藏。

其中，“标题/动作安全”参考线框是比较常用的参考线框。电视机可放大视频图像并允许屏幕边缘剪掉图像外部边缘的某些部分，这种裁剪称为过扫描。过扫描的数量在不同的电视机之间是不一致的，因此应将视频图像的重要部分保留在安全区域内。常规的动作安全区域是画面宽度和高度的 90%，相当于每一侧 5% 的边距。常规的标题安全区域是画面宽度和高度的 80%，相当于每一侧 10% 的边距。

画面长宽比等于或接近 16:9 的合成，具有两个附加的中心剪切安全区域指示器。中心剪切安全区域指示器参考显示可能剪切的部分，显示在4:3 屏幕上可能会剪掉 16:9 画面的哪些部分。在创建可能会显示在标清电视机上的高清图像时，应关注此类裁剪。默认情况下，中心剪切动作安全边距是 32.5%（每一侧 16.25% 的边距），中心剪切标题安全边距是 40%（每一侧 20% 的边距）。

“对称网格”在画面中显示左右、上下对称的参考网格，“网格”从左上角开始显示某个单位的参考网格，“标尺”显示在左侧和顶部，在“标尺”上按住鼠标左键不放并向画面内拖曳可建立“参考线”，如图 3-11 所示。

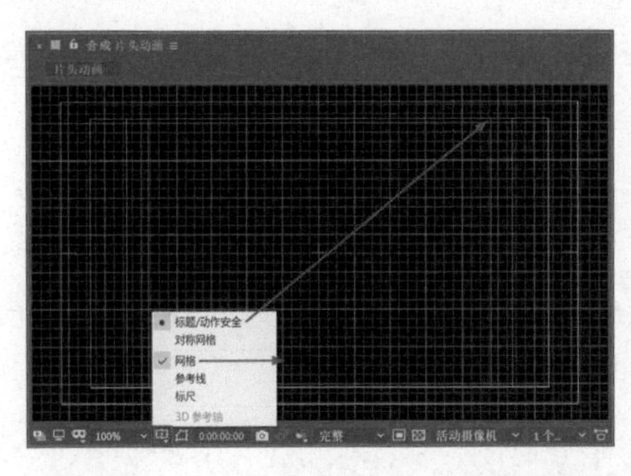

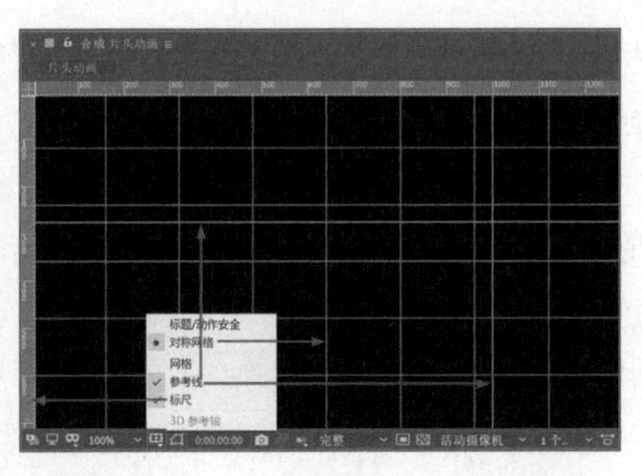

图 3-11 网格和参考线选项

方法 3

在“视图”菜单下也有相关网格和参考线的选项，还可以勾选“对齐到参考线”“锁定参考线”“清除参考线”“对齐到网格”菜单。要更改安全区域边距、网格和参考线的设置时，则可以选择菜单“编辑 > 首选项 > 网格和参考线”，然后在其中设置合适的数值，如图 3-12 所示。

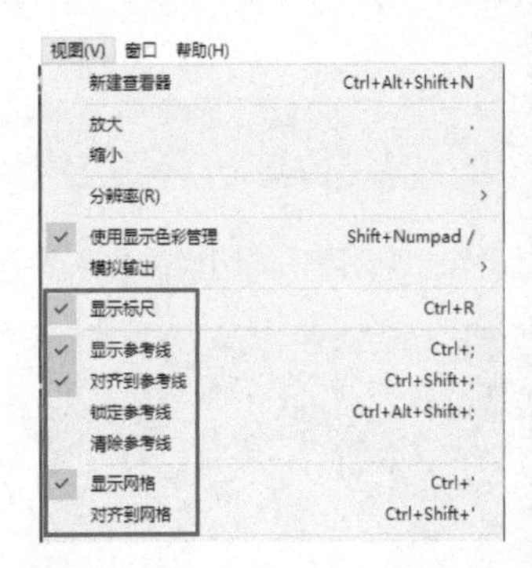

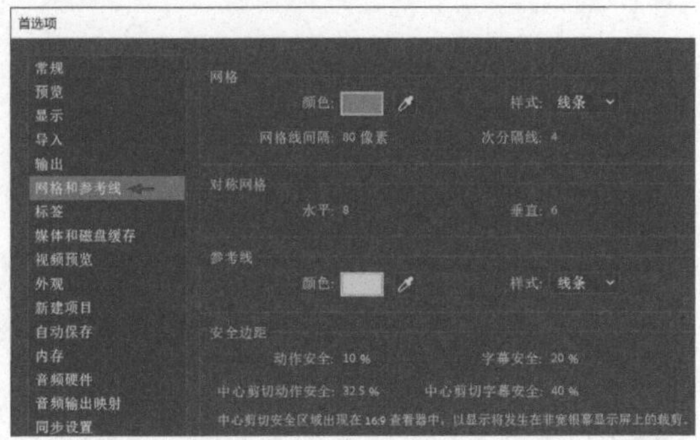

图 3-12 网格和参考线的菜单和首选项设置

方法 4

“分辨率/向下采样系数弹出式菜单”中可以选择合成画面的预览清晰度，渲染速度较快的制作可以选择“完整”，这样可以清晰地预览效果；渲染速度慢时，可选择“二分之一”或以下的低分辨率。“自动”选项可根据画面“放大率”来匹配分辨率，例如，画面“放大率”在 50% 及以上时，按“完整”的清晰度显示；在 33% 至 50% 时，则自动调整为按“二分之一”的清晰度显示；同理，“自动”的分辨率会随着放大率的变小而降低，这样在保证显示效果的同时，减少了不必要的高分辨率渲染时间，如图 3-13 所示。

图 3-13 “四分之一”和“自动”分辨率

方法 5

单击打开“目标区域”后，鼠标指针可以在合成视图的画面上拖曳，建立一个屏蔽外部画面的矩形，只显示目标区域内的画面。创建更小的目标区域，可以在预览时使用更少的计算机资源来处理，从而提高交互速度并增加预览持续时长。创建“目标区域”后，单击这个图标可以切换显示或隐藏目标区域。

选择目标区域后，信息面板会显示该区域的顶 (T)、左 (L)、底 (B) 和右 (R) 边缘到合成的左上角的水平距离和垂直距离。

创建“目标区域”后，选择菜单“合成>裁剪合成到目标区域”，可以将合成由原来尺寸裁剪到目标区域的尺寸，如图3-14所示。

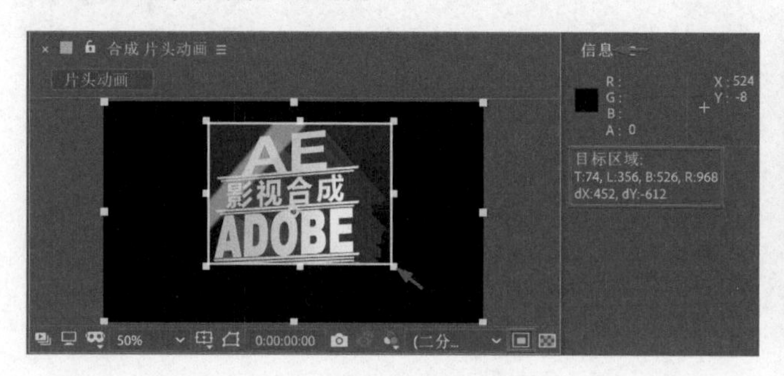

图 3-14 建立“目标区域”和“裁剪合成到目标区域”后的合成画面

3.3 图层变换属性的操作

在After Effects中，图层是构成合成的元素，如果没有图层，合成就只是一个空的帧面板。After Effects中的图层类似于Premiere Pro中的轨道或Photoshop中的图层，After Effects中的每个图层上只能有一个素材片段。每个图层都具有图层属性，可以通过属性的设置来影响图层的画面。

3.3.1 了解图层变换属性

After Effects的每个图层都具有一个基本的“变换”组，其中包括“锚点”“位置”“缩放”“旋转”和“不透明度”属性。这些是图层的基本属性，很多动画效果也是利用这些基本的属性变化来制作的。

不同画幅合成的图层变换属性对比

STEP 1

单击图层标签前和“变换”前的小三角形，可以展开或收起图层的变换属性。其中，“锚点”“位置”和“缩放”是二维数组，前一数值为x轴、后一数值为y轴。合成画面中x和y的数值计算起点在左上角，高清画面的宽度为1920像素、高度为1080像素，即画面左侧边缘x为0、右侧边缘x为1920、顶部边缘y为0、底部边缘y为1080。图层默认的“锚点”和“位置”都在中心位置，二维数组的坐标（x，y）为从左上角0开始计算的（960.0，540.0）。

STEP 2

打开一个基于720P（1280像素 ×720像素）素材新建的合成，展开变换属性，查看参数。

STEP 3

打开一个基于1080P（1920像素×1080像素）素材新建的合成，展开变换属性，查看参数。

这两类视频合成的变换属性，根据不同画幅大小，默认状态下的“锚点”和“位置”数值有所不同，如图3-15所示。

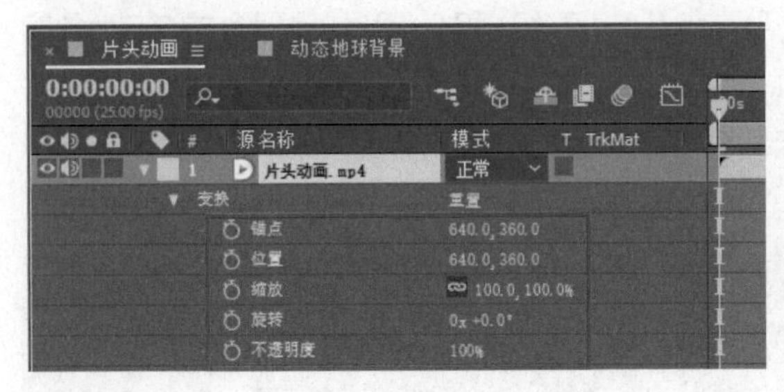

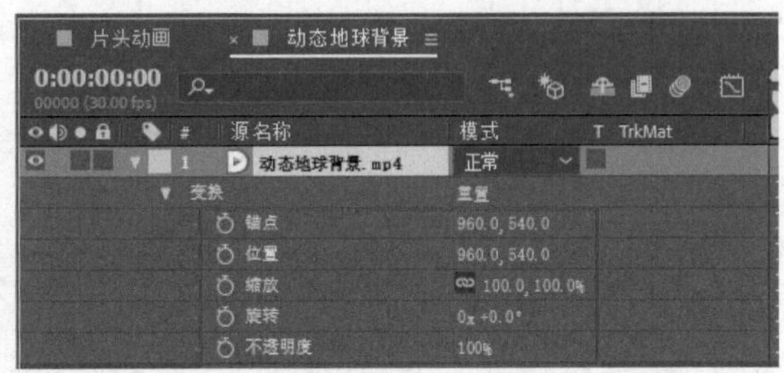

图 3-15 720P 视频与 1080P 视频的变换属性

操作2 使用工具移动锚点

STEP 1

“锚点”可以看作图层画面的“重心”，图层将以这个点的位置进行旋转和缩放。这里导入一个高清画幅的PSD分层图像，导入素材时，设置“导入种类”为“合成-保持图层大小”，“图层选项”选择为“合并图层样式到素材”，单击“确定”按钮。

STEP 2

在项目面板中双击“分层时钟”合成，在时间轴面板中打开合成。

STEP 3

选中“时针”图层，并展开其变换属性，如图3-16所示。

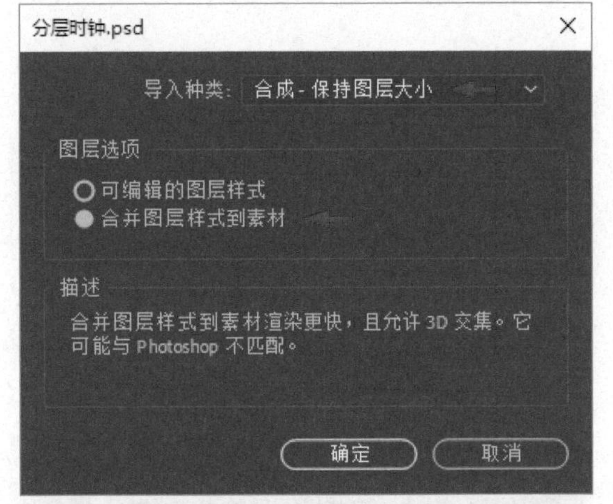

图 3-16 导入分层图像和展开变换属性

STEP 4

此时整个时钟在画面的中部，其中的“时针”位置在画面的中部偏右，“时针”的锚点在“时针”图层的中心。此时调整“时针”图层的“旋转”属性，会按“时针”图层的“锚点”进行旋转，这并不是所要的按时钟中心旋转的效果，如图3-17所示。

图 3-17 旋转“时针”图层

调整“旋转”属性时，用鼠标在“旋转”属性x的后一个数值上拖动，即可进行调整。“旋转”属性数值分为两部分，x前的数值为旋转的周数（或称圈数，即360°为1周），x后的数值为1周内的旋转角度。

STEP 5

恢复“旋转”属性的数值，在工具栏中选择锚点工具，将“时针”图层的锚点拖移至时钟的圆心上。此时锚点在“时针”图层中的x轴数值会随着锚点的左移而减小，图层的“位置”属性的x轴数值也相应地减小，如图3-18所示。

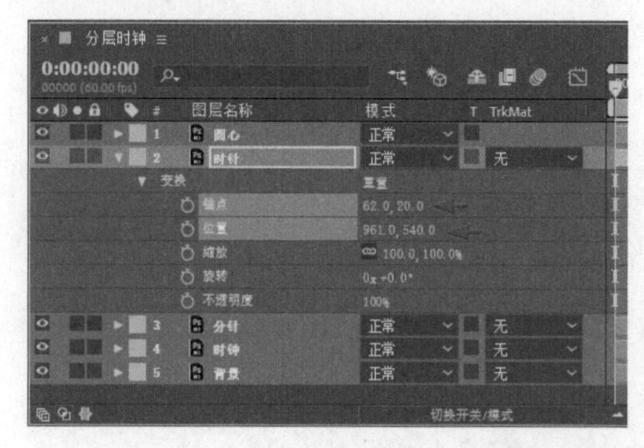

图 3-18 使用锚点工具调整锚点的位置

可以配合放大合成视图，方便操作。在按住Shift键不放的同时向左移动锚点，可以保持水平移动时不发生上下偏移。

STEP 6

这样调整“时针”图层旋转后，会按修改后的锚点进行旋转，即按时钟中心进行旋转，如图3-19所示。

图 3-19 按调整后的锚点进行旋转

手动移动锚点比较直观，但有时不太精确，可以结合调整参数的方法进行设置。

操作3　调整锚点的参数

STEP 1

这里准备使用修改参数的方法来旋转“分针”图层，通过单击图层的小三角形图标，收起“时针”图层的变换属性，展开“分针”图层的变换属性，如图3-20所示。

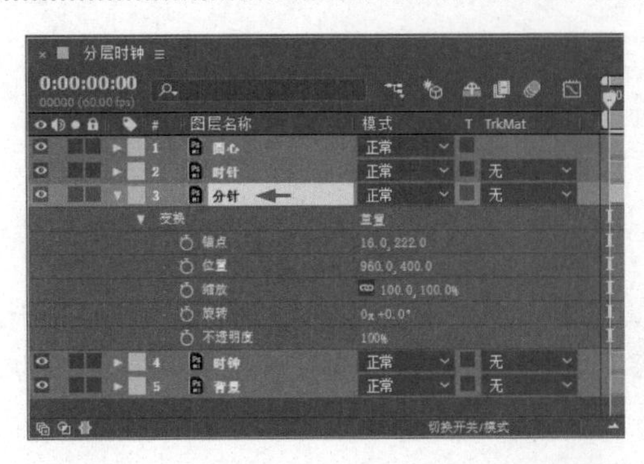

图 3-20 展开“分针”图层的变换属性

STEP 2

这里时钟图像在画面中部，只需考虑“分针”图层按画面中心进行旋转即可。先设置“分针”图层的“位置”居中，因为高清合成的尺寸为1920像素 ×1080像素，所以中心坐标为（960.0，540.0）。将“分针”图层的y轴数值修改为540.0，如图3-21所示。

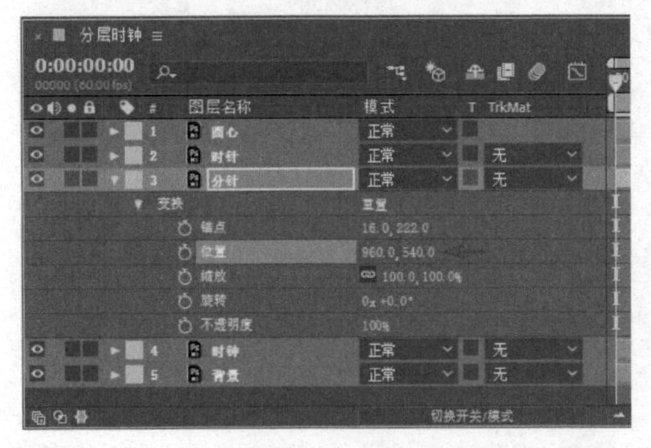

图 3-21 设置“位置”居中

也可以在“位置”上单击鼠标右键，选择弹出菜单中的“重置”，将“位置”设为居中的数值。

STEP 3

使用鼠标在“锚点”的y轴数值上拖曳，对照着合成视图中“分针”图层偏移的位置，设置“锚点”的y轴数值为360.0，如图3-22所示。

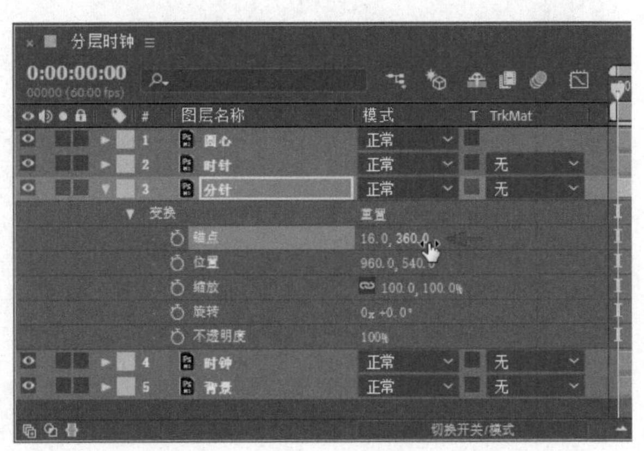

图 3-22 拖曳“锚点”的y轴数值

STEP 4

这样调整“分针”图层旋转后，会按时钟中心进行旋转。

操作4 修改缩放数值

STEP 1

在上面操作的基础上，在“分针”图层“缩放”属性数组其中的一个数值上单击，将其激活为可修改输入的状态，修改数值为（85.0，85.0）%，按小键盘的Enter键或在其他地方单击，完成数值的设置。因为数组的两个数值默认打开约束比例设置，修改一个数值后，另一个数值会自动更新。这样“分针”图像按“锚点”进行缩小，如图3-23所示。

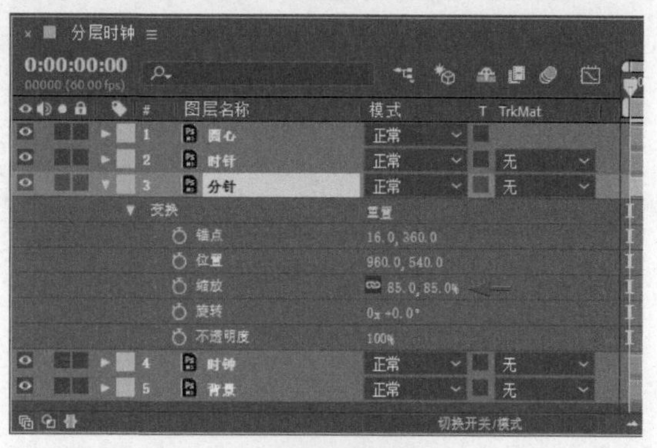

图 3-23 修改约束比例的“缩放”数值

STEP 2

选中“分针”图层，按Ctrl+D快捷键创建一个副本，默认副本图层在原图层的上层，名称为“分针 2”。保持“分针 2”层选中的状态，按主键盘上的Enter键，激活名称为可修改输入的状态，这里修改为“秒针”，然后按小键盘的Enter键或在其他地方单击，完成输入设置，如图3-24所示。

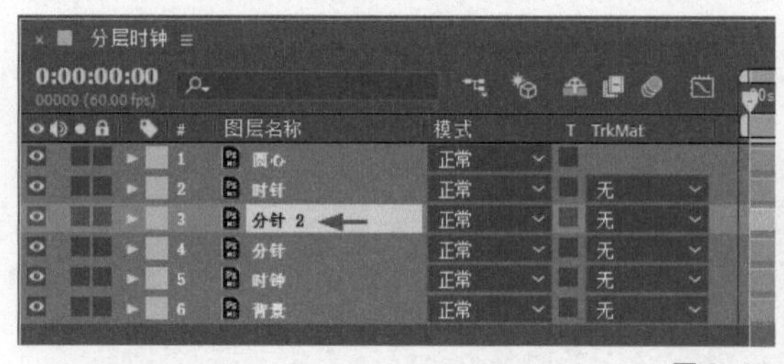

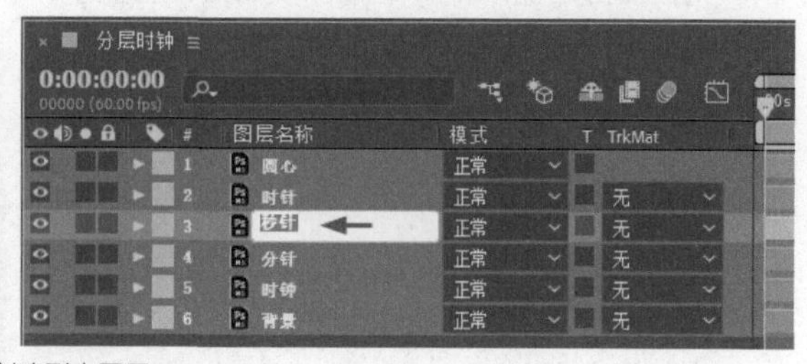

图 3-24 创建副本图层

STEP 3

展开“秒针”图层的变换属性，调整“旋转”数值，这里顺时针旋转75.0°。

STEP 4

单击“缩放”数值前的约束比例开关，这样可以分别在x和y两个数值上拖曳调整数值，分别设置合适的数值，这里设置x轴数值为30.0，y轴数值为100.0，如图3-25所示。

图 3-25 修改未约束比例的“缩放”数值

3.3.2 图层变换属性的快捷显示

图层变换属性的设置操作比较常用，软件为每个变换属性都分配了快捷键，以提高显示、设置的操作效率。另外通过仅显示部分属性的设置，可以在时间轴面板中节省显示空间。以下通过介绍快捷键操作，熟练帮助读者掌握变换属性的基本操作。

显示变换属性的快捷键操作

方法 1

选中素材图层，可以使用以下快捷键来快速显示或隐藏图层的变换属性：

按A键显示“锚点”；

按P键显示“位置”；

按S键显示“缩放”；

按R键显示“旋转”；

按T键显示“不透明度”。

方法 2

重复按某个快捷键可以切换其显示或隐藏的状态。

方法 3

先按快捷键显示某一个属性，如按P键显示“位置”，配合Shift键按其他属性的快捷键，可增加显示一个属性，如配合Shift键再按S键增加显示“缩放”。这样就能在图层下显示其中的两个属性，如图3-26所示。

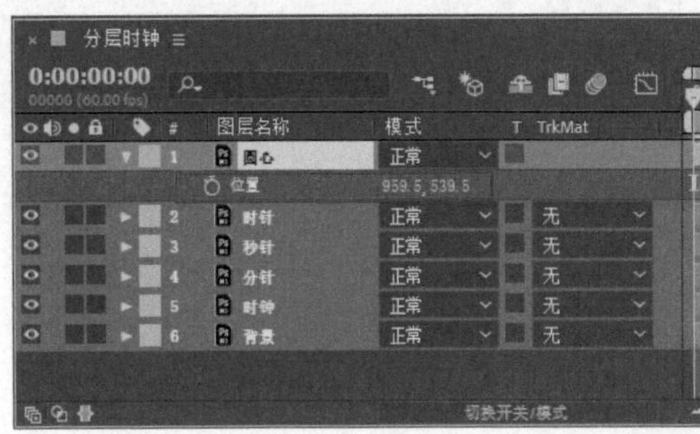

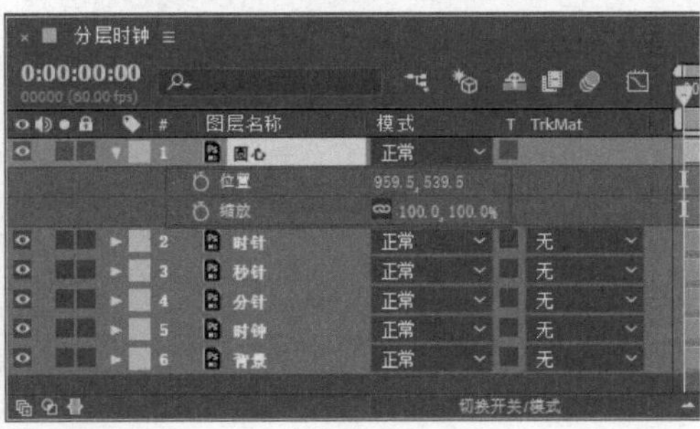

图 3-26 用快捷键显示两个属性

方法 4

在显示多个变换属性的状态下，按住Alt键并单击某个属性的名称，可以将其隐藏，如这里单击“位置”，将其隐藏，如图3-27所示。

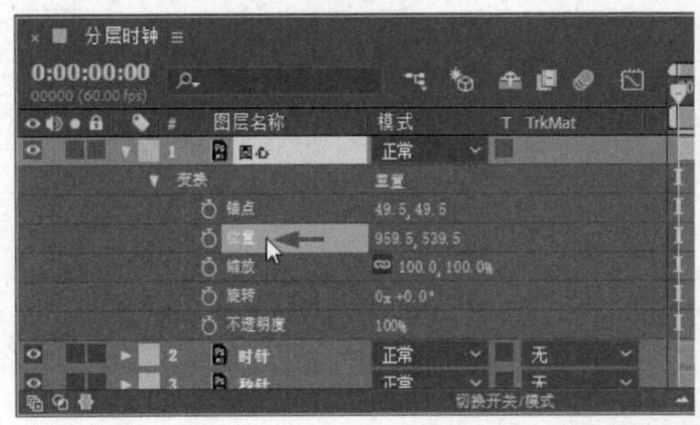

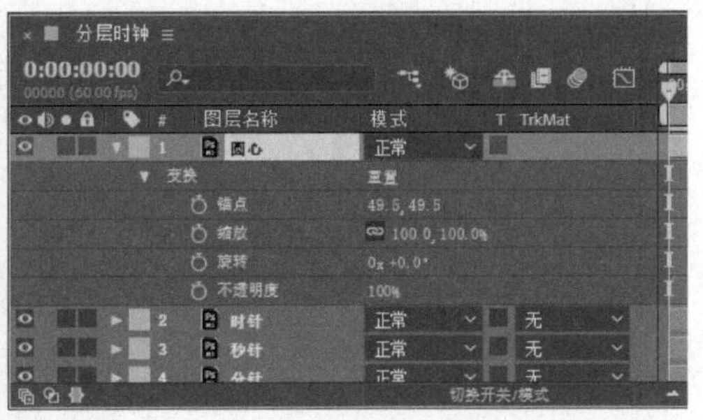

图 3-27 隐藏某个属性

方法 5

同时选中多个图层时，显示变换属性的快捷键对选中的图层都有效；在合成中未选择图层时，快捷键对所有图层都有效。例如，这里图3-28中的左图为选中两个图层时按P键，右图为未选中图层时按P键。

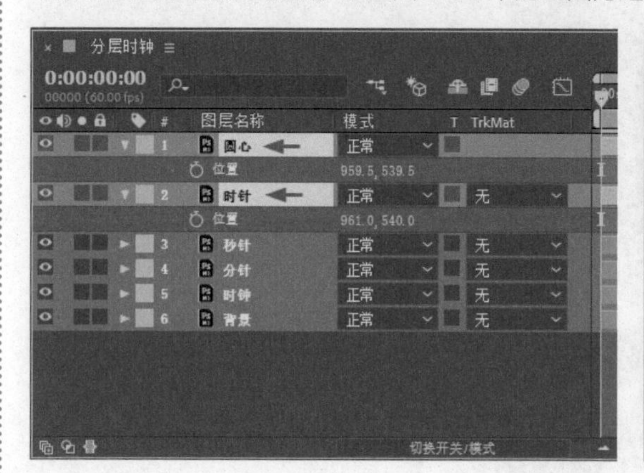

图 3-28 同时显示多个图层的某个属性

方法 6

变换属性的数值也可以复制和粘贴，但要在不同图层的相同属性之间，或者同维度的属性之间进行。复制时单击选中属性的名称，可以按Ctrl+C快捷键复制，按Ctrl+V快捷键粘贴。如果要在不同图层之间复制和粘贴同一属性，复制某个属性后，只要选择目标图层粘贴即可。例如，单击“分针”图层的“位置”，按Ctrl+C快捷键复制，再单击“时针”图层的“位置”，或者仅单击“时针”图层，按Ctrl+V快捷键粘贴，都可以将“分针”图层的位置数值复制到“时针”图层上，如图3-29所示。

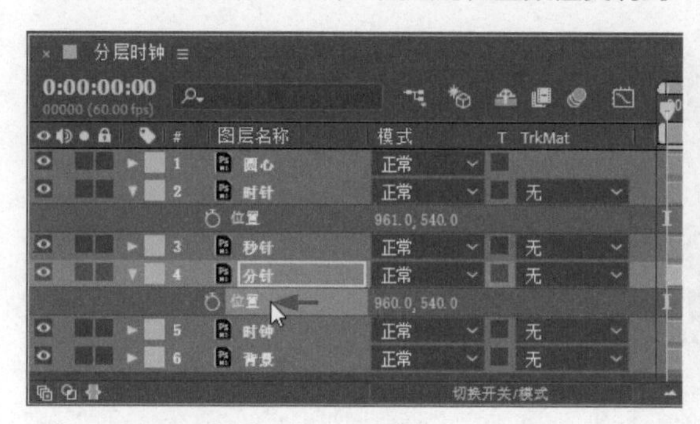

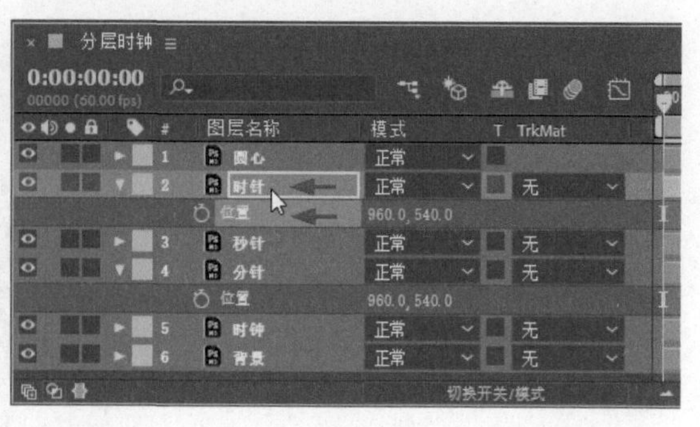

图 3-29 复制和粘贴属性数值

3.4 图层元素的精确摆放

合成制作常涉及多个图层元素的摆放，这时候对齐面板的排列、对齐、分布功能，能专业、快速、精确地完成元素摆放制作。

对齐到合成

STEP 1

在项目面板中导入“画框.jpg”“墙壁.jpg”和“AE启动图.jpg”。

STEP 2

新建一个预设为HDTV 1080 25的高清合成，软件将会自动在时间轴和合成视图中显示当前空的合成。

STEP 3

可以直接将“墙壁.jpg”拖至合成视图中，暂时不用对齐摆放，如图3-30所示。

图 3-30 向合成视图中添加素材

STEP 4

在对齐面板中单击“水平对齐”按钮和“顶对齐”按钮，对齐到合成，如图3-31所示。

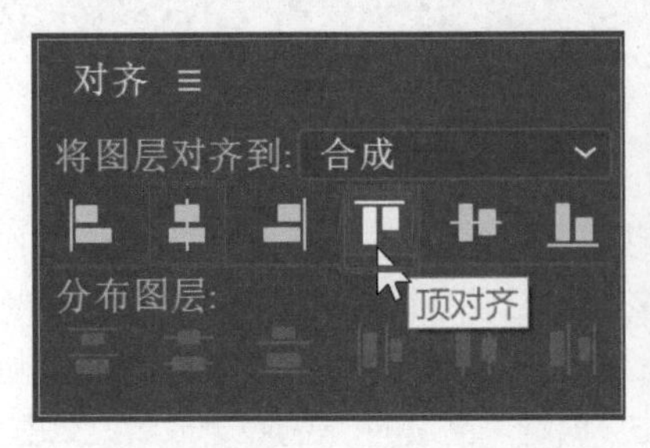

图 3-31 对齐到合成

操作2 对齐到选区

STEP 1

继续上面的操作，单击合成视图下的“选择网格和参考线选项”图标，勾选弹出菜单中的“对称网格”。

STEP 2

将“画框.jpg”和“AE启动图.jpg”拖至合成视图或时间轴中，参考显示出的网格，调整两者之间的水平和垂直都相隔两个格线的距离，方便对比效果，如图3-32所示。

STEP 3

在对齐面板中设置“将图层对齐到”为“选区”，单击“水平对齐”按钮，查看两个图层水平对齐到两者中间的位置，如图3-33所示。

STEP 4

单击“垂直对齐”按钮，查看两个图层垂直对齐到两者中间的位置，如图3-34所示。

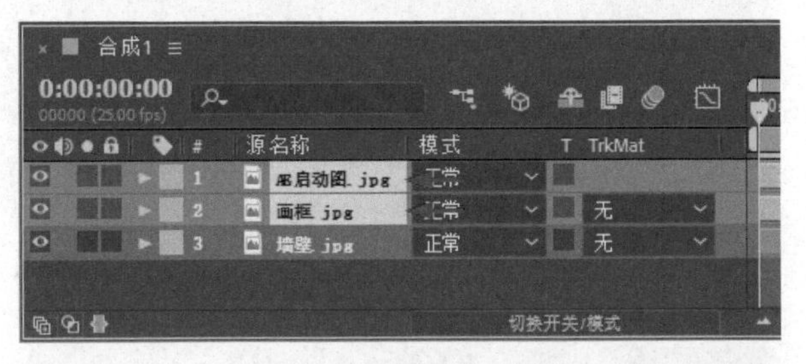

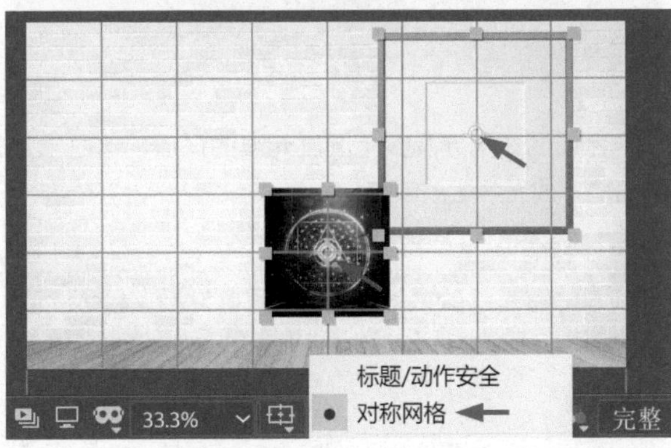

图 3-32 显示网格并添加素材

STEP 5

如果要整体居中，可以设置“将图层对齐到”为“合成”，单击两个居中按钮，如图3-35所示。

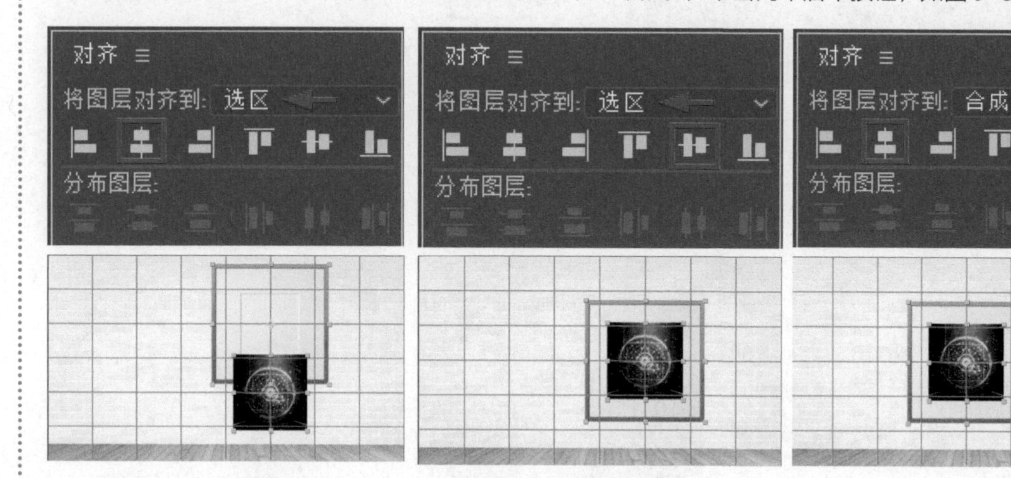

图 3-33 选区间水平对齐　　图 3-34 选区间垂直对齐　　图 3-35 按合成居中

操作3 分布图层

STEP 1

在项目面板中选择“合成 1”，按Ctrl+D快捷键创建副本“合成2”，双击打开其时间轴面板，删除顶层“AE启动图.jpg”。选中“画框.jpg”图层，按S键显示“缩放”，并将数值设为（50.0，50.0）%。

STEP 2

选中“画框.jpg”图层，按Ctrl+D快捷键3次，创建3个副本，如图3-36所示。

STEP 3

单击合成视图下的“选择网格和参考线选项”图标，勾选“对称网格”。参考显示出的网格，调整其中一个“画框.jpg”的位置在从左上方计算的第1条横线和第1条竖线交叉的位置，调整另一个“画框.jpg”在从左上方计算的第4条横线和第7条竖线交叉的位置，其他两个“画框.jpg”在两者之间的随机位置。最后选中这4个图层，如图3-37所示。

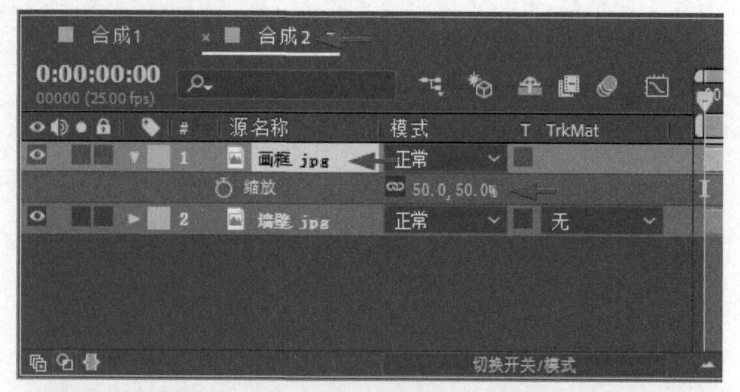

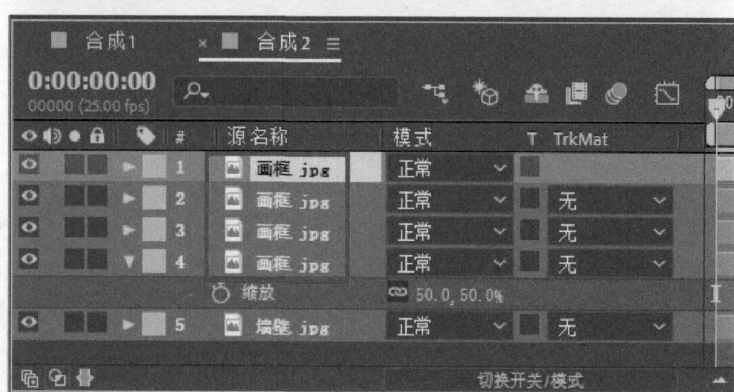

图 3-36 创建合成副本并调整图层

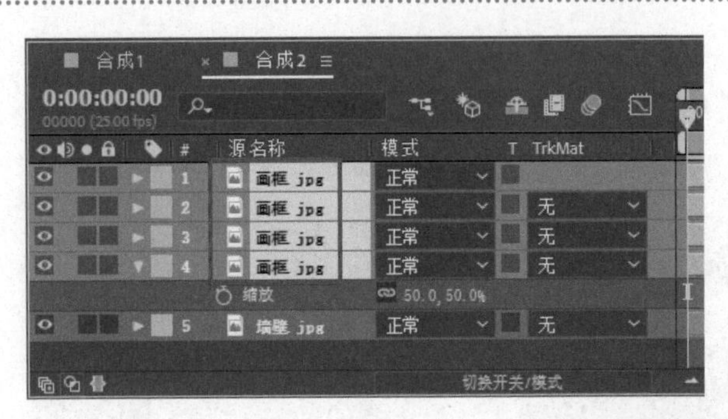

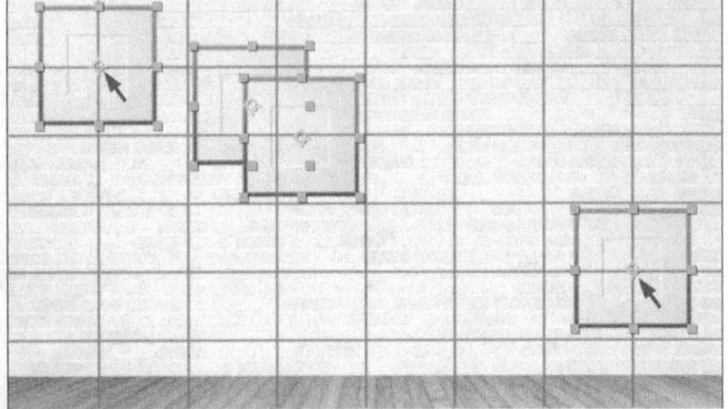

图 3-37 参考网格摆放图像位置

STEP 4

单击对齐面板“分布图层”下的“垂直均匀分布”按钮，可以看到中间两个“画框.jpg”按垂直方向分布到网格横线上，如图3-38所示。

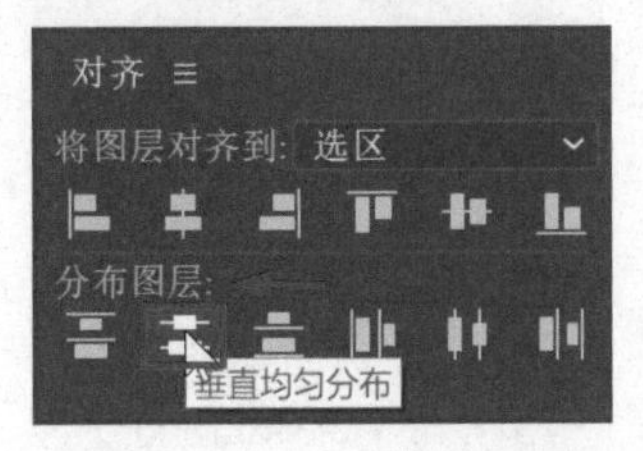

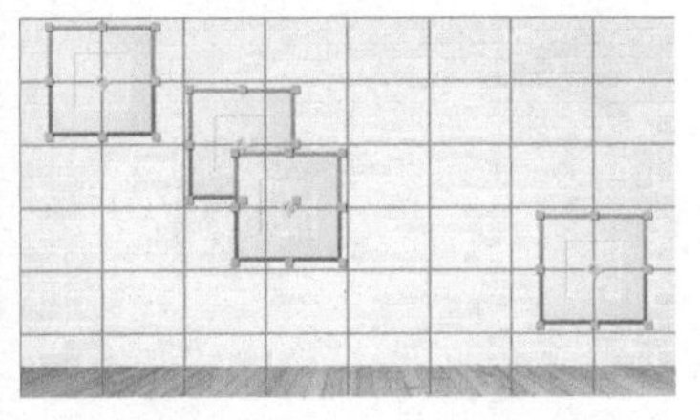

图 3-38 垂直均匀分布

STEP 5

单击“水平均匀分布”按钮，可以看到中间两个“画框.jpg”按水平方向分布到网格竖线上，4个“画框.jpg”的间距在垂直和水平方向上都相等，如图3-39所示。

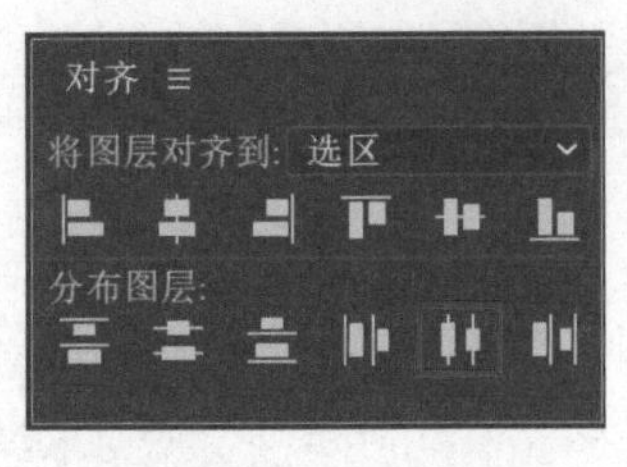

图 3-39 水平居中分布

实例 制作图标排列动画

实例说明

这里在After Effects中先以图标为动画元素，根据音乐节奏，在不涉及关键帧等内容的情况下，用简单的排列和切换显示等基本操作，制作动感的动画视频。对于这个实例的制作，读者不仅要掌握操作方法，还要提高熟练程度，加快制作速度。

图 3-40 “主要图标”文件夹素材

素材的格式为AI矢量图形，这种格式的好处是无损缩放，矢量图形不会像常规的位图那样，放大会产生模糊。AI图形为Adobe Illustrator的文件格式，需要使用对应软件才能预览和编辑，这里使用Adobe系列软件中浏览和管理媒体文件的工具Adobe Bridge来查看素材。在Adobe Bridge中先打开素材文件夹，其中包括一个音频和两个图标文件夹，其中一个文件夹名为“主要图标”，Adobe Bridge中显示的其中5个图标如图3-40所示。

另一个文件夹名为“其他图标”，Adobe Bridge中显示的其中的图标如图3-41所示。

图 3-41 “其他图标”文件夹素材

制作完的动画效果由8段画面组成，如图3-42所示。

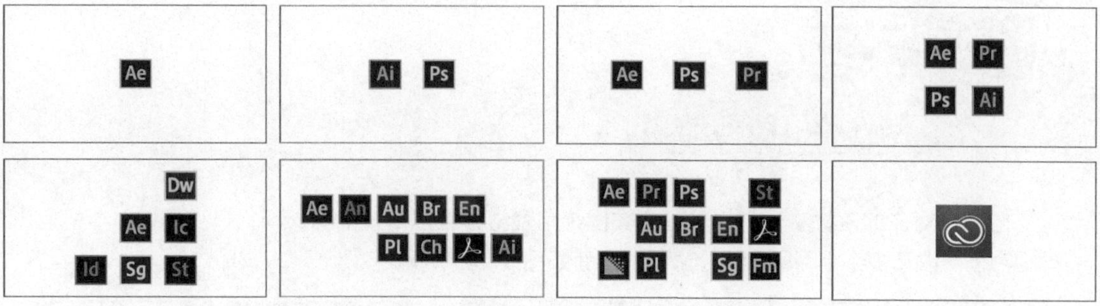

图 3-42 实例效果

实例制作流程图如图3-43所示。

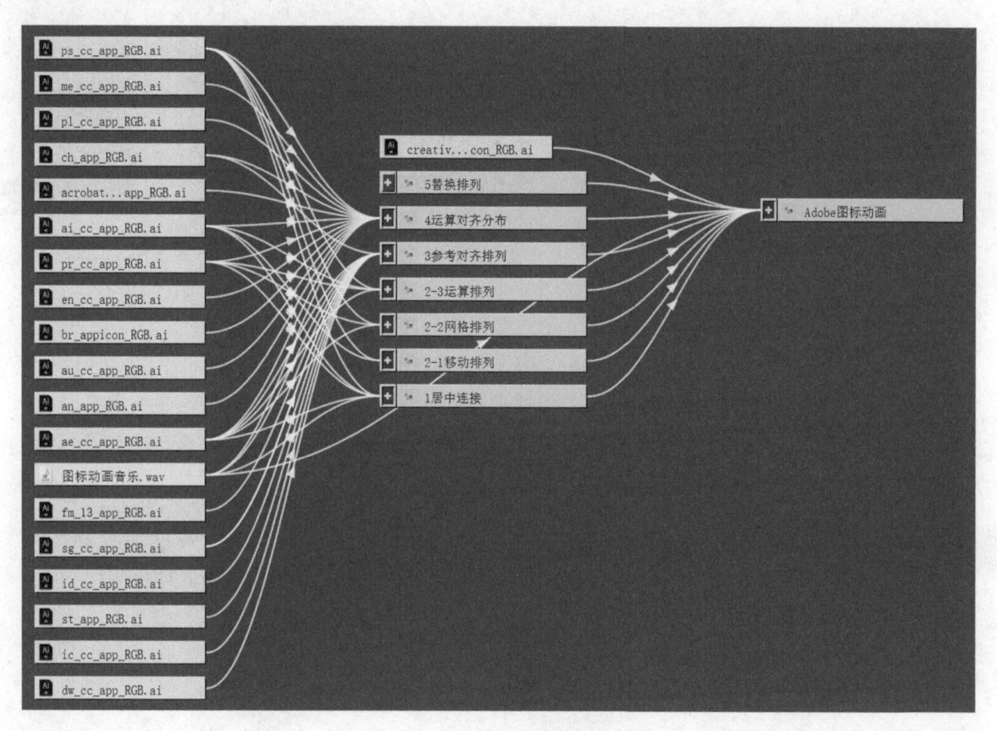

图 3-43 实例制作流程图

扫码观看实例制作步骤讲解视频	实例制作步骤图文讲解
	详见配书资源中的《实例制作步骤图文详解》PDF文档。 下载方式见封底。

制作手机图标动画

这里在对应的素材文件夹中准备有实例练习素材，包括背景图像、手机机身图像、手机屏幕信息图像以及多个小图标，部分素材的画面如图3-44所示。

图3-44 部分素材画面

这里先建立一个手机竖屏高清的合成，用于放置手机屏幕信息图像和多个小图标，然后建立一个常规的高清合成，用于放置背景图像、手机机身图像，再嵌套竖屏高清的合成。进行分布排列的操作，则与实例中的操作相似。练习的难度虽然不大，但要通过练习让操作更熟练，并提高制作的准确度与速度，效果如图3-45所示。

图3-45 实例效果

关键帧基础 动画控制是细活

动态的画面是由一帧一帧的静态画面连续播放而成的。作为动态视觉设计软件，After Effects的动画设置功能强大，让静态的画面动起来是一项基本的功能，但也不用一帧一帧地进行过于烦琐的制作，动画效果主要是由关键帧来实现的。这一章将从关键帧最简单的添加设置讲起，进而介绍关键帧的各种使用方法。

4.1 关键帧的基本操作

在After Effects中，设置动画的主要手段是使用关键帧，用户可以用关键帧来设置动作、效果、音频等众多属性的参数，使其按需要的方式动起来。熟练运用关键帧是进行动态视觉效果制作的基本要求。

4.1.1 关键帧的原理

动画中的画面会随时间而变化，而这些变化，可以由图层或图层上效果的属性的变化来产生。例如，可以为图层的“不透明度”属性添加动画，使其在 1 秒内从 0% 变化到 100%，从而使图层淡入。

创建随时间变化的关键帧时，通常至少使用两个关键帧：一个对应于变化开始时的状态，另一个对应于变化结束时的新状态。这样软件就会自动计算并得出中间的状态。例如，制作一个1秒的时间长度下，一个小球从画面左侧匀速移至画面右侧的动画，不需要调整25帧（按25帧/秒计算）中每帧画面小球的位置，只需要设置小球在第1个关键帧时位于画面左侧、在第2个关键帧时位于画面右侧，播放时，软件自动计算出小球的运动路径，在每帧画面中产生对应的位置，如图4-1所示。

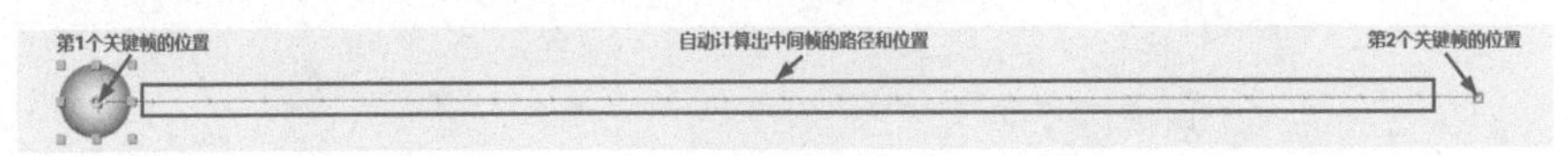

图 4-1 关键帧的原理

4.1.2 关键帧的开启、添加和关闭

使用关键帧的方法是打开记录关键帧的秒表，当某个特定属性的秒表被打开处于活动状态时，如果更改该属性值，After Effects将自动设置或更改当前时间该属性的关键帧。

要删除任意数量的关键帧，选中它们然后按 Delete 键即可。要删除某个图层属性的所有关键帧，可单击图层属性名称左侧的秒表按钮以停用它。当单击秒表按钮以停用它时，将永久移除该属性的关键帧，并且当前时间的值将成为该属性的值，无法通过再次单击秒表按钮来恢复删除的关键帧。如果意外删除关键帧，请选择菜单“编辑>还原”。

操作1 开启关键帧

STEP 1

这里显示“小球”图层的“位置”属性，在第0帧时，单击“位置”属性前的秒表，将其开启，此时在图层下出现第1个关键帧，在这一帧中将小球移至画面左侧。

STEP 2

时间移至合成尾部的第24帧时，将小球移至画面右侧，在图层下增加第2个关键帧。

STEP 3

为图层添加关键帧后，最左侧的3个功能为关键帧跳转和增减的按钮会变为可用状态，单击左侧按钮可以向左跳转到关键帧的时间位置、单击中间按钮可以在当前时间添加或移除关键帧、单击右侧按钮可以向右跳转到关键帧的时间位置。这3个按钮也被称作关键帧导航按钮，如图4-2所示。

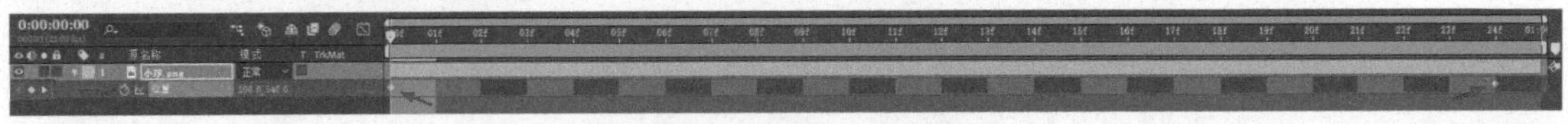

图 4-2 在时间轴的图层上添加关键帧

在每秒25帧的时间轴中，实际是从第0帧开始的，1秒长度即第0帧至第24帧。

操作2 添加或关闭关键帧

STEP 1

在前面的两个“位置”关键帧设置中，中间的时间段的小球按计算得出的位置在两者之间的直线上。将时间指示器移至第12帧，单击关键帧导航按钮中间的按钮，将会添加第3个关键帧。

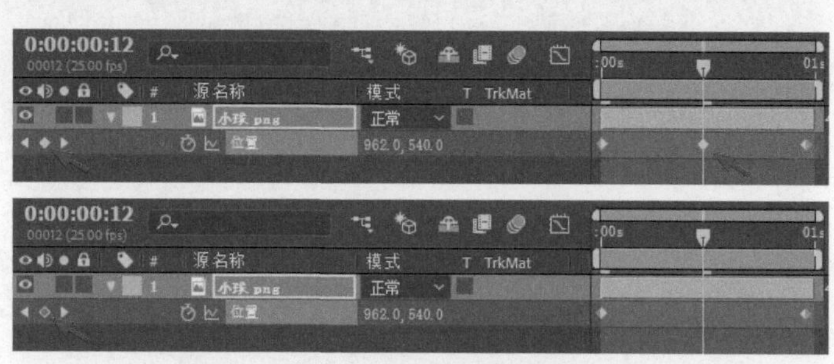

图 4-3 单击中间的导航按钮增加或删除关键帧

STEP 2

在第12帧处，再次单击中间的导航按钮，将会删除这一个关键帧，如图4-3所示。

STEP 3

在两个关键帧之外的其他时间调整小球的位置，属性的数值变化后，也会自动添加一个关键帧。

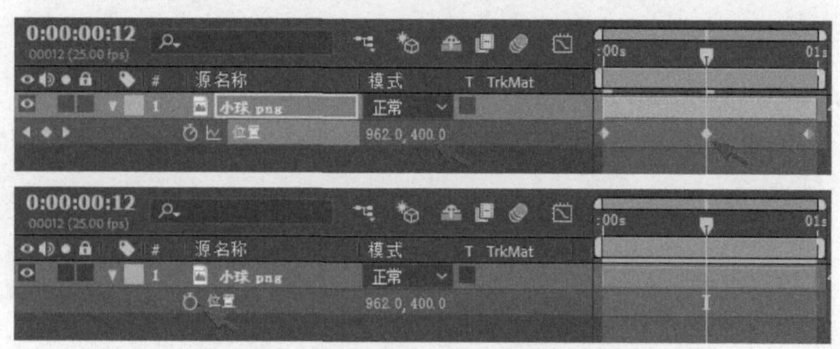

图 4-4 调整属性值添加关键帧和关闭秒表

STEP 4

在有关键帧的情况下，如果再次单击秒表，会关闭秒表，并同时清除所有关键帧，属性保留当前时间位置的数值，如图4-4所示。

4.1.3 关键帧的选择、编辑和查看

关键帧可以单选、多选、框选或间隔地选择，用户可以查看和精确编辑关键帧的数值，可以使用快捷键来高效地进行关键帧操作。掌握这些基本操作，为以后细致地设置关键帧打好基础。

操作1 关键帧的选择操作

方法 1

在图层模式中，选定的关键帧为蓝色，未选定的关键帧为灰色。要选择一个关键帧，可单击该关键帧图标。

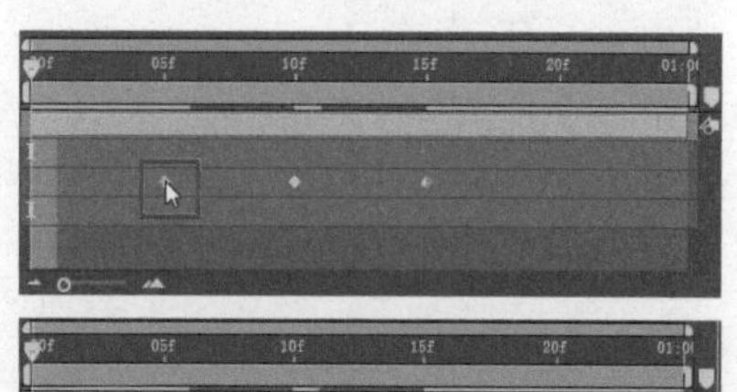

方法 2

要选择多个关键帧，可按住 Shift 键并单击各个关键帧，或拖曳选取框把各个关键帧框选中，如图4-5所示。

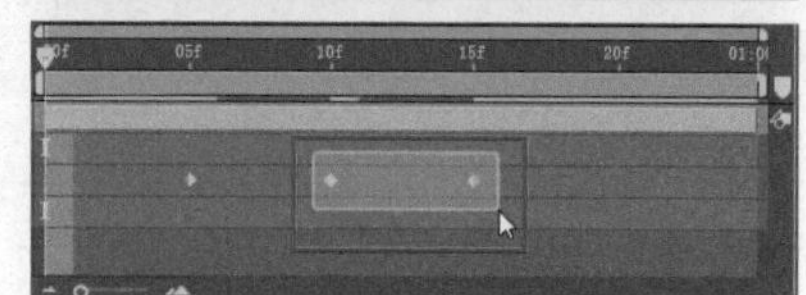

图 4-5 单击选中关键帧和框选关键帧

方法 3

单击属性名称，可以将包含该属性的关键帧全部选中。

方法 4

如果已选择某个关键帧，按住 Shift 键并单击它，则可取消选择；按住 Shift 键并在选定的关键帧周围绘制选取框，可进行取消选择的操作，如图4-6所示。

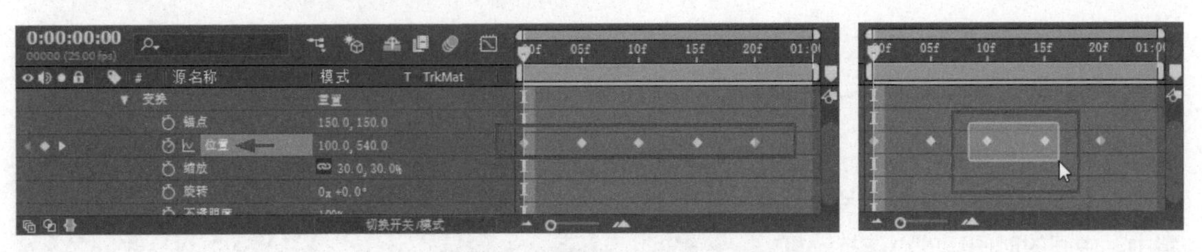

图 4-6 单击属性名称全选关键帧和框选取消选中的关键帧

操作2 查看或编辑关键帧的值

STEP 1

将当前时间指示器移到关键帧所在的时间点。属性值将显示在属性名称的旁边，可以在此处对其进行编辑，如图4-7所示。

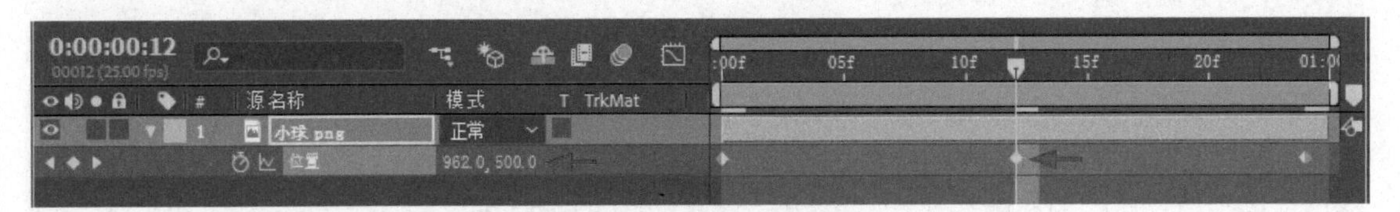

图 4-7 将时间指示器移到关键帧上再修改属性值

STEP 2

如果双击某个关键帧对其进行修改，则无须考虑当前时间指示器的位置。

STEP 3

在关键帧上单击鼠标右键，选择弹出菜单中的“编辑值”，也可以对其进行编辑，如图4-8所示。

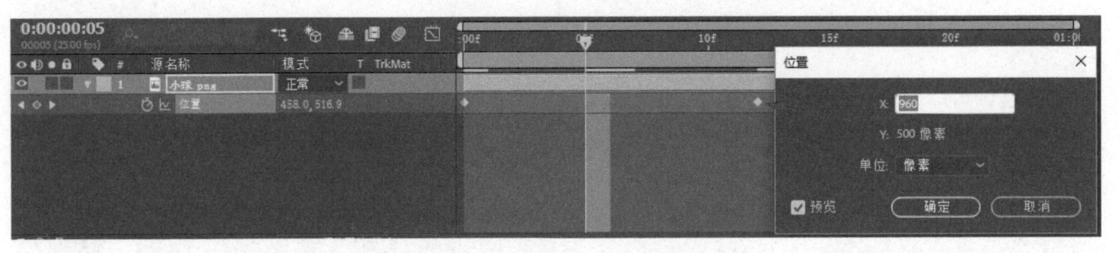

图 4-8 时间指示器不在关键帧上时的编辑方法

STEP 4

在图层模式中，将鼠标指针置于关键帧上，可以查看该关键帧的时间和值。

STEP 5

在图层模式中，单击关键帧，信息面板会显示关键帧的时间和插值方法等信息。

STEP 6

在图层模式中，按住 Alt 键的同时单击两个关键帧，可在信息面板中显示它们之间的间隔时间。例如，有一个关键帧在第15帧，另一个关键帧在第20帧，按住Alt键单击第15帧处的关键帧后，再按住Alt键的同时单击第20帧处的关键帧，信息面板将显示这两个关键帧之间的间隔时间，如图4-9所示。

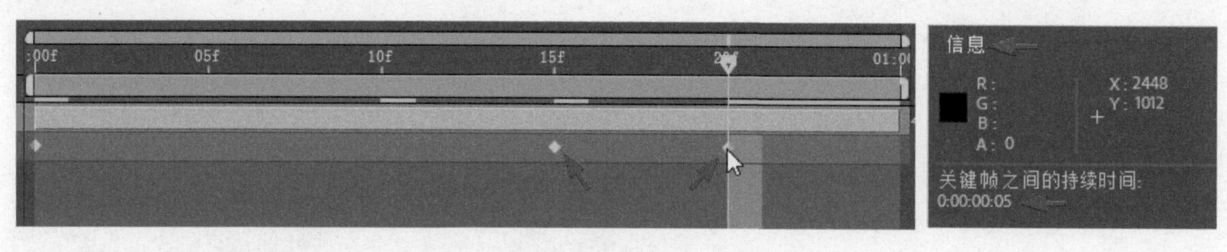

图 4-9 显示两个关键帧之间的间隔时间

切换图层模式与图表编辑器模式

STEP 1

时间轴分为左右两个部分显示，左侧为栏列，右侧为图层模式。时间轴的上部有一个“图表编辑器”开关，打开后，时间轴右侧的图层模式将转变为图表编辑器模式。

STEP 2

在时间轴左侧，单击图层中有关键帧的属性，将选中属性的关键帧，同时在右侧的图表编辑器模式中将显示关键帧的图表曲线。

STEP 3

再次单击“图表编辑器”开关，将切换回图层模式。图表编辑器模式如图 4-10 所示。

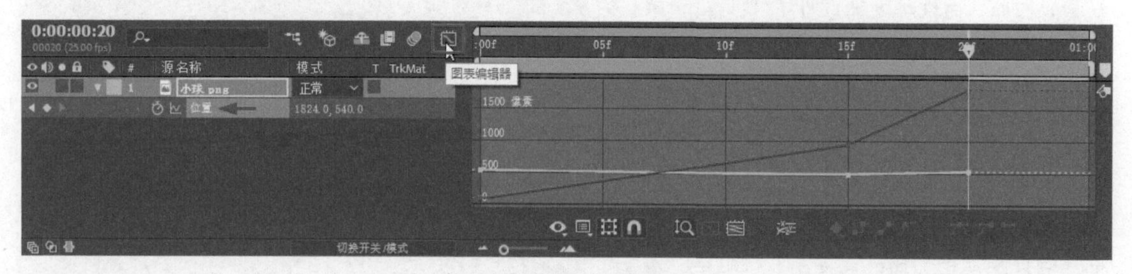

图 4-10 切换到图表编辑器模式

使用关键帧索引

STEP 1

关键帧还可以使用索引数字的方式来显示，在合成时间轴中设置图层属性的关键帧。

STEP 2

单击时间轴面板中合成名称右侧的弹出菜单，选择“使用关键帧索引”，可将图层模式中的关键帧图标更改为以数字序号的方式显示，这样便于精确指明某个关键帧，如图 4-11 所示。

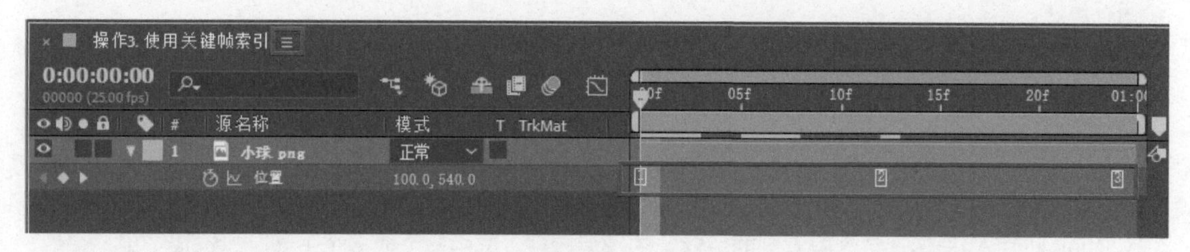

图 4-11 以数字序号的方式显示关键帧

仅显示出关键帧的属性

STEP 1

在一个图层或多个图层上设置了关键帧时，可以通过快捷方式来筛选显示的关键帧。例如，图4-12中的两个图层仅设置了部分属性的关键帧。

STEP 2

选中某图层按U键将仅展开显示出本图层的关键帧属性，如图4-12所示。

STEP 3

如果选中全部图层，按U键将显示全部图层的关键帧属性。或者不选中任何图层，按U键也会与全选图层的效果一致。

STEP 4

快速按两次U键，则会显示出所有更改过数值的属性，包括关键帧及改动默认值的属性，如图4-13所示。

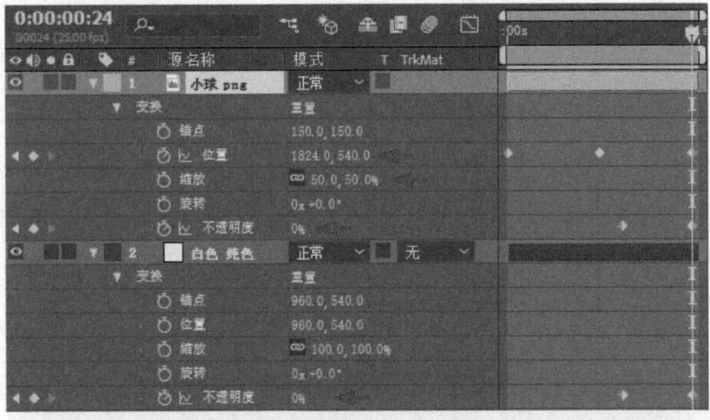

图 4-12 设置图层属性和显示选中图层关键帧的属性

4.1.4 复制和粘贴关键帧

一次只能从一个图层中复制关键帧。将关键帧粘贴到另一个图层中时，这些关键帧将添加在目标图层相对应的属性中。粘贴后，最前的关键帧显示在当前时间指示器处。粘贴后的关键帧将保持选中状态，因此可以立即在目标图层中移动它们。

可以在图层的相同属性（如位置）之间，或使用相同类型数据的不同属性之间（如在位置和锚点之间），进行关键帧复制操作。当在相同属性之间复制和粘贴时，可以一次从多个属性复制到多个属性。然而，当复制和粘贴到不同属性时，一次只能从一个来源属性复制到一个目标属性。

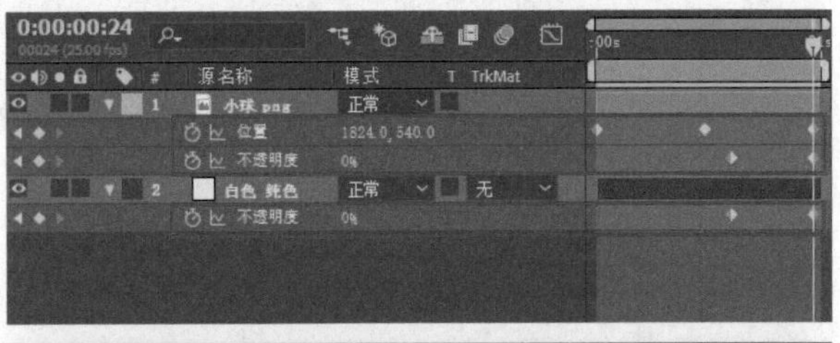

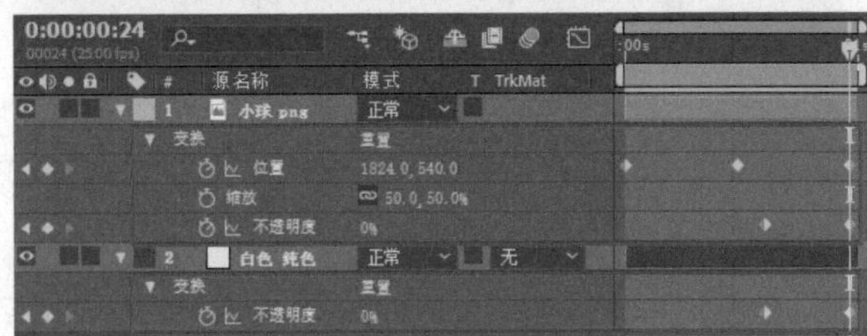

图 4-13 显示全部图层的关键帧和显示所有修改过的属性

复制关键帧

STEP 1

时间轴面板中显示了包含要复制的关键帧的图层属性，选中一个或多个关键帧，选择菜单“编辑>复制”。

STEP 2

在包含目标图层的时间轴面板中，将当前时间指示器移动到希望关键帧出现的时间点，如图4-14所示。

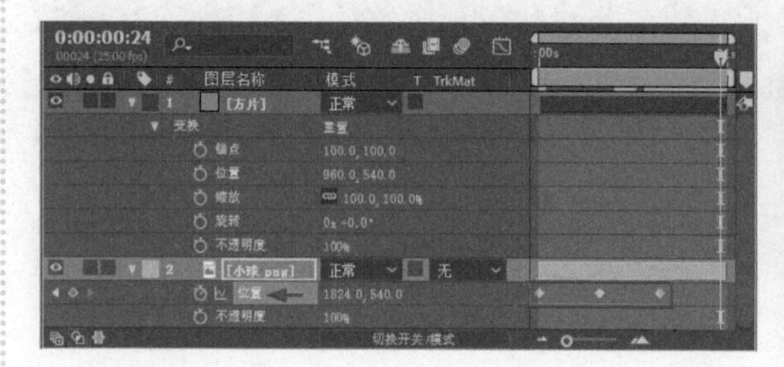

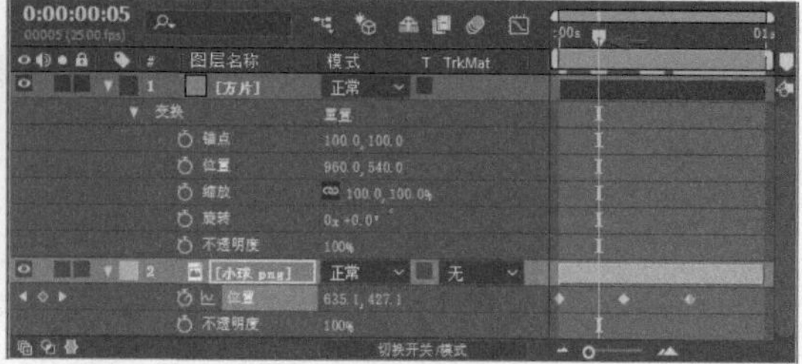

图 4-14 复制关键帧和定位目标时间

STEP 3

要粘贴到相同的属性上时，可以选中目标图层，选择菜单“编辑>粘贴”。

STEP 4

要粘贴到不同的属性上时，可以选中目标属性，选择菜单“编辑>粘贴”，如图4-15所示。

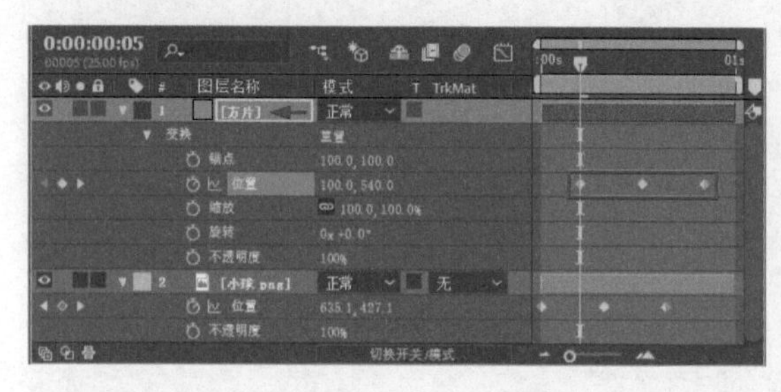

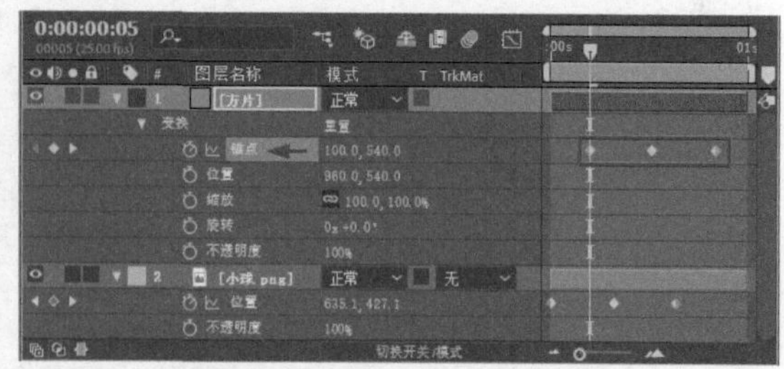

图 4-15 选中目标图层粘贴和选中目标属性粘贴

4.1.5 按时间移动关键帧

可以按时间移动关键帧，无论是单独移动还是成组移动。选择多个关键帧后，可以同时复制或删除它们，或将这些关键帧一起移动，而不更改它们彼此的相对位置。

操作 1　将关键帧移到另一时间

STEP 1

选择一个或多个关键帧。

STEP 2

将任一选定的关键帧图标拖曳到所需时间。如果选择了多个关键帧，则会保持所有选定关键帧之间的相对距离不变，如图4-16所示。

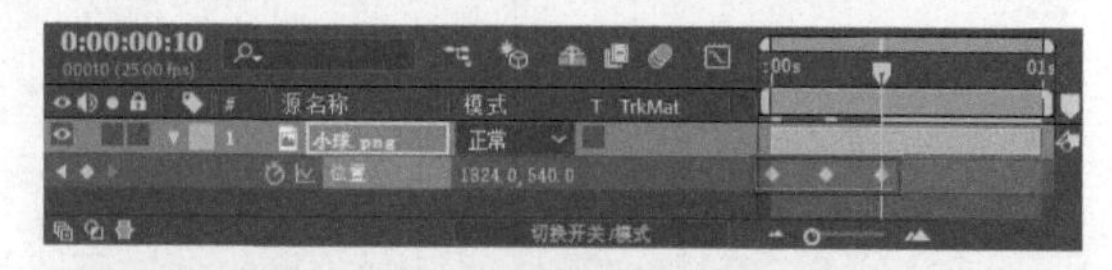

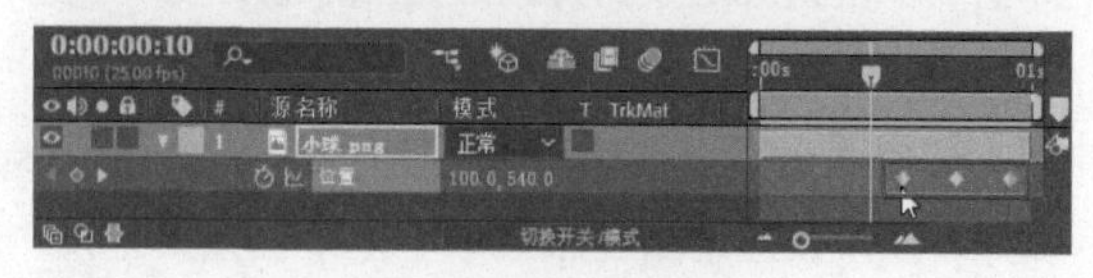

图 4-16 拖曳关键帧

提示　将当前时间指示器移至所需时间时，配合按住 Shift 键，可以将关键帧与当前时间指示器对齐。

STEP 3

还可以在按住Alt键的同时按向左方向键或向右方向键，移动选定关键帧1帧的距离，使得某个帧更早或更晚出现。

STEP 4

在按住Alt+Shift快捷键的同时按向左方向键或向右方向键，将移动选定关键帧10帧的距离，使某个帧更早或更晚出现，如图4-17所示。

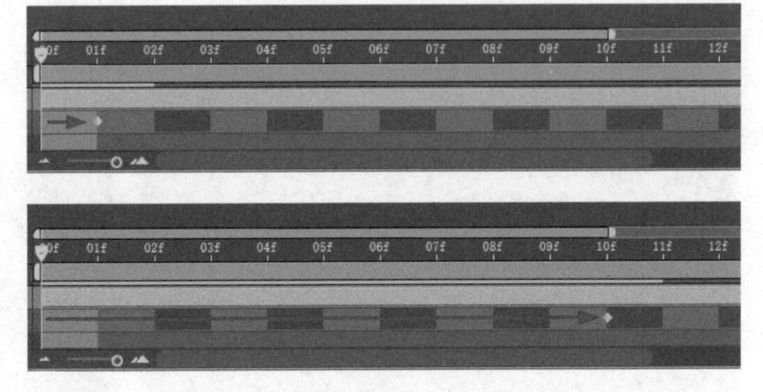

图 4- 17 配合 Alt 键和 Shift 键移动关键帧

操作2 扩展或收缩一组关键帧

STEP 1

选择3个或以上的一组关键帧。

STEP 2

按住Alt键的同时，将最后一个选定的关键帧拖到所需时间。例如，这里将这组关键帧的时间扩展放大，如图4-18所示。

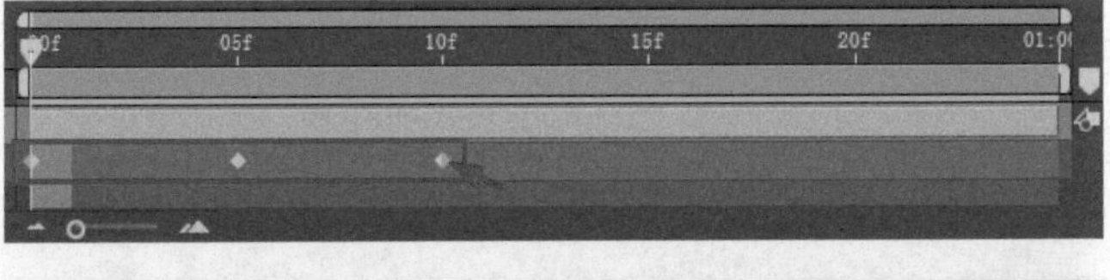

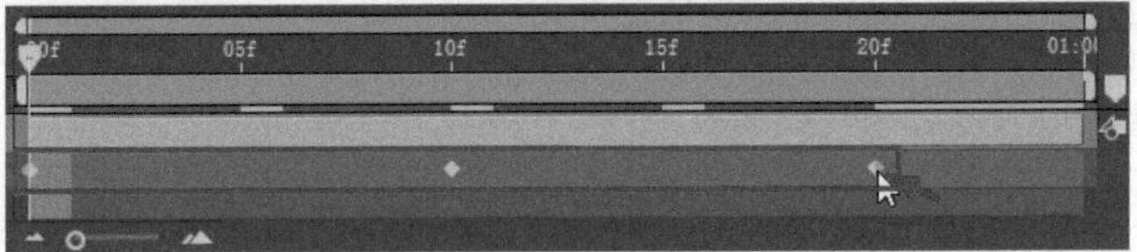

图 4-18 配合 Alt 键扩展关键帧的时间

STEP 3

按住 Alt 键的同时，将第1个选定的关键帧拖到所需时间。例如，这里将这组关键帧的时间收缩减小，如图4-19所示。

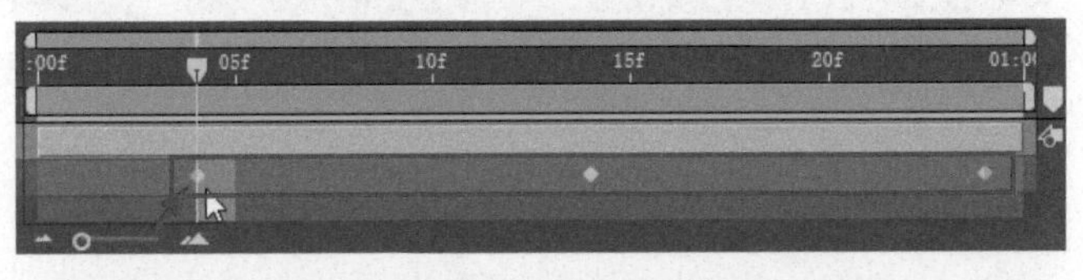

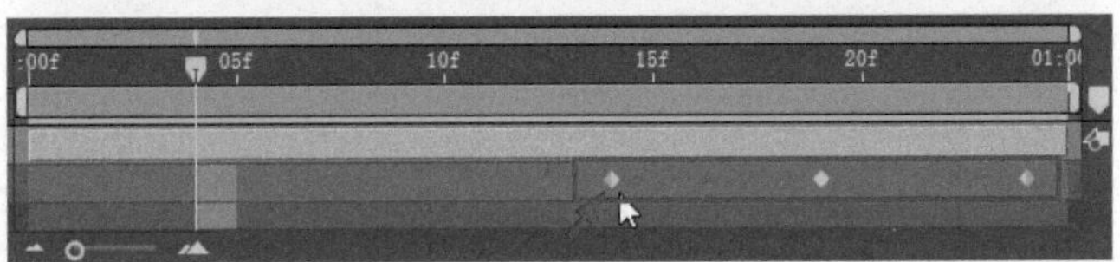

图 4-19 配合 Alt 键收缩关键帧的时间

4.1.6 一次更改多个关键帧的数值

可以一次更改多个图层上的多个关键帧的数值。不过，选择的所有关键帧必须属于同一属性。如果通过数字更改值，则所有选定关键帧都将使用该新值，进行的是绝对更改。例如，如果在运动路径上选择了多个位置关键帧，并且通过数字指定其中一个位置值，则所有选定关键帧都将更改为使用该相同的位置值。

如果通过拖曳下划线值来更改某个值，则所有选定关键帧都会更改相同的量，进行的是相对更改。例如，如果在运动路径上选择了多个位置关键帧，并且为其中一个关键帧拖曳下划线值，则所有选定关键帧都将更改相同的量。

如果在合成或图层面板上以图形的方式更改某个值，则所有选定关键帧更改的幅度等于新值和旧值之间的差值，而不是值本身，进行的是相对更改。例如，如果在运动路径上选择了多个位置关键帧，然后将其中一个关键帧向左拖曳10个像素，则这些关键帧都将从其原始位置向左移动10个像素。

操作　批量修改关键帧的数值

STEP 1

选中3个图层按P键展开“位置”属性，按住Shift键依次单击这3个图层的“位置”属性，选中这3个属性。

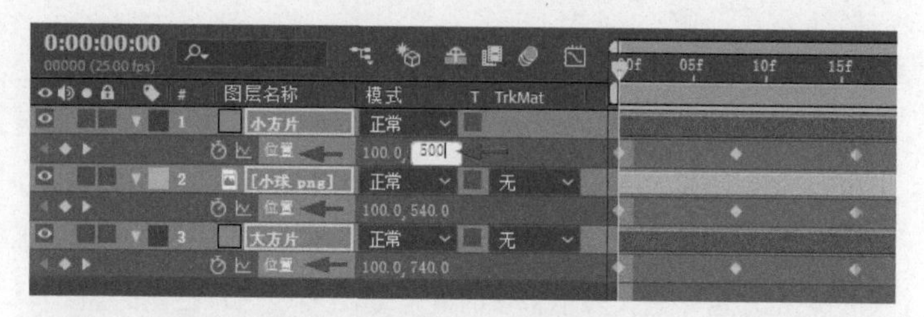

STEP 2

单击其中一个属性的数值，激活其成为输入状态，然后输入一个数值，按Enter键结束输入，此时3个图层属性数值都分别批量修改为同一数值，如图4-20所示。

图 4-20 批量输入修改

STEP 3

同样选中3个图层的“位置”属性，将鼠标指针移至其中一个属性数值上，按住鼠标左键拖曳数值，此时3个图层“位置”属性上的数值更改等量的相对差值。例如，3个数值原来不同，此时同时都增加20，仍然保持着不同，如图4-21所示。

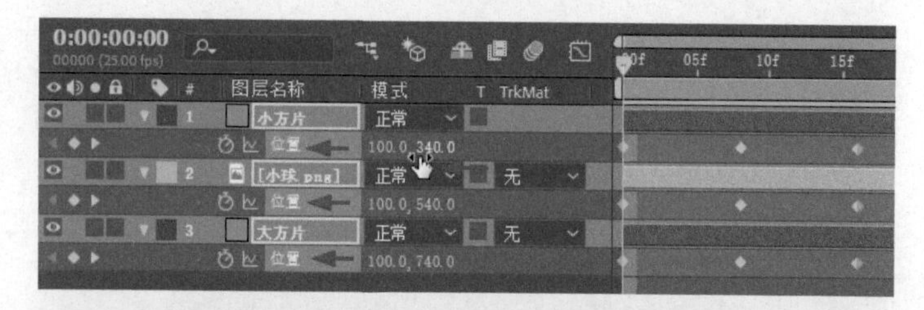

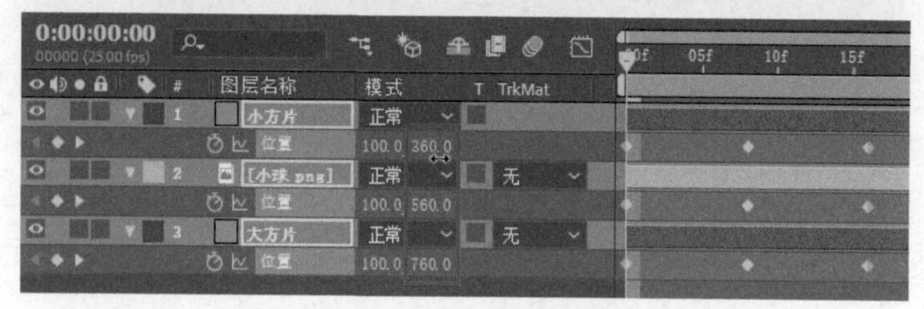

图 4-21 批量修改关键帧的数值

4.2 路径动画与关键帧

为空间属性（包括位置、锚点和效果控制点属性）添加动画时，运动将显示为运动路径。在合成或图层面板中使用钢笔工具或选择工具，可以编辑某个空间属性的关键帧，就像在形状图层上修改蒙版或形状的贝塞尔曲线路径。

4.2.1 运动路径

运动路径显示为一连串的点，其中每个点标记图层中每个帧的位置，大一点的方框标记关键帧的位置。运动路径中关键帧之间点的密度，表示图层或效果控制点的相对速度。点密度越大表示速度越慢；点密度越小表示速度越快。当使用较少关键帧描述路径时，运动路径不太复杂且通常更易于修改。可以使用平滑器面板功能，从运动路径中移除多余的关键帧。

操作 调整关键帧路径

STEP 1

为"小球.png"图层的"位置"属性添加3个关键帧，第1个关键帧图像在画面左侧，第2个关键帧图像在画面中上部，第3个关键帧图像在画面右侧。单击"位置"属性名称选中这3个关键帧，在合成视图中显示关键帧路径。其中左侧的点相对密一些，表示单位时间运动距离较短；右侧的点相对疏一些，表示单位时间运动距离较长，如图4-22所示。

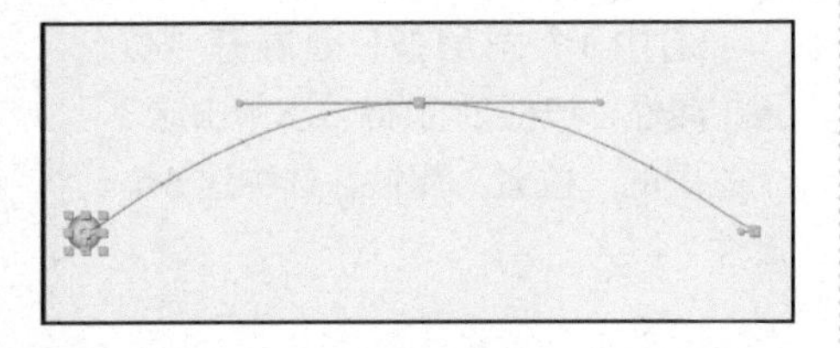

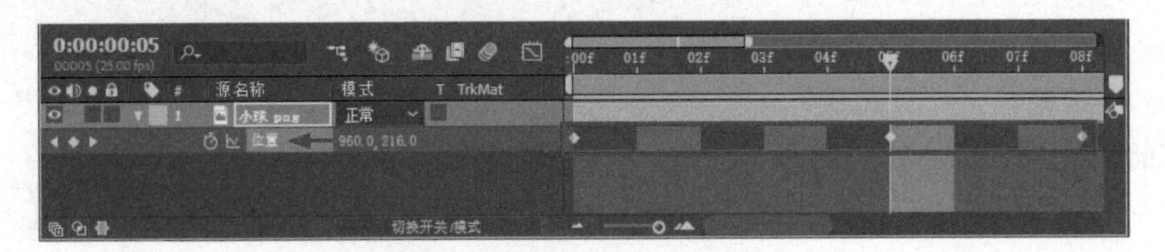

图 4-22 关键帧路径与点密度

STEP 2

当前路径默认为平滑的贝塞尔曲线路径，在中间关键帧的两侧有两个调整曲线的手柄，可以使用工具栏中第1个选择工具来调整曲线的形状。如果使用转换"顶点"工具在路径中间的关键帧上单击，可以在曲线与直线之间切换，如图4-23所示。

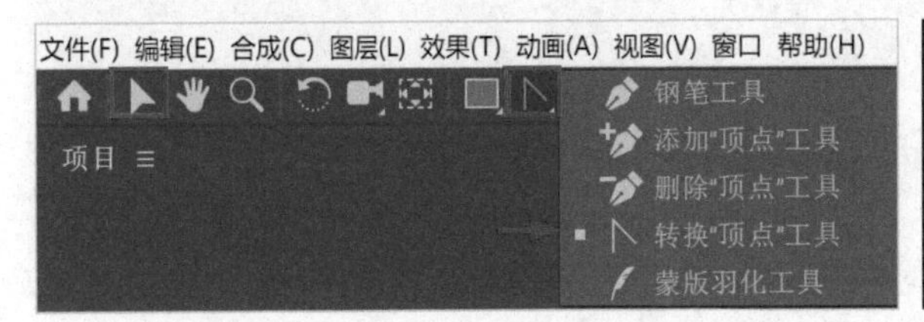

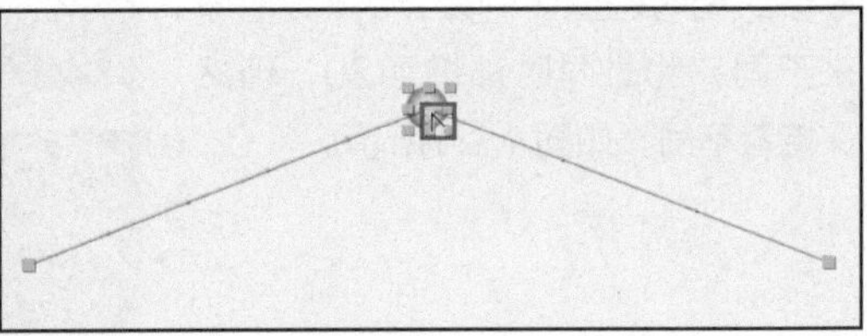

图 4-23 使用工具调整关键帧路径

4.2.2 运动路径的相关操作

要在合成面板中显示运动路径控件，可选择菜单"视图>视图选项"，然后选择"效果控件""关键帧""运动路径"和"运动手柄"。要在合成面板中查看位置的运动路径，则必须选中"位置"属性。

要指定针对运动路径显示多少关键帧，可选择菜单"编辑>首选项>显示"，然后选择"运动路径"部分中的选项。要指定运动路径贝塞尔曲线方向手柄的大小，可选择菜单"编辑>首选项>常规"，然后编辑路径点的大小值。

操作 关键帧路径的预设和显示

STEP 1

在前面运动路径操作的合成中，默认显示贝塞尔曲线的关键帧路径，这个默认值由首选项中的设置所决定。选择菜单"编辑>首选项>常规"，打开首选项设置，在"常规"标签下查看到"默认的空间插值为线性"为未选状态，勾选并确定后，新建立关键帧路径将默认为直来直去的线性路径，如图4-24所示。

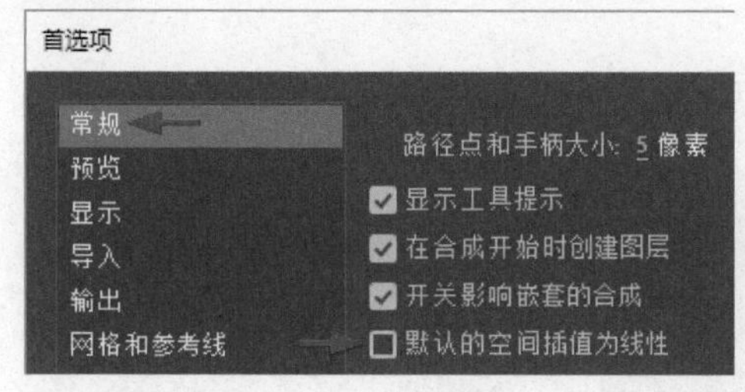

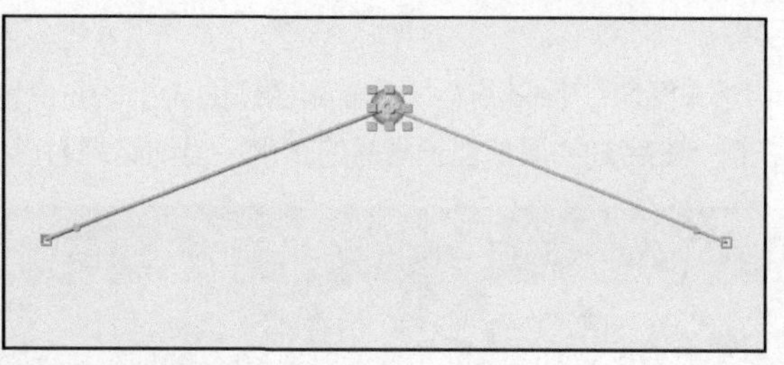

图 4-24 在首选项中预设关键帧路径

STEP 2

默认合成视图中可以显示方形的关键帧、带有小圆点的运动路径、手柄和切线等，这些显示可以在“视图选项”对话框中通过切换开关来控制。单击合成视图面板的弹出菜单，选择“视图选项”打开设置，如果取消勾选“图层控制”，合成视图中将会隐藏关键帧相关控件的显示。勾选“图层控制”，还可以在其下通过勾选状态，控制各项控件单独的显示状态，如图4-25所示。

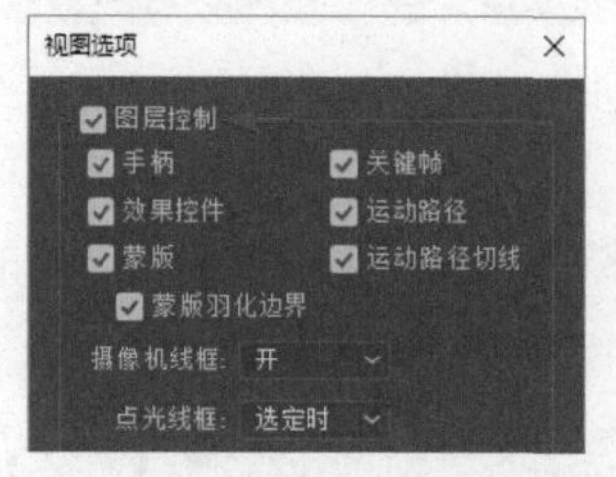

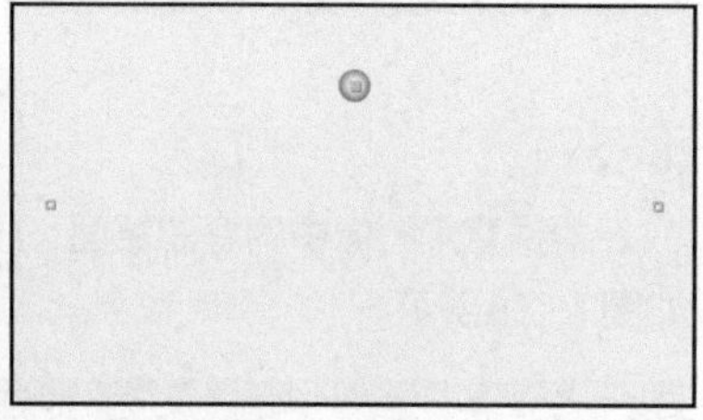

图 4-25 关键帧路径的预设和显示控制

STEP 3

当运动路径的关键帧跨度较大时，如15秒以上，在合成视图中可能只显示出一部分关键帧路径，此时如果要显示更多的路径控件，需要在首选项中进行预设。在首选项的“显示”标签下，“运动路径”默认为最下面那个限制时长的选项，以防止显示过多的关键帧路径控件，增大显示负担。不过在计算机性能较好、不影响显示效果的情况下，可以选中“所有关键帧”选项来完整地显示关键帧控件，如图4-26所示。

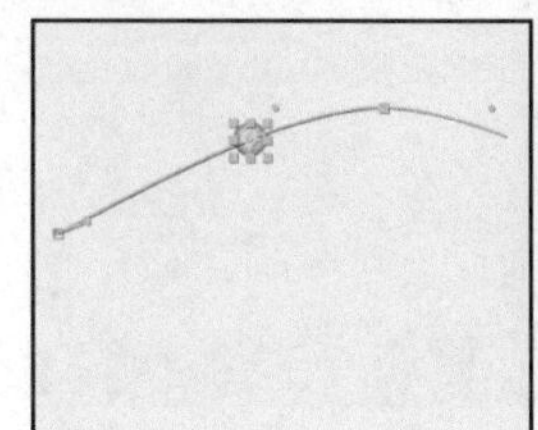
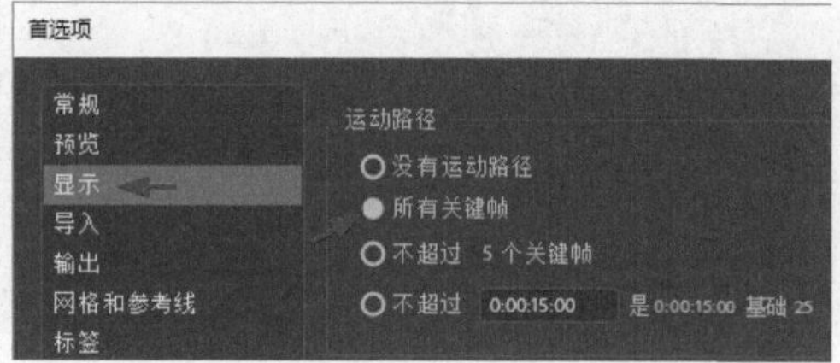

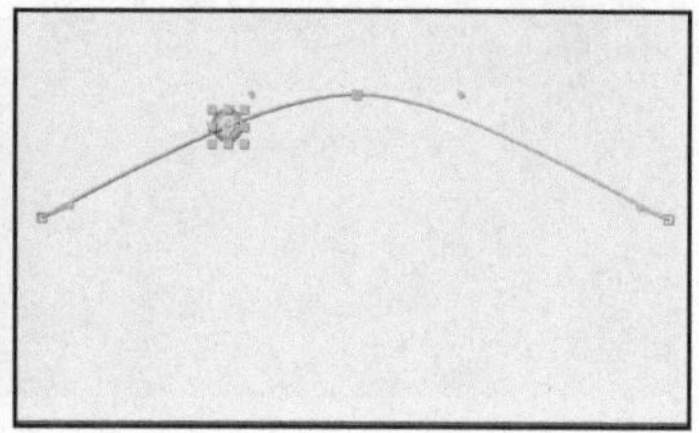

图 4-26 显示完整的关键帧控件

4.2.3 运动路径自动定向

图像沿路径运动的过程中，如果需要在路径发生转向时，让图像跟着转向，一种方法是旋转图像，为其设置旋转的关键帧动画，但如果使用自动定向选项则更加快捷和准确。自动定向选项位于菜单“图层>变换”下。自动定向功能使图层指向运动路径的方向，例如，弯曲路径上运动的汽车图像，使用该选项后，可自动校正车头始终沿着路径的方向移动。

弯曲运动路径的自动定向

STEP 1

合成背景为“Taxi坡度街道.jpg”，图像中有弯曲的路面。

STEP 2

将汽车图像“Taxi.png”调整到合适的大小，先设置两个从左到右的关键帧，在合成的开始位于画面的左侧，在合成的尾部位于画面的右侧，当前路径为直线，如图4-27所示。

图 4-27 设置两个关键帧

STEP 3

根据背景图像中的弯曲路面，移动时间指示器，在一个弯曲的高点调整汽车的高度，与路面相适配，如图4-28所示。

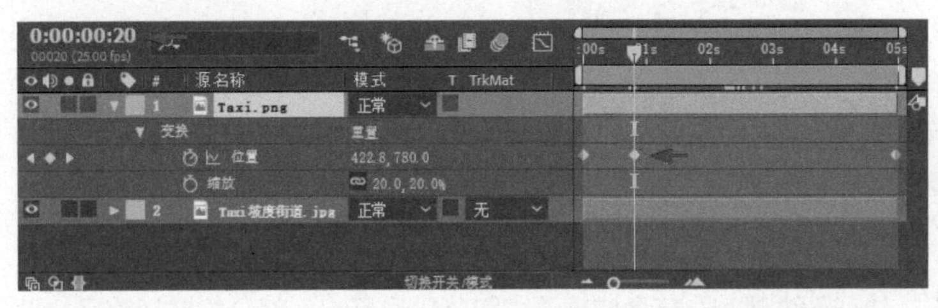

图 4-28 参照位置添加关键帧

STEP 4

再根据背景图像中的弯曲路面，移动时间指示器，在一个弯曲的低点调整汽车的高度，与路面相适配，并通过调整关键帧两侧的手柄，调整运动路径的弯曲度，如图4-29所示。

图 4-29 添加关键帧并调整运动路径

STEP 5

虽然运动路径调整好了，但预览时会发现运动过程中，车头始终保持水平方向，并没有随路径曲线改变方向，显得很不协调，如图4-30所示。

图 4-30 查看图像在运动路径中的问题

STEP 6

选中“Taxi.png”图层，选择菜单“图层>变换>自动定向”，在打开的对话框中选择“沿路径定向”选项，单击“确定”按钮，这样车头就随路径的弯曲而自动调整方向了，如图4- 31所示。

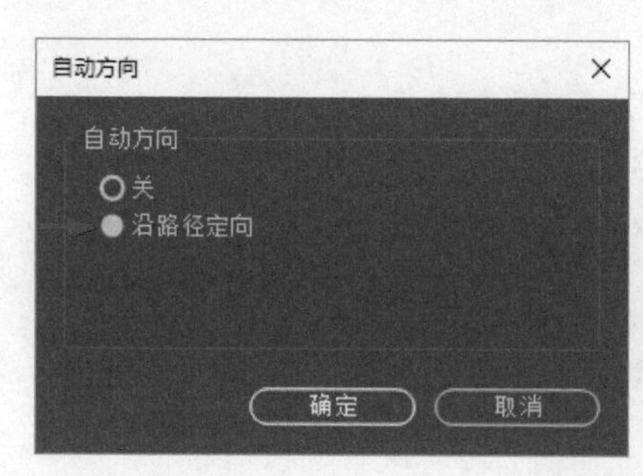

图 4-31 设置沿路径定向

STEP 7

在第1个关键帧的位置，因为曲线手柄为默认的水平方向，汽车仍然保持水平方向，这里向上调整曲线手柄，使汽车方向与背景中路面相适配，完成调整设置，如图4-32所示。

图 4-32 调整运动路径曲线手柄

操作2　设置曲线运动路径的初始方向

STEP 1

这里在合成中放置一个飞机图像的图层，展开图层的“位置”属性，准备设置飞机飞行的路径动画，如图4-33所示。

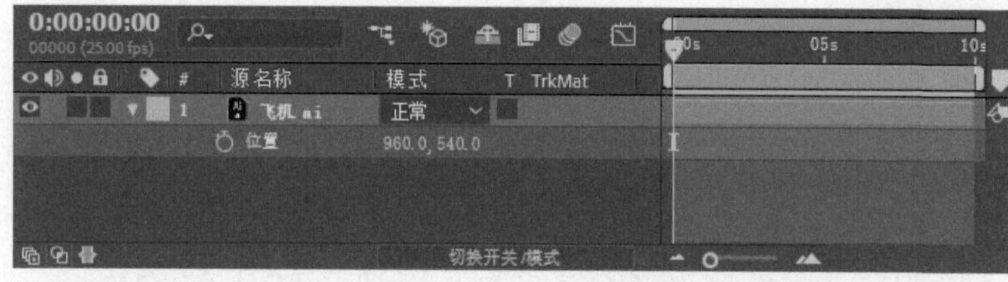

图 4-33 准备素材

STEP 2

从合成的开始到结束，一边移动飞机的位置，一边添加和设置飞机飞行的路径，使飞机在飞行过程中转一个圈，如图4-34所示。

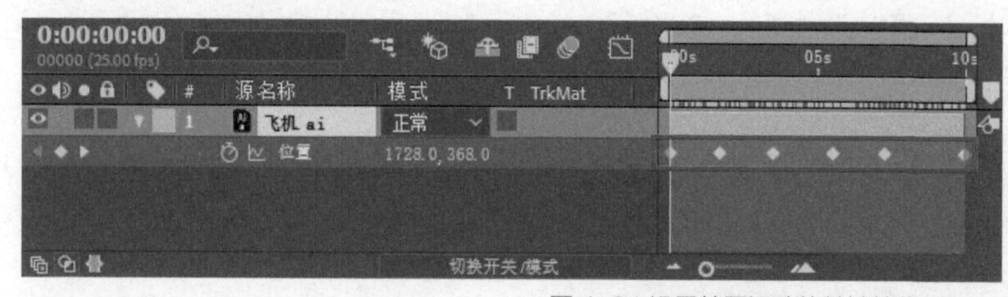

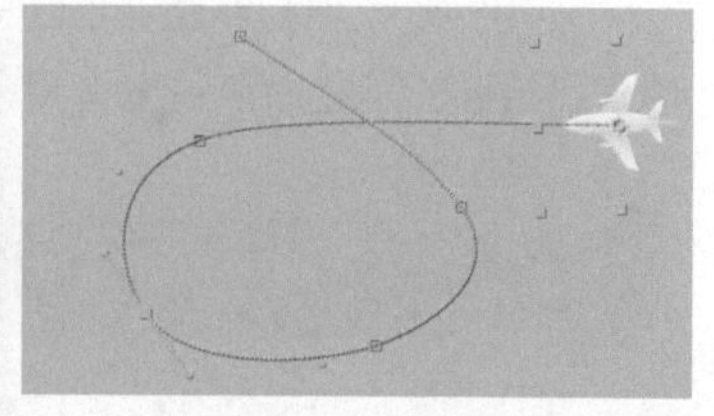

图 4-34 设置转圈运动的关键帧路径

STEP 3

预览飞行动画，会发现飞机在绕圈飞行过程中，始终保持开始时的方向，需要纠正错误，如图4-35所示。

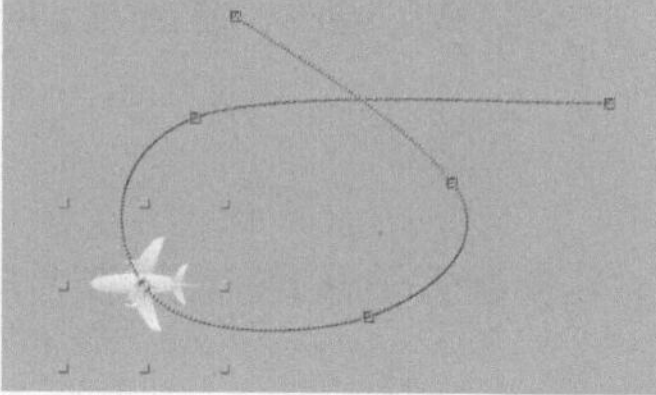

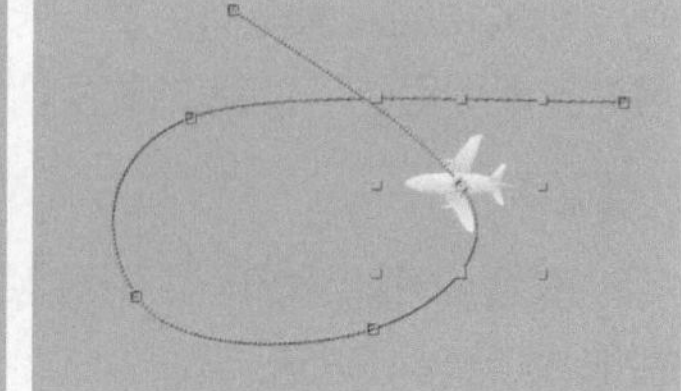

图 4-35 查看图像在运动路径中的问题

STEP 4

选中飞机图层，选择菜单“图层>变换>自动定向”，在打开的对话框中选择“沿路径定向”选项，单击“确定”按钮，这样就实现了飞机随运动路径的弯曲而自动调整方向。但又出现了新的问题，飞机变成了向后飞行，如图4-36所示。

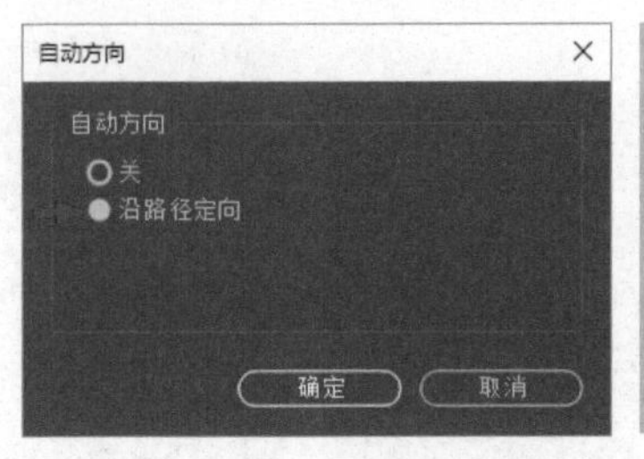

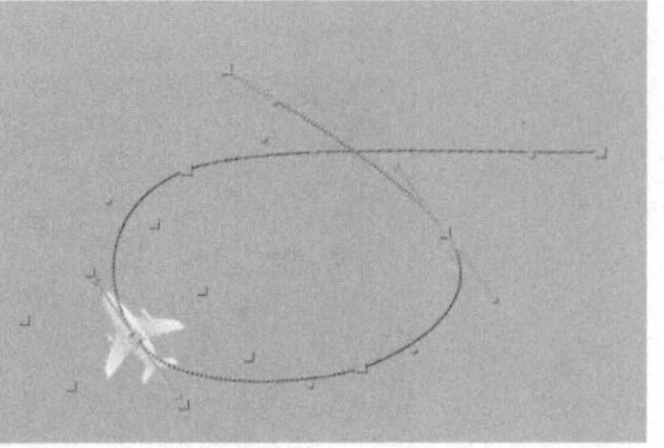

图 4-36 设置沿路径定向和查看调整效果

STEP 5

此时需要展开图层的“旋转”属性，旋转飞机到正确的方向，这里设置“旋转”为180° 。预览动画，可以发现正确地完成了运动路径关键帧的设置，如图4-37所示。

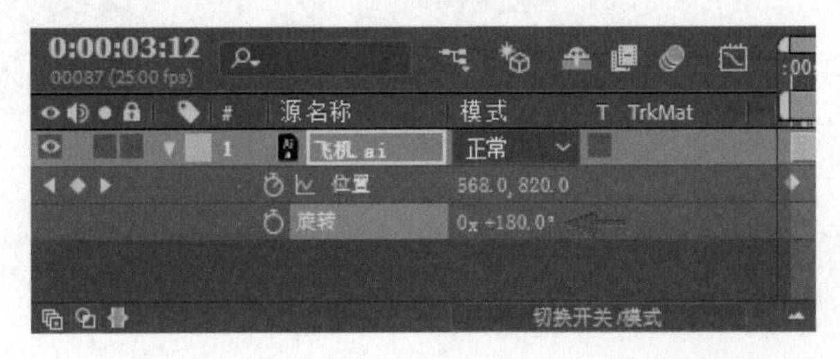

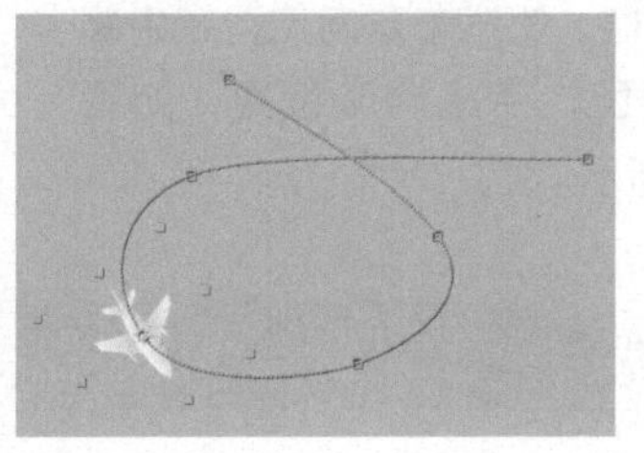

图 4-37 旋转图像以校正飞行方向

4.3 绘制路径并转换为关键帧

在运动关键帧形成的路径中，可以使用钢笔工具在合成视图中的路径上单击添加关键帧；使用选择工具在合成视图中直接移动关键帧，改变关键帧在画面中的位置；还可以使用转换“顶点”工具调整运动路径的形状。不过这些直接在关键帧路径上的移动和调整操作只适用于简单的路径，对于复杂的运动路径，可以采取先在画面上用钢笔工具直接绘制路径曲线，然后将曲线路径转换为运动路径的方法。

4.3.1 绘制路径和调整路径

使用钢笔工具绘制路径曲线时，需要先选中图层，在图层上绘制，绘制产生的路径曲线为蒙版路径。这里所绘制的路径为首尾没有闭合的路径，如果首尾闭合将成为影响图层显示的蒙版。

绘制简单的运动路径

STEP 1

合成中的背景图像中有一条Z形转折线的通道，准备为上层笑脸图像的图层制作沿通道移动的动画。展开笑脸图层的“位置”属性。

STEP 2

在合成开始添加一个关键帧，将笑脸置于通道左侧，在合成尾部添加一个关键帧，将笑脸置于通道右侧，如图4-38所示。

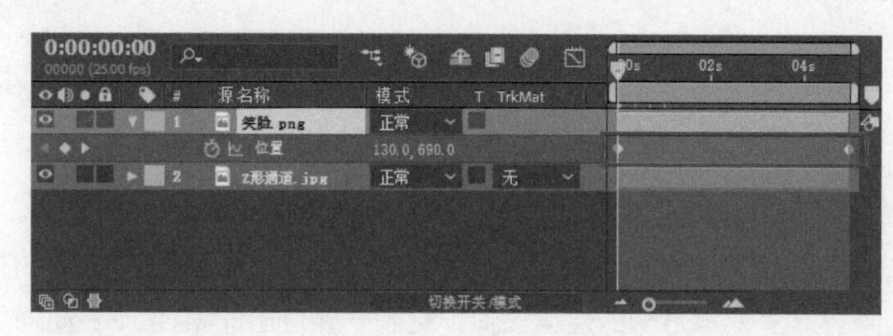

图 4-38 先建立直线关键帧路径

STEP 3

可以在不移动时间指示器的情况下，直接选择工具栏中的钢笔工具，在运动路径上单击添加一个关键帧，该关键帧默认带有两个手柄的贝塞尔曲线，如图4-39所示。

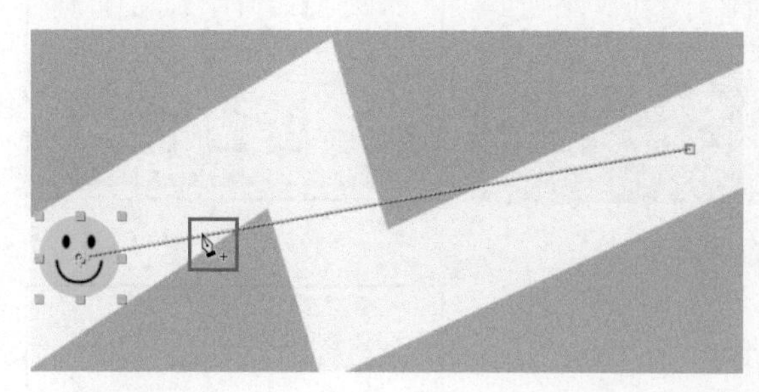

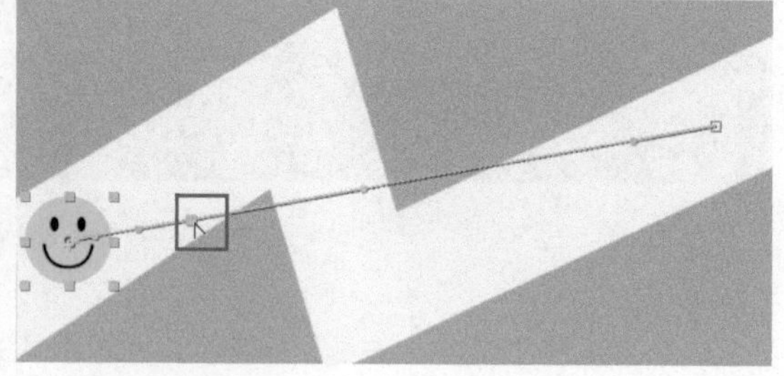

图 4-39 使用钢笔工具直接添加关键帧

STEP 4

在贝塞尔曲线关键帧上再次单击，工具会自动切换为转换“顶点”工具，手柄消失，关键帧转换为直线类型的关键帧，使用选择工具将关键帧移至通道转折处，如图4-40所示。

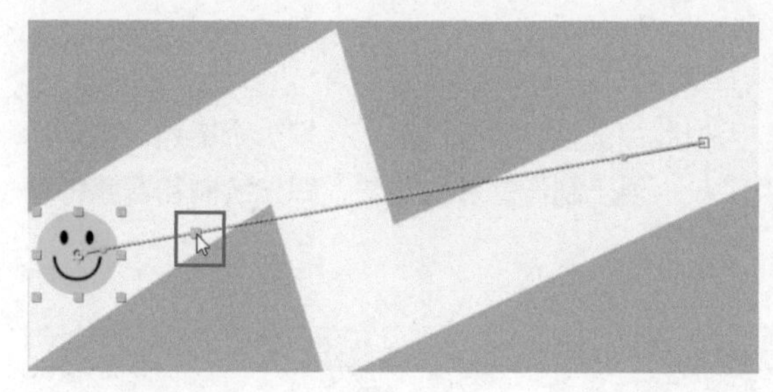

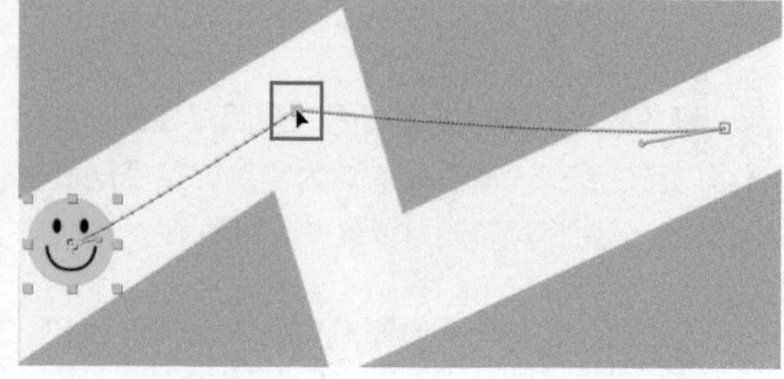

图 4-40 在合成视图中调整关键帧位置

STEP 5

同样，参照另一个通道转折的位置，使用钢笔工具在运动路径上单击，添加一个关键帧，将关键帧调整为直线类型的关键帧，并移动到通道转折的位置。这样，在没有移动时间指示器到对应时间的情况，使用钢笔工具、转换“顶点”工具和选择工具，绘制了直线路径，当然根据需要也可以绘制和调整为弯曲的路径，如图4-41所示。

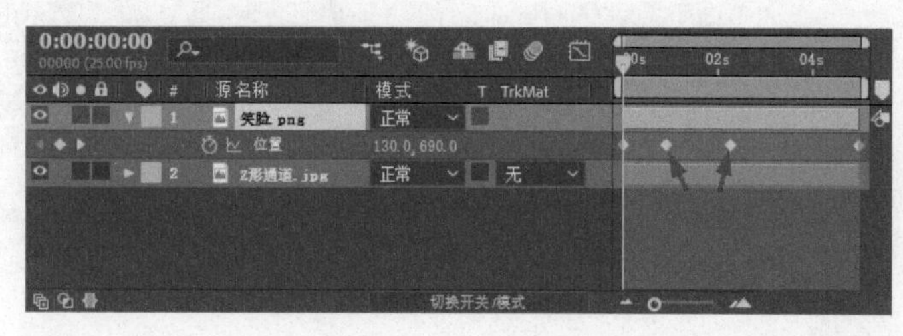

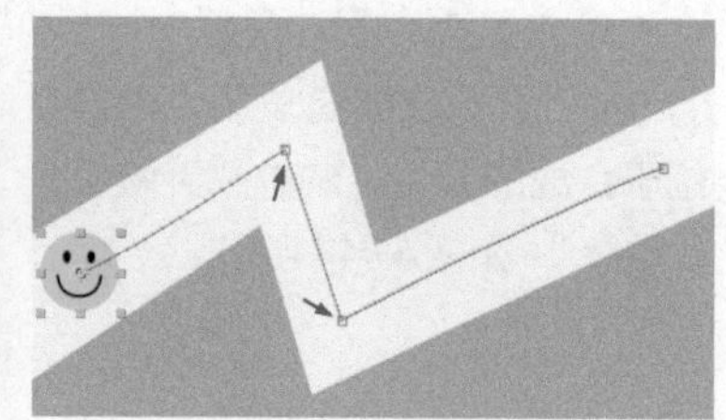

图 4-41 添加关键帧和调整路径

绘制复杂的直线路径

STEP 1

使用钢笔工具直接在运动路径上绘制的操作，只能应对相对简单的路径。对于复杂一些的路径，还需要先在图层画面中，使用钢笔单独绘制。这里参照方形的迷宫图像，绘制一条进出的路径。先选中迷宫图层，使用钢笔工具在左侧开始绘制穿过迷宫的路径，在图层下会建立一个蒙版，如图4-42所示。

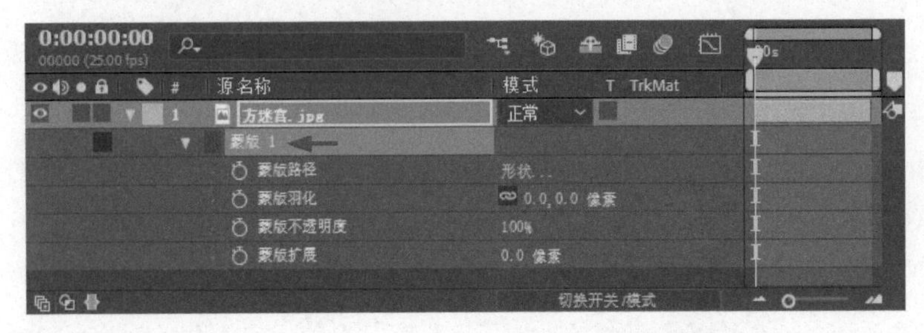

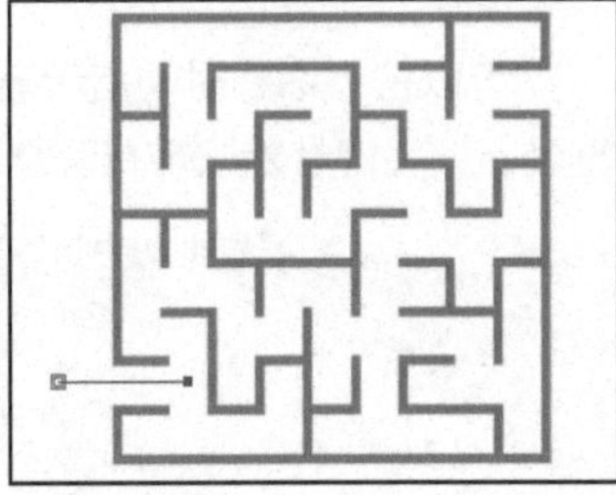

图 4-42 选中图层并绘制路径

STEP 2

绘制完成从左侧入、右侧出的路径，如图4-43所示。

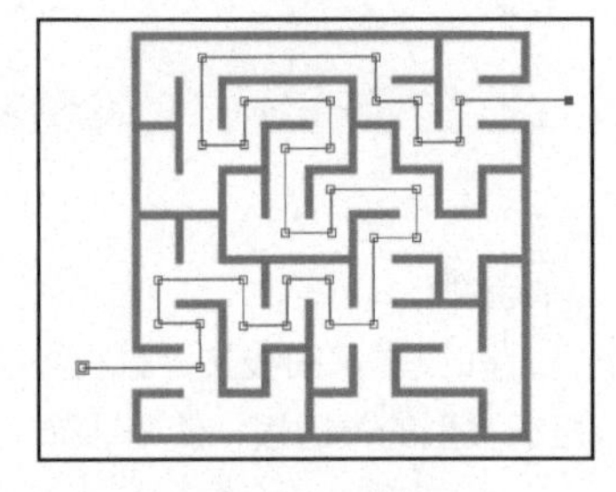

图 4-43 绘制完成的路径

4.3.2 转换路径为位置关键帧

开放的蒙版路径或者封闭的蒙版路径都可以转换为位置关键帧，蒙版路径上有多少个锚点，转换后就可以产生多少个关键帧。这为复杂的路径动画提供了一个便于制作的解决方法，即先绘制和调整好蒙版路径，然后将其转换为位置关键帧动画。

转换路径为位置关键帧

STEP 1

绘制完迷宫线路后，就可以将其应用到运动关键帧的路径上了。这里在合成中放置“笑脸.png”图层，并调整为合适的大小。

STEP 2

先单击迷宫图层“蒙版 1”下的“蒙版路径”，按Ctrl+C快捷键复制，再确认时间指示器位于合成的开始，选中“笑脸.png”图层下的“位置”，如图4-44所示。

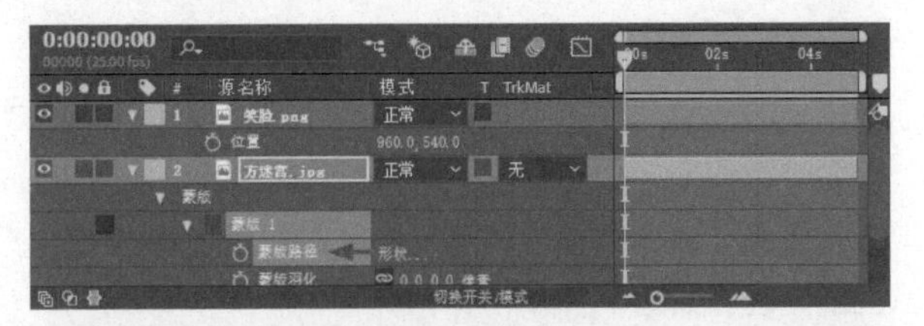

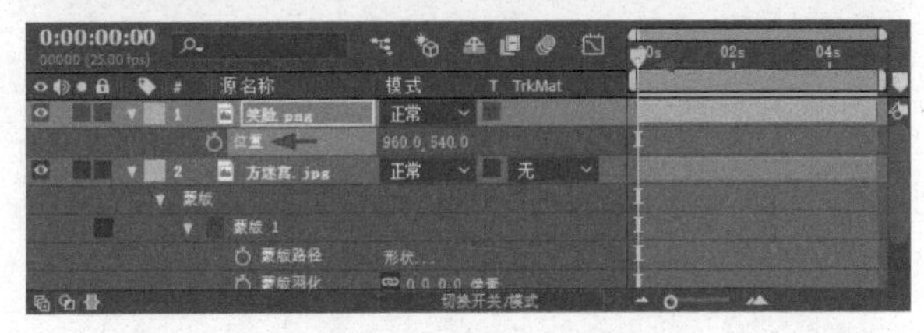

图 4-44 为笑脸图像复制蒙版路径

STEP 3

按Ctrl+V快捷键粘贴，这样就可以将图形的路径粘贴为“位置”关键帧的路径，显示出“位置”的一组关键帧，如图4-45所示。

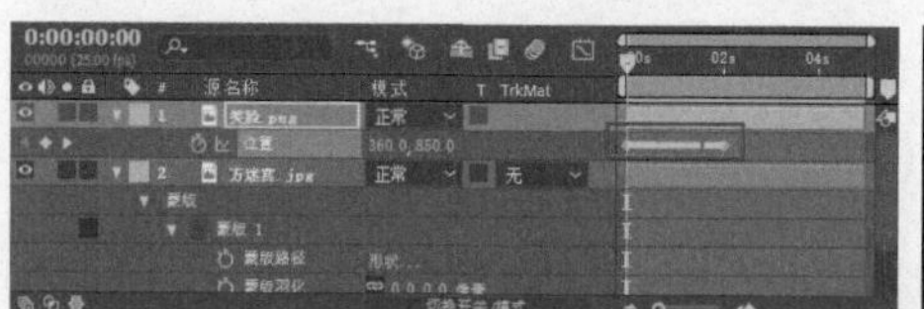

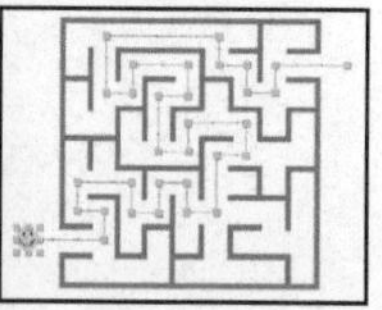

图 4-45 粘贴为“位置”关键帧的路径

STEP 4

调整这组“位置”关键帧中第1个或最后一个关键帧的时间位置，这样可以拉伸或压缩这组关键帧的持续时间。这里将最后一个关键帧拖至合成的尾部，如图4-46所示。

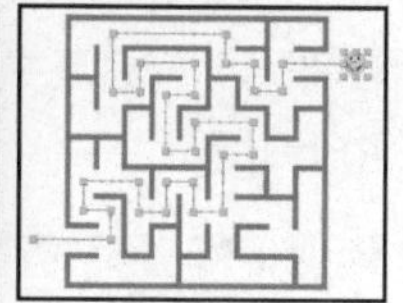

图 4-46 调整关键帧的持续时间

操作2　绘制复杂曲线路径并转换成位置关键帧

STEP 1

这里在合成中放置一个圆形的迷宫，准备绘制穿过迷宫的路径。先选中迷宫图层，使用钢笔工具从迷宫左侧开始绘制路径，同时为图层建立了一个蒙版，如图4-47所示。

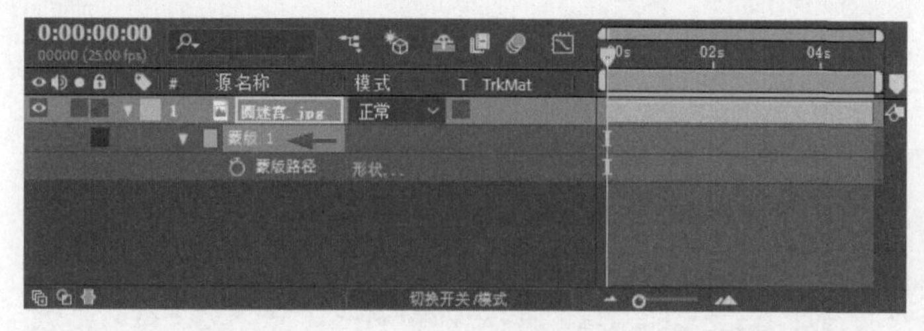

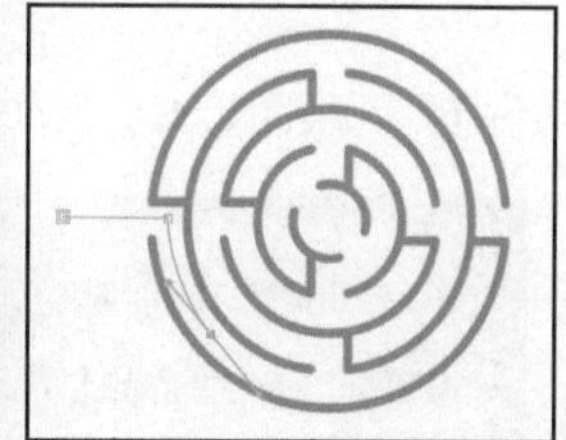

图 4-47 选中图层并绘制路径

STEP 2

在绘制路径的同时，调整路径曲线的弯曲度，完成的迷宫路径如图4-48所示。

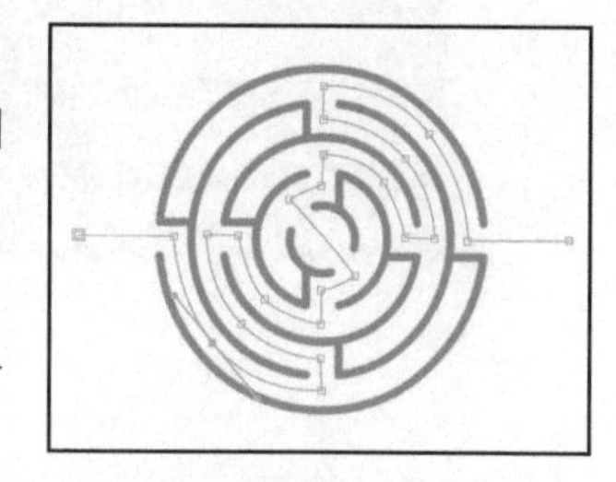

图4- 48 绘制和调整曲线路径

STEP 3

放置“笑脸.png”图层，显示“缩放”并调整为合适的大小，同时显示出“位置”属性。

STEP 4

单击选中迷宫层的“蒙版路径”，按Ctrl+C快捷键复制，再单击“笑脸.png”图层的“位置”属性，按Ctrl+V快捷键粘贴路径关键帧，然后调整关键帧的持续时间，如图4-49所示。

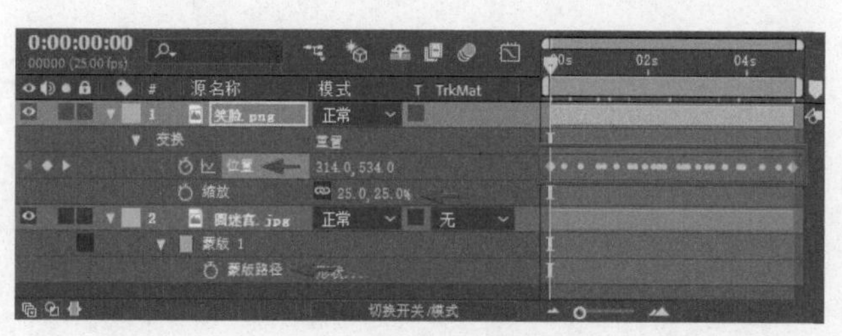

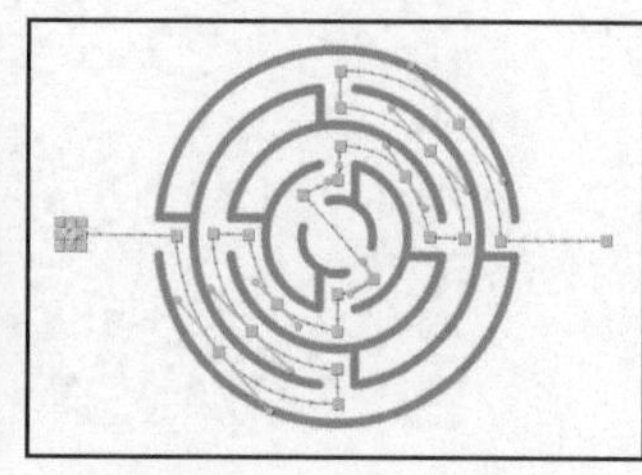

图 4-49 将绘制的蒙版路径粘贴为“位置”关键帧的路径

制作晨光关键帧动画

实例说明

这里在对应的素材文件夹中准备了黑色背景的点光视频素材、天空的背景图片、带通道的白云和文字图片，在合成中设置图层变换属性下的关键帧，制作一段云雾散开、文字显现的动画。部分素材如图4-50所示。

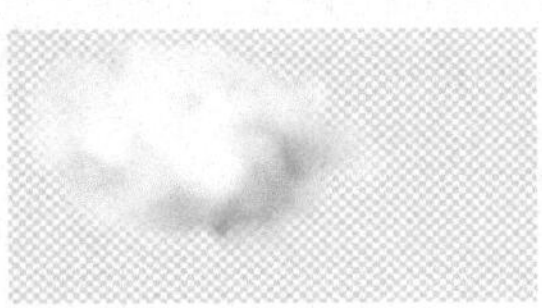

图 4-50 部分使用素材

制作完成的动画效果，如图4-51所示。

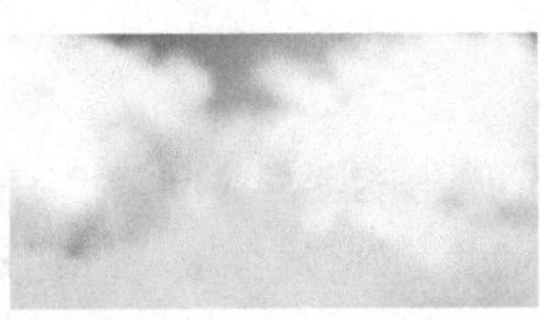

图 4-51 实例效果

实例制作流程图如图4-52所示。

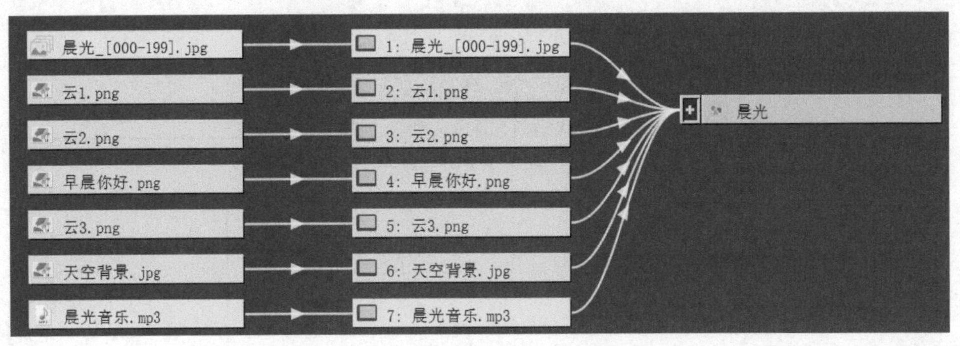

图 4-52 实例制作流程图

扫码观看实例制作步骤讲解视频	实例制作步骤图文讲解
	详见配书资源中的《实例制作步骤图文详解》PDF文档。 下载方式见封底。

制作黑夜关键帧动画

这里在对应的素材文件夹中准备有实例练习素材，包括“moon.png”“黑夜背景.jpg”“黑夜来临.png”“云01.png”“云03.png”、音乐素材等，其中部分素材如图4-53所示。

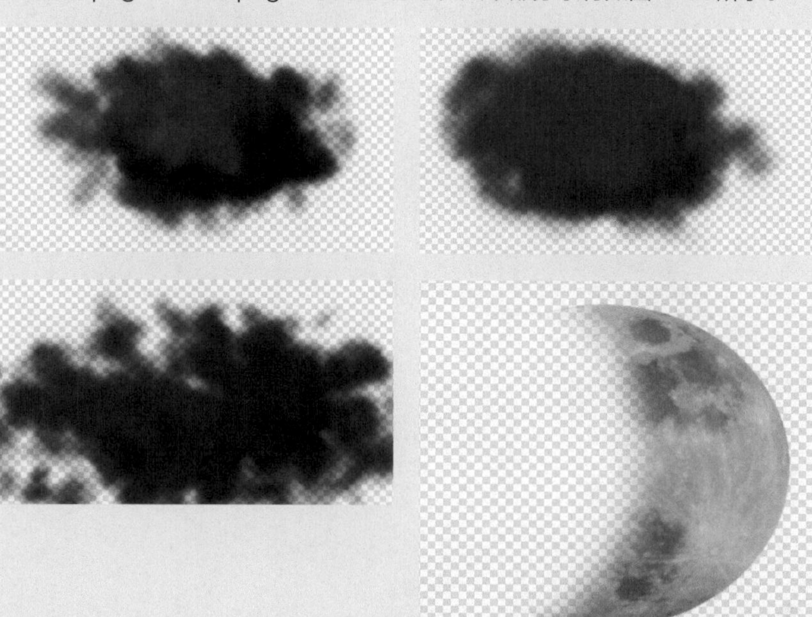

图 4-53 部分素材

根据实例的制作方法，制作一个黑夜的关键帧动画。实例效果如图4-54所示。

图 4-54 实例效果

关键帧插值让动画流畅自然

第4章讲解了关键帧的基本使用方法，这一章将进一步学习关键帧更为强大的插值功能。关键帧的图表编辑器、关键帧的插值菜单和面板设置，可以让关键帧数值产生灵活的变化，使动画效果更加流畅自然。

5.1 关键帧图表编辑器

图表编辑器使用二维图表示属性值，要在图层模式和图表编辑器模式之间切换时，可单击时间轴面板中的“图表编辑器”按钮或按Shift+F3快捷键。

5.1.1 图表编辑器中的显示操作

图表编辑器中的图表有多个选项，单击图表编辑器底部的“图表类型和选项”按钮后，可从以下选项中进行选择。

选项 1

自动选择图表类型：自动为属性选择适当的图表类型，用于空间属性（如位置）的速度图表和用于其他属性的值图表。

选项 2

编辑值图表：为所有属性显示值图表。

选项 3

编辑速度图表：为所有属性显示速度图表。

选项 4

显示参考图表：在后台显示未选择且仅供查看的图表类型，图表编辑器右侧灰色显示的数字表示参考图表的值。

选项 5

显示音频波形：在图表编辑器中显示至少具有一个属性的音频波形。

选项 6

显示图层的入点/出点：在图表编辑器中显示图层的入点和出点，入点和出点显示为大括号。

选项 7

显示图层标记：在图表编辑器中显示图层标记（如果有的话），图层标记显示为小三角形。

选项 8

显示图表工具提示：打开和关闭图表工具提示。

选项 9

显示表达式编辑器：显示或隐藏表达式编辑器字段。

选项 10

允许在帧之间的关键帧：允许在两帧之间放置关键帧，以微调动画。

显示图表编辑器

STEP 1

在合成中放置蓝天、白云和飞机的图像，设置飞机的“位置”和“不透明度”关键帧。按U键显示出关键帧属性，如图5-1所示。

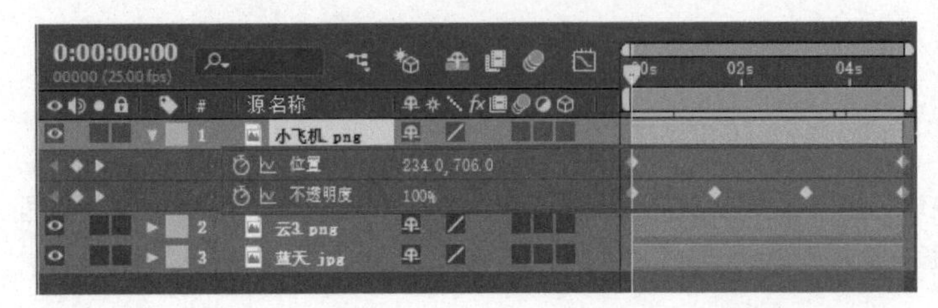
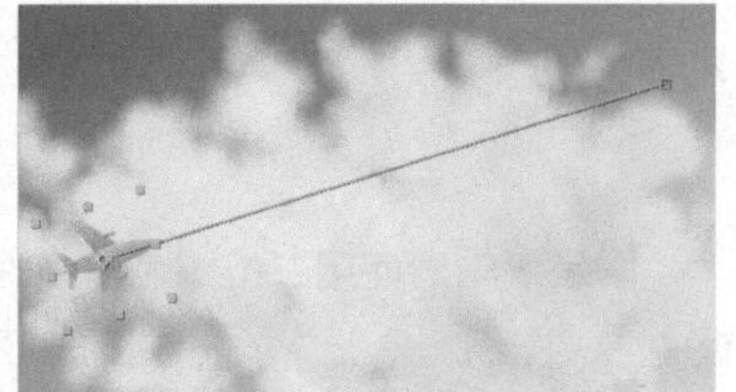

图 5-1 设置关键帧

STEP 2

单击时间轴的“图表编辑器”（快捷键为Shift+F3）切换到图表编辑器模式。

STEP 3

单击选中某个属性，将会显示其关键帧的图表。其中单击图表编辑器底部的“图表类型和选项”按钮，勾选“自动选择图表类型”后，根据使用概率，“位置”显示编辑速度图表，“不透明度”显示编辑值图表，如图5-2所示。

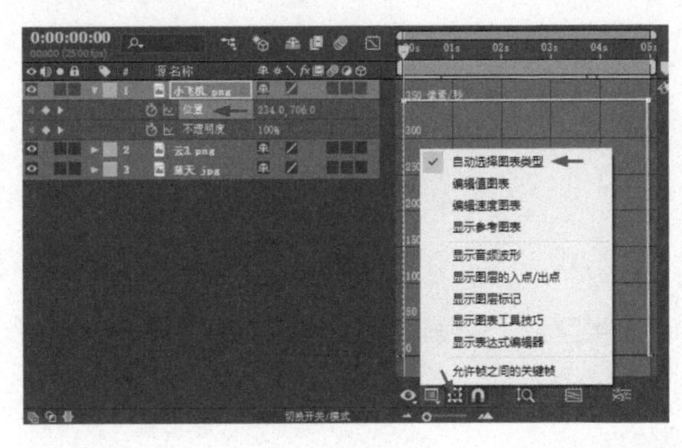
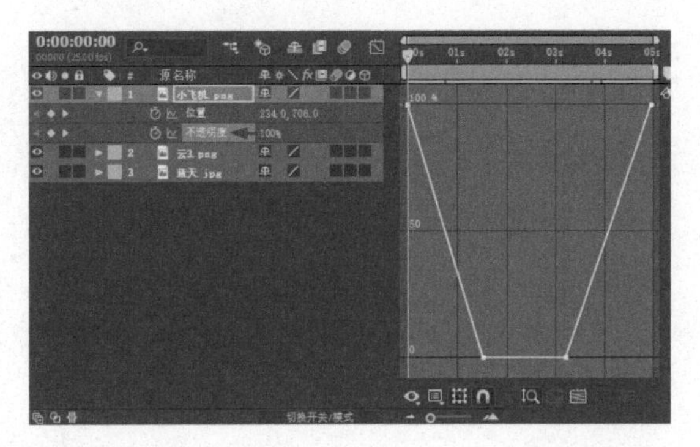

图 5-2 勾选“自动选择图表类型”

STEP 4

如果配合Ctrl键单击两个属性，可以将其同时选中，也可以同时显示出两个属性的关键帧图表，并以不同的颜色区分属性。

STEP 5

如果不选中属性，但打开了属性前面的“将此属性包含在图表编辑器中”这个小图标，也可以一直显示属性的关键帧图表，如图5-3所示。

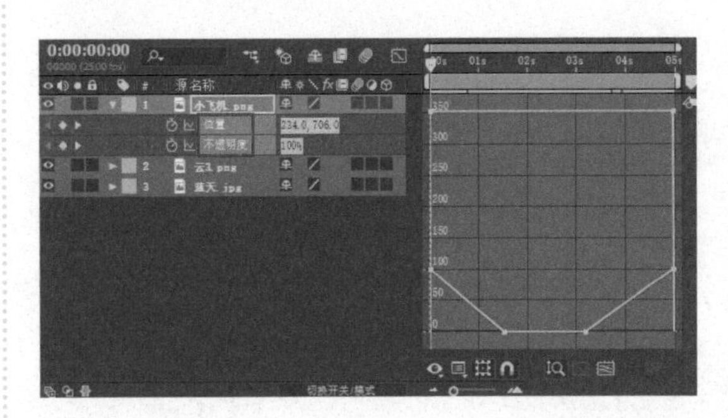
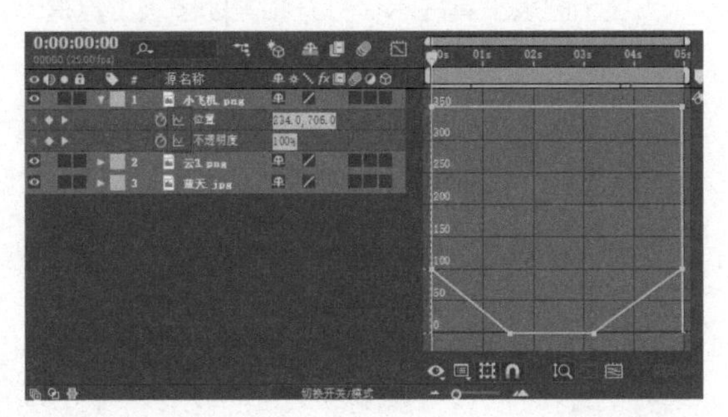

图 5-3 将此属性包含在图表编辑器中

为了不至于使图标编辑器显得复杂，一般采用选中单个属性的方法来显示和设置其图表。

STEP 6

用选中“位置”属性的方法显示其关键帧图表，并选用另一个显示类型“编辑值图表”。可以通过不同的显示类型来准确掌握关键帧的信息，如图5-4所示。

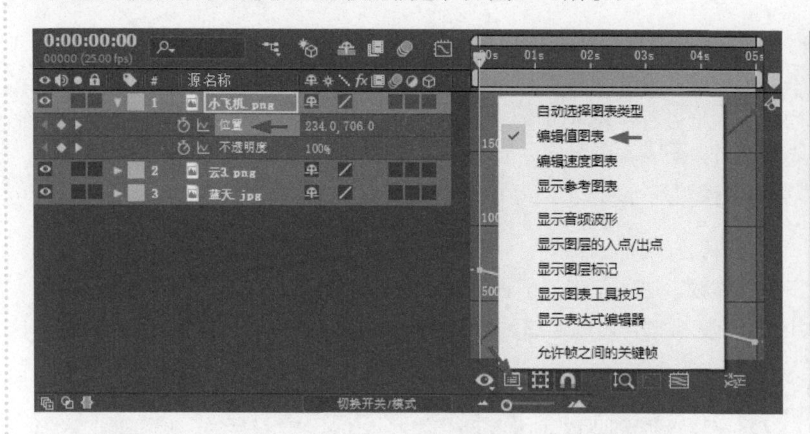

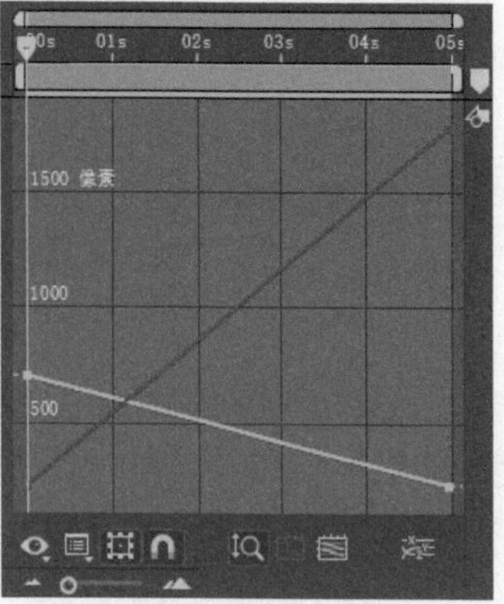

图 5-4 切换图表的显示类型

5.1.2 图表编辑器中的基本操作

图表编辑器模式中的关键帧可能在一侧或两侧，附有方向手柄的显示。方向手柄用于控制贝塞尔曲线的插值。可以单击图表编辑器底部的“单独尺寸”按钮，将“位置”属性的组件分离成单个属性（*x*位置、*y*位置），以便可以单独修改每个属性和为其添加动画。

操作1　在图表编辑器中选择和调整数值

STEP 1

在上一个合成的飞机图层中，设置了“不透明度”关键帧，在其中一个关键帧标记点上单击进行选择，选中后为实心的小方块，未选中的标记点为空心的小方框。

STEP 2

可以在图表编辑器中拖曳调整关键帧。将关键帧向上或向下拖曳可以调整数值的大小。

STEP 3

将关键帧向左或向右拖曳可以移动关键帧的时间位置，如图5-5所示。

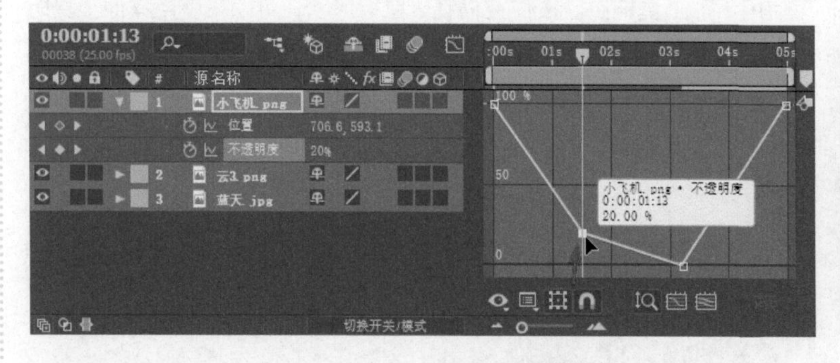

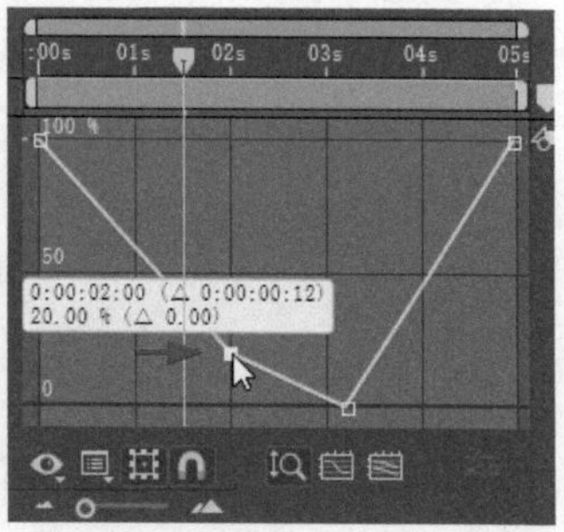

图 5-5 调整数值大小和时间位置

操作2 在图表编辑器中使用对齐和变换框

STEP 1

在单击“对齐”按钮的情况下，拖曳图表编辑器中的关键帧时，该关键帧会与关键帧值、关键帧时间、当前时间、入点和出点、标记、工作区域的起始和结束位置，以及合成的起始和结束位置等对齐。当关键帧与这些项中的其中一项对齐时，图表编辑器中会显示一条橙色线条，以指示对齐到对象。当开始拖曳的同时按住Ctrl键，可以临时切换对齐行为。

STEP 2

可以使用变换框同时调整多个关键帧。这里单击“不透明度”属性，选中全部关键帧，在打开变换框的状态下，显示有8个控制点的矩形变换框，可以通过调整变换框来同时缩放这些关键帧在图表编辑器中的位置，如图5-6所示。

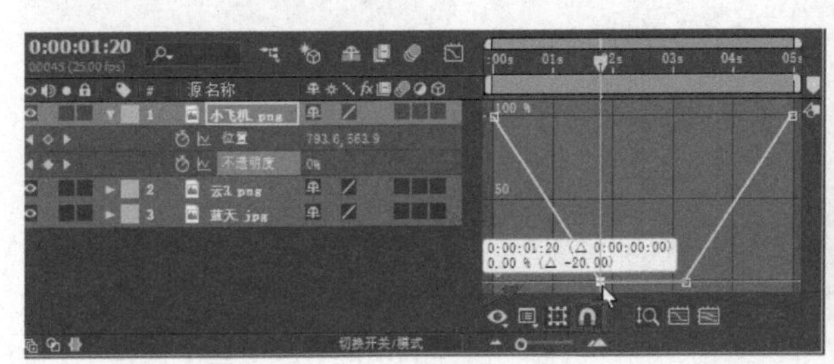

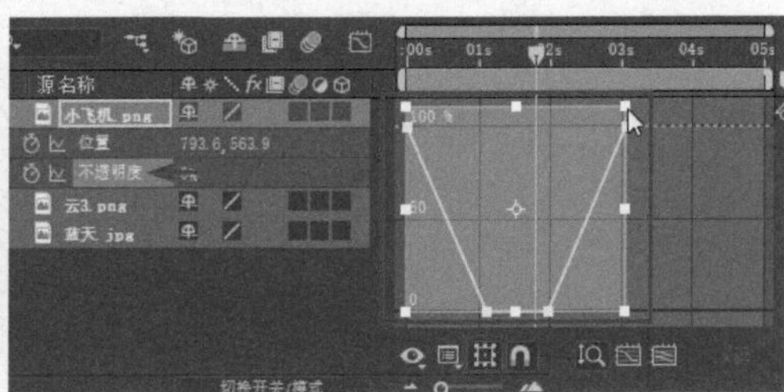

图 5-6 使用对齐和变换框

操作3 在图表编辑器中缩放和查看

STEP 1

使用软件顶部工具栏中的缩放工具，可以在图表编辑器中对关键帧图表的显示进行缩放，其中按住Alt键会缩小图表显示。此外，按住Ctrl键并滚动鼠标滚轮可以垂直缩放图表显示，按住Alt键并滚动鼠标滚轮可以水平缩放图表显示。

STEP 2

打开“自动缩放图表高度”，可以自动缩放图表的高度，使其适合图表编辑器的高度显示。

STEP 3

要垂直或水平移动图表时，可使用手形工具拖曳。按住空格键或鼠标滚轮，可以在使用其他工具时暂时激活抓手工具，如图5-7所示。

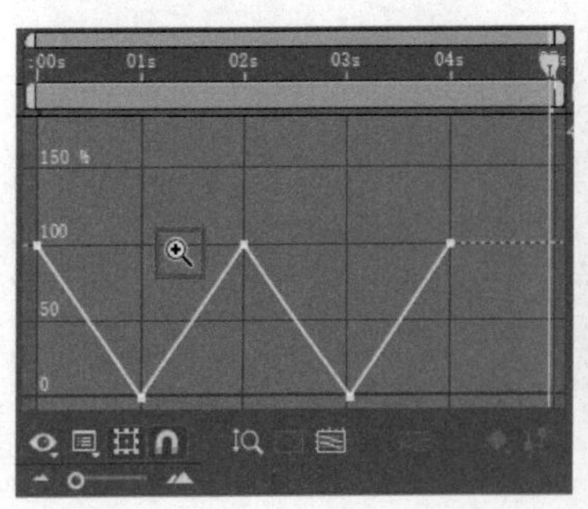

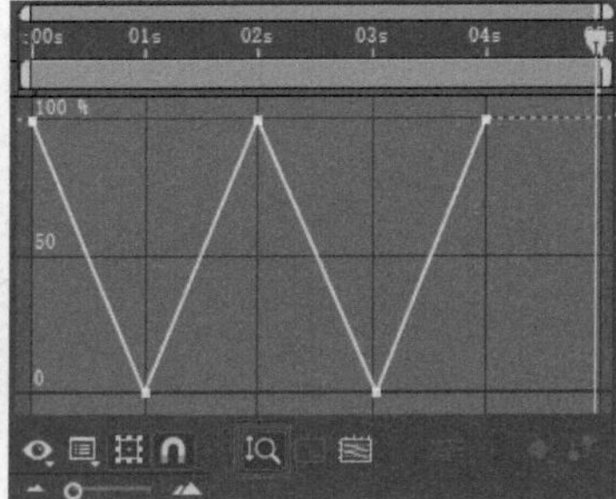

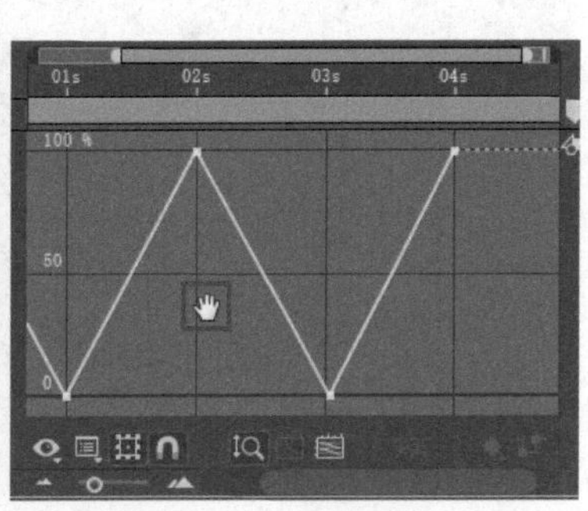

图 5-7 使用缩放工具查看、自动缩放图表高度和使用抓手工具查看

STEP 4

单击“使所有图表适于查看”按钮，将在当前编辑器中显示全部关键帧，即在图表编辑器中调整图表的值（垂直）和时间（水平）刻度，使其适合所有关键帧。

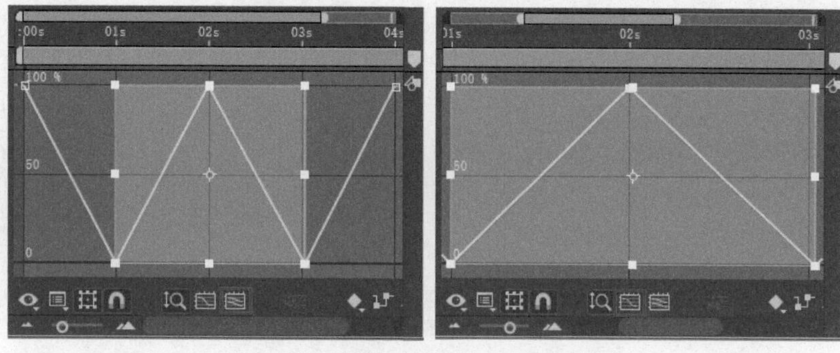

STEP 5

图 5-8 使所有图表适于查看和使选择适于查看

如果选中部分关键帧，单击“使选择适于查看”按钮，将在当前编辑器中匹配显示所选关键帧，即在图表编辑器中调整图表的值（垂直）和时间（水平）刻度，使其适合选定的关键帧，如图5-8所示。

操作4 图表编辑器中的曲线手柄操作

STEP 1

选中“位置”关键帧，在图表编辑器中显示关键帧图表，并以“编辑速度图表”的类型显示，可以看到在关键帧旁显示出黄色的调节手柄。

STEP 2

拖曳调整手柄，可以调整图像“位置”关键帧的移动速度。这里将开始关键帧的手柄向上部拖曳，加快速度。

STEP 3

拖曳结束关键帧的手柄向下部移动，减慢速度。这样可以得到一个由快变慢的移动效果，如图5-9所示。

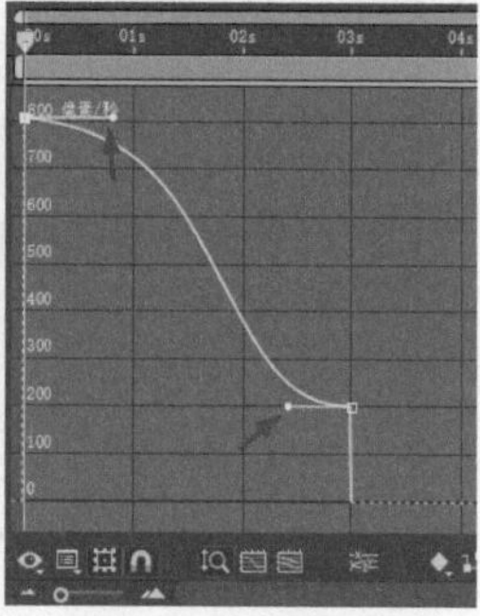

图 5-9 调整手柄以编辑速度图表

操作5 在图表编辑器中分开调整和使用单独尺寸

STEP 1

选中“位置”关键帧，在图表编辑器中显示这个属性的图表。

STEP 2

单击“单独尺寸”按钮，原来的一个“位置”属性变为“*x*位置”和“*y*位置”这两个属性，如图5-10所示。

STEP 3

这样可以单独选中其中的一个属性，显示单独的图表，方便查看和调整，如图5-11所示。

5.2 关键帧插值

插值是在两个已知值之间填充未知数据的过程，可以指定特定关键时间的属性值。After Effects可为关键帧之间所有时间的属性插入值。

由于插值会在关键帧之间生成属性值，因此插值有时也被称为补间。关键帧之间的插值可以用于对运动、效果、音频电平、图像调整、透明度、颜色变化以及许多其他视觉元素和音频元素添加动画。创建关键帧和运动路径使相关值随时间变化后，可能希望对变化发生的方式进行更精确的调整。这里将介绍两种关键帧的插值：空间关键帧插值和时间关键帧插值。某些属性（如不透明度）仅具有时间插值，其他属性（如位置）还具有空间插值。以下先从简单的运动动画对比入手，逐步了解关键帧插值。

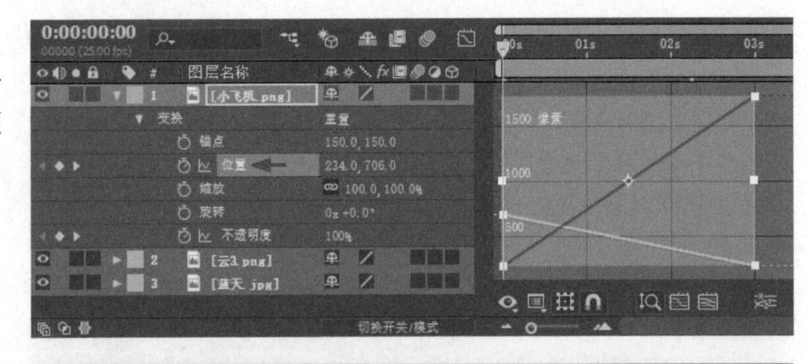

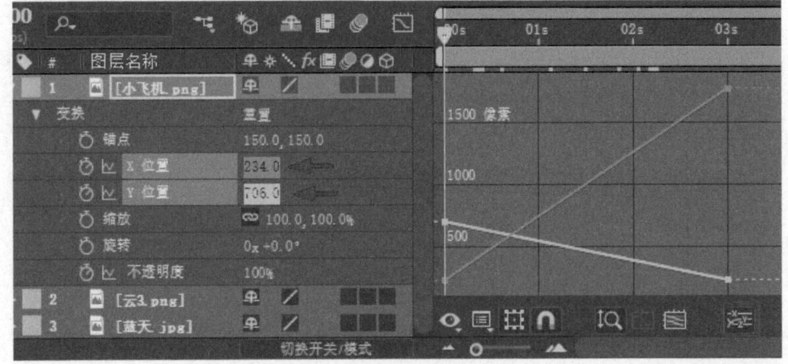

图 5-10 调整“位置”属性

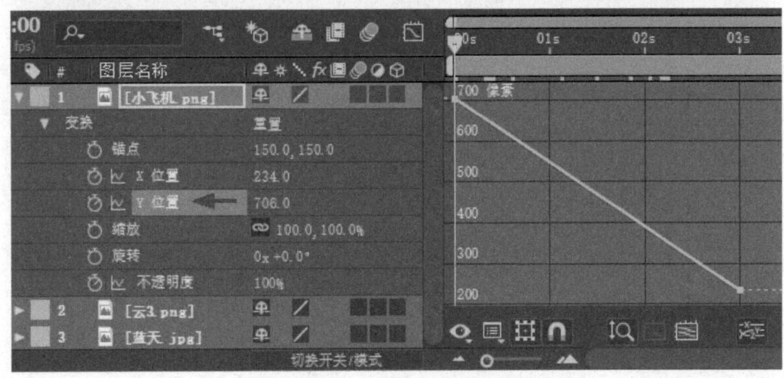

图 5-11 分开属性后单独显示图表

5.2.1 理解空间插值

在对“位置”等属性应用或更改空间插值时，可以在合成面板中调整运动路径。运动路径上的不同关键帧可提供有关任何时间点的插值类型的信息。信息面板显示了选定关键帧的空间插值方法。当在图层中创建空间变化时，After Effects使用“自动贝塞尔曲线”作为默认空间插值。如果要将默认方法更改为线性插值，可选择菜单“编辑>首选项>常规”，然后选择“默认的空间插值为线性”。

操作1 弯曲的空间插值

STEP 1

在合成中放置“路口.ai”和“小车.ai”两个图层。这里扩展名为.ai的矢量图形文件，可以打开栅格化开关，使得放大后仍能清晰地显示图形线条。

STEP 2

调整图层的大小和位置，并设置“小车.ai”图层在第0帧至第4秒的“位置”关键帧，从左侧路口移至上侧路口，如图5-12所示。

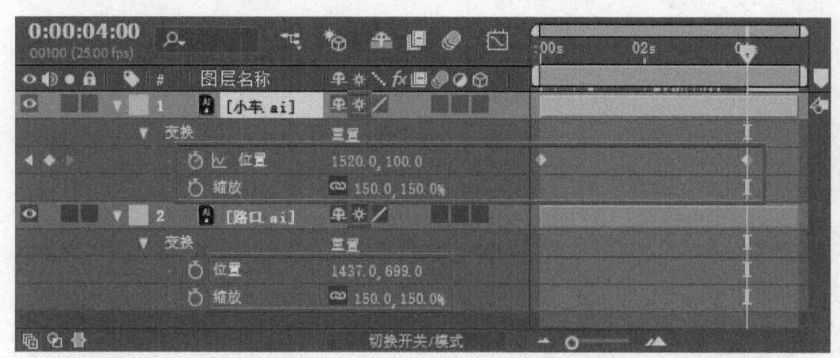

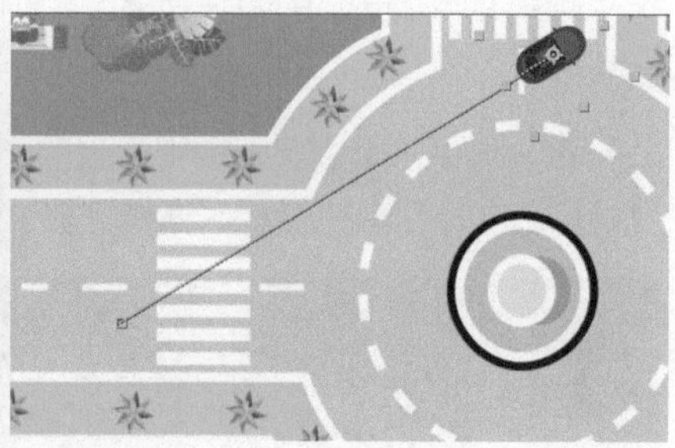

图 5-12 设置动画关键帧

STEP 3

模拟小车实际需要行驶的路线。将时间指示器移至第2秒，在合成视图中将小车拖至图形中转盘的右下侧，这样在运动路径上添加了一个关键帧。如果首选项中没有更改空间插值的选项，将默认使用“自动贝塞尔曲线”，如图5-13所示。

图 5-13 添加关键帧

STEP 4

此时还需要进一步调整这3个关键帧的手柄，可以使用工具栏中的转换“顶点”工具，在首尾关键帧上拖曳，显示调节手柄，对3个关键帧进行调整手柄操作，校正运动路径和车头的方向。这样使用贝塞尔曲线的方式进行插值，并通过3个关键帧实现了小车绕行的路线运行动画，如图5-14所示。

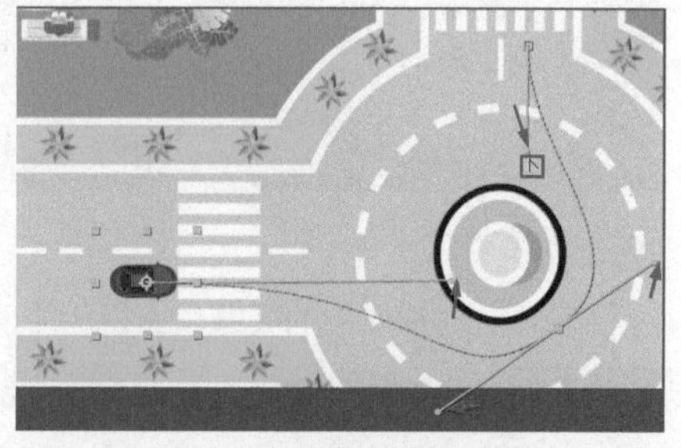

图 5-14 调整路径插值曲线

操作2 空间插值运动路径的类型

STEP 1

在合成中放置一个笑脸图像，为其添加3个关键帧，使笑脸在第0帧时在画面左下角，第10帧时在画面上部，第20帧时在画面右下角，如图5-15所示。

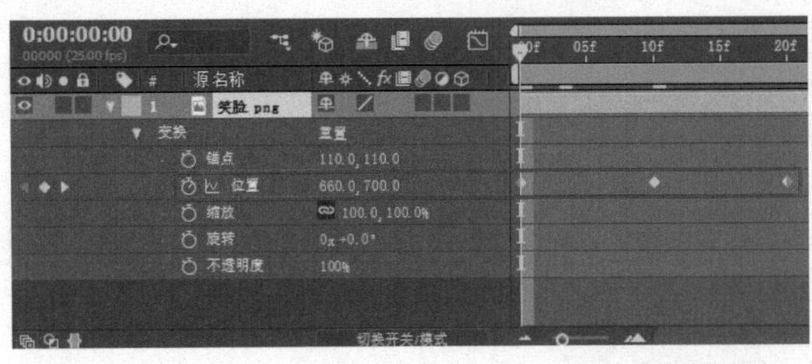
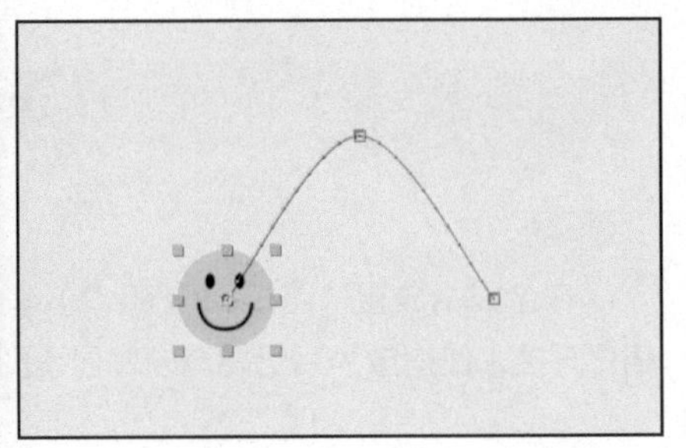

图 5-15 添加关键帧

STEP 2

选中图层，按Ctrl+D快捷键3次，创建副本。

STEP 3

每次选中一个图层，按主键盘的Enter键重新命名，从下层至上层分别以空间插值的类型命名为“线性”“自动贝塞尔曲线”“连续贝塞尔曲线”和“贝塞尔曲线”，如图5-16所示。

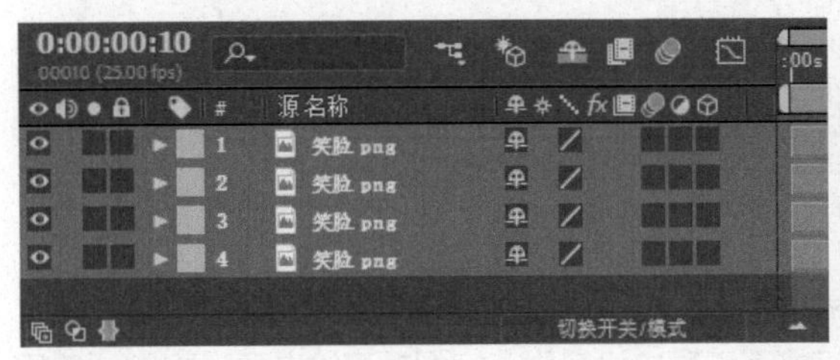
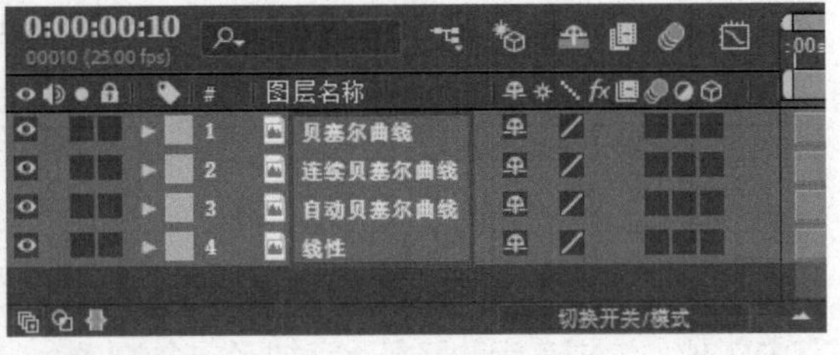

图 5-16 创建副本和重命名图层

STEP 4

按U键展开各图层的关键帧属性。

STEP 5

先单独显示“线性”图层，在中间关键帧上单击鼠标右键，选择菜单中的“关键帧插值”，打开设置对话框，将“空间插值”选择为“线性”，如图5-17所示。

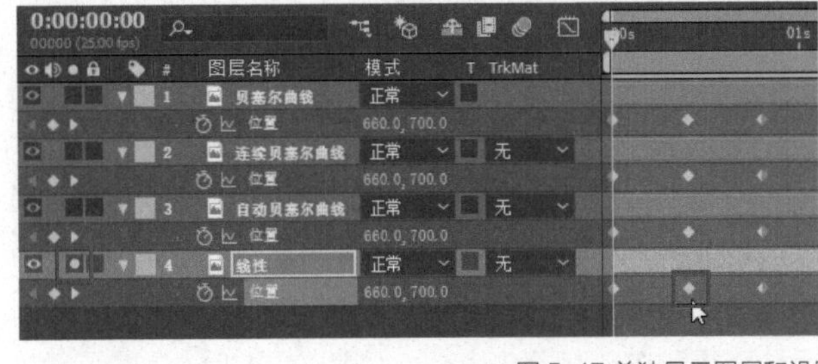
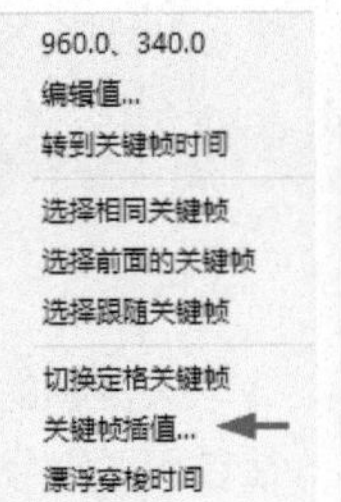

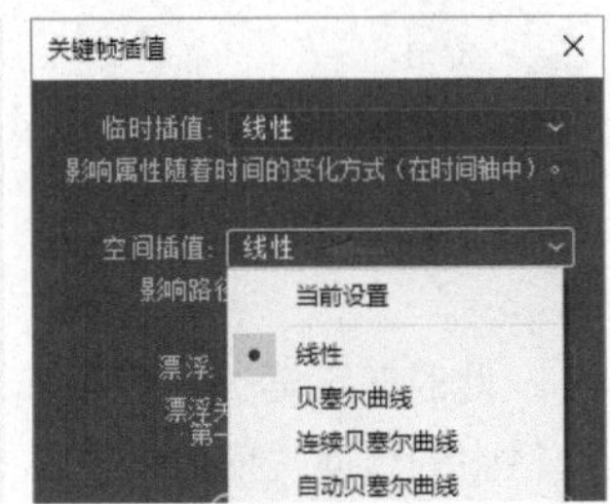

图 5-17 单独显示图层和设置线性空间插值

STEP 6

查看合成视图中的关键帧路径和中间的关键帧是否有曲线手柄，“线性”插值的关键帧为直线，没有曲线手柄。

STEP 7

单独显示“自动贝塞尔曲线”图层，在中间关键帧上单击鼠标右键，选择菜单中的“关键帧插值”，打开设置对话框，选择与图层同名的空间插值，查看插值的关键帧为自然的曲线，有两个用于调整曲线的点。

STEP 8

单独显示“连续贝塞尔曲线”图层，为中间关键帧打开“关键帧插值”对话框，先设置为“自动贝塞尔曲线”的空间插值，然后使用工具栏的移动工具，拖曳关键帧一侧调整曲线的点，调整曲线的手柄。调整时关键帧两侧的手柄可以有不同的长度，调整一侧手柄的方向时会影响另一侧手柄的方向，但始终在一条直线上，保持路径的平滑。这样调整后，“自动贝塞尔曲线”变为了“连续贝塞尔曲线”，可以再次打开“关键帧插值”对话框进行查看。

STEP 9

单独显示“贝塞尔曲线”图层，同样为中间关键帧打开“关键帧插值”对话框，先设置为“自动贝塞尔曲线”的空间插值，然后使用工具栏的转换“顶点”工具，拖曳关键帧一侧调整曲线的点，调整曲线的手柄。调整时关键帧两侧的手柄可以有不同的长度，也可以不在一条直线上。两个手柄可以分开控制，路径可以产生方向的突变。这样调整后，“自动贝塞尔曲线”变为了“贝塞尔曲线”，可以再次打开“关键帧插值”对话框进行查看，如图5-18所示。

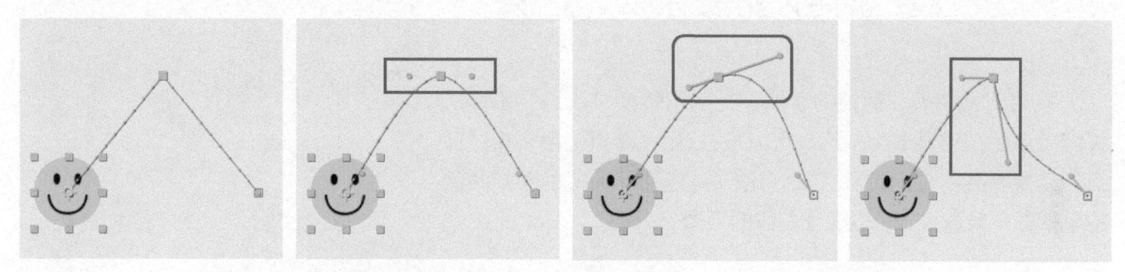

图 5-18 没有手柄的是线性、两点的是自动、直线的是连续、分开控制的是贝塞尔曲线

STEP 10

“关键帧插值”对话框的打开方式有多种，在选中关键帧的状态下，可以选择菜单“动画>关键帧插值”（快捷键为Ctrl+Alt+K）打开；可以在图层模式下的关键帧上单击鼠标右键打开；可以在图表编辑器模式下单击鼠标右键打开；或者在图表编辑器下单击“编辑选定的关键帧”按钮，从弹出菜单中选择“关键帧插值”来打开，如图5-19所示。

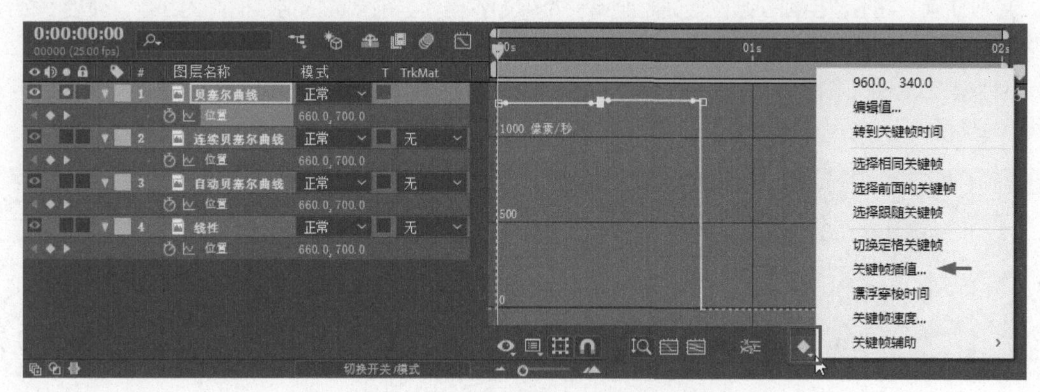

图 5-19 “关键帧插值”对话框的打开方法

操作3　将3个关键帧插值设为圆形路径

STEP 1

通过关键帧插值，为关键帧之间插入通过计算的数值，可以为动画制作带来便捷。这里在合成中放置“星球.ai”和“卫星.ai”两个图层，准备制作卫星绕星球旋转的动画。合成时长为2秒，先设置卫星开始时在星球左侧，1秒时在星球右侧，结尾时则复制和粘贴开始关键帧，使其回到起始点。当前暂时为直线的运动路径，如图5-20所示。

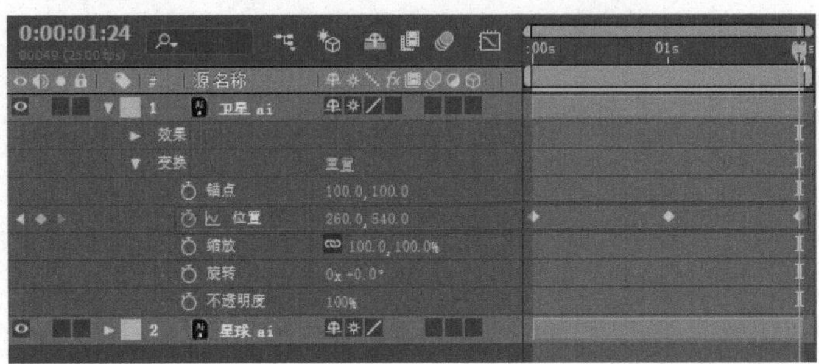

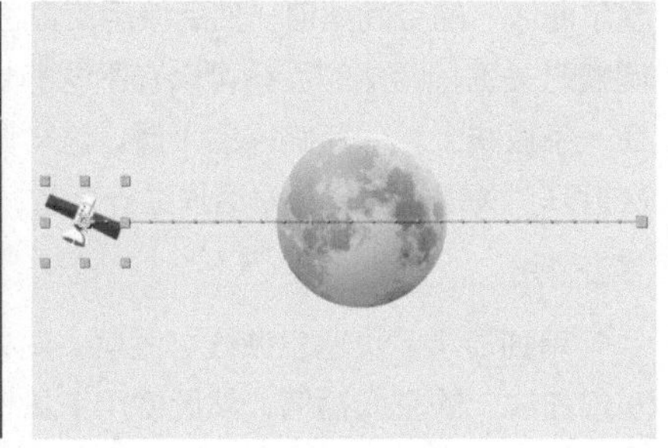

图 5-20 设置关键帧动画

STEP 2

选中开始关键帧，使用工具栏的转换“顶点”工具，从关键帧的点上向上拖曳，显示出调整曲线的手柄，调整曲线。

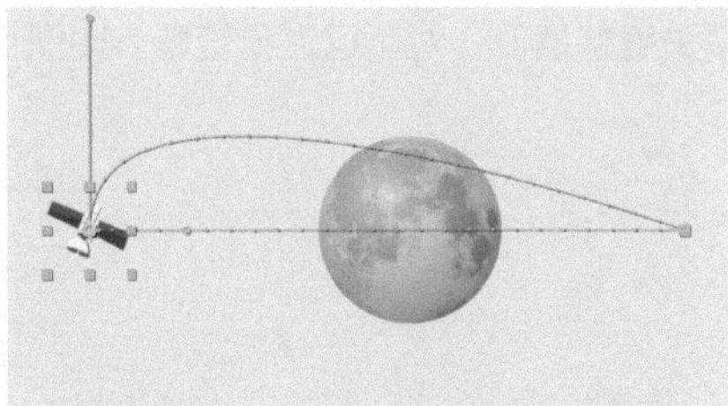

STEP 3

接着调整中间关键帧的手柄。在使用转换“顶点”工具从关键帧点上拉出调节手柄后，可以按住Shift键再使用转换“顶点”工具，或者使用选择工具，这样调整可以保持关键帧两侧的手柄在一条直线上，以保证曲线的平滑。

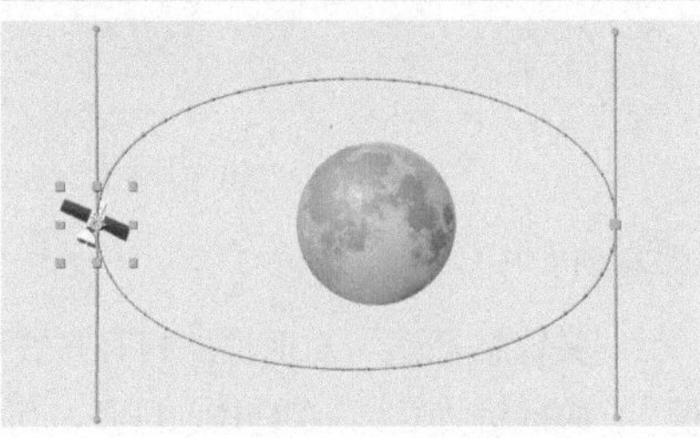

STEP 4

选中结尾关键帧，使用转换“顶点”工具拖拉出曲线手柄进行调整，对照第1个关键帧的手柄，使首尾关键帧手柄在一条直线上，保证从尾部关键帧过渡到开始关键帧时为平滑的曲线，这样就调整出了一个椭圆形的运动路径，如图5-21所示。

图 5-21 调整关键帧手柄

STEP 5

播放动画，在卫星回到开始位置时，会有一个停顿，因为当前合成的持续时间为2秒，最后一帧为1秒24帧，首尾关键帧数值相同，所以会产生一个停顿。将尾部1秒24帧的关键帧后移一帧到第2秒，预览或渲染输出范围为0帧至1秒24帧，第2秒被排除。此时再播放动画，可以看到动画流畅地循环了，如图5-22所示。

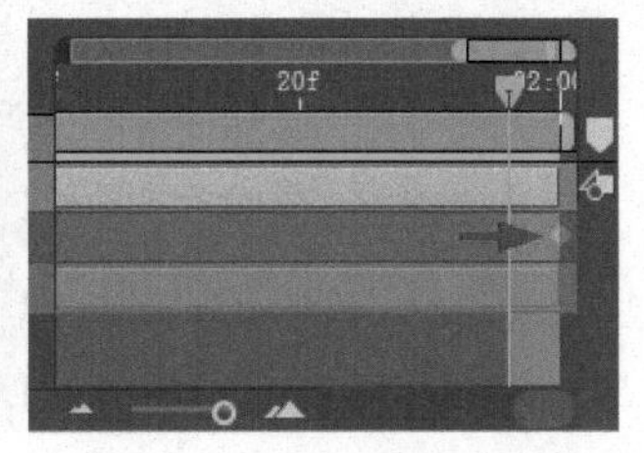

图 5-22 为循环效果移动关键帧位置

绘制的蒙版路径也可以转换为关键帧路径，这里也可以使用椭圆形的蒙版路径，将蒙版路径转换成关键帧路径。

5.2.2 理解时间插值

图表编辑器提供了两种类型的图表：一种是显示属性数值大小的值图表，另一种是显示属性值变化速率的速度图表。在图表编辑器中，属性通过曲线表示，可以一次查看和处理一个属性，也可以同时查看多个属性。

操作1 变速的时间插值

STEP 1

在合成中放置“路口.ai”和“小车.ai”两个图层。打开栅格化开关，使得放大图像后仍然清晰地显示图形线条。

STEP 2

调整图层的大小和位置，并设置“小车.ai”图层在第0帧至第2秒的“位置”关键帧，将小车从画面左侧移至右侧人行道前，如图5-23所示。

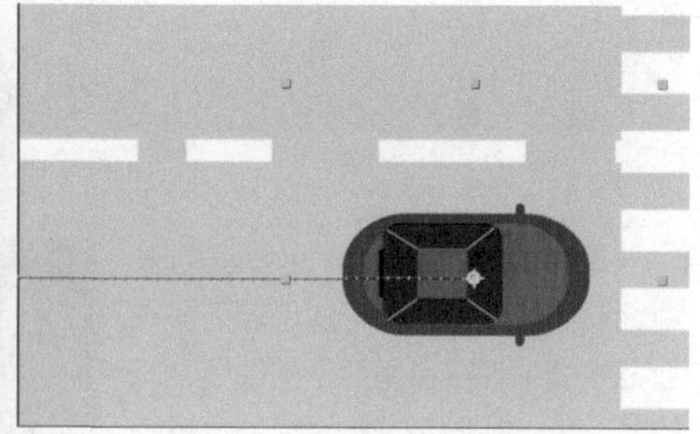

图 5-23 设置动画关键帧

STEP 3

此时小车匀速行驶，在人行道前突然停下。单击“图表编辑器”按钮，切换到图表编辑器模式。选中“小车.ai”图层的“位置”属性，显示其关键帧速度图表为水平的直线，鼠标指针指向图表中的直线上时，会显示其速度的数值，这里为700像素/秒，如图5-24所示。

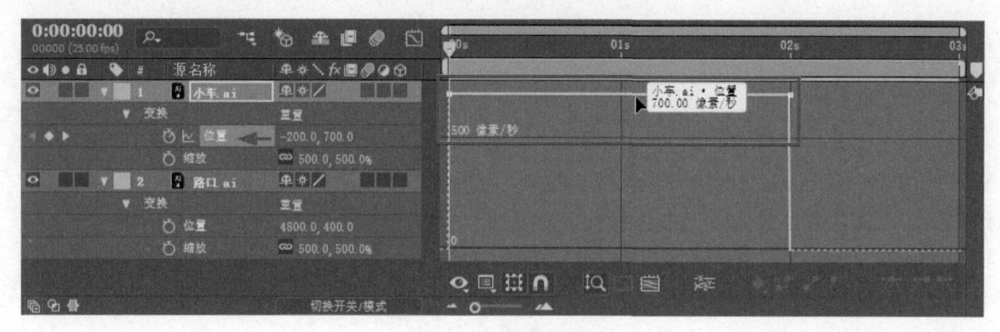

图 5-24 查看速度图表

STEP 4

在图表编辑器中单击选中一个关键帧后，将关键帧手柄向下拖至0像素/秒的位置，如图5-25所示。

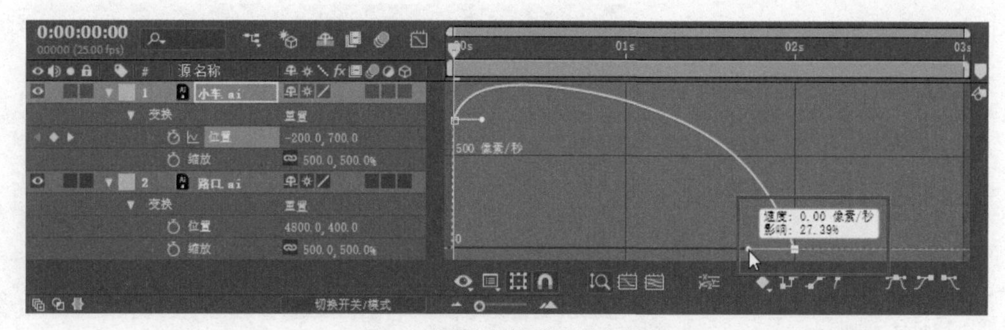

图 5-25 调整关键帧手柄以降低速度

STEP 5

取消选择“自动缩放图表高度”按钮，将时间轴面板的高度拉高，显示出1000像素/秒的单位，然后用鼠标向上拖曳第1个关键帧的手柄，将其速度调整到1000像素/秒左右，如图5-26所示。

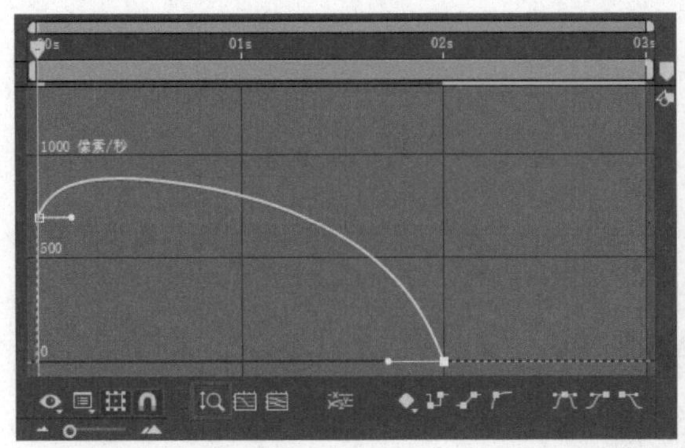

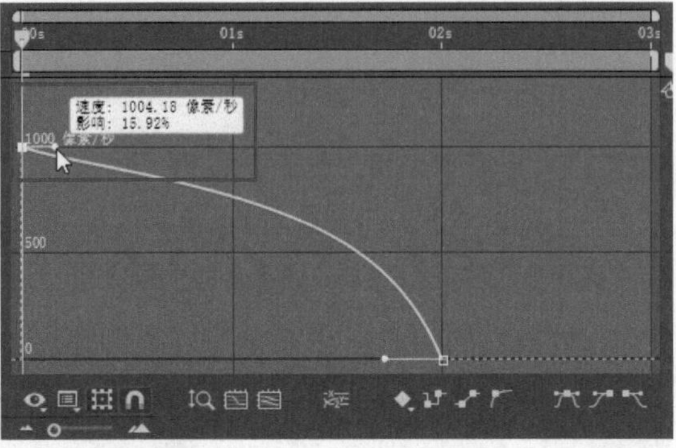

图5-26 调整关键帧手柄以提高速度

STEP 6

此时预览动画效果，小车在行驶中逐渐降速，并在人行道前停下。在合成视图中观察首尾两个关键帧之间的帧，每一帧显示了一个小的位置插值圆点。开始时相对较疏，对应为较快的1000像素/秒的速度；结束时相对较密，对应为逐渐减慢为0像素/秒的速度，如图5-27所示。

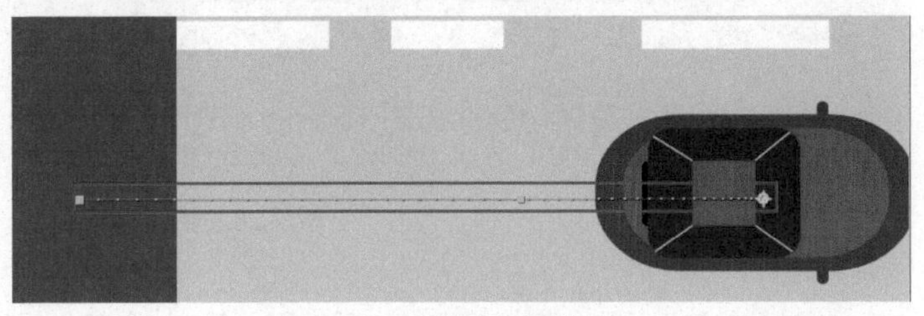

图5-27 预览动画变速效果

操作2 对比变速小车

STEP 1

在3秒的HDTV 1080 25高清合成的视图中，显示对称网格以做参考，放置“小车红色.png”图层，设置“缩放”为(80.0，80.0)%。设置位置关键帧，第0帧为(260.0，180.0)，第1秒为(1260.0，180.0)，第2秒为(1660.0，180.0)，如图5-28所示。

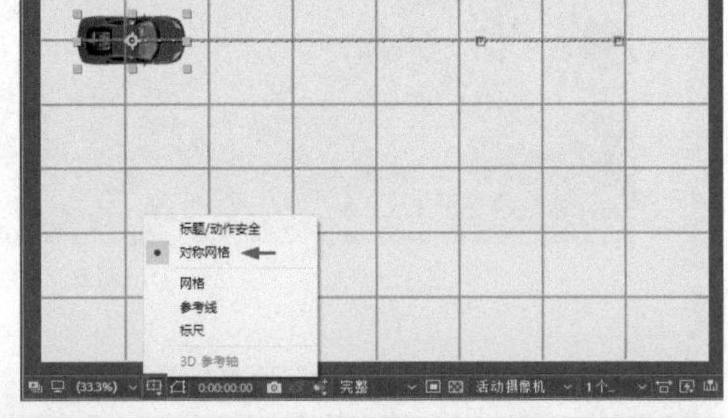

STEP 2

同样，参考网格放置4个相同的小车，设置相同时间、相等距离的位置关键帧。

STEP 3

选中第2个图层，按住Alt键从项目面板中将“小车橙色.png”图层拖至其上并释放，将其替换。其中的属性设置，包括关键帧都不变。

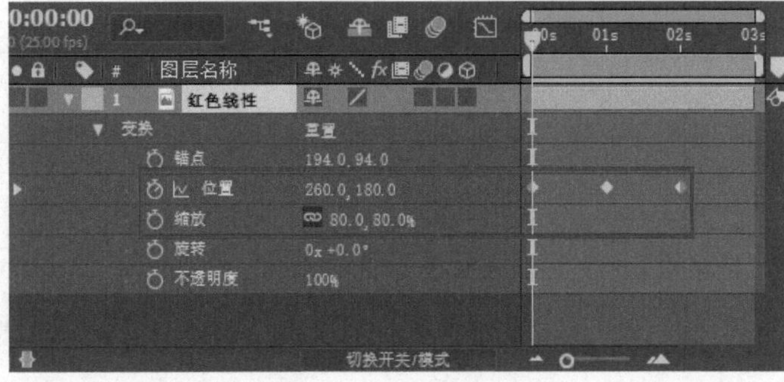

图5-28 设置动画关键帧

STEP 4

同样，替换第3个图层至第5个图层为黄、绿、蓝色的小车，如图5-29所示。

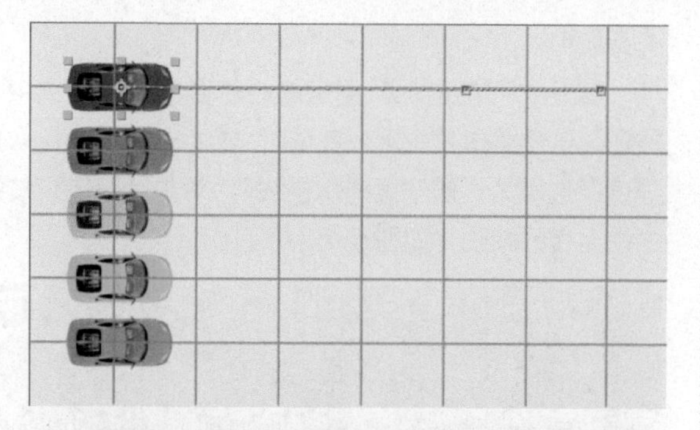

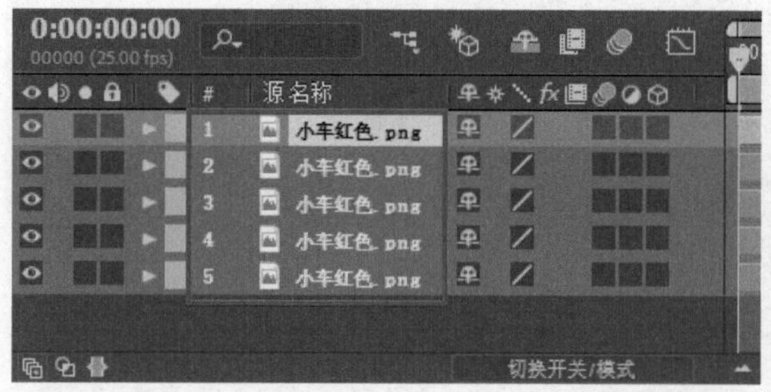

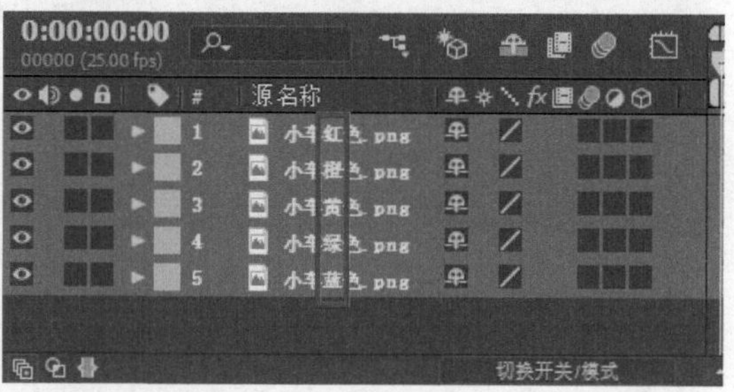

图 5-29 创建副本和替换图层

STEP 5

每次选中一个图层，按主键盘的Enter键将其重新命名，第1个图层至第5个图层依次为“红色线性”“橙色自动”“黄色连续”“绿色贝塞尔”和“蓝色定格”。

STEP 6

按U键显示各层关键帧，单击“图表编辑器”按钮，切换到图表编辑器模式，如图5-30所示。

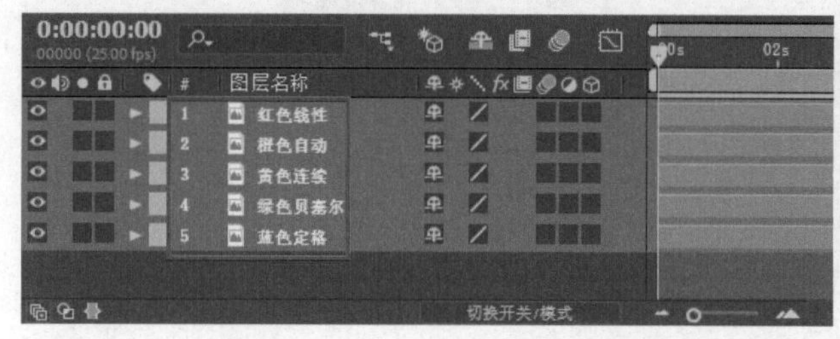

图 5-30 重命名图层和切换到图表编辑器模式

STEP 7

双击“红色线性”图层的“位置”属性，或者在选中属性但没选中关键帧时，需要再单击一次属性，都可以选中当前属性的所有关键帧，单击“编辑选定的关键帧”按钮，选择菜单“关键帧插值”打开“关键帧插值”对话框，当前默认“临时插值”为“线性”，如图5-31所示。

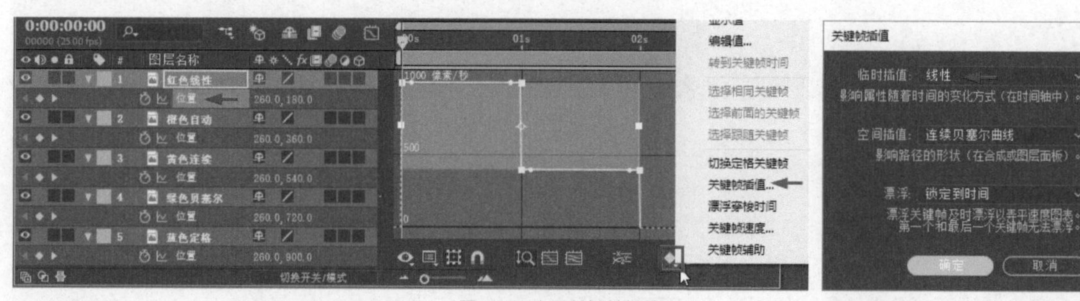

图 5-31 查看关键帧插值

STEP 8

双击“橙色自动”图层的“位置”属性，选中当前属性的所有关键帧，单击“编辑选定的关键帧”按钮，选择菜单“关键帧插值”，或者直接按Ctrl+Alt+K快捷键，打开“关键帧插值”对话框，将“临时插值”选择为“自动贝塞尔曲线”，单击“确定”按钮后，关键帧间的速度图表将从水平匀速的直线变为由快至慢的曲线，如图5-32所示。

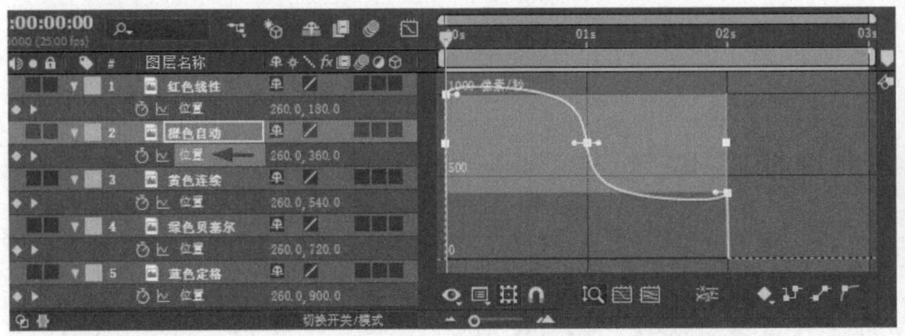

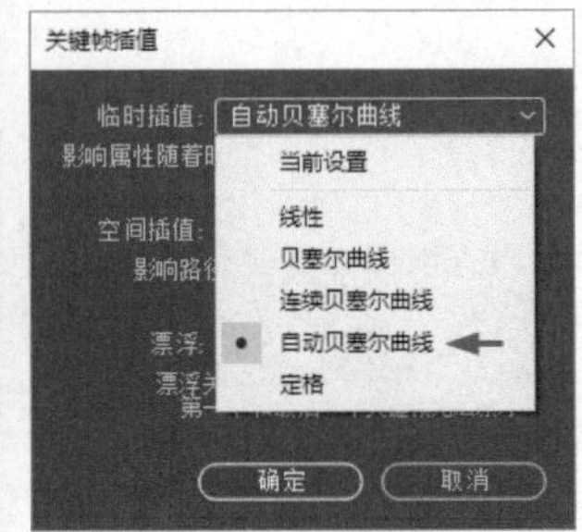

图5-32 设置自动贝塞尔曲线

STEP 9

双击“黄色连续”图层的“位置”属性，选中当前属性的所有关键帧，按Ctrl+Alt+K快捷键，打开“关键帧插值”对话框，将“临时插值”选择为“连续贝塞尔曲线”，单击“确定”按钮。调整第1、2个关键帧间的速度为先加速、后减速，第2、3个关键帧间则逐渐减速，如图5-33所示。

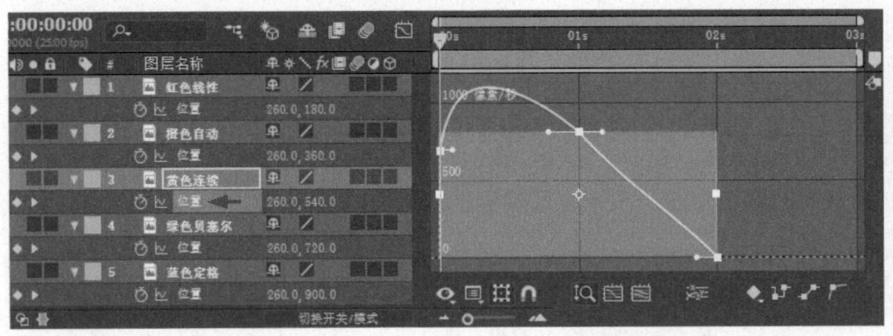

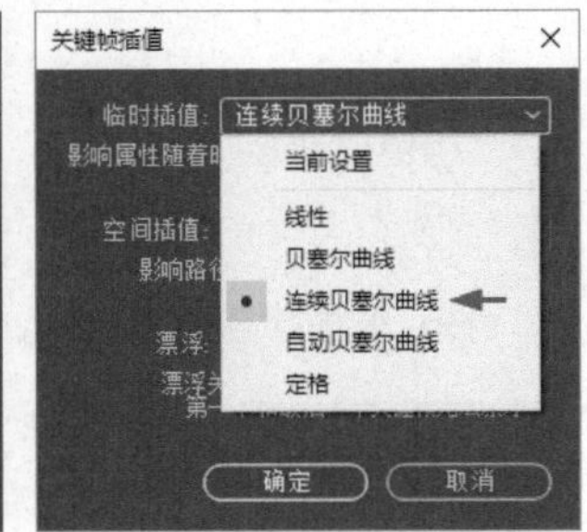

图5-33 设置连续贝塞尔曲线

STEP 10

双击“绿色贝塞尔”图层的“位置”属性，选中当前属性的所有关键帧，按Ctrl+Alt+K快捷键，打开“关键帧插值”对话框，将“临时插值”选择为“贝塞尔曲线”，单击“确定”按钮。调整第1、2个关键帧间的速度为先加速、后减速，第2、3个关键帧间的速度则为先减速、后加速，如图5-34所示。

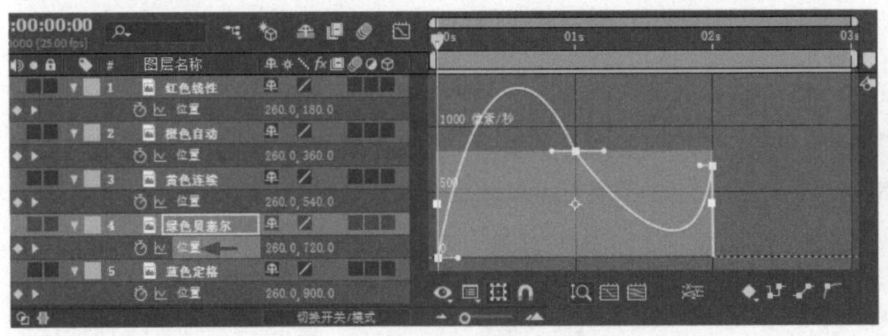

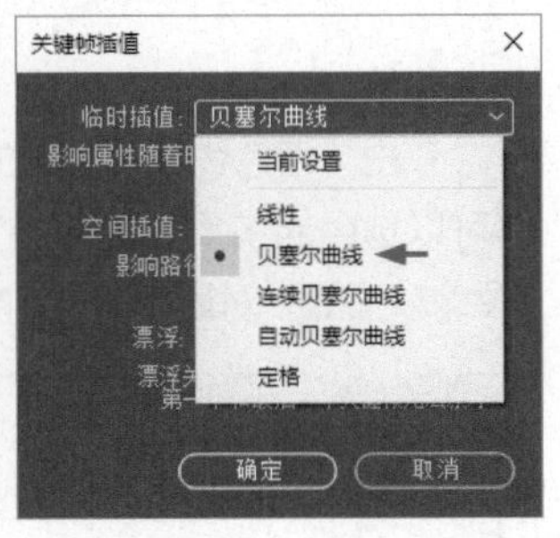

图5-34 设置贝塞尔曲线

STEP 11

双击“蓝色定格”图层的“位置”属性，选中当前属性的所有关键帧，按Ctrl+Alt+K快捷键，打开“关键帧插值”对话框，将“临时插值”选择为“定格”，单击“确定”按钮后，3个关键帧的速度均为0，即关键帧之间没有运动。预览时小车首先移至第1个位置，然后在第2个关键帧处跳至第2个位置，第3个关键帧处跳至第3个位置，如图5-35所示。

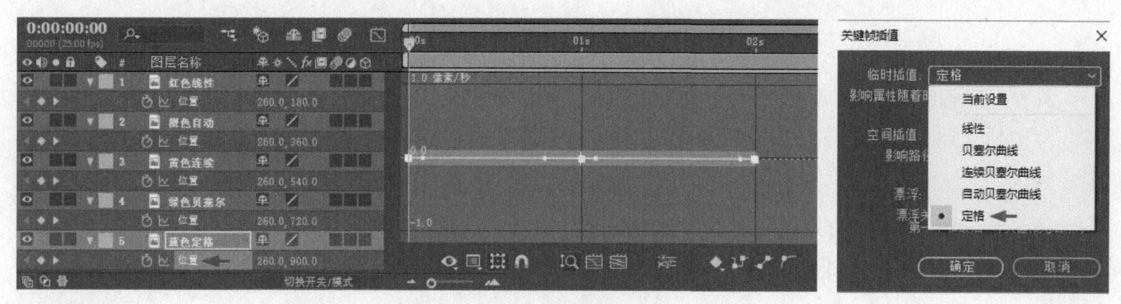

图 5-35 设置定格

STEP 12

预览动画，可以看到不同的插值会影响“位置”移动的速度变化，如图5-36所示。

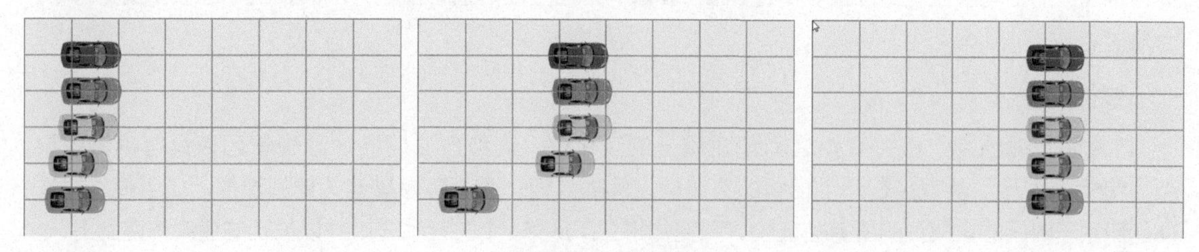

图 5-36 对比移动效果

STEP 13

打开各图层“位置”属性前面的“将此属性包括在图表编辑器集中”开关，可以同时对比查看各图层“位置”属性的关键帧速度图表，在关键帧之间各层的小车变化着不同的速度，如图5-37所示。

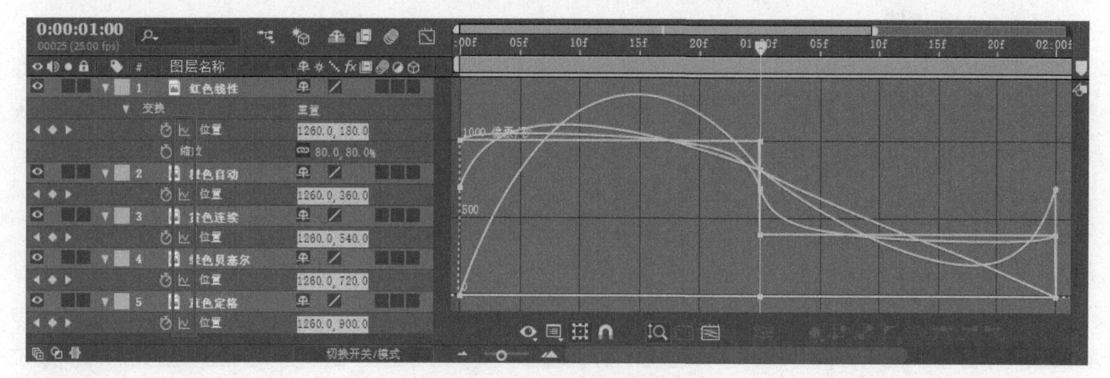

图 5-37 对比不同类型的速度图表

STEP 14

其中“自动贝塞尔曲线”的关键帧插值，在使用移动工具调整手柄之后，将转变为“连续贝塞尔曲线”；而使用转换“顶点”工具调整手柄之后，将转变为“贝塞尔曲线”。一个“贝塞尔曲线”插值的关键帧，其前后的调节手柄可以在一条直线上，也可以分开，以一个速度结束，以另一个速度开始，如图5-38所示。

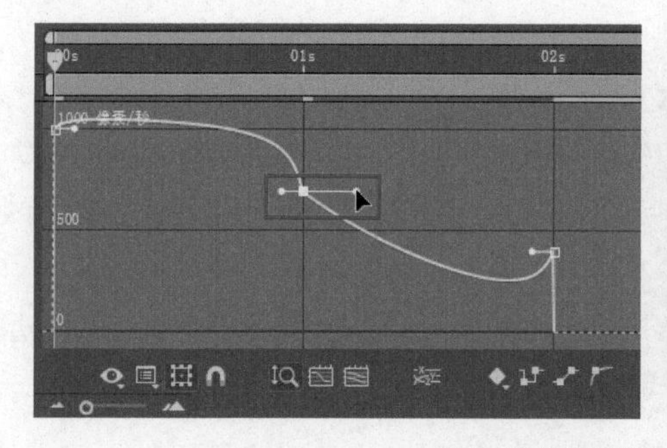

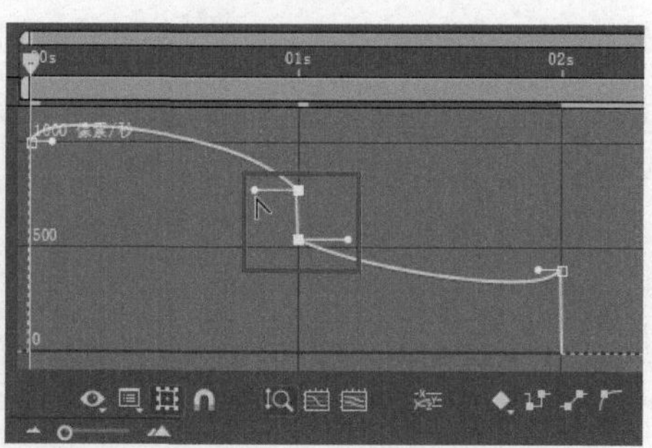

图 5-38 连续贝塞尔曲线和贝塞尔曲线

5.2.3 时间插值的说明和关键帧形状

After Effects使用的所有插值方法都以贝塞尔曲线插值方法为基础，其提供了方向手柄，以便可以控制关键帧之间的过渡。不使用方向手柄的插值方法是“贝塞尔曲线”插值的受限版，方便执行某些特定任务。

要详细了解不同插值方法是如何影响时间属性的，可以进行属性时间上的演练，即设置至少3个具有不同时间图层属性（如不透明度）值的关键帧，然后更改插值方法，并同时在图表编辑器模式下查看值图表。

要详细了解不同插值方法是如何影响运动路径的，可以进行属性空间上的演练，即为在运动路径上具有不同值的空间属性（如位置）设置3个关键帧，然后更改插值方法，并同时在合成面板中预览运动。

STEP 1

线性插值

“线性”插值用于在关键帧之间创建统一的变化率，这种方法能够让动画看起来具有机械效果。After Effects尽可能直接在两个相邻的关键帧之间插入值，而不考虑其他关键帧的值。如果将“线性”插值应用于时间图层属性的所有关键帧，则变化将立即从第1个关键帧开始并以恒定的速度传递到下一个关键帧。在第2个关键帧处，变化速率将立即切换为它与第3个关键帧之间的速率。当到达最后一个关键帧值时，变化会立刻停止。在值图表中，连接“线性”插值的两个关键帧间显示为一条直线。

STEP 2

贝塞尔曲线插值

“贝塞尔曲线”插值能提供最精确的控制，因为可以手动调整关键帧任一侧的值图表或运动路径段的形状。与“自动贝塞尔曲线”或“连续贝塞尔曲线”不同，“贝塞尔曲线”插值可在值图表和运动路径中，单独操控贝塞尔曲线关键帧上的两个方向手柄。如果将“贝塞尔曲线”插值应用于某个图层属性的所有关键帧，After Effects将在关键帧之间创建平滑的过渡。计算方向手柄的初始位置时，使用的方法与“自动贝塞尔曲线”插值中使用的方法相同。当更改贝塞尔曲线关键帧值时，After Effects将保留现有的方向手柄位置。

与其他插值方法不同，“贝塞尔曲线”插值允许沿着运动路径创建曲线和直线的任意组合。因为可单独操控两个贝塞尔曲线方向手柄，所以弯曲的运动路径可能会在贝塞尔曲线关键帧的位置突然转变成锐利的转角。

要绘制具有复杂形状（如线路图或徽标轮廓）的运动路径，“贝塞尔曲线”插值是理想之选。当移动运动路径的关键帧时，现有的方向手柄位置保持不变。每个关键帧处应用的时间插值控制沿路径的运动速度。

STEP 3

自动贝塞尔曲线插值

“自动贝塞尔曲线”插值可以通过关键帧创建平滑的变化速率。可以使用“自动贝塞尔曲线”空间插值来创建在弯路上行驶的汽车的路径。当更改自动贝塞尔曲线关键帧值时，自动贝塞尔曲线方向手柄的位置将自动变化，以实现关键帧之间的平滑过渡。自动调整将更改关键帧任一侧的值图表或运动路径段的形状。

如果上一个和下一个关键帧也使用“自动贝塞尔曲线”插值，则上一个或下一个关键帧运动路径段的形状也将发生更改。如果手动调整自动贝塞尔曲线的方向手柄，可将其转换为连续贝塞尔曲线关键帧。“自动贝塞尔曲线”插值是默认的空间插值方法。

STEP 4

连续贝塞尔曲线插值

与“自动贝塞尔曲线”插值一样，“连续贝塞尔曲线”插值可以通过关键帧创建平滑的变化速率。但是，可以手动设置连续贝塞尔曲线方向手柄的位置。所做的调整将更改关键帧任一侧的值图表或运动路径段的形状。

如果将“连续贝塞尔曲线”插值应用于某个属性的所有关键帧，After Effects将调整每个关键帧的值以创建平滑的过渡。当在运动路径或值图表上移动连续贝塞尔曲线关键帧时，After Effects将保持这些平滑的过渡。

STEP 5

定格插值

“定格”插值仅在作为时间插值方法时才可用。使用它可随时间更改图层属性的值，但过渡不是渐变的。如果要应用闪光灯效果，或者希望图层突然出现或消失，则可使用该方法。

如果将“定格”插值应用于图层属性的所有关键帧，则第1个关键帧的值在到达下一关键帧之前将保持不变，但在到达下一关键帧后，值将立即发生更改。

在值图表中，定格关键帧之后的图表段显示为水平的直线。尽管“定格”插值仅可用作时间插值方法，而且运动路径上的关键帧可见，但它们不通过图层位置点连接。例如，如果使用“定格”插值为图层的“位置”属性添加动画，则图层将定格在上一个关键帧的位置值，直到当前时间指示器到达下一个关键帧，这时图层将从旧位置消失并出现在新位置。

要针对某个关键帧应用或移除作为传出插值的“定格”插值时，可在时间轴面板中选择该关键帧，然后选择菜单“动画>切换定格关键帧”。

时间插值关键帧形状

STEP 1

在图层模式中，关键帧设置了时间插值之后，各种类型的插值的关键帧会显示不同的形状。这里为图层的“位置”属性设置了不同时间插值的关键帧。选中关键帧，按Ctrl+Alt+K快捷键，打开“关键帧插值”对话框，选择不同的“临时插值”类型，“线性”为第1个关键帧，“自动贝塞尔曲线”为第2个关键帧，“连续贝塞尔曲线”或者“贝塞尔曲线”为第3个关键帧，“定格”为第4个关键帧，如图5-39所示。

图5-39 线性形状、不同的贝塞尔曲线形状和定格形状

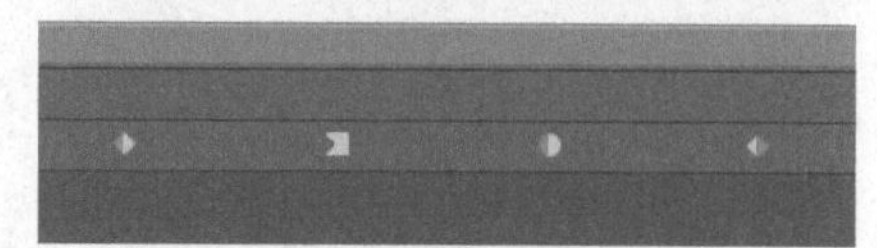

图5-40 查看关键帧左右半边的颜色

STEP 2

关键帧图标的外观，取决于为关键帧之间的时间间隔所选择的插值方法。当图标的一半为深灰色时，颜色较深的一半表示该侧之外没有其他关键帧，或者其插值被应用于前一关键帧的定格插值所取代。例如，这里第1个关键帧的左侧一半为深灰色，表示左侧之外没有其他关键帧；第3个关键帧的左侧一半为深灰色，则是受前面“定格”关键帧的影响；最后的关键帧因为右侧之外没有其他关键帧，所以右侧一半为深灰色，如图5-40所示。

STEP 3

默认情况下，关键帧使用一种插值方法，但可以应用两种方法，即传入方法在当前时间接近关键帧时应用于属性值，而传出方法在当前时间离开关键帧时应用于属性值。当设置不同的传入和传出插值方法时，图层模式中的关键帧图标会发生相应的变化。它显示传入插值图标的左半部分和传出插值图标的右半部分。例如，这里先准备5个线性的时间插值关键帧，按Shift+F3快捷键切换到“图表编辑器”模式，如图5-41所示。

图 5-41 设置关键帧

STEP 4

使用选择工具在图表编辑器中的第2个关键帧上单击，显示出两个手柄，将右侧手柄向下拖曳，可以看出关键帧左侧不受影响，右侧匀速的直线改变为曲线。按Shift+F3快捷键切换到图层模式，可以看到关键帧的形状发生变化。在图层模式下选中这个关键帧，信息面板中会显示“临时：线性，贝塞尔曲线”，即这个关键帧左侧为线性传入插值，右侧为贝塞尔曲线传出插值，如图5-42所示。

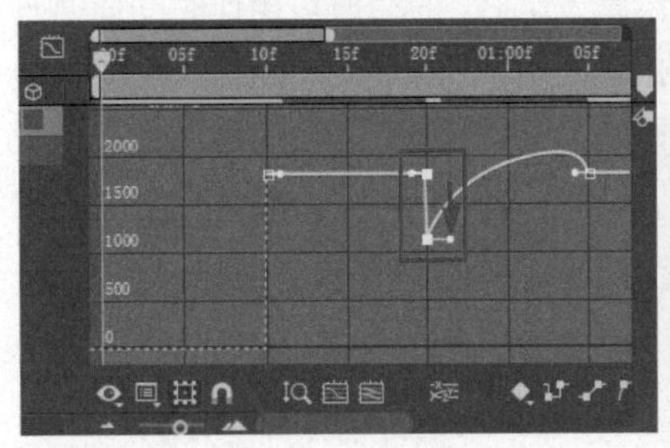
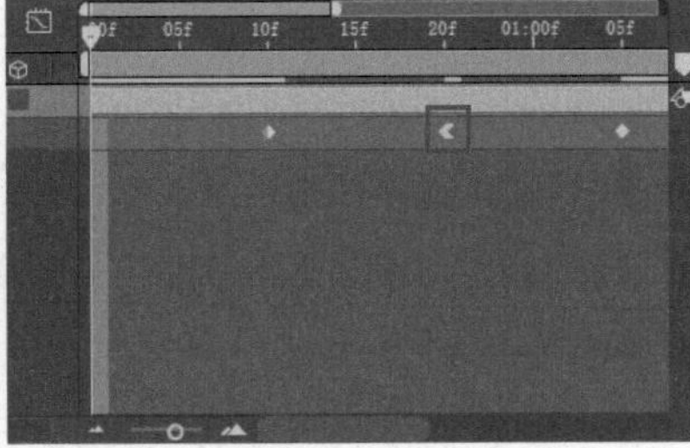
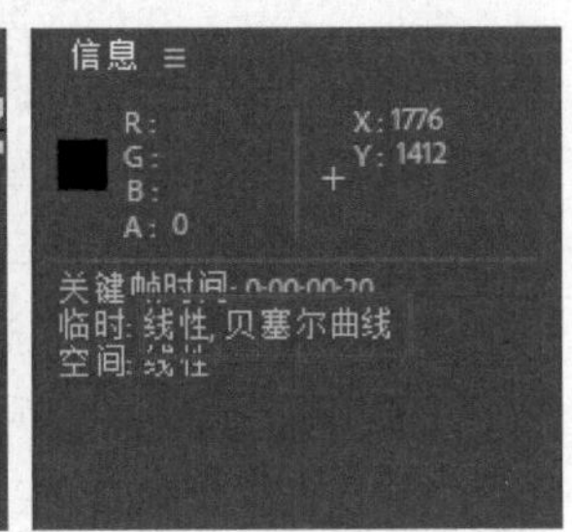

图 5-42 线性入、贝塞尔曲线出的关键帧

STEP 5

使用选择工具在图表编辑器中的第3个关键帧上单击，显示出两个手柄，将左侧手柄向下拖曳，可以看出关键帧右侧不受影响。按Shift+F3快捷键切换到图层模式，可以看到关键帧的形状发生变化。在图层模式下选中这个关键帧，信息面板中会显示“临时：贝塞尔曲线，线性”，即这个关键帧左侧为贝塞尔曲线传入插值，右侧为线性传出插值，如图5-43所示。

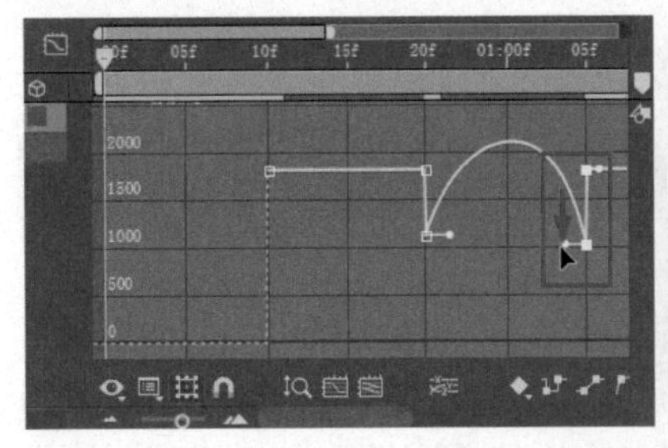
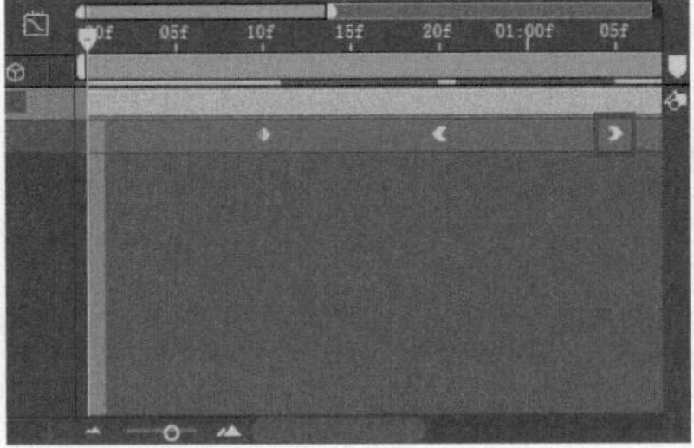
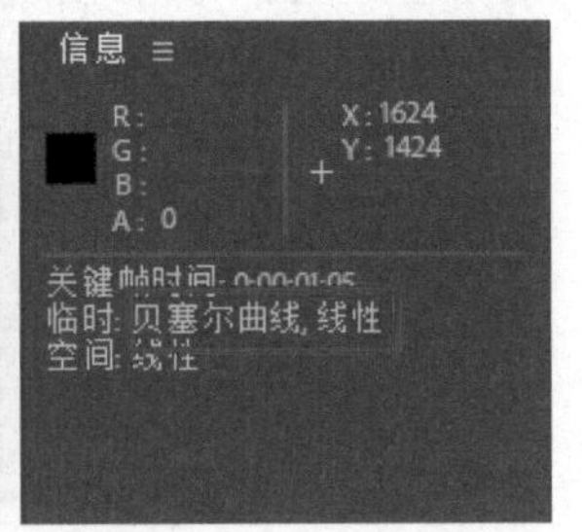

图 5-43 贝塞尔曲线入、线性出的关键帧

STEP 6

在图层模式下，在第4个关键帧上单击鼠标右键，选择菜单中的“切换定格关键帧”，可以看到关键帧的形状发生变化。在图层模式下选中这个关键帧，信息面板中会显示“临时：线性，定格”，即这个关键帧左侧为线性传入插值，右侧为定格传出插值。按Shift+F3快捷键切换到图表编辑器模式，可以查看第4个关键帧左侧为匀速的线性，右侧为无速度的定格，如图5-44所示。

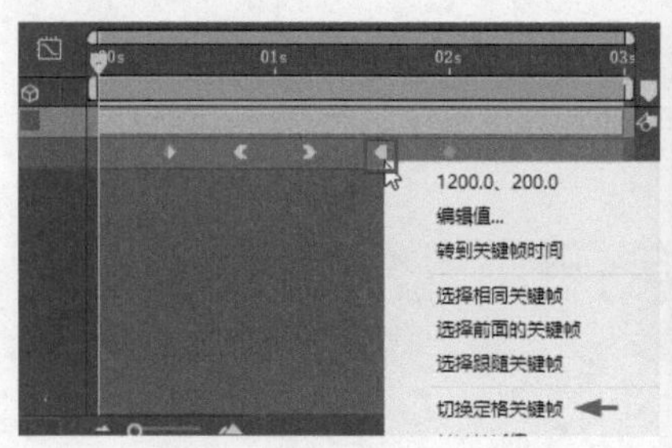

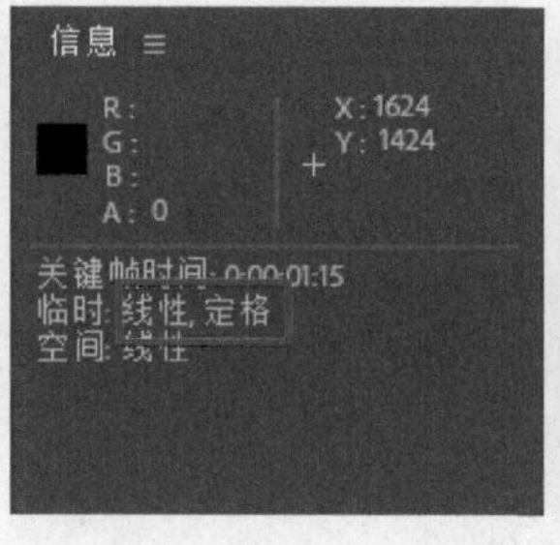

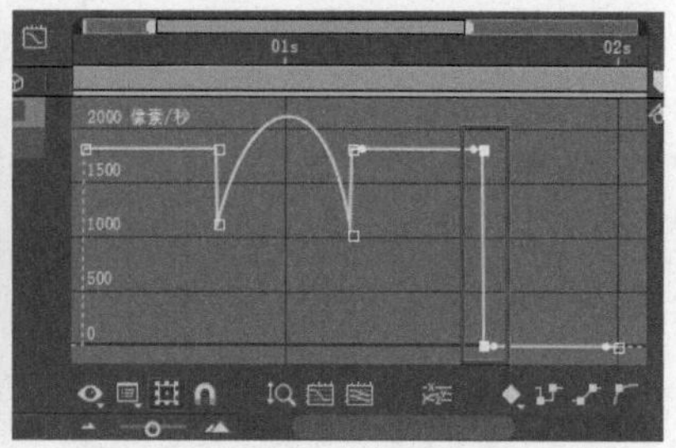

图 5-44　线性入、定格出的关键帧

5.2.4 漂浮关键帧

可以使用漂浮关键帧一次跨多个关键帧轻松创建平滑的运动。漂浮关键帧是未链接到特定时间的关键帧，它们的速度和计时由邻近的关键帧确定。当在运动路径中更改邻近漂浮关键帧的某个关键帧的位置时，漂浮关键帧的计时可能会发生变化。

漂浮关键帧仅适用于空间图层属性（如位置、锚点和效果控制点）。此外，只有当关键帧不是图层中的第1个或最后一个关键帧时，该关键帧才可以漂浮，因为漂浮关键帧必须从上一个和下一个关键帧中插入其速度。如果选择了空间图层属性的关键帧，可使用“漂浮”菜单来选择关键帧并确定其时间位置的方式，然后单击“确定”按钮。

漂浮关键帧设置中有以下3项。

“当前设置”，保持当前应用的、确定选定关键帧时间位置的方法。

“漂浮穿梭时间”，根据离选定关键帧前后最近的关键帧的位置，自动变化选定关键帧在时间上的位置，从而平滑选定关键帧之间的变化速率。

“锁定到时间”，将选定关键帧保持在其当前的时间位置，除非手动移动这些关键帧，否则它们保持原有位置不变。

操作　使用漂浮关键帧创建平滑运动

STEP 1

在合成中放置“路口.ai”和“小车.ai”两个图层，设置小车在路口绕行的动画关键帧。这里设置了6个影响小车行驶路径的关键帧，但中间关键帧具体需要设置在多少秒多少帧，不好准确定位时间。预览时车速会出现时快时慢的现象，在合成视图中查看路径上的关键帧插值点也有疏有密，如图5-45所示。

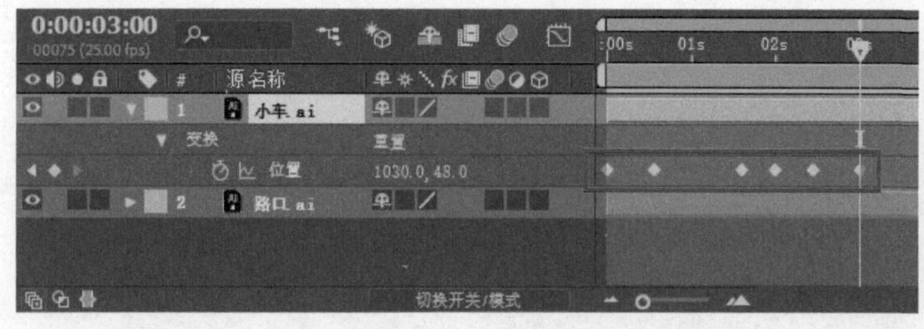

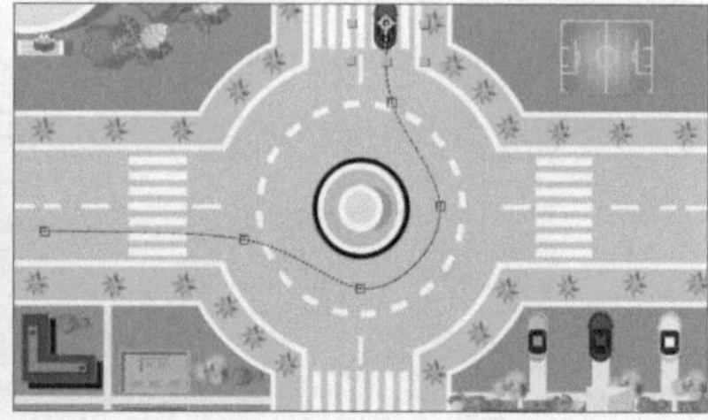

图 5-45 为移动的小车设置多个关键帧

STEP 2

按Shift+F3快捷键切换到“图表编辑器”模式，选中“位置”属性，查看速度图表，可以看到每两个关键帧之间的速度各不相同，如图5-46所示。

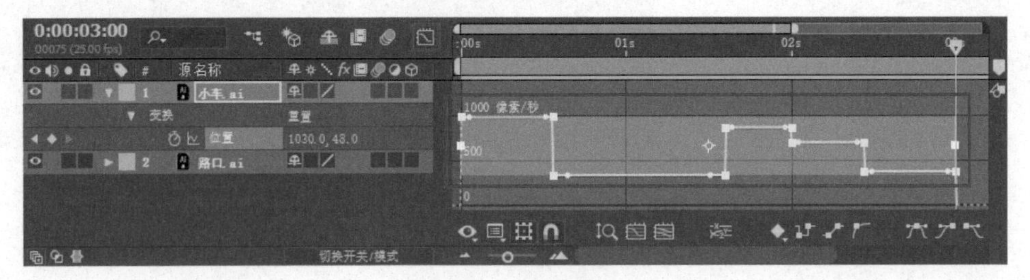

图5-46 查看速度图表

STEP 3

按Shift+F3快捷键切换回图层模式，双击“位置”属性，全选关键帧，在其中一个关键帧上单击鼠标右键，选择菜单“漂浮穿梭时间”，转变关键帧的形状和时间位置。也可以按Ctrl+Alt+K快捷键打开“关键帧插值”对话框，将“漂浮”选择为“漂浮穿梭时间”，如图5-47所示。

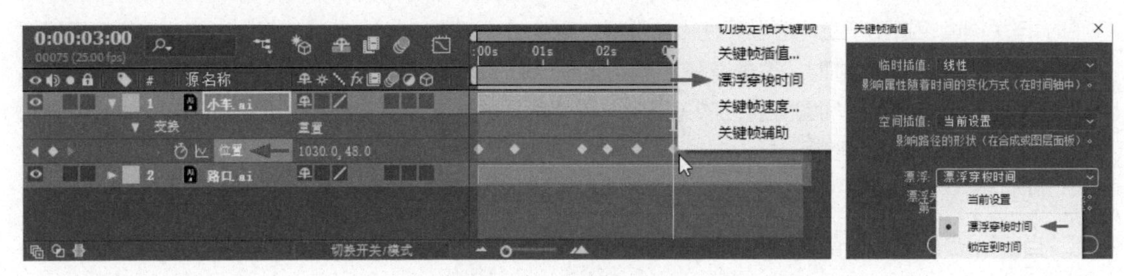

图5-47 设置漂浮选项

STEP 4

普通锁定到时间的关键帧转为漂浮关键帧后，以小圆点来显示，其中第一个和最后一个关键帧无法漂浮，需要根据这两个关键帧的时间来重新适配中间关键帧的时间位置。这样预览时车速全程变得匀速，在合成视图中也可以看到路径上的关键帧插值点均匀分布，如图5-48所示。

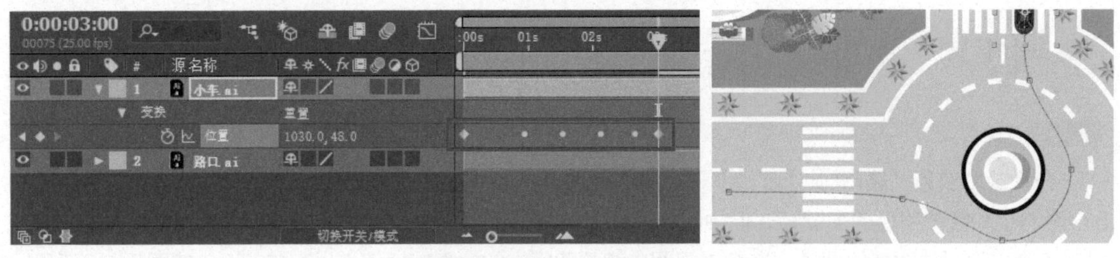

图5-48 查看漂浮关键帧和效果

STEP 5

按Shift+F3快捷键切换到“图表编辑器”模式，选中“位置”属性查看速度图表，可以看到关键帧之间的速度变得相同，如图5-49所示。

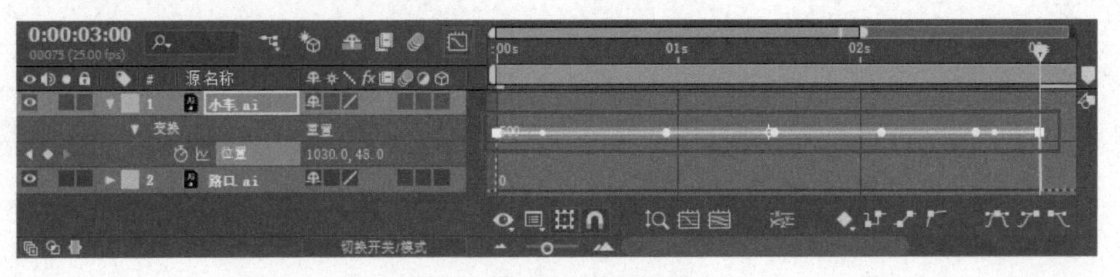

图5-49 查看匀速的速度图表

STEP 6

漂浮关键帧为自动适配的关键帧，无须操作调整，如果拖曳其时间位置将变回常规锁定到时间的关键帧。如果保持漂浮后的关键帧位置不动，转换回常规关键帧，可以按Shift+F3快捷键切换回图层模式。双击“位置”属性全选关键帧，在其中一个关键帧上单击鼠标右键，可以看到菜单“漂浮穿梭时间”处于被勾选的状态，取消勾选，漂浮关键帧的形状就会变回常规锁定到时间的显示。也可以按Ctrl+Alt+K快捷键打开“关键帧插值”对话框，将“漂浮”由“漂浮穿梭时间”改回“锁定到时间”，如图5-50所示。

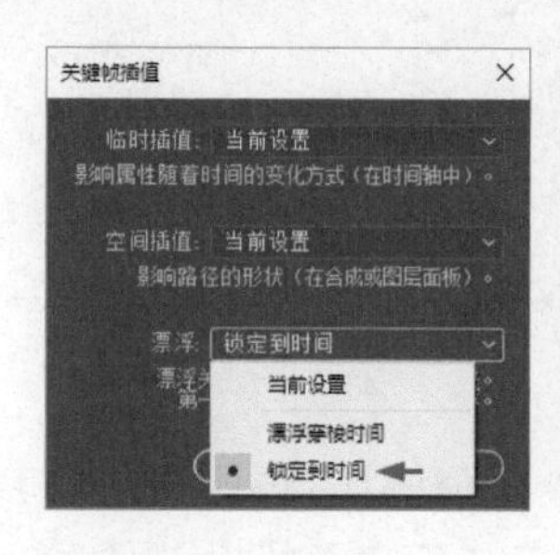

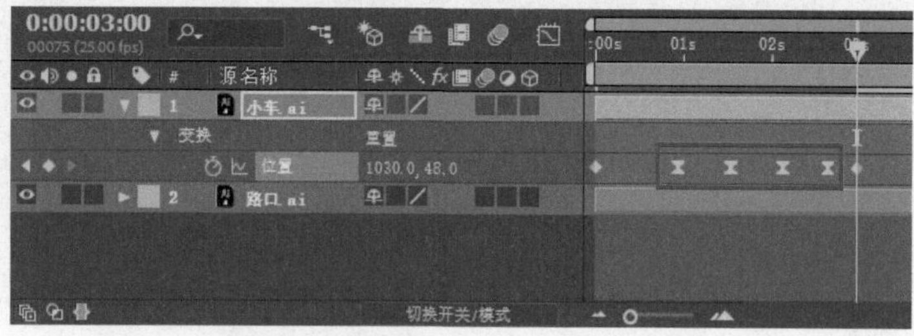

图 5-50 设置回“锁定到时间”

5.2.5 关键帧速度

关键帧默认为均匀的速度，查看关键帧的速度图表，在两个关键帧之间会显示一条水平的直线，代表速度在关键帧之间一直保持不变。对关键帧之间的速度进行设置，可以产生加速、减速等变化，制作出更加流畅自然的动画效果。

操作1　快速设置关键帧缓动

STEP 1

在合成中设置“小车.ai”的3个“位置”关键帧，第0帧到第1秒从左下角移动至顶部，到第2秒再移至相对较远的右下角。按Shift+F3快捷键切换到“图表编辑器”模式，选中“位置”属性，查看此时关键帧的速度图表，其中中间关键帧前后是两种不同的平均速度，当前的速度图表在“图表编辑器”下部对应为“线性”按钮，如图5-51所示。

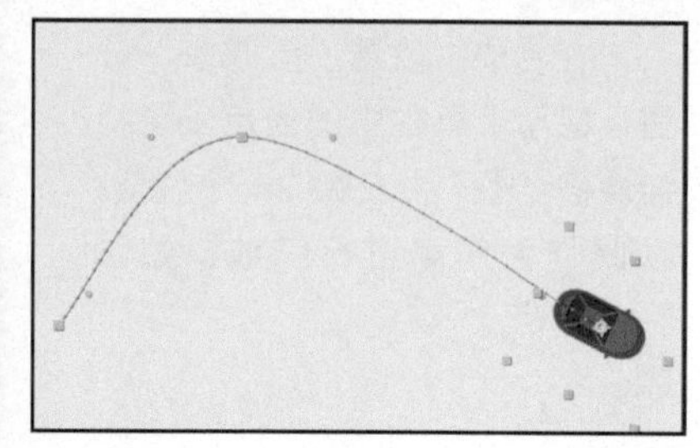

图 5-51 设置关键帧和查看速度图表

STEP 2

双击“位置”属性全选关键帧，单击“转换为定格”按钮，图表速度将变为0；单击“转换为自动贝塞尔曲线”按钮，中间关键帧两侧的速度将逐渐变化，流畅衔接，如图5-52所示。

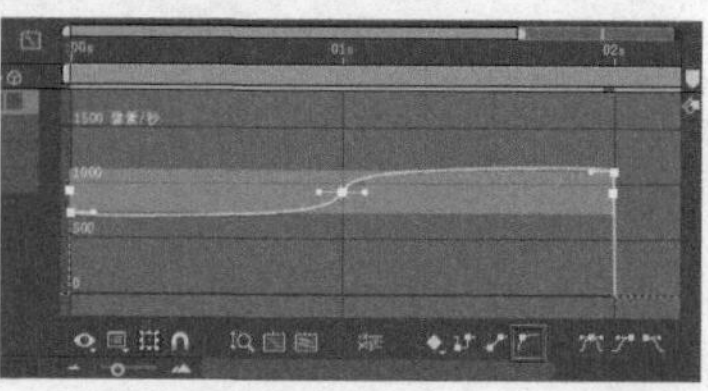

图 5-52 转换为自动贝塞尔曲线

STEP 3

在关键帧全部选中的状态下，如果单击“缓入”按钮，关键帧左侧图表速度将缓缓降低为0；如果单击“缓出”按钮，关键帧右侧图表速度将从0缓缓增加，如图5-53所示。

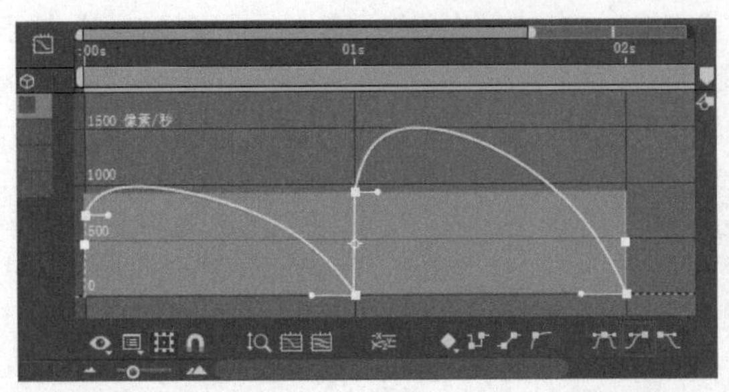
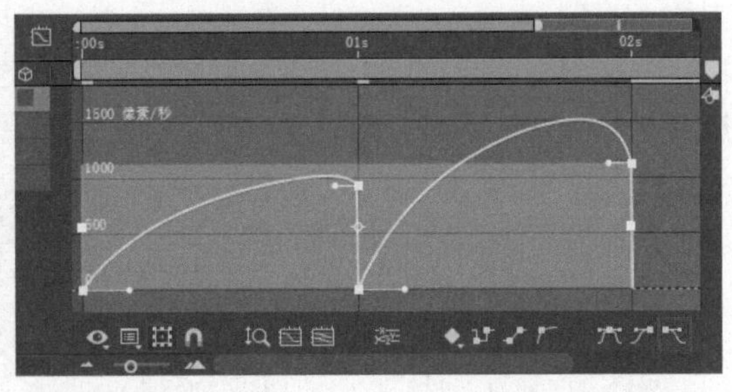

图5-53 缓入和缓出关键帧的图表

STEP 4

在关键帧全部选中的状态下，如果单击“缓动”按钮，则是从关键帧左侧缓入、右侧缓出。速度的变化体现在合成视图中，也体现在关键帧路径插值点的显示上，“缓动”方式在关键帧附近插值点较密，速度较慢；在关键帧中间插值点较疏，速度较快，如图5-54所示。

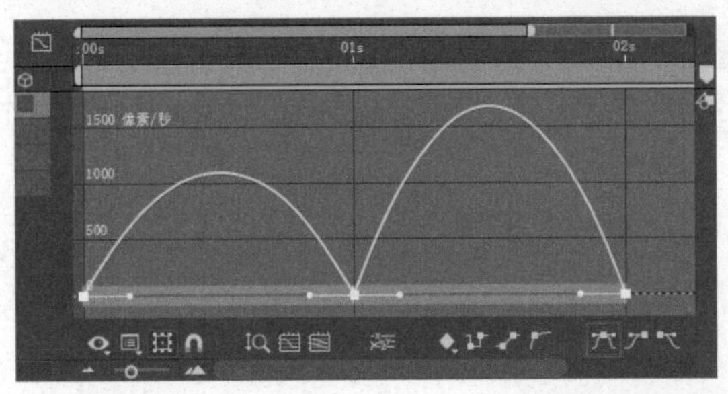
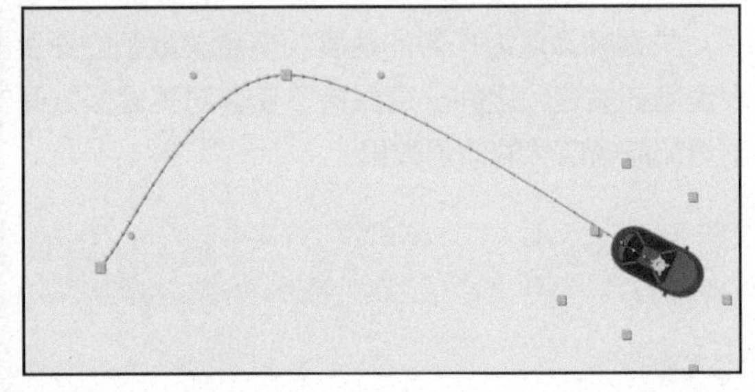

图5-54 缓动关键帧和路径插值点效果

操作2 制作放大星球的动画

STEP 1

在合成中放置“星球.ai”图层，使用工具栏中的锚点工具将锚点移至图形中左侧的一个位置，以此作为焦点进行缩放，如图5-55所示。

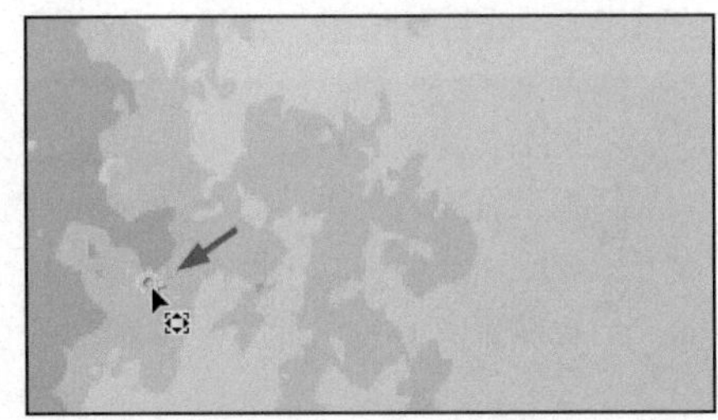

图5-55 调整锚点位置

STEP 2

设置“缩放”属性的关键帧，准备制作一个星球从远处推近，放大显示焦点的动画，第0帧设为（20.0，20.0）%，第4秒设为（5000.0，5000.0）%，并打开矢量栅格化开关，显示清晰的边线，如图5-56所示。

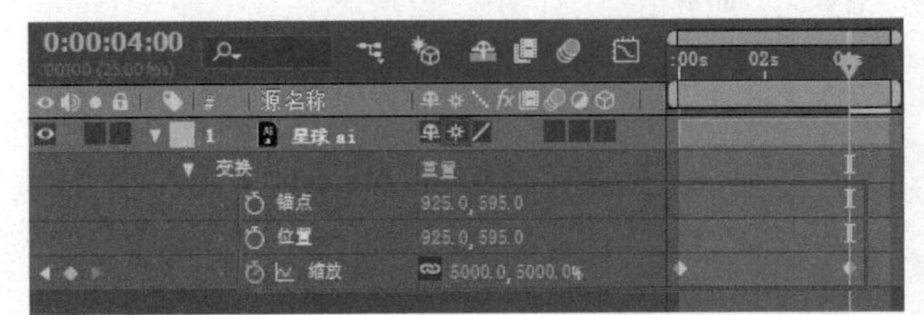

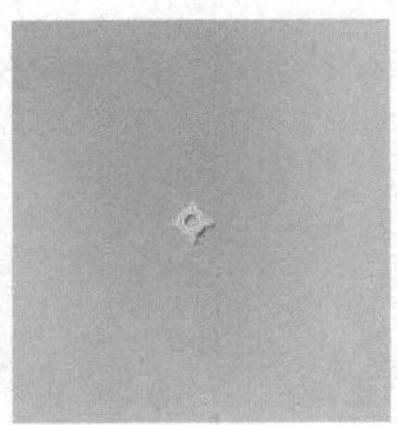
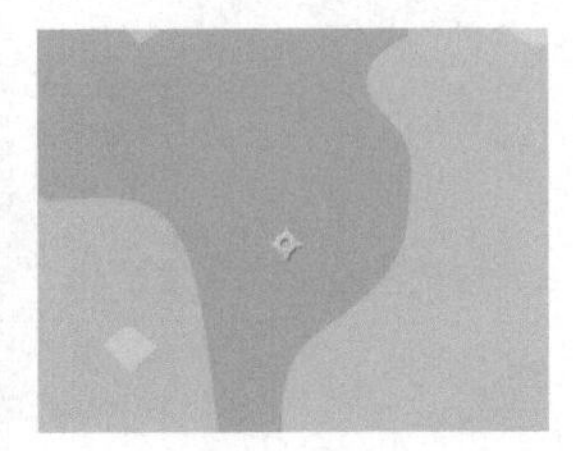

图5-56 设置关键帧和打开矢量栅格化开关

STEP 3

预览动画，发现虽然确定了开始和结束的关键帧，但中间过程并不是想要的效果。图5-57所示为第0帧、第2帧、第4帧和第4秒的画面。当前显示的效果中，开始时间段显得放大过快，结束时间段则显得放大过慢。

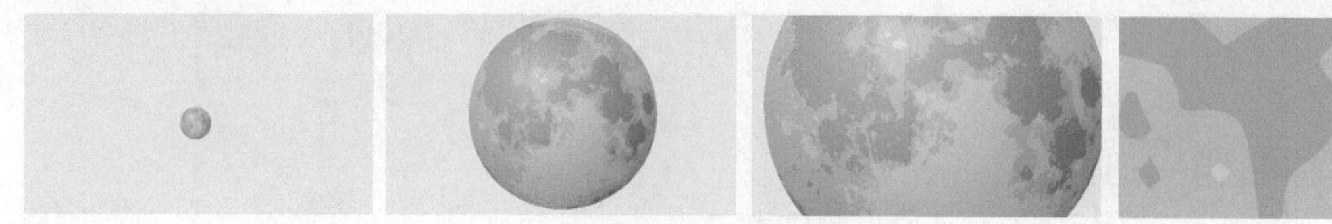

图 5-57 预览当前效果

STEP 4

按Shift+F3快捷键切换到“图表编辑器”模式，选中“缩放”属性查看当前的“编辑值”图表。可以看出第0帧至第4秒范围内，图形从20.0%放大至5000.0%，按时间默认平均分配缩放数值，第4帧即达到200.0%以上。用鼠标指针指向图表线条查看数值，第2秒处数值已达到2500.0%以上。通过这样查看结果，就容易理解星球放大过快的原因了，这是因为放大的倍数过大，压缩了部分重要的动画时间段，如图5-58所示。

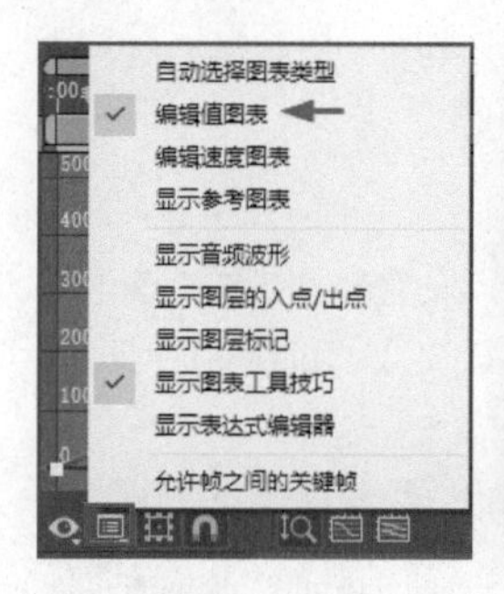

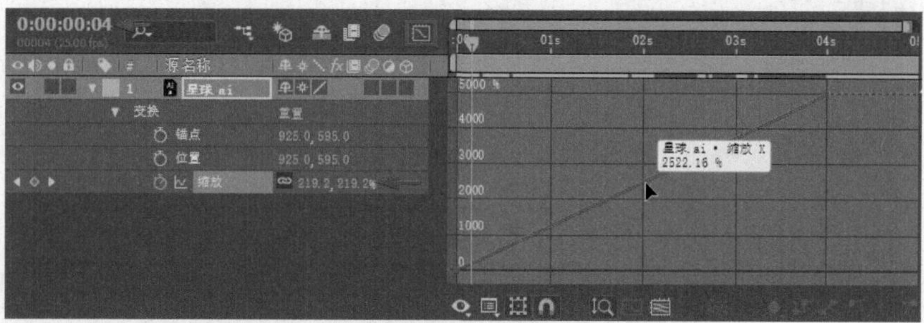

图 5-58 查看“编辑值图表”

STEP 5

单击“选择图表类型和选项”按钮并选择“编辑速度图表”，当前为匀速放大的效果，这里暂时定一个时间点用来对比，将时间移至第6帧，此时“缩放”为318.8%，如图5-59所示。

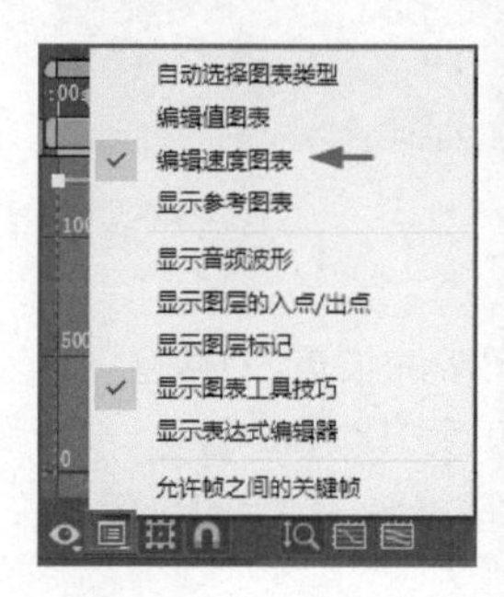

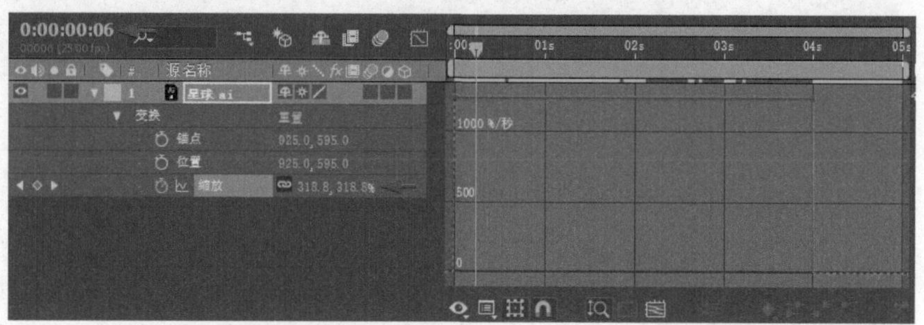

图 5-59 查看“编辑速度图表”

STEP 6

选中关键帧，单击“缓出”按钮，可以看出速度曲线由0开始缓缓增大，到第6帧时“缩放”为60%左右，这样解决了星球放大时一闪而过的问题，如图5-60所示。

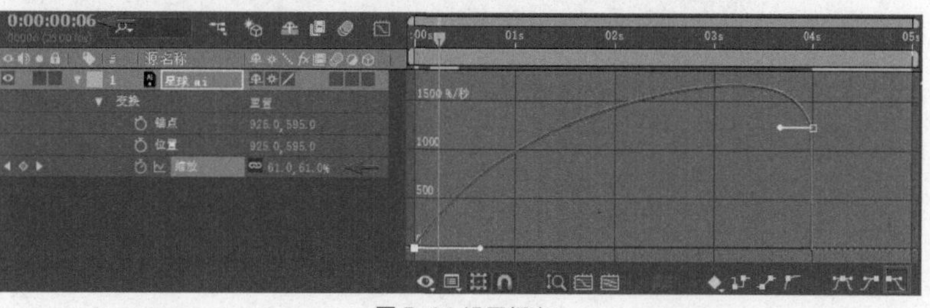

图 5-60 设置缓出

STEP 7

这里进一步调整图表关键帧的手柄，将开始关键帧右侧手柄向右拉长，将结束关键帧左侧手柄向上提高，使“缩放”在开始时段更加缓慢，在结束时段则加快，这样调整动画过程中“缩放”变化速度的分配，可以改善动画效果，如图5-61所示。

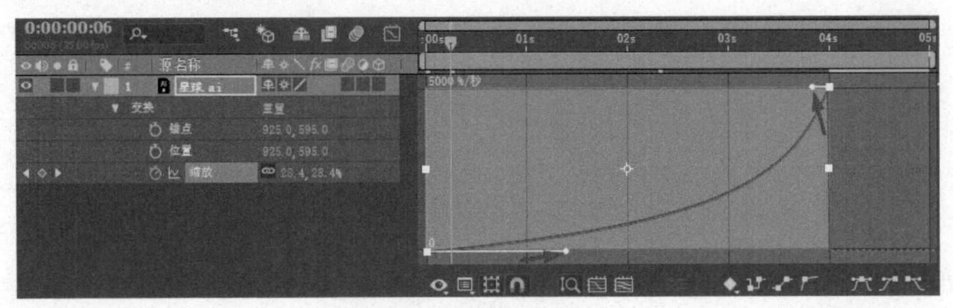

图5-61 调整关键帧手柄

STEP 8

还可以单击鼠标右键选择菜单“关键帧速度”，打开对话框，进行精确的数值设置。先选中开始关键帧，在这个关键帧上单击鼠标右键，选择菜单“关键帧速度”，或者单击底部的“编辑选定的关键帧”按钮并选择菜单“关键帧速度”，或者按Ctrl+Shift+K快捷键，都可以打开“关键帧速度”对话框。开始关键帧只需设置“输出速度”，将“维度”均设为0，将“影响”均设为100%即可。

STEP 9

同样，选中结尾关键帧，按Ctrl+Shift+K快捷键打开“关键帧速度”对话框，只需设置“进来速度”，将“维度”均设为16000，将“影响”均设为0%（其中数值会自动调整显示为0.01%），如图5-62所示。

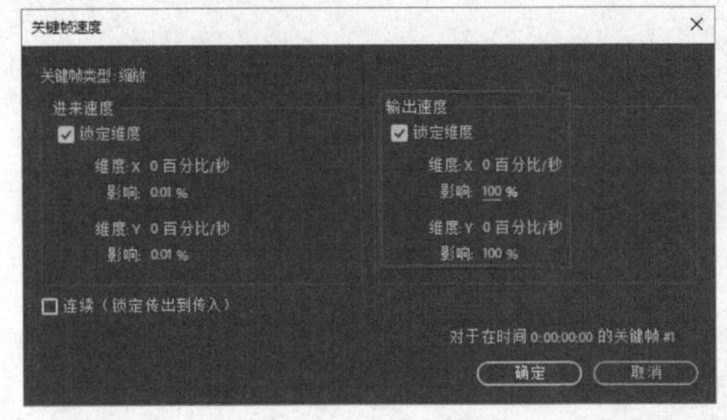

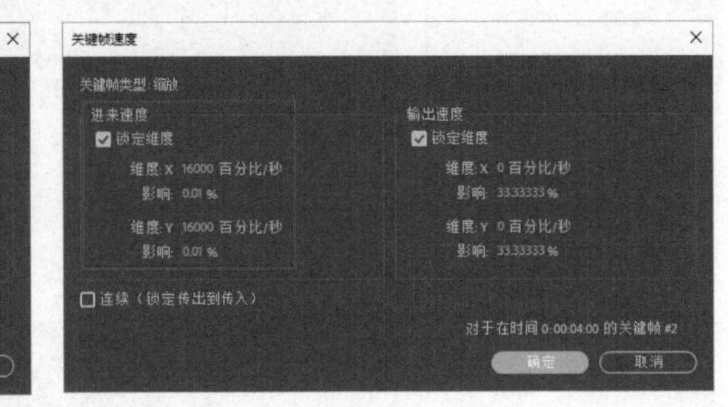

图5-62 设置关键帧速度

STEP 10

查看此时的“缩放”图表，可以看到开始关键帧手柄“维度”为0，处于0的位置，“影响”为100%，被调整到最大的长度；结束关键帧手柄“维度”为16000，处于16000百分比/秒的位置，“影响”为0%，被调整到最小的长度。此时预览星球缩放的动画，可以发现开始时段更慢，结束时段更快，改善了整个动画的效果，如图5-63所示。

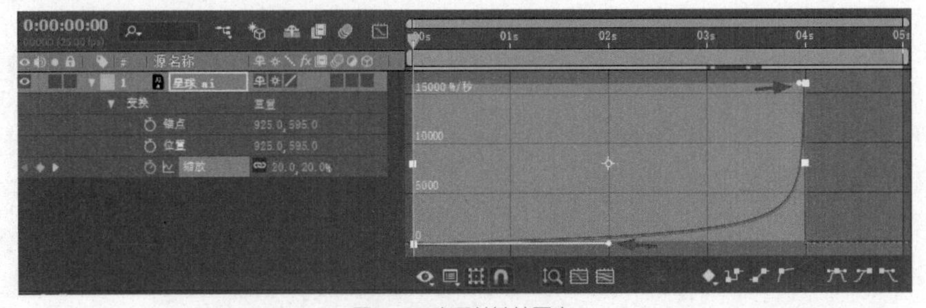

图5-63 查看关键帧图表

制作弹跳的球动画

STEP 1

在持续时间为2秒的HDTV 1080 25合成中，放置“桌子.jpg”“球.ai”两个图层，设置“球.ai”图层在第0帧时为（960，200），在第1秒时为（960.0，680.0），在第1秒24帧时设置数值与第1个关键帧相同。为了设置循环的弹跳动画，这里将第1秒24帧的关键帧移至第2秒处，如图5-64所示。

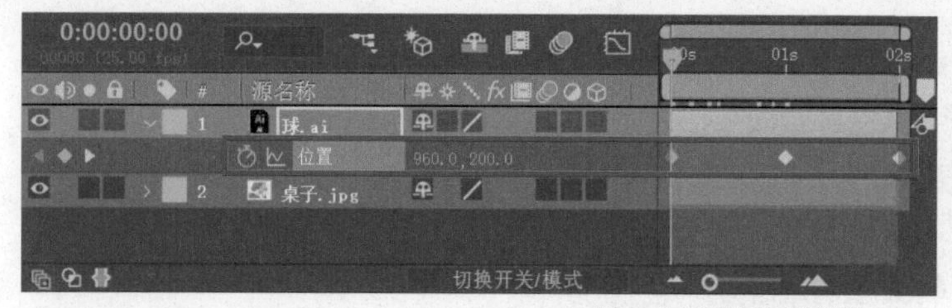

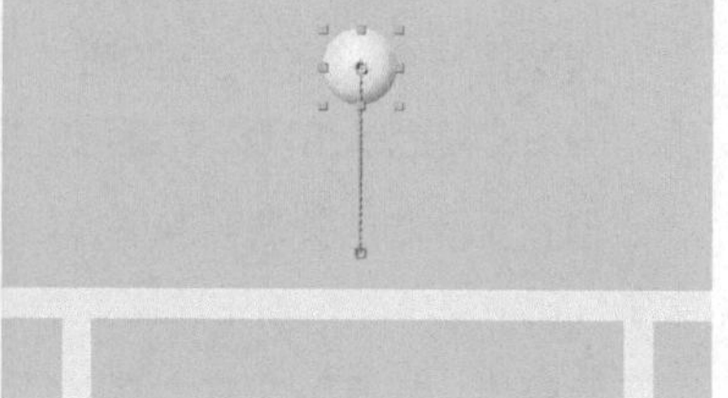

图 5-64 设置动画关键帧

STEP 2

按Shift+F3快捷键切换到“图表编辑器”模式，选中“位置”属性，查看当前的“编辑值”图表，当前为水平的匀速动画。选中开始关键帧，球从顶部准备下落时应由慢至快，所以单击“缓出”按钮。选中结束关键帧，球从底部弹到顶部时应由快至慢，所以单击“缓入”按钮。预览动画已经有了弹跳的变速效果，在合成视图中也可以看到运动路径上的插值点，上密下疏，如图5-65所示。

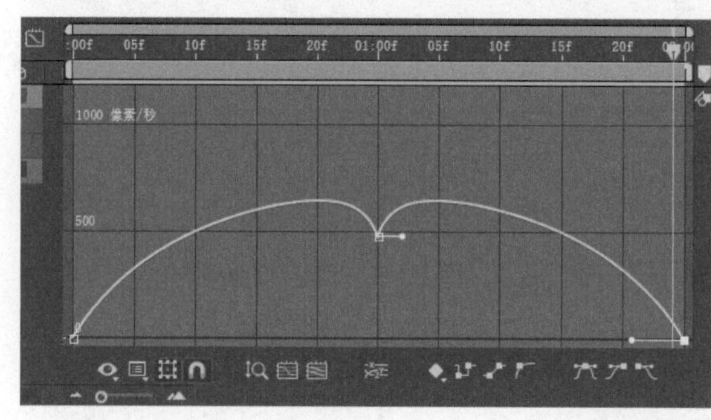

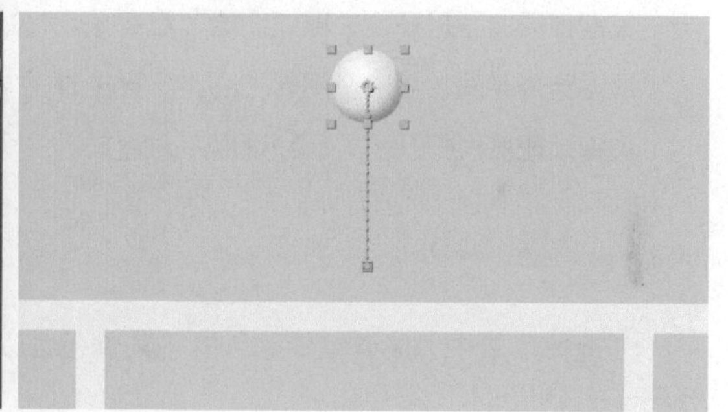

图 5-65 设置缓出和缓入

STEP 3

选择中间的一个关键帧，按Ctrl+Shift+K快捷键打开“关键帧速度”对话框。分析可知，球加速下落至桌面后，弹起时的速度最快，然后再逐渐减慢。现实中根据球的质量与桌面间的弹性，运动效果会有所差异，这里主要通过模拟弹跳动画，学习关键帧速度的设置。先设置“进来速度”，将“速度”设为1000，将“影响”设为20%。然后设置“输出速度”，将“速度”设为2000，将“影响”设为33%。预览动画，可以看到弹跳的变速效果更加生动自然，如图5-66所示。

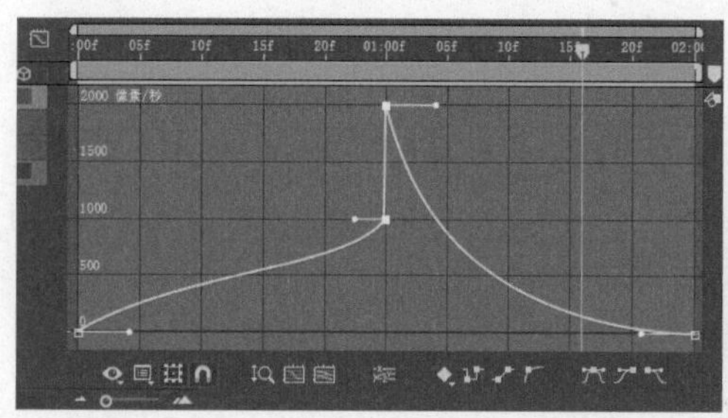

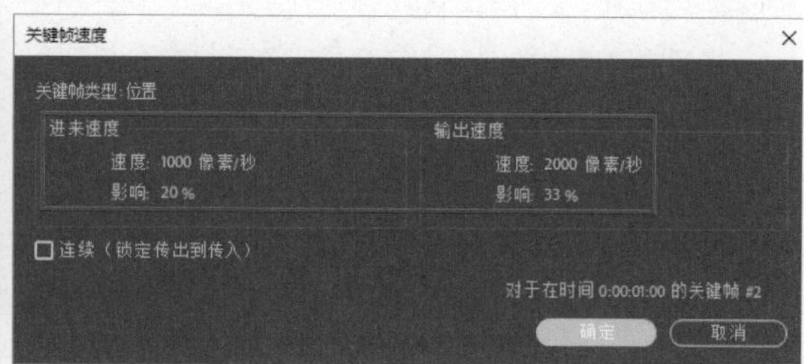

图 5-66 设置关键帧速度

5.3 关键帧菜单与辅助

在图表编辑器中可以使用包括关键帧菜单在内的众多的功能选项来设置关键帧。退出图表编辑器回到图层编辑界面时，选中关键帧，也可以在其鼠标右键菜单中选择关键帧菜单，方便进行常用的关键帧设置。

5.3.1 关键帧菜单

当选择一个或多个关键帧时，图表编辑器底部的关键帧菜单将变得可用，在关键帧上单击鼠标右键可以打开其菜单，如图5-67所示。

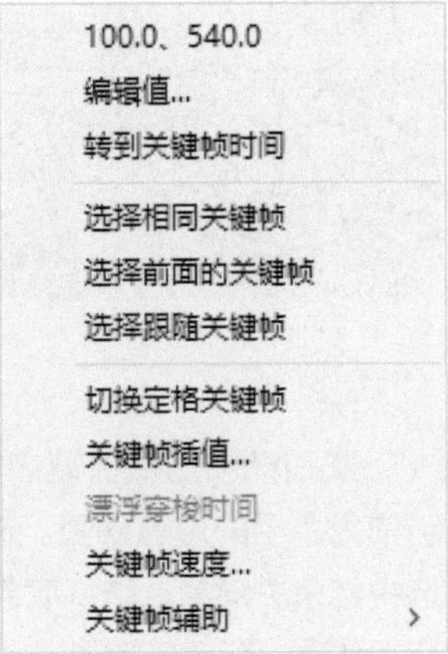

100.0、540.0
编辑值...
转到关键帧时间
选择相同关键帧
选择前面的关键帧
选择跟随关键帧
切换定格关键帧
关键帧插值...
漂浮穿梭时间
关键帧速度...
关键帧辅助 >

图 5-67 关键帧菜单

值：显示选定关键帧的值，如果选择了多个关键帧，可使用“显示值”命令，它将显示所选项中突出显示的关键帧的值。

编辑值：打开可在其中编辑关键帧的值的对话框。

选择相同关键帧：选择属性中具有相同值的所有关键帧。

选择前面的关键帧：选择当前选定关键帧前面的所有关键帧。

选择跟随关键帧：选择当前选定关键帧后面的所有关键帧。

切换定格关键帧：保持属性值为当前关键帧的值，保持到下一个关键帧处。

关键帧插值：打开“关键帧插值”对话框。

漂浮穿梭时间：切换空间属性的漂浮穿梭时间。

关键帧速度：打开“关键帧速度”对话框。

5.3.2 关键帧辅助

关键帧菜单中“关键帧辅助”的子菜单包含以下选项，如图5-68所示。

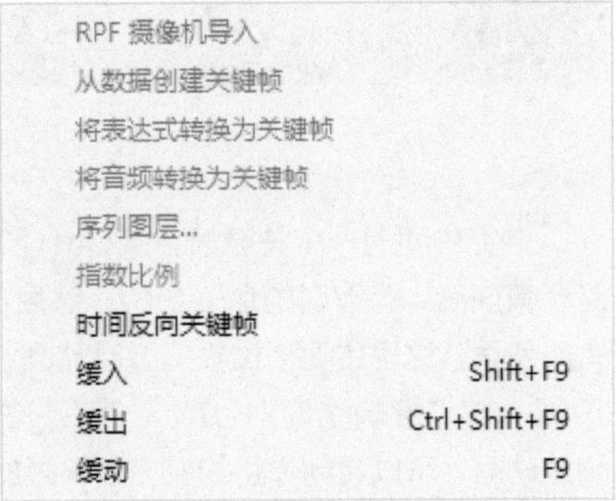

RPF 摄像机导入
从数据创建关键帧
将表达式转换为关键帧
将音频转换为关键帧
序列图层...
指数比例
时间反向关键帧
缓入 Shift+F9
缓出 Ctrl+Shift+F9
缓动 F9

图 5-68 关键帧辅助

RPF 摄像机导入：导入来自第三方3D建模应用程序的RPF摄像机数据。

从数据创建关键帧：在After Effects中使用MGJSON素材时，将.mgjson 文件导入项目面板中并拖曳到时间轴面板中，将数据文件中的数据示例转换为关键帧。

将表达式转换为关键帧：分析当前表达式，并创建关键帧以表示其所描述的属性值。

将音频转换为关键帧：在合成工作区域中分析振幅，并创建表示音频的关键帧。

序列图层：打开序列图层助手。

指数比例：从线性到指数转换比例的变化速率。

时间反向关键帧：按时间反转选定的两个或多个关键帧。

缓动：自动调整进入和离开关键帧的影响，以平滑突兀的变化。

缓入：自动调整进入关键帧的影响。

缓出：自动调整离开关键帧的影响。

操作　反向关键帧

STEP 1

在俯冲的星球关键帧动画中，如果要更改为从半岛逐渐拉开至显示星球全貌，常规的方法是交换一下第0帧和第4秒关键帧的前后位置即可。例如，这里将第0帧数值小的关键帧先移至其他时间，空出时间位置，然后将数值大的关键帧移至第0帧，再将数值小的关键帧移至第4秒，完成位置的交换。预览动画，发现星球的全貌显示一闪而过，并不同于动画的反向。对比原来设置的关键帧图表和交换关键帧后的图表，发现这并不是真正的反向，如图5-69所示。

STEP 2

造成这个结果的原因在于关键帧速度，关键帧交换的只是位置，而这里的关键帧的“进来速度”和“输出速度”有所不同，其没有随时间位置的变化而改变。因此当关键帧“进来速度”和“输出速度”相同时可以交换关键帧，不同时交换则可能会出现问题。正确的方法是先恢复关键帧到原来先小后大的状态，双击“缩放”属性全选关键帧，选择菜单“动画>关键帧辅助>时间反向关键帧”，这样再查看关键帧图表和预览动画，就达到了反向关键帧的效果，如图5-70所示。

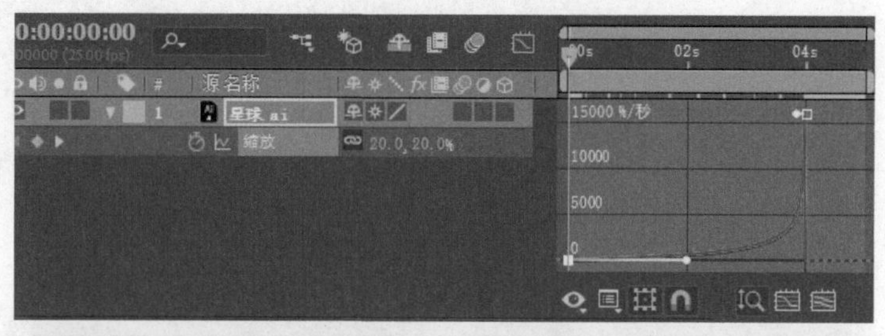

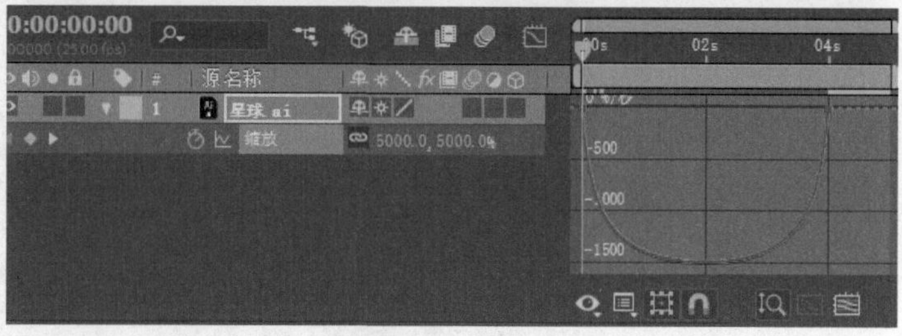

图 5-69 交换关键帧

图 5-70 时间反向关键帧

实例　制作 TV 关键帧动画

实例说明

这里在对应的素材文件夹中准备了多个图像元素，包括背景图像、带通道的图像、黑底色的图像，通过添加关键帧，调整关键帧插值，制作自然流畅的图文动画。使用的素材如图5-71所示。

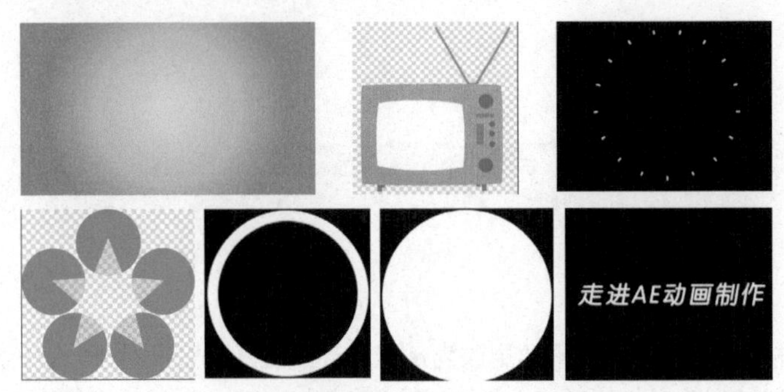

图5-71 使用素材

制作的动画效果如图5-72所示。

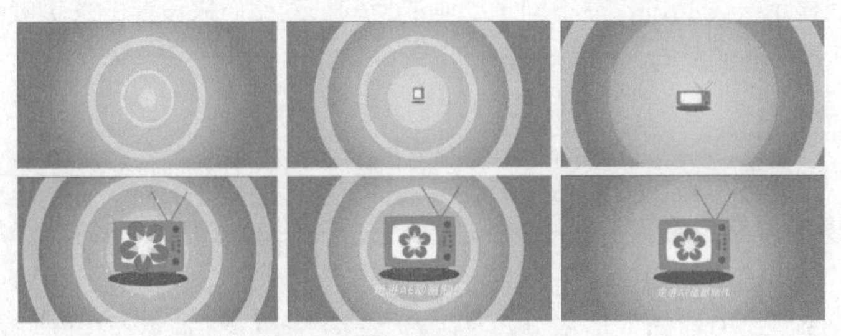

图5-72 实例效果

实例制作流程图如图5-73所示。

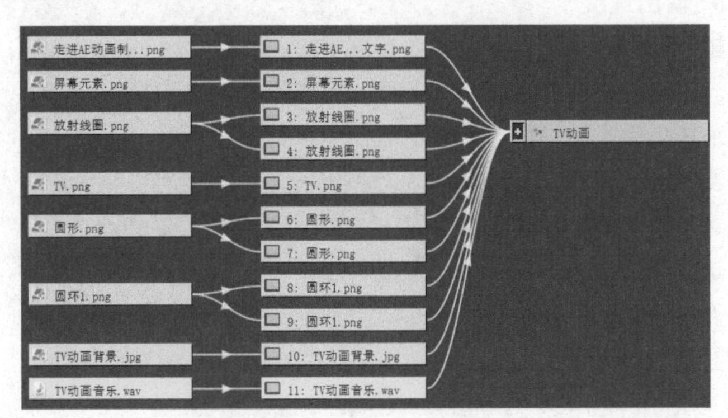

图5-73 实例制作流程图

扫码观看实例制作步骤讲解视频	实例制作步骤图文讲解
	详见配书资源中的《实例制作步骤图文详解》PDF文档。 下载方式见封底。

制作星球村动画

这里在对应的素材文件夹中准备有实例练习素材，包括背景图像、带通道的球体、云朵、星空等图像，利用这些素材进行合成与嵌套制作。在关键帧的动画设置中，使用了关键帧插值来制作流畅自然的动画效果。部分素材如图 5-74 所示。

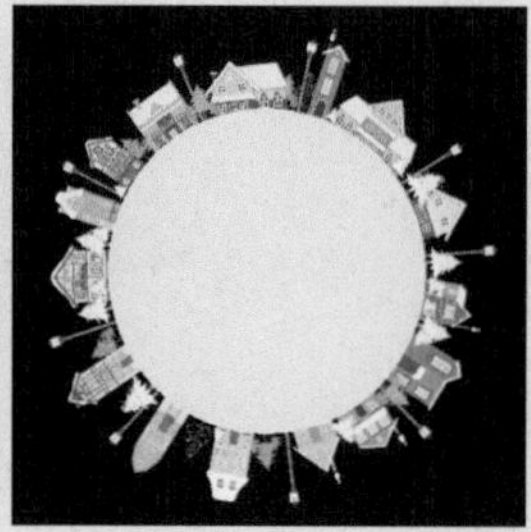

图 5-74 部分素材

实例的动画效果如图 5-75 所示。

图 5-75 实例效果

其中，旋转关键帧使用缓入缓出的关键帧插值如图 5-76 所示。

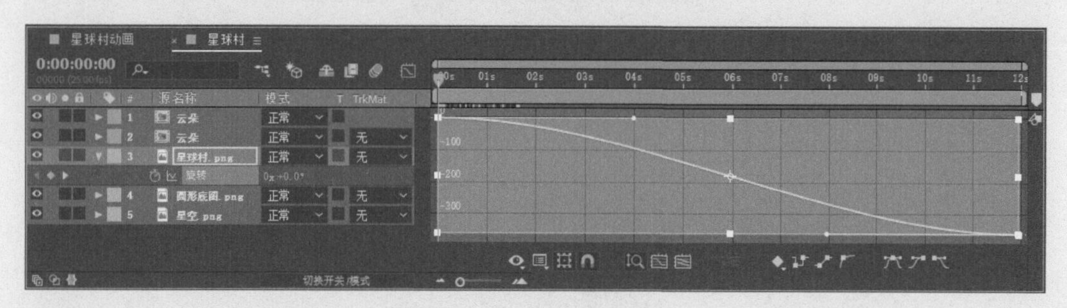

图 5-76 旋转关键帧图表

图层操作 对每一层了如指掌

After Effects的制作都是围绕着图层来进行的，一个合成少则几个图层，多则十几、几十甚至上百个图层，每一个图层都可能影响到画面的显示。这就需要对合成中的图层了如指掌，以做出合理安排。本章将专门介绍合成中图层的各项功能和设置。

6.1 父子级图层与嵌套合成

使用父级关系功能，可以通过将某个图层的变换分配给其他图层，从而同步对图层的更改。在一个图层成为另一个图层的父级之后，另一个图层称为子图层。

父级影响除“不透明度”以外的所有变换属性，包括“位置”“缩放”“旋转”和“方向”（针对 3D 图层）。在分配父级时，子图层的变换属性将与父图层而非合成有关。例如，父图层向右侧移动 5 个像素，则子图层也会向右侧移动 5 个像素。

一个图层只能具有一个父级，但一个图层可以是同一合成中任意数量图层的父级。可以独立于父图层为子图层制作动画，还可以使用空对象分配父级，空对象是隐藏图层。

6.1.1 显示父级栏和设置父子关系

从时间轴面板中选择菜单“列数 > 父级”，可以在时间轴面板中显示或隐藏“父级”栏列。如果要为图层分配父级，可以在“父级”栏列中，将关联器从将成为子图层的图层拖曳到将成为父图层的图层上，或者直接在“父级”栏列菜单中选择父图层名称。如果要从图层中删除其父级层，在“父级”栏列菜单中选择“无”即可。

制作父子级别唱片机动画

STEP 1

导入“分层唱片机.ai”，其中设置“导入种类”为“合成”，“素材尺寸”为“图层大小”，如图6-1所示。

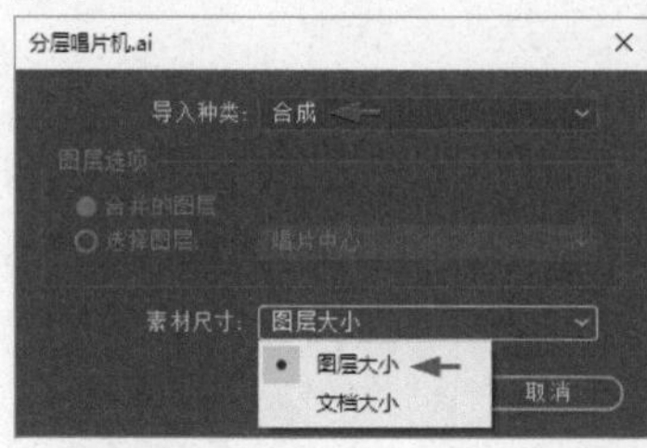

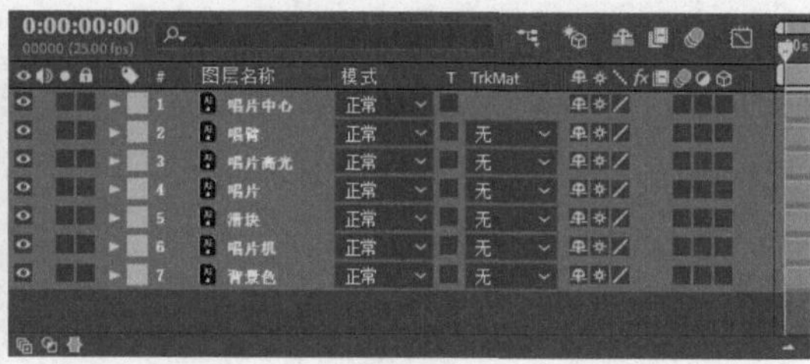

图 6-1 导入分层素材

STEP 2

当前合成尺寸是非常用的标准视频尺寸，这里按Ctrl+K快捷键打开合成设置面板，选择“预设”为HDTV 1080 25，设置“持续时间”为10秒，如图6-2所示。

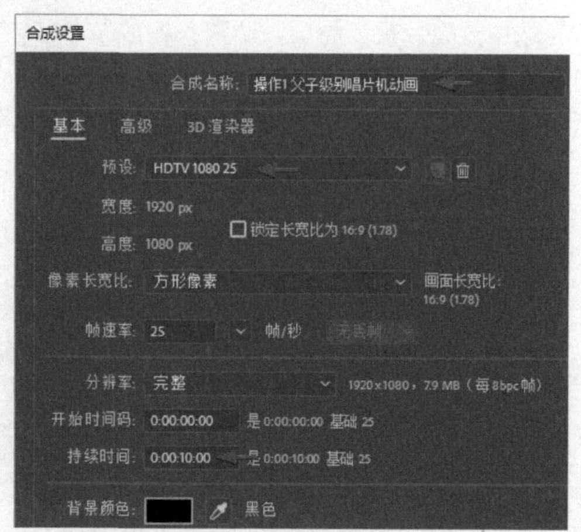

图 6-2 设置合成

STEP 3

此时放大各层图形，发现存在图像模糊和位置错乱的现象，先单击打开“矢量折叠化”开关，使矢量图像的边线变得清晰，如图6-3所示。

图 6-3 放大图形和打开矢量折叠化开关

STEP 4

恢复“缩放”为原来的（100.0，100.0）%，在图层上部的栏列上单击鼠标右键，或者在时间轴面板合成标签名称右侧打开弹出菜单，将“列数>父级”勾选中，显示出“父级”栏列，如图6-4所示。

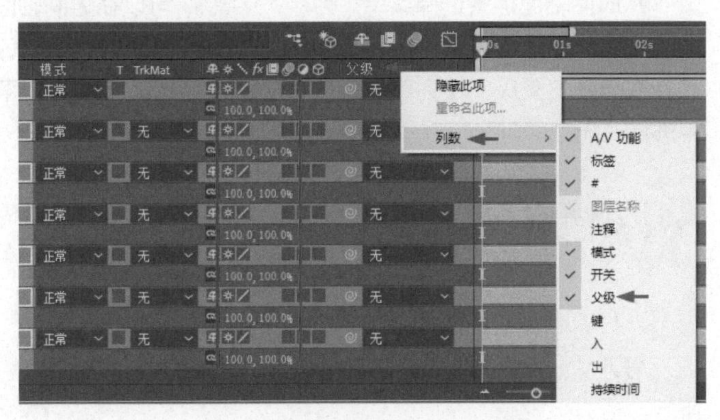

图 6-4 设置缩放并显示“父级”栏列

STEP 5

将上面5个层选中，将关联器拖至“唱片机”图层，或者在这5个层的“父级”栏列中单击并选择“唱片机”图层，这样“唱片机”图层就被指定为了这5个层的父级层，如图6-5所示。

图 6-5 设置父子级别关系

STEP 6

单独选中背景图层，按Ctrl+Alt+F快捷键适配到合成的大小，并锁定。

STEP 7

选中“唱片机”图层，调整“缩放”和“位置”属性，其5个子级别图层的大小和位置将作为一体相应发生改变，如图6-6所示。

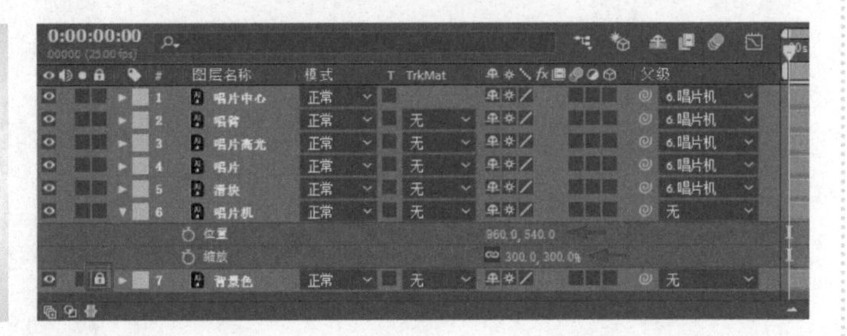

图 6-6 调整父级层

STEP 8

可以单独调整“唱臂”图层的动画，先将锚点位置从本图形中部移至上部图形旋转点处，然后在第1秒处添加“旋转”关键帧，当前数值为0x+0.0°。在第2秒处设置“旋转”为0x+20.0°，将唱臂头旋转到唱片上，如图6-7所示。

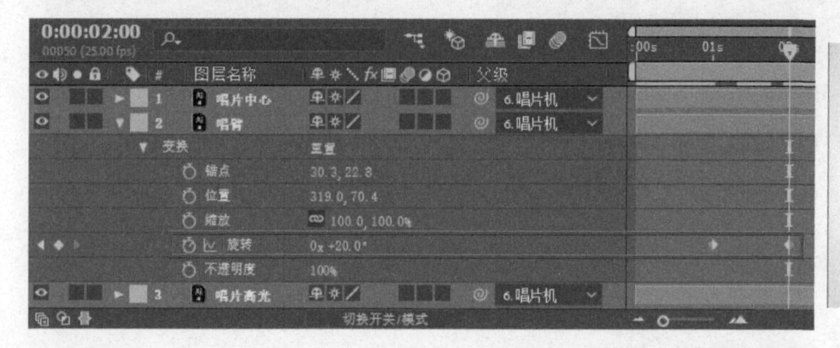

图 6-7 调整锚点位置后再旋转

STEP 9

将“AE圆图标.png”素材添加到合成中，放置在“唱片”图层上，当前位置在合成画面中心，不在唱片图形的中心。此时要将“AE圆图标.png”设置为跟随唱片旋转，所以要将该图层的父级层指定为“唱片”图层。这次不是直接指定，而是先按住Shift键不放，再用鼠标将“AE圆图标.png”图层的关联器拖至“唱片”图层上，如图6-8所示。

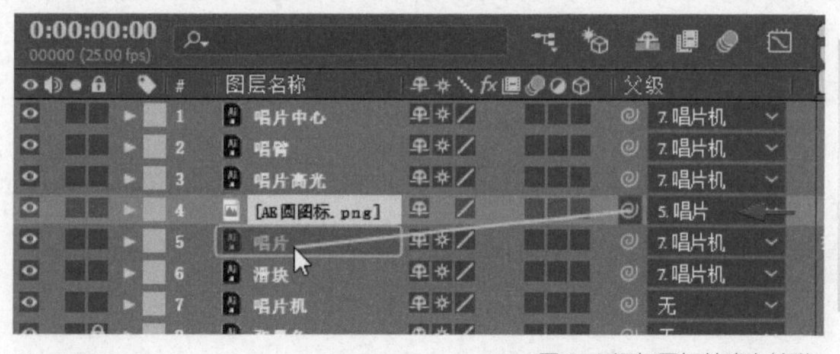

图 6-8 添加图标并建立关联

STEP 10

查看指定后的结果，配合Shift键指定父级层之后，可以同时让“AE圆图标.png”图层的位置变得与“唱片”图层相同。调整“缩放”到合适的大小。

STEP 11

在第2秒处设置“唱片”图层开始旋转的动画关键帧，“AE圆图标.png”图层与其一同旋转，可以将第1个旋转的关键帧设置为“缓出”，让唱片缓缓启动，如图6-9所示。

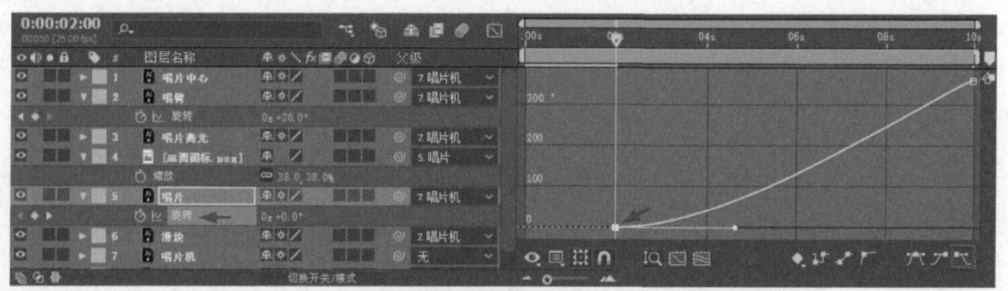

图 6-9 设置缓出效果

STEP 12

查看唱片旋转的效果，如图6-10所示。

图 6-10 唱片旋转效果

STEP 13

通过父级层的设置，这里还可以对“唱片机”图层进行缩放或移动的关键帧动画制作，如图6-11所示。

图 6-11 跟随父级层动画

6.1.2 预合成和嵌套

如果要对合成中已存在的某些图层进行分组，可以预合成这些图层。预合成图层会将这些图层放置在新合成中，并替换原始合成中的图层。新的嵌套合成将成为原始合成中单个图层的源。

嵌套是一个合成包含在另一个合成中。被嵌套合成显示为上级合成中的一个图层。嵌套合成有时称为预合成。可以使用“合成导航器”和“微型流程图”在合成的上下级别中导航。

预合成和嵌套可用于管理和组织复杂合成。使用预合成和嵌套，可以执行以下操作。

方法 1

对整个合成应用复杂更改。可以创建包含多个图层的合成，在总合成中嵌套该合成，并对嵌套合成进行动画制作以及应用效果，以便所有图层在同一时间段内以相同的方式进行更改。

方法 2

重新使用构建的内容。可以在自己的合成中构建动画，然后根据需要将该合成多次拖曳到其他合成中。

方法 3

一步完成更新。当对嵌套合成进行更改时，这些更改将影响其中使用嵌套合成的每个合成，正如对源素材项目所做的更改将影响其中使用源素材项目的每个合成一样。

方法 4

更改图层的默认渲染顺序。可以指定 After Effects 在渲染效果之前渲染变换（如旋转），以便将效果应用于变换（如旋转）后的素材。

方法 5

向图层添加另一组变换属性。除了所含图层的属性之外，代表合成的图层还拥有自己的属性。这能够将其他系列的变换应用于图层或图层系列。

使用嵌套制作唱片机动画

STEP 1

准备使用嵌套的方法来制作唱片机动画。在项目面板中选中“操作1 父子级别唱片机动画”，按Ctrl+D快捷键创建副本，并重命名为“操作2 嵌套唱片机动画”，双击该副本以在时间轴中打开其显示。

STEP 2

按U键显示各层的关键帧，将时间移至1秒处，按Ctrl+A快捷键选中各图层，关闭当前各个秒表以取消关键帧，在“父级”中选中“无”，取消各图层的父子关系，如图6-12所示。

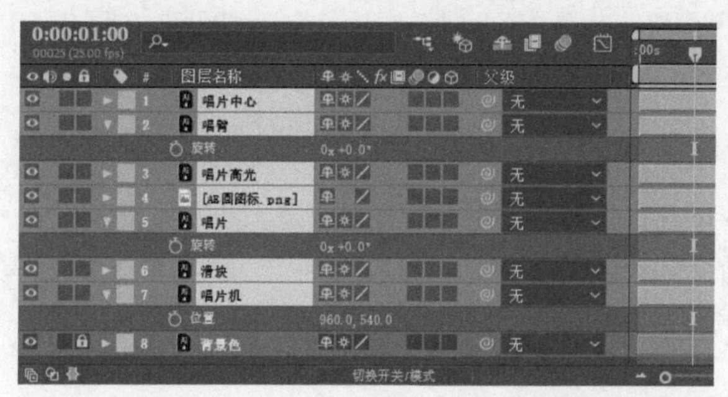

图 6-12 在 1 秒处取消各图层的父子关系

STEP 3

为了设置唱片机整体的移动等变换动画，选中除背景图层之外与唱片机相关的图层，选择菜单“图层>预合成”（快捷键为Ctrl+Shift+C），打开“预合成”对话框，在“新合成名称”处设置名称为“预合成 1 唱片机”，选中“将所有属性移动到新合成”，单击“确定”按钮。这样选中的多个图层将转变为名为“预合成 1 唱片机”的一个图层，如图6-13所示。

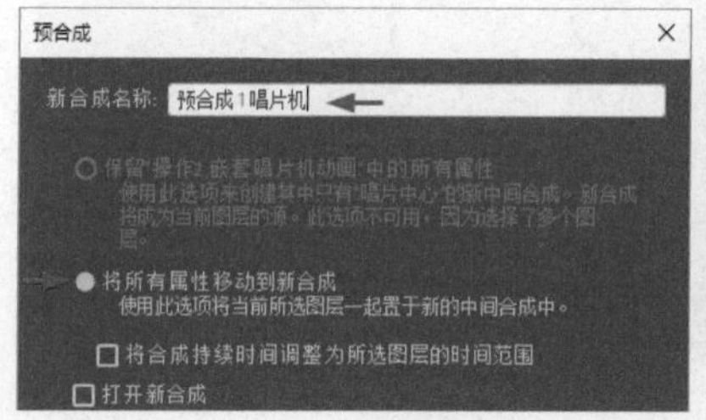

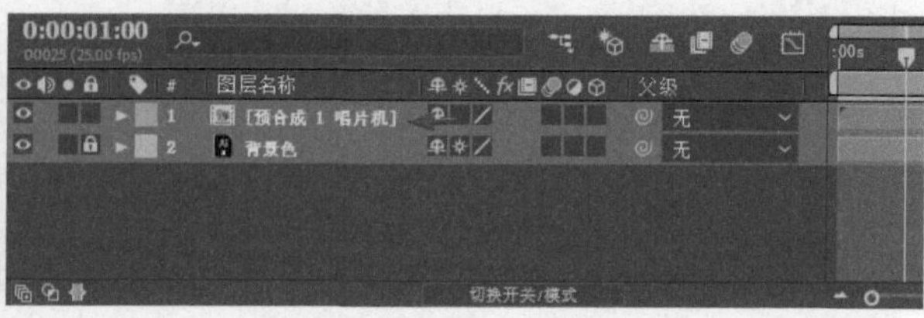

图 6-13 预合成图层

STEP 4

此时可以对“预合成 1 唱片机”图层设置移动的关键帧动画，如图6-14所示。

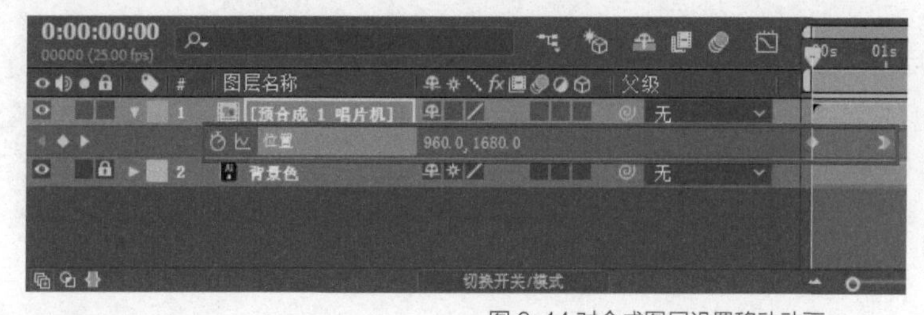

图 6-14 对合成图层设置移动动画

STEP 5

双击“预合成 1 唱片机”图层在时间轴中打开其显示，在这个合成中设置“唱臂”图层的旋转关键帧动画，第1秒为0x+0.0°，第2秒为0x+20.0°，如图6-15所示。

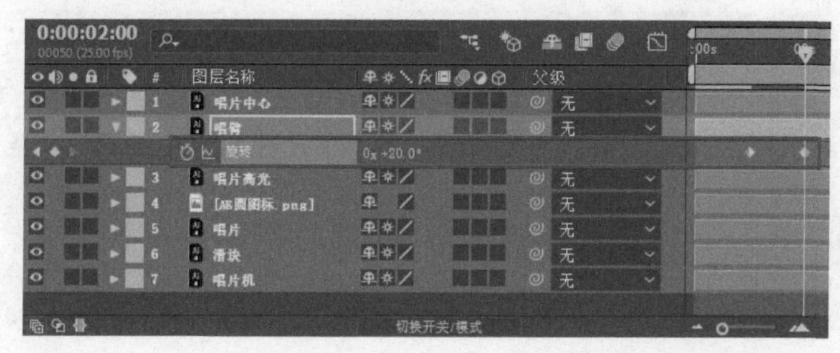

图 6-15 设置旋转关键帧

STEP 6

选中“AE圆图标.png”和“唱片”这两个图层，选择菜单“图层>预合成”（快捷键为Ctrl+Shift+C），打开“预合成”对话框，在“新合成名称”处设置名称为“预合成 2 唱片”，选中“将所有属性移动到新合成”，单击“确定”按钮。这样选中的图层将转变为“预合成 2 唱片”的一个图层，如图6-16所示。

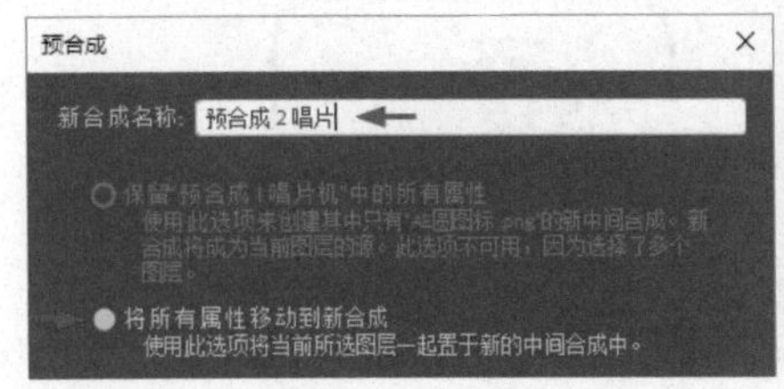

图 6-16 预合成图层

STEP 7

先使用工具栏中的锚点工具将“预合成 2 唱片”图层的锚点移至唱片中心位置，然后设置从第2秒开始的旋转关键帧动画，并设置开始关键帧为“缓出”，如图6-17所示。

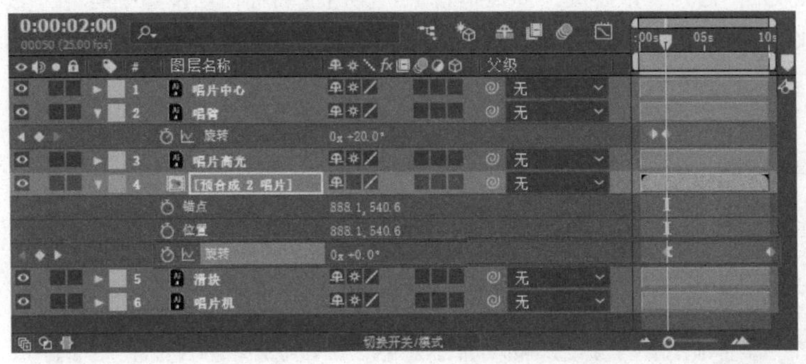

图 6-17 设置锚点和旋转关键帧

STEP 8

这样，使用嵌套的方法也完成了这个动画的制作，其中上级合成为“操作2 嵌套唱片机动画”合成，其嵌套了“预合成 1 唱片机”，“预合成 1 唱片机”合成又嵌套了“预合成 2 唱片”。合成视图上方显示了嵌套的级别，而右下部有“合成流程图”按钮，用来打开流程图面板，如图6-18所示。

图 6-18 查看嵌套关系

在合成视图上方显示了嵌套的级别，可以查看和切换对应合成，也可以在时间轴的上部单击“合成微型流程图”按钮（快捷键为Tab键）来查看和切换对应合成。

STEP 9

在打开的流程图面板左下部可以选择流程图的样式和流动方向，如图6-19所示。

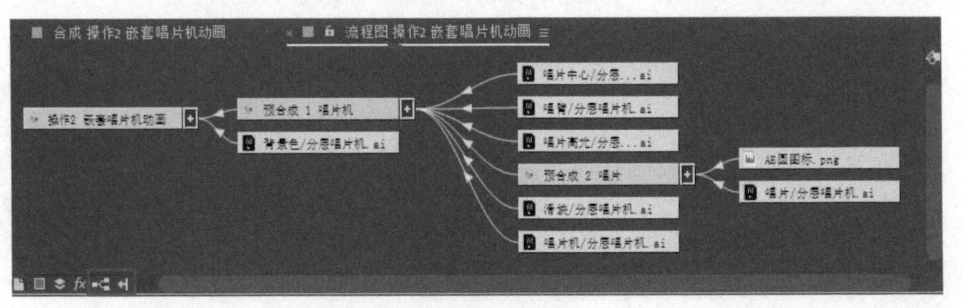

图 6-19 显示流程图

6.1.3 父子级别与嵌套的不同功能

父子级别与嵌套各有特点，这里制作一个使用父子级别以便更加便捷制作的动画。

操作1 制作旋转的景点缩放动画

STEP 1

先导入“旅游元素.ai”和“分层球体.ai”，两个图形文件都以“合成”和“图层大小”的方式导入，如图6-20所示。

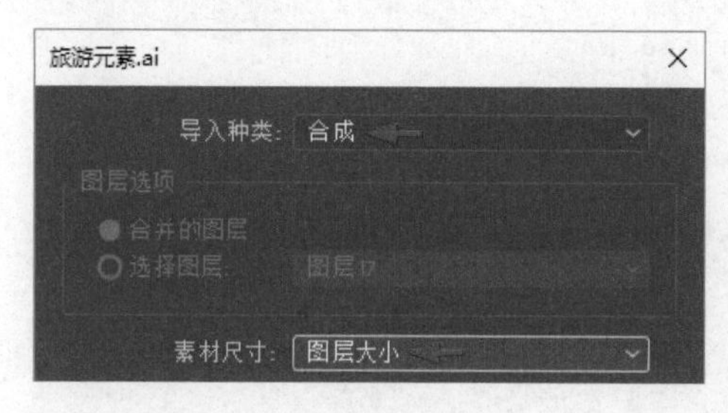

图6-20 导入素材

STEP 2

打开“分层球体”合成，按Ctrl+K快捷键打开合成设置面板，将长度设为8秒。

STEP 3

设置“球体”图层的“缩放”为(75.0，75.0)%，“位置”为(960.0，720.0)，并移到屏幕中下部，如图6-21所示。

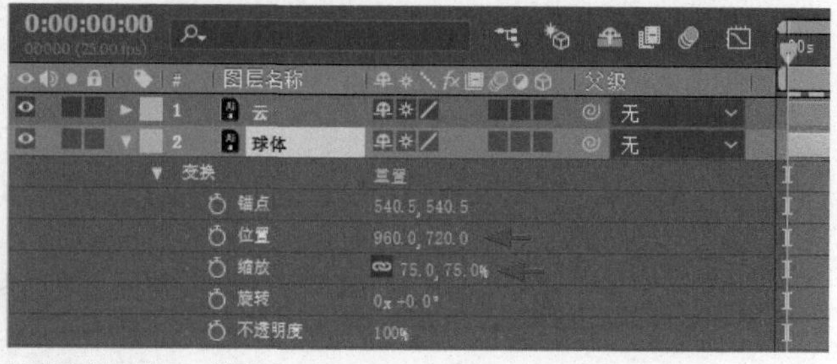

图6-21 设置“位置”和“缩放”

STEP 4

打开图层的矢量栅格化开关，将当前图层锁定。从项目面板将旅游小元素图形添加到合成中，对小元素图形进行缩放、移动和旋转，并沿球体图形进行放置，同时也打开这些小元素图层的矢量栅格化开关。

STEP 5

选中这些小元素图层，将关联器拖至“球体”图层上并释放，指定父级层，如图6-22所示。

图6-22 设置图层开关和指定父级层

STEP 6

关闭“球体”图层的锁定开关，为其设置变换动画，第0帧时设置“缩放”为（150.0，150.0）%，“位置”为（960.0，1400.0），“旋转”为0x+60.0°；第6秒时设置“缩放”为（100.0，100.0）%，“位置”为（960.0，940.0），“旋转”为0x-15.0°。并设置关键帧为“缓动”，缓慢开始和缓慢结束。预览效果，可以看到各个小元素也随“球体”图层一起动了，如图6-23所示。

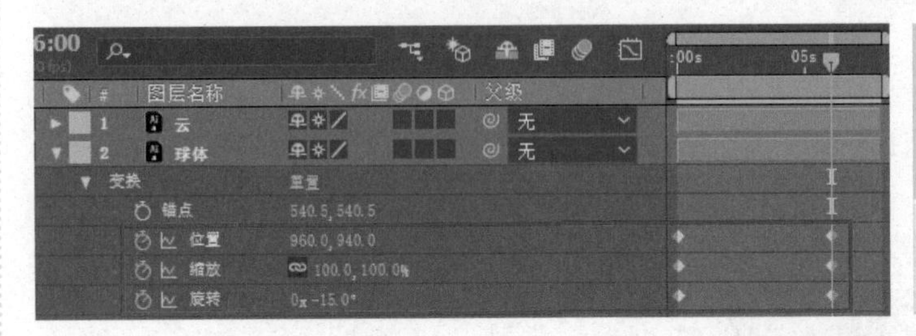

图6-23 设置球体层关键帧

STEP 7

为了制作球面上各个小元素从球面弹起的缩放动画，可以调整球面上各个元素的锚点位置为图层下部连接球面的位置。可以再次锁定“球体”图层，使用工具栏中的锚点工具，为各个元素移动锚点。

STEP 8

选中各个小元素图层，按S键展开“缩放”属性，在第10帧处单击秒表，添加数值为当前数值的关键帧。再移至第0帧，在全选状态下，单击其中一个图层的“缩放”数值，输入0，确定后各图层的“缩放”均添加了数值为0的关键帧。

STEP 9

按小元素从左到右的摆放位置，依次相隔10帧，向右移动图层入点，推迟动画的开始时间，如图6-24所示。

STEP 10

最后，为飞机图层添加一个简单的飞行动画，查看动画效果，如图6-25所示。

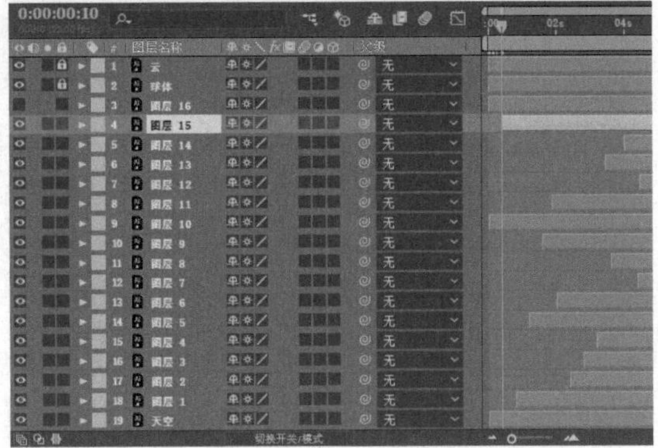

图6-24 设置各个小元素图层的缩放关键帧和出现时间

图6-25 动画效果

操作2　制作飞鸟成群动画

STEP 1

上一操作为适合父子级关系的动画制作，这里则进行一个适合嵌套关系的动画制作。先导入“飞鸟1只.psd”素材，“导入种类”选择为“合成-保持图层大小”，单击“确定”按钮，导入素材。打开素材合成，查看效果，如图6-26所示。

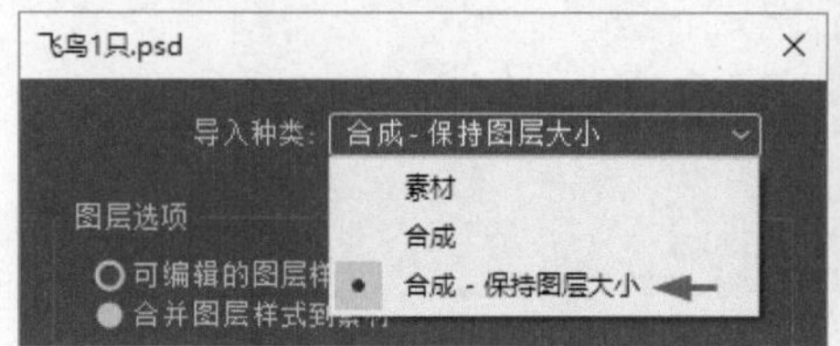

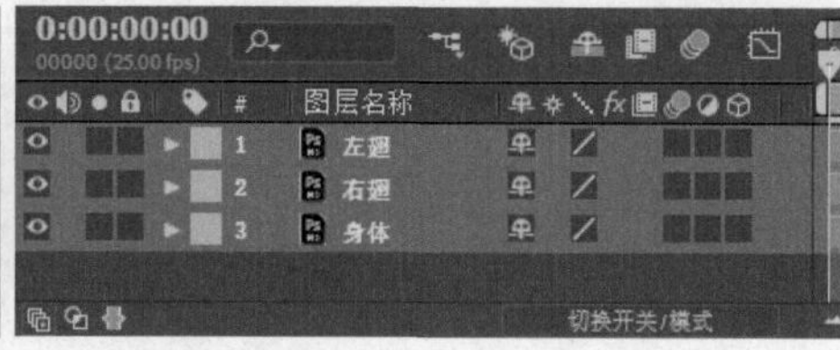

图 6-26 导入分层素材

STEP 2

按Ctrl+K快捷键打开合成设置面板，将合成持续时间设为1秒。

STEP 3

使用工具栏中的锚点工具，将“左翅”和“右翅”图层的锚点移至翅膀下端的身体中部。将时间指示器移至第12帧，单击打开“左翅”和“右翅”图层“缩放”属性前面的秒表添加关键帧，并修改“右翅”图层“缩放”属性的y轴数值为120.0，使两个翅膀不完全重合。然后在当前为“身体”图层的“位置”属性添加一个关键帧，如图6-27所示。

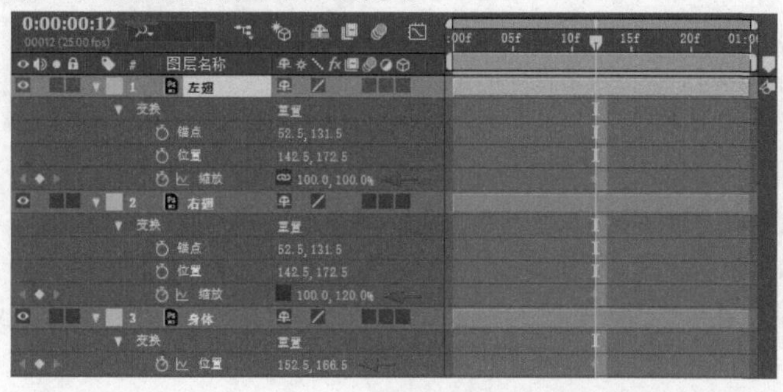

图 6-27 设置合成长度、锚点、缩放和位置

STEP 4

在第0帧设置“左翅”图层“缩放”属性的y轴数值为-80.0，“右翅”图层“缩放”属性的y轴数值为-90.0，使两个翅膀扇动到下方。然后设置“身体”图层“位置”属性的y轴数值为155.0，随翅膀扇动到下方，使身体相对上移。然后分别将这3层第0帧的关键帧复制和粘贴到第1秒处，形成循环动作，如图6-28所示。

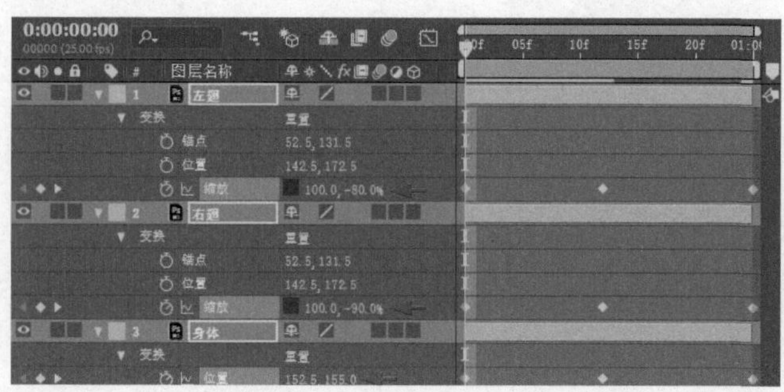

图 6-28 设置缩放关键帧

STEP 5

依次设置各个属性的关键帧为“缓动”，制作出平滑的动画效果，这样完成一只鸟飞翔的动画制作，如图6-29所示。

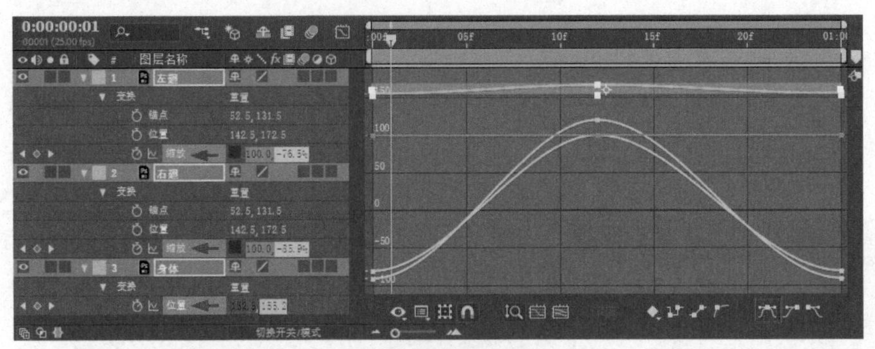

图 6-29 设置缓动关键帧

STEP 6

在项目面板中将制作好动画的“飞鸟1只”合成拖至“新建合成”按钮上并释放，建立新合成并在时间轴中打开。按Ctrl+K快捷键打开其合成设置面板，将名称设为“飞鸟1只2秒”，并设置合成持续时间为2秒。

STEP 7

在时间轴选中“飞鸟1只”图层，按Ctrl+D快捷键创建副本，并前后连接，如图6-30所示。

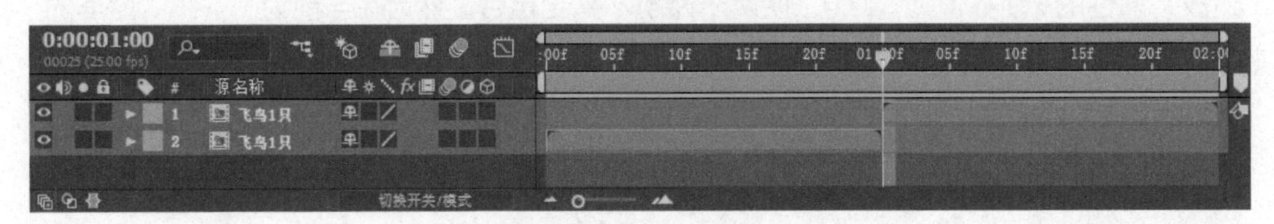

图 6-30 嵌套合成和创建副本并前后连接

STEP 8

在项目面板中将制作好动画的“飞鸟1只2秒”合成拖至“新建合成”按钮上并释放，建立新合成并在时间轴中打开。按Ctrl+K快捷键打开其合成设置面板，将名称设为“飞鸟1群可循环”，将预设选择为HDTV 1080 25。

STEP 9

选中“飞鸟1只2秒”图层，按Ctrl+D快捷键多次以创建多个副本，这里共使用了19个图层，然后设置各图层不同的大小和位置，将鸟分散在画面中，如图6-31所示。

图 6-31 继续嵌套合成并创建多个副本

STEP 10

此时的飞鸟动作一致，这里在第1秒至第2秒之间错落调整各图层的出点，使得第0帧至第1秒之间飞鸟的翅膀形态各异，如图6-32所示。

STEP 11

按Ctrl+K快捷键打开合成设置面板，将合成的持续时间设为1秒。

STEP 12

在项目面板中将制作好动画的“飞鸟1群可循环”合成拖至“新建合成”按钮并上释放，建立新合成并在时间轴中打开。按Ctrl+K快捷键打开其合成设置面板，将名称设为“飞鸟1群20秒”，并设置合成持续时间为20秒。

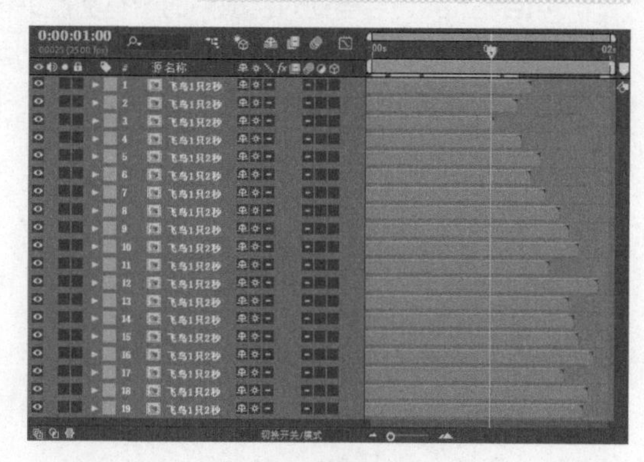

图6-32 调整不同的出点

STEP 13

选中一个图层并按Ctrl+D快捷键多次以创建多个副本，这里共使用了20个图层。按Ctrl+A快捷键全选图层，选择菜单“动画>关键帧辅助>序列图层”，在打开的“序列图层”对话框中不勾选“重叠”，单击“确定”按钮，自动将各层前后连接，这样就得到了一段长度为20秒的鸟群动画，如图6-33所示。

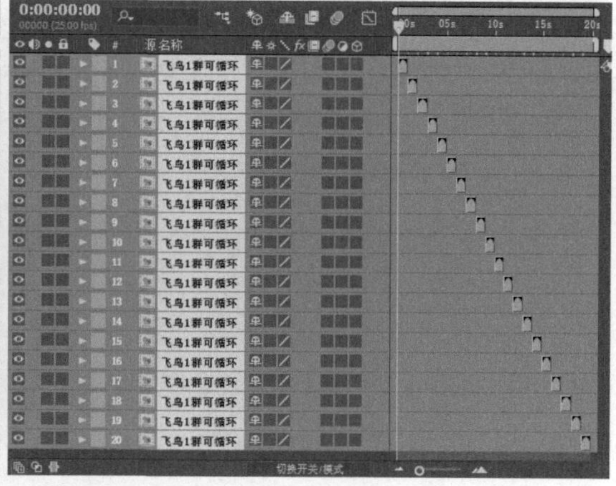

图6-33 继续嵌套合成、创建副本和连接图层

STEP 14

可以看出这个制作适合使用嵌套的方法，而不适合使用父子级图层的方法。合成的嵌套关系如图6-34所示。

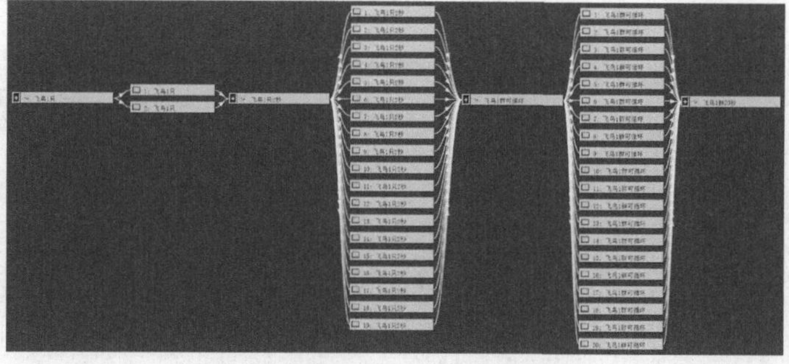

图6-34 显示流程图查看嵌套关系

6.2 在合成中建立功能图层

图层是构成合成的元素。如果没有图层，合成就只是一个空的面板。用户可根据需要使用一些图层来创建合成。某些合成包含数十个、数百个图层，而某些合成仅包含一个图层。

After Effects会自动对合成中的所有图层进行编号。默认情况下，这些编号显示在图层名称的旁边。编号对应于该图层在堆叠顺序中的位置，当堆叠顺序更改时，After Effects 会相应地更改所有编号。图层堆叠顺序会影响渲染顺序、预览及最终输出。

6.2.1 建立不同类型的图层

合成中可以添加和创建多种图层，如静止图像、视频、音频、特殊功能的摄像机、灯光、调整图层和空对象等。

建立不同类型图层

STEP 1

这里分别建立一个文字、纯色层、空对象和形状图层，并协同制作一个色块飞向星形并“扎”在上面的动画，同时建立父子级别图层关系，设置独立的和联动的变换动画。选择菜单“图层>新建>文本”，或者在时间轴空白处单击鼠标右键，选择弹出菜单“新建>文本”，在时间轴中增加一个文字图层，在合成视图中显示文本光标指示，此时可以输入文字，这里输入After Effects，然后按主键盘上的Enter键换行，继续输入“视觉动画合成制作”，最后按小键盘上的Enter键结束输入状态。建立文字图层后显示出字符面板和段落面板，分别设置字体、颜色、大小和居中对齐，如图6-35所示。

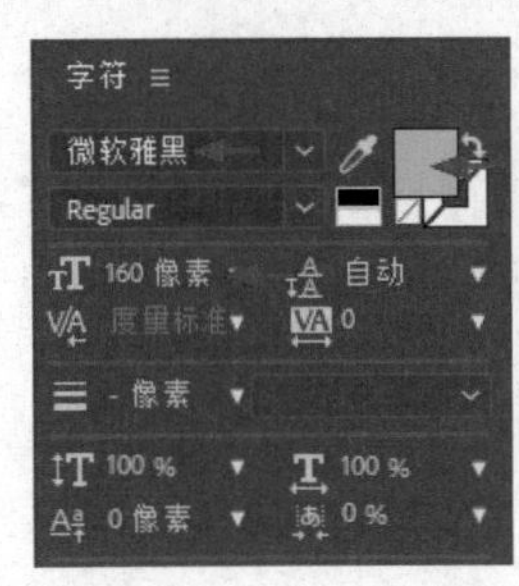

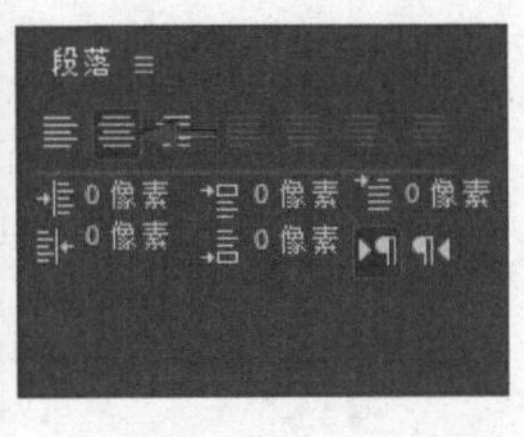

After Effects CC
视觉动画合成制作

图 6-35 建立文字图层

STEP 2

选择菜单“图层>新建>纯色”，或者在时间轴空白处单击鼠标右键，选择弹出菜单“新建>纯色”，打开“纯色设置”对话框，在其中设置名称。其中大小默认与合成一致，单击色块，打开“纯色”的颜色选择设置，这里设为黄色，如图6-36所示。

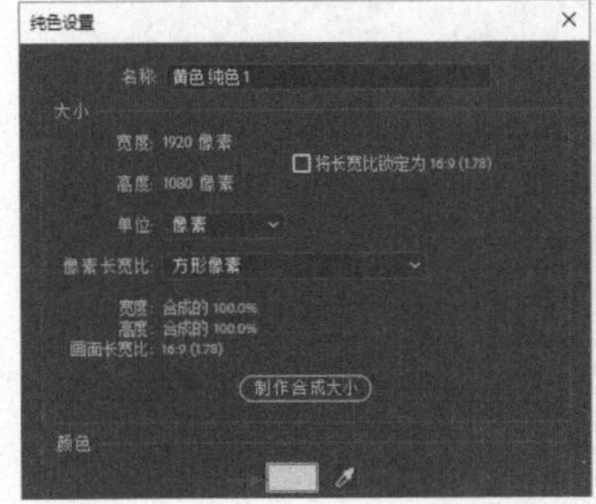

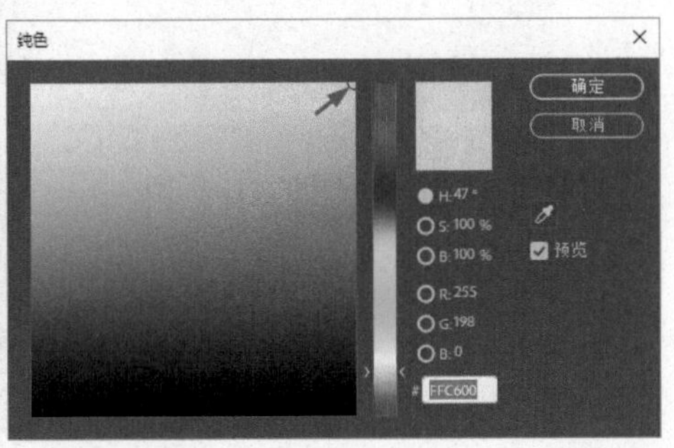

图 6-36 建立纯色层

STEP 3

在合成中调整纯色层的大小，将两个图层选中，在对齐面板中进行水平对齐和垂直对齐，如图6-37所示。

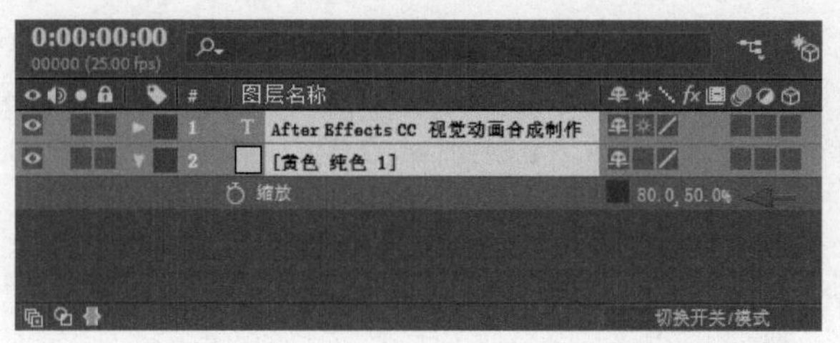

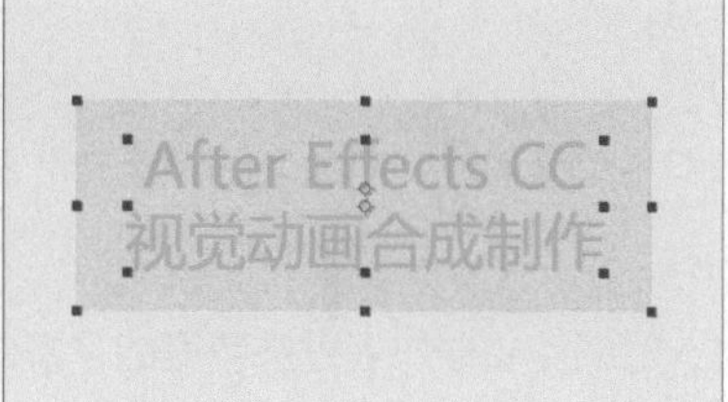

图6-37 对齐图层

STEP 4

选择菜单“图层>新建>空对象”，或者在时间轴空白处单击鼠标右键，选择弹出菜单“新建>空对象”，在合成中建立一个“空1”图层，并在合成视图中心显示一个线框。

STEP 5

选择菜单“图层>新建>形状图层”，或者在时间轴空白处单击鼠标右键，选择弹出菜单“新建>形状图层”，建立一个“形状图层 1”图层。确认“形状图层 1”图层处于选中的状态，在工具栏中双击“星形工具”，为“形状图层 1”图层建立一个五角星的形状，如图6-38所示。

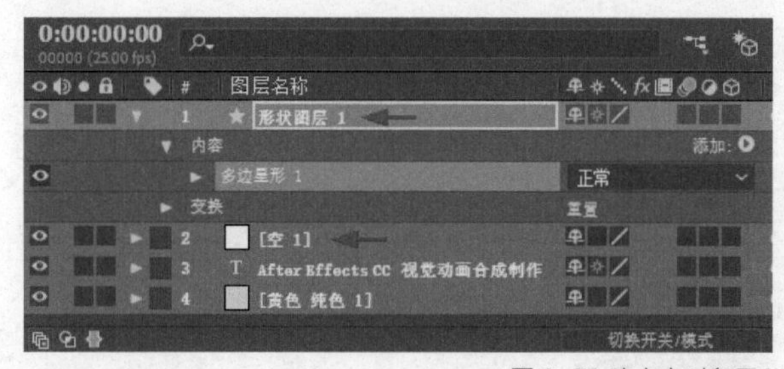

图6-38 建立空对象层和形状图层

STEP 6

设置星形的“内径”为207，设置颜色为红色，将其移至画面左侧，将图层移到底部。

STEP 7

设置文字层的父级层为纯色层，设置纯色层的父级层为空对象层，然后将空对象层的“缩放”设为（70.0，70.0）%，如图6-39所示。

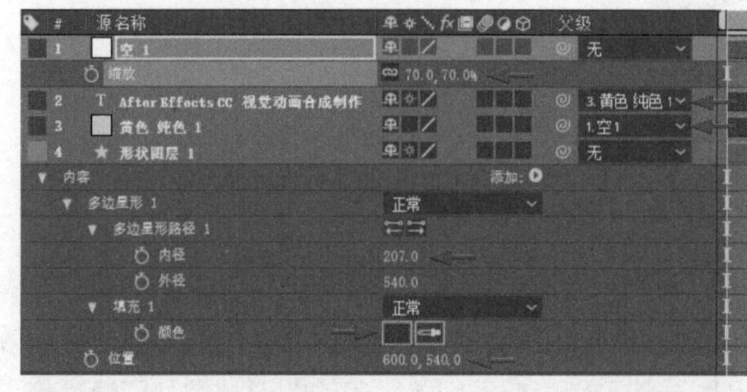

图6-39 设置形状图层、设置父级层

STEP 8

这里制作纯色层连带文字从右侧旋转飞入星形上，晃动几次再停止下来的动画。将纯色层的左侧边缘移至空对象的位置，这里将纯色层的“位置”设为（768.0，0.0）。然后设置空对象层从右侧飞入，设置“位置”关键帧的第0帧为（1920.0，500.0），第12帧为（630.0，500.0）。

STEP 9

晃动的动作通过设置空对象层的“缩放”关键帧来完成，设置“缩放”第12帧时为（70.0，70.0）%，第14帧、第16帧、第18帧、第20帧时“缩放”的x轴数值依次为50.0、70.0、60.0、70.0。

STEP 10

倾斜的角度通过空对象层的“旋转”属性来设置，设置第0帧为0x+0.0°，第12帧为0x-10.0°。

STEP 11

飞入时的旋转动作通过纯色层的“旋转”属性来设置，设置第0帧为360°，即1x+0.0°，第12帧为0x+0.0°，如图6-40所示。

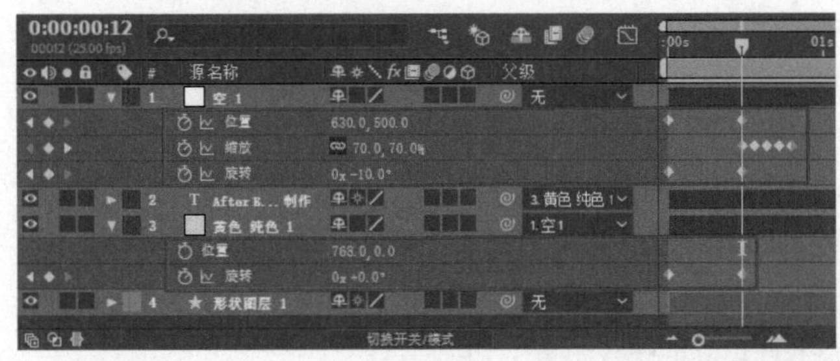

图 6-40 设置关键帧动画

STEP 12

设置星形受撞击的晃动动画。先将空对象层的父级层设为形状图层，然后使用工具栏中的锚点工具，将形状图层的锚点移至左下角的角尖，最后设置旋转动画，第12帧为0x+0.0°，第14帧为0x-5.0°，第16帧为0x+0.0°，星形以左下角的角尖为支点，产生一个向左歪的晃动。这样通过多个图层、父子级别关系，以及充分利用各图层属性分工制作对应动作，协同完成这个动画效果，如图6-41所示。

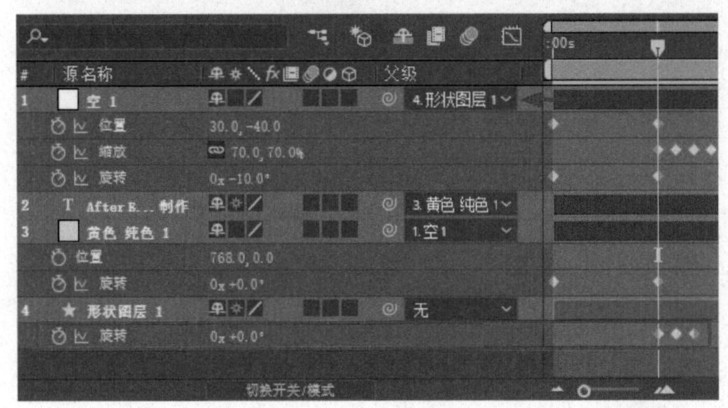

图 6-41 设置晃动关键帧

6.2.2 纯色层的操作

纯色层以纯色素材项目作为其源，纯色层和纯色素材项目通常都称作纯色。纯色可以与任何其他素材项目进行一样的工作，如添加蒙版、修改变换属性，以及向使用纯色作为其源素材项目的图层应用效果。可以使用纯色为背景着色，作为复合效果控制图层的基础，或者创建简单的图形图像。纯色素材项目自动存储在项目面板中的“纯色”文件夹中。

如果要创建纯色素材项目，但不在合成中为其创建图层，可选择菜单“文件>导入>纯色”。如果要创建纯色素材项目并在当前合成中为其创建一个图层，可选择菜单“图层>新建>纯色”或者按Ctrl+Y快捷键。

操作1 制作移动过渡条

STEP 1

在持续时间为3秒的HDTV 1080 25合成中，按Ctrl+Y快捷键建立一个黄色的纯色层，名称设为“条1”，因为这里准备对其宽度在0至1920之间进行缩放设置，所以这里使用一个中间数，可以简单地在宽度数值1920后输入/2，即除以2，软件会自动计算出结果。然后将颜色设为黄色，新建一个纯色层。

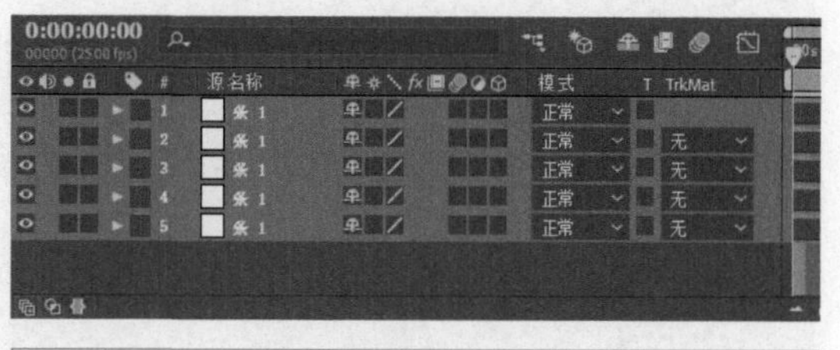

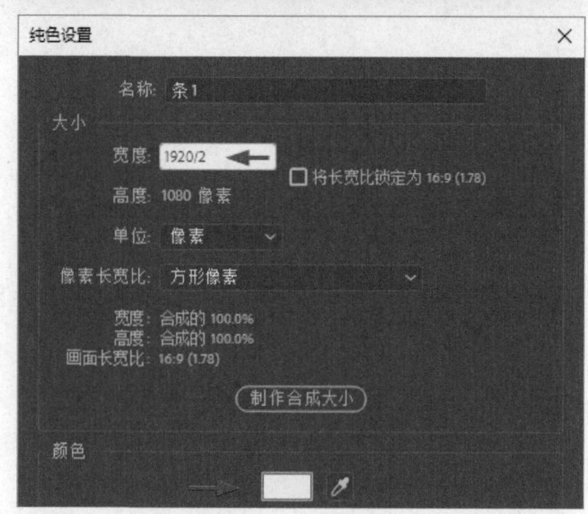

图6-42 建立纯色层

STEP 2

选中纯色层，按Ctrl+D快捷键创建4个副本，如图6-42所示。

STEP 3

从上至下设置各图层“缩放”的y轴数值，依次为10.0、15.0、20.0、25.0、30.0。

STEP 4

设置各图层做不同的水平位移动画。这里第1层“位置”x轴数值第0帧为-110.0，第1秒为2040.0，第2秒为-110.0，第2秒24帧为2040.0。第2层“位置”x轴数值第0帧为-110.0，第1秒12帧为2040.0，第1秒13帧为-110.0，第2秒24帧为2040.0。第3层“位置”x轴数值第0帧为2040.0，第1秒12帧为-110.0，第2秒24帧为2040.0。第4层“位置”x轴数值第0帧为2040.0，第1秒为-110.0，第2秒为2040.0，第2秒24帧为-110.0。第5层“位置”x轴数值第0帧为-120.0，第1秒15帧为960.0，第2秒24帧为2040.0，如图6-43所示。

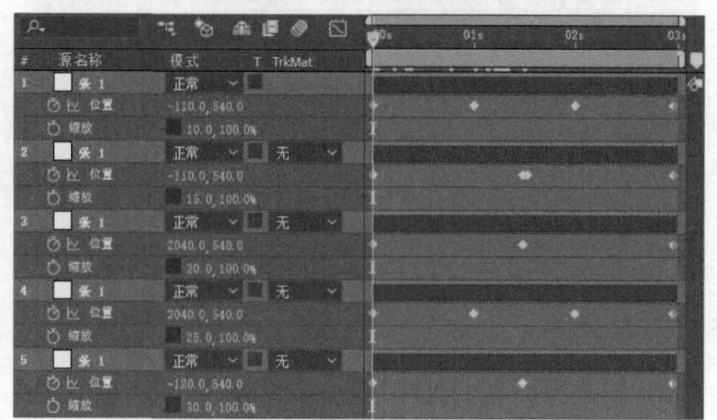

图6-43 设置缩放和位置

STEP 5

选中图层，按Ctrl+Shift+Y快捷键打开图层的“纯色设置”，将颜色修改为橙黄色系中不同的颜色，将各图层设为不同的颜色。

STEP 6

选中上面4个图层，设置图层模式为“屏幕”，如图6-44所示。

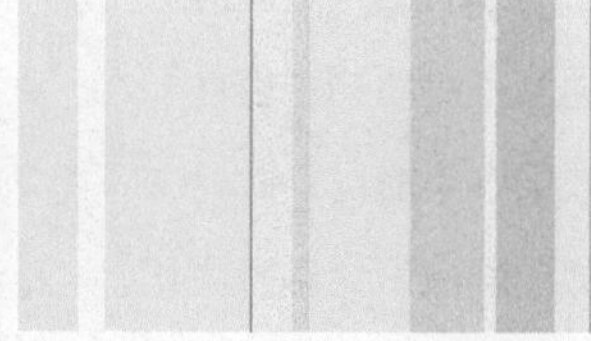

图6-44 设置颜色和图层模式

STEP 7

最后设置最下面的图层“缩放”*x*轴的关键帧，第1秒时为30.0，第1秒12帧时为200.0，充满屏幕，第2秒时为30，如图6-45所示。

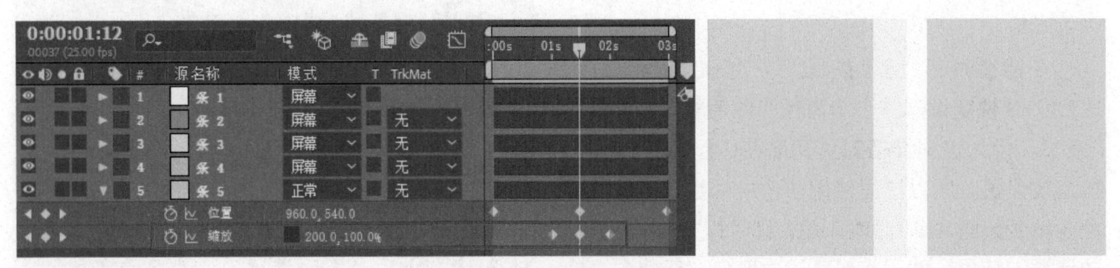

图 6-45 设置缩放关键帧

操作2 应用移动过渡条

STEP 1

制作完移动过渡条的合成，可以作为一个图层添加到其他两段视频之间，通过移动过渡条切换画面。这里打开有前后连接素材的合成。

STEP 2

将移动过渡条合成放置到上层，移动条充满屏幕的画面对应在两段素材连接处，产生移动过渡条切换效果，如图6-46所示。

图 6-46 应用过渡条

6.3 图层的控制开关

图层的许多特性由其图层开关决定，这些开关排列在时间轴面板中的各列中。一些图层开关设置的结果，还要进一步取决于合成总的开关的设置，它们位于时间轴面板上部。

6.3.1 时间轴图层开关

如果要在时间轴面板中显示或隐藏列，可单击时间轴面板左下角的“图层开关”“转换控制”或“入点/出点/持续时间/伸缩”按钮。按Shift+F4快捷键可显示或隐藏“父级”栏列。按F4键可切换“开关”和“模式”列。

折叠变换/连续栅格化。如果图层是预合成图层，则折叠变换；如果图层是形状图层、文本图层或以矢量图形文件（如 Adobe Illustrator 文件）作为源素材的图层，则连续栅格化。为矢量图层选择此开关会导致 After Effects 重新栅格化图层的每个帧，这会提高图像品质，但也会增加预览和渲染所需的时间。

品质。在图层渲染品质的“最佳”和“草稿”选项之间切换，包括渲染到屏幕以进行预览。

效果。使用效果渲染图层。此开关不影响图层上各种效果的设置。

调整图层。将图层标识为调整图层。

3D 图层。将图层标识为 3D 图层。

操作　栏列调整

STEP 1

默认情况下，“A/V 功能”列显示在图层名称左侧，而“开关”和“模式”(“转换控制”)列显示在图层名称右侧，但也可以也按其他顺序排列这些列。例如，在左侧“A/V 功能”列上按下鼠标左键不放并向右拖曳，可以将其位置调整到右侧，如图6-47所示。

图 6-47 移动栏列

STEP 2

默认关键帧显示在左侧，也可以在栏列上单击鼠标右键，选择弹出菜单“列数>键”，将“键”勾选，显示出单独的“键”栏列，将关键帧在其下显示。这里将“键”栏列单独放置在右侧显示，如图6-48所示。

图 6-48 默认和单独显示键的栏列

STEP 3

在栏列上单击“图层名称”可以切换显示“源名称”，这样可以在源素材名称和图层名称之间切换显示。分层图像素材中的分层或图层修改后的名称都属于“图层名称”。图层的名称与源素材相同时，显示在中括号内，如图6-49所示。

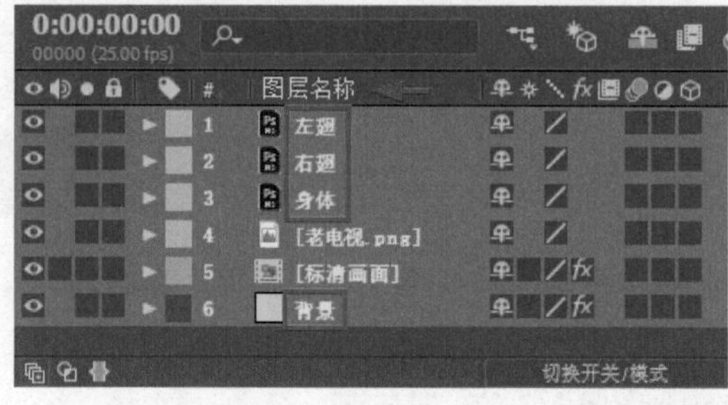

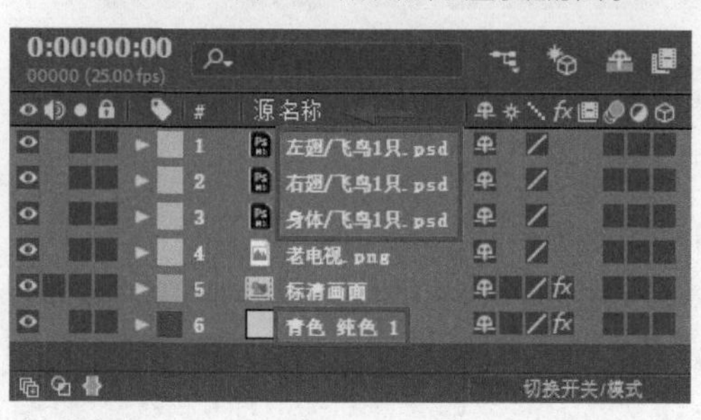

图 6-49 图层名称和源名称

STEP 4

对多个图层的栏列开关进行相同的设置时，可以沿栏列在这些开关的位置，按下鼠标左键不放并上下滑动，这样可以快速切换多个图层的开关，相当于先选中这些图层，再批量操作，如图6-50所示。

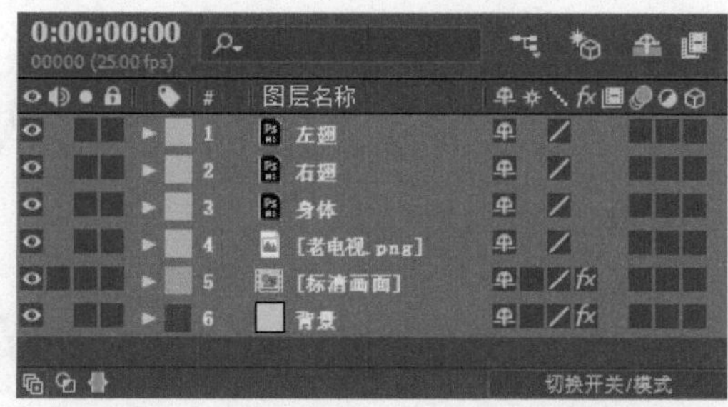

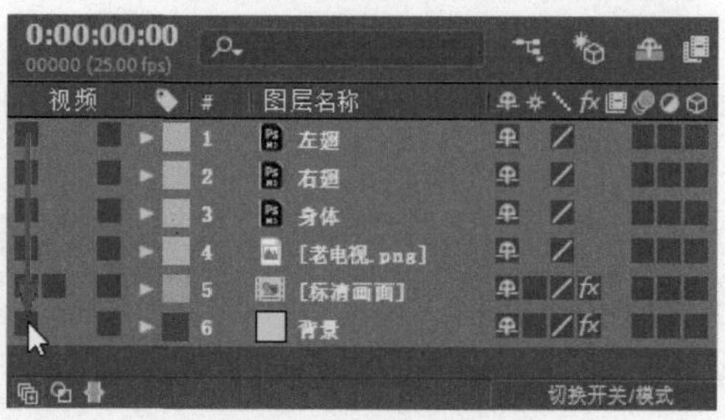

图 6-50 滑动切换图层开关

6.3.2 时间轴合成开关

时间轴面板上部有一些合成的总开关设置，用来控制部分图层开关设置。

隐蔽。选择“隐藏隐蔽图层”开关后，将隐藏使用当前开关的图层。

帧混合。可将帧混合设置为3种状态之一，即“帧混合”“像素运动”或“关闭”。如果没有选择“启用帧混合”开关，则不用考虑图层的帧混合设置。

运动模糊。为图层启用或禁用运动模糊。如果没有选择“启用运动模糊”开关，则不用考虑图层的运动模糊设置。

操作 合成对应开关

STEP 1

在合成时间轴面板中可以将不用设置的图层暂时消隐，即保留画面显示而隐藏图层显示。单击消隐开关切换为消隐的状态。然后在时间轴面板上部打开“消隐”总开关，这些消隐状态的图层将隐藏，从而简化了图层面板中的显示内容，如图6-51所示。

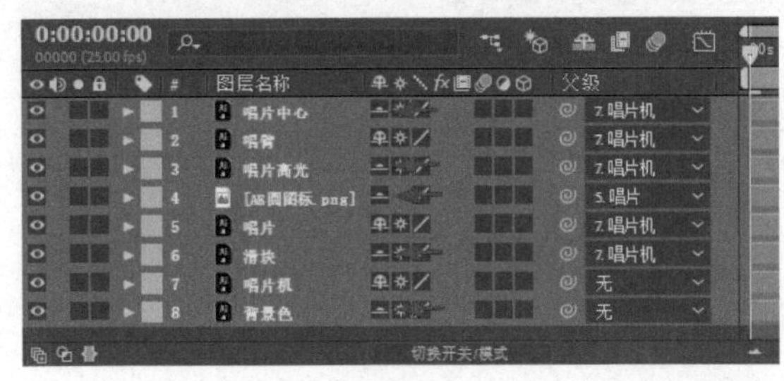

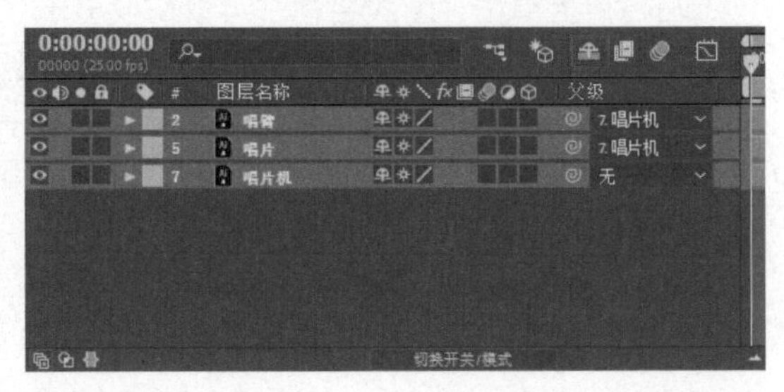

图 6-51 消隐开关

STEP 2

对于存在动态内容的视频素材，其默认图层中和时间轴上部均未打开帧混合开关，如图6-52所示。

图 6-52 帧混合开关

STEP 3

在视频素材的图层中第1次单击“帧混合”栏列下的开关，将会切换到“帧混合”开关，同时打开时间轴上部的“帧混合”开关，将混合视频前后的帧画面，显示效果为运动重影，这样在某些时候更能体现运动的效果，如图6-53所示。

图 6-53 帧混合开关

STEP 4

在视频素材的图层中第2次单击“帧混合”栏列下的开关，将会切换到“像素运动”开关，同时时间轴上部的“帧混合”开关为打开时，将自动计算显示视频前后的帧画面中的运动像素，显示效果为局部像素偏移。当第3次单击“帧混合”栏列下的开关时，又会切换到默认的关闭状态，如图6-54所示。

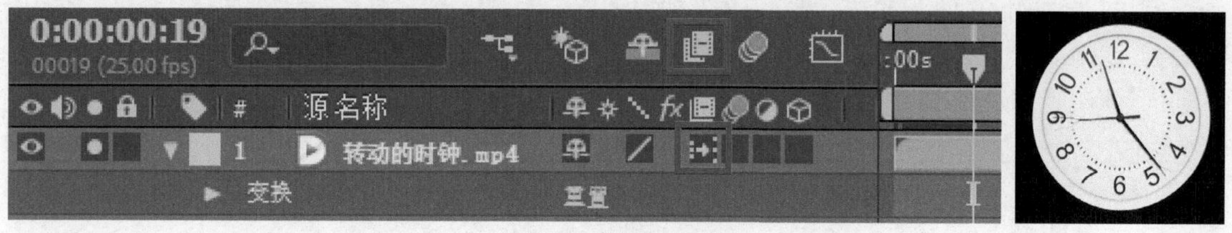

图 6-54 像素运动开关

STEP 5

对应设置运动关键帧动画的图层，可以使用“运动模糊”开关。对比没有开启开关时的效果，如图6-55所示。

图 6-55 运动模糊开关

STEP 6

打开设置运动关键帧动画的图层的“运动模糊”开关，同时打开时间轴上部对应的总开关，对比动态越大，产生的运动模糊效果越明显，如图6-56所示。

图 6-56 运动模糊效果

6.4 图层时间与速度

合成中的时间定位通过移动时间指示器来确定，图层的时间位置可以参考时间指示器，确定图层的入点或出点。静态图层的长度可以按需拉长或缩短，视频图层的长度的变化则影响入点、出点的剪切或整体速度的改变。

6.4.1 时间栏列

时间栏列有以下几项。

图层入点。将图层的开始时间定格在其当前值，并通过移动其出点拉伸图层的时长。

当前帧。将图层定格在当前时间指示器（该帧也显示在合成面板中）的位置，然后通过移动入点和出点拉伸图层的时长。

图层出点。将图层的结束时间定格在其当前值，并通过移动其入点拉伸图层的时长。

调整入、出点和持续时间

STEP 1

可以在合成时间轴面板的左下部打开展开或折叠“入点”“出点”“持续时间”“伸缩”窗格，也可以在栏列上单击鼠标右键并选择“列数”下其中的某个单列显示。这里显示视频素材“入点”“出点”“持续时间”和“伸缩”的默认数值，如图6-57所示。

图 6-57 时间栏列

STEP 2

当使用移动工具将图层向右侧拖曳时，入点和出点会相应变化。当使用鼠标在“入点”栏列下拖曳数值时，入点变为剪切入点，出点不变，如图6-58所示。

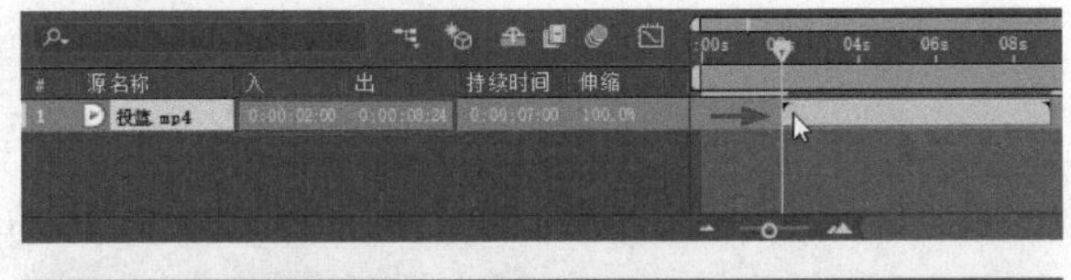

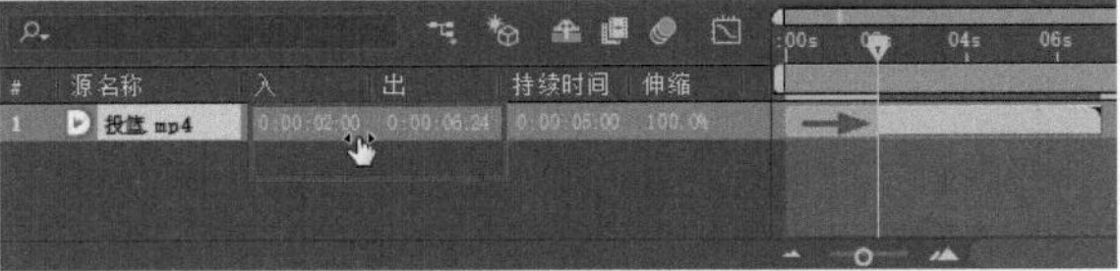

图 6-58 移动入点和剪切入点

STEP 3

在“持续时间”栏列下拖曳数值时，素材的长度会发生变化，在这里可以按指定时间长度来调整视频的播放速度，如图6-59所示。

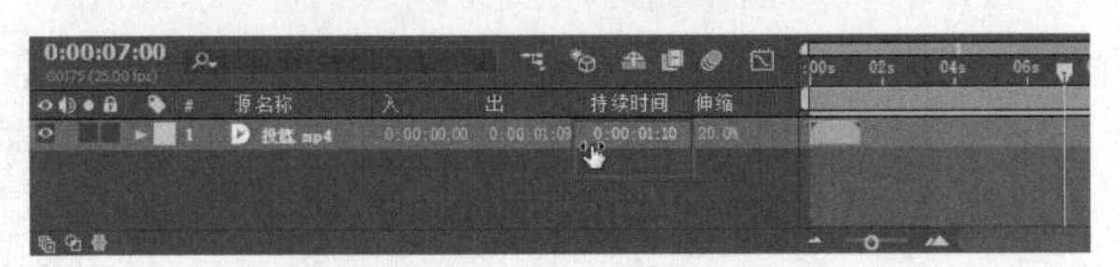

图6- 59 调整素材长度

STEP 4

在“伸缩”栏列下拖曳数值时，素材的长度同样会发生变化，在这里可以按时间比例来调整视频的播放速度，如图6-60所示。

图 6-60 调整素材伸缩的速度百分比

6.4.2 时间伸缩、反向和冻结

通过相同的因子对整个图层进行加速或减速的过程称为时间拉伸。当拉伸图层时长时，素材中的音频和原始帧（以及属于该图层的所有关键帧）都会沿着新的持续时间重新分布。仅在希望图层和所有图层关键帧更改为新的持续时间时才使用此操作。

当反转图层播放的方向时，选定图层上所有关键帧的顺序也会反转，图层本身保留其相对于合成的原始入点和出点。为获得最佳效果，请先预合成图层，然后在预合成内反转图层。

可以使用“冻结帧”命令轻松地在图层持续时间内冻结当前帧。如果要冻结某个帧，可将当前时间指示器置于想要冻结帧的位置，确保选中该图层，然后选择菜单“图层>时间>冻结帧”。

如果要对某个关键帧应用定格插值，可在时间轴面板中选择该关键帧，然后选择菜单“动画>切换定格关键帧”。

操作1 时间伸缩、反向和冻结设置

STEP 1

在时间轴面板或合成面板中选择相关图层，选择菜单“图层>时间>时间拉伸”，或者在“持续时间”栏列下的数值上单击，都会打开“时间伸缩”对话框，在这里对持续时间进行设置，如图6-61所示。

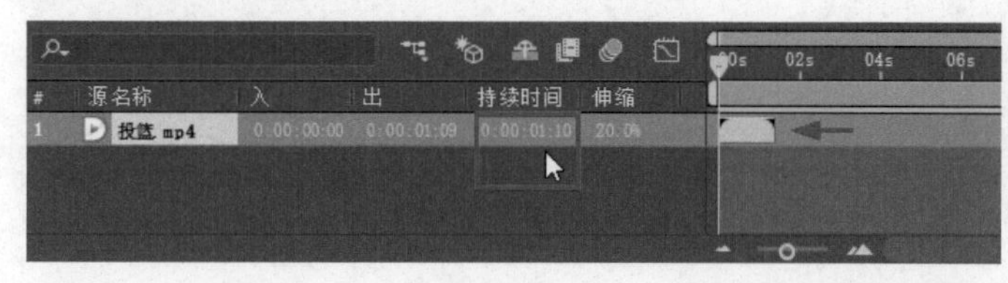

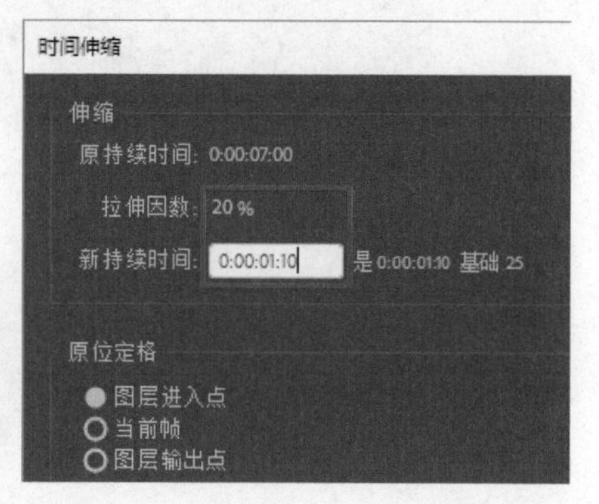

图 6-61 设置持续时间

如果拉伸图层过长，导致生成的帧速率与原始帧速率存在极大的差异，则可能影响图层中运动的品质，出现卡顿现象。

STEP 2

单击“伸缩”栏列下的数值，也可以打开“时间伸缩”对话框，在“拉伸因数”中进行设置。这里设置“拉伸因数”为50，“原位定格”选择“图层输出点”，单击“确定”按钮后，可以看到图层的长度缩短为原来的一半，并以原来的图层的出点进行对齐，如图6-62所示。

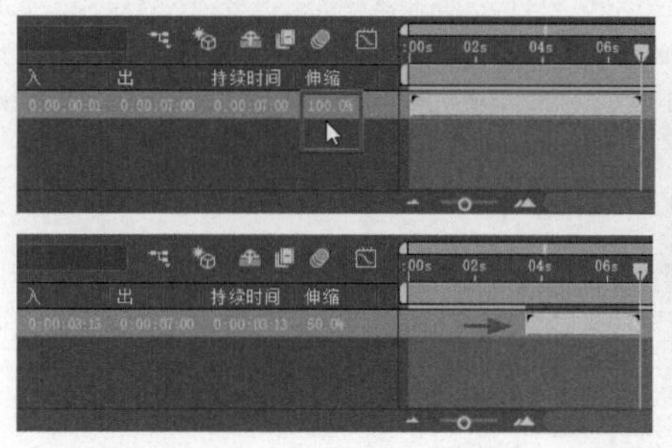

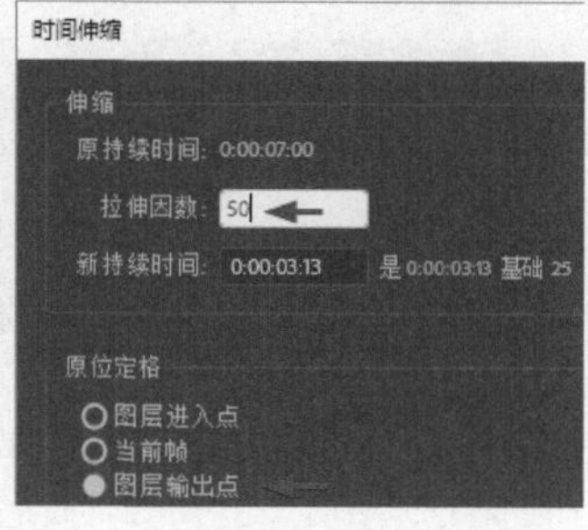

图 6-62 设置拉伸因数

STEP 3

选择菜单“图层>时间>时间反向图层”（快捷键为Ctrl+Alt+R）可以快速反转视频素材，将其倒放。或者在其“时间伸缩”对话框中的拉伸因数的数值前添加一个负号，即速度为负，将产生反向的速度，图层入点和出点将被反转，即倒放。设置了倒放的图层下方有斜纹的显示，如图6-63所示。

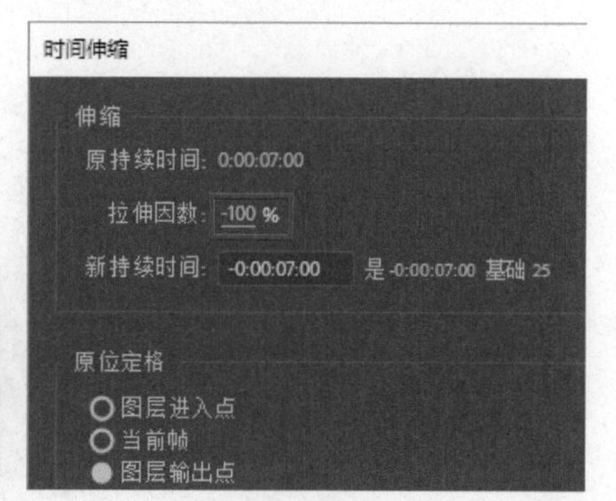

图 6-63 设置倒放

STEP 4

选中视频图层，确定时间位置，选择菜单“图层>时间>冻结帧”，可以在当前时间位置将视频画面冻结，显示静止的图像。操作时可以看到在图层下添加了一个“时间重映射”关键帧，如图6-64所示。

图 6-64 添加冻结帧

操作2 使用反方向制作往返视频动画

STEP 1

反方向视频在制作中是一个简单有效的功能，这里先基于“片头动画.mp4”素材新建合成。

STEP 2

修改合成持续时间为原来的2倍。

STEP 3

选中合成中的图层，按Ctrl+D快捷键创建副本。

STEP 4

选中其中一个图层，按Ctrl+Alt+R快捷键，将其反方向。

STEP 5

将两个图层前后连接，预览动画即可产生往返的循环动画，如图6-65所示。

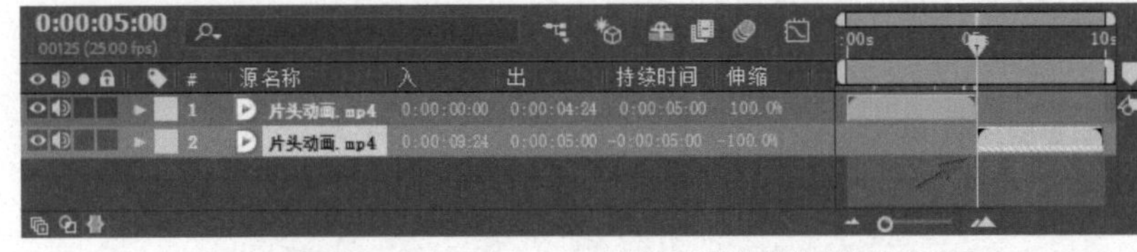

图 6-65 连接倒放制作循环动画

6.4.3 时间重映射

可以使用时间重映射调整视频画面的时间进程，将过程延长、压缩、回放或冻结时间的某个部分。例如，如果使用某个人行走的素材，使用时间重映射可以进行使人向前走、向后退的调整控制。

操作 使用时间重映射制作动画

STEP 1

这里在合成中放置一个“飞机.mp4”素材，预览画面为一架飞机从右向左飞行的视频，如图6-66所示。

图 6-66 查看视频画面

STEP 2

在时间轴上选中图层，选中菜单“图层>时间>启用时间重映射”（快捷键为Ctrl+Alt+T），或者在图层上单击鼠标右键选择弹出菜单“时间>启用时间重映射”，都可以为图层在入点和出点处添加“时间重映射”关键帧。此时向后拖曳出点，可以向后一直延长出点的静帧画面，如图6-67所示。

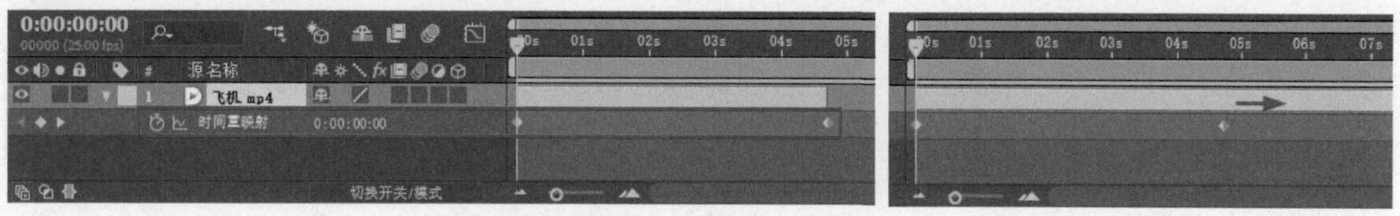

图6-67 添加“时间重映射”关键帧

STEP 3

按Shift+F3快捷键打开“图表编辑器”模式，选中“时间重映射”，在“编辑值图表”中可以查看线性的数值变化，在“编辑速度图表”中可以看到当前为水平统一的速度，如图6-68所示。

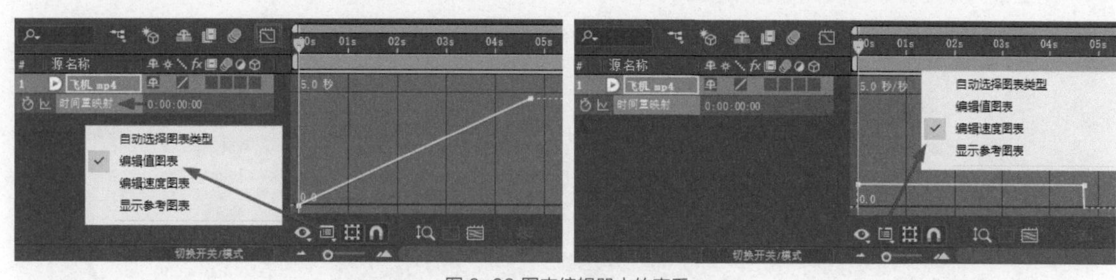

图6-68 图表编辑器中的查看

STEP 4

在第2秒和第3秒处按默认值添加关键帧，然后将第2秒处的关键帧移至第1秒，如图6-69所示。

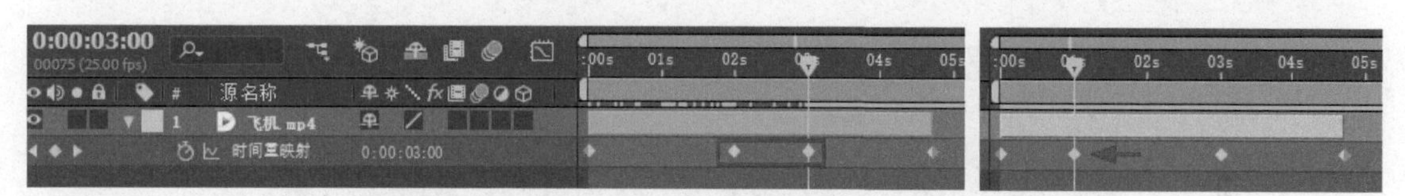

图6-69 添加和移动关键帧

STEP 5

这样，原来第0帧至第2秒的2秒时间被压缩成1秒，画面速度加快；原来第2秒至第3秒的1秒时间被延伸为2秒，画面速度减慢；后两个关键帧之间的距离不变，保持原始速度。在“编辑速度图表”中可以清晰查看当前关键帧之间的速度，如图6-70所示。

STEP 6

也可以使用贝塞尔曲线来制作渐变的速度。例如，删除中间的关键帧，保留入点和出点关键帧并选中，单击“缓动”按钮，这样可以设置画面中的飞机由慢到快，再由快到慢的无极变速动画，如图6-71所示。

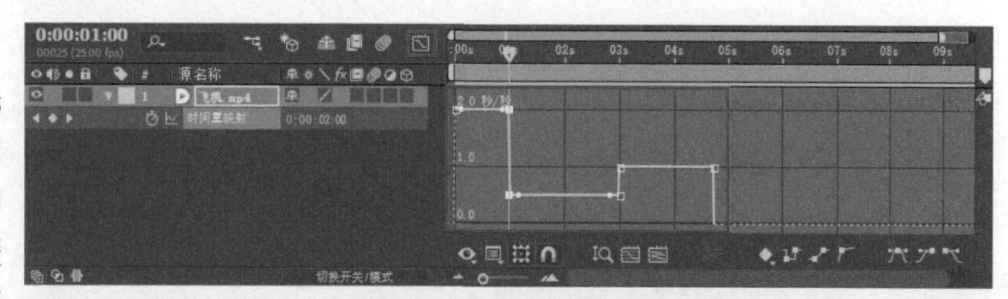

图6-70 查看“编辑速度图表”

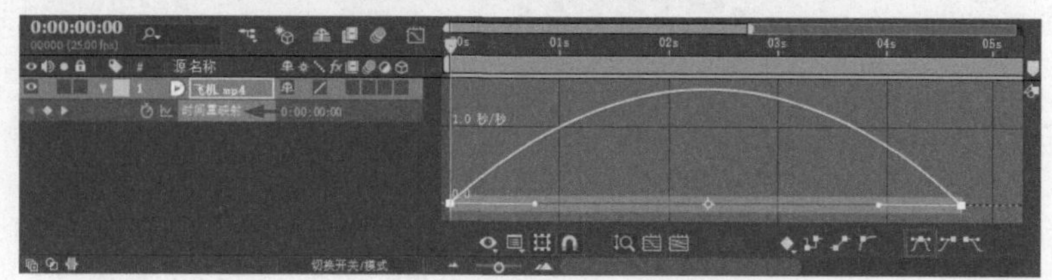

图6-71 使用缓动关键帧曲线

实例 制作手机屏幕动画

实例说明

这里在对应的素材文件夹中准备了查看手机屏幕动画的相关图像素材，包括手机的机身、手势、背景图像及手机中的画面。合成多个图层，设置父子级别关系，制作使用手势滑动手机屏幕，切换手机屏幕中的画面，并设置手机竖放旋转为横放时，手机屏幕中画面图层的独立转向。素材如图6-72所示。

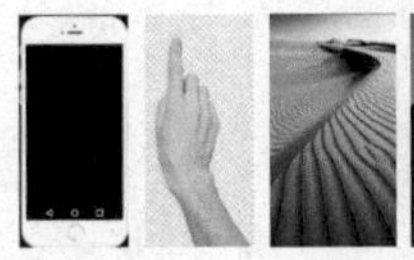

图 6-72 使用素材

这些素材被合成制作后的效果如图6-73所示。

图 6-73 实例效果

实例合成流程图如图6-74所示。

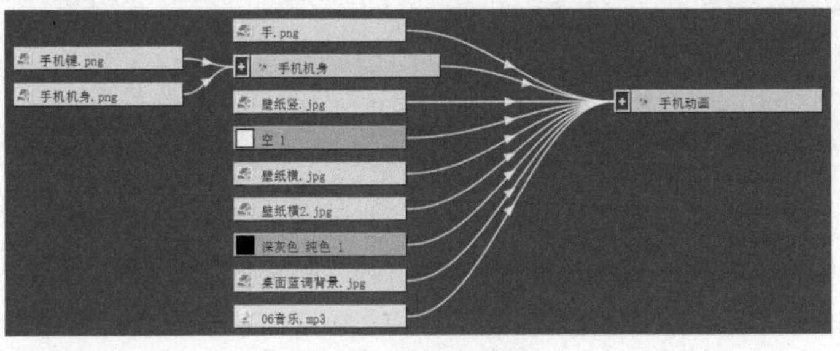

图 6-74 实例合成流程图

扫码观看实例制作步骤讲解视频	实例制作步骤图文讲解
	详见配书资源中的《实例制作步骤图文详解》PDF文档。 下载方式见封底。

制作手机组合动画

这里在对应的素材文件夹中准备有实例练习素材，包括不同的手机图像、高清的壁纸和音乐素材。使用嵌套和父子关系图层的方法制作3个手机聚合旋转的动画，实例效果如图6-75所示。

图 6-75 实例效果

实例制作中的主合成时间轴面板如图6-76所示。

图 6-76 主合成时间轴面板

实例制作流程图如图6-77所示。

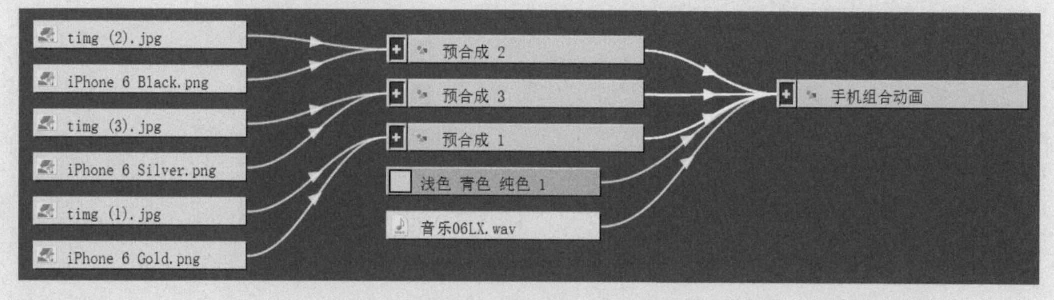

图 6-77 实例制作流程图

效果精彩无限

效果是After Effects非常引人注目的一个地方，就像Photoshop的滤镜，不同的是，这里的效果应用在动态的视频画面上，并且设置的效果可以随时添加、修改或删除，而不影响原画面。After Effects的效果众多，但添加和使用的方法相似。一个或多个效果的作用，会产生无限创意的画面。这一章将介绍效果的基本使用方法。

7.1 效果的基本操作

After Effects中包含各种效果，用户可将其应用于图层，以添加或修改静止图像、视频和音频的特性。例如，某效果可以改变图像的曝光度或颜色、添加新视觉元素、改变声音、扭曲图像、删除颗粒、增强照明或创建过渡效果。

7.1.1 效果的添加

After Effects中的效果位于菜单“效果”之下，使用时先选中图层，再选择“效果”菜单下的某个效果，将这个效果添加到图层中，然后进行调整设置。效果针对时间轴面板的图层，有以下几种添加效果的操作方法。

（1）先选中图层，再选择“效果”菜单下的某个效果。

（2）在某个图层上单击鼠标右键，在弹出菜单中选择“效果”下的某个效果。

（3）先在“窗口”菜单下勾选“效果和预设”（快捷键为Ctrl+5），显示出效果和预设面板，在面板内同样可以选择效果并将其拖至时间轴的图层上，以添加效果。

（4）选中图层，按F3键可以显示其效果控件面板，在这个面板内单击鼠标右键也可以直接选择效果，添加到图层上，并在当前的效果控件面板内设置效果属性。当效果属性涉及关键帧时还需要在时间轴图层下展开效果属性，在时间轴中根据时间位置设置关键帧数值。

After Effects中还有一些效果（包括以后进一步讲解的操控效果、绘图效果和 Roto 笔刷效果）是通过工具应用到图层中的。

添加光晕效果

STEP 1

添加图像素材到合成时间轴。

STEP 2

选中图像图层，选择菜单“效果>生成>镜头光晕”，添加效果，默认的光晕效果如图7-1所示。

图7-1 添加光晕效果

STEP 3

为图层添加效果后，在图层下显示效果的名称和属性，这里设置“光晕亮度”为120%，设置“光晕中心”在合成开始处为默认的中心偏左位置，在合成结尾处为中心偏右位置。同时设置图层“变换”下的“缩放”在合成开始处为（120.0，120.0）%，在合成结尾处为（100.0，100.0）%，让画面缓缓缩小动起来。

STEP 4

图层下的效果在视频开关栏下，有fx字样的开关。针对当前这个效果，关闭后，这个效果将被禁用。同时在fx栏下也有fx字样的开关，针对当前这个图层所有的效果，关闭后，这个图层添加的一个或多个效果将全部被禁用。当然如果确认添加的效果不再需要，可以选中图层下的效果，按Delete键直接删除即可，如图7-2所示。

图 7-2 设置光晕

7.1.2 效果的查看和查找

After Effects中的效果众多，软件安装后默认在“效果”菜单下有20多个分类的效果组，每个效果组之下有若干效果。选择效果时，首先需要打开所在的效果组。除了中文版的效果，部分CC字样开头的效果为随软件一起安装的Cycore Effects HD插件，仍然以英文语言的形式存在。

查看和查找效果

STEP 1

效果组和效果可以在“效果”菜单下查看，可以看到部分效果组下有CC字样开头的Cycore Effects HD插件。也可以在效果和预设面板中展开效果组查看效果，其中单击面板菜单，可以选择是否显示“动画预设”，如图7-3所示。

STEP 2

如果不确定某些效果位于哪个效果组，可以在效果和预设面板的搜索栏中进行搜索。在搜索栏输入关键帧即会筛选显示相关的效果及所在效果组名称。因为效果中包含有中文和英文，所以有时搜索效果时可以分别使用中文和英文来搜索。例如，搜索与模糊相关的效果，不光可以使用中文“模糊”，还可以使用英文blur，这样能更全面地搜索出与模糊相关的效果，如图7-4所示。

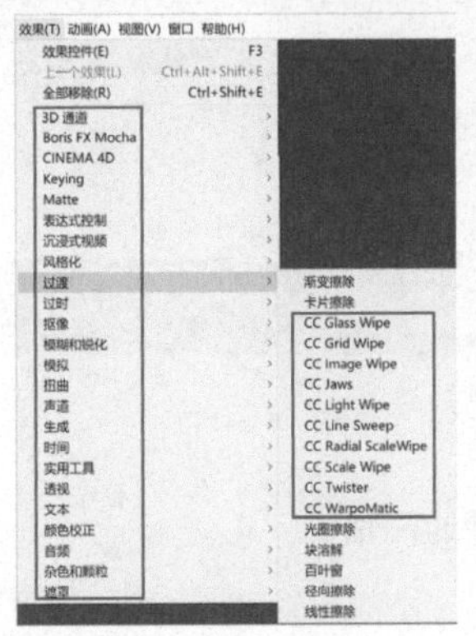
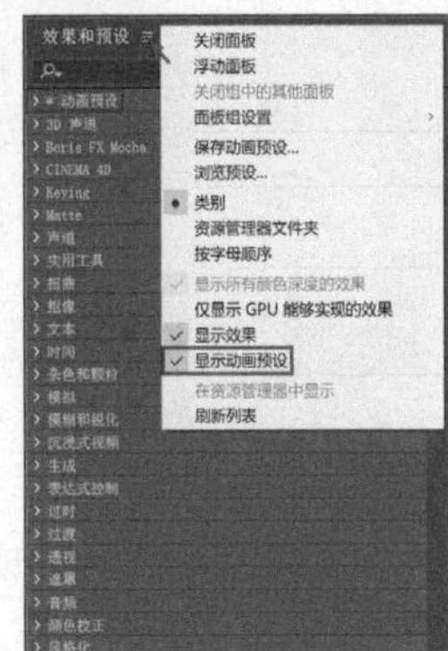

图 7-3 效果菜单、效果和预设面板

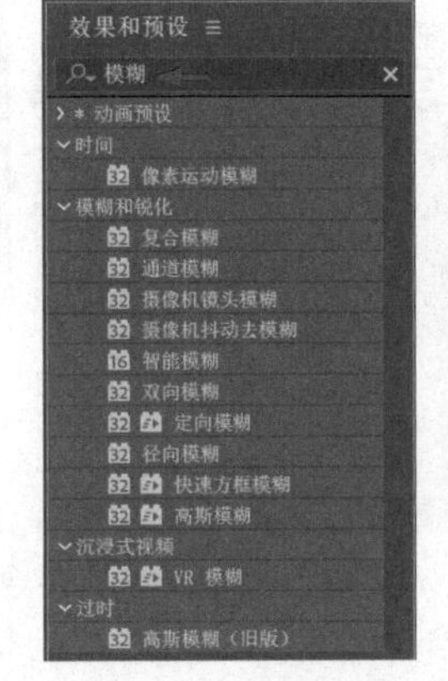

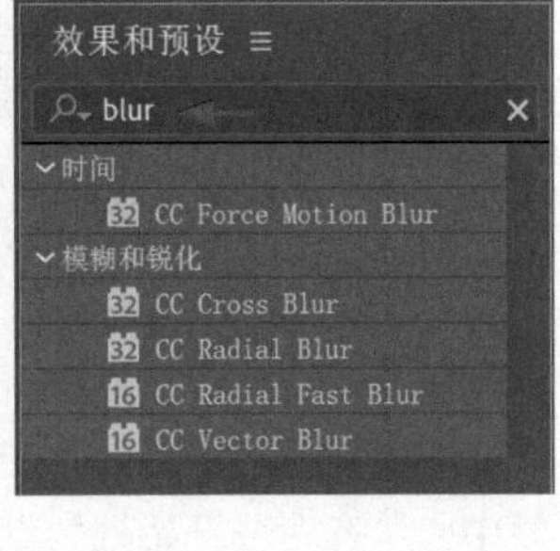

图 7-4 分中英文来查找

7.1.3 效果的重复添加和重命名

同时选中多个图层时，从菜单中选择某个效果，会同时将效果添加给这些图层。也可以重复添加某个效果、复制效果或为效果重新命名。

复制效果并重命名

STEP 1

在合成中放置一个汽车的图像，准备为其车灯添加灯光效果。

STEP 2

选中汽车图层，为其添加一个“镜头光晕”效果。选中“镜头光晕”效果名称，在合成视图中显示出位置标记点，用鼠标移动位置标记点到左上车灯处，然后设置“镜头类型”和“光晕亮度”，如图7-5所示。

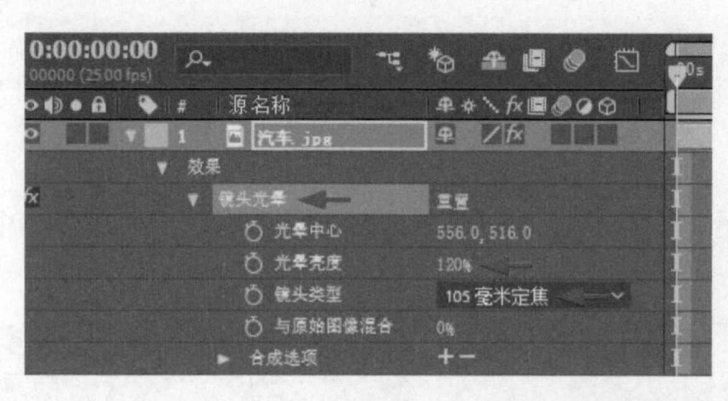

图 7-5 为车灯添加效果

STEP 3

选中这个已添加的效果，按Ctrl+D快捷键3次，重复应用效果并依次选中效果移动到另外3个车灯的位置处，将下面两个灯的亮度适当降低一些，如图7-6所示。

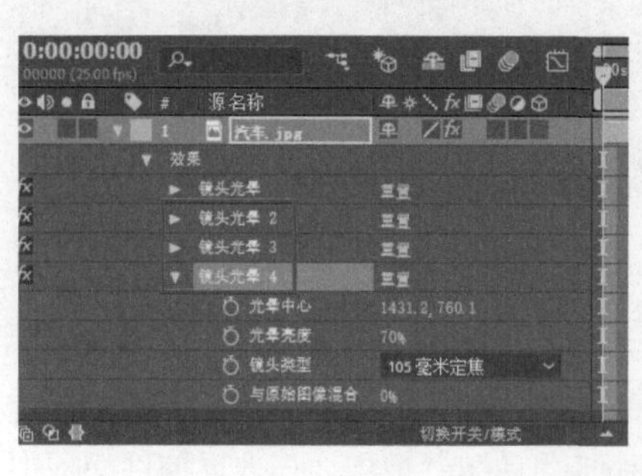

图 7-6 效果创建副本

STEP 4

依次选中效果并按主键盘上的Enter键，进行重命名。效果可以在效果控件面板或时间轴面板中显示和修改。在效果控件面板显示效果时，往往会有较大的面板空间，可以展开显示出较多的属性。在时间轴面板的图层下显示效果时，可以方便地根据时间指示器的位置设置关键帧，另外因为这里显示空间相对有限，所以可以有选择地显示部分效果属性，例如，按U键仅显示关键帧属性，快速按两次U键仅显示有变动的属性，还可以按住Shift+Alt键不放并单击不需要设置的属性将其隐藏，如图7-7所示。

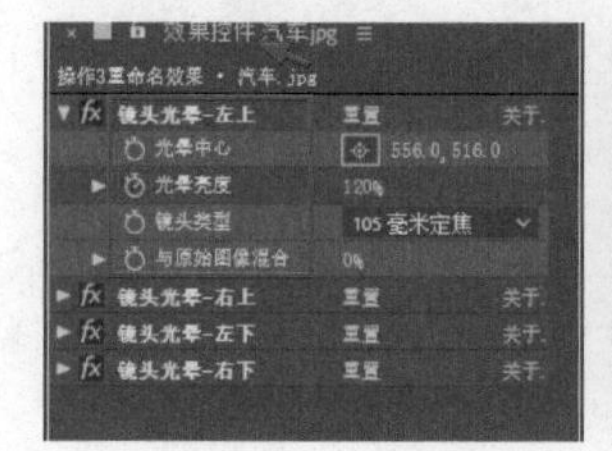

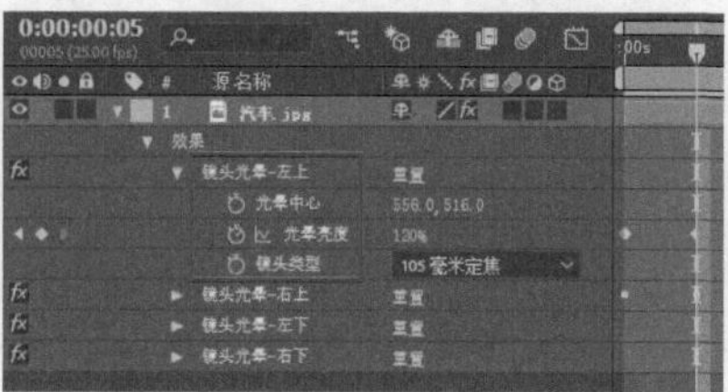

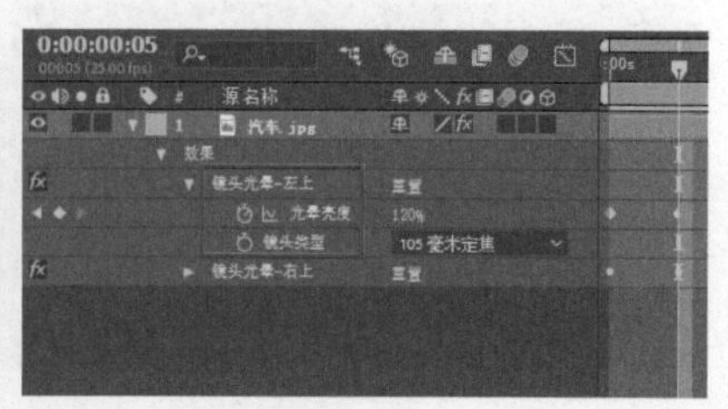

图 7-7 在效果控件面板和时间轴面板设置效果

7.2 效果的设置

效果有时被误称为滤镜。滤镜和效果之间的主要区别是：滤镜会永久修改图像或图层的其他特性，而效果及其属性可随时被更改或删除。换句话说，滤镜有破坏作用，而效果没有破坏作用。After Effects 使用的是效果，因此没有破坏性。更改效果属性的直接结果是，属性可随时间改变，或进行动画处理。

7.2.1 颜色深度

许多效果支持在深度为 16 或 32bpc 时，处理图像颜色和 Alpha 通道数据。在 16bpc 或 32bpc 项目中使用 8bpc 时，效果会导致颜色细节损失。如果某效果仅支持 8bpc，而项目设置为 16bpc 或 32bpc，效果控件面板中的此效果名称旁会显示警告图标。可以设置效果和预设面板，以仅列出支持当前项目颜色深度的效果。

对比8位和16位颜色的宽容度

STEP 1

这里在合成中建立一个纯色层，选中图层，选择菜单“效果>生成>梯度渐变”，为其添加一个渐变的效果，设置“起始颜色”为蓝色，如图7-8所示。

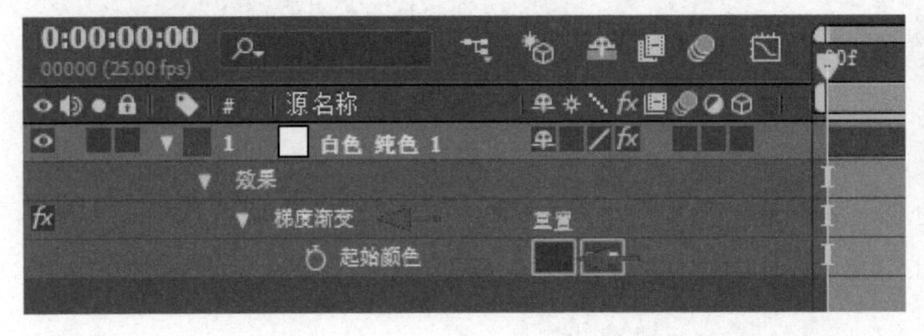

图 7-8 设置一个渐变图层

STEP 2

建立一个调整图层，这个调整图层的作用是将效果应用到下面的渐变图层上。选中调整图层，选择菜单“效果>颜色校正>色阶”，添加“色阶”效果。在效果控件面板中设置其下的“输出黑色”为120.0，设置“输出白色”为135.0，即原来显示颜色的宽容度为0~255，现在只显示其中120~135，如图7-9所示。

可以看到“色阶”效果中包含的“直方图”属于图形示意图，在时间轴的图层下没有显示，需要在效果控件面板中来设置这个效果。

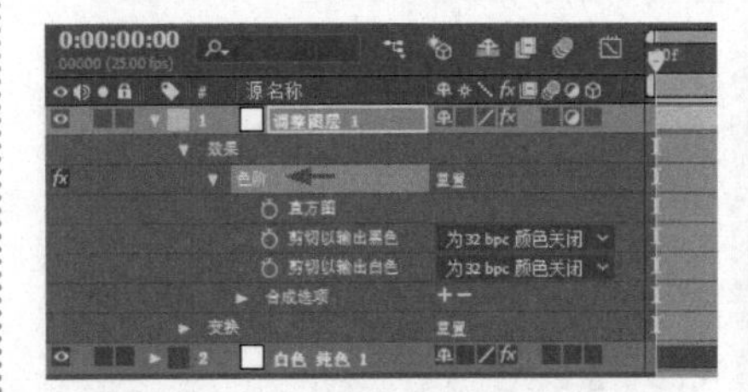

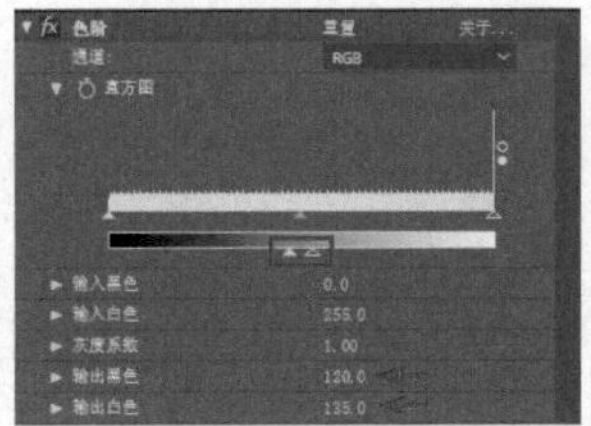

图 7-9 设置一个色阶渐变范围

STEP 3

选中调整图层，按Ctrl+D快捷键创建副本，选中上面的调整图层，修改色阶效果，设置“输入黑色”为120.0，设置“输入白色”为135.0，再恢复“输出黑色”为0.0，“输出白色”为255.0，将范围为120~135的颜色，以0~255的等级来显示，默认颜色深度在8bpc的项目状态下，如图7-10所示。

STEP 4

按住Alt键并单击项目面板下部的“颜色深度”按钮，可以在8bpc、16bpc和32bpc之间切换，如图7-11所示。

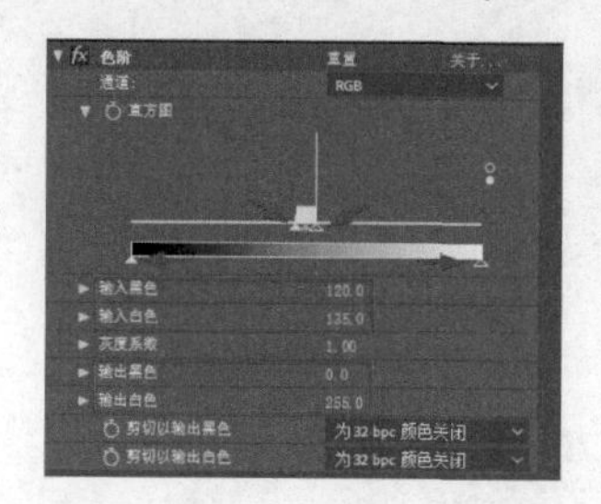

图 7-10 在 8 位下的效果

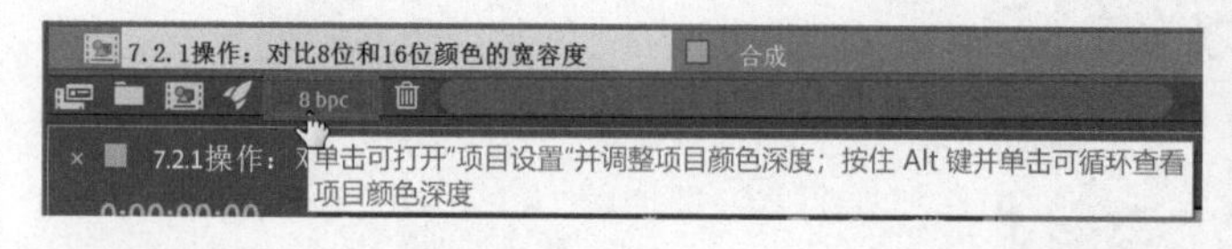

图 7-11 切换 8 位到 16 位

STEP 5

在8bpc颜色深度下显示有明显条纹的渐变颜色，在16bpc颜色深度下变得平滑，查看“色阶”下的颜色宽容度，可以发现颜色深度改变为了16bpc，原来范围为120~135的颜色改变为15420.2~17347.8，颜色数量足够显示平滑的渐变，如图7-12所示。

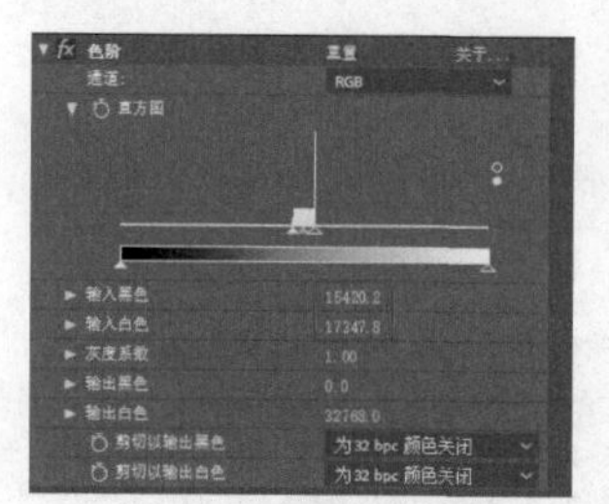

图 7-12 在 16 位下的效果

在8bpc下显示有条纹的渐变颜色，在16bcp和32bpc下都变得平滑，这也是颜色深度较大的好处，不过输出文件的存储占用空间也成倍增大，相应的软硬件处理要求也更高。当前高清视频制作默认为8bpc的颜色深度。

7.2.2 效果渲染顺序

After Effects渲染蒙版、效果、图层样式以及变换属性的顺序称为渲染顺序，此顺序可能会影响应用效果的最终结果。默认情况下，效果按其应用顺序显示在时间轴面板和效果控件面板中，效果按此列表中从上至下的顺序进行渲染。

调整效果的添加顺序

STEP 1

按Ctrl+Y快捷键在合成中建立一个纯色层。

STEP 2

选中图层，选择菜单“效果>生成>棋盘”，添加“棋盘”效果，设置“混合模式”为“正常”，在纯色层上显示棋盘效果，如图7-13所示。

STEP 3

选择菜单“效果>透视>CC Sphere”，添加球体效果，设置“Radius”为500.0，将平面转换为球体效果，如图7-14所示。

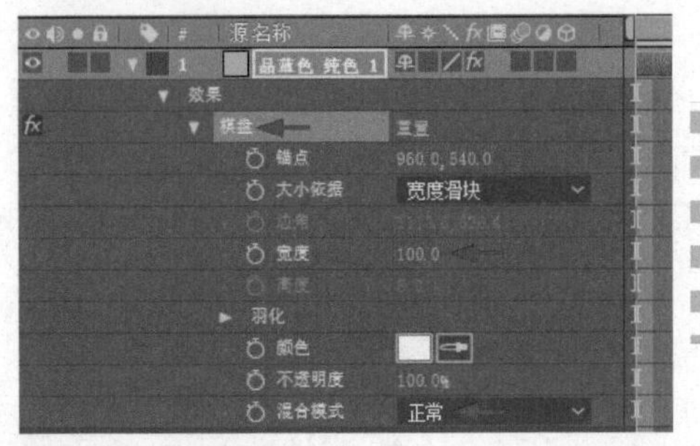

图 7-13 添加网格效果

图 7-14 添加球体效果

STEP 4

选择菜单“效果>过渡>径向擦除”，添加擦除过渡效果，调整“过渡完成”的数值并查看图像的效果，如图7-15所示。

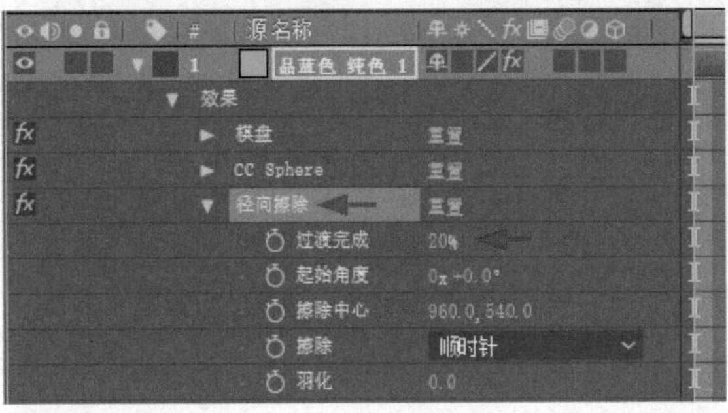

图 7-15 添加擦除过渡效果

STEP 5

将后两个效果的顺序进行改变，效果渲染的顺序不同，会得到不同的效果，如图7-16所示。

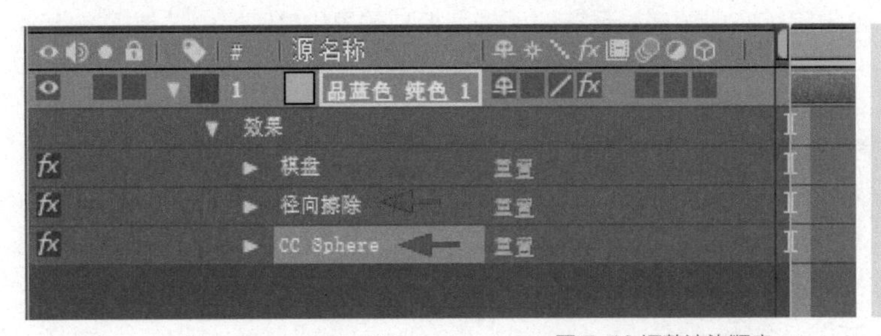

图 7-16 调整渲染顺序

调整这3个效果的上下顺序，会产生不同的最终效果。另外，有时需要根据添加多个效果后的整体效果来调节其中某个效果的具体数值。

7.2.3 调整图层

向某个图层应用效果时，该效果仅应用于该图层，不应用于其他图层。向某个调整图层应用效果时，会影响在该图层之下的所有图层，这使得调整图层适用于同时将效果应用于多个图层。与分别将相同的效果应用于各个底层图层相比，将效果应用于调整图层，可以改进渲染性能。在其他方面，调整图层的行为与其他图层一样，例如，可以设置关键帧或设置父子图层等。

另外，如果希望将某个效果或变换应用于许多图层，也可以预合成这些图层，然后将效果或变换应用于预合成图层。

将效果应用于调整图层

STEP 1

在合成中放置电视机素材和几个高清的图像素材，电视机图像位于顶层，其他图像相隔1秒的时间依次出现。

STEP 2

在合成视图中按Ctrl+R快捷键显示出标尺，按电视机屏幕的大小，从标尺上拖出参考线，确定下一步电视机放映图像的上、下、左、右边缘的范围，如图7-17所示。

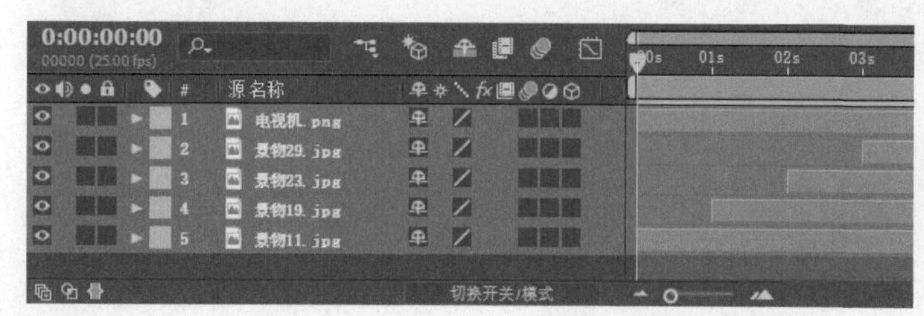

图7-17 显示标尺和参考线

STEP 3

建立一个调整图层，放置在电视机图层之下，其他图层之上。选中调整图层，选择菜单“效果>扭曲>边角定位”，然后单击选中“边角定位”效果名称，这样会在合成视图中显示出4个角的定位标记点，将定位标记点移至对应参考线交叉点附近，定位标记点会自动吸附到交叉点。预览效果，受调整图层中效果的影响，下面各层图像全部显示在电视机的屏幕中，如图7-18所示。

图7-18 吸附到参考线

STEP 4

选中调整图层，再选择菜单“效果>颜色校正>黑色和白色”，这样下面各层图像均变成黑白的画面，如图7-19所示。

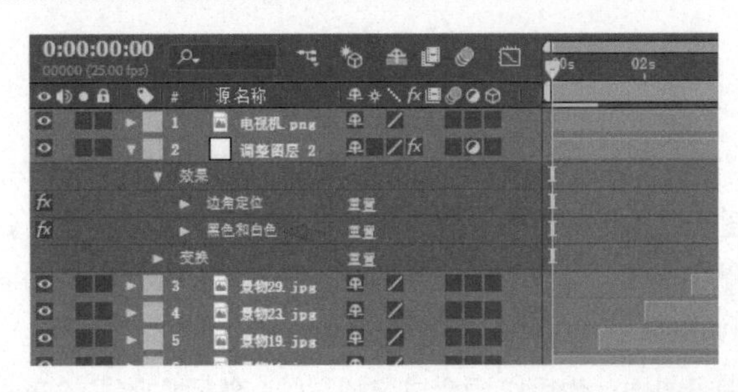

图 7-19 添加效果调整颜色

操作2 转换和使用多个调整图层

STEP 1

放置图像图层，然后建立一个纯色层。

STEP 2

选中纯色层，设置“缩放”为（40.0，100.0）%，如图7-20所示。

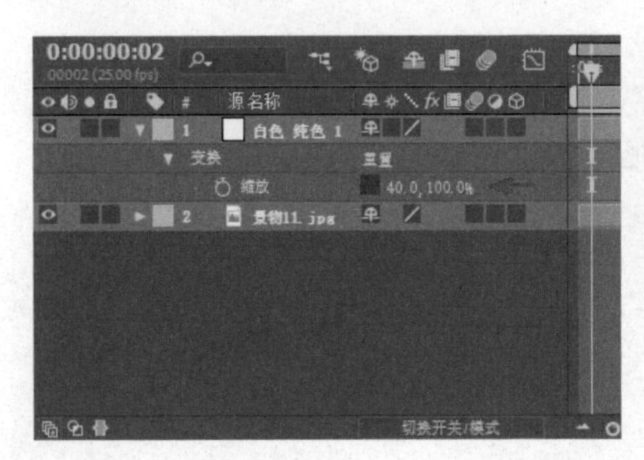

图 7-20 设置纯色层的“缩放”

STEP 3

单击打开“调整图层”栏下的开关，可以将这个纯色层转换为调整图层。因为当前还没有添加任何效果，所以这个纯色层消失不见。

STEP 4

选中调整图层，选择菜单“效果 > 颜色校正 > 色相/饱和度”，添加改变颜色的效果，调整“主色相”为0x+50.0°，此时下面图像按调整图层的范围发生变色，如图7-21所示。

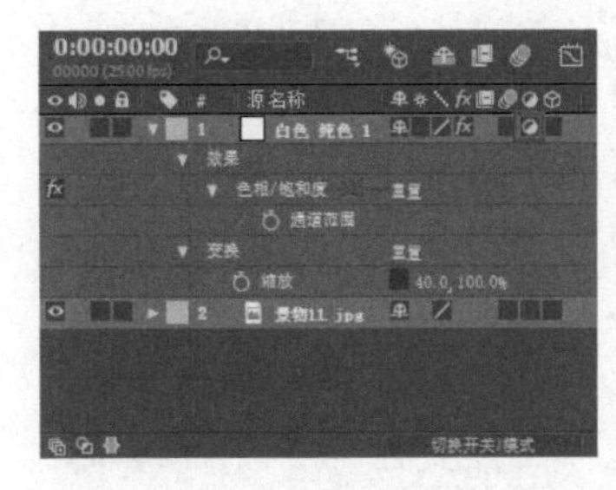
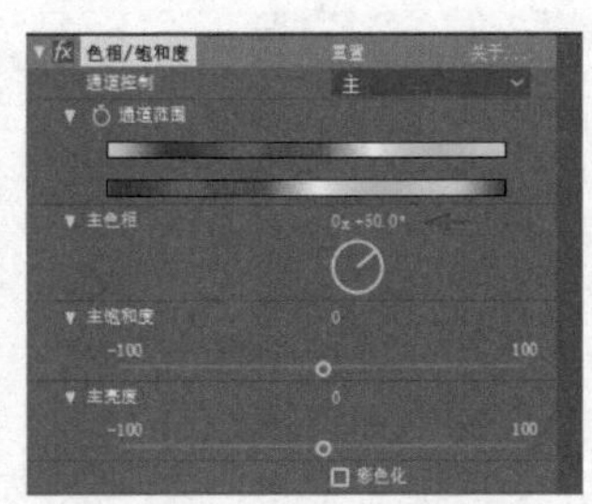

图 7-21 转换调节图层并添加效果

STEP 5

选中调整图层，按Ctrl+D快捷键两次，创建两个副本，调整“位置”和“缩放”，然后分别设置第1层调整图层的“主色相”为0x-100.0°，设置第2层调整图层的“主色相”为0x+100.0°，此时下面图像按3个调整图层的范围和相互重叠的效果发生变色，如图7-22所示。

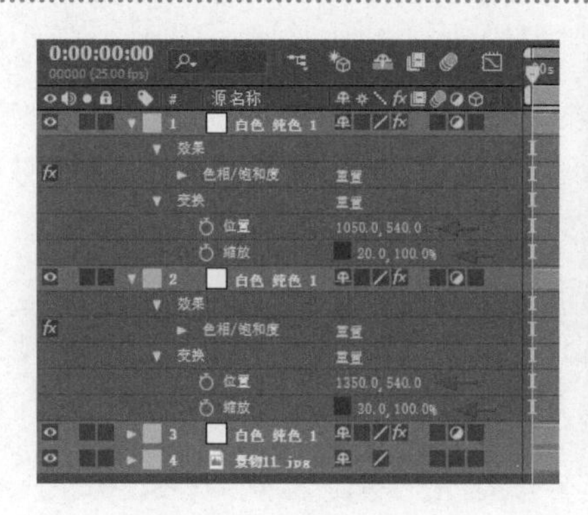

图 7-22 创建并调节图层副本

7.2.4 复合效果和控件图层

控件图层也可称为参考图层或图层映射，多种复合效果依赖控件图层作为输入方式。这些复合效果使用控件图层的像素值，来确定如何影响应用效果图层（目标图层）的像素。某些情况下，效果使用控件图层的亮度像素值；某些情况下，效果使用控件图层的单个通道像素值。

例如，“置换图”效果使用控件图层的亮度值，来确定底层图层的像素移动的方向及距离；“碎片”效果可使用两个控件图层，一个控件图层用于自定义碎片的形状，另一个控件图层用于控制目标图层特定部分爆炸的时间。

复合效果会忽略控件图层的效果、蒙版和变换。如果要使用某图层上的效果、蒙版和变换的结果，可以先预合成此图层，并将预合成图层用作控件图层。

大多数复合效果包括“伸缩对应图以适合”选项（或类似名称的选项），此选项可将控件图层暂时伸展或收缩到目标图层的尺寸。

多图层复合效果设置

STEP 1

放置“水面波纹.mp4”和“沙滩风景树.jpg”素材图层。调整“沙滩风景树.jpg”的位置，如图7-23所示。

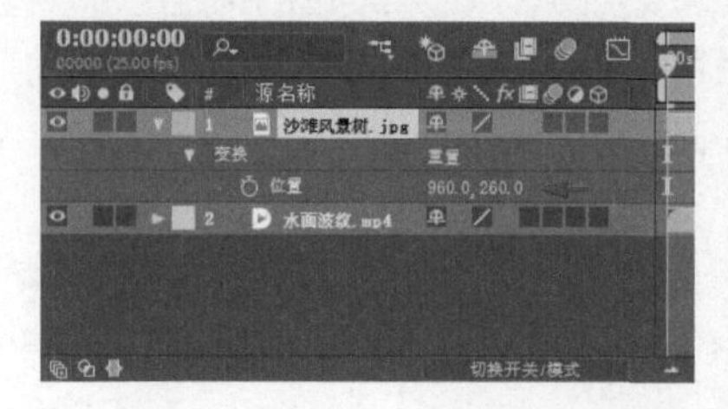

图 7-23 放置图层

STEP 2

选中“沙滩风景树.jpg”层，按Ctrl+D快捷键创建副本，设置下面一层“缩放”的y轴数值为负数，调整“位置”以下移画面，准备制作倒影的效果，如图7-24所示。

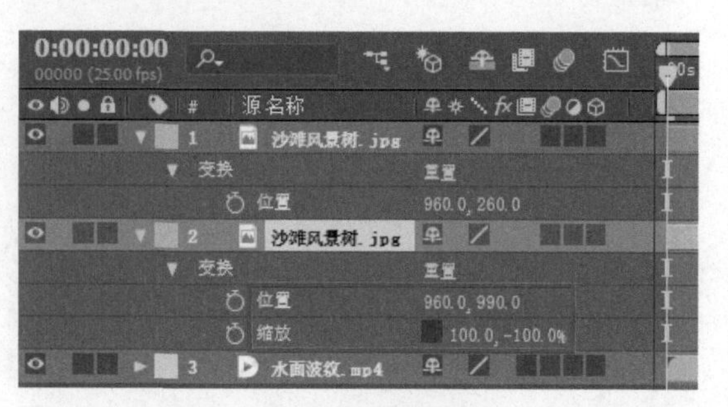

图 7-24 创建副本

STEP 3

新建一个调整图层，放置到第2层。选中调整图层，选择菜单“效果>扭曲>置换图”，添加“置换图”效果。设置“置换图层”为“水面波纹.mp4”图层，设置“最大垂直置换”为100.0。预览效果，可以看到倒影画面根据参考视频层的纹理，产生了水波荡漾的动态效果，如图7-25所示。

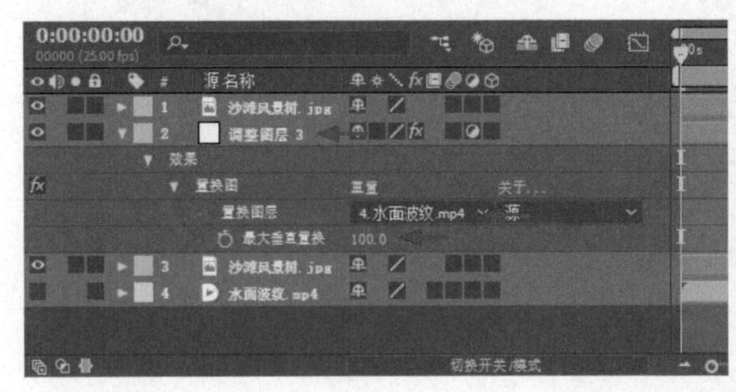

图 7-25 设置倒影

控件图层为效果提供了属性参考，可以将控件图层的视频开关关闭，不影响最终的参考效果。

7.3 动画效果预设

用户可以保存动画预设，并将其从一台计算机传输到其他计算机。动画预设的文件扩展名是.ffx。After Effects包括数百种动画预设，用户可以将它们应用到图层并根据需要做出修改，其中包括许多文本动画预设。用户可以使用效果和预设面板或 Adobe Bridge，浏览和应用动画预设。从效果和预设面板菜单或“动画”菜单中选择“浏览预设”，打开 Adobe Bridge 浏览“预设”文件夹中的内容。

7.3.1 保存动画效果预设

借助动画预设，可以保存和重复使用图层属性和动画的特定配置，包括关键帧、效果和表达式。例如，使用复杂属性、关键帧和表达式创建多种效果设置的爆炸后，可以将所有设置另存为单个动画预设，随后，可将该动画预设应用到其他图层。

保存效果预设

STEP 1

在合成中按Ctrl+Y快捷键建立纯色层。

STEP 2

选中纯色层，选择菜单“效果>杂色和颗粒>分形杂色”，添加“分形杂色”效果，设置“统一缩放”为“关”，“缩放宽度”为200.0，“缩放高度”为20.0，设置“演化”在合成开始时为0x+0.0°，在合成结束时为1x+0.0°，即360°，如图7-26所示。

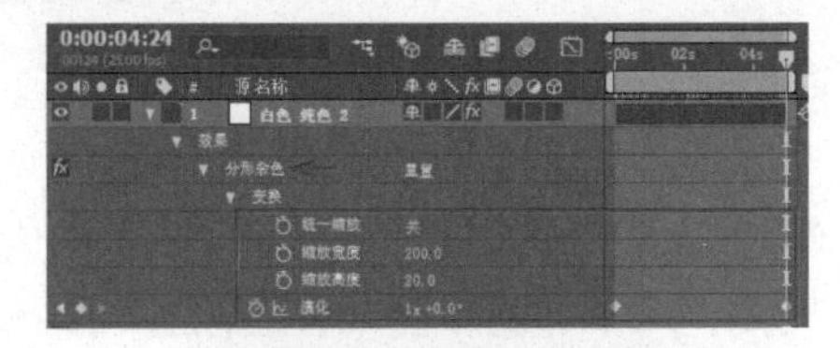
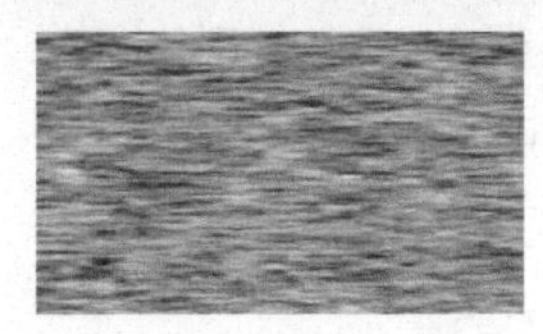

图 7-26 添加分形杂色效果

STEP 3

选中纯色层，选择菜单“效果>模糊和锐化>定向模糊”，设置“方向”为0x+90.0°，“模糊长度”为20.0，将杂色进行适当的柔化。

STEP 4

选中纯色层，选择菜单“效果>扭曲>边角定位”，设置“左下”的x轴数值为-2000.0，设置“右下”的x轴数值为4920.0，使纹理产生远小近大的透视效果，如图7-27所示。

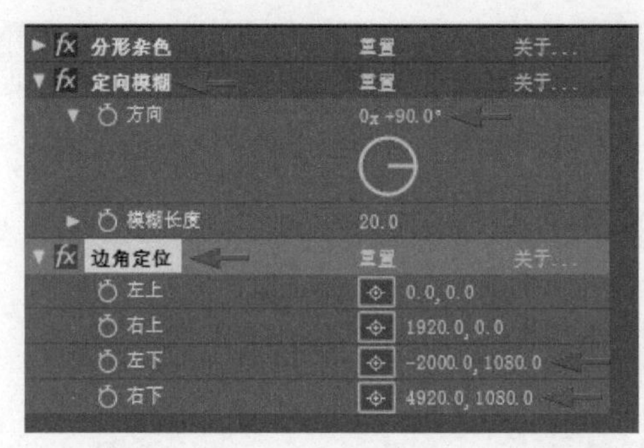

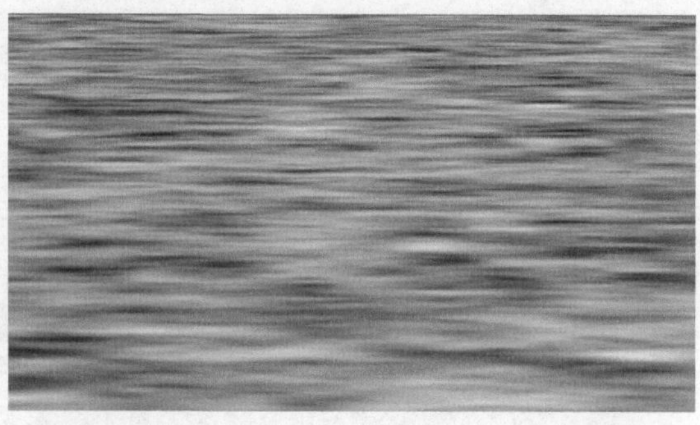

图7-27 设置透视效果

STEP 5

在时间轴面板单击纯色层下的“效果”，选择菜单“动画>保存动画预设”，打开“动画预设另存为”对话框，设置文件的保存位置和名称，保存类型设为*.ffx文件，这里保存为“水波纹理.ffx”。这样在下次可以直接调用这个动画预设的效果。

7.3.2 查看和使用动画效果预设

如果要了解某动画预设的具体设置，可以用按U键或快速按两次U键的方式，仅显示经过动画处理或修改的图层属性。

应用效果预设

STEP 1

在合成中新建一个纯色层。

STEP 2

选中纯色层，选择菜单“动画>最近动画预设>水波纹理”，或者选择菜单“动画>将动画预设应用于”并选择“水波纹理”，这样软件会自动添加系统中的这个预设，直接得到预先设置的动画效果，如图7-28所示。

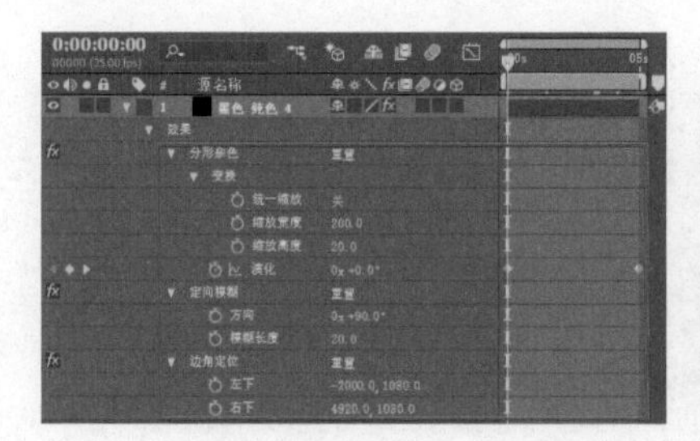
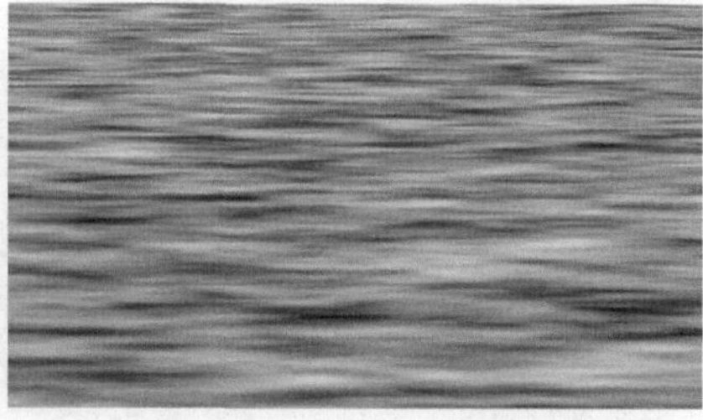

图7-28 设置分形杂色效果

7.4 音频操作和效果

After Effects主要注重视觉效果的处理，对音频效果处理的情况较少，音频效果通常在Adobe Audition等专业音频软件中进行处理，然后导入After Effects中直接合成。After Effects对音频素材的处理主要在于剪辑、调整音量、参考音频节奏控制动画节奏、利用音量的高低制作对应的图形动画等。

对音频进行操作和添加效果

STEP 1

将准备的音频素材拖至时间轴，快速按两次L键可以显示音频的“波形”，配合Shift键按一次L键可以增加显示“音频电平”属性，如图7-29所示。

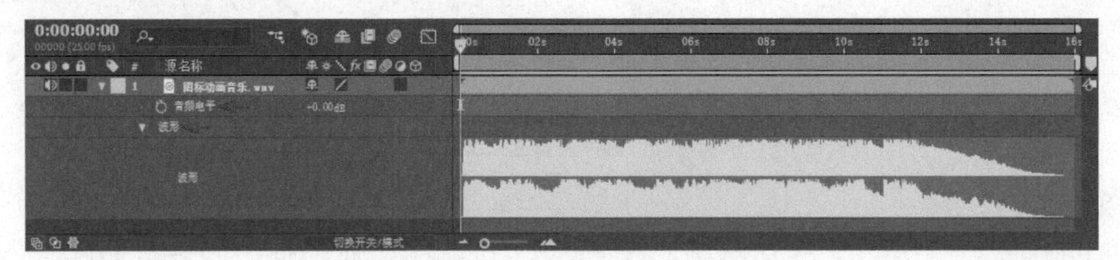

图7-29 显示波形和音量

STEP 2

在时间轴合成名称右侧单击弹出菜单，通过对“调整的音频波形”进行勾选或取消勾选，可以切换音频波形的形状，如图7-30所示。

图7-30 选择显示波形的形状

STEP 3

在菜单“窗口”下勾选“预览”，可以显示出预览面板，在这里可以查看预览时的“音频”按钮是否打开，打开后按空格键可以同时预览视频和音频。另外，按小键盘的.（即Del）键，可只预览音频不预览视频。

STEP 4

如果预览音频时没有声音，可以选择菜单“编辑>首选项>音频硬件”，检查“默认输出”设置项是否正确，如图7-31所示。

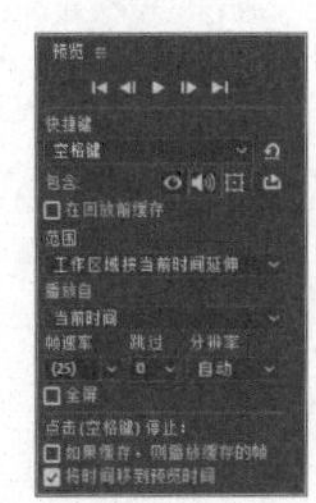

图7-31 音频预览与设置

STEP 5

在预览音频的同时，根据节奏按小键盘的*键，可在监听的节奏点时间位置添加标记点。在选中图层的状态下，按*键将在图层上添加标记点；在未选中图层的状态下，按*键将在时间轴合成的时间标尺下添加标记点，如图7-32所示。

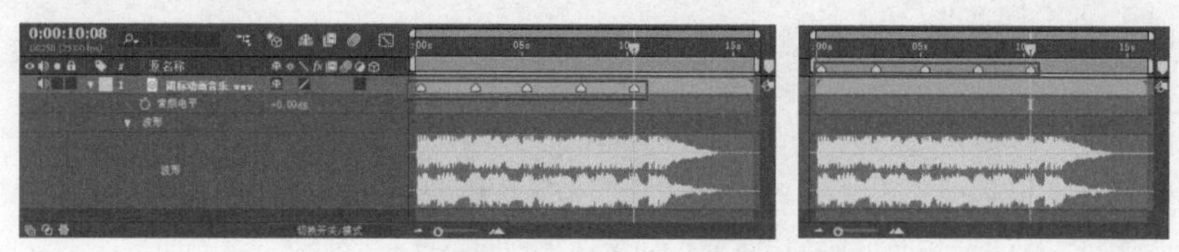

图7-32 在图层和合成的时间标尺上添加标记点

STEP 6

After Effects的效果处理以视频为主，在“效果>音频”菜单下仅有10个针对需要监听的音频效果，例如，将其下的“延迟”添加到音频层，播放和监听音频，可以得到声音产生延迟和回响的效果，如图7-33所示。

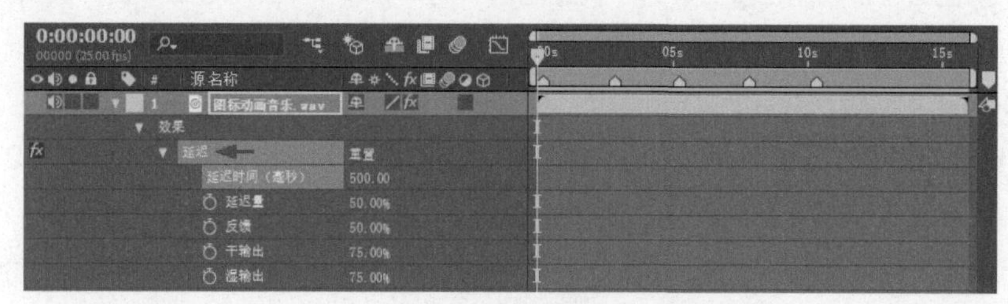

图7-33 添加音频效果

操作2 音频图形效果

STEP 1

After Effects中涉及音频部分的效果，除了“音频”组效果之外，还有“生成”组下的“音频波形”和“音频频谱”两个效果，它们不是处理声音部分的效果，而是根据音频素材的声道和音量等，将音频转换为可视的图形动画。这里先放置音频素材“welcome背景音乐.wav”到时间轴。

STEP 2

新建一个纯色层，选中纯色层，选择菜单“效果>生成>音频波形”，添加“音频波形”效果。设置“音频层”为“welcome背景音乐.wav”，然后设置“音频波形”效果的属性，其中颜色为绿色，“显示的范例”为8，“显示选项”为“数字”。并设置图层“位置”的y轴数值为1080.0，即显示上面的一部分；设置“缩放”的y轴数值为500.0，即增加图形的高度。选中纯色层，选择菜单“图层>质量>草图”，在图层的“质量和采样”栏中使用“草图”的方式，显示音频波形为矩形的条块形状，如图7-34所示。

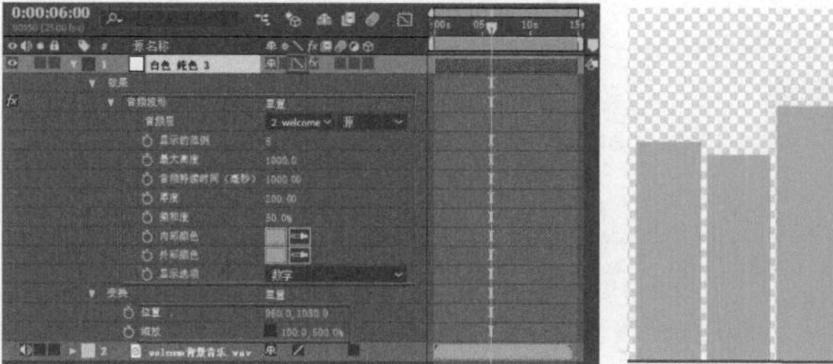

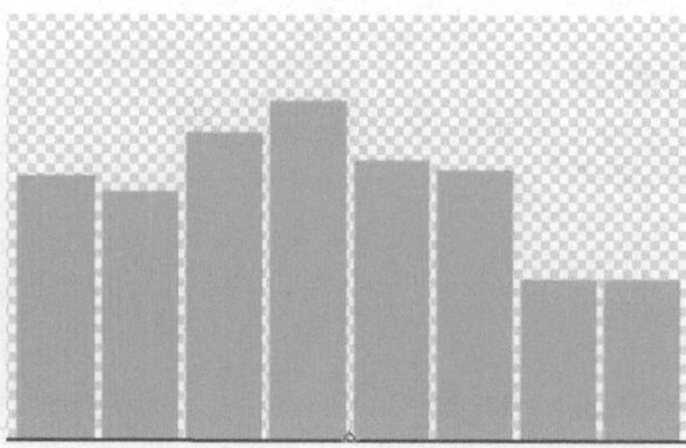

图7-34 添加音频波形效果并以草图方式显示

STEP 3

选中纯色层，选择菜单“效果>遮罩>简单阻塞工具”，设置“阻塞遮罩”为2.00，消除首尾音频不正常的图像显示，即使用阻塞工具清除较少像素显示的图像，如图7-35所示。

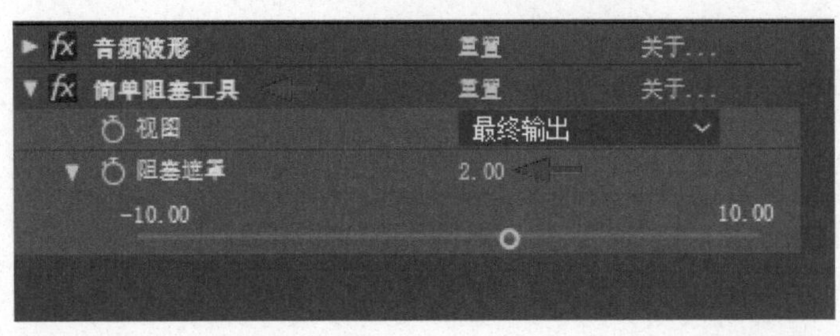

图7-35 添加阻塞遮罩

STEP 4

新建一个调整图层，放置在顶层，选中调整图层，选择菜单“效果>过渡>百叶窗”，设置“方向”为90°，“过渡完成”为10%，“宽度”为90。

STEP 5

选中调整图层，选择菜单“效果>生成>梯度渐变”，设置“渐变终点”的*y*轴数值为276.0。

STEP 6

选中调整图层，选择菜单“效果>颜色校正>三色调”，设置“高光”为绿色，与音频波形的绿色相同，“中间调”为黄色，“阴影”为红色。这样通过3个效果的组合调整，得到了一个音频播放时的音量指示动画，如图7-36所示。

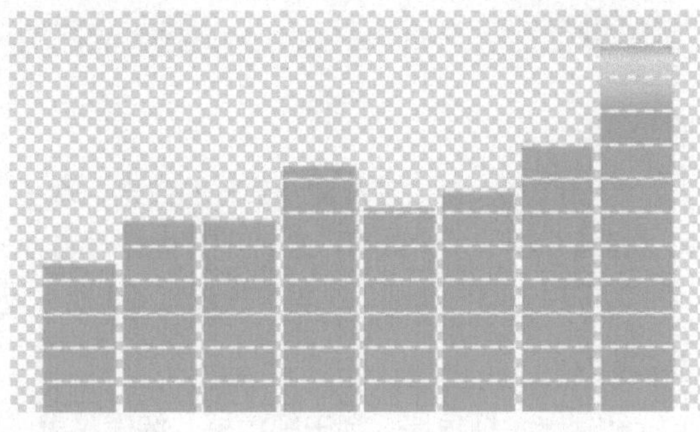

图7-36 设置音量指示效果

因为图层的“质量和采样”栏使用“草图”的方式，所以在以后的渲染队列设置中，渲染设置要使用“当前设置”，这样才能保持音频波形为矩形的条块形状。

实例 制作光效标题

实例说明

这里在软件中使用建立纯色层和添加效果的方法制作效果元素，然后通过嵌套合成，使用局部的星球作为构图背景，添加光晕效果和标题文字，制作放射光芒的标题动画效果，如图5-37所示。

图 7-37 实例效果

实例制作流程图如图 7-38 所示。

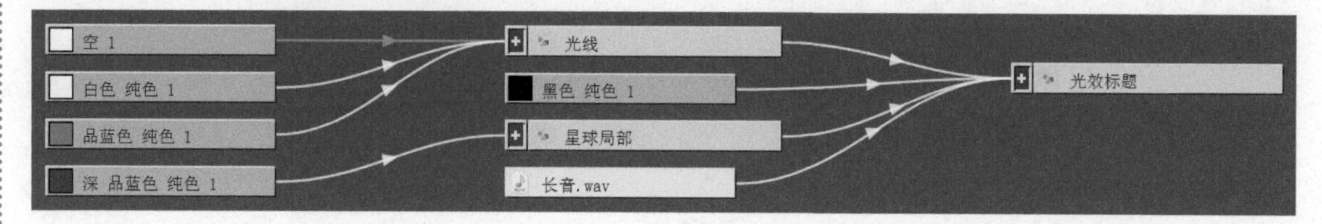

图 7-38 实例流程图

扫码观看实例制作步骤讲解视频	实例制作步骤图文讲解
	详见配书资源中的《实例制作步骤图文详解》PDF 文档。 下载方式见封底。

制作下雪效果

这里在对应的素材文件夹中准备有实例练习的一个场景画面素材，从“模拟”效果组下选择“CC Snowfall”效果，为场景添加下雪的效果。制作时建立3个调整图层，分别添加“CC Snowfall”效果，设置远、中、近距离的雪花效果，这样容易调整并更加逼真，实例效果如图 7-39 所示。

图 7-39 实例效果

遮罩、蒙版和形状设计的好帮手

After Effects强大的合成功能之一，是能够综合地将众多图层元素在同一画面中展示，而这少不了遮罩、蒙版和形状功能的参与。本章将对这几个方面进行讲解，其中轨道遮罩简单而实用、蒙版功能灵活而强大、形状图层则可以在软件中创建图形设计。

8.1 轨道遮罩

轨道遮罩功能是利用两个相邻图层，用上层作为下层的遮罩来定义显示范围。需要的条件是这两个图层为上下层的关系，上层依据Alpha通道或亮度来定义范围，下层则按上层定义的范围显示画面。可以定义显示范围完全透明、完全不透明或者半透明，也可以定义显示范围有渐变的边缘，逐渐从不透明过渡到透明。

8.1.1 Alpha 遮罩

操作 1　使用Alpha遮罩

STEP 1

设置合成的背景颜色为白色。

STEP 2

在合成中放置“奔马.jpg”，在其上放置具有透明背景的“笔刷1.png”层，如图8-1所示。

图 8-1 查看素材图像

STEP 3

在下层的TrkMat栏上单击，栏列的名称会临时转变为中文“轨道遮罩”的提示，在弹出选项菜单中选择Alpha遮罩，这样上层会自动关闭显示，并在这两个图层名称前出现遮罩的标记，同时栏列名称恢复为TrkMat，如图8-2所示。

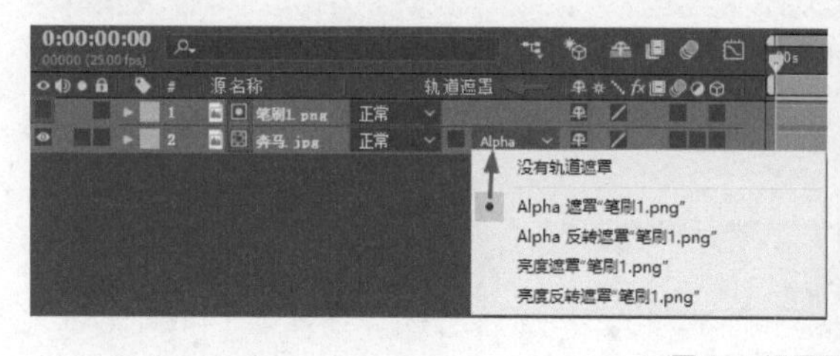

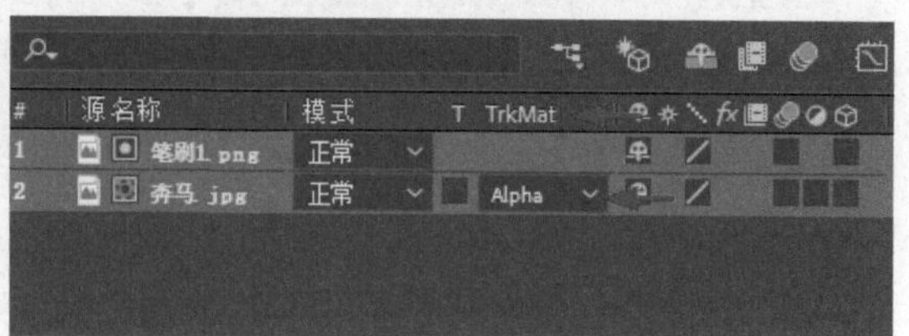

图 8-2 设置图层的轨道遮罩

STEP 4

这样以上层图像的范围显示下层画面。查看透明背景和显示背景时的效果，如图8-3所示。

图 8-3 查看设置遮罩后的效果

操作 2　嵌套层Alpha遮罩

STEP 1

在合成中放置4个具有透明背景的笔刷图像图层，调整位置和大小，如图8-4所示。

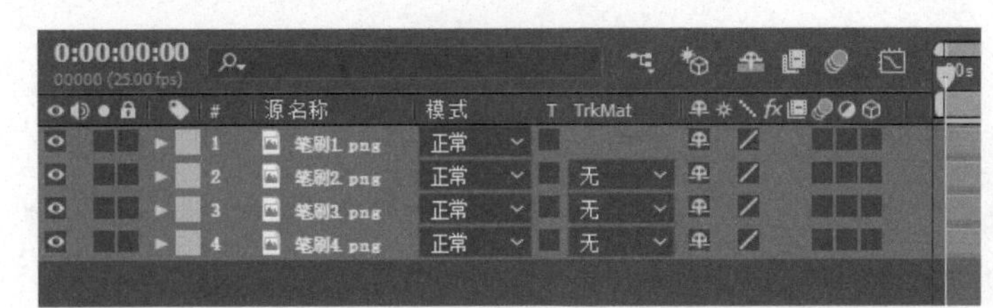

图 8-4 放置图层

STEP 2

将笔刷图像的合成作为一个图层放置到新的合成中，然后在其下层放置“雨玻璃.jpg”图层，如图8-5所示。

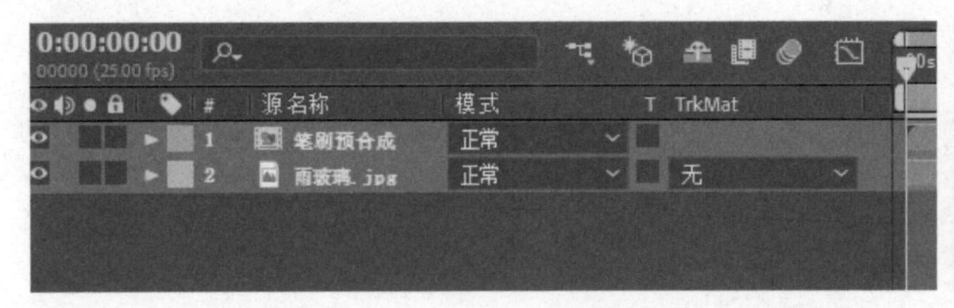

图 8-5 嵌套合成与添加图层

STEP 3

设置“雨玻璃.jpg”图层的TrkMat栏为“Alpha反转遮罩”，即显示上层图像之外的画面，如图8-6所示。

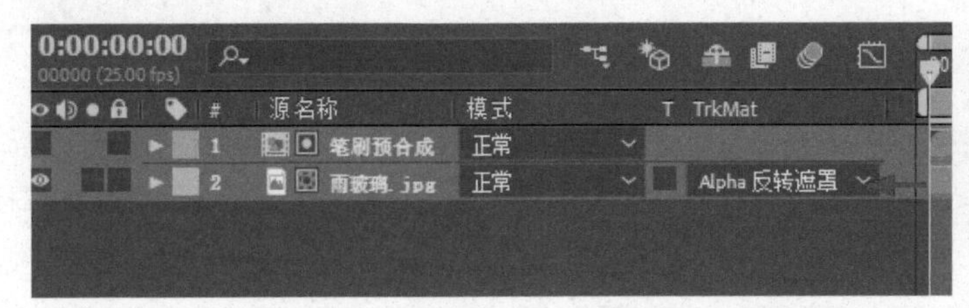

图 8-6 设置图层遮罩

STEP 4

底层放置“奔马.jpg”图层，查看嵌套层Alpha遮罩的效果，如图8-7所示。

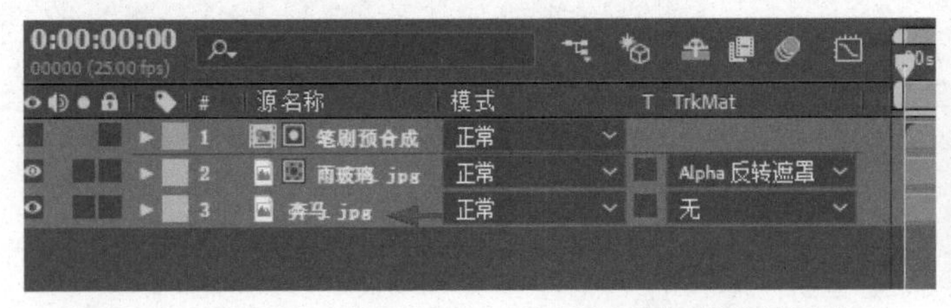

图 8-7 透过遮罩显示画面

8.1.2 亮度遮罩

操作 1　使用亮度遮罩

STEP 1

在合成中放置黑白过渡视频的“Reveal_01.mov”素材，如图8-8所示。

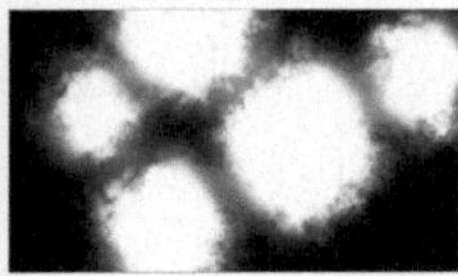
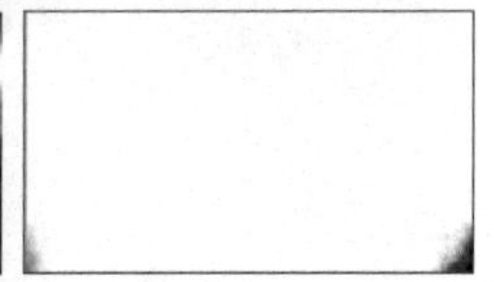

图 8-8 放置素材

STEP 2

将“景物29.jpg”图层放置在其下层，设置TrkMat为“亮度遮罩”，这样按上层白色的部分显示画面。这里在高清的合成中上层画面较小，可以选中上层，按Ctrl+Alt+F快捷键放大到合成画面的大小。

STEP 3

在底层添加“雨玻璃.jpg”背景图层，预览效果，视频从“雨玻璃.jpg”画面按亮度范围播放，逐渐过渡显示“景物29.jpg”画面，如图8-9所示。

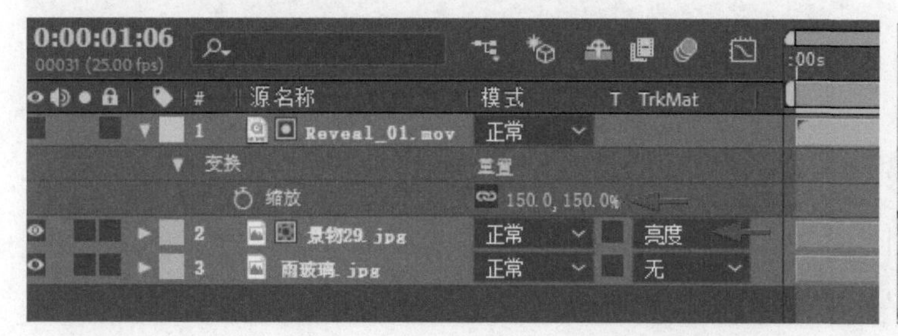

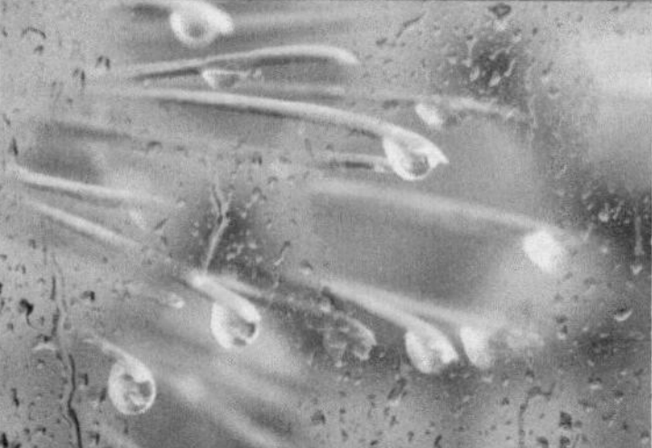

图 8-9 设置图层遮罩

操作2 效果动画亮度遮罩

STEP 1

在合成中按从上至下的顺序放置“色块渐变.jpg”“景物28.jpg”和“景物29.jpg”图层。其中“色块渐变.jpg”是一个有着渐变亮度色块的静态图像，如图8-10所示。

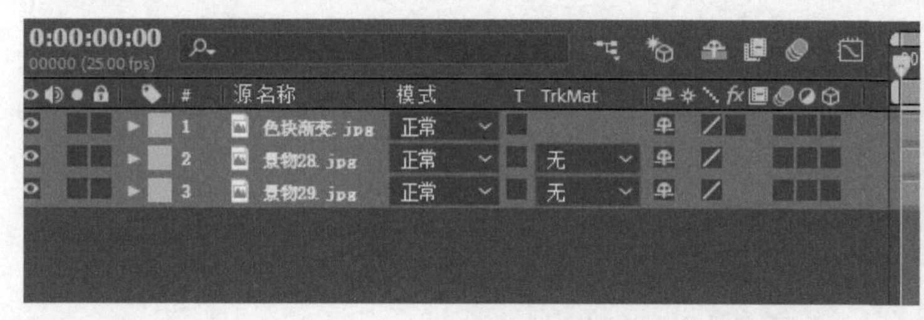

图 8-10 放置图层

STEP 2

选中“色块渐变.jpg”图层，选择菜单“效果>颜色校正>黑色和白色”，使用默认设置将图像转变为黑白的灰度图像，如图8-11所示。

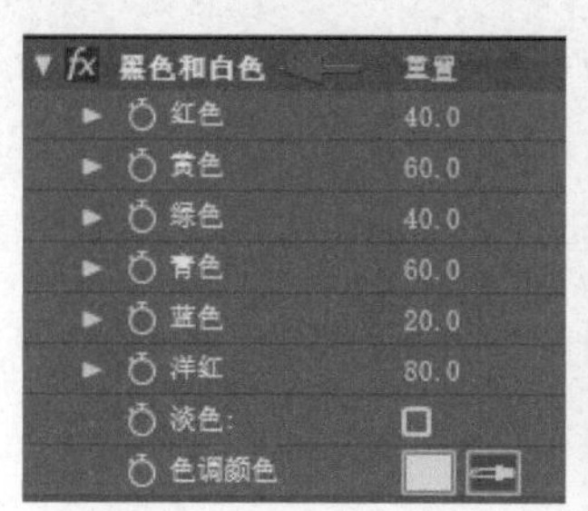

图 8-11 添加灰度效果

STEP 3

选中“色块渐变.jpg”图层，选择菜单“效果>颜色校正>色阶”，在第0帧处打开“直方图”设置关键帧动画，准备调整直方图下左侧的“输入黑色”和右侧的“输入白色”小三角形滑块，通过滑块的设置调整画面为全黑、高黑白对比和全白的效果。其中，移动两侧滑块时，中间滑块会自动调整；调整左、右两个滑块时，对应的“输入黑色”和“输入白色”属性的数值也会发生改变。

第0帧时调整滑块到柱状图右侧附近，在第1秒处调整两个滑块到柱状图两侧附近，在第2秒处调整滑块到柱状图左侧附近，如图8-12所示。

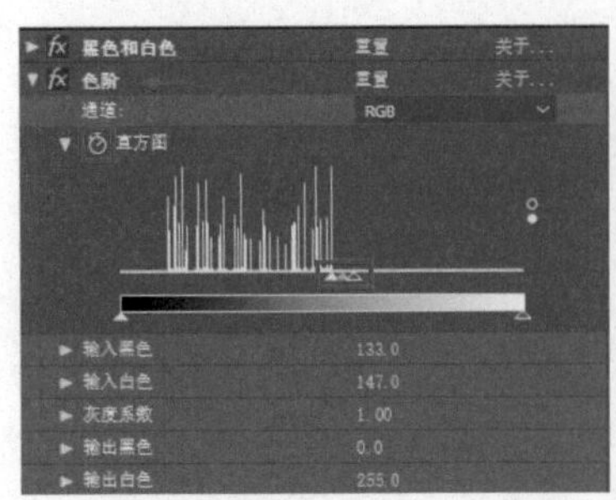

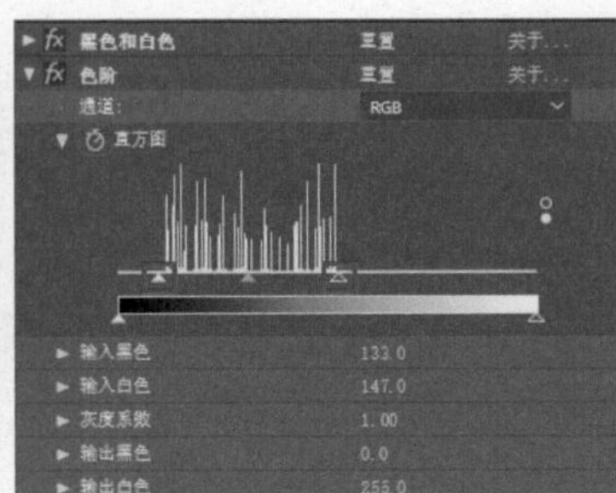

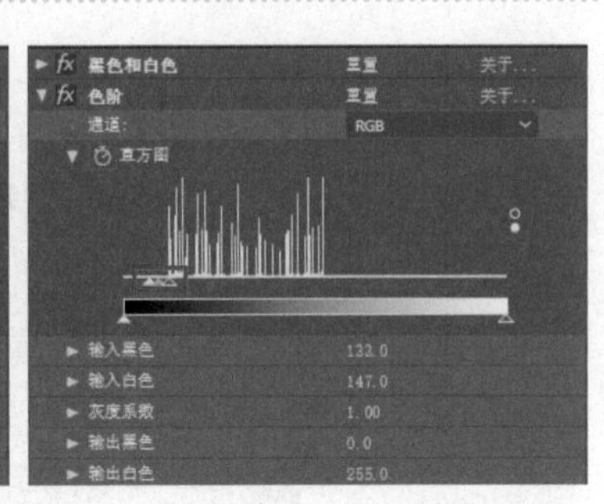

图 8-12 调整色阶

STEP 4

效果为图像从全黑的画面，按色块颜色的深浅，逐渐过渡为全白的画面，如图8-13所示。

图 8-13 查看对应效果

STEP 5

设置“景物28.jpg”的TrkMat栏为“亮度反转遮罩”，如图8-14所示。

图 8-14 设置图层遮罩

STEP 6

查看通过效果关键帧制作的过渡效果，如图8-15所示。

图 8-15 查看遮罩的过渡效果

8.2 蒙版与路径

在After Effects中，蒙版的一种常见的用法是修改图层的Alpha通道，以确定图层的透明度；另一种常见用法是对文本设置动画的路径。闭合路径蒙版可以为图层创建透明区域，开放路径蒙版无法为图层创建透明区域，但可用作效果参数。可以将开放或闭合路径蒙版用作输入的效果，包括描边、路径文本、音频波形、音频频谱以及勾画。可以将闭合路径蒙版（而不是开放路径蒙版）用作输入的效果包括填充、涂抹、改变形状、粒子运动场以及内部或外部键。

每个图层可以包含多个蒙版，可以使用形状工具（包括多边形、椭圆形和星形）来绘制蒙版，或者使用钢笔工具来绘制任意路径。

8.2.1 添加规则图形蒙版

操作 1　添加矩形蒙版

STEP 1

在合成中放置“窗子.jpg”图层和其下层的景物图像。

STEP 2

选中“窗子.jpg”图层，选择工具栏中的矩形工具，按窗口的范围，单击并拖拽鼠标，建立一个矩形。在图层下展开新建立的“蒙版1”，勾选“反转”选项。选中图层，在合成视图中显示蒙版，使用移动工具在蒙版边线上双击，显示蒙版的调整框，调整蒙版以匹配窗口的大小，这样通过蒙版的范围显示出下层的图像，如图8-16所示。

图 8-16 添加矩形蒙版

操作 2　添加和设置圆形蒙版

STEP 1

在合成中放置“纸纹2.jpg”图层和其下层的景物图像。

STEP 2

在工具栏中显示出椭圆工具，在选中“纸纹2.jpg”图层的状态下，双击椭圆工具，在图层上添加默认最大化的椭圆蒙版，如图8-17所示。

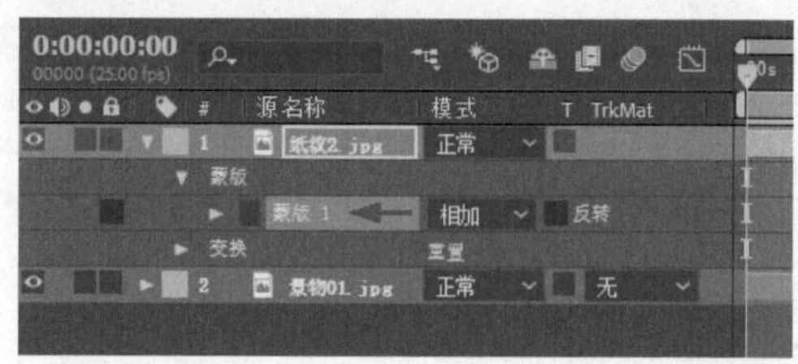

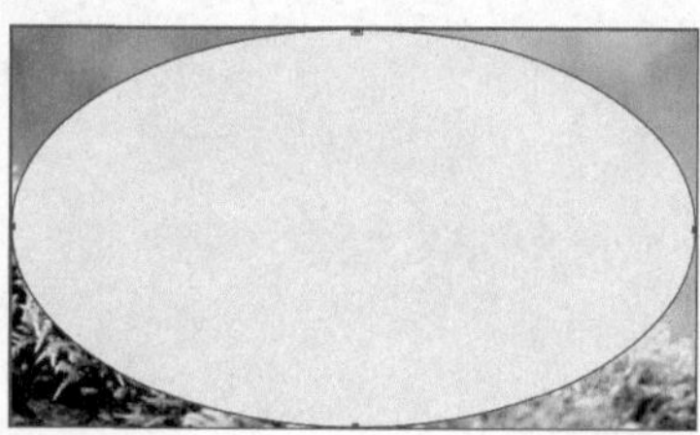

图 8-17 添加椭圆蒙版

STEP 3

双击蒙版的边线显示出调整框，可以调整圆形的形状。设置蒙版后的选项为“相减”，这样在纸纹图像中，按圆形画面显示下层的图像，如图8-18所示。

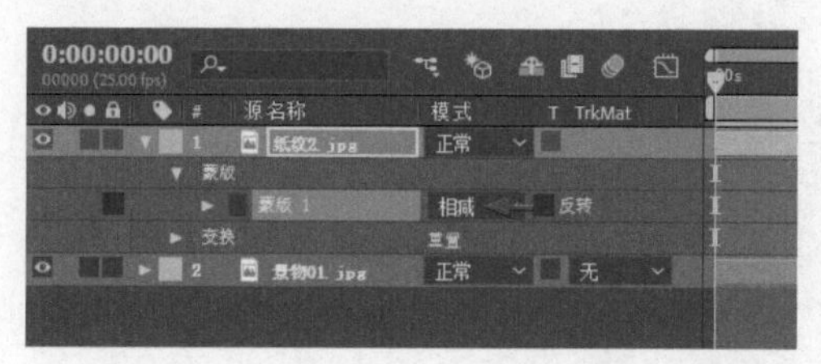

图 8-18 设置蒙版

操作3 设置复合蒙版模式

STEP 1

在合成中按Ctrl+Y快捷键建立一个纯色层，设置“宽度”和“高度”均为1000像素。

STEP 2

在工具栏中显示椭圆工具，先选中纯色层，然后再双击椭圆工具，为纯色层添加默认大小的蒙版。因为纯色层为正方形，所以此时添加的蒙版为正圆形，如图8-19所示。

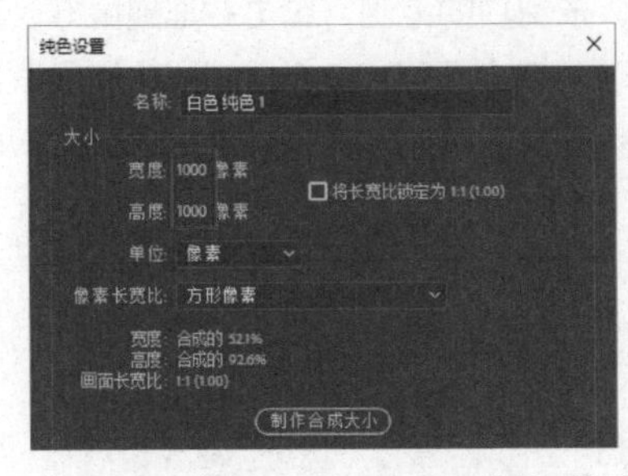

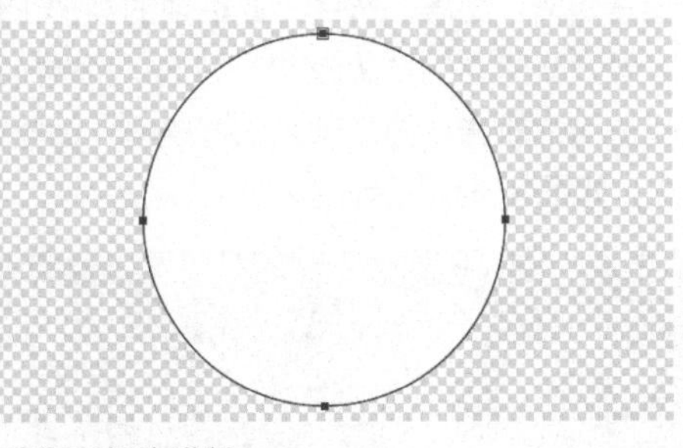

图8-19 建立纯色层并添加蒙版

STEP 3

在纯色层下展开蒙版，选中“蒙版1”，按Ctrl+D快捷键创建副本“蒙版2”。设置“蒙版2”的“蒙版扩展”为-200.0像素，即蒙版收缩200像素。再设置蒙版模式为“相减”，即从中心减去“蒙版2”的范围，如图8-20所示。

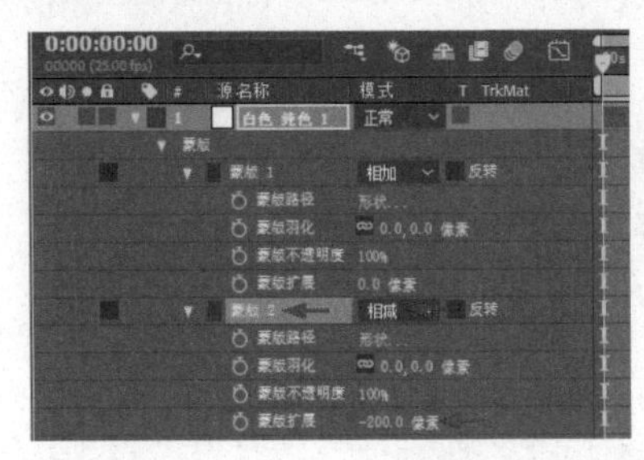

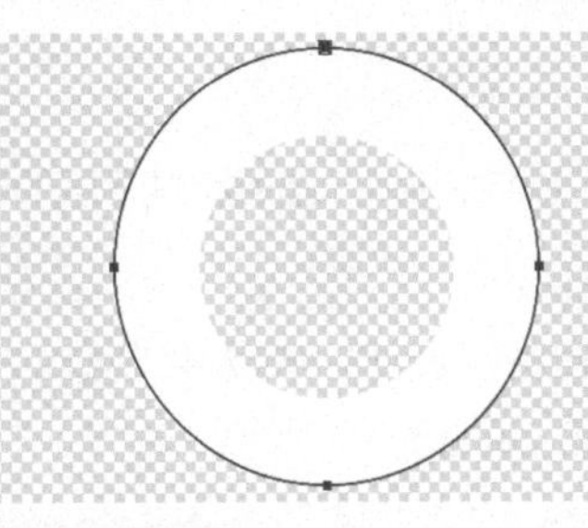

图8-20 创建蒙版副本并设置蒙版模式

提示 如果要重命名某个蒙版，可将其选中并按Enter键，或者在蒙版名称上单击鼠标右键并选择“重命名”。

STEP 4

取消蒙版的选中状态，选中纯色层，在工具栏显示出矩形工具并双击，在纯色层上添加“蒙版3”，将蒙版模式设为“交集”，如图8-21所示。

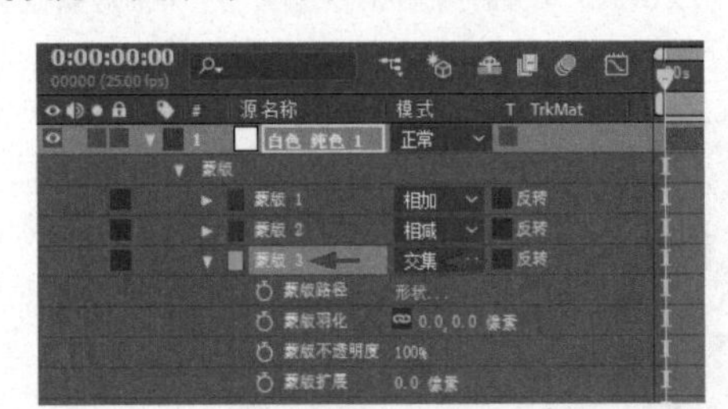

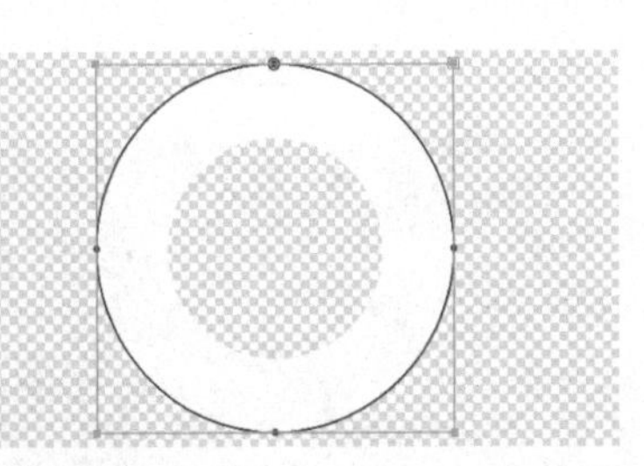

图8-21 添加蒙版并设置蒙版模式

STEP 5

双击矩形蒙版的边线显示调整框，按住Shift键约束旋转45°，再次双击蒙版的边线显示调整框，然后从下向上调整蒙版的高度，设置一个扇形的蒙版图形，如图8-22所示。

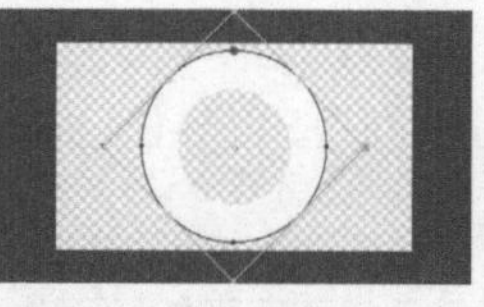
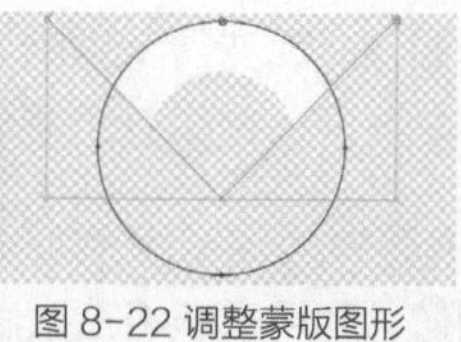
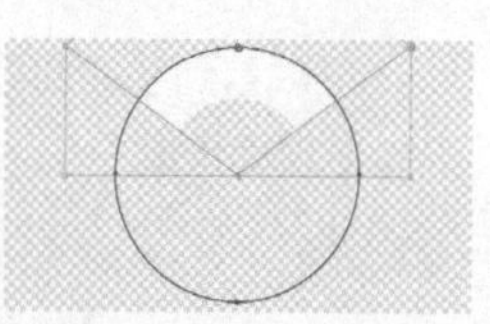

图 8-22 调整蒙版图形

STEP 6

调整纯色层的大小和位置，设置下面图层的TrkMat栏为“Alpha遮罩”，这样利用复合的蒙版图形作为图层遮罩显示画面，如图8-23所示。

图 8-23 应用蒙版与遮罩

8.2.2 自由绘制蒙版

操作 1　绘制蒙版替换背景

STEP 1

在合成中放置“沙滩风景树.jpg”图层并对齐到合成的底边。

STEP 2

在工具栏中选择钢笔工具，选中图层，围绕沙滩和树木绘制封闭的“蒙版1”，如图8-24所示。

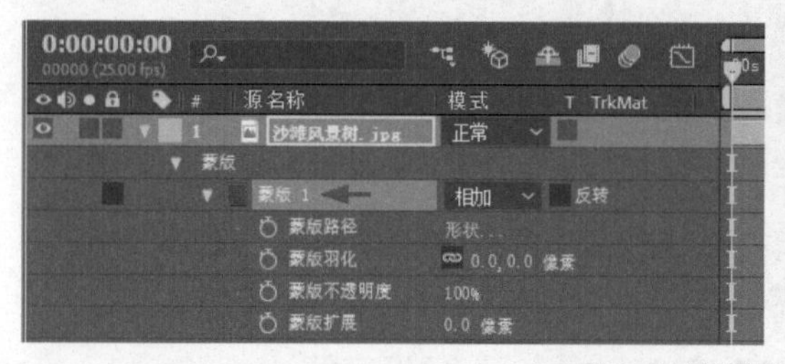

图 8-24 绘制蒙版

STEP 3

设置“蒙版1”的“蒙版羽化”为（500.0，500.0）像素，如图8-25所示。

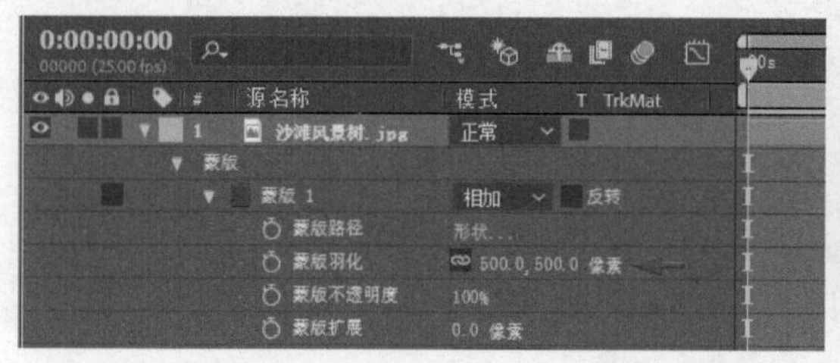

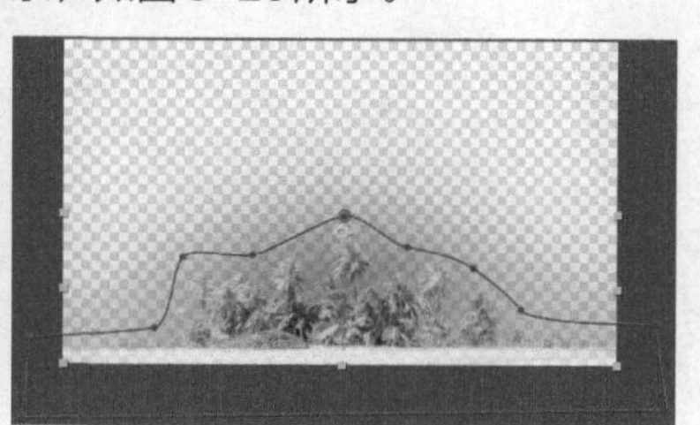

图 8-25 调整蒙版羽化

STEP 4

可以看到沙滩部分因羽化而变得半透明，这里再添加一个蒙版进行修复。在工具栏中选择矩形工具，沿沙滩地面绘制一个“蒙版2”，设置其“蒙版羽化”为（50.0，50.0）像素。

STEP 5

在下层添加其他图像，利用蒙版将上层画面合成到下面的画面中，如图8-26所示。

图 8-26 添加蒙版并设置蒙版模式

在为图层面板中的一个图层创建额外的蒙版时，请确保图层面板中的“目标”菜单设置为“无”，否则将替换目标蒙版而不是创建新蒙版。还可以锁定蒙版以阻止对其进行更改。

操作2 蒙版合成创想一

STEP 1

在高清合成中放置“单门.jpg”图层，选中图层，使用钢笔工具为门绘制蒙版，如图8-27所示。

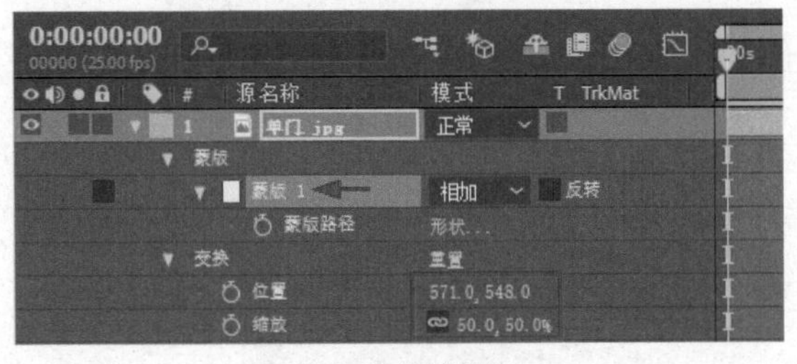

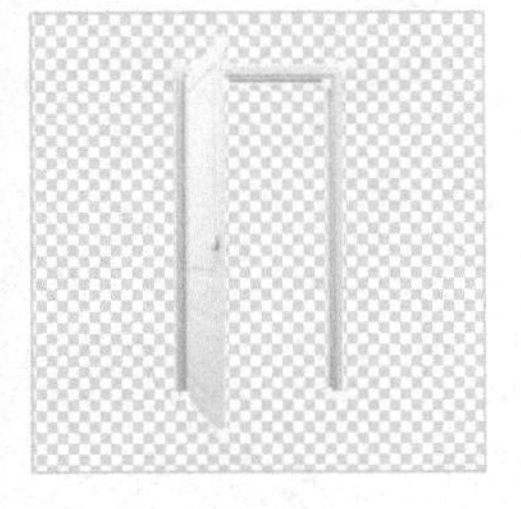

图 8-27 绘制蒙版

STEP 2

在合成中再添加“山坡花草.jpg”图层和“草原.jpg”图层。先调整“单门.jpg”图层的大小和位置，再调整“山坡花草.jpg”图层的位置，如图8-28所示。

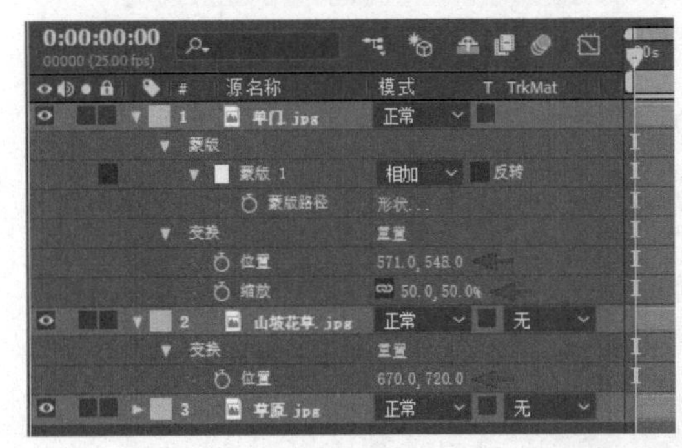

图 8-28 添加并调整图层

STEP 3

选中“山坡花草.jpg”图层，先使用矩形工具，按门的范围绘制一个矩形的“蒙版1”，再使用钢笔工具，沿底部绘制门前的“蒙版2”，并设置“蒙版2”的“蒙版羽化”为（100.0，100.0）像素。这样就使用蒙版合成了一个创想的效果，如图8-29所示。

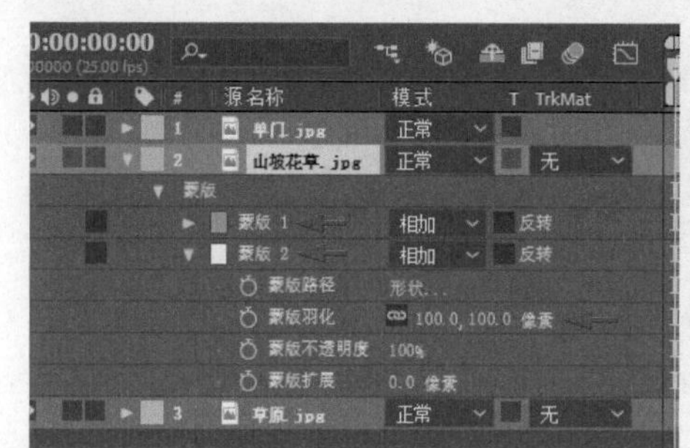

图 8-29 绘制蒙版

操作 3 蒙版合成创想二

STEP 1

在高清合成中放置“单门.jpg”图层，选中图层，使用钢笔工具为门绘制蒙版。

STEP 2

添加“小路.jpg”图层和“山坡花草.jpg”图层，先设置“单门.jpg”图层的位置和大小，再设置“小路.jpg”图层的位置和大小，如图8-30所示。

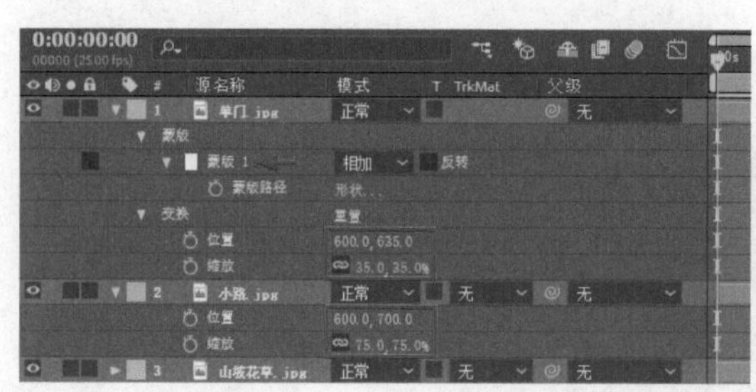

图 8-30 绘制蒙版并设置图层

STEP 3

按Ctrl+Y快捷键建立一个纯色层，按住Shift键的同时，将父级层设为“小路.jpg”图层，即设置父级层的同时，纯色层的大小和位置与父级层自动匹配。

STEP 4

将纯色层放置在“单门.jpg”图层之下，“小路.jpg”图层之上。选中纯色层，在纯色层上使用矩形工具按门的范围绘制“蒙版1”，再使用钢笔工具按小路的范围绘制“蒙版2”，设置“蒙版2”的“蒙版羽化”为（50.0，50.0）像素，如图8-31所示。

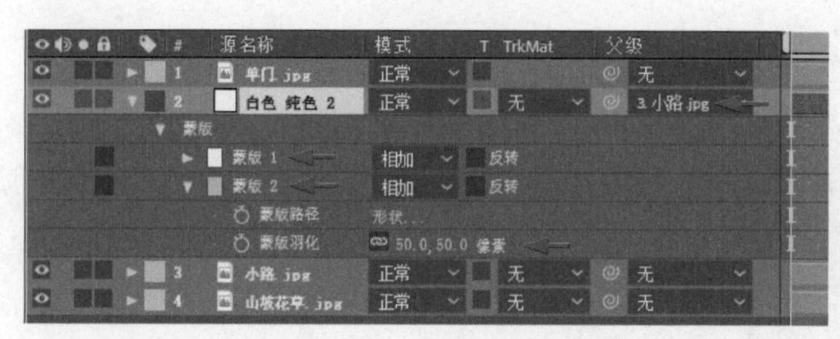

图 8-31 建立纯色层并添加蒙版

STEP 5

设置“小路.jpg”图层的TrkMat栏为“Alpha遮罩”，这样按纯色层蒙版的范围显示下层“小路.jpg”图层的画面，如图8-32所示。

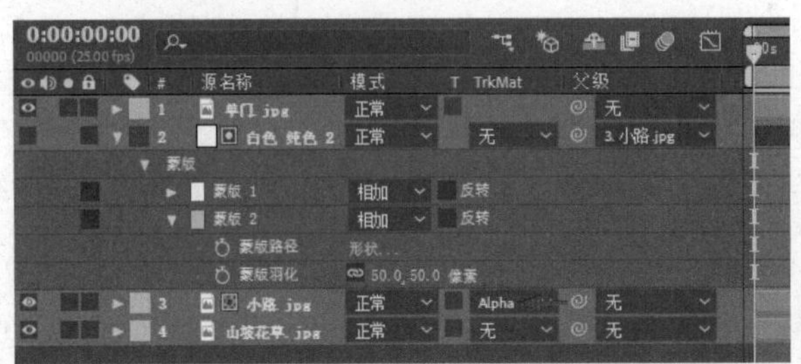

图 8-32 设置图层遮罩

STEP 6

这样就可以利用纯色层蒙版作为遮罩来制作创想合成的效果。蒙版结合图层遮罩的好处在于，完成蒙版绘制后，取消父级层的关系，可以自由调整遮罩层组合层其中的下一层，改变大小或位置，方便取景，随时调整一个合适的效果。

8.2.3 蒙版的常用操作

操作 复制蒙版和设置颜色

STEP 1

在合成中放置“房屋1.png”图层，在工具栏中选择矩形工具，选中图层并建立一个矩形小窗格形状的“蒙版1”，设置蒙版模式为“相减”，如图8-33所示。

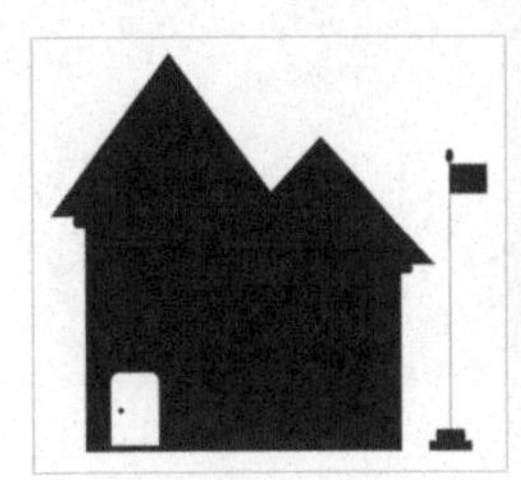

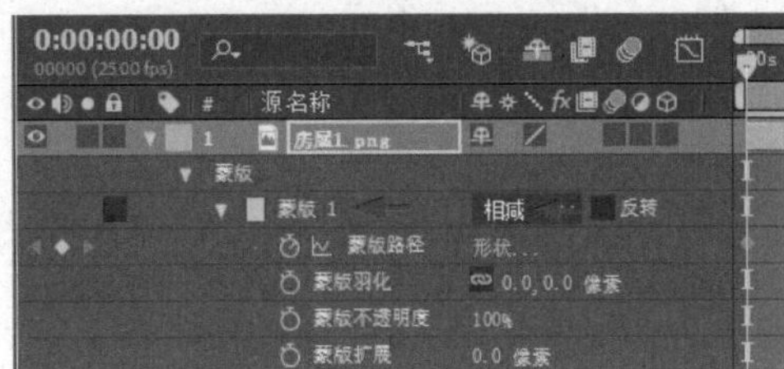

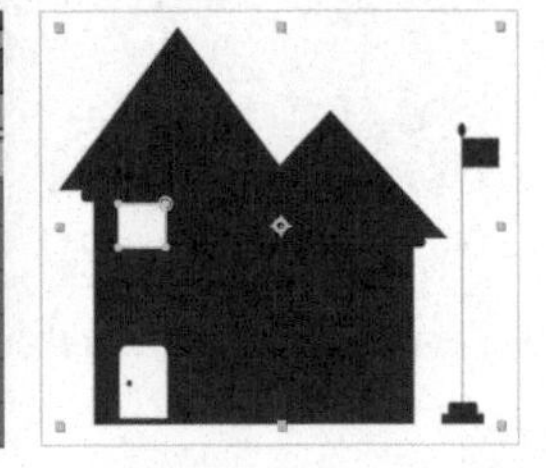

图 8-33 建立蒙版

STEP 2

选中“蒙版1”，按Ctrl+D快捷键创建一个副本“蒙版2”，然后向下移动，产生第二个小窗格。

移动的时候配合Shift键或者使用小一点的放大率，可以加大移动的距离。

STEP 3

在蒙版前的色块上单击，可以更改蒙版的颜色。

STEP 4

继续选中蒙版，按Ctrl+D快捷键创建副本并移动到合适的位置，产生其他小窗格，如图8-34所示。

可以选中一个蒙版或多个蒙版，按Ctrl+D快捷键创建一个或多个副本。

图 8-34 创建蒙版副本并移动蒙版

可以从其他图层以及从 Adobe Illustrator、Photoshop 或 Fireworks 中复制路径，粘贴成为蒙版路径。

8.2.4 自动追踪建立蒙版

操作1　自动Alpha蒙版

STEP 1

在合成中放置“幕布带Alpha通道.mov”素材，这是一个带有Alpha通道透明背景的视频素材，如图8-35所示。

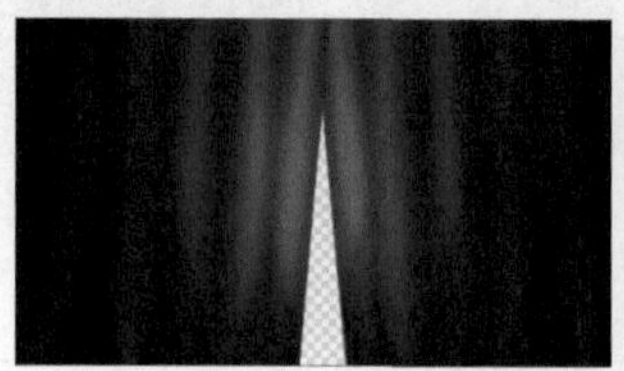

图 8-35 带有 Alpha 通道的素材

STEP 2

选中图层，选择菜单“图层>自动追踪”，打开“自动追踪”对话框，设置“时间跨度”为“工作区”，设置“通道”为Alpha，勾选“预览”可以在“确定”之前先查看产生的蒙版，如果对预览的蒙版不满意，可以调整参数来改善蒙版效果，然后勾选“应用到新图层”，单击“确定”按钮后，软件会自动建立一个纯色层，并在其上添加计算出来的蒙版关键帧，如图8-36所示。

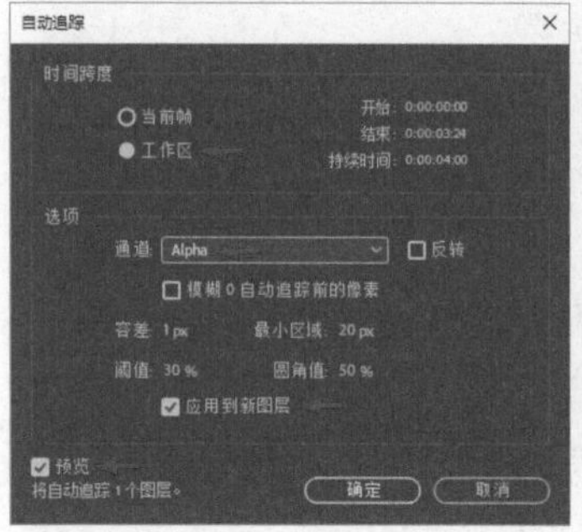
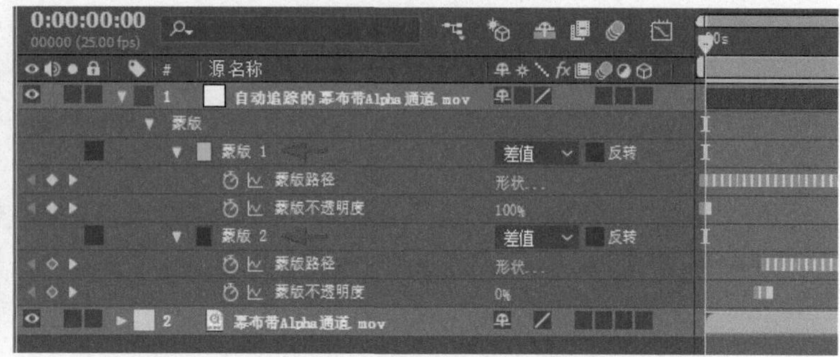

图 8-36 进行自动跟踪

STEP 3

预览此时的效果，如图8-37所示。

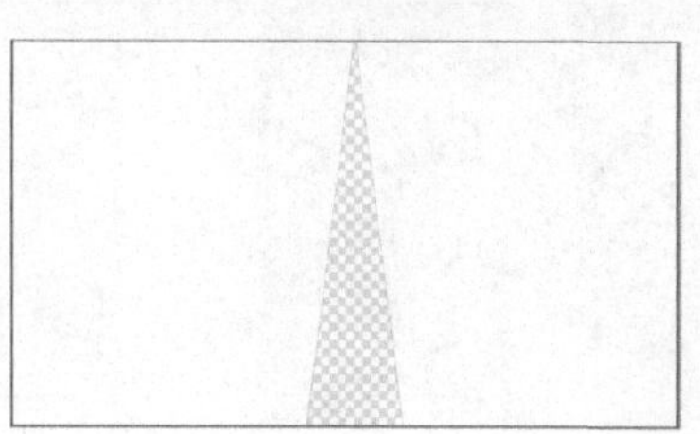

图 8-37 查看跟踪生成的蒙版

自动追踪亮度蒙版

STEP 1

在合成中放置“放飞.jpg”图层，这是一个前景和背景有明显对比的剪影图像。

STEP 2

选择菜单“图层>自动追踪”，打开“自动追踪”对话框，设置“时间跨度”为“当前帧”，“通道”为“明亮度”，勾选“应用到新图层”，勾选“预览”以查看蒙版效果，调整“阈值”为70%，这样能得到一个较好的蒙版效果，如图8-38所示。

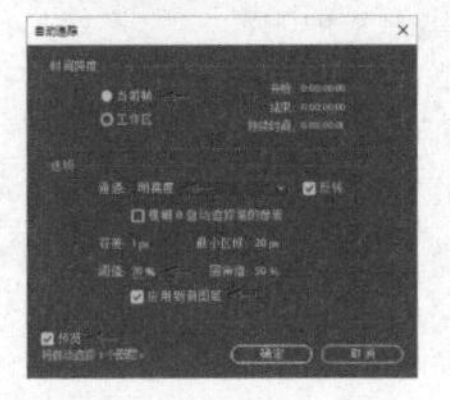

图 8-38 自动跟踪明亮度

STEP 3

单击“确定”按钮后，软件将自动建立一个纯色层，并在其上添加跟踪的蒙版关键帧，如图8-39所示。

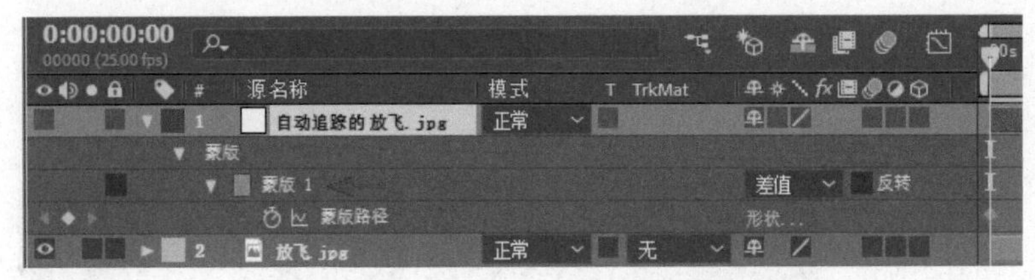

图 8-39 跟踪建立蒙版

8.2.5 建立和设置路径

路径描边和转换位置

STEP 1

在合成中放置“方迷宫.jpg”图层，选中图层，使用钢笔工具建立路线的路径，路径属于没有封闭的开放蒙版，因为没有封闭，所以不会对显示区域产生影响。当前的路径名称为“蒙版1”，如图8-40所示。

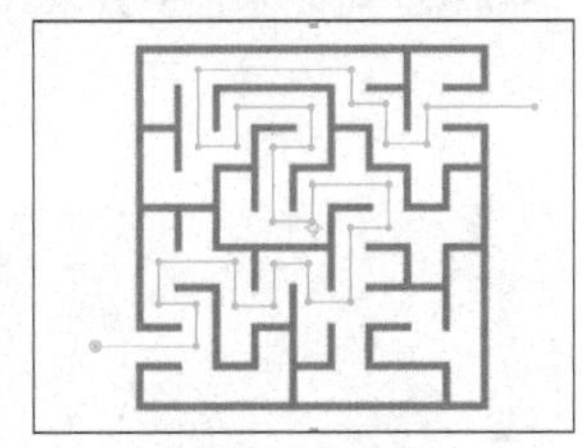

图 8-40 建立路径

STEP 2

添加“笑脸.png”图层到上层，调整大小，然后准备将绘制的路径图形转换为位置的移动关键帧路径。先展开“蒙版1”下的“蒙版路径”属性，单击“蒙版路径”属性的文字，将其选中，按Ctrl+C快捷键复制，然后展开“笑脸”图层的“位置”属性，选中“位置”属性，按Ctrl+V快捷键粘贴。这样“位置”属性就产生了位置关键帧，位置移动的路径与绘制的路径一致，如图8-41所示。

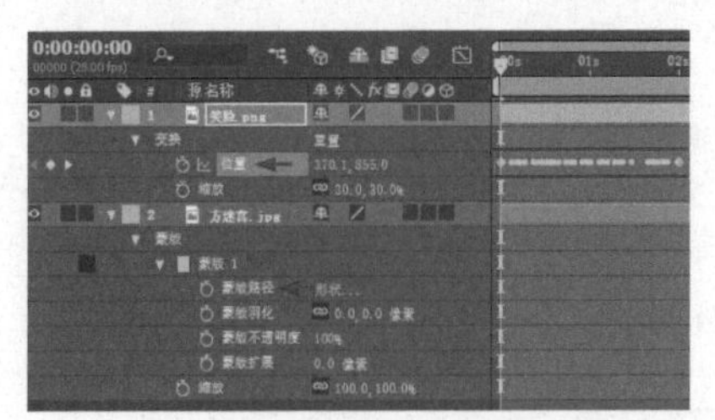

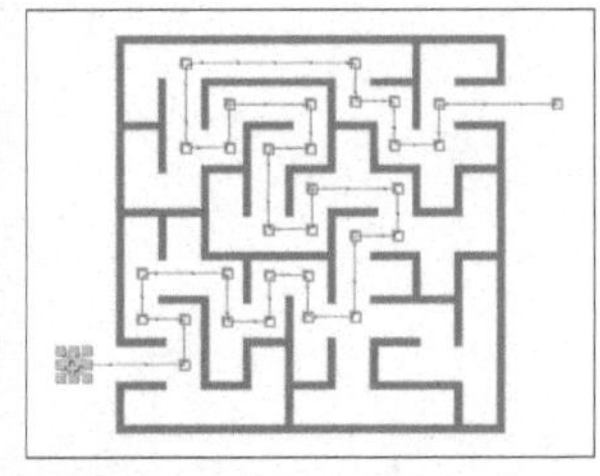

图 8-41 将蒙版路径转换为位置关键帧

将蒙版路径粘贴到“位置”属性时，从时间指示器处开始产生关键帧，其中关键帧为漂浮关键帧，可以通过调整首尾关键帧的位置来调整持续的时间范围。

8.3 形状图层

形状图层包含称为形状的矢量图形对象。默认情况下，形状包括路径、描边和填充。可以使用形状工具或钢笔工具在合成面板中进行绘制来创建形状图层。

形状路径有两种：参数形状路径和贝塞尔曲线形状路径。绘制形状路径后可以在时间轴面板中修改动画制作的属性，用数值定义参数形状路径。

形状图层的形状路径、绘画操作和路径操作统称为形状属性，可以使用工具面板或时间轴面板中的“添加”菜单添加形状属性。每个形状属性都表示为时间轴面板中的一个属性组，具有可以进行动画制作的属性。

形状图层不基于素材项目。不基于素材项目的图层有时称为合成图层，文本图层也是合成图层，并也由矢量图形对象组成，因此适用于文本图层的许多规则和指南也适用于形状图层。例如，像无法在图层面板中打开文本图层一样，也无法在图层面板中打开形状图层。

8.3.1 用工具建立形状图层

操作　用工具建立五角星

STEP 1

在合成中没有图层，或者没有选中任何图层的状态下，在工具栏中双击星形工具，可以在合成中建立一个默认居中的最大化星形“形状图层1”图层。

STEP 2

在“星形图层1”图层下展开“多边星形1”属性，设置“内径”“外径”“描边宽度”，设置“描边1”的“颜色”为黄色、“填充1”的“颜色”为红色，如图8-42所示。

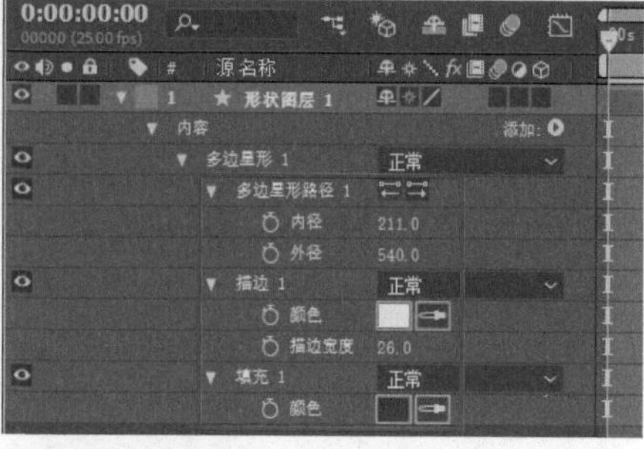

图 8-42 建立形状

STEP 3

在选中“形状图层1”图层的状态下，使用星形工具在合成画面右上方按下和拖拉，沿用属性在“形状图层1”图层中建立不同大小的星形“多边形2”。

STEP 4

在取消选中图层的状态下，使用星形工具在合成画面右下方按下和拖拉，可以建立一个新的形状图层“形状图层2”，如图8-43所示。

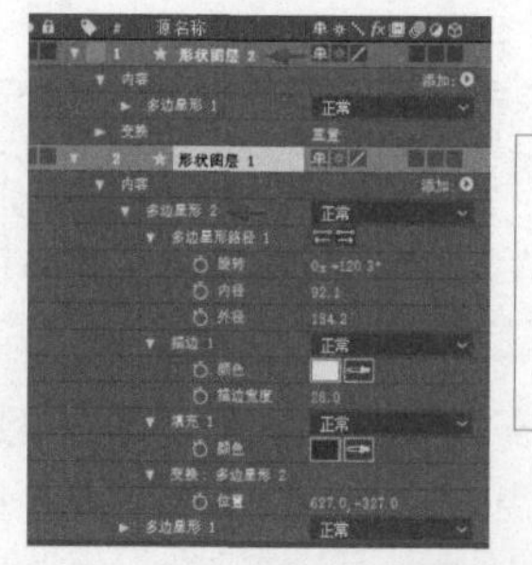

图 8-43 在同一图层中和在不同图层中建立形状

8.3.2 用菜单建立形状图层

操作 用菜单建立形状

STEP 1

选择菜单“图层>新建>形状图层”，可以在合成中建立一个“形状图层1”。该图层当前为空的图层，需要展开其属性进一步设置。

STEP 2

在图层“内容”右侧选择“添加”弹出菜单中的“多边星形”，添加一个“多边星形路径1”，此时只是路径，当取消图层的选择时将不显示，如图8-44所示。

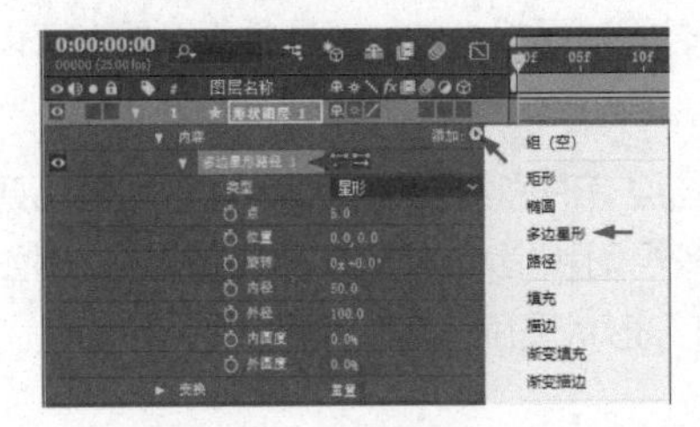

图 8-44 添加多边星形

STEP 3

选择“添加”弹出菜单中的“填充”，显示出默认填充颜色为红色的图像。这里调整“内径”为100.0，“外径”为262.0，将其设置成一个大一点的五角星，如图8-45所示。

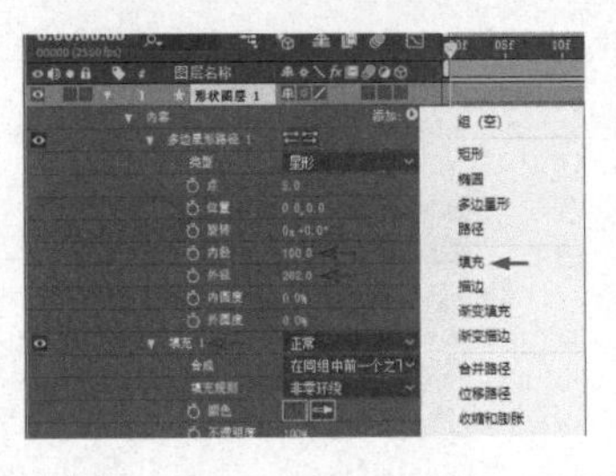

图8-45 添加填充和设置内外径

STEP 4

选择“添加”弹出菜单中的“椭圆”，添加一个“椭圆路径1”，设置其“大小”将其放大。当前时间轴中“椭圆路径1”位于“多边星形路径1”之下、“填充1”之上。此时两个图形都被填充为红色。

STEP 5

选择“添加”弹出菜单中的“填充”，在“填充1”上面添加一个“填充2”，设置“填充2”的颜色为橙色。此时两个图形都被填充为橙色。

STEP 6

将“填充1”拖至“多边星形路径1”下，改变路径和填充的顺序后，五角星填充为红色，圆填充为橙色，如图8-46所示。

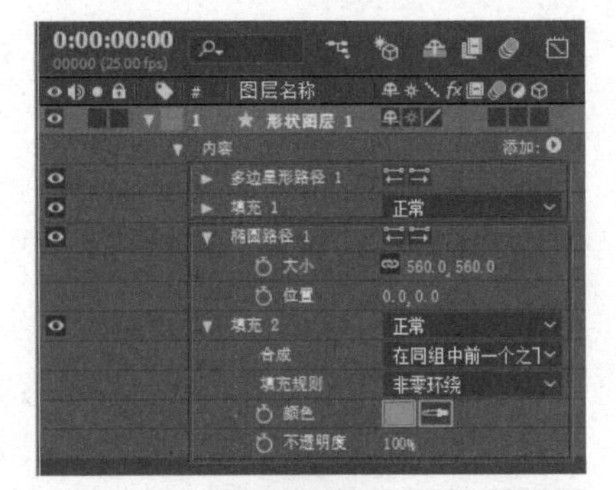

图 8-46 添加形状并设置图层顺序

STEP 7

选择“添加”弹出菜单中的“描边”，在时间轴底部添加一个“描边1”，设置“填充1”的颜色为黄色，设置“合成”方式为“在同组中前一个之上”。此时两个图形都显示出描边效果。调整“描边宽度”为15.0，如图8-47所示。

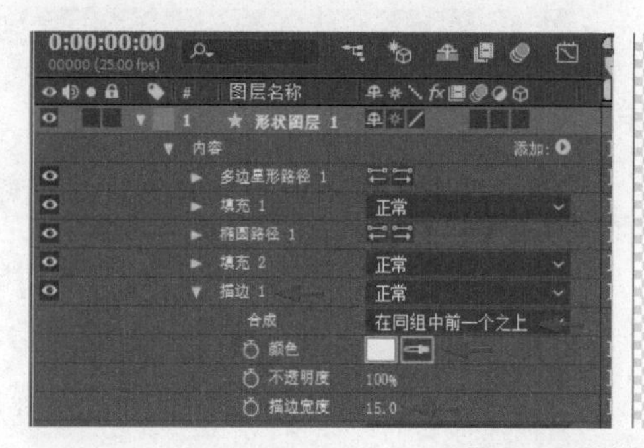

图 8-47 添加描边并设置“描边宽度”

8.3.3 形状合并路径

合并路径设置

STEP 1

在8.3.2小节的操作的基础上，选择“添加”弹出菜单中的“合并路径”，在已有路径下添加一个“合并路径1”，将已有的路径进行合并，同时上层的“填充1”失效，如图8-48所示。

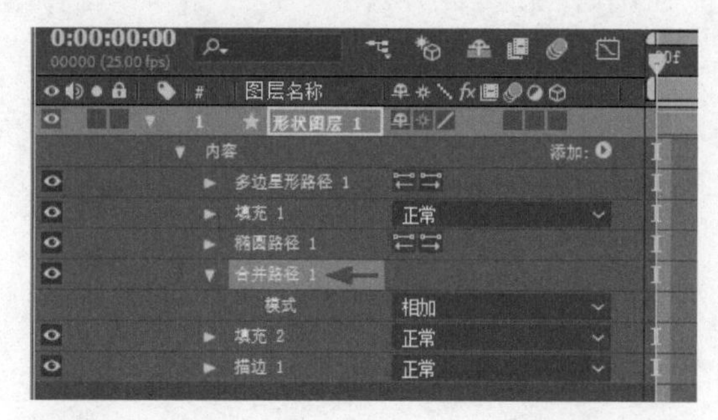

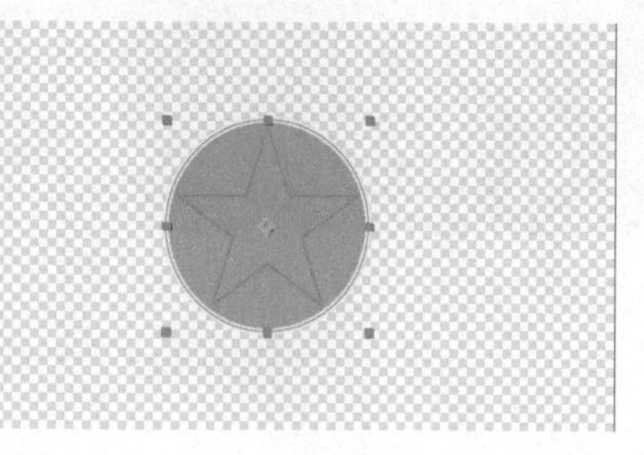

图 8-48 添加并合并路径

STEP 2

将“合并路径1”的模式设为“排除交集”，显示路径图形排除交集的运算结果。此时再将“填充1”拖至“合并路径1”下，这样“填充1”就重新起了作用，而下面的“填充2”则被覆盖，如图8-49所示。

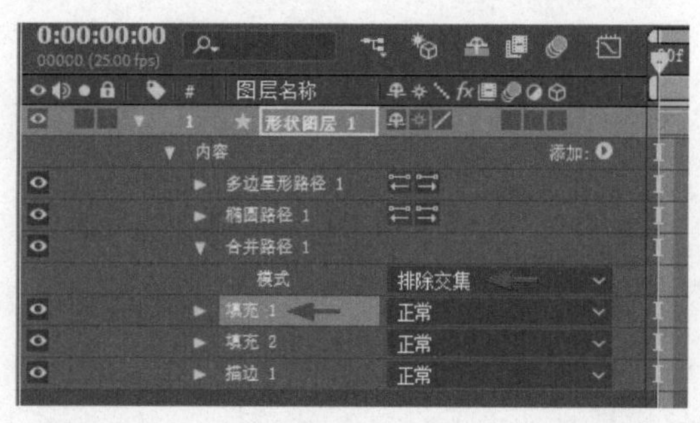

图 8-49 设置模式

8.3.4 形状组

对形状进行分组

STEP 1

在合成中建立房屋形状的“形状图层1”，图层中包括使用钢笔工具建立的三角形“形状1”，以及使用矩形工具建立的“矩形1”和“矩形2”，这里设为不同的填充颜色，如图8-50所示。

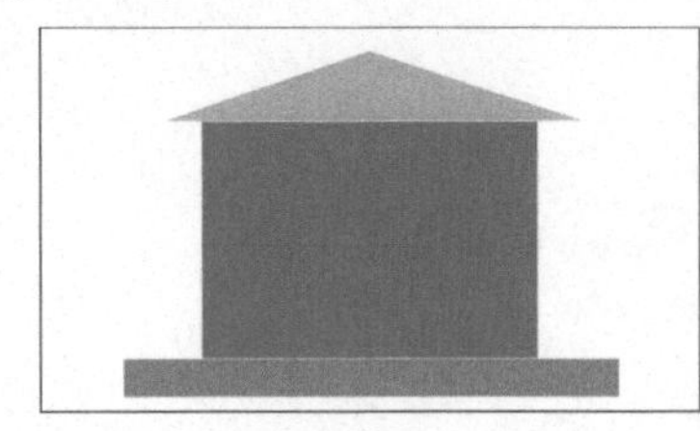

图 8-50 建立形状

STEP 2

在“添加”菜单中选择“组”，添加一个“组1”，此时该组是一个空的组。使用Shift键或Ctrl键并单击，将“形状1”“矩形1”和“矩形2”选中，拖至“组1”上释放，这样将这3个形状添加到“组1”中，这样可以作为一个组进行操作，如图8-51所示。

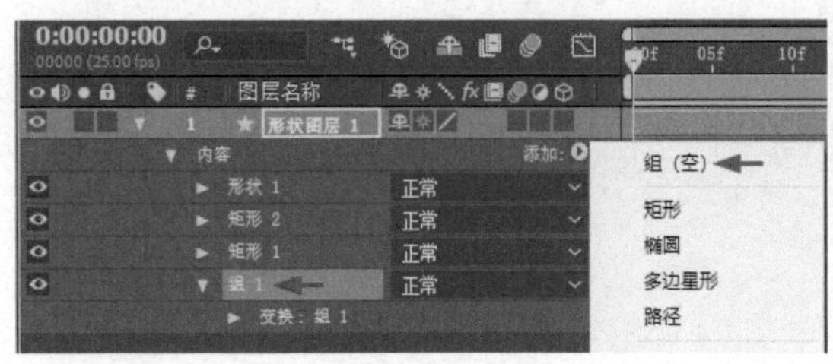

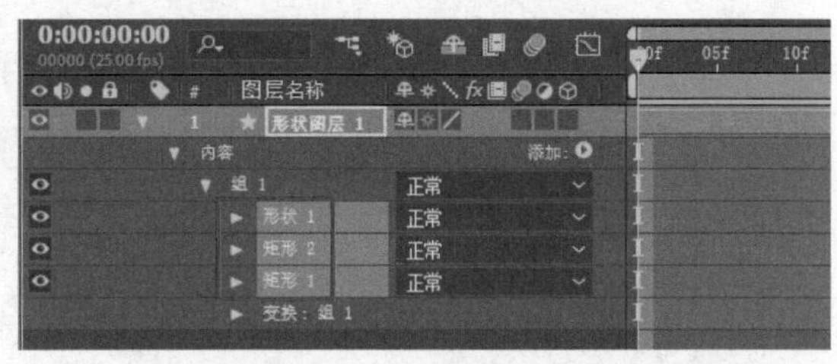

图 8-51 添加组

STEP 3

再建立一组小窗格的矩形，位于“组1”之外。

STEP 4

在“添加”菜单中选择“组”，添加一个“组2”，将小窗格的矩形全部选中，拖至“组2”上释放，添加到“组2”中。

STEP 5

在时间轴中将“组2”拖至“组1”之上。

STEP 6

选中“组2”，选择“添加”菜单中的“填充”，在“组2”中矩形的最下方添加“填充1”，设置颜色为白色，“合成”方式为“在同组中前一个之上”，将所有小窗格的矩形都填充为白色。这样通过组的操作，可以为组内的图形统一设置颜色、设置变换属性、切换显示开关等，如图8-52所示。

图 8-52 设置图形组

8.3.5 为形状图层添加效果属性

添加效果属性

STEP 1

在工具栏中双击“星形”工具，在合成中建立一个“形状图层1”，调整“内径”“外径”的大小，如图8-53所示。

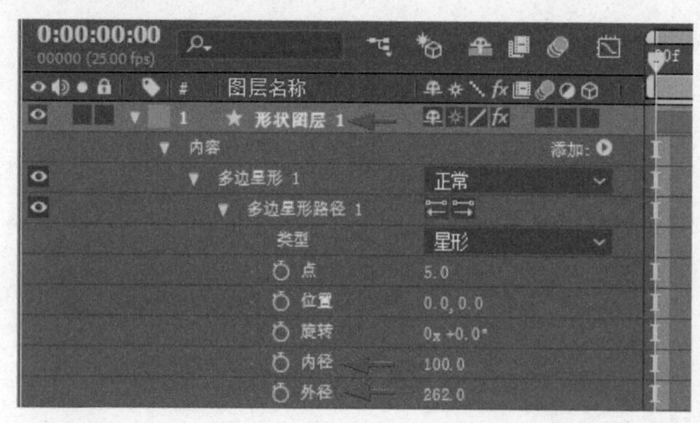

图 8-53 建立星形

STEP 2

在“添加”菜单中选择“摆动路径”，添加一个“摆动路径1”，设置“大小”为30.0，设置“摇摆/秒”为0.0，即路径产生扭曲后不产生摆动的动画，如图8-54所示。

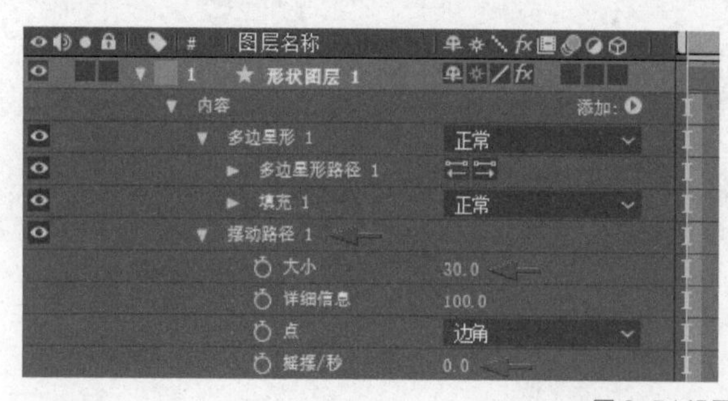

图 8-54 设置形状

STEP 3

在“添加”菜单中选择“摆动变换”，添加一个“摆动变换1”，设置“摇摆/秒”为20.0，设置“变换”下的“位置”为（1000.0，500.0），即在位置范围内随机摆动，如图8-55所示。

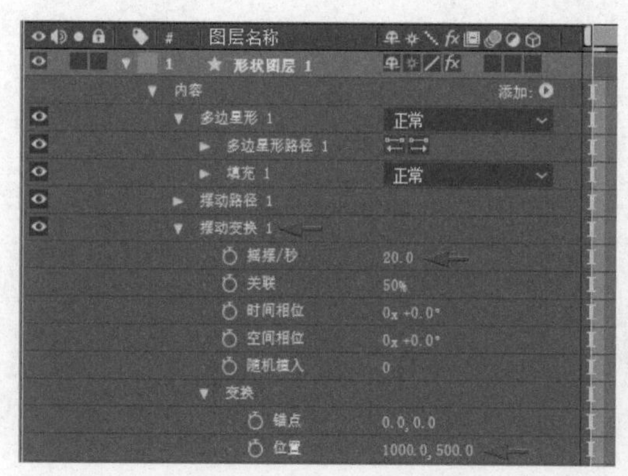

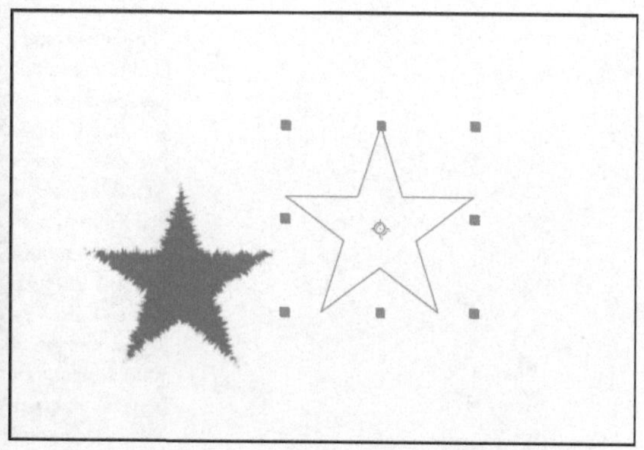

图 8-55 添加摆动变换效果

STEP 4

可以看出在“添加”菜单下也可以设置一些效果动画。在“效果”菜单中再添加一个效果，选择菜单“效果>时间>残影”，设置“残影数量”为10，“衰减”为0.80，“残影运算符”为“从前至后组合”，查看动画效果，如图8-56所示。

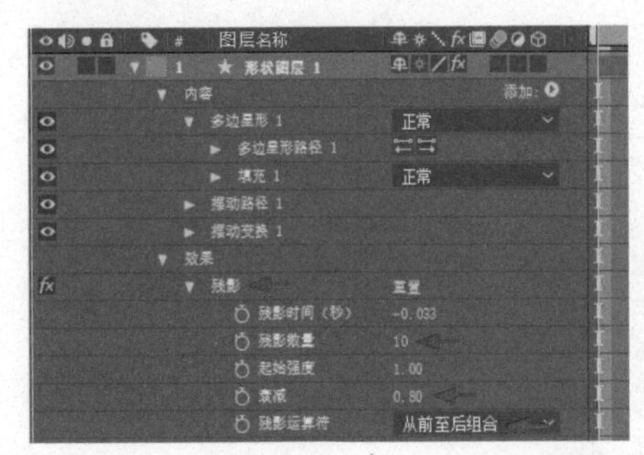

图 8-56 添加残影效果

实例 制作滴墨画面效果

实例说明

这里制作一个滴墨画面的动画，为画面添加滴墨显现的效果。先使用彩色的纯色层制作彩墨滴到白色背景上，然后制作从中显示出素材画面的动画。这里准备滴墨素材和画面素材，素材如图8-57所示。

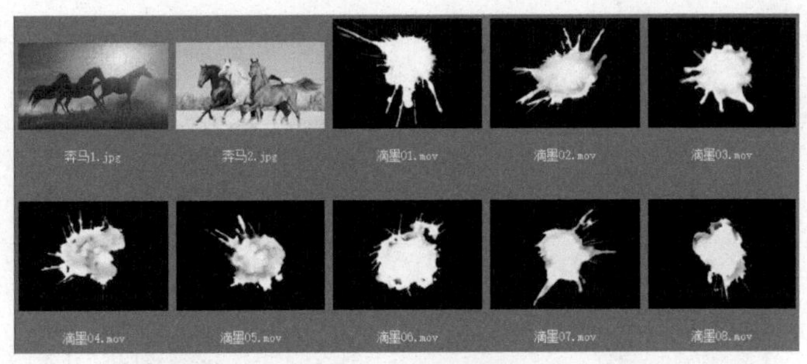

图 8-57 使用素材

制作完成的动画效果如图8-58所示。

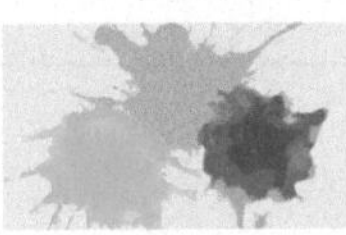

图 8-58 实例效果

实例制作流程图如图8-59所示。

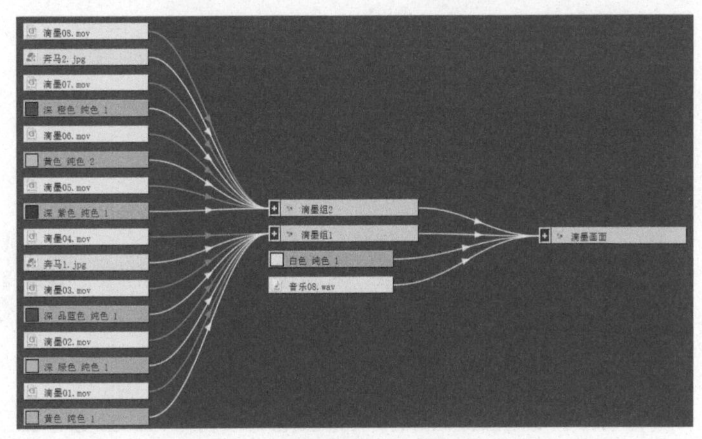

图 8-59 实例制作流程图

扫码观看实例制作步骤讲解视频	实例制作步骤图文讲解
	详见配书资源中的《实例制作步骤图文详解》PDF 文档。 下载方式见封底。

制作图表动画

这里在对应的素材文件夹中准备有实例练习素材，使用辅助的素材作为背景和装饰，在合成中使用形状工具绘制图表，并设置柱状图的增长动画，素材如图8-60所示。

图 8-60 使用素材

制作完的动画效果如图8-61所示。

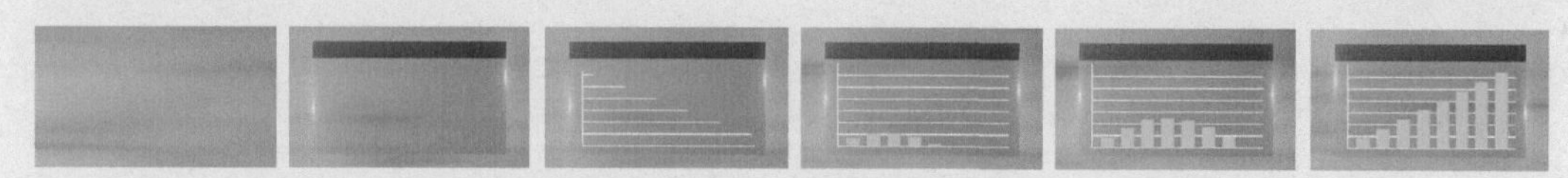

图 8-61 实例效果

实例制作流程图如图8-62所示。

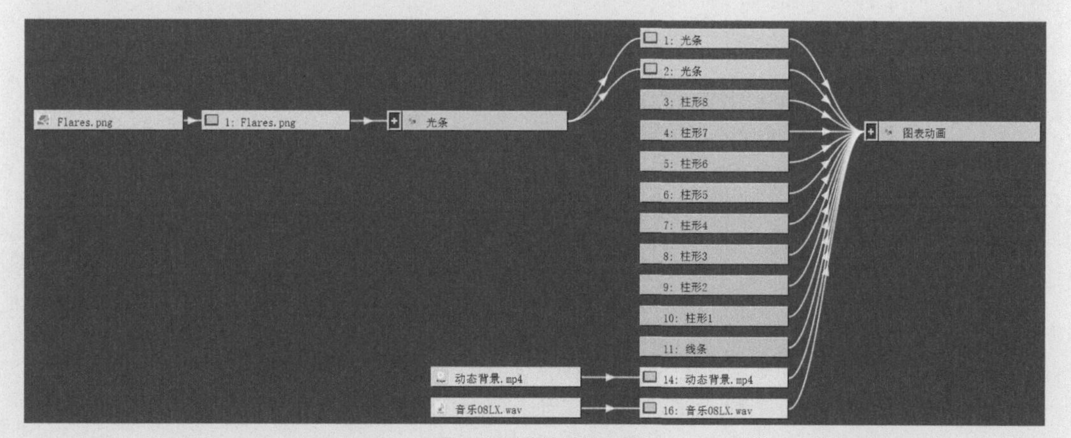

图 8-62 实例制作流程图

文字和动态图形模板 形式多变的创意表达

文字是视频制作中的一项重要内容，After Effects 在文字动画方面专门开辟了一个模块，类似于形状图层，除了具有常规图层的动画属性外，还可以独立进行形式多变的逐字动画，使文字动画形式多样。不过文字动画功能有其独特的使用逻辑，制作复杂的文字动画时，需要在一次次的亲手实践中理解和掌握。本章将详细介绍与文字动画相关的设置和使用方法。

9.1 文字输入和设置面板

文本图层在合成中创建时，意味着文本图层不使用素材项目作为其来源。文本图层也是矢量图层，与形状图层和其他矢量图层一样，文本图层也是始终连续地栅格化，因此在缩放图层或改变文本大小时，它会保持清晰。

9.1.1 横排和直排文字工具

文本的创建可以选择菜单“图层>新建>文本”创建，也可以使用工具栏中的文字工具在合成视图中直接创建。

创建点文字

STEP 1

输入一行点文字。打开对应合成的时间轴，有手拿卡片的图像。在工具栏中选择“横排文字工具”，在合成中的卡片位置处单击，输入AE，按小键盘上的Enter键，结束输入状态。也可以在时间轴的空白区域单击，或者切换到选择工具，都可以结束输入状态。

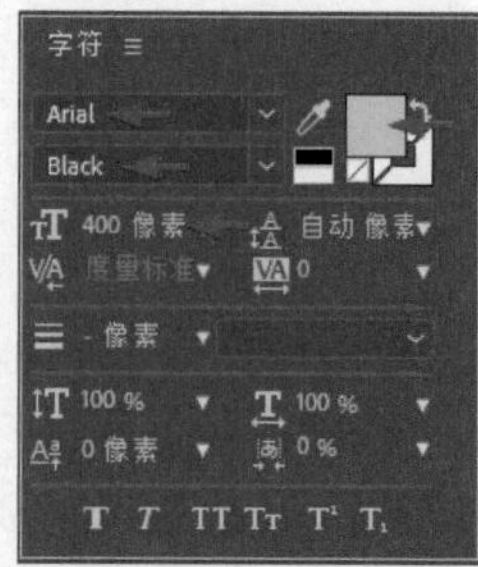

图 9-1 输入一行点文字

STEP 2

设置文字。然后确认选中AE文字层，在字符面板中设置文字的字体、大小、颜色等，如图9-1所示。

STEP 3

输入多行点文字。点文字也可以是多行文字，在工具栏中选择“横排文字工具”，在合成中的卡片位置处单击，输入Adobe，按主键盘上的Enter键可以换行，然后继续输入其他文字，输入完成后，按小键盘上的Enter键，结束输入状态。然后在字符面板中设置文字的字体、大小、颜色等，如图9-2所示。

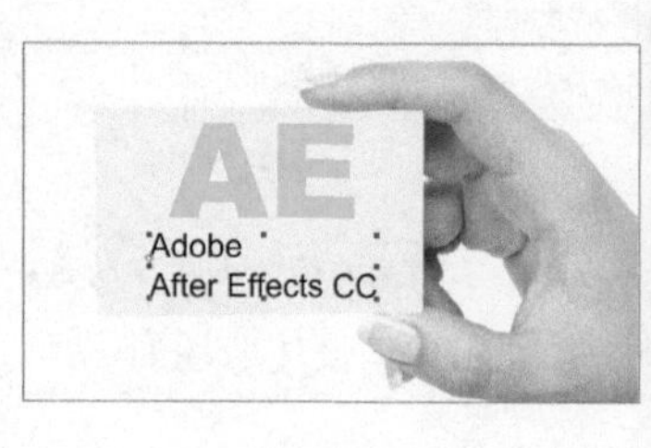

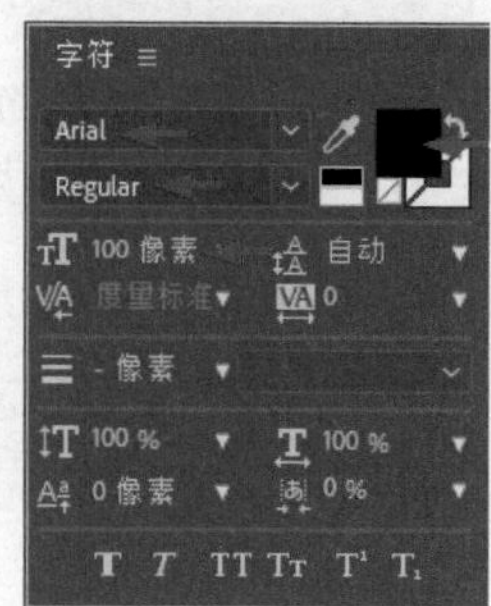

图 9-2 输入多行点文字

STEP 4

点文字居中。可以选中文字层，在段落面板中单击“居中对齐文本”按钮，可以将文本以锚点左右居中。锚点此时默认的左对齐文本，所以整体位置将发生偏移，可以通过调整图层的位置来校正，如图9-3所示。

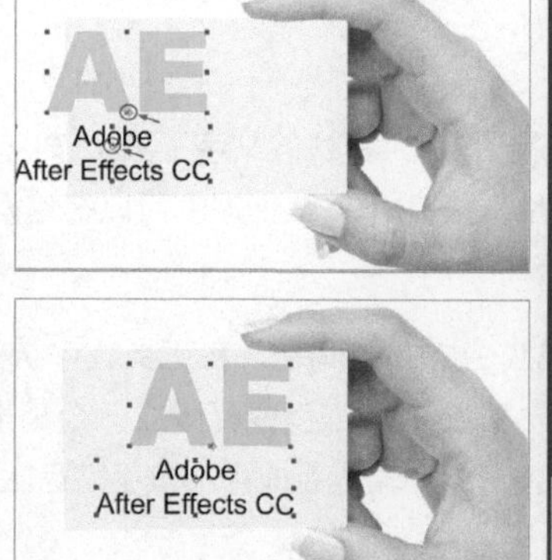

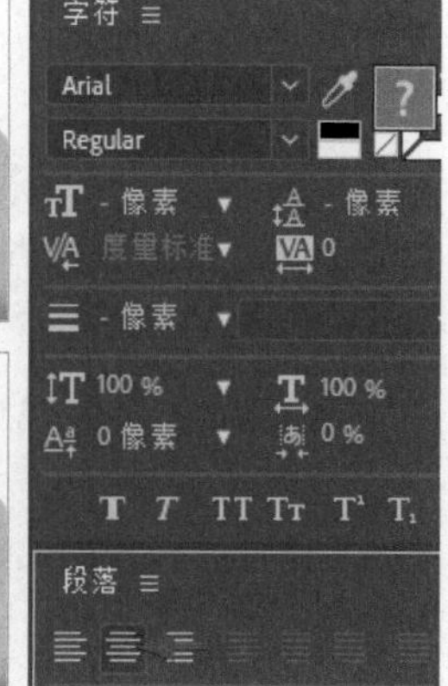

图 9-3 居中对齐文本

操作2 创建段落文字

STEP 1

建立文字区域。打开对应合成的时间轴，有手拿卡片的图像。在工具栏中选择“横排文字工具”，在合成中的卡片位置的一角处单击并拖曳鼠标建立一个矩形的文本框。可以调整这个文本框的大小和移动位置。

STEP 2

输入文字。在文本框中输入一段文字。当一行排满后会自动转到下行，输入完成后，按小键盘上的Enter键，结束输入状态。

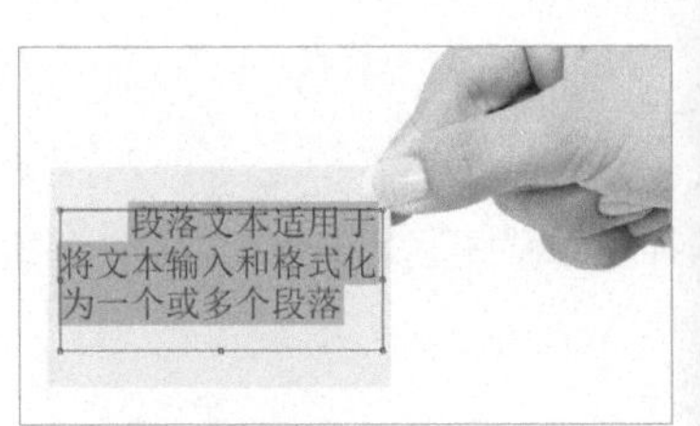

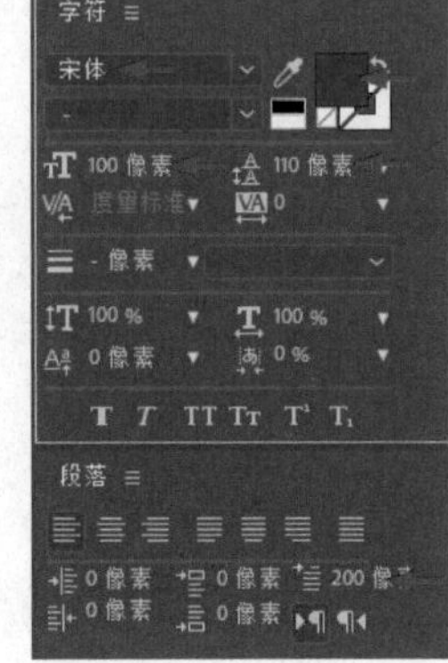

图 9-4 建立段落文字

STEP 3

设置文字。在字符面板中设置文字的字体、大小、颜色等。在段落面板中可以设置“首行缩进”，使段落文字的首行产生缩进的效果，如图9-4所示。

STEP 4

点文字和段落文字互相转换。选中文字层，在合成视图的文字上单击鼠标右键，选择菜单“转换为点文本”，自动换行的段落文字将转换为点文字，此处的点文字为换行断开的3行文字，原来的首行缩进也将取消，如图9-5所示。

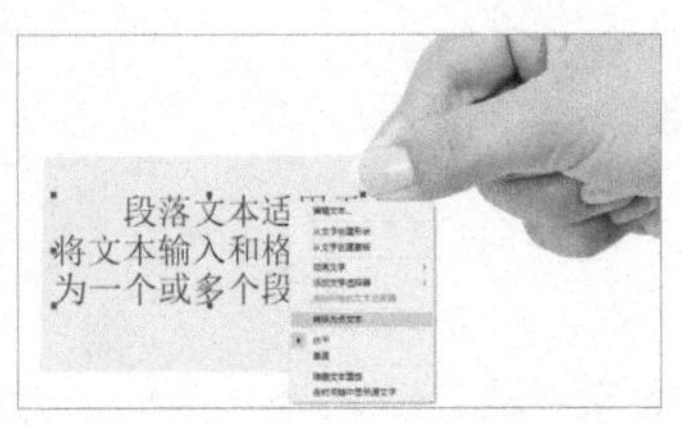

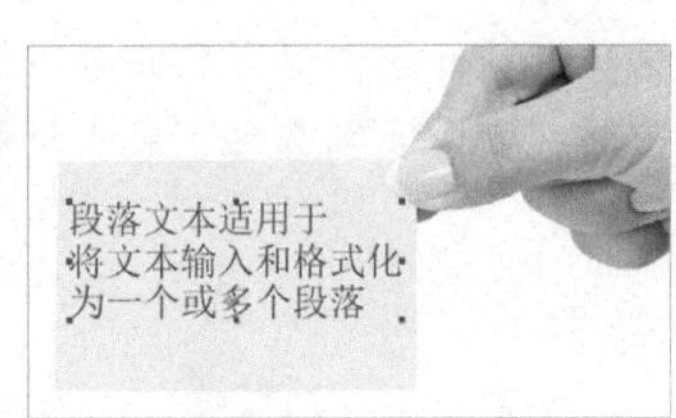

图 9-5 将段落文字转换为点文字

提示

点文字可以和段落文字相互转换，点文字的每一行都有换行分隔符，缩进会影响点文字的每一行文字。

操作3 创建直排文字

STEP 1

切换“直排文字工具”。在工具栏的文字工具上按住鼠标左键不放，可以显示出“横排文字工具”和“直排文字工具”，或者反复按Ctrl+T快捷键，可以在这两个工具中互相切换。

STEP 2

输入文字。打开对应合成的时间轴，在工具栏中选择“直排文字工具”，输入点文字或段落文字均可。这里输入段落文字，在合成中拖曳鼠标建立一个矩形的文本框，复制一段文本粘贴到文本框中，每行文字将会从右到左竖直排列。输入完成后，按小键盘上的Enter键，结束输入状态。

STEP 3

设置文字。在字符面板中设置文字的字体、大小、颜色等，如图9-6所示。

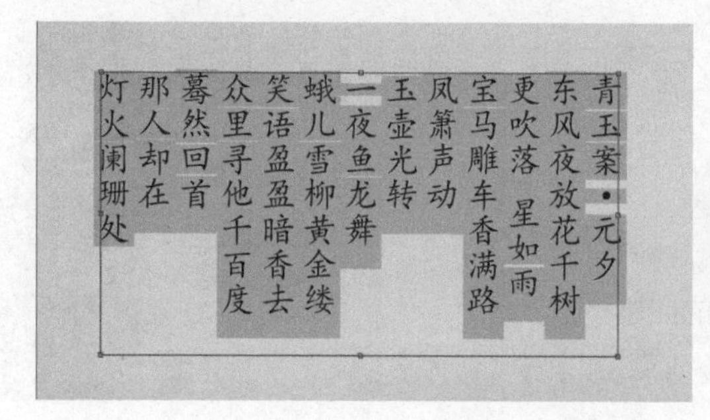
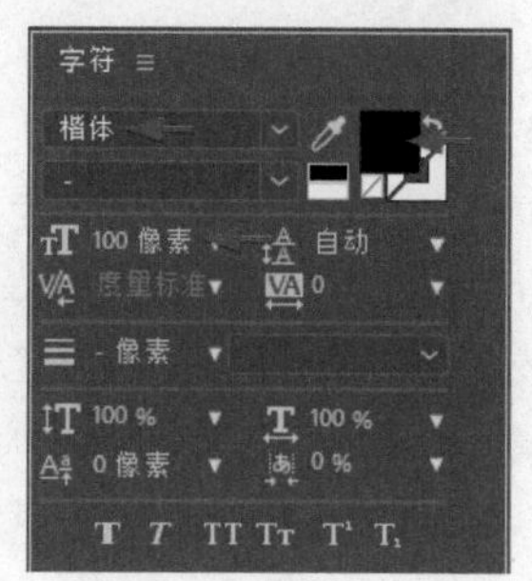

图 9-6 输入直排文字

9.1.2 字符面板

建立的文字可以在字符面板中进行详细的设置，设置前需要先选中文字。如果单击选中文字层，设置将影响文字层的全部文字；如果激活并选中文字层中的部分文字，设置则只影响选中的部分文字，即可以为一个层中的文字区别选择和进行不同的设置。

操作　字符面板中的操作

操作 1

显示中文字体。单击字符面板右侧的弹出菜单，查看默认设置下"显示英文字体名称"为勾选状态，此时不论中英文，字体名称都使用英文字母的方式来显示。当取消勾选后，中文字体则能以直观的中文显示，如图 9-7所示。

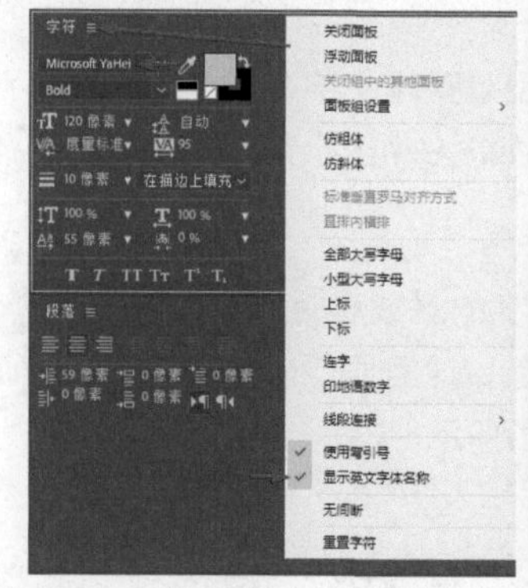
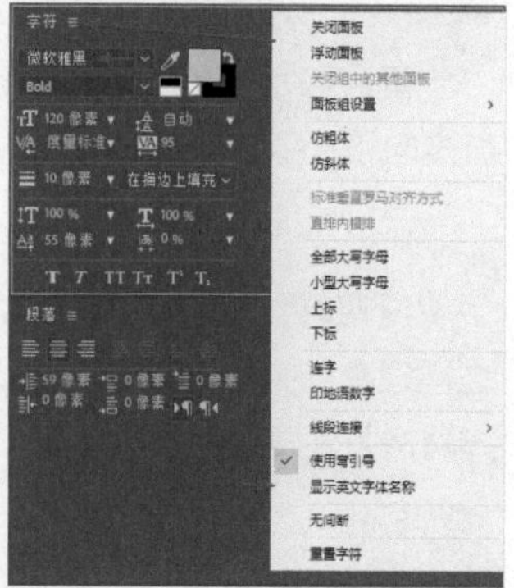

图 9-7 显示中文字体

操作 2

收藏字体。在字体下拉列表中，选中字体名称左侧的五角星标记，可将字体收藏。单击打开字体上部的"显示收藏夹"图标，可以过滤众多的字体，只显示收藏的字体。这个功能可以为以后选择常用的字体带来了方便，如图9-8所示。

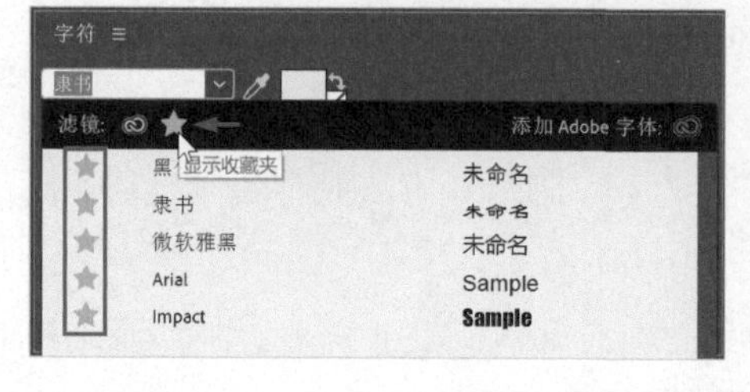

图 9-8 收藏字体和显示收藏夹

选择字体时还可以选中"滤镜"右侧的小图标只显示Adobe中由Adobe官网上发布的字体。用户可以通过登录Adobe ID并下载免费或收费的Adobe字体，为作品设计提供更多的字体选择。

操作 3

重置字符。单击字符面板右侧的弹出菜单，选择"重置字符"，则面板中的各种设置都将重置为初始状态。

操作 4

描边和填充。在合成中建立文字，其中上行的英文字体使用Impact，颜色为紫色；下行的中文字体使用“微软雅黑”，颜色为黄色。文字大小都使用200，描边颜色都使用灰色。使用描边时，“在填充上描边”选项适合较小的描边宽度，例如，这里的描边宽度为10像素，如图9-9所示。

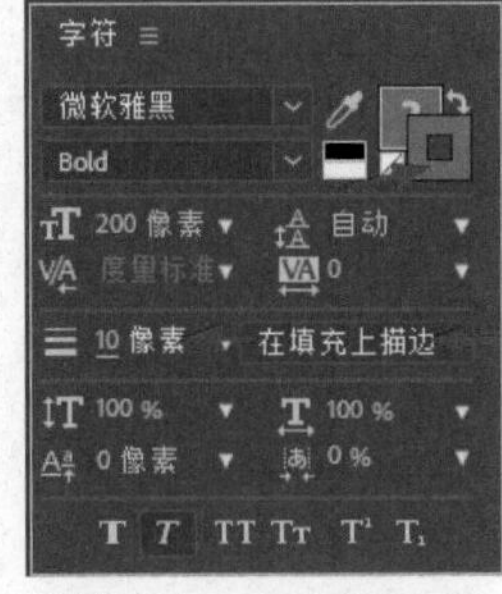

图 9-9 在填充上描边

操作 5

“在描边上填充”选项适合较大的描边宽度，避免描边过大影响填充部分，例如，这里的描边宽度为50像素，描边方式设为“在描边上填充”，如图9-10所示。

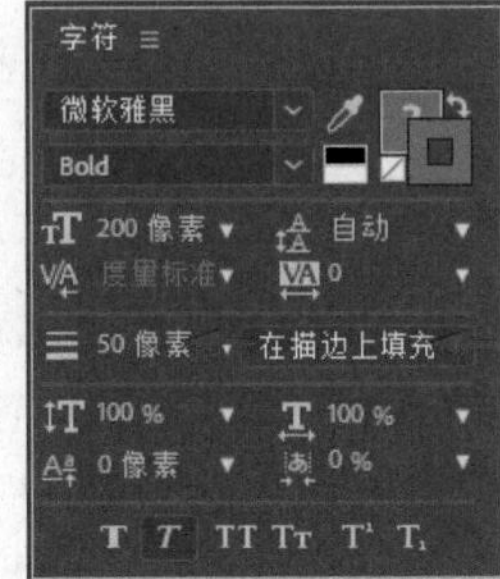

图 9-10 在描边上填充

操作 6

行距和字距。可以设置行与行之间的距离、字符与字符之间的距离，如图9-11所示。

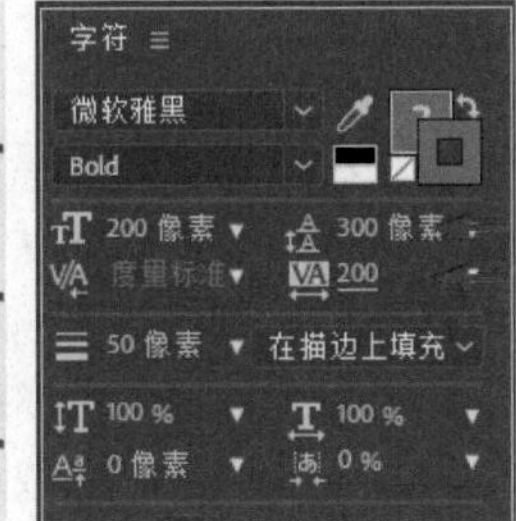

图 9-11 设置行距与字距

操作 7

垂直和水平缩放。可以设置整体文字在垂直方向和水平方向上的缩放，如图9-12所示。

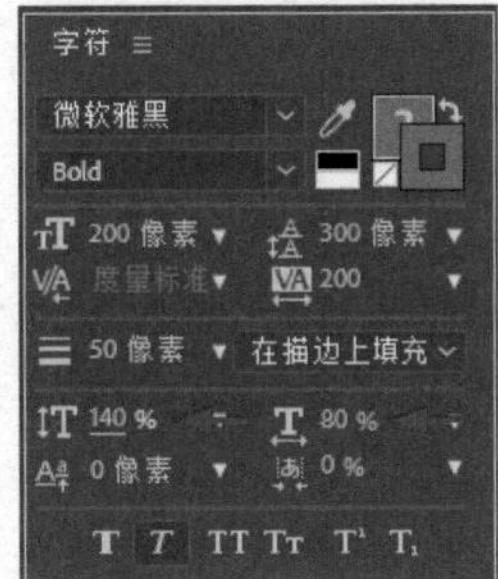

图 9-12 设置垂直方向和水平方向上缩放

操作 8

设置基线偏移。默认文字的基线在底部，这样建立的文字通常位置偏上，这里显示“对齐网格”以做参考，如图9-13所示。

操作 9

可以通过“设置基线偏移”调整文字的位置，另外基线的位置对以后的文字动画中的旋转、缩放等效果会产生影响，如图9-14所示。

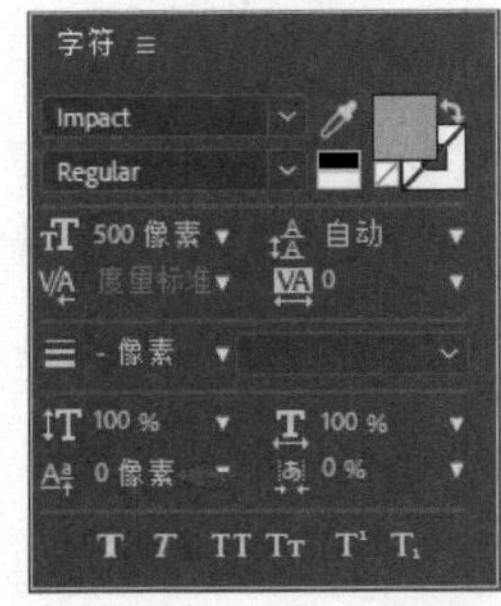

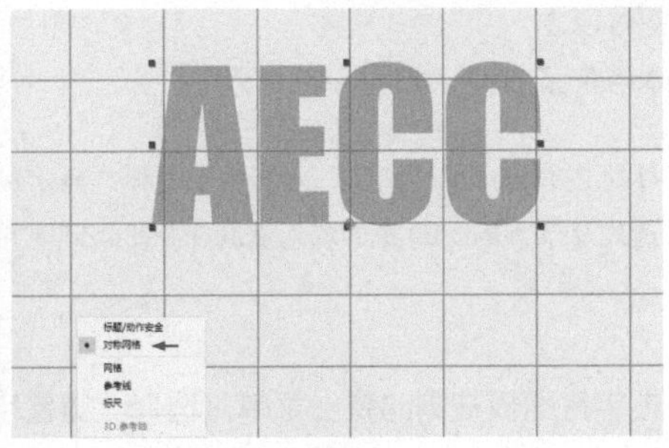

图 9-13 默认基线偏移的文字位置

操作 10

添加图层样式。可以在After Effects中对文字图层添加像Photoshop一样的图层样式。选中文字层，在菜单“图层>图层样式”下可以选择“投影”“斜面和浮雕”“描边”等，对文字图层应用对应的一种或多种效果，如图9-15所示。

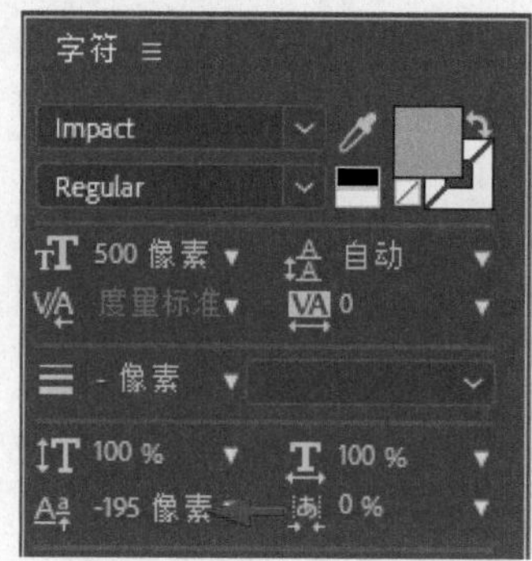

图 9-14 调整基线偏移的文字位置

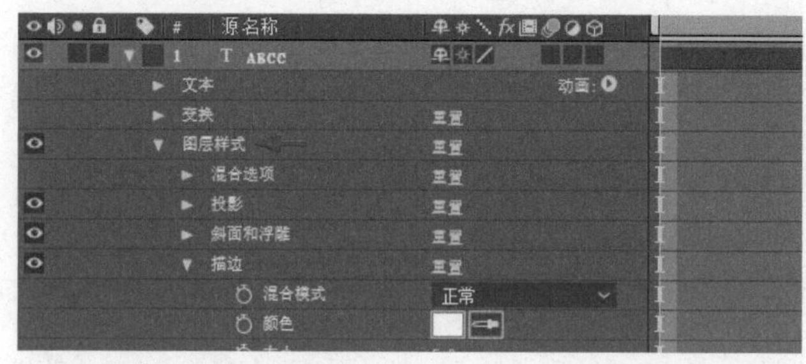

图 9-15 为文字添加图层样式

9.1.3 段落面板

段落是末尾有回车符的任何文本范围。对于点文本，每行都是一个单独的段落。对于段落文本，一段可能有多行，具体取决于文本框的范围。用户可以使用段落面板设置应用于整个段落的选项，例如，对齐方式和缩进。在段落面板中所做的更改影响选定的段落。

创建横排段落

STEP 1

建立文字。复制准备好的文本，在工具栏中选择“横排文字工具”，在合成中拖曳鼠标建立一个矩形的文本框，将文字粘贴到文本框中，按小键盘上的Enter键，结束输入状态。

STEP 2

设置文字和居中对齐。在字符面板中设置文字的字体、大小、颜色等。在段落面板中先设置第一行的对齐方式为“居中对齐文本”，如图9-16所示。

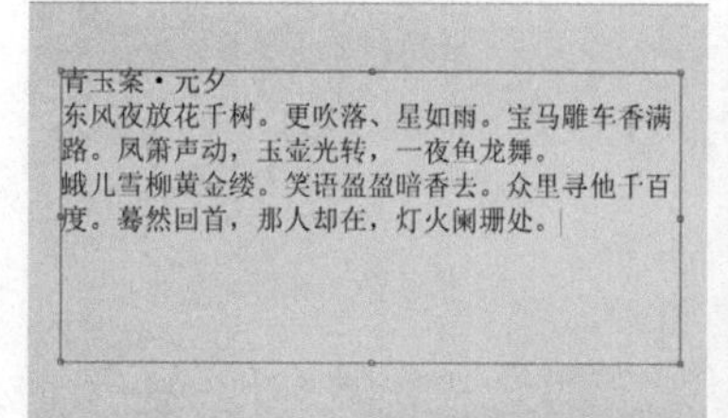

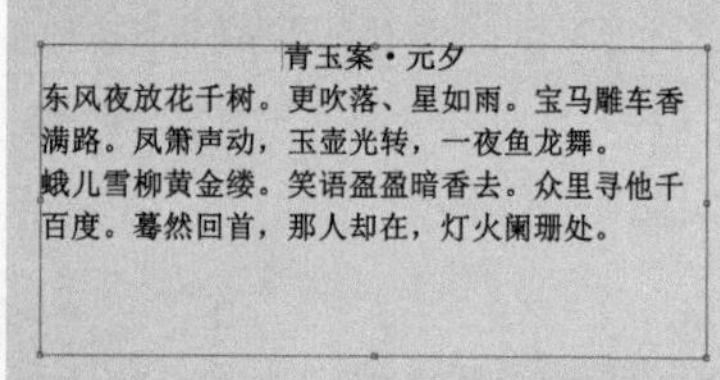

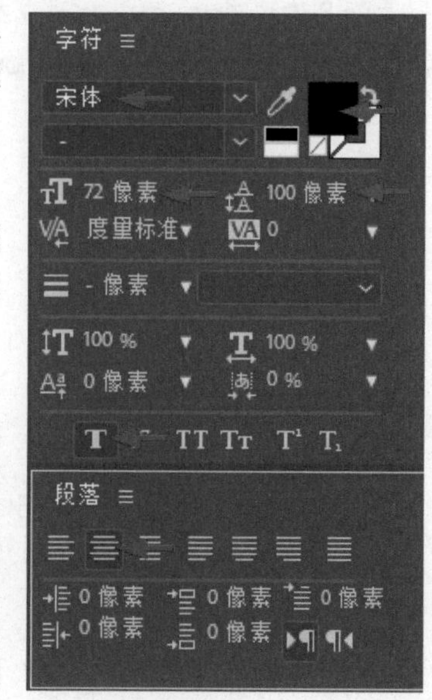

图 9-16 设置文字和居中对齐

STEP 3

设置段前空格和首行缩进。选中两个段落的文字，设置“段前添加空格”为40，这样增加段落与上面文字行之间的距离。拖曳“首行缩进”的数值，使得段落首行文字前空出两个文字的空间，这里数值为145，制作段落文字首行缩进的效果，如图9-17所示。

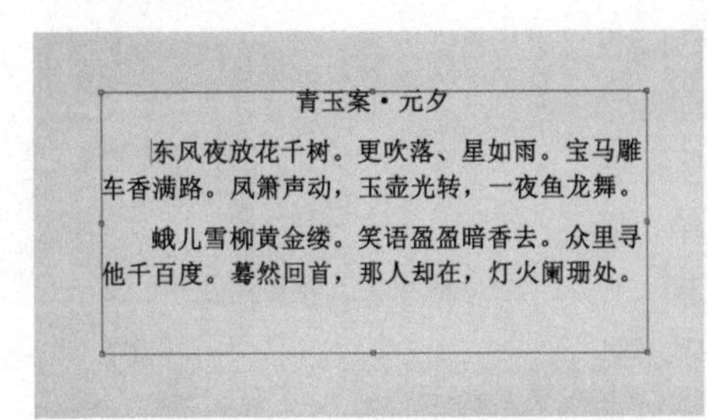

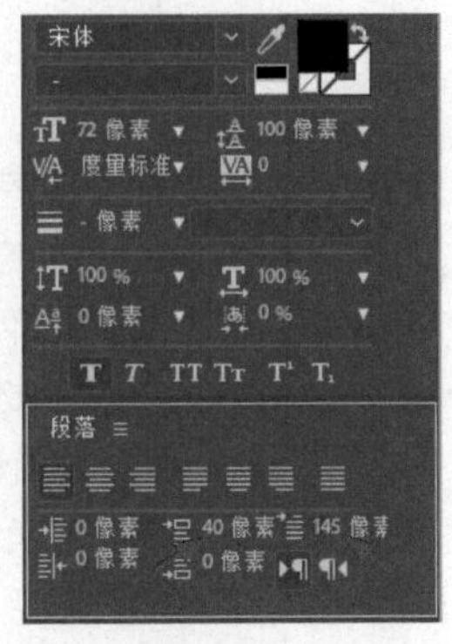

图 9-17 设置段前空格和首行缩进

创建直排段落

STEP 1

打开对应的合成，复制准备好的文本，在工具栏中选择“直排文字工具”，在合成中拖曳鼠标建立一个矩形的文本框，粘贴文字到文本框中，按小键盘上的Enter键，结束输入状态。

STEP 2

设置文字和居中对齐。然后在字符面板中设置文字的字体、大小，并调整行距与字符间距，使文字与竖写纸中的格线匹配。在段落面板中先设置第一行的对齐方式为“居中对齐文本”，如图9-18所示。

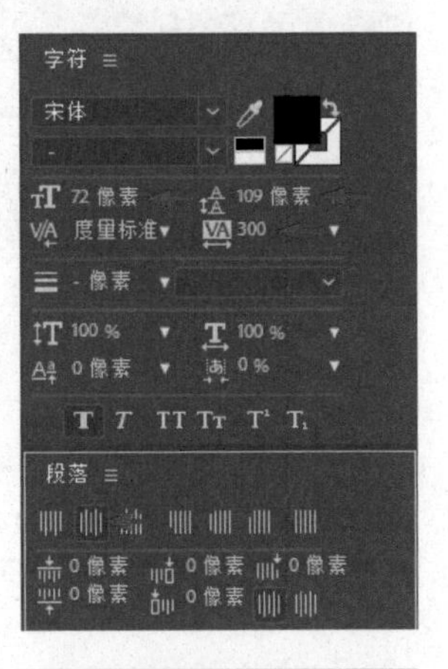

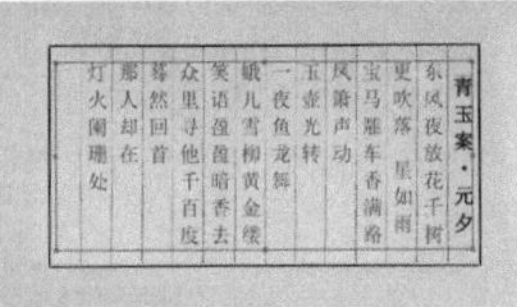

图 9-18 直排段落设置

9.2 从文本创建形状和蒙版

使用“从文本创建形状”命令可以提取每个字符的轮廓，然后基于轮廓创建形状，并将形状放置在一个新的形状图层上，最后可以像使用任何其他形状一样使用这些形状。同样，“从文本创建蒙版”命令可以提取每个字符的轮廓，然后基于轮廓创建蒙版，并将蒙版放置在一个新的纯色层上，最后可以像使用其他蒙版一样使用这些蒙版。

从文本创建形状动画

STEP 1

建立一个文字层，输入AE CC并设置文字，如图9-19所示。

STEP 2

选中文字层，选择菜单“图层>从文本创建形状”，按文字产生一个形状图层，同时关闭原来文字层的显示，如图9-20所示。

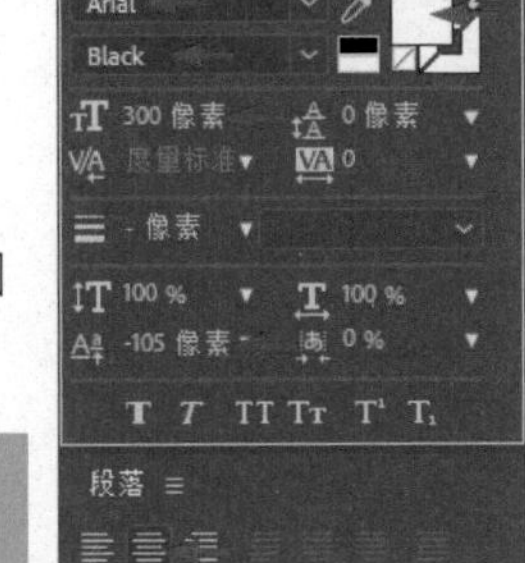

图 9-19 建立并设置文字

STEP 3

可以为形状添加众多的动画效果，例如，这里在“添加”菜单中选择“摆动路径”，使文字形状产生类似水中的晃动扭曲效果，如图9-21所示。

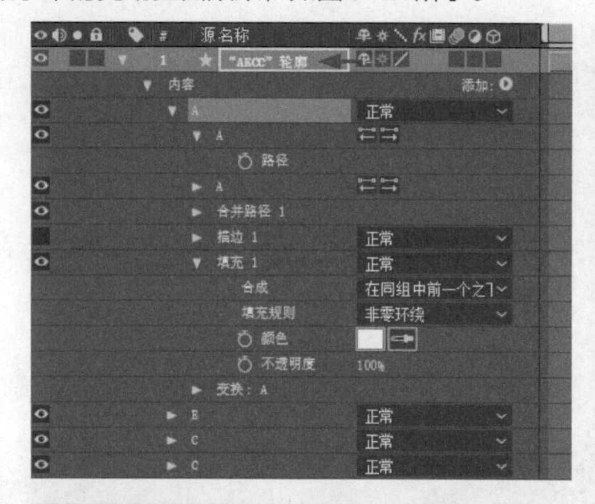

图 9-20 从文本创建形状

图 9-21 为形状添加效果

操作2　从文本创建蒙版动画

STEP 1

建立和设置与前面操作同样的文字。

STEP 2

选择菜单“图层>从文本创建蒙版”，将自动创建一个固态层并按文字的轮廓添加蒙版，同时关闭原来文字层的显示。其中A字母由内外两个蒙版组成，如图9-22所示。

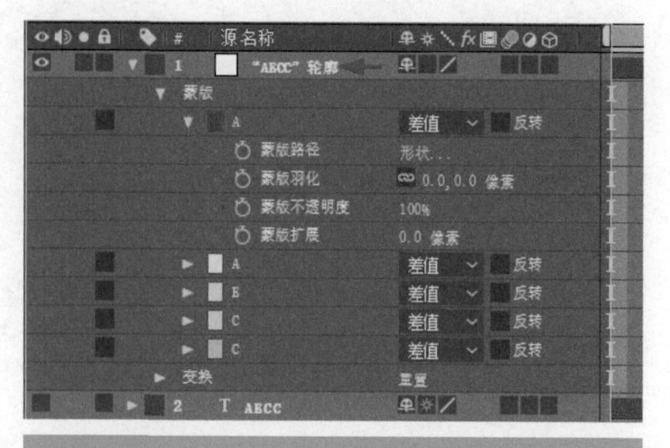

图 9-22 建立文字和创建蒙版

STEP 3

有了蒙版，就可以制作很多的动画效果。例如，这里选中这个包含有蒙版的图层，选择菜单“效果>生成>描边”，然后设置“所有蒙版”为“开”，“顺序描边”为“关”，“画笔大小”为15.0，“绘画样式”为“在透明背景上”。设置“结束”的关键帧在第17帧处为0.0%，在第2秒17帧处为100.0%。产生的描绘出文字轮廓的动画效果如图9-23所示。

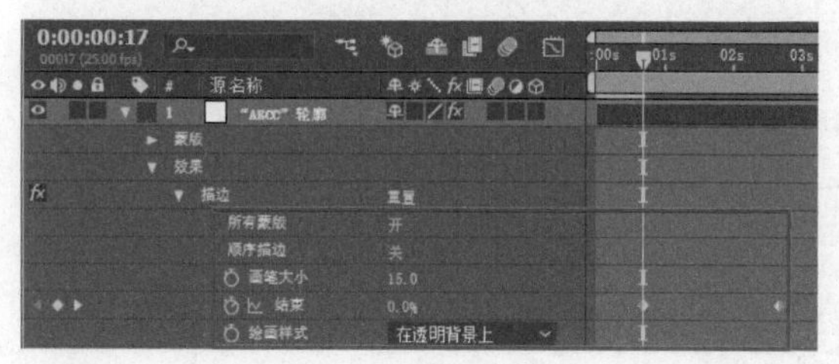

图 9-23 为蒙版添加效果

9.3 文本动画属性

利用文本层制作的动画，可用于许多地方，包括动画标题、下沿字幕、演职员表滚动字幕和动态排版等。文本层不仅可以设置整个层的动画，还可以利用软件提供的众多附加动画属性，为图层内的文本设置动画。

9.3.1 源文本动画

源文本动画就是在同一个文本层中，直接改变文本内容，而不用对每个文本内容使用不同的图层。

操作 制作数字变化倒计时动画

STEP 1

打开对应的合成，在旋转背景动画的基础上添加数字文本每秒变化1次的动画。选择菜单“图层>新建>文本”，输入数字3，并在字符面板中设置字体、大小、颜色，调整位置居中，如图9-24所示。

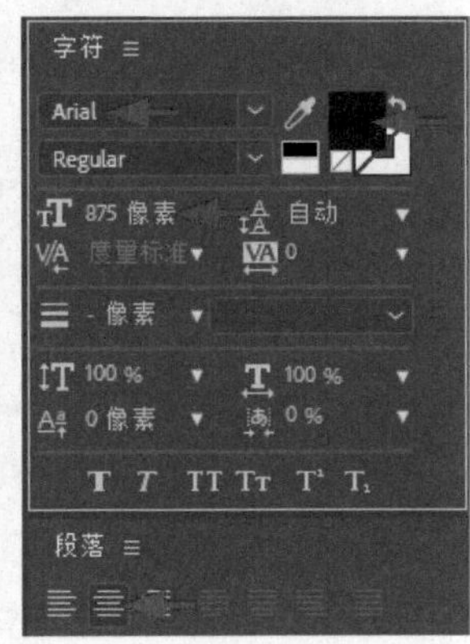

图 9-24 设置文字

STEP 2

展开文字层，显示出“文本”下的“源文本”属性，在第0帧处单击打开“源文本”前的秒表记录关键帧，其关键帧类型为定格关键帧。

STEP 3

将时间指示器移至第1秒的位置，双击图层激活文本为可修改状态，将文本修改为数字2，按小键盘上的Enter键确认，这样会自动添加一个关键帧。

STEP 4

同样，在第2秒位置修改文本层的内容为1，记录一个关键帧。预览效果，数字显示1秒后变为另一个数字，产生倒计时动画效果，如图9-25所示。

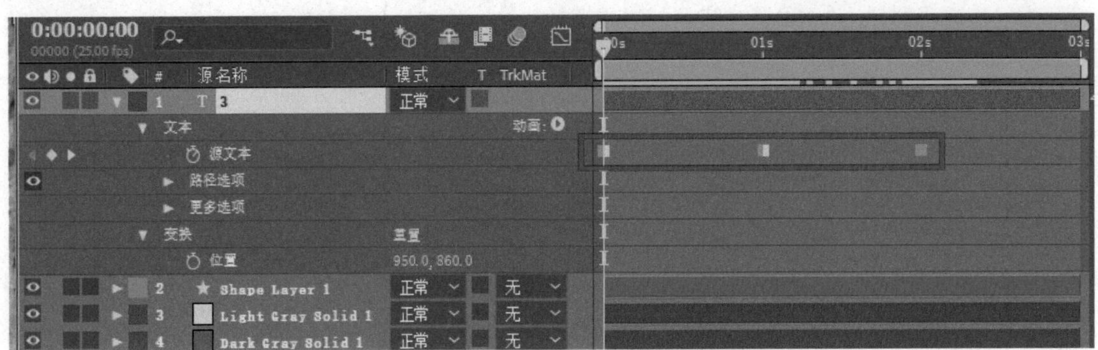

图 9-25 源文本动画

9.3.2 动画制作工具简单动画

展开文本层，在文本的右侧有一个“动画”菜单，这里可以为文本中的字符制作动画，例如，为一个文本行中的每个字符制作局部的旋转、位移、缩放或不透明度等动画。这是文本层特有的动画制作工具模块，在文本右侧的“动画”菜单中新添加一个属性时，就会为文本层建立“动画制作工具 1”，也可以继续建立“动画制作工具 2”“动画制作工具 3”等。在每个“动画制作工具”下包含局部文本动画的多个属性设置，虽然属性较多，但也有基本的设置规律，那就是在添加属性处设置变化数值，在范围选择器处设置变化关键帧。

制作逐字飞入动画

STEP 1

在合成中建立一个矩形字幕条层和一个文本层。

STEP 2

展开文本层，在右侧“动画”菜单下选择“位置”，添加“动画制作工具 1”，如图9-26所示。

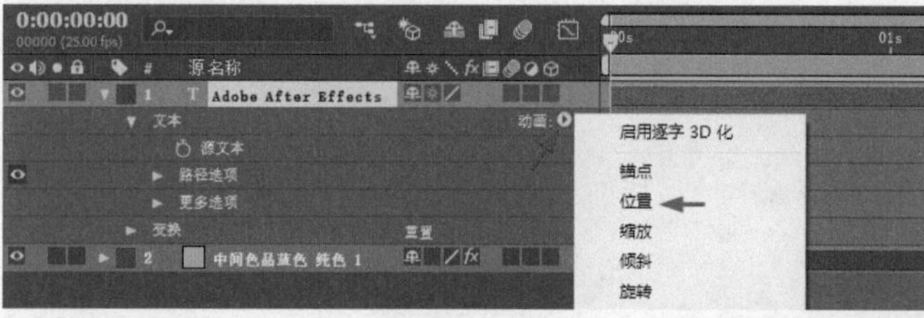

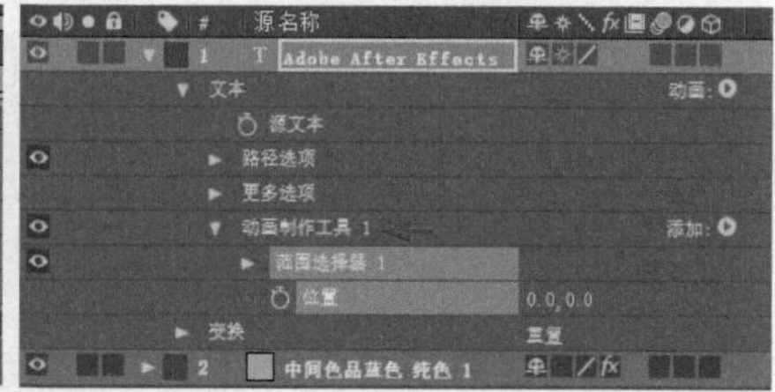

图 9-26 添加动画属性

STEP 3

先设置这里的“位置”为（0.0，600.0），即将文本移至屏幕下方，然后在“范围选择器 1”下设置“偏移”关键帧，在第0帧处为0%，在第2秒处为100%，如图9-27所示。

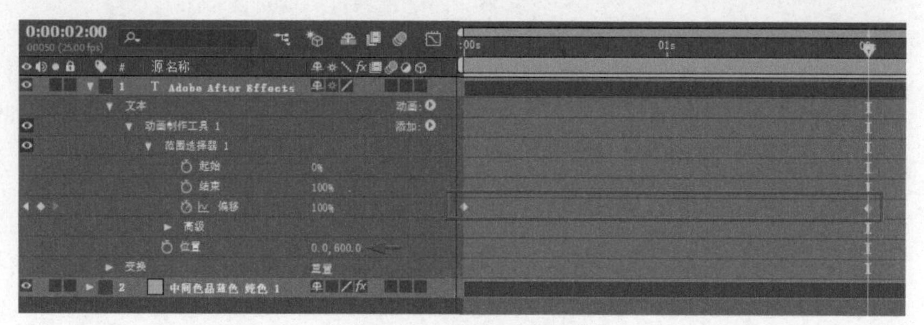

图 9-27 设置属性关键帧

STEP 4

查看播放的动画，可以看到文本字符从屏幕下方逐一飞入字幕条上。即先确定文本的最终位置，添加“位置”的动画制作工具，调整文本的初始位置，再设置“偏移”关键帧即可，如图9-28所示。

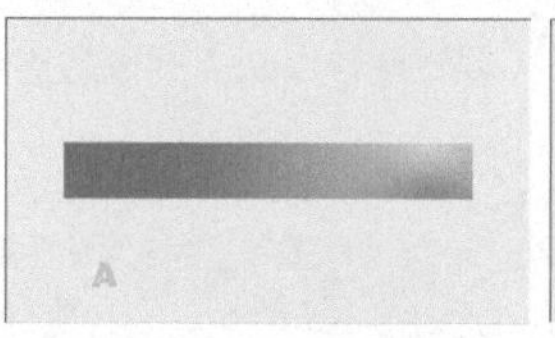

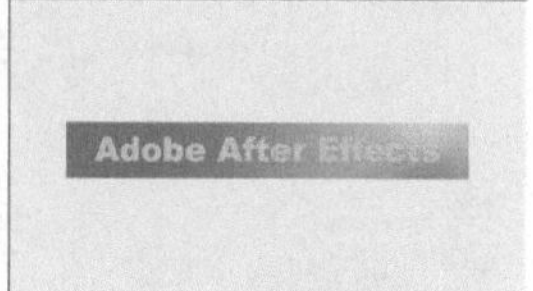

图 9-28 动画效果

操作2 制作逐字飞入细节动画

上一操作1的动画中，文本字符一个一个地从屏幕下方飞入，这里在上一设置的基础上，进一步设置动画，让先后飞入的多个字符同时显示在动画中。

STEP 1

在上一设置的基础上，展开范围选择器下的“高级”，设置“形状”为“上斜坡”，如图9-29所示。

图 9-29 设置动画属性

STEP 2

调整第0帧的“偏移”为-100%，使文本在初始位置都位于屏幕下方，如图9-30所示。

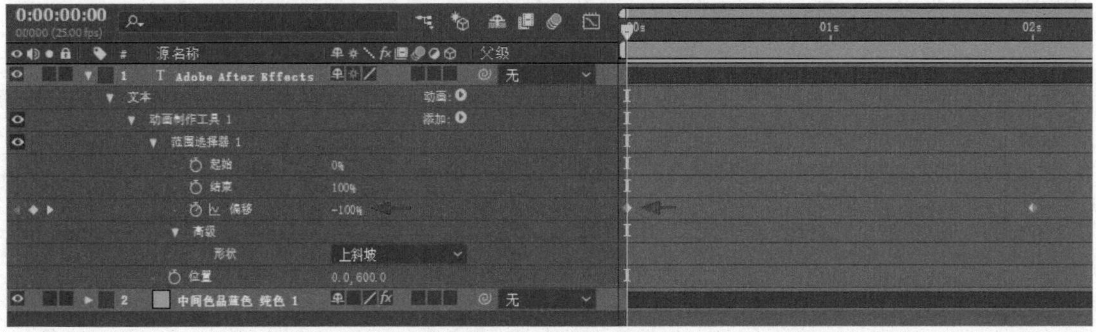

图 9-30 设置“偏移”的数值

STEP 3

查看动画效果，可以看到文本从下方飞入时不再是单独显示一个一个的字符的动画，而是同时显示出多个字符接连飞入的动画，如图9-31所示。

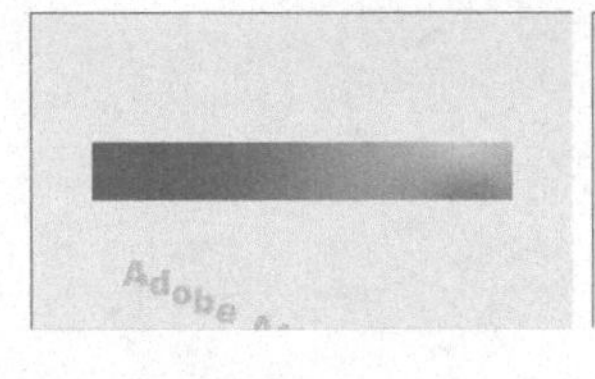

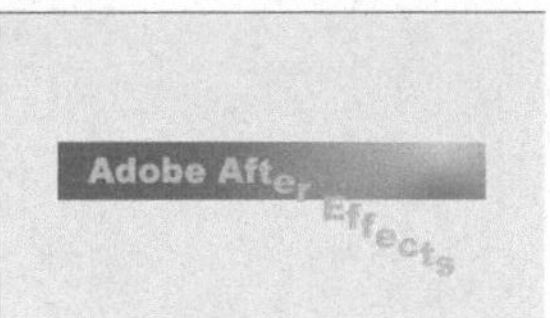

图 9-31 动画效果

可以试一试“高级”下的其他属性，例如，在“依据”中选择“词”时，将以单词为最小单位依次飞入；将“随机排序”打开时，将打乱原来从左到右的顺序，随机先后飞入。

操作3 制作多变换属性动画

在文本右侧的“动画”菜单中选择一个变换属性时，将建立一个“动画制作工具”，这个“动画制作工具”下除了默认选择的变换属性外，还可以继续添加其他新的变换属性。

STEP 1

在上一设置的基础上，展开文本层，在“动画制作工具1”右侧的“添加”菜单中选择“属性>缩放”，在当前的“动画制作工具1”中加入“缩放”属性，这里将“缩放”设为（500.0，20.0）%。查看动画效果，可以看到文本在飞入的过程中同时发生了“缩放”变化，如图9-32所示。

图 9-32 添加“缩放”属性动画

STEP 2

同样，在“动画制作工具1”右侧的“添加”菜单中选择“属性>旋转”，在当前的“动画制作工具1”中加入“旋转”属性，这里将“旋转”设为-1x+0°。查看动画效果，可以看到文本在飞入的过程中同时发生“旋转”变化。即新加入的“缩放”“旋转”与原来的“位置”属性受同一“偏移”关键帧影响，如图9-33所示。

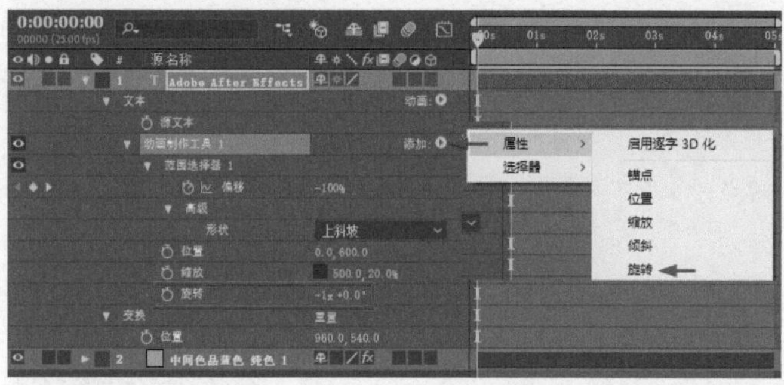

图 9-33 添加“旋转”属性动画

操作 4　使用多个动画制作工具制作动画

在“动画制作工具1”右侧的“添加”菜单中选择属性，可以为“动画制作工具1”添加多个属性。而在文本右侧的“动画”菜单中选择变换属性，可以建立多个“动画制作工具”，如“动画制作工具1”“动画制作工具2”“动画制作工具3”，这样可以更灵活地为属性设置不同的关键帧。

STEP 1

在上一操作的基础上，删除“动画制作工具1”下的“缩放”和“旋转”属性，只保留“位置”属性。

STEP 2

确认“动画制作工具1”的属性处于未选中状态，单击文本右侧的“动画”菜单，选择“旋转”属性，这样会添加一个“动画制作工具2”。设置其下的“旋转”为-2x+0°，设置“高级”下的“形状”为“上斜坡”。为“范围选择器1”下的“偏移”设置一个不同时间段的关键帧，在第1秒时为-100%，在第3秒时为100%，如图9-34所示。

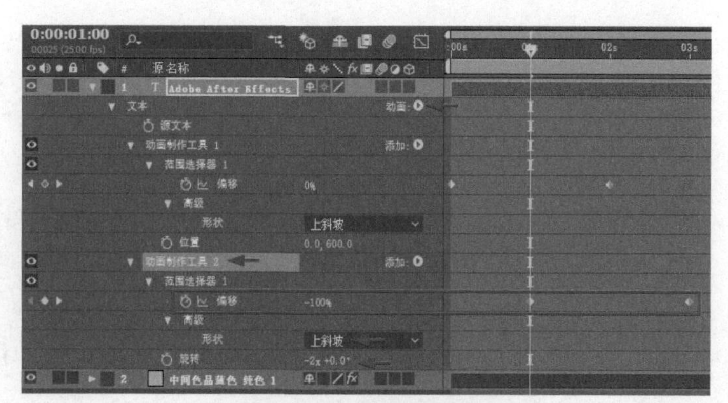

图 9-34 添加多个动画制作工具（1）

STEP 3

播放动画，可以看到文字在1秒处飞入字幕条上，此时字母开始依次旋转，不过旋转的中心默认位于字母的底部。这里单击文本层，在“动画”菜单后选择“锚点”，继续添加一个“动画制作工具3”，将“锚点”设为（0.0，-40.0），即调整锚点的位置到字母的中心，不用设置关键帧。这样字母会按自身的中心进行旋转，如图9-35所示。

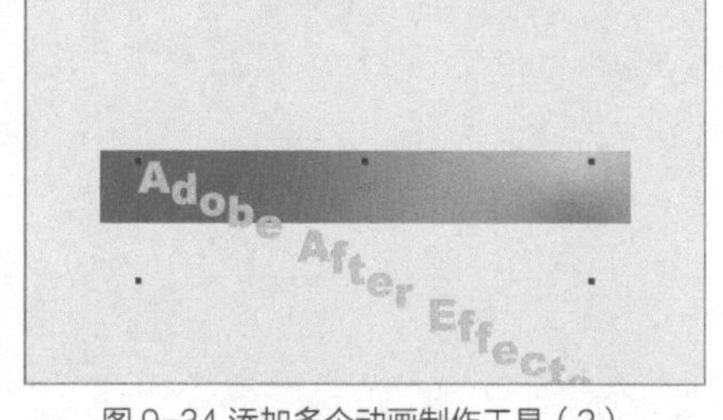

图 9-34 添加多个动画制作工具（2）

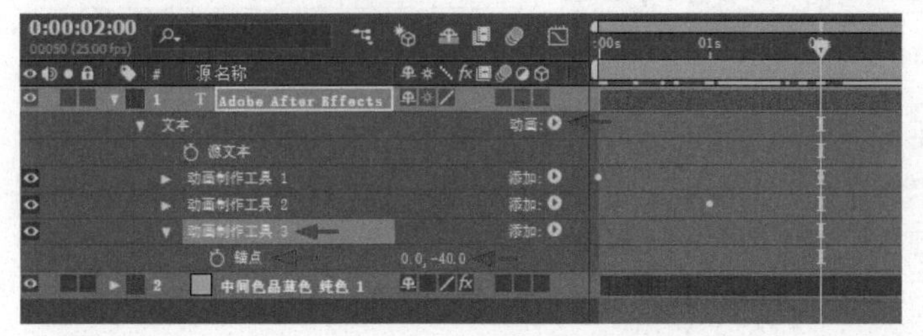

图 9-35 使用动画制作工具制作独立的属性动画

提示

当“动画制作工具1”的属性处于选中状态时，添加的属性会自动添加到其下，等同于其右侧的“添加”菜单。此时可以在未选中“动画制作工具1”的状态下，或者在单击选中文本层的状态下，这样在“动画”菜单中选择属性就会建立新的“动画制作工具”。

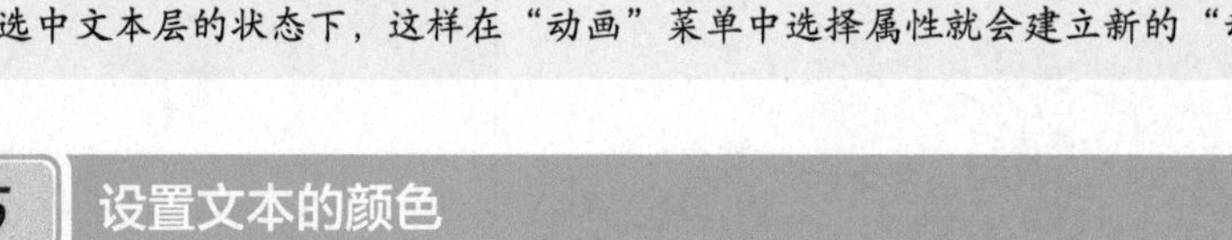

操作5 设置文本的颜色

文本的颜色通常在字符面板中设置，可以为文本添加颜色相关的属性，在其“动画制作工具”下设置动画关键帧。

STEP 1

新建一个内容为“变”的文本层，在字符面板中设置大小、字体和描边等，如图9-36所示。

STEP 2

展开文本层，在“文本”右侧的“动画”菜单中选择“填充颜色>RGB”，添加一个包含“填充颜色”的“动画制作工具1”。

图 9-36 设置文字

STEP 3

同样，可以继续在“动画制作工具1”下添加“描边颜色>RGB”和“描边宽度”，如图9-37所示。

图 9-37 添加填充颜色和描边颜色

STEP 4

设置“描边颜色”为白色，设置“描边宽度”为50.0，打开“填充颜色”的秒表，设置在第0帧时为蓝色，在第1秒时为红色、在第1秒15帧时为橙色，在第2秒05帧时为绿色。选中后3个关键帧，在其上单击鼠标右键，选择菜单“切换定格关键帧”，如图9-38所示。

图 9-38 设置颜色

STEP 5

预览动画，可以看到前1秒范围“填充颜色”从蓝色到红色逐渐变化，之后则从红色跳转至橙色和绿色，如图9-39所示。

图 9-39 文字变色动画

操作6 制作字符变化类动画

在文本动画的设置中，还可以对文本的字符间距、行距进行动画设置。

STEP 1

建立一个文本层，输入3行文字，按小键盘上的Enter键，结束输入状态。在字符面板和段落面板中对文字进行设置，如图9-40所示。

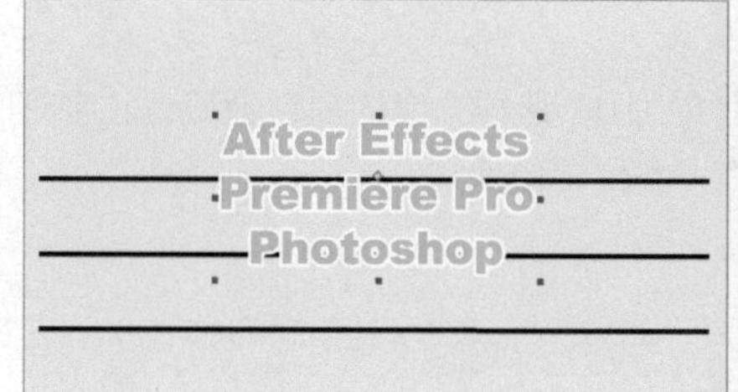

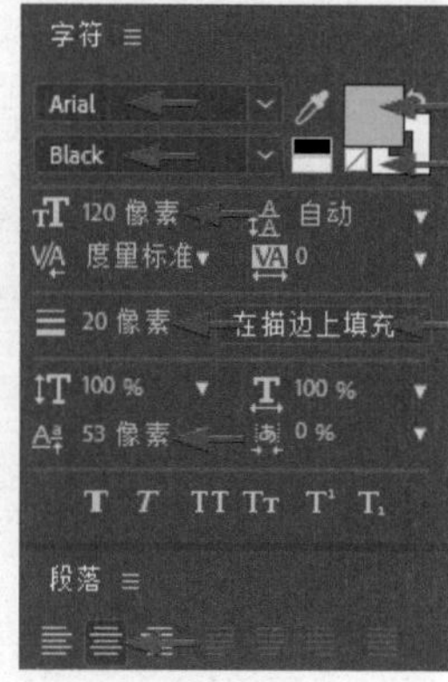

图 9-40 设置文字

STEP 2

展开文本层，在“文本”右侧的“动画”菜单下选择“字符间距”，添加一个“动画制作工具1”。然后在“动画制作工具1”右侧的“添加”菜单中选择“属性>行距”。

STEP 3

设置“字符间距大小”在第0帧处为0，在第2秒处为40。设置“行距”在第0帧处为（0.0，-150.0），在第2秒处为（0.0，60.0），如图9-41所示。

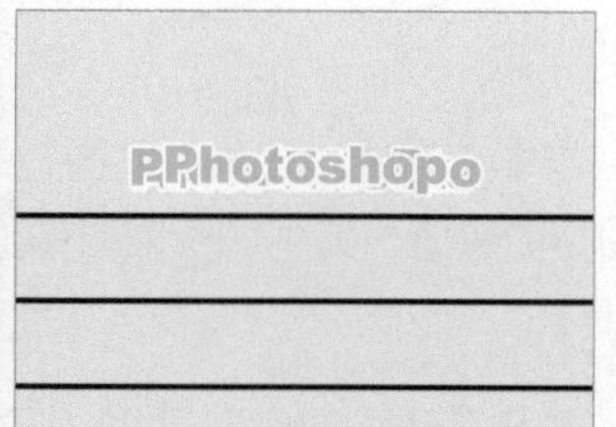

图 9-41 设置字符间距和行距

STEP 4

预览动画，可以看到文字第0帧被设置为3行重叠到一起，第2秒时，字符之间的距离、行之间的距离都逐渐增大，如图9-42所示。

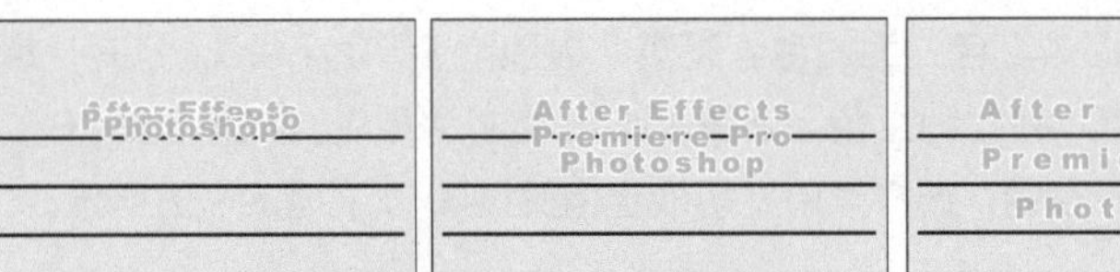

图 9-42 动画效果

操作7 改变文本字符的内容

在文字层“文本”右侧的“动画”菜单中还有“字符位移”和“字符值”属性，可以根据不同的数值来改变文本字符的内容。

STEP 1

新建一个内容为After Effects的文本层，设置好大小和位置等。

STEP 2

展开文本层，在“文本”右侧的“动画”菜单中选择“字符位移”，添加一个包括“字符位移”的“动画制作工具1”。设置“字符位移”在第0帧时为100，在第2秒时为0，这样文字的内容会随着“字符位移”数值的变化而一直发生着变化，直到数值为0时内容恢复为After Effects。

图 9-43 设置字符位移

STEP 3

再展开“范围选择器1”，设置“偏移”在第0帧时为0%，在第2秒时为100%，如图9-43所示。

STEP 4

这样文字的内容会随着“偏移”数值的变化，从左至右逐渐恢复为After Effects，如图9-44所示。

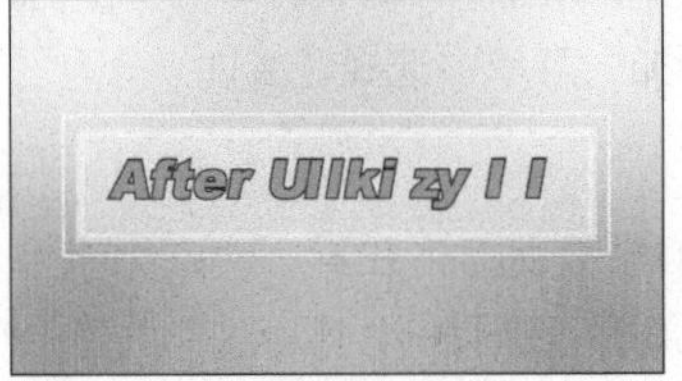

图 9-44 字符动画效果

STEP 5

选中文本层，在其“动画”菜单中选择“字符值”，添加一个“动画制作工具2”。每个字符对应一个固定的数值，其中0~9对应的数字值分别为48~57，这里先设置“字符值”为57。

STEP 6

展开“动画制作工具2”下的“范围选择器1”，设置第2秒为-100%，第3秒为0%，这样原来的文字内容会在两个关键帧之间从左至右逐渐变化为一行数字9。

STEP 7

再设置“字符值”在第3秒时为57，在第5秒时为48，使数字行从9变化为0，如图9-45所示。

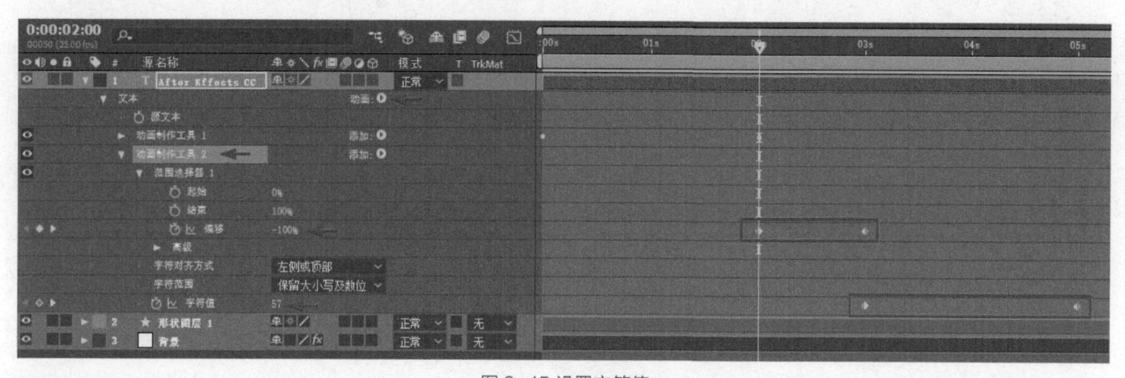

图 9-45 设置字符值

STEP 8

预览动画，如图9-46所示。

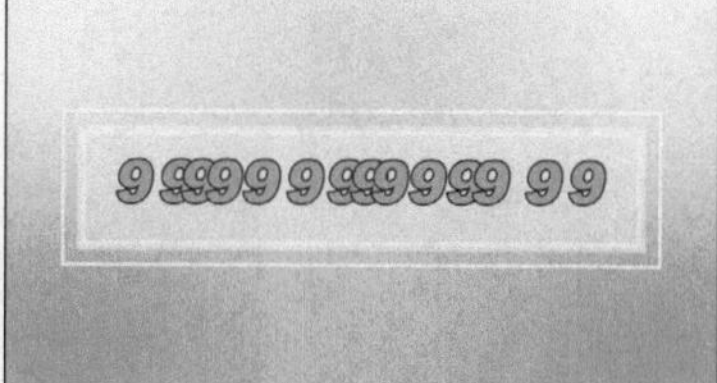

图 9-46 字符值动画

操作8 使用摆动设置动画效果

在文本动画中，对文本局部字符选择范围的设置很重要，动画制作工具下还有“选择器”相应的选项，分为“范围”“摆动”和“表达式”。其中在这些属性动画设置中，默认都会有一个“范围选择器”，而“表达式”将在后面介绍，这里使用“摆动”设置动画效果。

STEP 1

新建一个内容为“跳动的字节”的文本，设置字体、大小和位置等，其中颜色设为RGB（255，0，0）的红色，如图9-47所示。

STEP 2

选择文本，创建副本，修改颜色设为RGB（0，255，255）的青色，如图9-48所示。

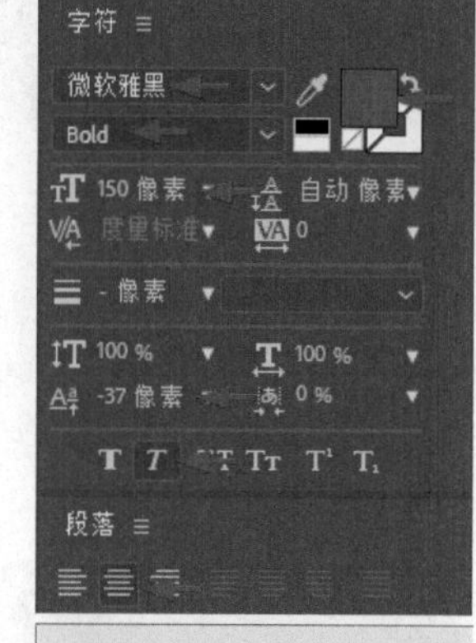

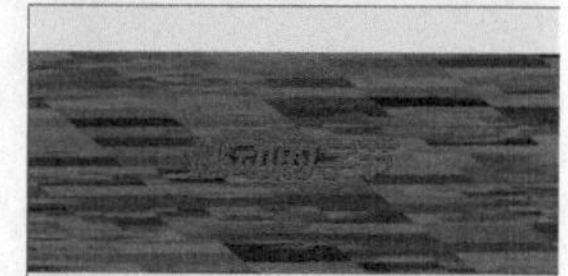

图 9-47 新建并设置文字

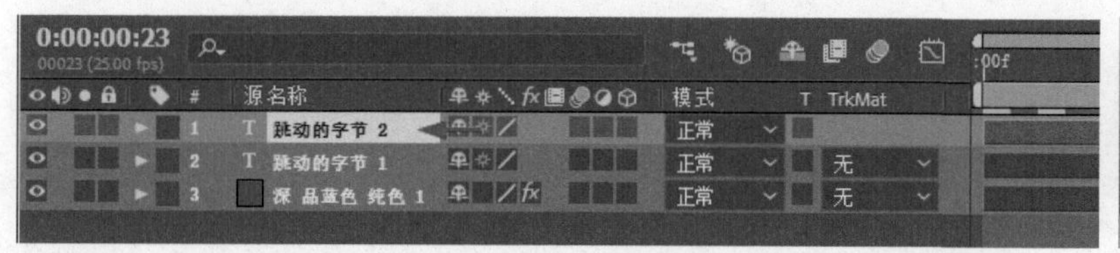

图 9-48 创建副本并修改文字颜色

STEP 3

设置上层文本层的图层模式为“线性减淡”，两种颜色在这个图层模式下叠加显示为白色，如图9-49所示。

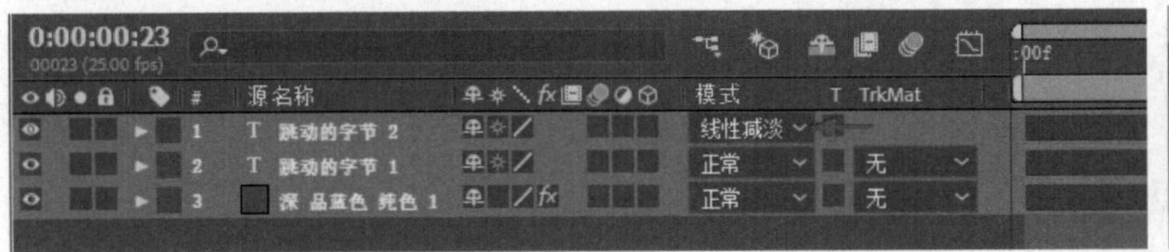

图 9-49 设置一个图层模式

STEP 4

展开一个文本层，在“文本”右侧的“动画”菜单下选择“位置”，添加“动画制作工具1”，设置“位置”为（15.0，-15.0）。然后在“动画制作工具1”右侧的“添加”菜单中选择“选择器>摆动”，添加一个“摆动选择器1”，设置“模式”为“相交”，“摇摆/秒”为25.0，“锁定维度”为“开”，如图9-50所示。

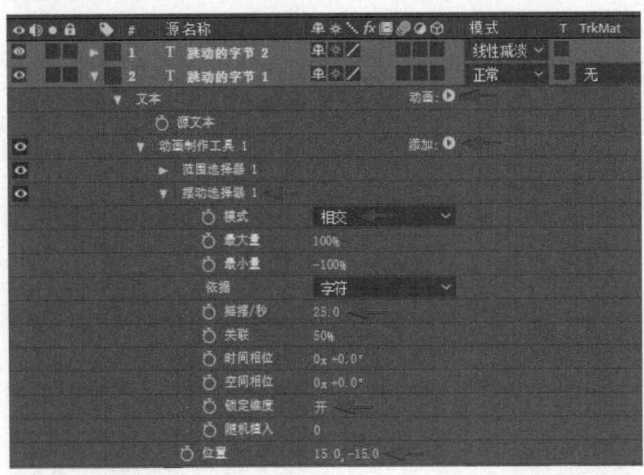

图 9-50 设置摆动

STEP 5

选中设置好的“动画制作工具1”，按Ctrl+C快捷键复制，再选择另一个文本层，按Ctrl+V快捷键粘贴，应用相同的文本动画设置。这样不用设置关键帧，而通过设置“摆动”就能完成一个跳动文字的动画效果的制作，如图9-51所示。

图 9-51 复制摆动以完成动画

9.3.3 文本路径动画

文字层下有一个“路径选项”，可以将文本摆放到绘制的路径上，而这个路径就是在文本层上绘制的蒙版。这个蒙版可以是开放的线条，也可以是闭合的图形。其中如果是闭合的蒙版，指定给文本作为路径时，会自动将默认的“相加”蒙版模式修改为“无”，使文字的显示不受蒙版的影响。

操作 制作文字路径动画

STEP 1

打开准备好的对应合成，查看其中的图形，准备参照图形在中间建立一行曲线文字，在上部建立一行圆环文字的一部分，在下部再建立一行圆环文字的另一部分。先建立中间的一个文本层，如图9-52所示。

STEP 2

参照图形，选中文本层，使用钢笔工具绘制一个曲线的“蒙版1”，如图9-53所示。

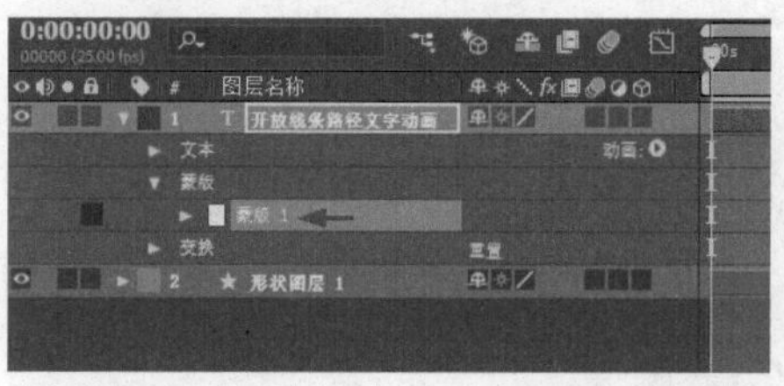

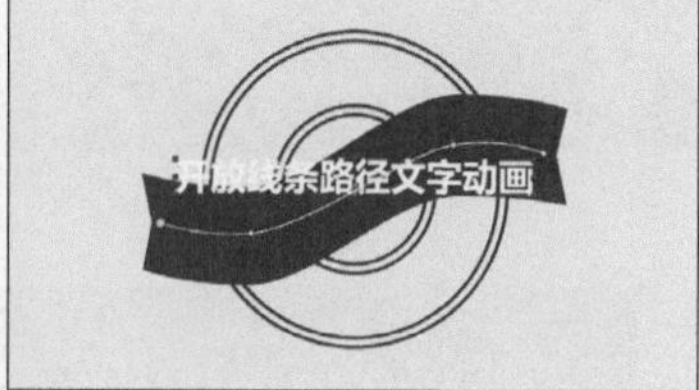

图 9-53 添加蒙版路径

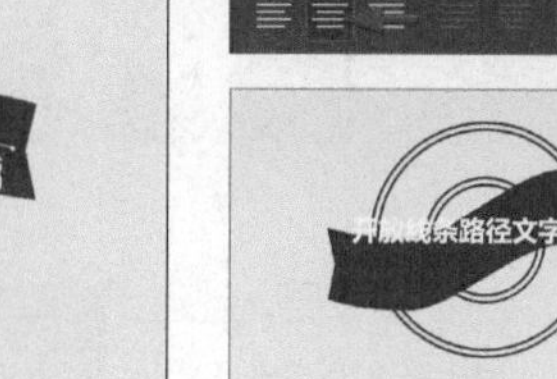

图 9-52 建立文字

STEP 3

展开文本层，在“路径选项”下将“路径”选择为“蒙版1”，文字自动放置到曲线蒙版路径上，如图9-54所示。

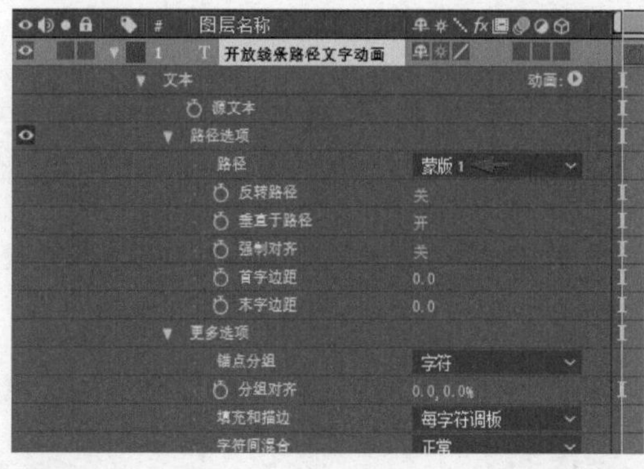

图 9-54 设置路径文字

STEP 4

当前文字在路径上的位置偏高，可以通过字符面板中的“设置基线偏移”来调节高低。打开“路径选项”下的“强制对齐”，可以调整“首字边距”和“末字边距”以确定文字在路径上的起始和结束位置，如图9-55所示。

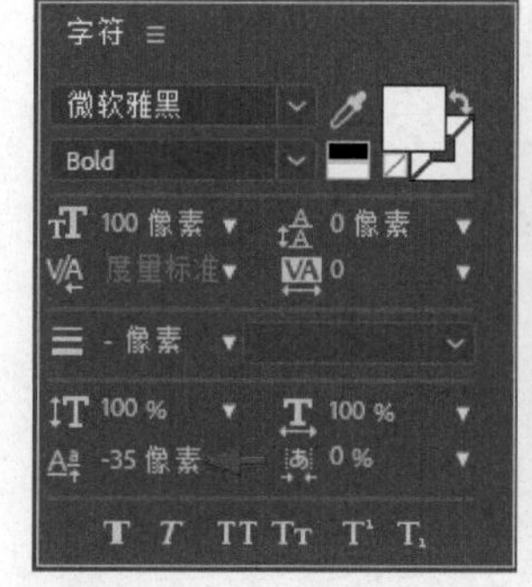

图 9-55 调整对齐

STEP 5

建立一个文本层，先对文字进行字体、大小、颜色的设置，然后参照图形绘制一个圆形的“蒙版1”，并设置文本层“路径选项”下的“路径”为“蒙版1”，将文字指定到圆形蒙版路径上。然后设置“反转路径”为“开”，调整“首字边距”为-1130.0，将文字沿圆形路径移至图形的上部。并通过调整字符面板中的“设置基线偏移”来调节高度，调整“字符间距”来调节文字的间距，如图9-56所示。

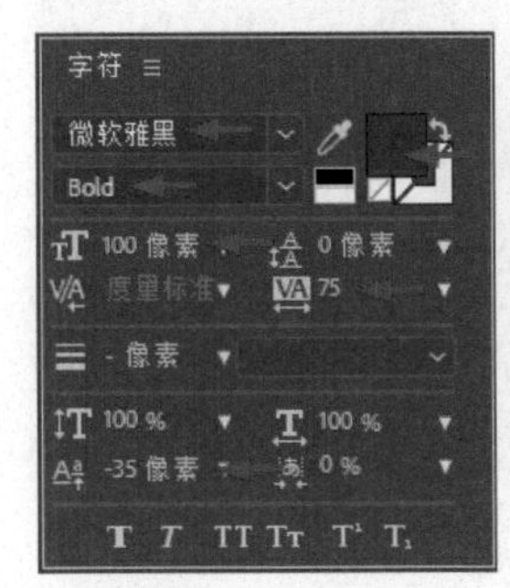

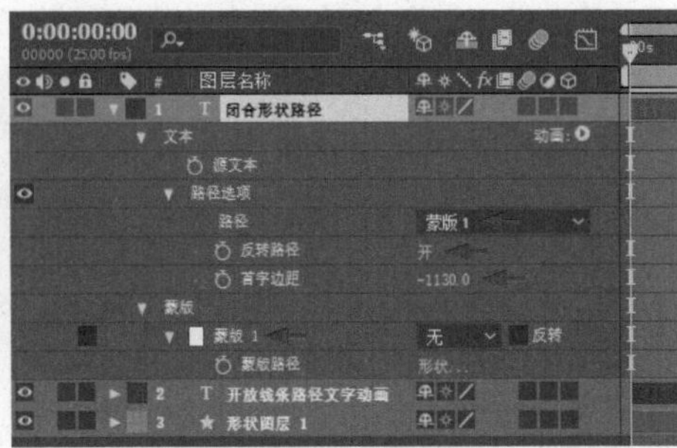

图 9-56 建立文本层并进行设置

STEP 6

选中当前的文本层，创建一个副本（快捷键为Ctrl+D），并修改上层副本的文字内容，然后修改“路径选项”下的“反转路径”为“关”，修改“首字边距”为130.0，将文字沿圆形路径移至图形的下部，如图9-57所示。

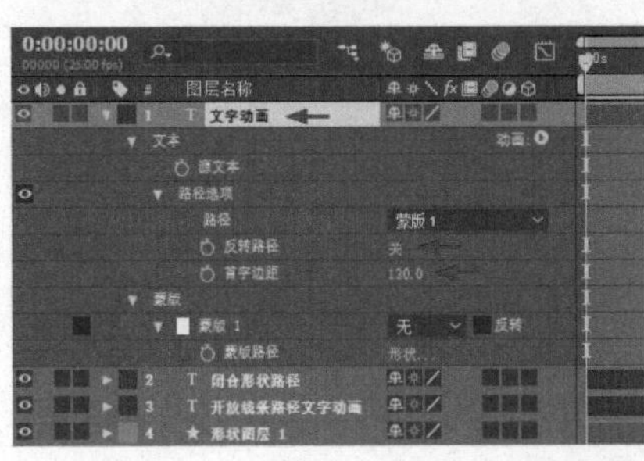

图 9-57 复制文本层并修改和设置

STEP 7

设置好路径文字后，这里来为其设置一个出现的动画。先设置中间一行文字逐渐显示出来，在其“文本”右侧的“动画”菜单下选择“不透明度”，添加“动画制作工具1”。将这个“不透明度”设为0%，然后设置“偏移”在第0帧处为0%，在第1秒处为100%。

STEP 8

设置上面的文字的“首字边距”在第1秒时为-393.0，在第2秒时为-1130.0。设置下面的文字的“首字边距”在第1秒时为709.0，在第2秒时为130.0。然后复制中间层的“动画制作工具1”，在第1秒处粘贴到上下两个文本层，如图9-58所示。

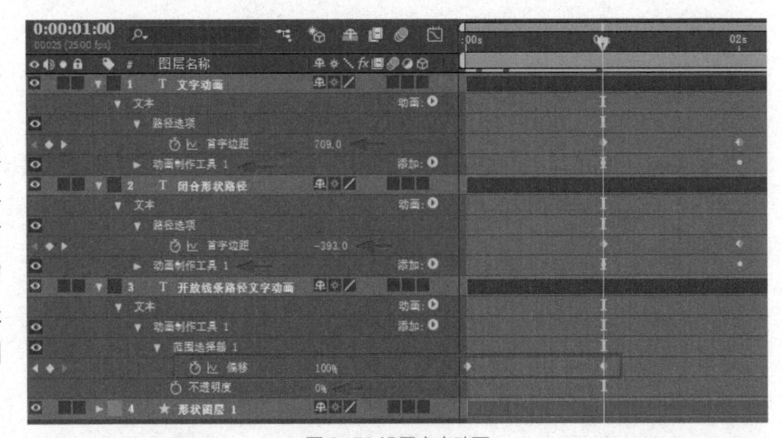

图 9-58 设置文字动画

STEP 9

预览动画效果，可以看到中间的文字逐渐显示出来，上下行文字逐渐显示出来的同时沿圆形路径移动到对应的位置，如图9-59所示。

图 9-59 路径文字动画效果

9.4 文本动画预设

文本动画在软件中有部分预设，即预先设置好文本的属性关键帧，包括一个或多个“动画制作工具”下的属性关键帧组合，用户可以直接将预设应用到文本层上。在应用预设时，需要选中目标的文本层，并确定当前时间指示器的位置，应用预设后的关键帧将按当前时间作为起始位置。

操作　浏览和应用文本动画预设

STEP 1

新建一行文本，选中文本层，如图9-60所示。

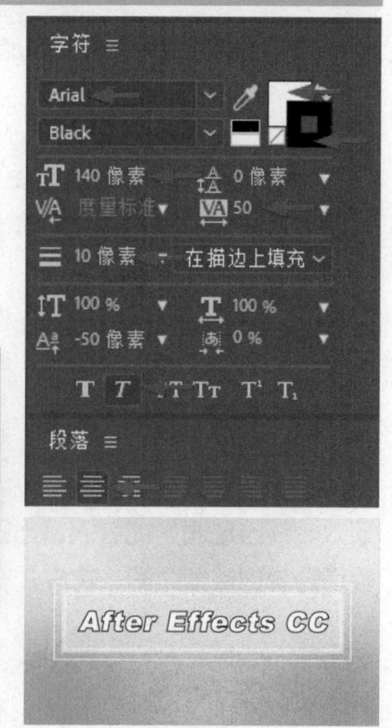

图 9-60 建立文字

STEP 2

选择菜单“动画>浏览预设”，在Adobe Bridge软件中打开软件的预设文件夹，其中有Text文件夹，如图9-61所示。

图 9-61 在 Adobe Bridge 软件中浏览预设文件夹

STEP 3

打开Text文件夹，其下是文本动画的分类预设文件夹，这里打开其中第2个Animate In文件夹，双击第1个“按单词旋转进入.ffx”文件，应用这个预设，如图9-62所示。

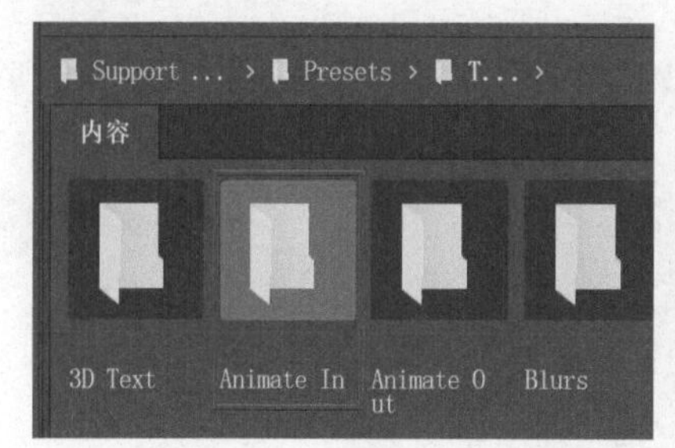

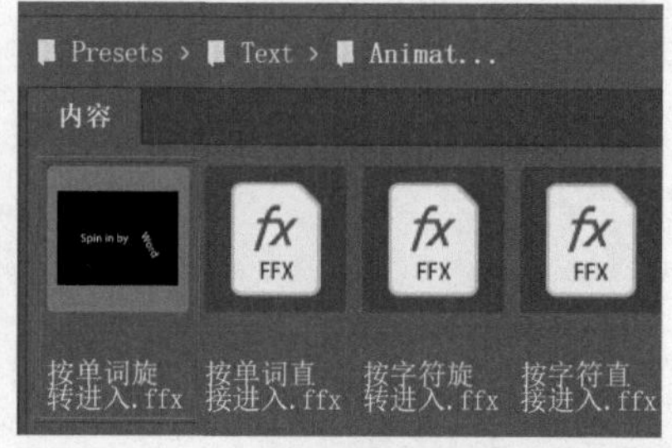

图 9-62 应用预设

STEP 4

返回After Effects软件的界面，文本层也应用了这个预设。其中默认的“动画制作工具1”在预设中的命名为“动画1”。通常应用预设后，需要根据实际情况对效果进行改善，这里展开文本层，调整动画属性下的“位置”，准备将动画中文本的起始位置向下移至屏幕外，如图9-63所示。

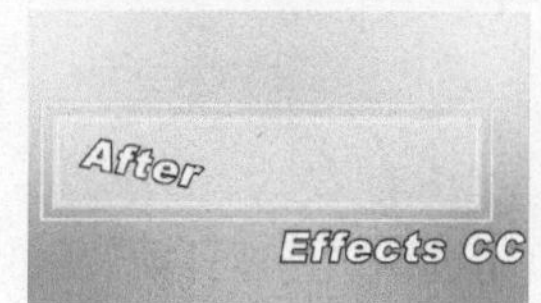

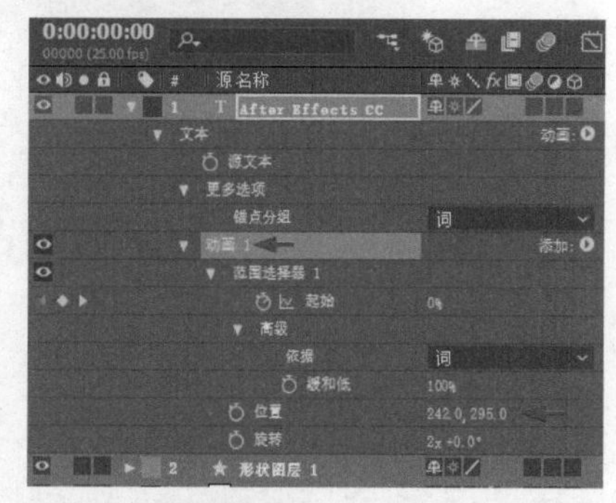

图 9-63 查看生成的动画设置

STEP 5

调整“位置”属性后，预览动画可以看到，文本从屏幕外飞入，如图9-64所示。

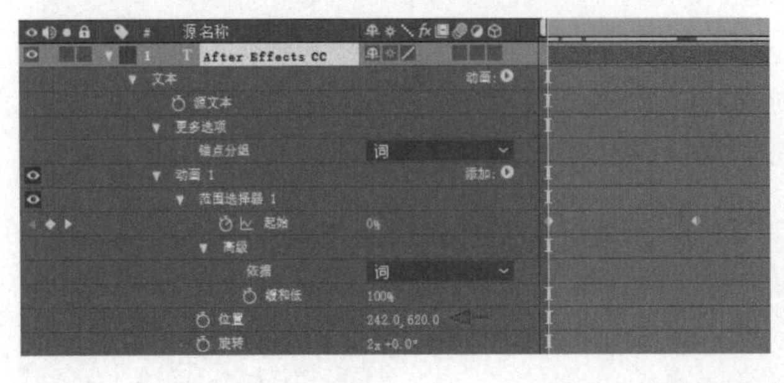

图 9-64 调整动画后的效果

对于文本层中设置好的文本动画，也可以选择菜单“动画>保存动画预设”，将设置保存为自定义的预设文件。

9.5 响应式设计

响应式设计的时间保护功能，为创造自适应的动画带来了便利。例如，创建一个字幕动画，设置了淡入、淡出动画，或者入、出画面的动作，此时添加“响应式设计 - 时间”功能后，无论在何时延长或裁切剪辑的持续时间，响应式设计均会保持动画的时间不变。

响应式设计的时间对比

STEP 1

打开“分层时钟”合成，这是按“合成”的方式导入“分层时钟.psd”时所产生的合成。设置合成时长为10秒，在“秒针”图层下设置“旋转”的开始和结尾关键帧，使其从12点处匀速转动到2点处，如图9-65所示。

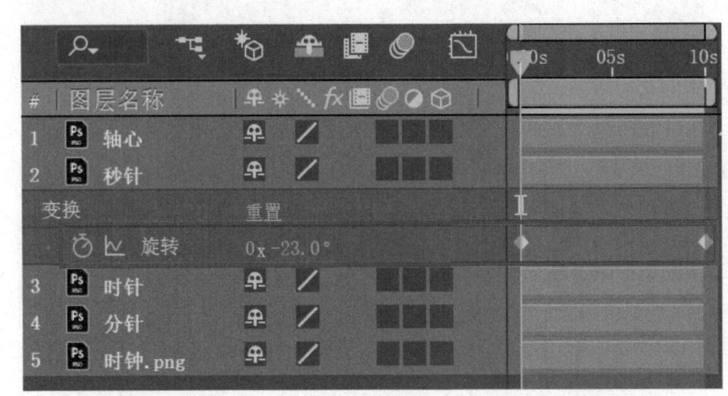

图 9-65 设置旋转动画

STEP 2

在菜单“合成>响应式设计-时间”下选择“创建开场”，在合成的开始处建立一个合成标记，同样选择“创建结尾”在合成的结尾处建立一个合成标记。调整开场和结尾的合成标记长度均为1秒。

STEP 3

将工作区范围调整到合成中部的第5秒至第7秒的区域，选择“通过工作区域创建受保护区域”在合成的工作区建立一个合成标记，如图9-66所示。

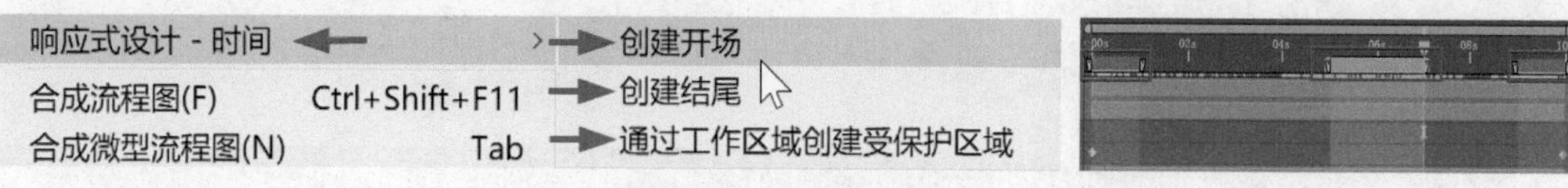

图9-66 建立3处合成标记

按B键设置工作区的入点，按N键设置工作区的出点。拖曳合成标记的左端可以移动合成标记，拖曳合成标记的右端可以调整合成标记的长度，按Ctrl键并单击合成标记的一端可以删除合成标记。

STEP 4

将当前合成视为一段素材嵌套到时长为20秒的新合成中，查看图层上显示有响应设计的区域标记，如图9-67所示。

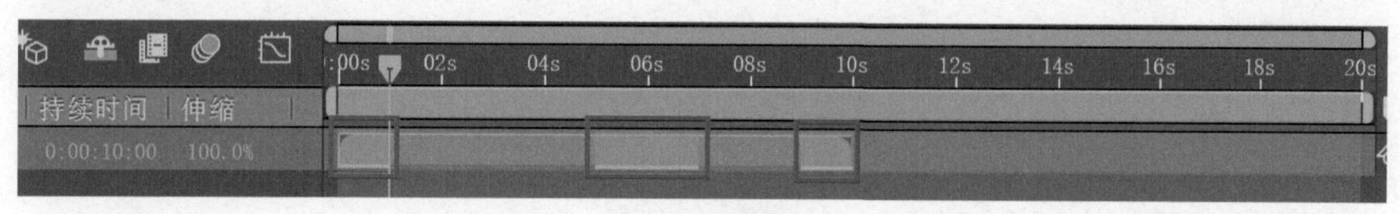

图9-67 嵌套合成

STEP 5

此时调整图层的“伸缩”，改变速度进行加速或减速时，整体素材时长会发生变化。但前1秒、后1秒和中部2秒区域的速度受到保护，播放时其他时段的时钟指针的速度变快或变慢，而这3个时段则维持原速不变，如图9-68所示。

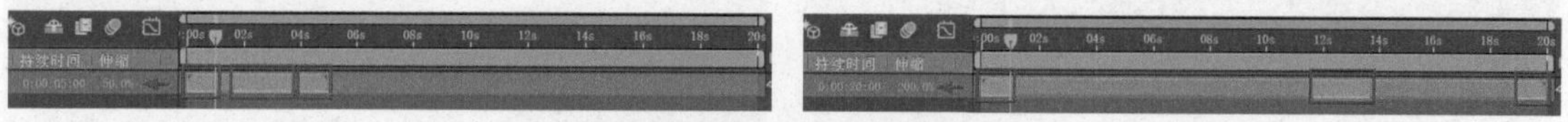

图9-68 调整整体速度时查看局部速度不变

操作2 字幕条应用响应式设计

STEP 1

打开对应的“字幕条”合成，可以发现这是一个字幕条动画，如图9-69所示。

图9-69 查看合成的动画效果

STEP 2

查看合成中的关键帧设置，其第0帧至第2秒时段字幕条入画并定格显示，第3秒至第4秒字幕跳动一次并定格显示，如图9-70所示。

STEP 3

将“字幕条”合成视为一段素材嵌套到时长为10秒的“字幕条响应”合成中，如图9-71所示。

STEP 4

选中图层，选择菜单“图层>时间>启用时间重映射”，添加“时间重映射”关键帧，如图9-72所示。

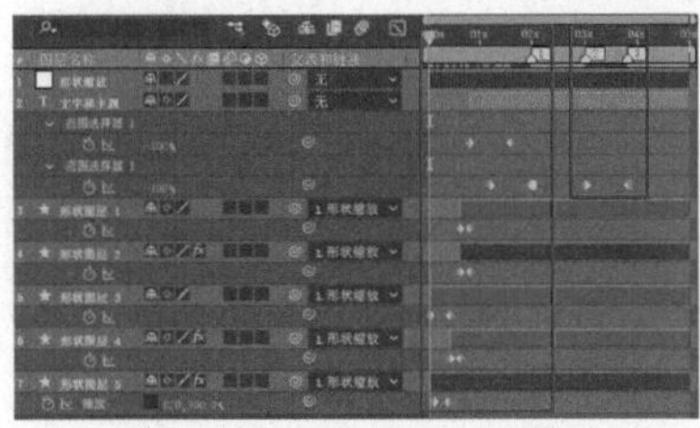

图 9-70 查看合成的关键帧

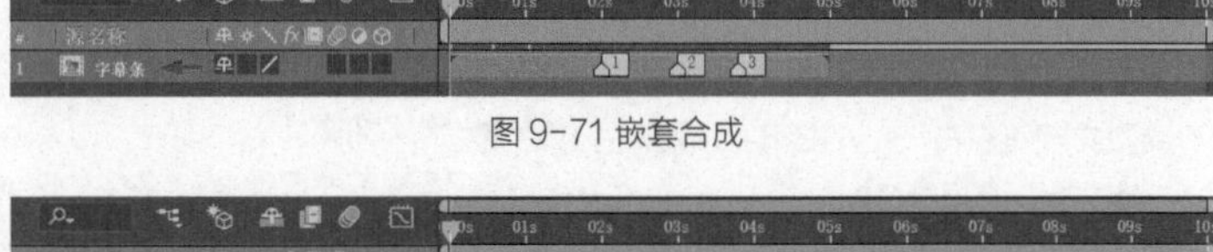

图 9-71 嵌套合成

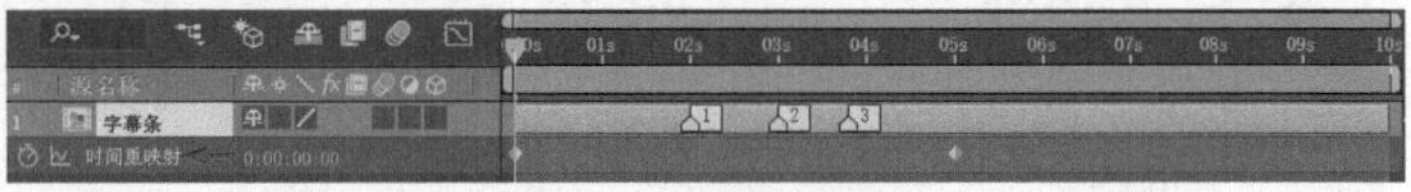

图 9-72 启用时间重映射

STEP 5

在图层第1个标记点处添加一个关键帧，并复制这个关键帧粘贴到第8秒，然后复制开始处的关键帧到结尾处，这样在最后2秒倒放字幕条开头的动画，让字幕条画面以动画的方式消失。接着在第3个标记点处添加一个标记点，在其上单击鼠标右键，选择菜单“切换定格关键帧”定格其后的画面。删除第5秒处默认生成的关键帧，如图9-73所示。

STEP 6

在第2个标记点和第3个标记点之间设置工作区，接下来为字幕条动画建立播放速度的保护区域。在菜单“合成>响应式设计-时间”下依次选择“创建开场”“创建结尾”和“通过工作区域创建受保护区域”，建立3个合成标记，并对应图层标记点调整首尾合成标记的范围，如图9-74所示。

STEP 7

这样，将“字幕条响应”合成视为一段素材添加到新合成中。在调整素材整体的速度时，字幕条进入画面的动画速度、中间字幕跳动的动画速度和结尾字幕条消失的动画速度都保持不变，有助于保障动画的正常效果，如图9-75所示。

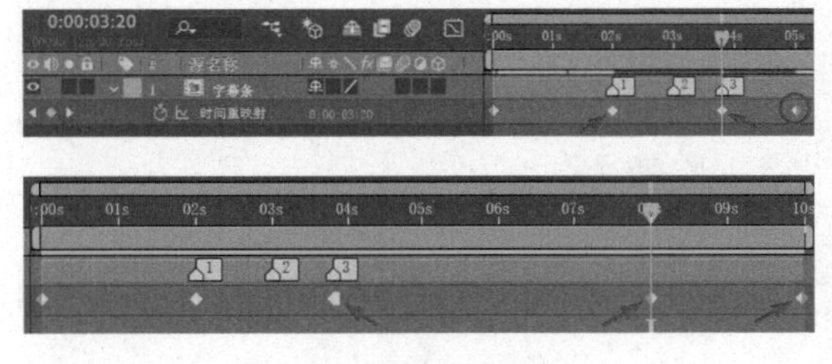

图 9-73 设置时间关键帧

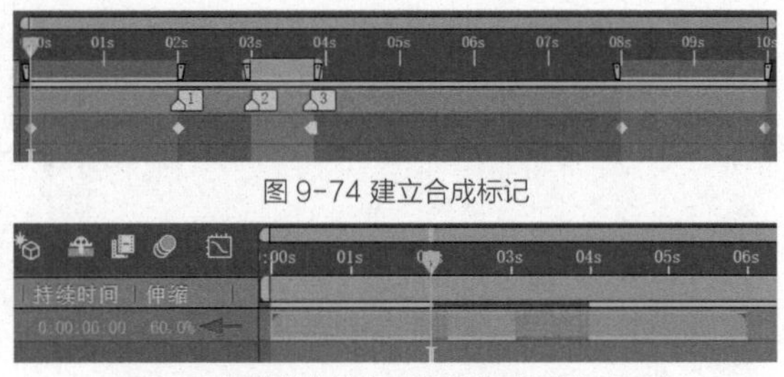

图 9-74 建立合成标记

图 9-75 调整整体速度时查看动画部分速度不变

9.6 制作动态图形模板

动态图形功能可以为所制作的图形文字等动画创建自定义控件。用户可以在After Effects中进行封装，导出动态图形模板 (.mogrt)，然后直接在Premiere Pro中调用和编辑。动态图形模板的预设通过After Effects中的基本图形面板来显示，其就像一个容器，用户可在其中添加、修改不同的控件并将其打包为可共享的动态图形模板，其中需要保持设计所需的所有源图像、视频和预合成都打包在模板中。在Premiere Pro的基本图形面板中可以自动显示出After Effects所导出的动态图形模板，可以直接将其添加到时间轴中，按预设修改自定义的文字内容、动画长度等，使视频效果的制作更加高效。

在Premiere Pro中使用After Effects导出的动态图形模板时，如果对自定义项目不满意，例如，希望能够调整文字的位置，还可以在After Effects中进一步修改基本图形，重新导出模板在Premiere Pro

中更新使用。动态图形模板为.mogrt文件，存放在如C:\Users\Administrator\AppData\Roaming\Adobe\Common\Motion Graphics Templates的文件夹下，可以将其作为项目文件在After Effects中打开、编辑，然后重新导出为.mogrt 文件。这样即使没有最初的AEP文件，也可以利用这个.mogrt文件来修改和制作。

操作1　在After Effects中设置基本图形

STEP 1

打开对应的合成，合成中的图层是9.5节中的“字幕条”图层，设置好“响应式设计-时间>”的合成标志，如图9-76所示。

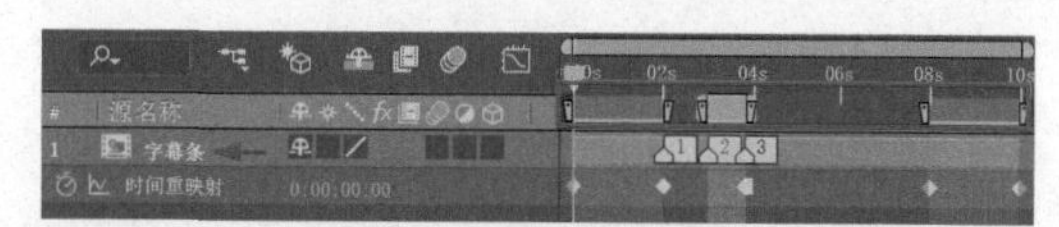

图 9-76 查看合成

STEP 2

选择菜单“合成>在基本图形中打开”，显示基本图形面板，在其中设置“名称”为“字幕条A”，“主合成”显示为当前合成的名称。当前海报预览画面为黑屏，没有内容，在时间轴中移动时间指示器至显示出画面，单击“设置海报时间”显示出画面，如图9-77所示。

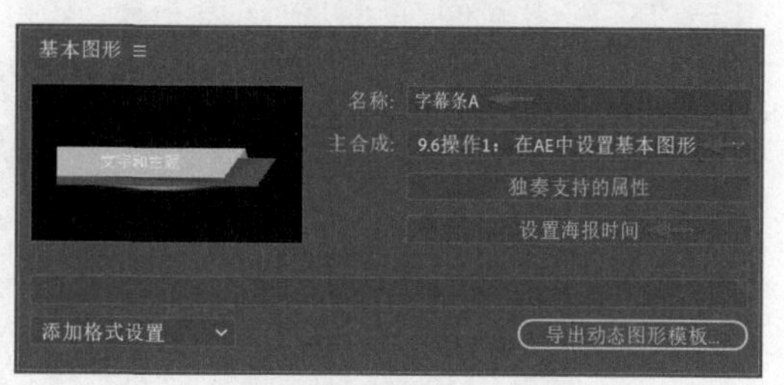

图 9-77 设置预览画面

STEP 3

双击“字幕条”图层切换到其合成下，显示有文字和形状图层。这里准备在基本图形面板中添加针对自定义字幕条的文字和图形选项。在基本图形面板中单击“添加格式设置”的下拉选项，选择“添加组”，并设置组名为“文字”，如图9-78所示。

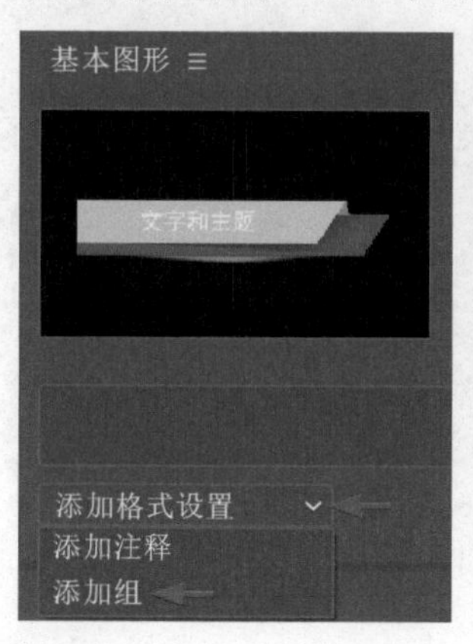

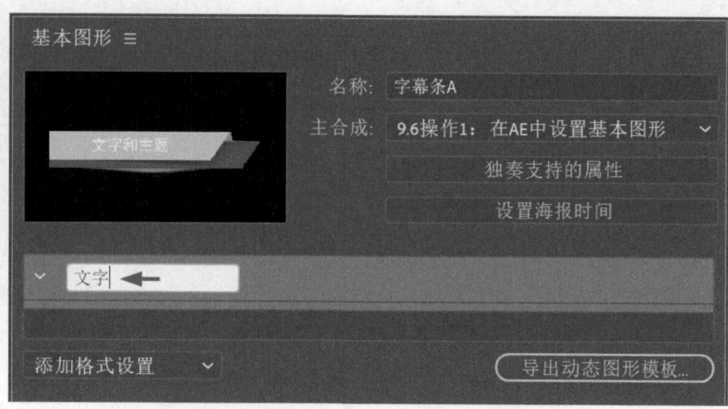

图 9-78 添加组

STEP 4

在“字幕条”合成的文本层下，选中“源文本”，按住鼠标左键不放，将其拖至基本图形面板中紧贴在“文字”组下释放鼠标，如图9-79所示。

STEP 5

这样将“源文本”自定义选项添加了到“文字”组，单击“编辑属性”按钮打开“源文本属性”对话框，将“字体属性”下的3个选项均勾选，如图9-80所示。

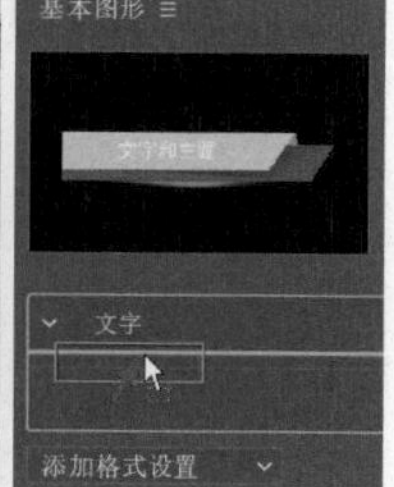

图 9-79 添加预设选项

STEP 6

这样文字可以进行文本内容、字体、样式、大小和仿样式的自定义设置，如图9-81所示。

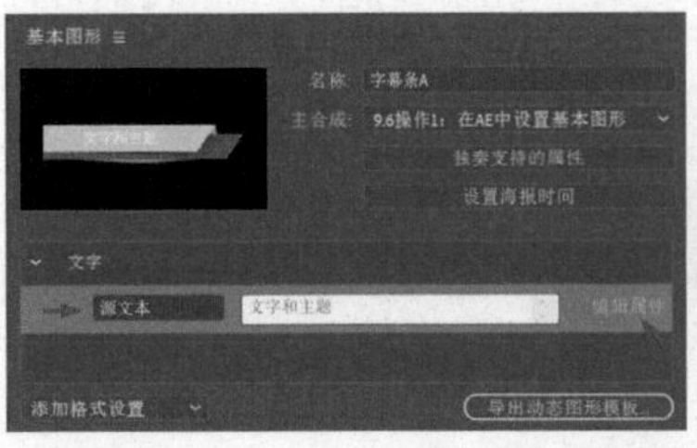

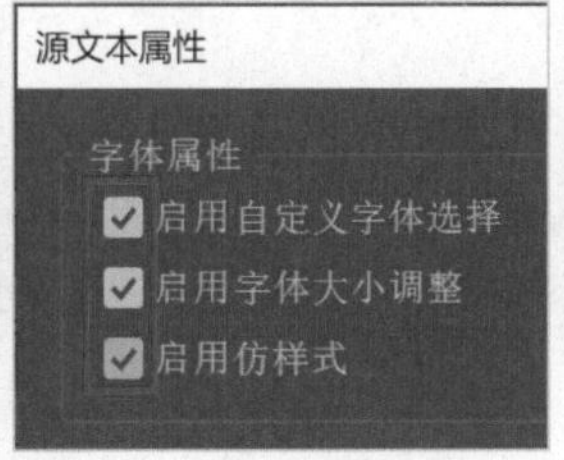

图9-80 设置源文本属性

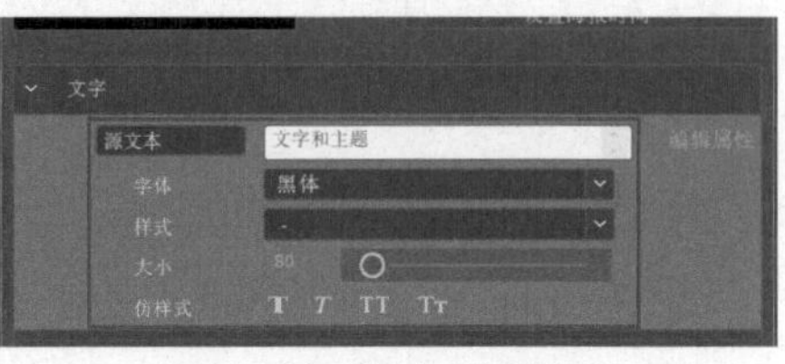

图9-81 显示源文本设置选项

STEP 7

同样，在“字幕条”合成的文本层下，选中“填充颜色”，按住鼠标左键不放，将其拖至基本图形面板中“文字”组下释放鼠标，这样可以自定义文字的颜色。基本图形面板的分组可以折叠或展开，这里单击“文字”组前面的折叠图标将其折叠，如图9-82所示。

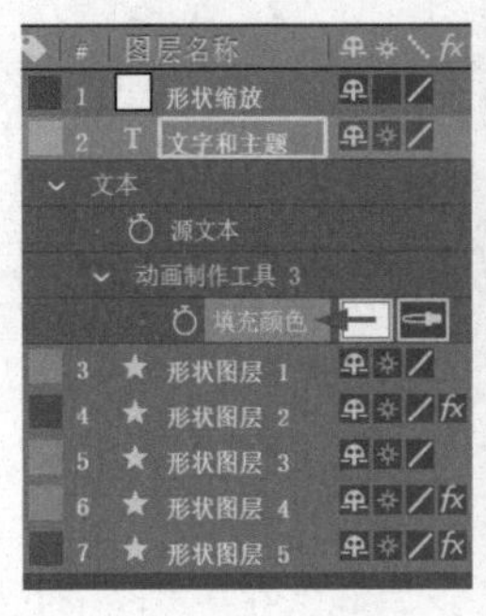

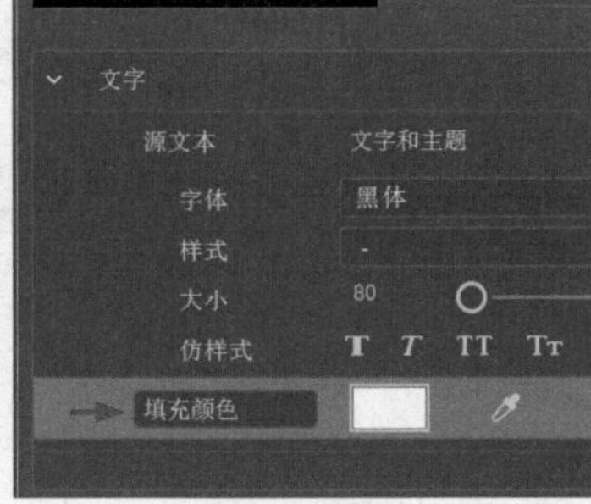

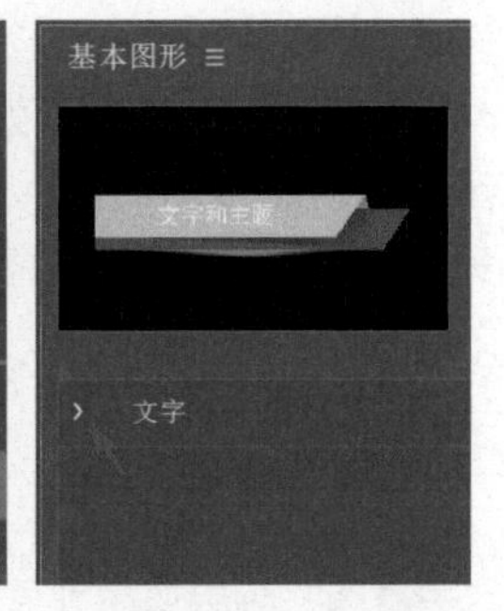

图9-82 添加颜色选项和折叠组下的选项

STEP 8

继续在基本图形面板的“添加格式设置”下选择“添加组”，并设置添加的组名为“图形”。将合成中形状图层下对应的“颜色”属性依次拖至“图形”组下，这样可以为字幕条中的图形自定义颜色，如图9-83所示。

STEP 9

同样，在合成的“形状缩放”图层下，取消图层“缩放”属性的约束比例，将“缩放”属性拖至“图形”组下，这样可以自定义图形的宽度和高度，如图9-84所示。

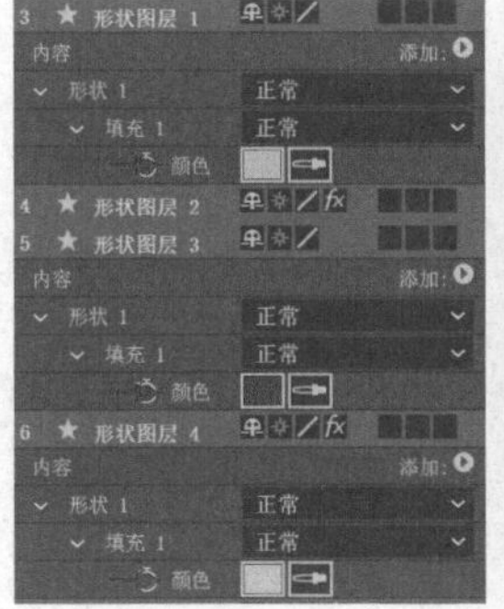

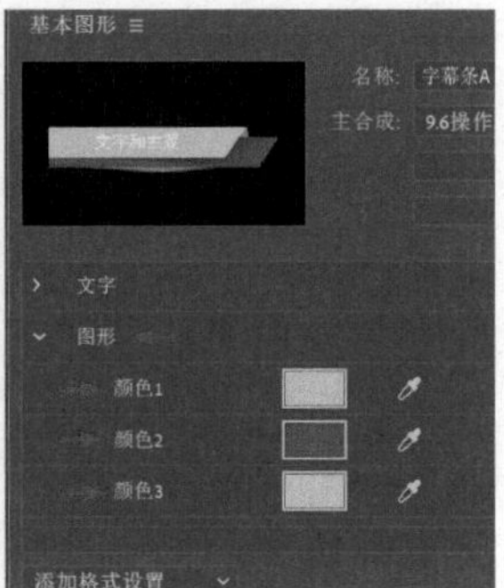

图9-83 添加组和颜色选项

STEP 10

在基本图形面板中单击“导出动态图形模板”按钮，在弹出的面板中的目标下选择“本地模板文件夹”，这样方便在Premiere Pro中直接查看和调用，如图9-85所示。

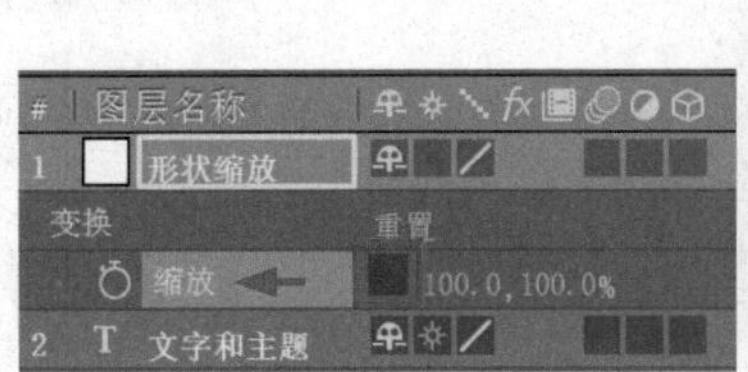

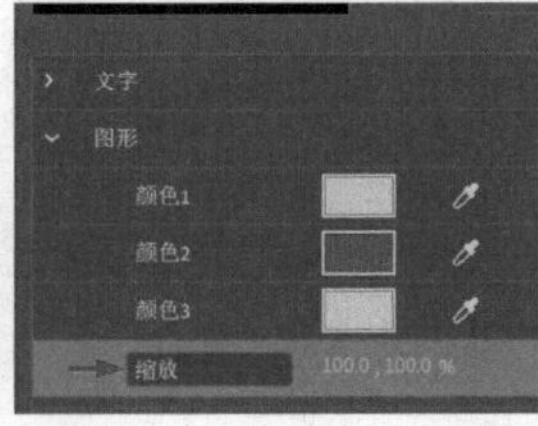

图9-84 添加缩放选项

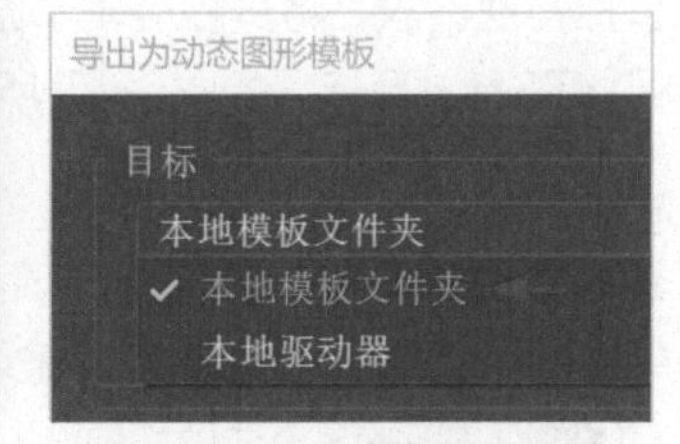

图9-85 导出动态图形模板文件

导出动态图形模板为.mogrt文件，默认情况下添加到本地模板文件夹，即Premiere Pro的基本图形文件夹中，这样模板可直接在Premiere Pro的基本图形面板中显示出来，方便调用。如果保存到本地驱动器，可以指定保存到其他某个目录，但模板将不会自动出现在Premiere Pro的基本图形面板中。

操作2 在Premiere Pro中使用动态图形

STEP 1

在打开的Premiere Pro中，选择菜单“窗口>基本图形”，显示基本图形面板，在其“浏览”标签下勾选“本地模板文件夹”，并在搜索栏中搜索制作的动态图形模板名称，这里为“字幕条A”，将其显示出来。

STEP 2

拖曳“字幕条A”到Premiere Pro的时间轴中并保持选中状态，如图9-86所示。

STEP 3

这样在基本图形面板的“编辑”标签下，或者在效果控件面板的“图形参数”下，都可以进行“文字”组和“图形”组自定义选项的设置，如图9-87所示。

STEP 4

自定义字幕条，如图9-88所示。

STEP 5

调整时长，其停留时段的时间发生变化，而动画的速度不变，如图9-89所示。

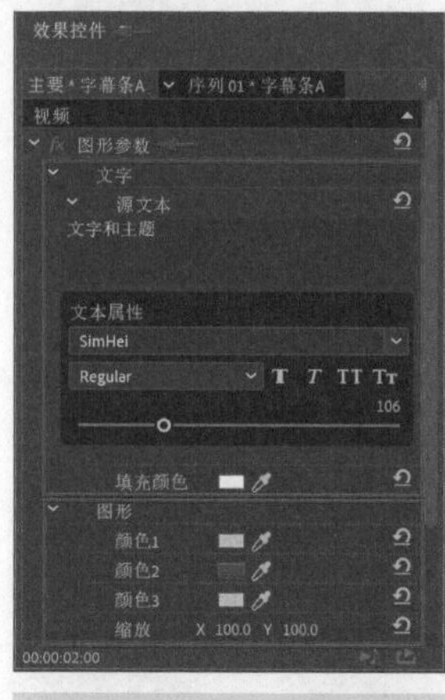

图 9-87 打开自定义选项

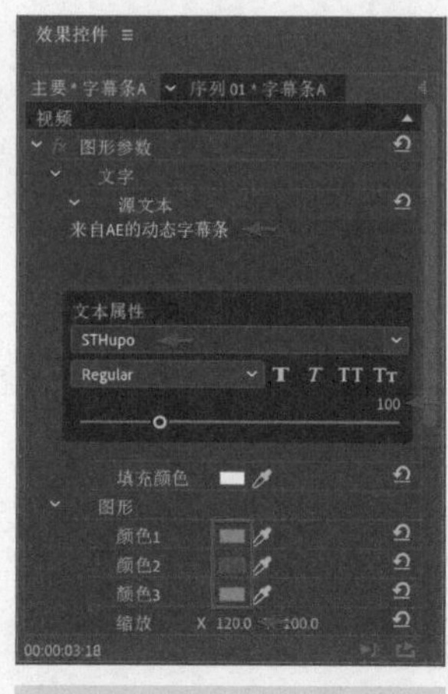

图 9-88 修改自定义选项

图 9-86 在 Premiere Pro 中调用动态图形模板

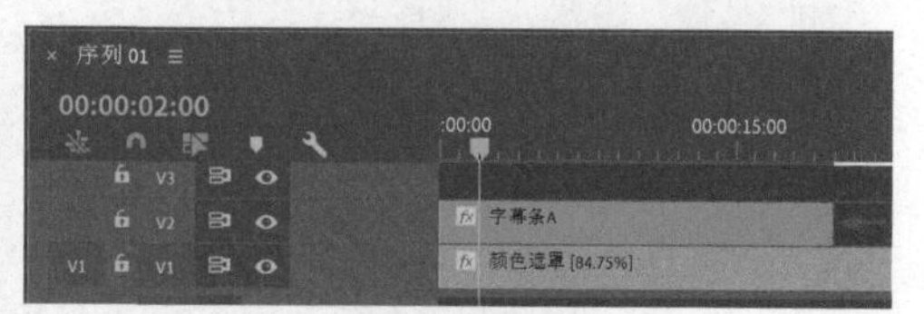

图 9-89 调整时长

在After Effects中修改动态图形

STEP 1

这里在After Effects中选择菜单“文件>打开项目”，选择After Effects导出的“字幕条A.mogrt”文件，单击“打开”按钮，系统层提示选择一个类似解压文件时的提取文件夹，然后单击“提取”按钮，如图9-90所示。

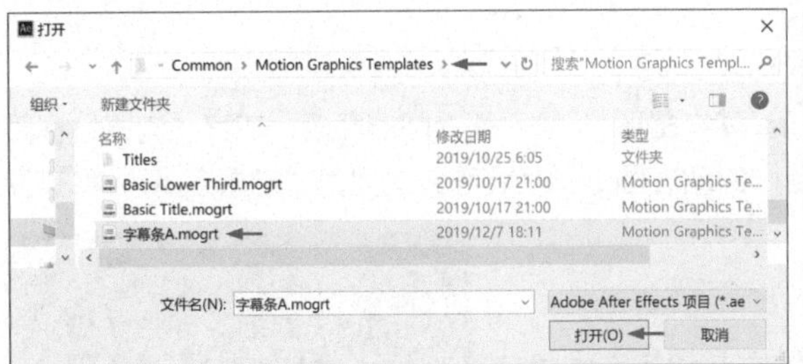

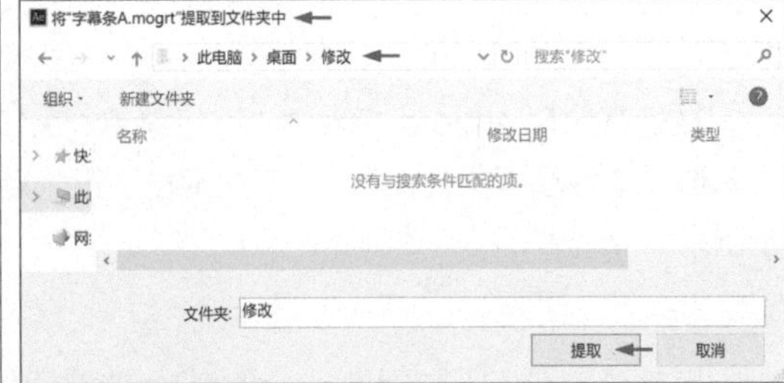

图9-90 用After Effects打开动态图形模板文件

STEP 2

这样原“字幕条A.mogrt”文件在新文件夹中提取出“字幕条A”文件夹和其下的.aep等附属文件，同时打开项目文件，如图9-91所示。

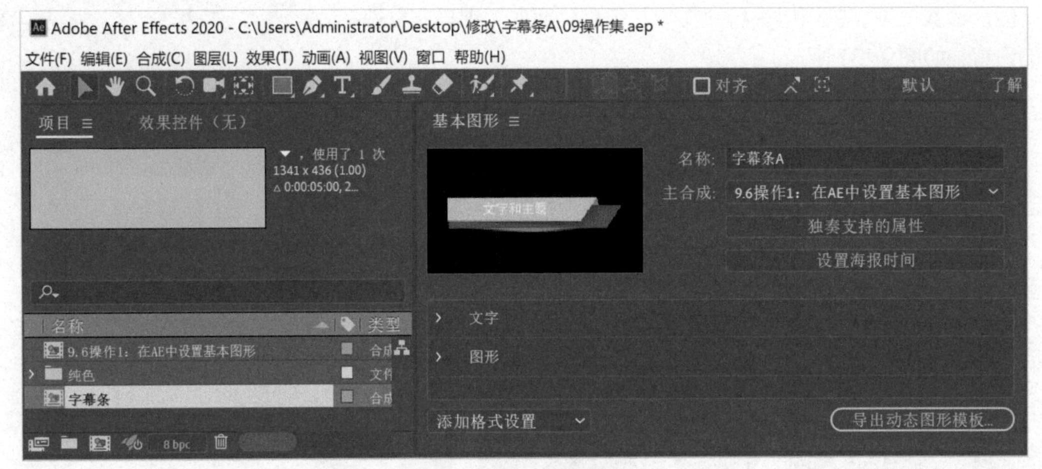

图9-91 进入项目文件

STEP 3

这里在“字幕条”合成下将文字的“位置”属性拖至基本图形面板中的“文字”组下，为其他文字添加“位置”设置，如图9-92所示。

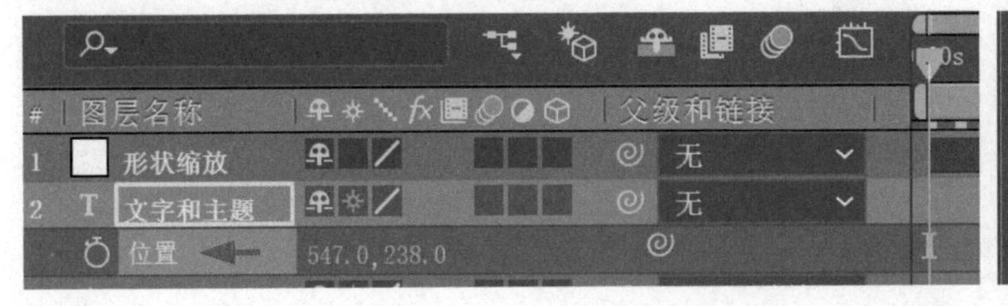

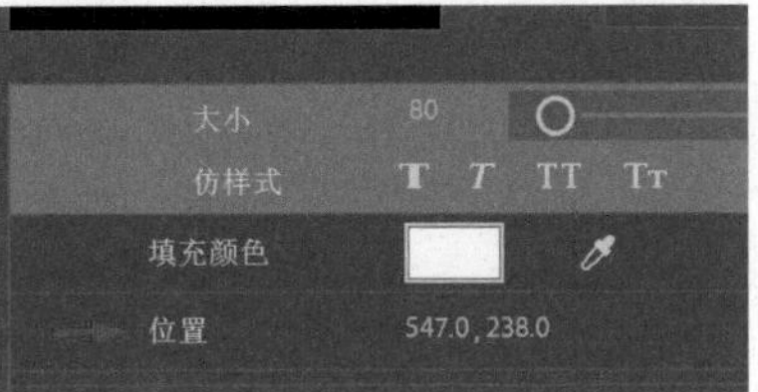

图9-92 添加“位置”设置

STEP 4

单击“导出动态图形模板”按钮，“目标”选择为“本地模板文件夹”，并替换上次导出的同名文件，如图9-93所示。

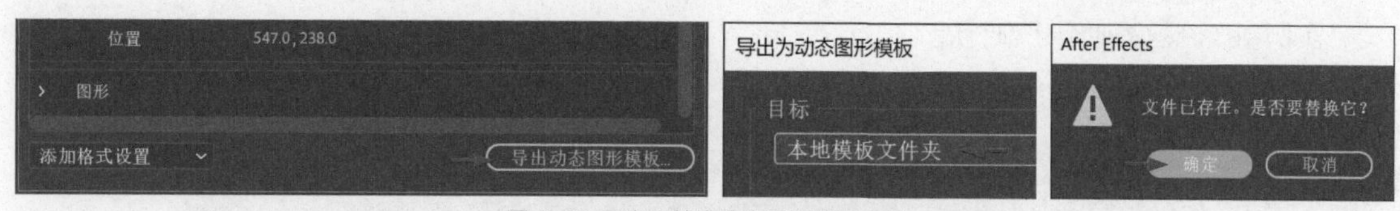

图 9-93 导出和替换动态图形模板文件

操作4 在Premiere Pro中更新动态图形

STEP 1

在After Effects重新导出“字幕条A”并覆盖原动态图形模板文件后，其在Premiere Pro的基本图形面板中会立即得到自动更新。

STEP 2

更新前添加到时间轴中的“字幕条A”将不会被自动更新，可以配合Alt键从基本图形面板中将更新后的“字幕条A”拖至时间轴中的“字幕条A”上并释放，将其更新替换。可以看到其“图形参数”下出现了新的“位置”选项，如图9-94所示。

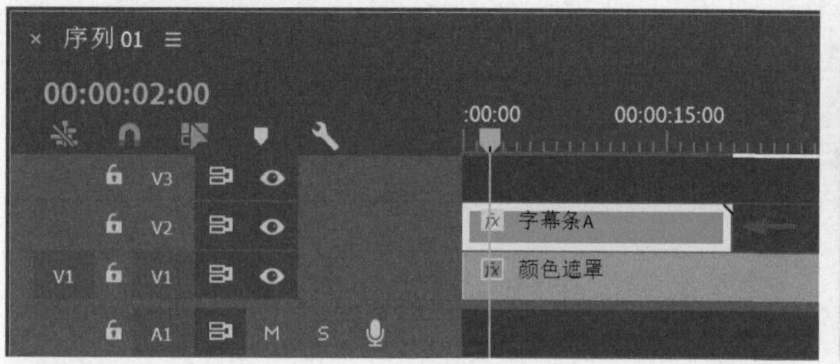

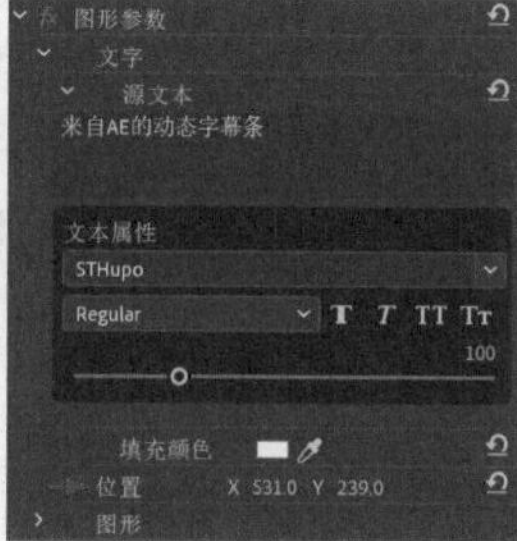

图 9-94 在 Premiere Pro 中进行替换操作

实例 制作短信息对话动画

实例说明

这里制作一个短信息对话的动画效果，包括人物头像和对话文字框，制作在文字框中逐渐显示出信息文字的动画，并随着新信息的出现将之前信息向上平移。素材包括两个头像、一个图标图像和背景音乐素材，其他的效果在软件中制作完成。图像素材如图9-95所示。

图 9-95 使用素材

制作完成的动画效果如图9-96所示。

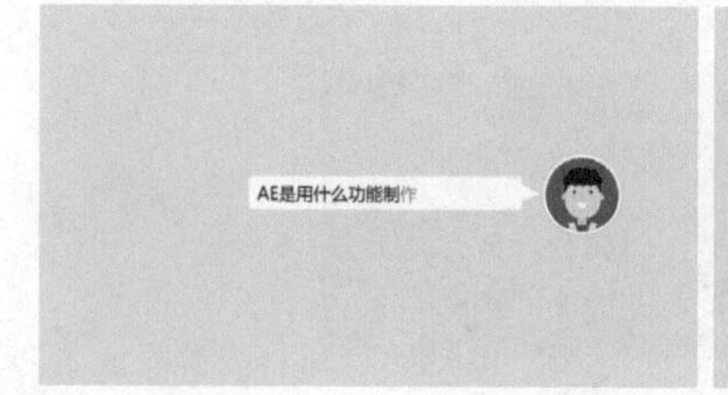

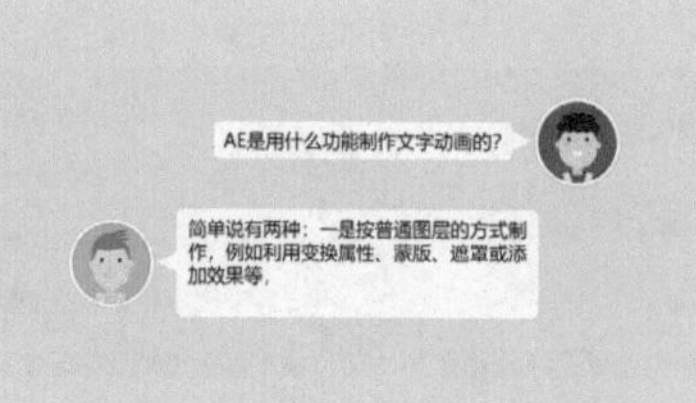

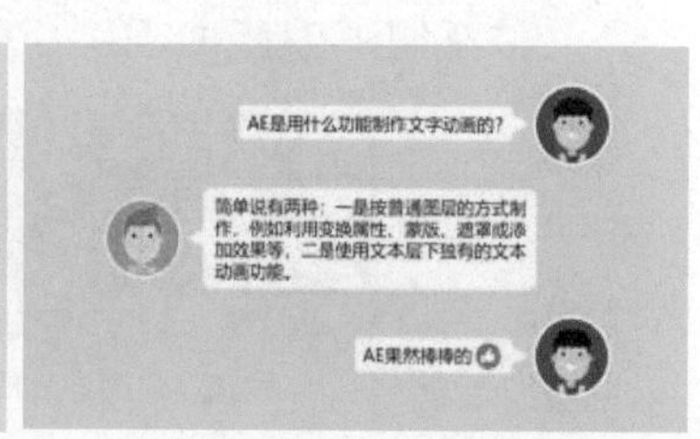

图 9-96 实例效果

实例制作流程图如图 9-97 所示。

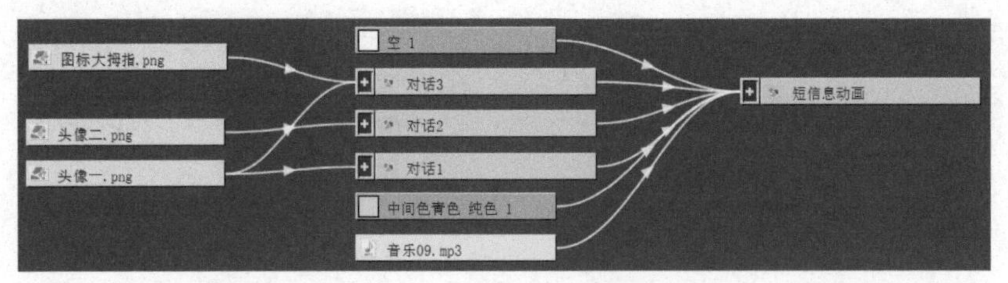

图 9-97 实例制作流程图

扫码观看实例制作步骤讲解视频	实例制作步骤图文讲解
	详见配书资源中的《实例制作步骤图文详解》PDF 文档。 下载方式见封底。

制作多样式出字动画

这里将一段文字内容在After Effects中以动画的形式进行展示，与传统单调的文字篇幅显示有所区别。制作中先将内容进行一行一行的分解，然后为每行设置一个文字动画依次出现。文字动画可以从丰富多样的预设中来选择和添加，然后做适当的修改调整。这里的多行文本先在一个自定义高度的合成中制作完成，然后嵌套到高清合成中，制作上下移动显示的动画，效果如图 9-98 所示。

图 9-98 实例效果

实例制作流程图如图 9-99 所示。

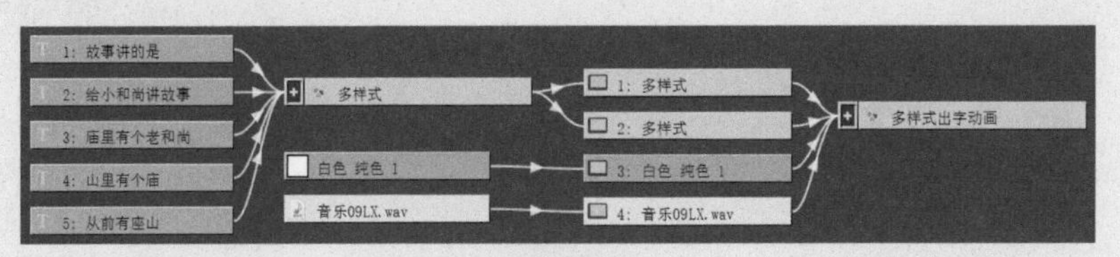

图 9-99 实例制作流程图

基本三维合成
在立体空间中合成

到目前为止，我们一直在学习After Effects中二维图层的合成制作，二维图层的世界已经丰富多彩，而即将进入的三维空间，则使得合成制作更具无限可能。有了前面众多的基础知识点和合成经验，再来学习三维合成的操作将会水到渠成。

不同于三维软件中建模和动画的三维制作，After Effects中的三维合成是以平面的画面在三维场景中参与合成制作的。二维称为2D、三维称为3D，所以After Effects的三维合成又被称为2.5D的合成，这也是众多影视大片的特效合成方式。本章将介绍三维合成中的一些基本操作。

10.1 二维合成与三维合成的异同点

三维合成来源于二维合成，合成中包括三维图层以及配合使用的摄像机和灯光，即可视为三维合成。三维合成最基本的特征就是具有三维属性的图层。普通的二维图层只要打开3D开关，即可转换为三维图层。

操作1 在软件中区别二维图层与三维图层

STEP 1

这里在合成中放置“AE图标.ai”图层，展开“变换”属性。

STEP 2

单击打开右侧图层的3D开关，除了“不透明度”不变之外，“锚点”“位置”和“缩放”增加了*z*轴方向的属性，“旋转”细化为了3组，并新增加了“方向”属性，如图10-1所示。

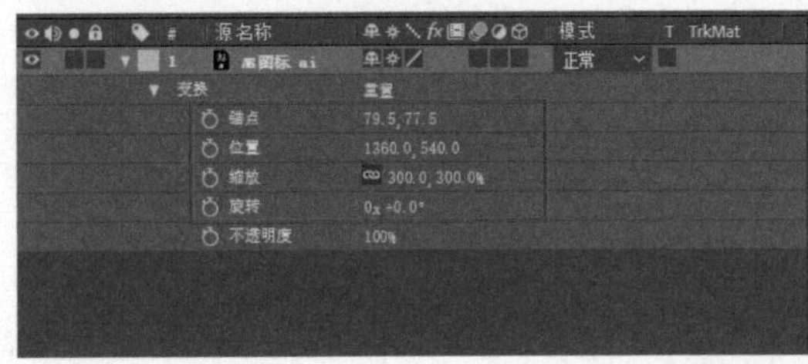

图10-1 图层变换属性对比

STEP 3

这里在合成中放置两个“AE图标.ai”图层，一个在左侧为二维图层，一个在右侧为打开3D开关的三维图层，按R键展开与旋转相关的属性。其中二维图层只有1个“旋转”属性，三维图层则有3个轴向的旋转属性，另有1个“方向”属性。这个“方向”属性中的数值限制在0°至360°之间，用来设置方向的角度。

STEP 4

图10-2中的左侧图层设置了“旋转”动画，右侧图层设置了“*y*轴旋转”动画，它们的第0帧均为0°、第3秒均为360°，对比两者维度的不同，左侧图层限制在平面内旋转，右侧图层则可以在空间内旋转。

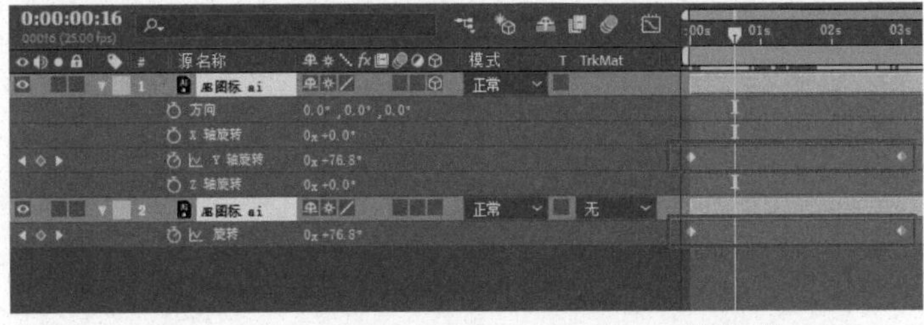

图10-2 旋转对比

操作2 制作Logo飞出动画

STEP 1

这里准备制作一个Logo从画面中心由小到大飞出画面的动画，先使用二维图层缩放的方法来制作。在合成中先放置一个“Adobe图标.png”图层，展开“缩放”，设置在第0帧处为（30.0，30.0）%，在第3秒处为（2000.0，2000.0）%，再设置“位置”在第0帧处为（960.0，540.0），在第3秒处为（2000.0，-200.0），将图标移动至画面之外，如图10-3所示。

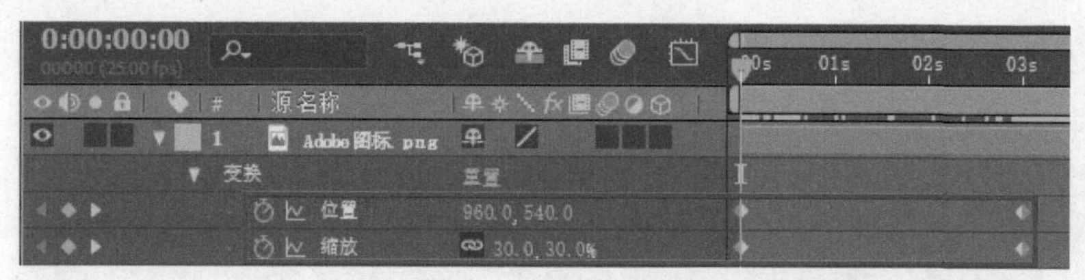

图10-3 设置二维图层的位置和缩放动画

STEP 2

关闭当前图层，再放置一个“Adobe图标.png”图层，打开3D图层开关，展开“位置”，设置z轴数值在第0帧处为6000.0，在第3秒处为-2700.0。在合成面板下部可以将“活动摄像机”切换为“自定义视图1”，查看图层沿着z轴向前移动的动画，如图10-4所示。

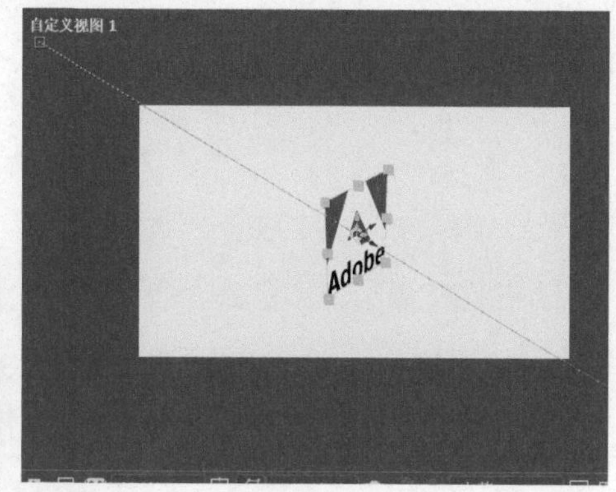

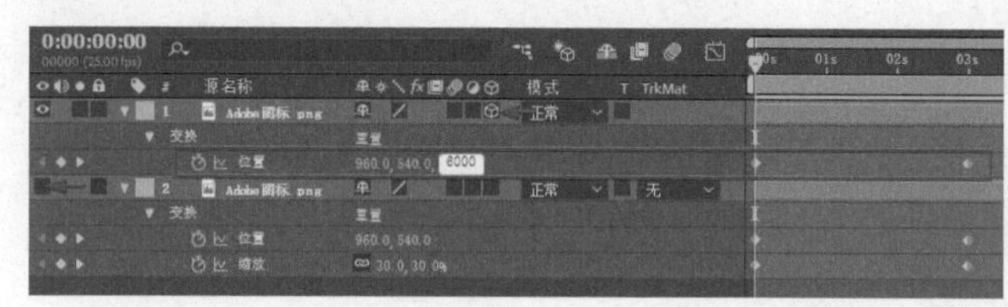

图10-4 设置三维图层的位置动画

STEP 3

对比动画效果，可以明显看出三维图层的动画，由远及近、由慢到快，具有纵深的飞行动态效果，而二维图层缩放则没有逼真的空间效果。

操作3 制作围绕星球旋转动画

STEP 1

在合成中放置“星空.ai”层和“星球.ai”层。

STEP 2

新建文本AE CC，打开3D图层开关，设置“锚点”的z轴数值为300.0。然后设置“y轴旋转”关键帧，在第0帧处为0x+0.0°，在第2秒处为1x+0.0°。当只有文字为3D图层，其他均为2D图层时，文字虽然沿y轴在纵深空间中旋转，但仍然显示在各层画面前，如图10-5所示。

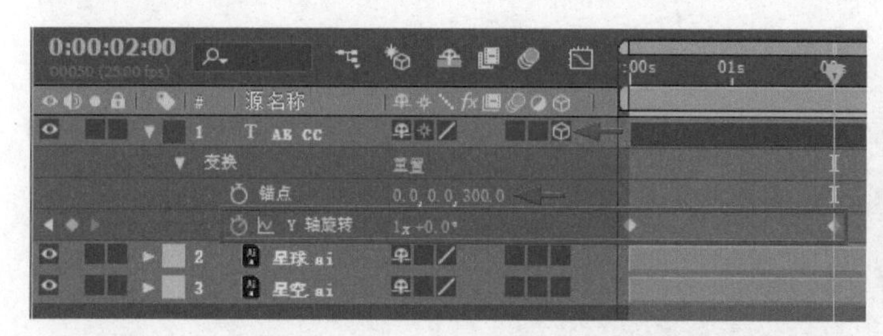

图10-5 设置文字旋转动画

STEP 3

打开“星球.ai”层的3D图层开关，文字沿y轴在纵深空间中旋转时，会旋转到画面的背后。切换为“自定义视图1”查看，文字的锚点在中心位置，动画中的文字在纵深的空间中绕着旋转，如图10-6所示。

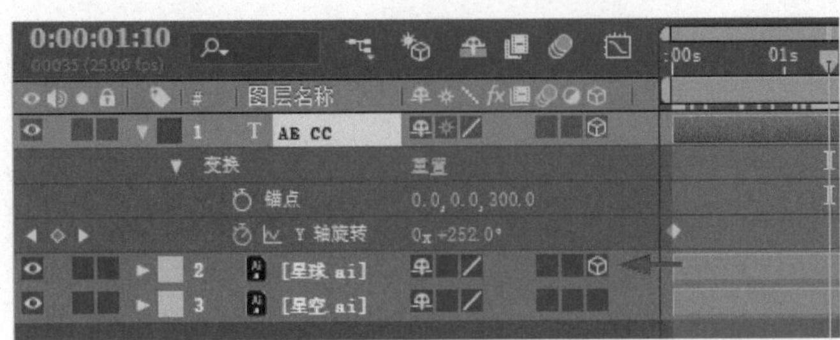

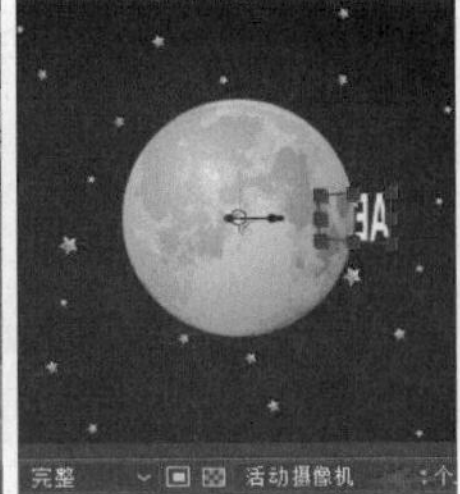

图 10-6 二维图层、三维图层和透视图

二维图层不会出现在自定义视图中。

10.2 建立三维物体和场景

After Effects 中 2D 平面的图层转换为 3D 图层后，可以在空间中旋转和移动，搭建简单的立体图层组合。这里使用 6 个正方形的平面来快速搭建一个立方盒子的效果。

操作 1 搭建立方盒子方法一

STEP 1

这里在项目面板中准备了“方形纸.jpg”，长和宽均为 500 像素。新建一个高清合成，在其中放置 6 个“方形纸.jpg”层。

STEP 2

按 Ctrl+A 快捷键全选 6 个“方形纸.jpg”层，单击其中一层的三维开关，即可同时打开 6 层的三维开关，将其全部转换为 3D 图层。

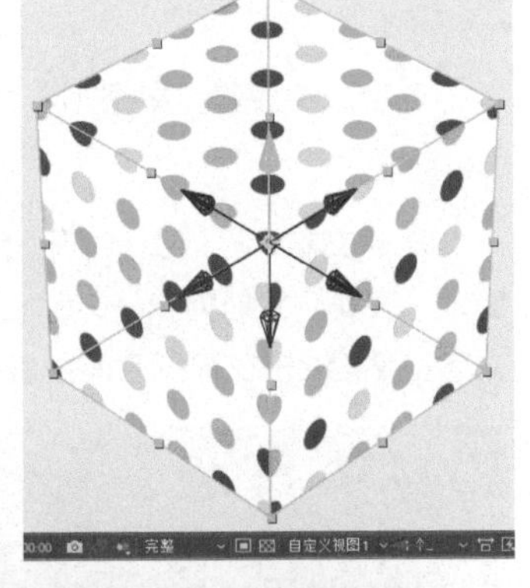

STEP 3

按 A 键展开各层的“锚点”，在全选各层的状态下，单击其中一层 *z* 轴数值，将其修改为 250 并按主键盘上的 Enter 键确认，即可同时修改全部图层“锚点”的 *z* 轴数值为 250.0。

STEP 4

按 R 键展开“方向”属性，参考“自定义视图”中的显示，依次对“方向”中不同的轴向旋转 90°、180° 或 270°，使得平面按锚点向四周和上下方旋转，围成一个立方体，如图 10-7 所示。

图 10-7 通过设置锚点和旋转制作立方盒子

操作2　搭建立方盒子方法二

STEP 1

新建一个高清合成，在其中放置6个“方形纸.jpg”层，打开三维开关，将其全部转换为3D图层。

STEP 2

按P键展开各层的“位置”，按宽度一半的距离，即250像素，向前、后、左、右、上、下移动各层。

STEP 3

按R键展开各层的“方向”，将需要旋转的平面旋转90° 或270° ，围成一个立方体，如图10-8所示。

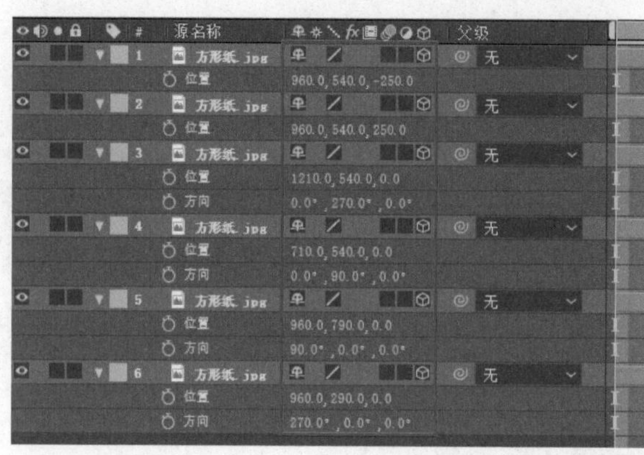

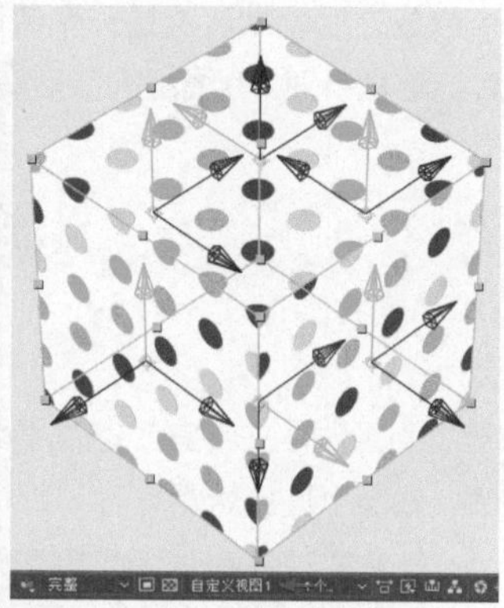

图 10-8 通过移动位置和旋转制作立方盒子

操作3　制作打开立方盒子动画

STEP 1

在搭建立方盒子方法二的基础上制作打开盒盖的动画。先选择菜单“图层>新建>空对象”，建立一个空对象层，并打开其3D图层开关。将6个图层的父级层设为空对象层。

STEP 2

将盒盖的图层移至时间轴的顶部，调整锚点到边缘，用来设置沿边缘旋转，从而打开盒盖的动画。展开“变换”属性，修改“锚点”的y轴数值为250.0，相对地修改“位置”的y轴数值为-250.0，保持位置不变。

STEP 3

设置空对象层的“位置”在第0帧处为（2000.0，540.0，5000.0），在第2秒处为（960.0，540.0，0.0）；设置空对象层的“x轴旋转”为0x+30.0° ；“y轴”数值在第0帧处为0.0° ，数值在第2秒处为1x+30.0° 。设置盒盖层的“y轴旋转”在第2秒处为0x+0.0° ，在第3秒处为0x+230.0° ，如图10-9所示。

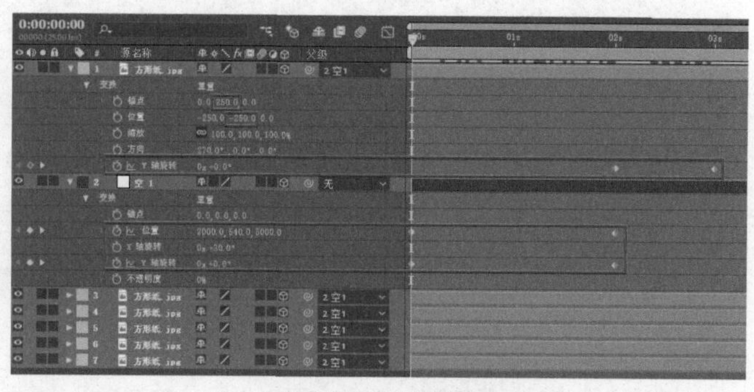

图 10-9 设置盒盖

STEP 4

这样立方盒子会从画面右侧远处旋转着移至画面中部，盒盖沿边缘向左侧打开，如图10-10所示。

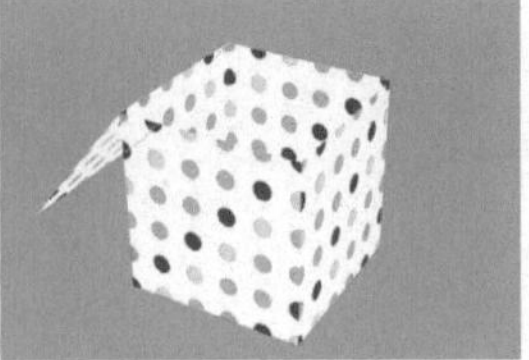

图 10-10 动画效果

10.3 三维合成嵌套折叠变换

在一个合成中3D图层具有空间属性，例如，立方盒子可以在三维空间中旋转和移动。当这个合成嵌套到另一个合成之后，默认这是一个普通的2D图层，当打开3D图层开关后，会发现原来的立方盒子变成一个面片。这里针对3D图层的嵌套有一个“折叠变换”开关，可以在嵌套后恢复原来的立体状态。

嵌套折叠立体图形

STEP 1

新建第1个名为“立方盒”的高清合成，可以将之前制作的立方盒图层复制到合成中，这里先取消动画关键帧，如图10-11所示。

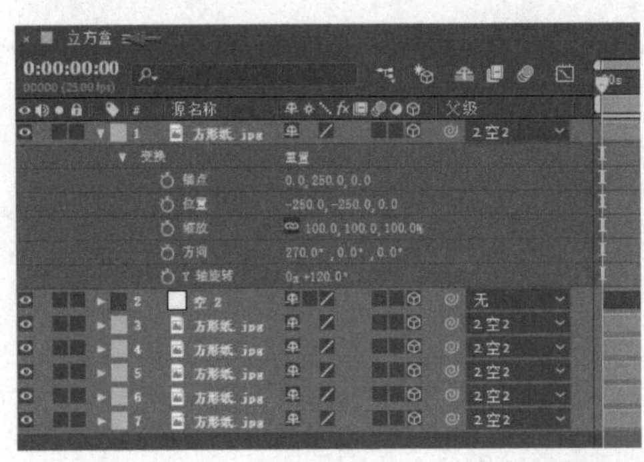

图 10-11 放置图层

STEP 2

新建第2个合成，将“立方盒”放置到合成时间轴，打开3D图层开关，在自定义视图中可以查看到当前“立方盒”为一个面片状态，如图10-12所示。

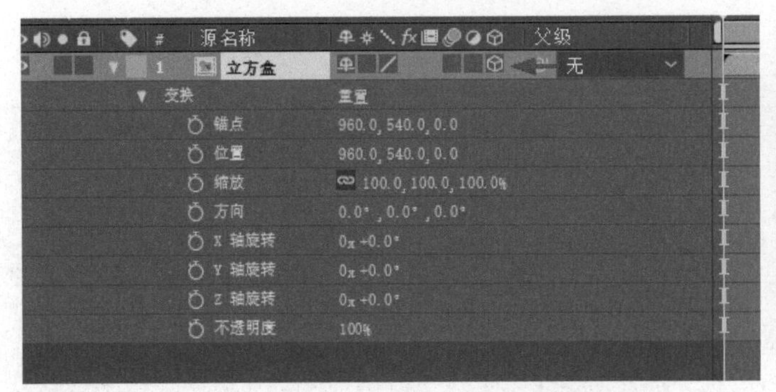

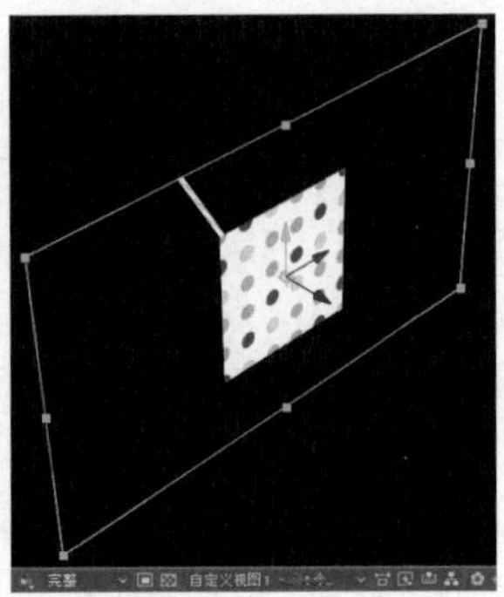

图 10-12 放置嵌套层

STEP 3

打开图层的“折叠变换”开关，可以看到“立方盒”恢复了立体的状态，如图10-13所示。

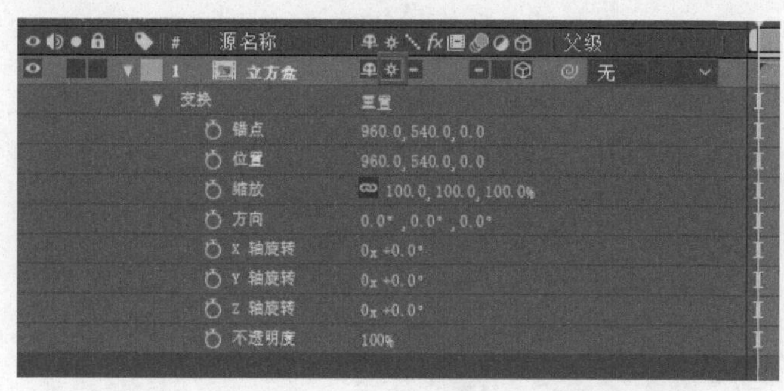

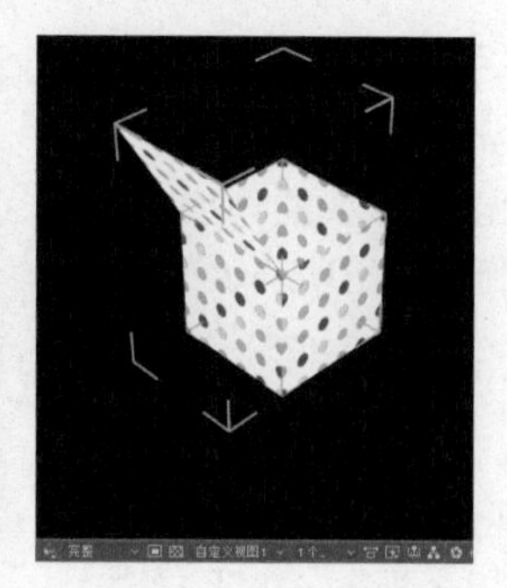

图 10-13 使用折叠变换

STEP 4

可以将这个嵌套的“立方盒”在合成中与其他3D图层元素进行合成。例如，这里建立一个平面并复制立方盒子，如图10-14所示。

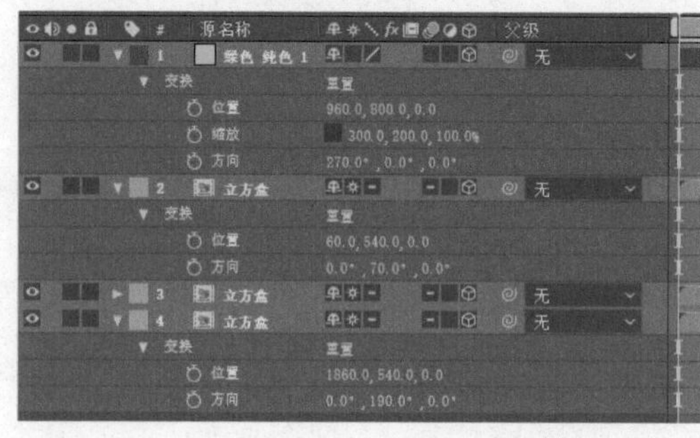

图 10-14 合成嵌套层与 3D 元素

10.4 三维视图操作

如同其他3D软件一样，After Effects在进行三维场景的制作时，也可以切换不同视角来查看场景对象，或者使用多个不同方位的视图进行观察。

操作　切换视图和多视图操作

STEP 1

这里在高清合成中放置了3个嵌套的手机合成，打开3D图层开关。在合成视图面板下部，显示当前的视图为“活动摄像机”，这是个默认的选项，如图10-15所示。

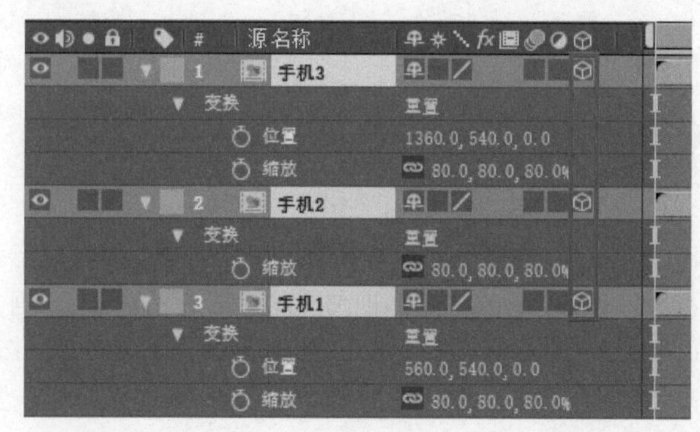

图 10-15 放置图层

STEP 2

当选择自定义视图时，默认会以3种透视的角度来显示，如图10-16所示。

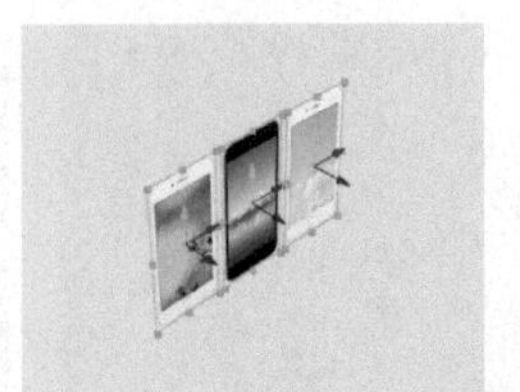

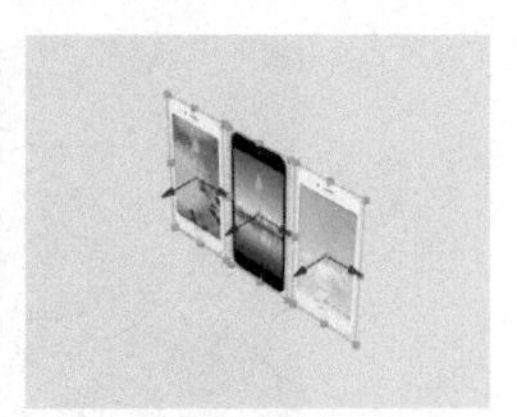

图 10-16 查看自定义视图

STEP 3

合成视图面板中默认为“1个视图”的显示方式。当选择“2个视图-水平”时，显示为左右两个视图，这里左侧为“活动摄像机”、右侧为“自定义视图1”，如图10-17所示。

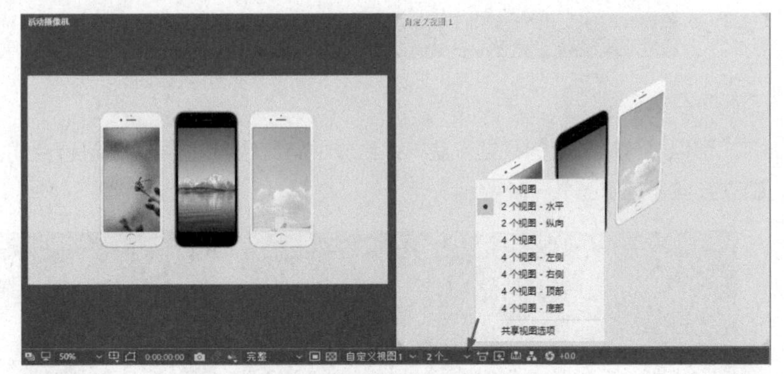

图 10-17 查看“2 个视图 - 水平”效果

STEP 4

当选择“4个视图”时，显示为同样大小的4个视图，如图10-18所示。

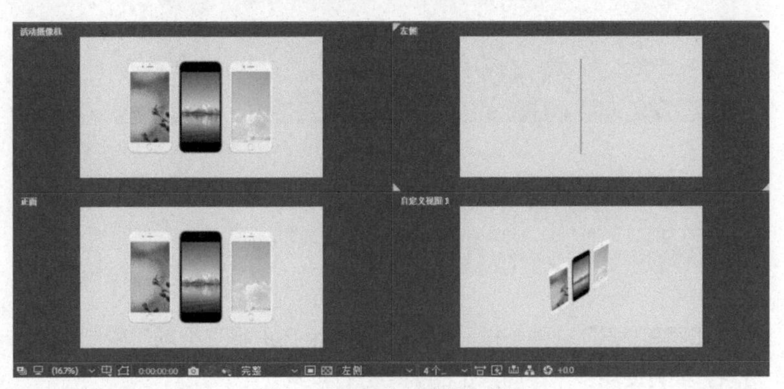

图 10-18 查看“4 个视图”效果

STEP 5

这里因为3个图层并排放置，“位置”的z轴数值均为0.0，所以从侧面看显示为一条线段。这里设置“手机2”层“位置”的z轴数值为-600.0，查看各视图的变换，如图10-19所示。

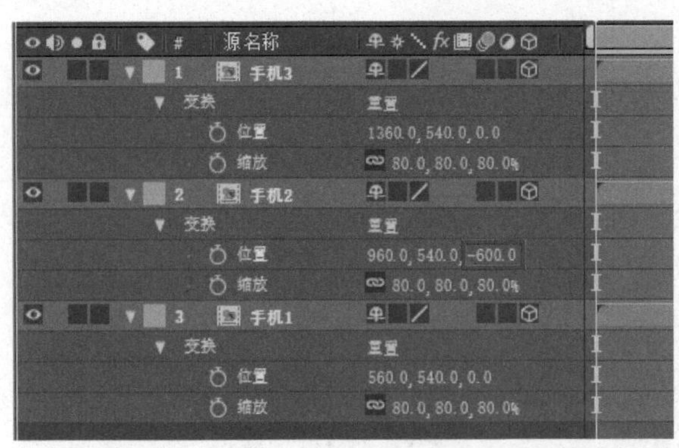

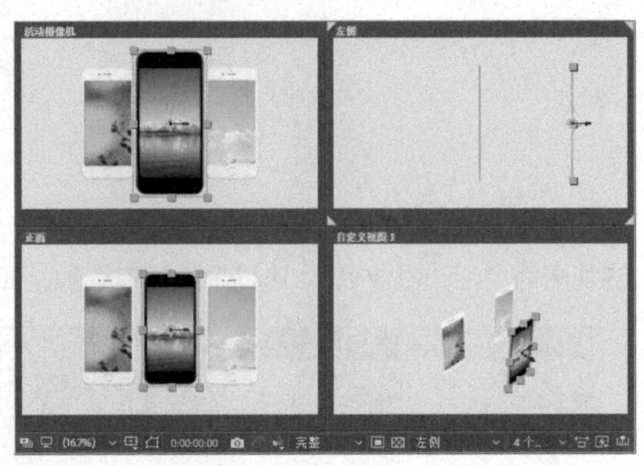

图 10-19 在空间调整位置

STEP 6

在4个视图中单击某个视图将其选中，例如，当前右上角的视图，其4个角有高亮的小三角标记，表明这个视图处于选中状态。在合成视图下方切换为“顶部”视图，参照视图设置图层“位置”的动画。先在第15帧处打开3个图层“位置”的秒表添加关键帧，然后在第1秒处，采用复制关键帧的方式，按“顶部”视图显示的位置逆时针方向移动“手机1”到“手机2”的位置、移动“手机2”到“手机3”的位置、移动“手机3”到“手机1”的位置，如图10-20所示。

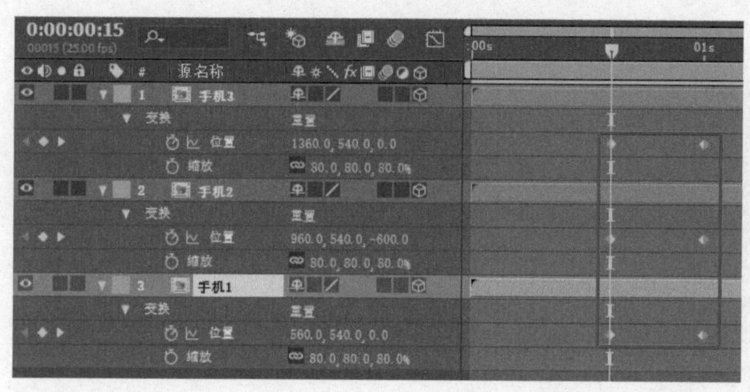

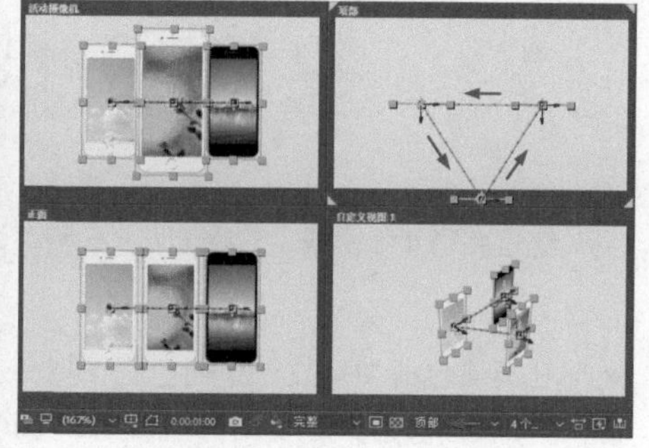

图 10-20 设置关键帧

STEP 7

同样，再设置2次移动，并在移动到初始位置的第3秒处，按N键设置工作区出点，这样制作出一个首尾相接、循环播放的动画，如图10-21所示。

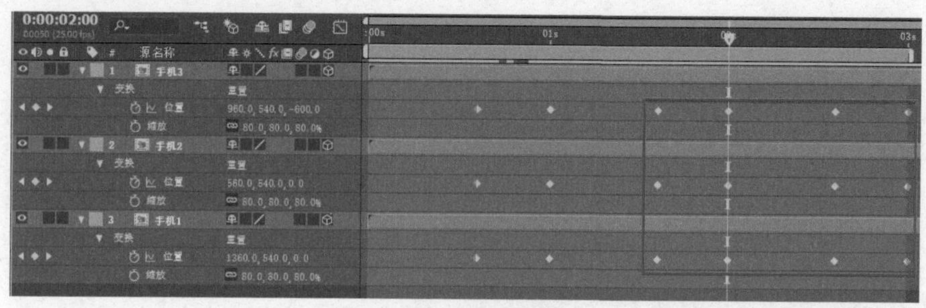

图 10-21 继续设置关键帧

STEP 8

“4个视图”选项中另有3个小图和1个大图的布局，例如，这里切换到“4个视图-左侧”，并切换左上视图为“顶部”，切换右侧大的视图为“激活摄像机”，如图10-22所示。

图 10-22 用“4 个视图”选项查看

10.5 不同的坐标轴模式

在三维合成制作中，可以发现三维坐标轴显示有3种颜色，x轴为红色、y轴为绿色、z轴为蓝色。为了适应不同场景视图下轴向的移动、选择等操作，每个3D图层的坐标指向会随着坐标轴模式的不同而有所差异。

在工具栏中有3种轴模式：第1种为“本地轴模式”，也是默认的坐标轴模式，将轴与3D图层的表面对齐，即与图层相对一致；第2种为“世界轴模式”，即与场景中不变的大方向一致；第3种为“视图轴模式”，不论哪个视角的视图，图层的坐标轴始终正对着视图，即与视图一致。

操作　3种坐标轴视图

STEP 1

这里准备4个合成，分别为A、E和两个C的字母卡片。

STEP 2

在高清合成中建立一个纯色层，打开3D图层开关，设置“方向”的y轴数值为270°，设置“位置”的y轴数值为700.0，作为一个水平面。

STEP 3

将4个卡片放置到合成中，从左至右排列，打开3D图层开关。

STEP 4

使用“4个视图”的方式查看，如图10-23所示。

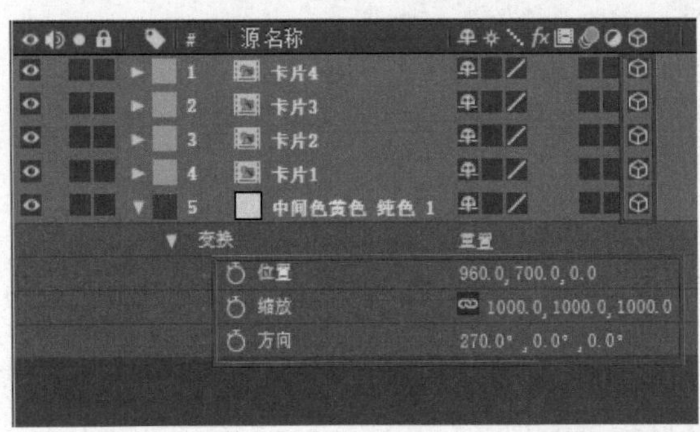

图10-23 放置卡片并查看

STEP 5

在工具栏中选择“旋转”工具，在“本地轴模式”下，选中左侧第一个卡片，显示出卡片图层的坐标轴，将鼠标指针移至y轴上，鼠标指针变化显示为y时，拖曳鼠标时会锁定在y轴方向进行旋转，如图10-24所示。

图10-24 按“本地轴模式”锁定轴向操作

STEP 6

同样，将其他字母卡片按自身的y轴方向也进行旋转，这里的y轴方向与整个场景的y轴方向相同，所以在自定义视图中也可以使用第2种“世界轴模式”，但使用第3种“视图轴模式”则会引起3个轴向都发生变化，所以这里要避免使用“视图轴模式”，如图10-25所示。

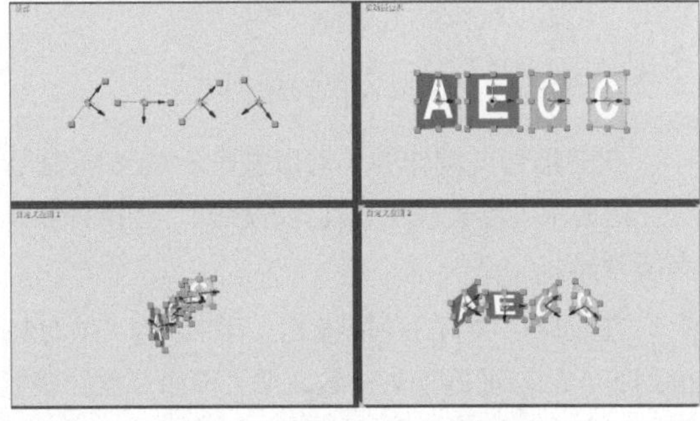

图10-25 选择合适的模式按轴向调整

STEP 7

查看右上角“活动摄像机”视图的最终效果，卡片之间左右分布的距离需要调整，如果这时左右分布卡片还按第1种“本地轴模式”就不适用了，可以选择另外两种模式来操作。这里选择“视图轴模式”，使用选择工具在“活动摄像机”视图中，沿单独的x轴拖移卡片，减小卡片的间距并居中分布，如图10-26所示。

STEP 8

为卡片制作从屏幕外，沿着各自侧面直线移动切入画面的动画，此时需要使用“本地轴模式”，在视图中使用鼠标单独按x轴方向来拖移卡片。先在第10帧处打开各个卡片层“位置”的秒表，然后将时间指示器移至开始的第0帧，在“顶部”视图中，沿x轴依次移动各个卡片到屏幕外，如图10-27所示。

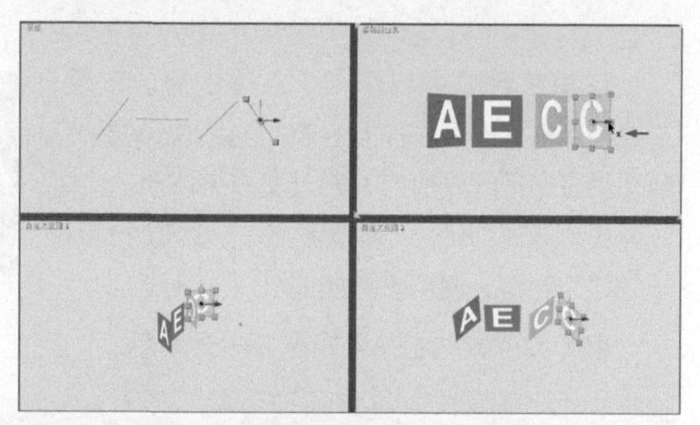

图10-26 选择合适的模式按轴向调整

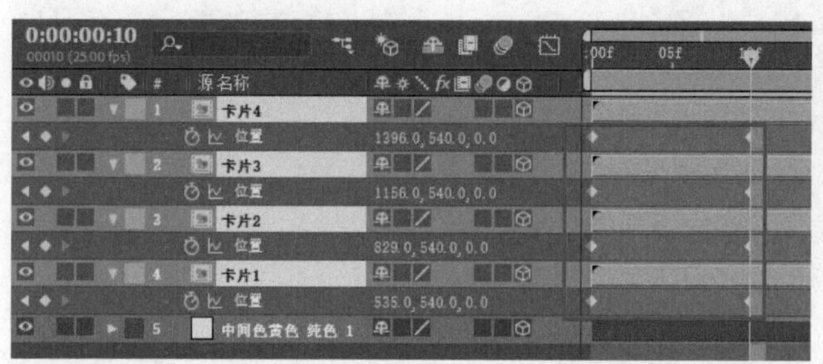

图10-27 设置关键帧

STEP 9

最后调整一下关键帧开始的时间次序，按第1、第2、第4和第3个卡片的先后顺序，从屏幕外直线飞入，并设置第4个卡片经过第3个卡片时，使第3个卡片受碰撞按y轴旋转两周，然后缓缓停下的动画，如图10-28所示。

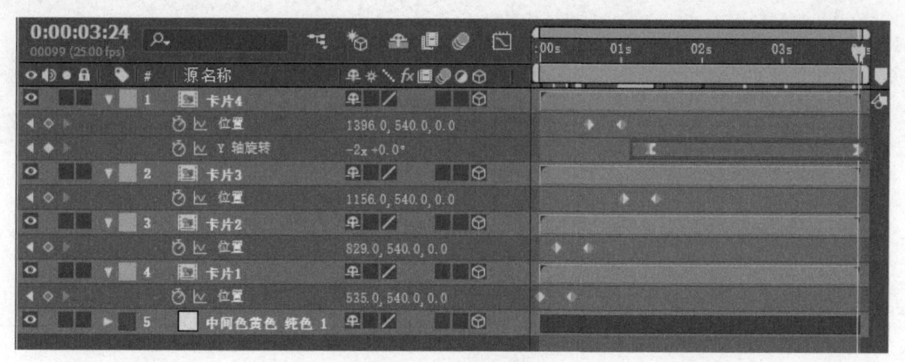

图10-28 调整关键帧

STEP 10

最后使用“1个视图”显示“活动摄像机”视图，查看动画效果，如图10-29所示。

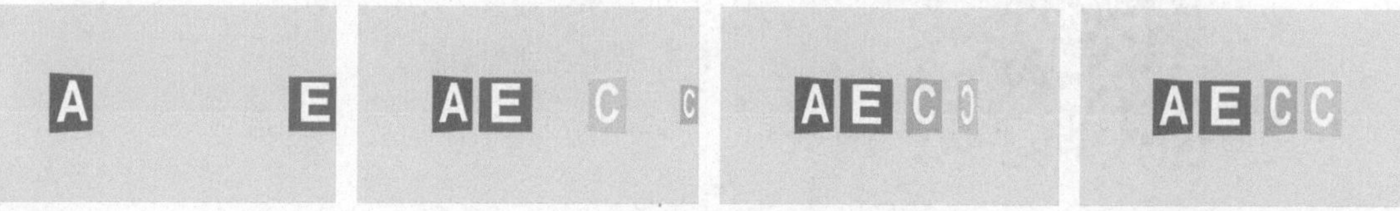

图10-29 动画效果

制作魔方大屏幕动画

实例说明

这里在合成中制作一个立体的魔方动画，主要利用形状图层制作魔方表面的色块，使用三维图层在空间组成魔方，通过魔方来展示一个视频画面，背景则结合一个黑底色的光线素材和粒子效果来制作。使用素材如图10-30所示。

图10-30 使用素材

制作完成的动画效果如图10-31所示。

图10-31 实例效果

实例制作流程图如图10-32所示。

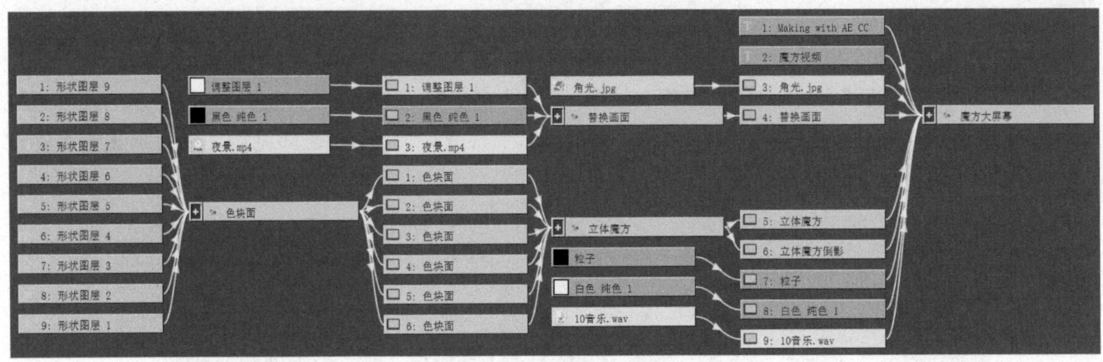

图10-32 实例制作流程图

扫码观看实例制作步骤讲解视频	实例制作步骤图文讲解
	详见配书资源中的《实例制作步骤图文详解》PDF文档。 下载方式见封底。

制作魔方展示动画

这里在合成中使用纯色层制作魔方的色块，然后组成6个面，通过设置摄像机的“位置”和“目标点”动画，来充分展示6个平面合起成为立方体魔方的动画。另外使用了背景素材和展示画面，并制作了文字动画。使用素材如图10-33所示。

图 10-33 使用素材

动画效果如图10-34所示。

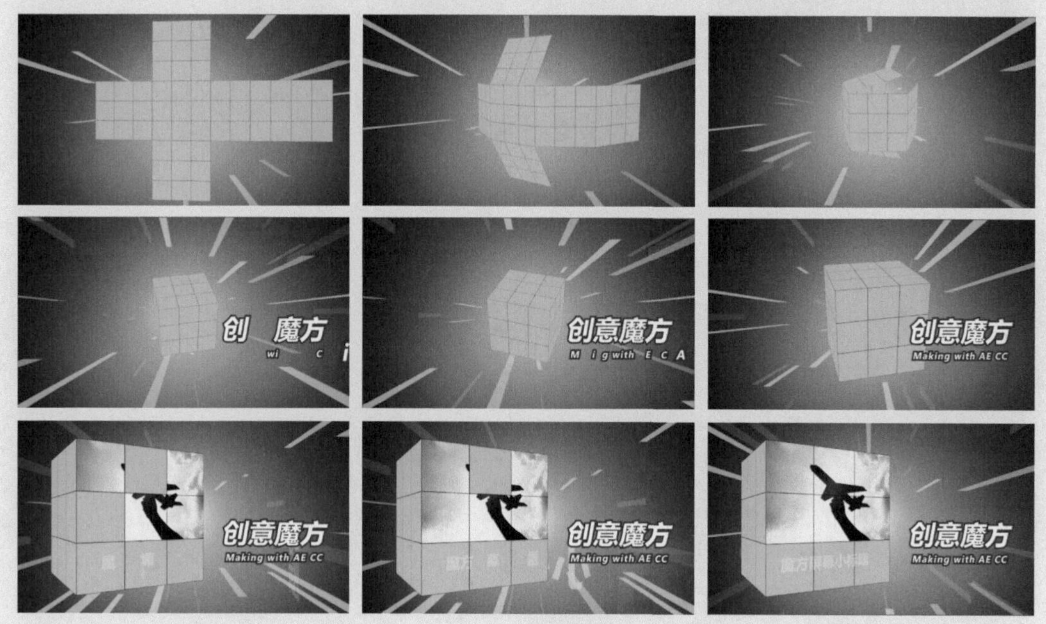

图 10-34 实例效果

实例制作流程图如图10-35所示。

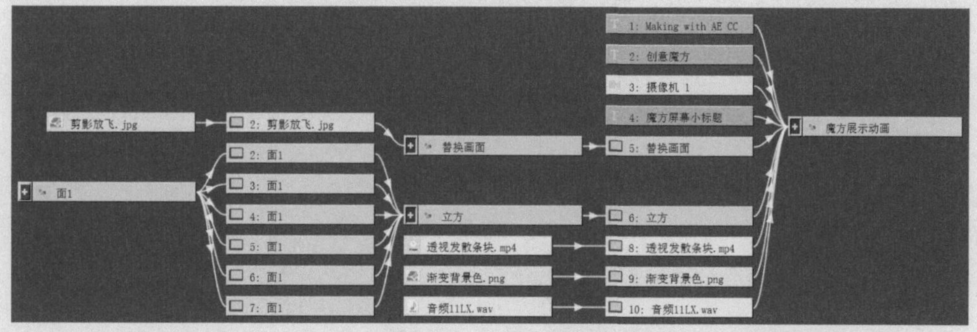

图 10-35 实例制作流程图

摄像机 空间中的镜头模拟

了解了基本的三维合成操作后，本章将进行关于三维场景中摄像机操作的讲解。在现实中，摄影师对摄像机的使用，是一个技术和艺术相结合的工作；三维合成中对摄像机的使用，则是在虚拟场景中进行摄像工作。有了可控的摄像机，就可以灵活地安排场景元素，设计具有创意的画面效果。

11.1 摄像机类型与工具

这里在三维合成的场景中使用摄像机，在未创建摄像机时，系统使用一个默认的“活动摄像机”来显示场景中的对象；当创建摄像机后，将可以更灵活地调整摄像机来取得需要的画面视角。

移动单节点与双节点摄像机

STEP 1

这里准备一个高清合成，其中建立了一个白色的纯色层作为背景，建立了一个灰色的纯色层。打开灰色纯色层的3D图层开关，旋转成水平方向作为平面。其中嵌套了一个字幕条，也打开其3D图层开关。

STEP 2

选择菜单“图层>新建>摄像机”，打开“摄像机设置”并将“类型”选择为“单节点摄像机”，单击“确定”按钮，建立一个“摄像机1”，如图11-1所示。

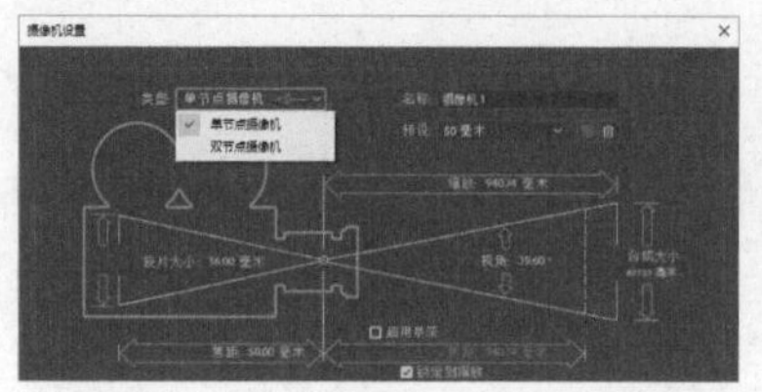

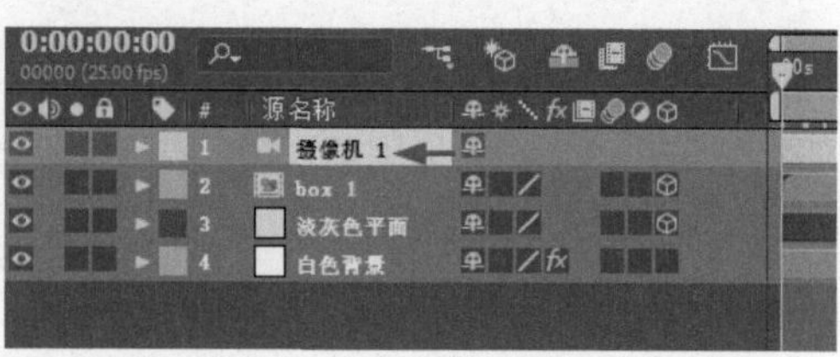

图 11-1 建立单节点摄像机

STEP 3

展开“摄像机1”的“变换”属性，设置“位置”的x轴数值在第0帧时为0.0，在第1秒时为2000.0，如图11-2所示。

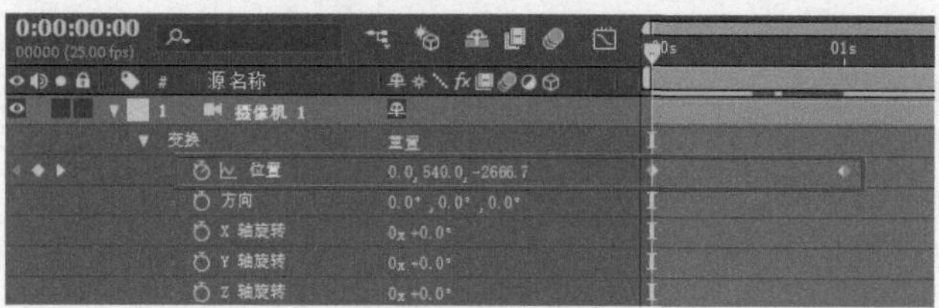

图 11-2 设置位置动画

STEP 4

这样场景中的对象为静态对象，但通过“摄像机1”的移动，产生了视图角度改变的动画，如图11-3所示。

图 11-3 查看视角动画效果

STEP 5

使用“4个视图”查看，可以观察到这个单节点摄像机为水平的移动方式，如图11-4所示。

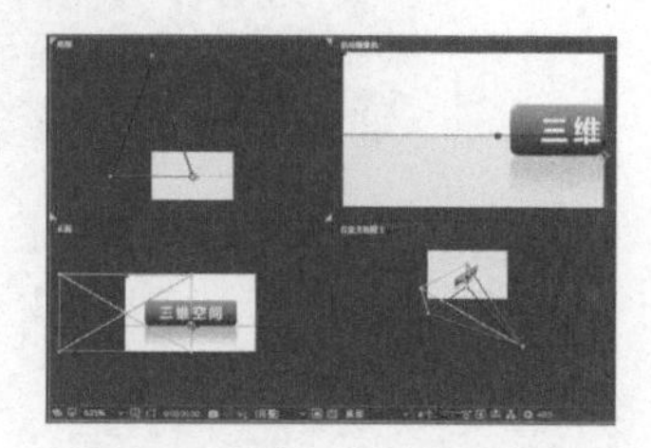

图 11-4 使用“4 个视图”查看

STEP 6

关闭“摄像机1”。选择菜单“图层>新建>摄像机”，打开“摄像机设置”并将“类型”选择为“双节点摄像机”，单击“确定”按钮建立一个“摄像机2”。展开其“变换”属性，可以发现双节点摄像机不仅有“位置”节点，还有一个类似于普通图层“锚点”的“目标点”节点。这里为“摄像机2”的“位置”属性设置与“摄像机1”相同的关键帧，如图11-5所示。

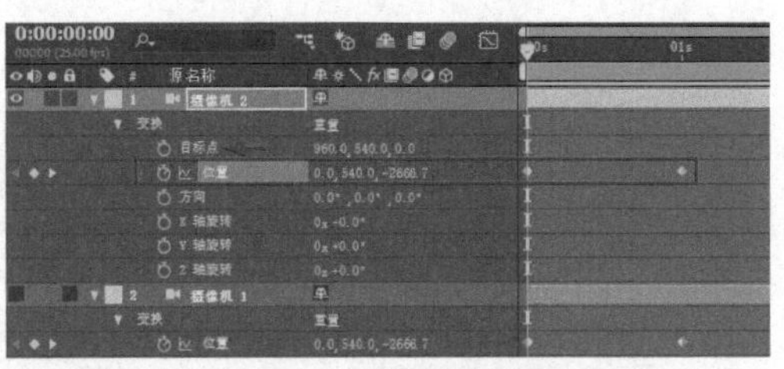

图 11-5 建立双节点摄像机

STEP 7

这样通过“摄像机2”的移动，产生了视图角度改变的动画，如图11-6所示。

图 11-6 查看视角动画效果

STEP 8

使用“4个视图”查看，可以观察到这个双节点摄像机的“位置”节点移动时，“目标”节点不变，如图11-7所示。

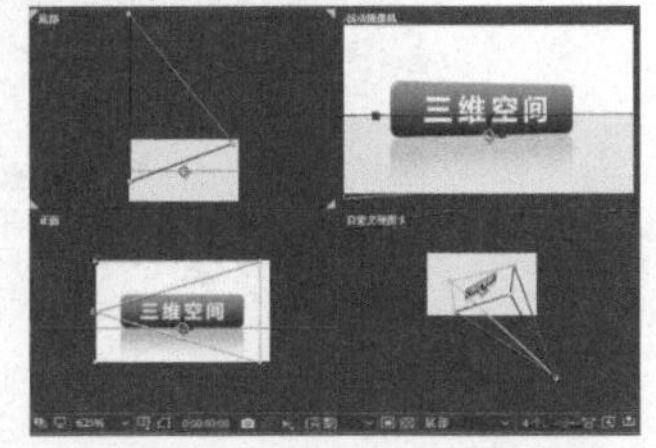

图 11-7 使用“4个视图”查看

操作2 用摄像机工具调整单节点摄像机

STEP 1

在工具栏中有一组摄像机工具，用来在活动摄像机或自定义视图中直接调整视角，分别为“统一摄像机工具”“轨道摄像机工具”“跟踪XY摄像机工具”“跟踪Z摄像机工具”。其中，如果选中第1个“统一摄像机工具”，单击鼠标左键、滚轮和右键，查看鼠标指针的变化，会临时切换为第2、第3和第4个工具，为熟练使用者提供更快捷的调整操作，如图11-8所示。

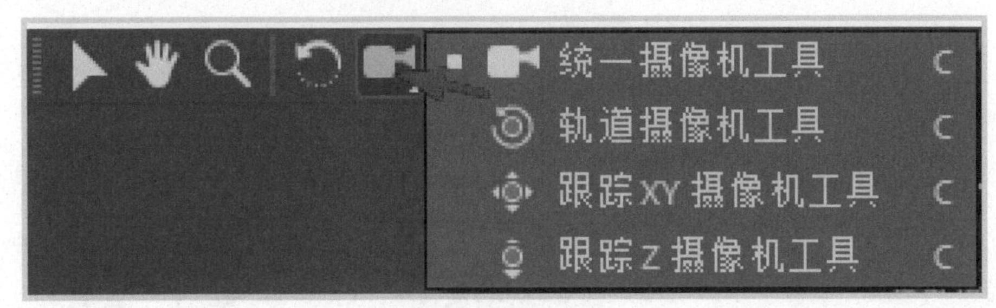

图 11-8 摄像机工具

STEP 2

这里使用上一合成的场景，取消两个摄像机“位置”的关键帧，并重置为默认数值。打开“摄像机1”、关闭“摄像机2”，使用“4个视图”来观察。使用“轨道摄像机工具”在“活动摄像机”视图上拖曳，可以发现摄像机的“方向”发生了变化。

STEP 3

在第0帧处打开“方向”的秒表，默认3个轴向数值均为0°，配合Shift 键，使用“轨道摄像机工具”向右侧拖曳，可以将方向约束在水平方向，向右侧转动视角，显示字幕条的头部，可以看到“方向”属性的y轴数值发生了相应的变化，如图11-9所示。

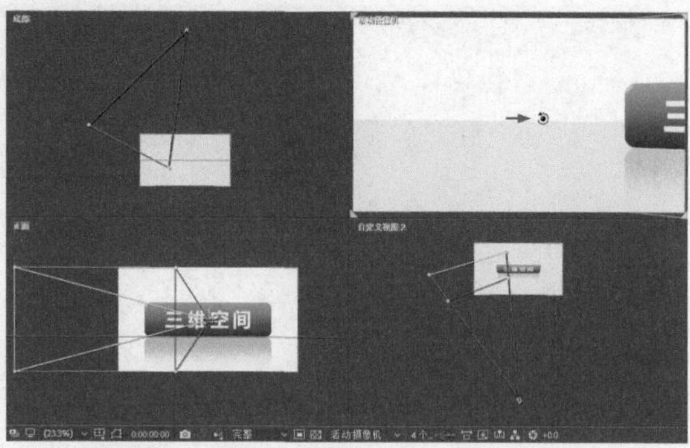

图 11-9 使用多视图观察单节点摄像机并调整

STEP 4

在第1秒处，配合Shift 键，使用“轨道摄像机工具”向左拖曳，在水平方向向左转动视角，显示字幕条的尾部，可以看到“方向”属性的y轴数值发生了相应的变化，如图11-10所示。

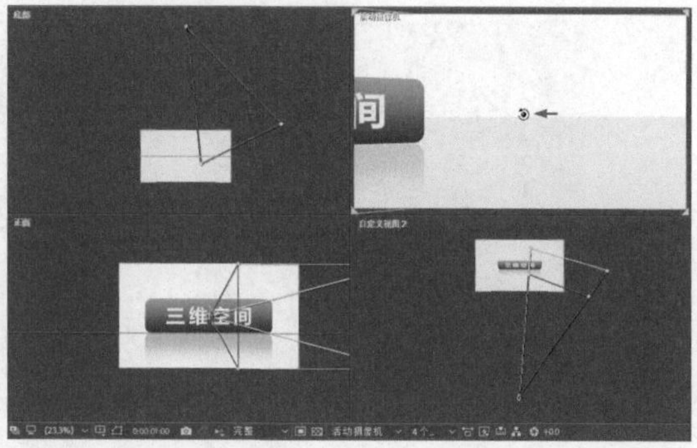

图 11-10 调整单节点摄像机视角动画

STEP 5

查看动画效果，摄像机在原地转动，扫视场景中的目标对象，目标对象从右至左从视图中滑过，如图11-11所示。

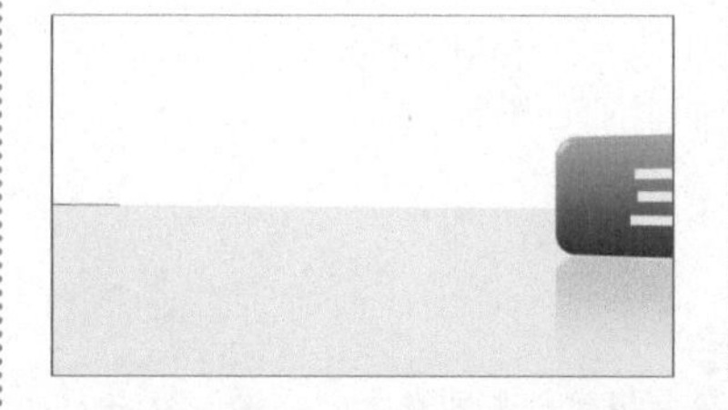

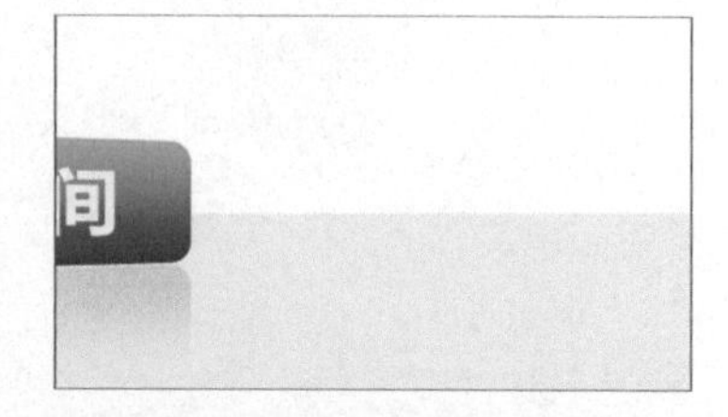

图 11-11 查看单节点摄像机视角动画效果

操作3 用摄像机工具调整双节点摄像机

STEP 1

这里使用上一合成的场景，关闭“摄像机1”、打开“摄像机2”，使用“4个视图”来观察。使用“轨道摄像机工具”在“活动摄像机”视图上拖曳，可以发现摄像机的“方向”不变，“目标点”不变，自身的“位置”发生被动改变。

STEP 2

在第0帧处打开“位置”的秒表，重置为默认数值，配合Shift 键，使用“轨道摄像机工具”向右侧拖曳，可以将方向约束在水平方向，摄像机自身“位置”相对左移，相当于从字幕条的左前方观察字幕条，可以看到“位置”属性的x轴和z轴数值发生了相应的变化，如图11-12所示。

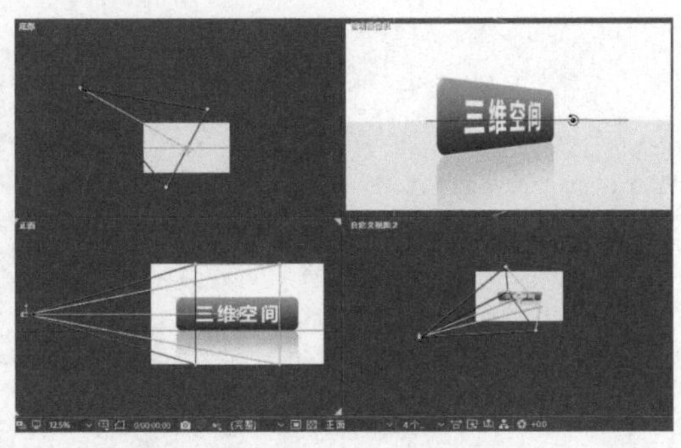

图 11-12 调整双节点摄像机

STEP 3

在第1秒处，配合Shift 键，使用“轨道摄像机工具”向左侧拖曳，摄像机自身“位置”在水平方向相对右移，相当于从字幕条的右前方观察字幕条，可以看到“位置”属性的x轴和z轴数值发生了相应的变化，如图11-13所示。

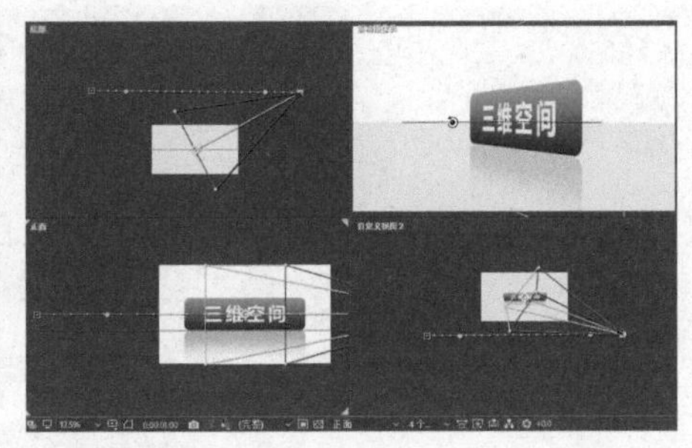

图 11-13 设置双节点摄像机动画

STEP 4

查看动画效果，目标对象在画面中心原地转动，从左前侧旋转至右前侧，在视图中展示。其中在两个关键帧的中部，由于摄像机距离目标字幕条较近，所以字幕条显示得较大，如图11-14所示。

图 11-14 双节点摄像机动画效果

自定义视图中显示的默认视角，可以用摄像机工具来改变，使用摄像机工具在自定义视图中的调整不影响“活动摄像机”视图。

11.2 摄像机移动

摄像机掌控着三维场景中最终显示的效果，灵活运用摄像机，可以为动画带来更好的视觉效果，而这需要针对多种情景，来控制摄像机在场景中的动画。

制作摄像机游历动画

STEP 1

这里在高清合成中放置多个图标图层，这些都是矢量的图形，打开“连续栅格化”开关，这样可以清晰地放大显示。打开各图层的3D图层开关，在场景空间中分两排分布放置图标，如图11-15所示。

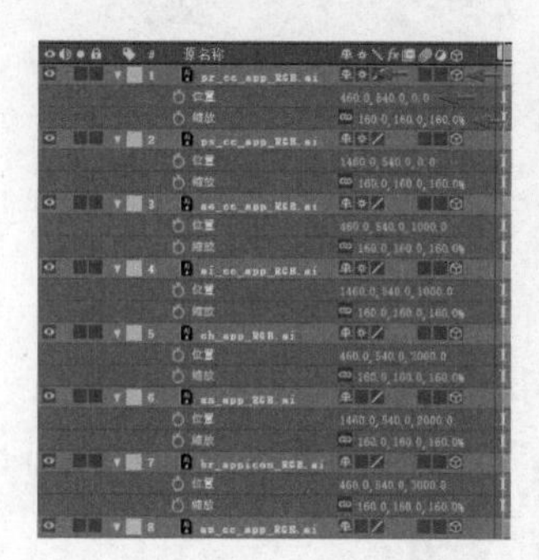

图 11-15 设置场景

STEP 2

选择菜单“图层>新建>摄像机”，打开“摄像机设置”并将“类型”选择为“单节点摄像机”，将“预设”选择为“35毫米”，单击“确定”按钮建立一个“摄像机1”，如图11-16所示。

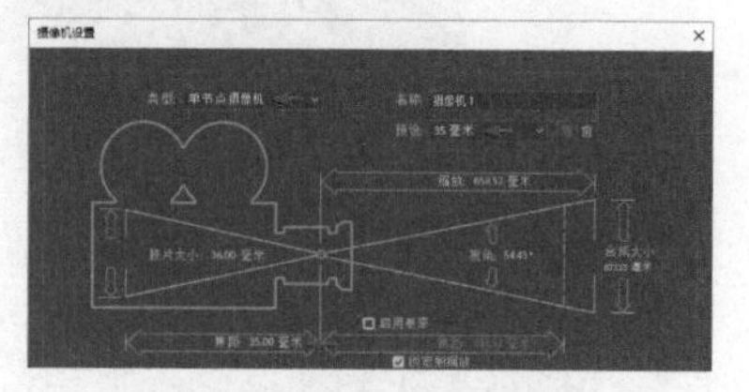

图 11-16 建立单节点摄像机

“预设”的数值范围为15~200毫米，或者调整“焦距”的数值进行自定义的设置。数值较小对应为现实摄像机的广角镜头，适合近距离展示全貌；数值较大对应为长焦镜头，适合远距离显示局部。

STEP 3

配合工具栏中的调整工具，在视图中调整摄像机的位置，显示Pr图标，并在时间轴中精确数值，在第1秒处打开摄像机的“位置”的秒表，确定影响视角的第1个关键帧，如图11-17所示。

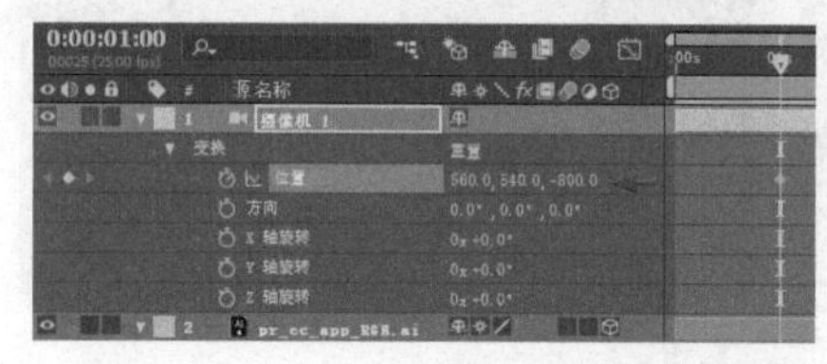

图 11-17 调整视角建立关键帧

STEP 4

在第1秒10帧处，使用“跟踪XY摄像机工具”并配合Shift键在“活动摄像机”视图中向左平移调整摄影机的位置，显示Ps图标，并在时间轴中精确数值，确定第2个关键帧，如图11-18所示。

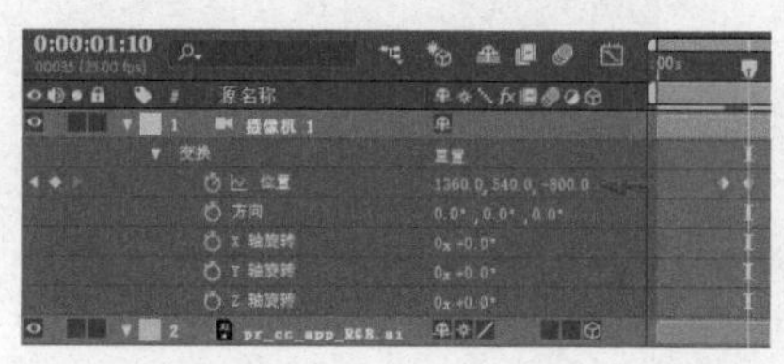
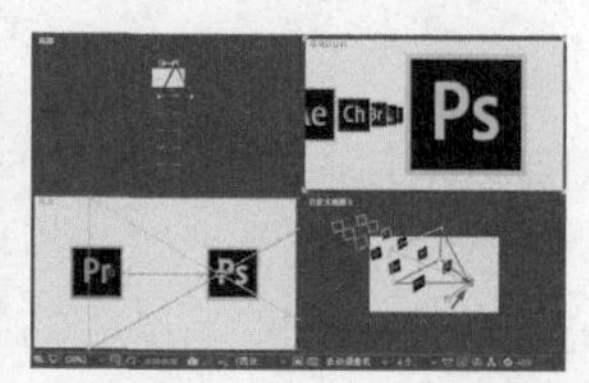

图 11-18 调整视角建立关键帧

STEP 5

在第2秒处添加第3个关键帧，其与第2个关键帧相同。在第2秒10帧处，使用“跟踪Z摄像机工具”向上推动，将摄像机位置推至第1排图标之后，然后使用“跟踪XY摄像机工具”向右平移，显示Ae图标，并在时间轴中精确数值，确定第4个关键帧，如图11-19所示。

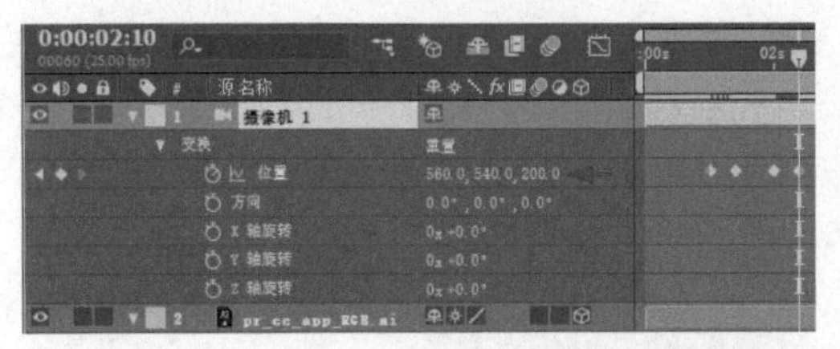

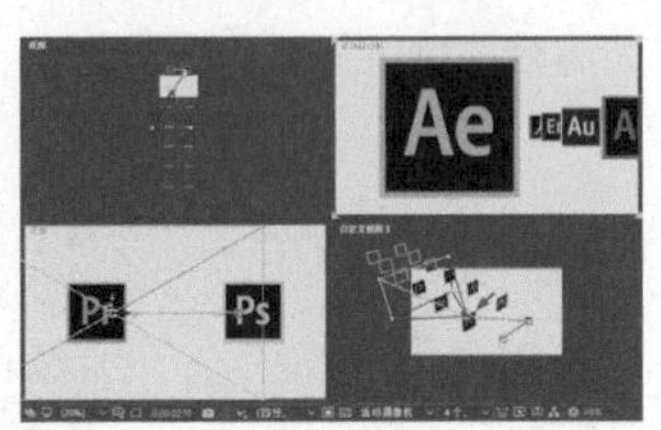

图 11-19 调整视角建立关键帧

STEP 6

这样继续设置摄像机游历查看各个图标的位置动画，如图11-20所示。

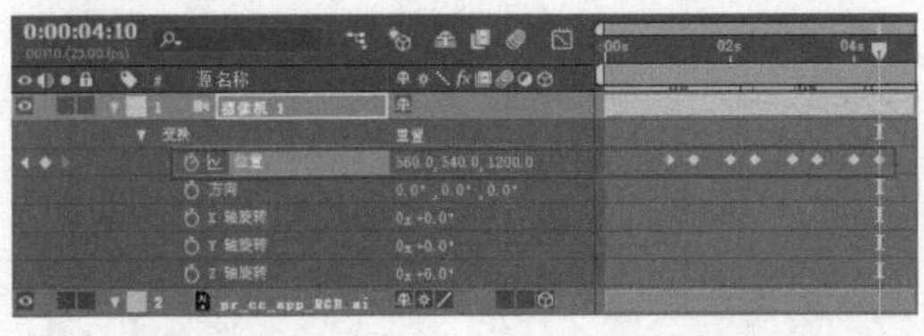

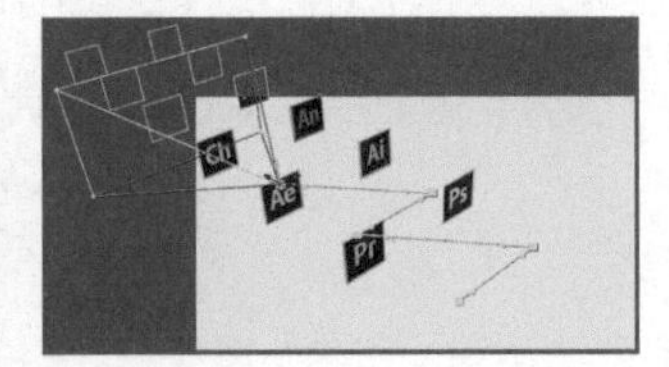

图 11-20 设置游历动画关键帧

制作摄像机环绕动画

STEP 1

这里在高清合成中放置1个2D的背景层，1个3D的平面层和6个围成立方盒的3D图层，如图11-21所示。

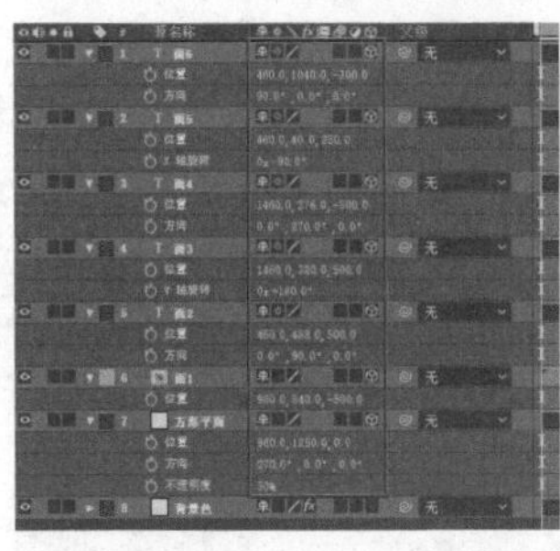
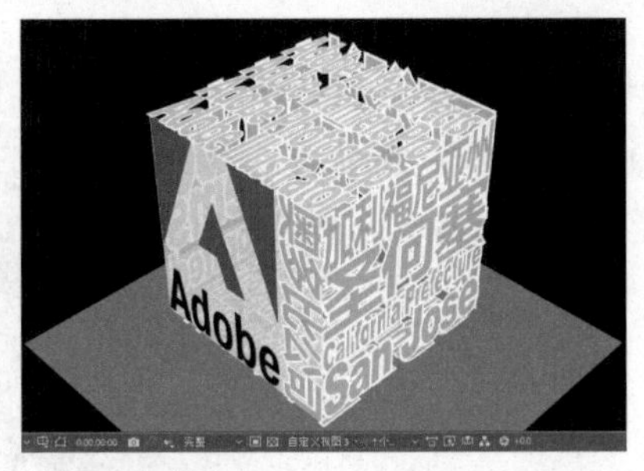

图 11-21 放置立方盒子

STEP 2

选择菜单“图层>新建>空对象”，建立一个“空1”层，打开3D图层开关。将立方盒子6个面的图层的父级层设为“空1”层。

STEP 3

选择菜单“图层>新建>摄像机”，打开“摄像机设置”并将“类型”选择为“双节点摄像机”，将“预设”选择为“28毫米”，单击“确定”按钮建立一个“摄像机1”，如图11-22所示。

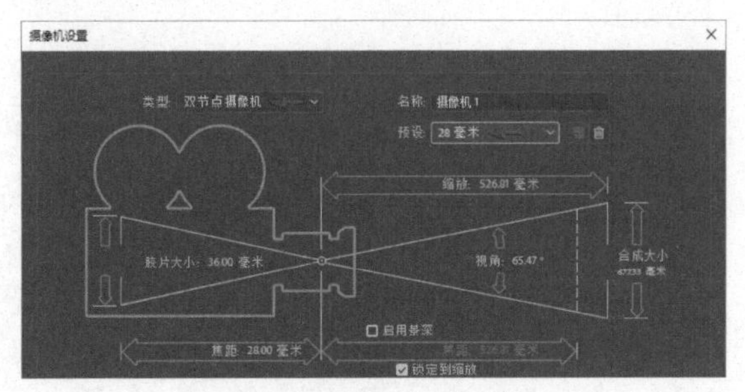

图 11-22 建立双节点摄像机

STEP 4

然后设置“空1”层的“方向”为（345°，345°，0°），设置摄像机“位置”的z轴数值为-3000.0，并在第0帧处打开摄像机“位置”的秒表，添加关键帧，准备制作摄像机绕立方盒子旋转一周的动画，如图11-23所示。

图 11-23 建立关键帧

STEP 5

使用“4个视图”查看，重点观察“顶部”视图中摄像机的位置路径，接着设置摄像机的“位置”关键帧，在第1秒处为（3960.0，540.0，0.0），在第2秒处为（960.0，540.0，3000.0），在第3秒处为（-2040.0，540.0，0.0），第4秒与第0帧相同，都为（960.0，540.0，-3000.0）。这样完成摄像机围绕立方盒子旋转一周的动画设置，如图11-24所示。

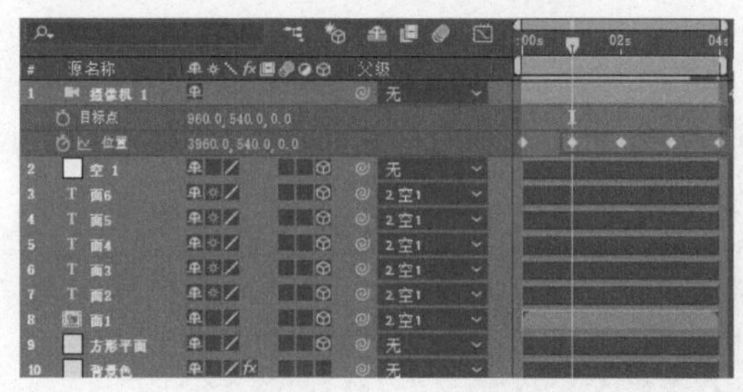

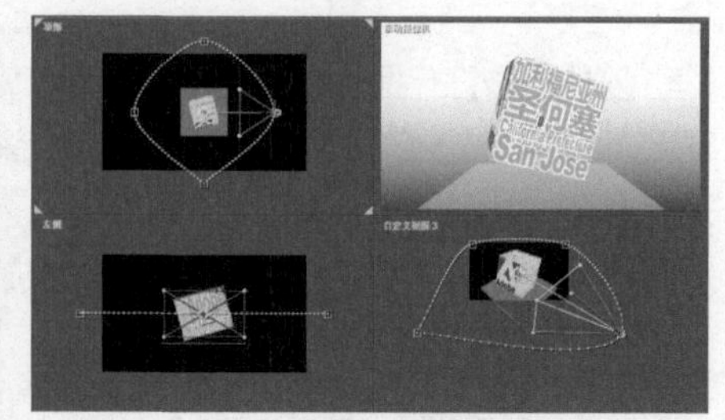

图 11-24 建立环绕的关键帧

STEP 6

此时通过5个关键帧确定了摄像机围绕立方盒子的基本动画，查看效果，由于摄像机在移动路径中距离立方盒子忽远忽近，“活动摄像机”中的立方盒子也忽大忽小。这里进一步调整路径关键点的手柄，调整为一个圆形的移动路径，这样摄像机就能等距离围绕目标立方盒子移动了，如图11-25所示。

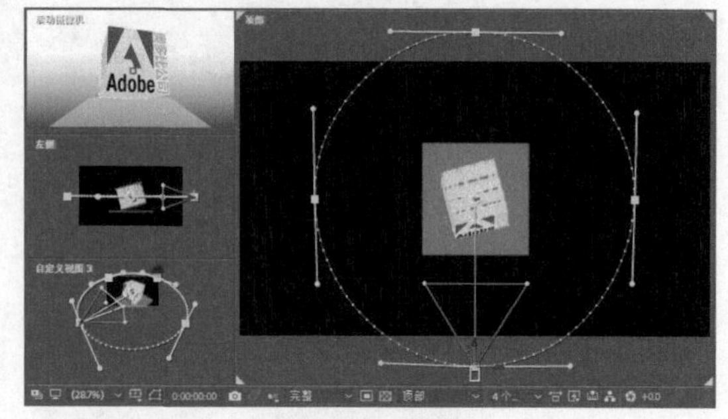

图 11-25 调整路径

STEP 7

查看摄像机动画效果，这样用调整路径曲线的方法，得到了一个场景和立方盒子平稳地展示一周的动画效果，如图11-26所示。

图 11-26 查看视角动画效果

操作3 使摄像机自身移动

STEP 1

这里在高清合成中放置12个图标图层，打开矢量图形的“连续栅格化”开关，分布放置图标，然后打开3D图层开关。

STEP 2

选择菜单“图层>新建>摄像机”，打开“摄像机设置”并将“类型”选择为“双节点摄像机”，将“预设”选择为“35毫米”，单击“确定”按钮建立一个“摄像机1”。设置“位置”的z轴数值为-2500.0，如图11-27所示。

图 11-27 放置图层

STEP 3

在第1秒处单击打开摄像机“位置”的秒表，添加关键帧。在第1秒10帧处调整视角，设置“位置”为（2362.0，540.0，-2300.0），将摄像机右移。在第2秒处，添加一个相同的“位置”关键帧，同时添加一个“目标点”关键帧，如图11-28所示。

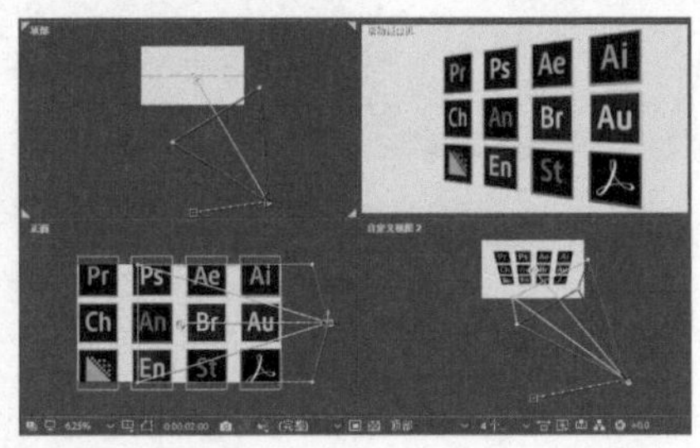

图 11-28 设置摄像机关键帧

STEP 4

在第2秒10帧处，调整“目标点”为（1180.0，120.0，0.0），调整“位置”为（942.0，190.0，-550.0），在第3秒处添加相同的关键帧，如图11-29所示。

图 11-29 设置摄像机关键帧

STEP 5

在第3秒10帧处，调整“目标点”为（200.0，120.0，0.0），调整“位置”为（557.0，153.0，-550.0），在第4秒处添加相同的关键帧。最后在第4秒10帧处分别复制和粘贴对应的第1个关键帧，如图11-30所示。

图 11-30 设置摄像机关键帧

STEP 6

这个寻找目标、显示特写画面的浏览动画，需要同时对“目标点”和“位置”设置关键帧，动画效果如图11-31所示。

图 11-31 查看摄像机动画的效果

操作4　使用父级层移动摄像机

STEP 1

上一个动画需要设置摄像机两个属性的关键帧，这里使用摄像机链接到父级层上，父级层带动摄像机动画的方法，来制作浏览动画。先准备与前一合成相同的图标场景和一个双节点摄像机。

图 11-32 设置图层

STEP 2

选择菜单“图层>新建>空对象”建立一个空对象层，命名为“移动摄像机”，打开3D图层开关，将“摄像机1”的父级层选择为“移动摄像机”层，如图11-32所示。

STEP 3

在第1秒处打开“移动摄像机”层“位置”的秒表，添加关键帧，调整“位置”以单独显示Ae图标，这里为（1220.0，110.0，1100.0），如图11-33所示。

图 11-33 设置父级层关键帧

STEP 4

同样，继续设置“位置”关键帧，带动摄像机查看对应的图标，这里在第1秒10帧时查看En图标，设置“位置”为（720.0，960.0，1100.0），第2秒相同。第2秒10帧时查看Ps图标，设置“位置”为（708.0，110.0，1100.0），第3秒相同。第3秒10帧时显示全部图标，设置“位置”为（960.0，540.0，-350.0），如图11-34所示。

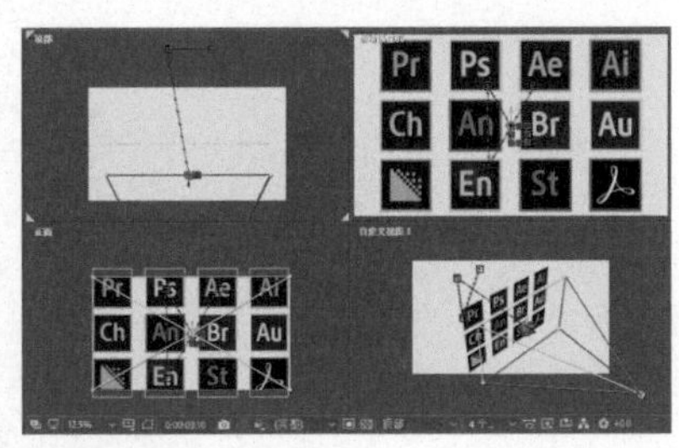

图 11-34 设置父级层关键帧

STEP 5

查看摄像机跟随父级层移动的动画，与“单节点摄像机”的移动相似，方向保持相对不变，没有倾斜透视的变化，如图11-35所示。

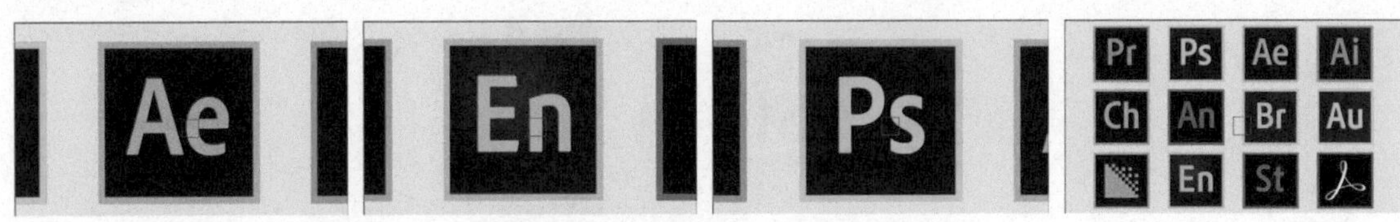

图 11-35 查看跟随父级层移动的摄像机动画效果

11.3 摄像机变焦与聚焦

使用变焦进行取景构图、在有景深模糊的空间聚焦主体对象，这是现实中的摄像机镜头的重要功能，After Effects中的摄像机也可以模拟这些功能，实现类似的镜头效果。

操作1 制作景深聚焦动画

STEP 1

这里在高清合成中水平放置1个“路面”3D图层，再纵深分布放置“路障”3D图层和各自顶部的3D数字文字层，如图11-36所示。

图 11-36 设置图层

STEP 2

选择菜单“图层>新建>摄像机”，打开“摄像机设置”并将“类型”选择为“双节点摄像机”，将“预设”选择为“35毫米”，勾选“启用景深”选项，单击“确定”按钮建立一个“摄像机1”，如图11-37所示。

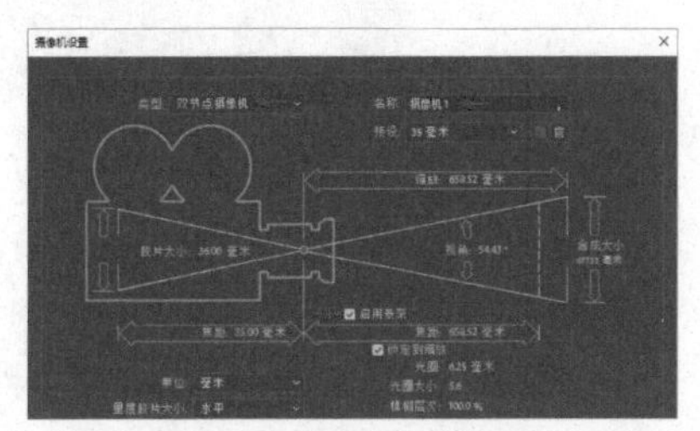

图 11-37 建立双节点摄像机

STEP 3

设置摄像机“位置”的x轴数值为0，在“活动摄像机”视图中倾斜显示全部的路障和数字。展开“摄像机选项”属性，打开当前默认设置的“焦距”“光圈”和“模糊层次”的秒表，添加关键帧。当前画面中的9组对象都清晰可见，如图11-38所示。

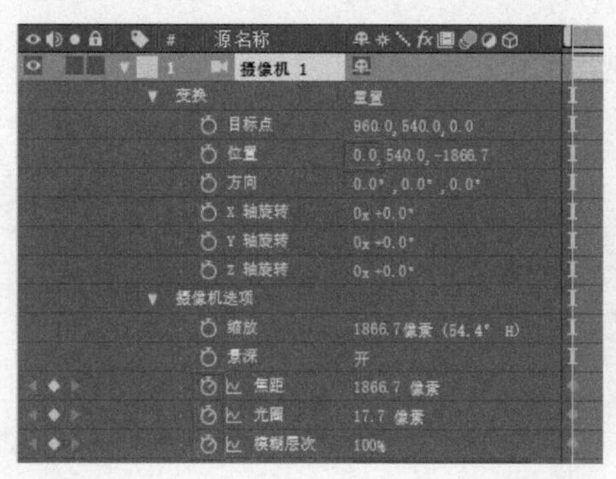

图 11-38 设置摄像机属性关键帧

STEP 4

使用“2个视图-纵向”查看，上部为“活动摄像机”视图，下部为“顶部”视图。在第1秒处，在“焦距”的数值上拖曳鼠标，数值变换的同时，参考“顶部”视图中“焦距”图示线框的前后移动变化，将“焦距”图示线框移至第1组对象处，这里“焦距”的数值为1200.0。确定“焦距”后，调整“光圈”的大小，数字越大景深越浅，这里设为30.0。此时离焦距远的地方会出现部分景深模糊。可以增大“模糊层次”，加强景深模糊效果，这里将“模糊层次”设为300%，如图11-39所示。

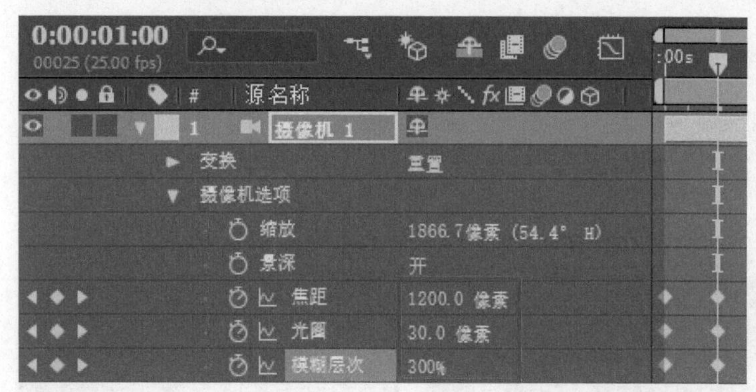

图 11-39 设置影响景深效果的关键帧

STEP 5

将时间指示器移至第2秒，调整“焦距”到第3组目标位置，这里“焦距”为3000.0，进一步设置“光圈”为50.0，设置“模糊层次”为500%，可以看到景深模糊效果中，清晰的焦点聚焦到第3组目标处，如图11-40所示。

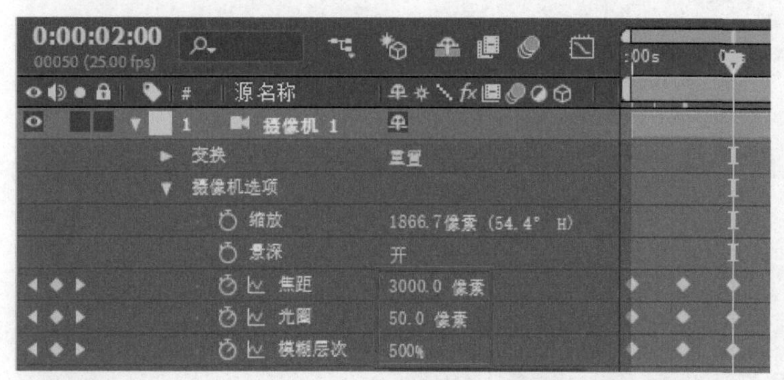

图 11-40 设置影响景深效果的关键帧

STEP 6

在第3秒处，聚焦到中部的第5组目标位置，为了使前后的目标都具有景深模糊，需要进一步增加“光圈”或“模糊层次”的数值。这里将“焦距”设为4800.0，“光圈”设为80.0，“模糊层次”设为700%，如图11-41所示。

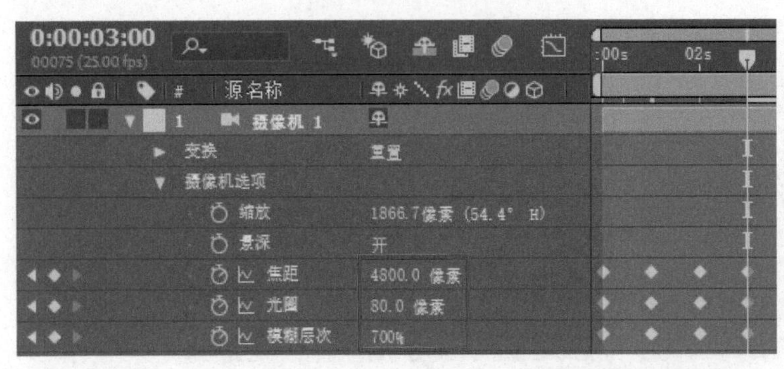

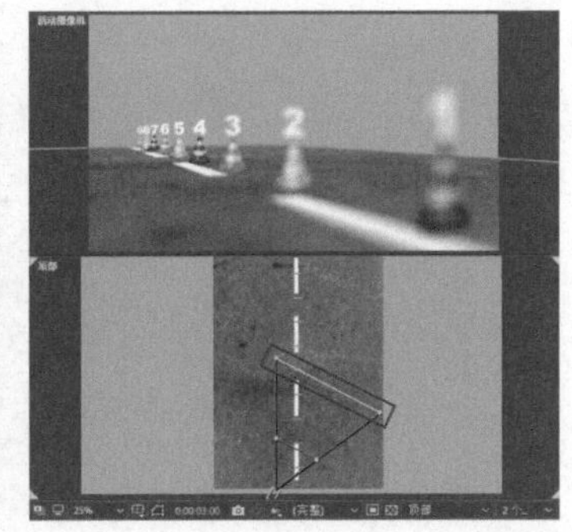

图 11-41 设置影响景深效果的关键帧

制作变焦动画

STEP 1

这里在高清合成中放置1个2D的“星空”背景层，1个3D的“星球”层和多个在“星球”层前面纵深分布的云朵3D图层。

STEP 2

选择菜单“图层>新建>摄像机”，打开“摄像机设置”并将“类型”选择为“双节点摄像机”，将“预设”选择为“35毫米”，这里不需要景深效果，因此关闭“启用景深”选项，单击“确定”按钮建立1个“摄像机1”，如图11-42所示。

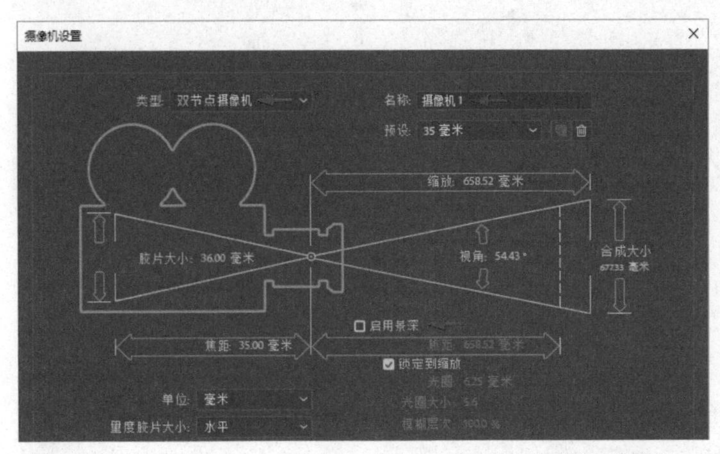

图 11-42 设置图层和摄像机

STEP 3

使用“4个视图”查看当前的场景视图，如图11-43所示。

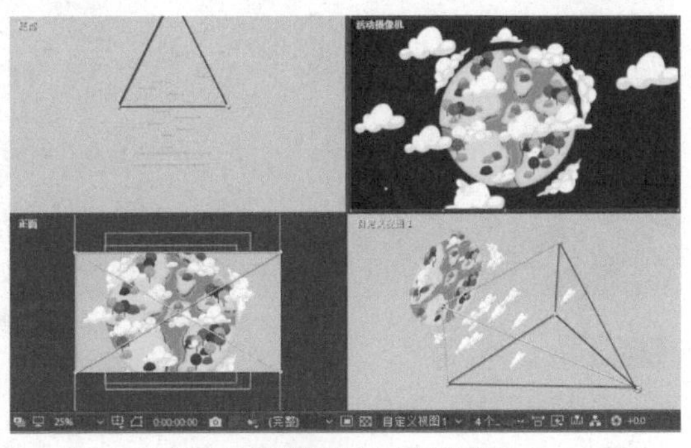

图 11-43 使用“4 个视图”查看

STEP 4

展开“摄像机选项”，在第2秒处打开“缩放”的秒表，添加1个关键帧。在第0帧处，拖曳“缩放”的数值，可以配合Shift大幅度改变数值，查看视图中摄像机视角的变化。数值变大时，视角收窄，向长焦距变化，“活动摄像机”中画面的局部也将越放越大。这里参考视图中的星球图像，设置“缩放”为10000.0，如图11-44所示。

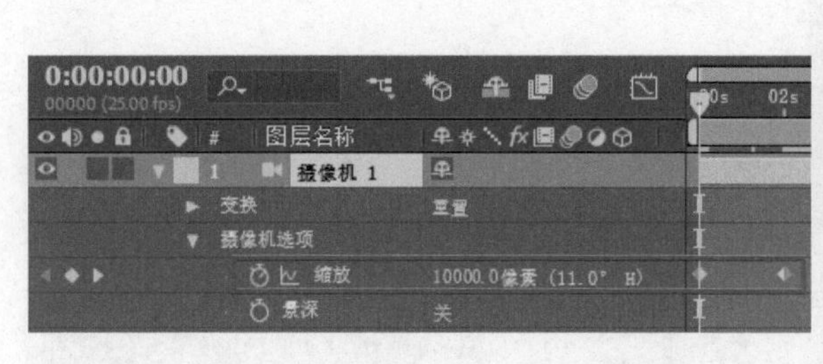

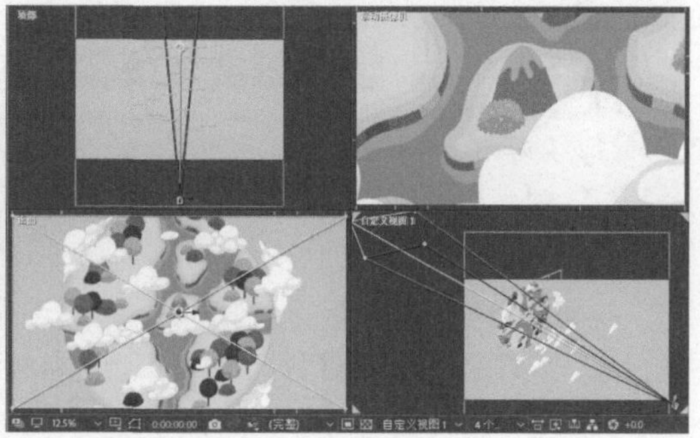

图 11-44 设置摄像机缩放动画

STEP 5

查看动画效果，图像从局部变化至全局的大小，如图11-45所示。

图 11-45 缩放动画效果

STEP 6

展开摄像机的“变换”属性，在第2秒处打开“位置”的秒表，添加1个关键帧。将时间指示器移至第4秒处，使用鼠标在“位置”的*z*轴数值上配合Shift键拖曳，查看视角的变化，增大数值时，镜头向“星球”推进，图形变大。前后分布的云朵产生纵深透视的视差效果。这里参考视图中图像的显示，设置“位置”的*z*轴数值为500.0，如图11-46所示。

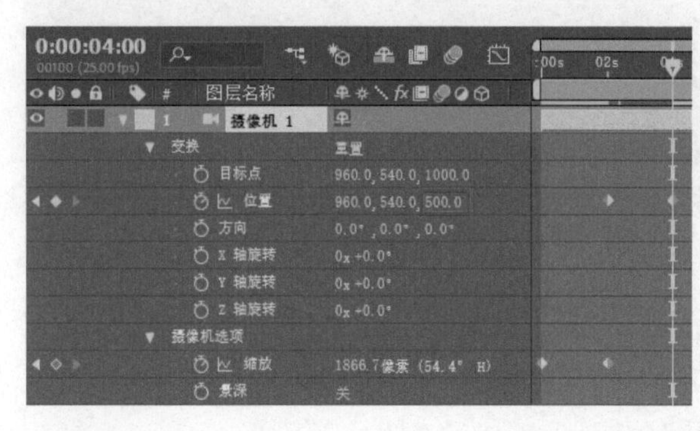

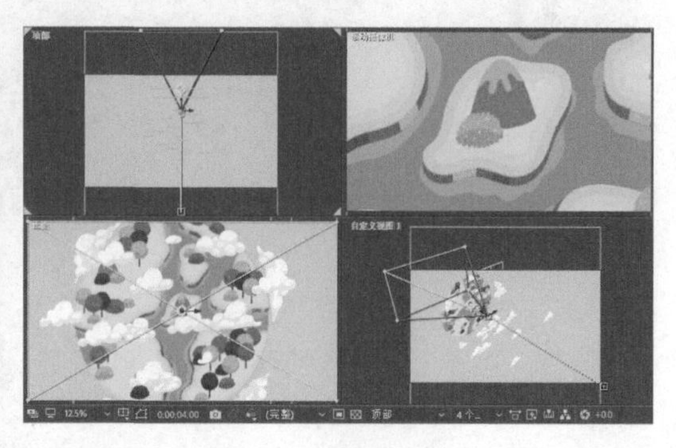

图 11-46 设置摄像机位置动画

STEP 7

查看镜头推进的效果，可以比较摄像机自身“位置”的移动所产生的视觉效果，比摄像机不动，只通过“缩放”来改变焦距，在空间透视方面更具有冲击力，如图11-47所示。

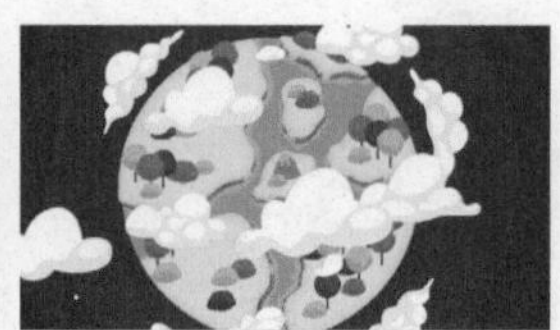
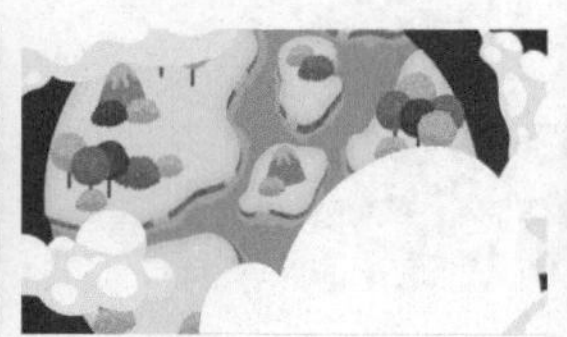
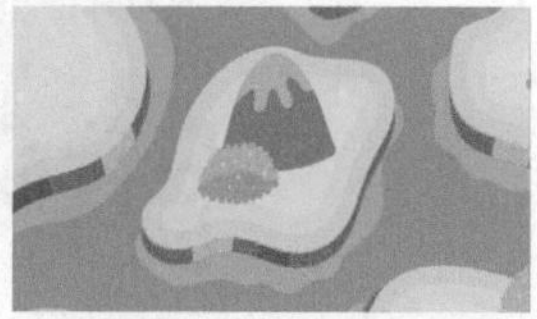

图 11-47 位置动画效果

实例　制作舞台大屏幕效果

实例说明

这里使用了一段乐手的视频素材，建立点光的合成、射灯的合成、画框的合成、舞台的合成，在After Effects中建立舞台的场景元素，包装这段视频素材，并通过摄像机的摇动增强视觉动画的效果。图像素材如图11-48所示。

制作完成的动画效果如图11-49所示。

图11-48 使用素材

图11-49 实例效果

实例制作流程图如图11-50所示。

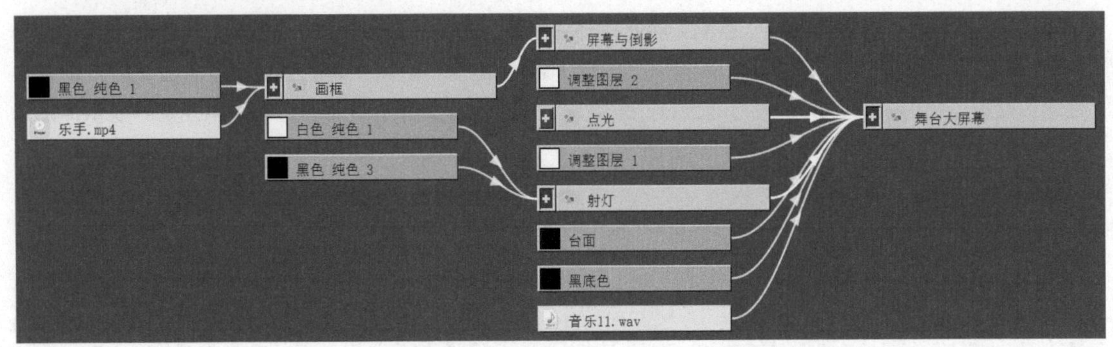

图11-50 实例制作流程图

扫码观看实例制作步骤讲解视频	实例制作步骤图文讲解
	详见配书资源中的《实例制作步骤图文详解》PDF文档。 下载方式见封底。

制作众多小画面效果

这里在对应的素材文件夹中准备了一组景物的图像和动态的粒子背景素材，先建立画框合成，放置用景物图像制作圆角的小画框。然后建立三维合成场景，摆放这些立体图层的小画框，并建立摄像机在小画框间穿梭，制作众多小画框飞向镜头的动画效果，如图11-51所示。

图 11-51 实例效果

实例制作流程图如图11-52所示。

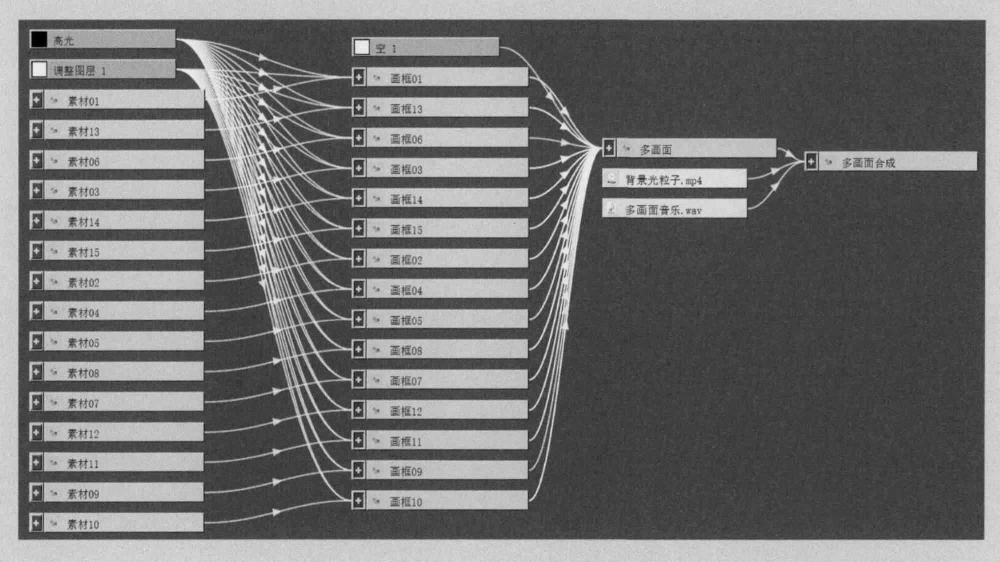

图 11-52 实例制作流程图

灯光
空间中的光影效果

灯光，不管是在现实摄影中还是在虚拟的三维制作中，对效果都至关重要。制作者往往会在灯光的细微差别上，进行反复的调整来追求最佳效果。三维合成中对灯光的运用，除了基本的亮度功能，最强大之处就是模拟现实中物体不同的明暗和阴影效果，使画面具有质感、更加自然。本章将介绍在软件中建立灯光和设置光影的效果的操作。

12.1 灯光类型及投影

三维场景中有4种类型的灯光可选用，分别为“平行光”“聚光”“点光”和“环境光”。如果场景中没有建立灯光，系统会使用默认的“环境光”；当建立灯光之后，以所建立的灯光来照明。这4种灯光类型中，除了“环境光”没有投影功能，其他灯光都可以产生投影。

操作1 在软件中区别灯光类型

STEP 1

在高清合成中放置水平的“木纹.jpg”3D图层，再在上面放置一个打开3D图层开关的文本，建立一个摄像机，调整为从文字左上方观察的视角，如图12-1所示。

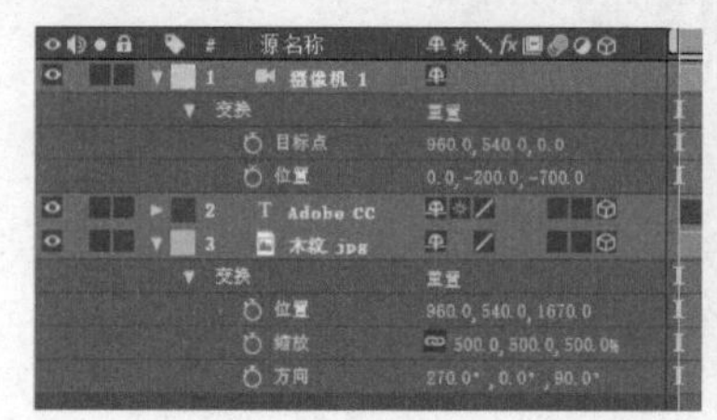

图12-1 建立场景

STEP 2

选择菜单“图层>新建>灯光”，打开“灯光设置”，将“灯光类型”选择为“平行”，建立一个“平行光1”的灯光层。可以在层下展开“变换”和“灯光选项”，查看平行光层的属性。默认“平行光1”在场景中的照明光线较暗，这里将“强度”增大到200%，如图12-2所示。

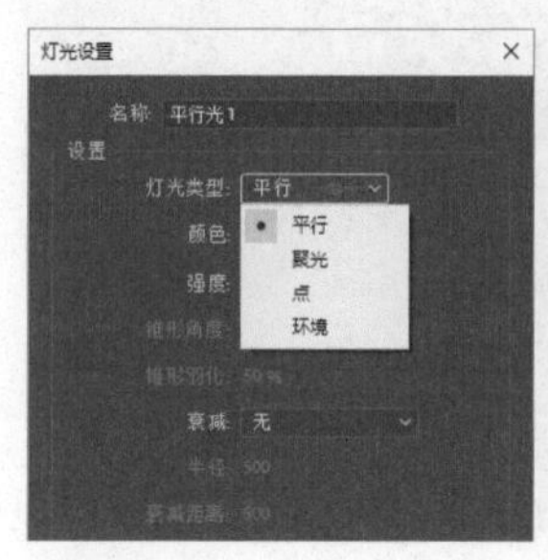

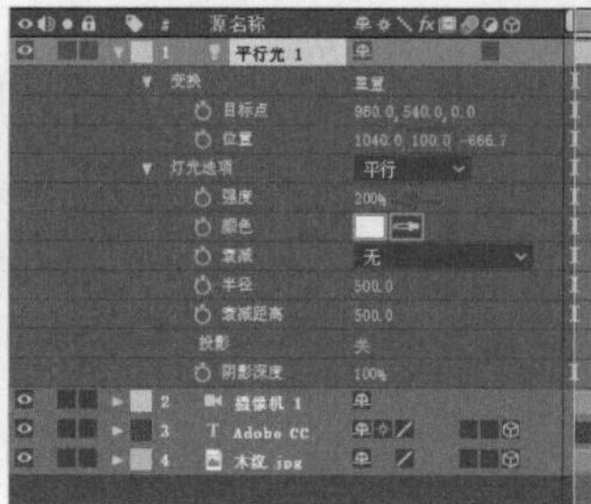

图12-2 建立平行光

STEP 3

关闭上一个灯光，新建一个灯光，将“灯光类型”选择为“聚光”，建立一个“聚光1”的灯光层。展开“变换”和“灯光选项”，查看聚光层的属性，这是4种灯光类型中属性最多，也是最常用的一种灯光类型。默认的照明光线较暗，这里将“强度”也增大到200%，如图12-3所示。

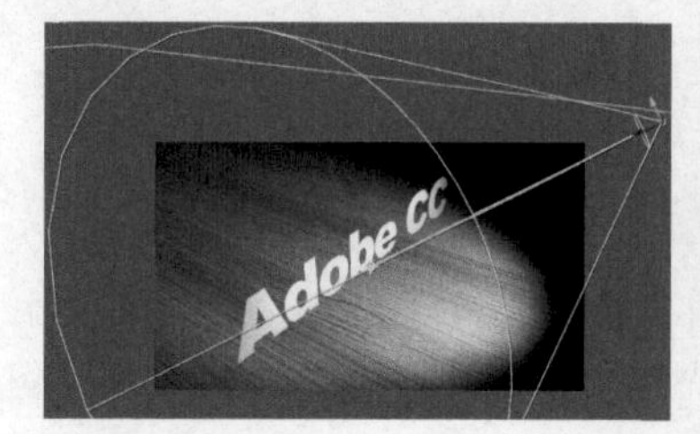

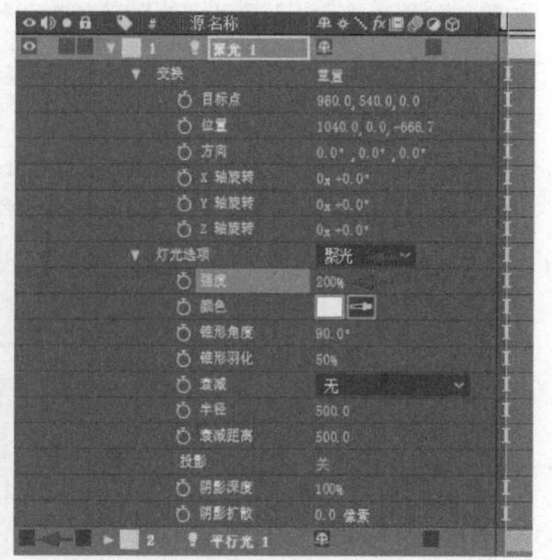

图12-3 建立聚光

STEP 4

再关闭上一个灯光，新建一个灯光，将“灯光类型”选择为“点光”，建立一个“点光1”的灯光层。展开“变换”和“灯光选项”，查看点光层的属性。默认的照明光线较暗，这里将“强度”也增大到200%，如图12-4所示。

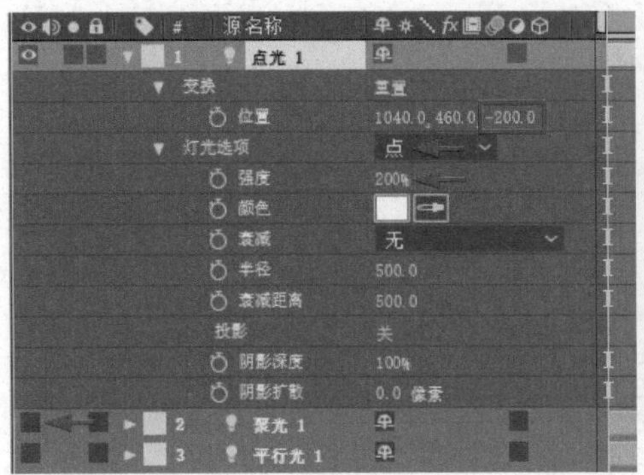

图12-4 建立点光

STEP 5

继续关闭上一个灯光，新建一个灯光，将“灯光类型”选择为“环境光”，建立一个“环境光1”的灯光层。环境光默认的设置，与三维场景中未建立灯光时的系统默认效果一致。环境光只有“灯光选项”下的两个属性，如图12-5所示。

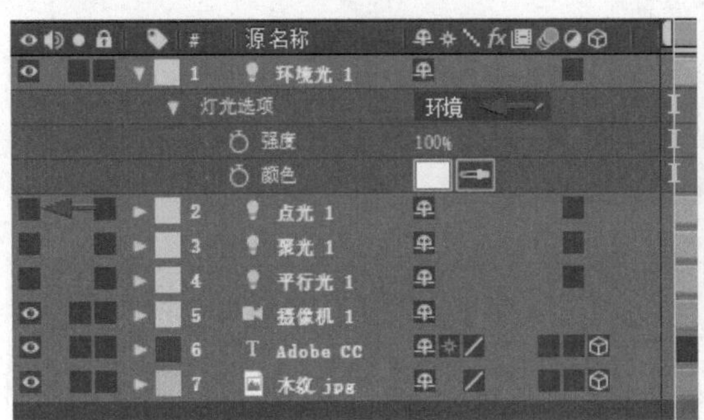

图12-5 建立环境光

STEP 6

打开这4个灯光层时，会发现场景照明的光线过亮，这里分别降低各层灯光的“强度”，如图12-6所示。

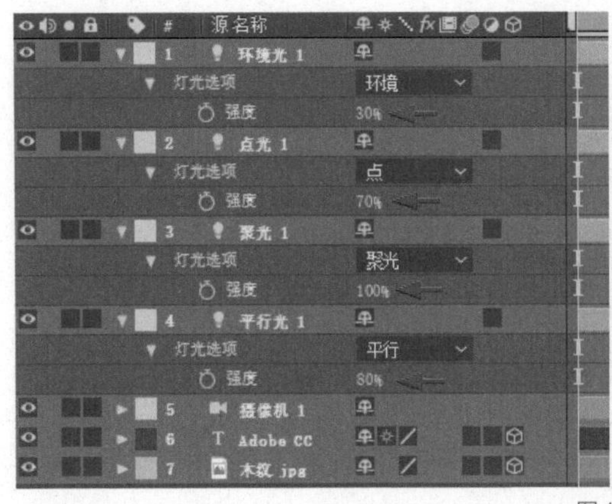

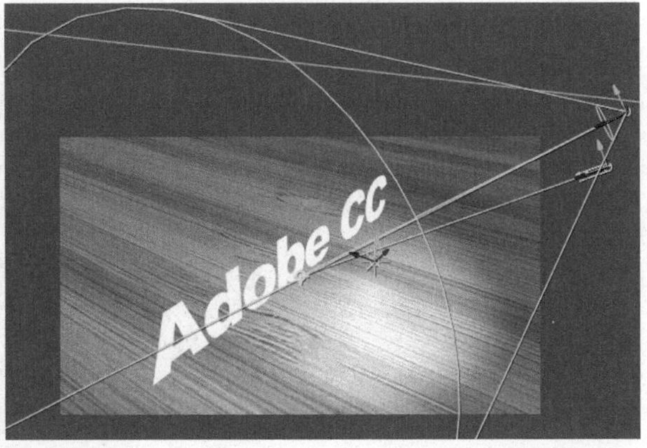

图12-6 调整强度

操作2 制作灯光投影

STEP 1

在上一场景的基础上，设置灯光的投影效果。上一场景添加了灯光后，默认状态没有投影，还需要查看和设置3处属性开关。第1处，展开“木纹.jpg”层的“材质选项”，设置“接受阴影”为“开”。

STEP 2

第2处，展开文本层的“材质选项”，设置“投影”为“开”，如图12-7所示。

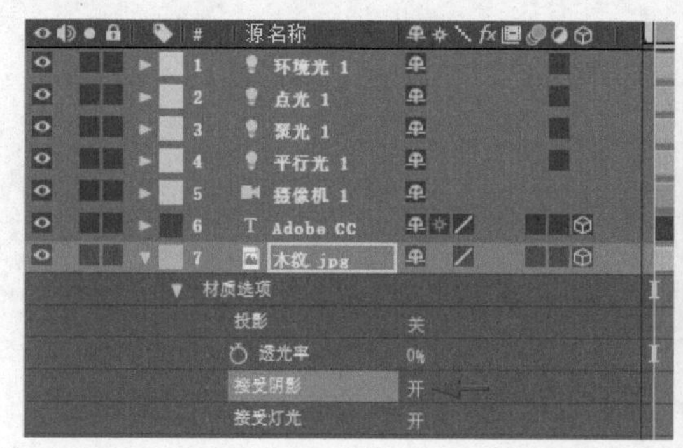

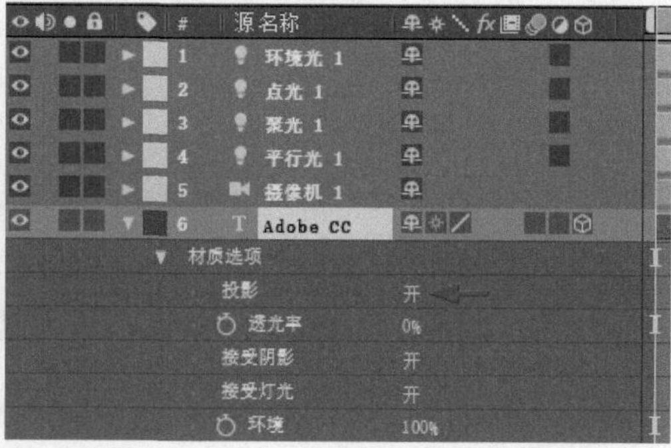

图12-7 设置图层投影选项

STEP 3

第3处，展开灯光层的“灯光选项”，设置“投影”为“开”。环境光没有投影选项，这里设置“点光1”的“投影”为开，如图12-8所示。

图12-8 设置灯光层投影选项

STEP 4

也可以同时打开其他灯光层的“投影”，这里同时打开“聚光1”和“平行光1”下的“投影”的开关，如图12-9所示。

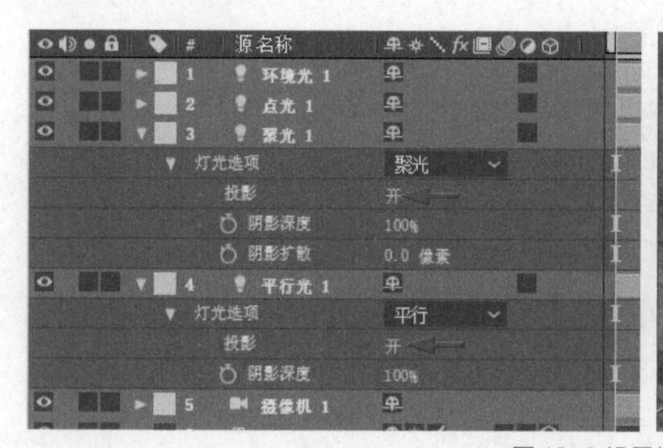

图12-9 设置其他灯光层投影选项

STEP 5

灯光的阴影可以设置阴影边缘是否模糊，这个效果可以用“阴影扩散”来设置，例如，这里增大“聚光1”下的“阴影扩散”的数值，阴影边缘则产生扩散模糊的效果。

STEP 6

灯光的“阴影深度”可以调整阴影为暗部较重的影子，或者为更透明的浅影，这里减小“平行光1”下的“阴影深度”的数值，使阴影变得透明一点，如图12-10所示。

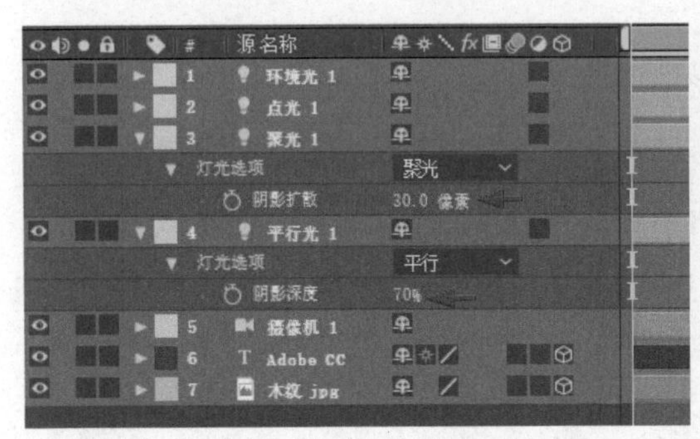

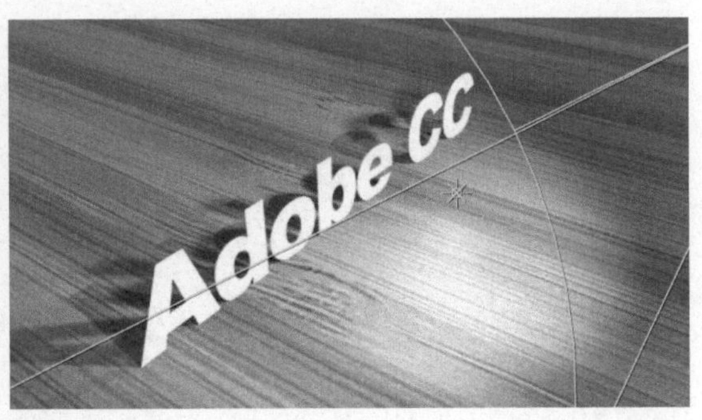

图 12-10 设置阴影扩散和深度

12.2 场景灯光的布局

常规三维场景中可以建立一个或多个灯光，当灯光较多时，需要合理布局，分清主次，并注意不要让场景的亮度累加变得过亮。

摄影棚中有基础的3点灯光布局，即场景中前方主光照亮主体，侧方辅助光凸显立体效果，背部反打的光线衬托、清晰化边缘，在基本的3点灯光的基础上再视需要增加其他灯光或调整布光方案。

而在After Effects虚拟的三维场景中，背光效果体现不出来，所以主要考虑一个前方的主光和若干侧方的辅助光。

操作 1 聚光加环境光布光

STEP 1

这里打开一个场景，平面上放置一个立方盒，准备为其布置一个聚光加一个环境光的照明效果。场景图层与效果如图12-11所示。

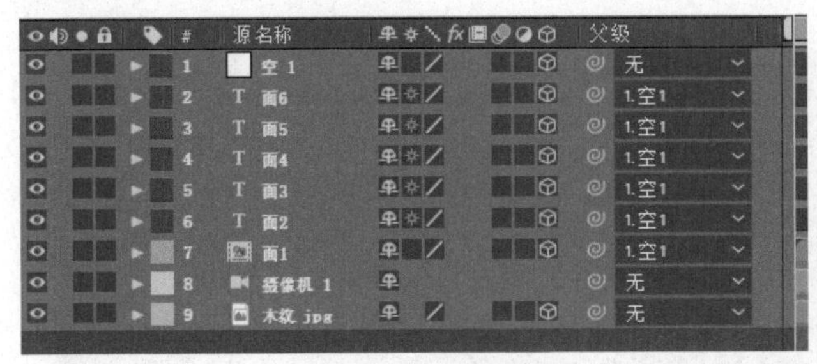

图 12-11 准备场景

STEP 2

选择菜单“新建>图层>灯光”，建立一个“聚光1”，调整“位置”，设置“强度”，如图12-12所示。

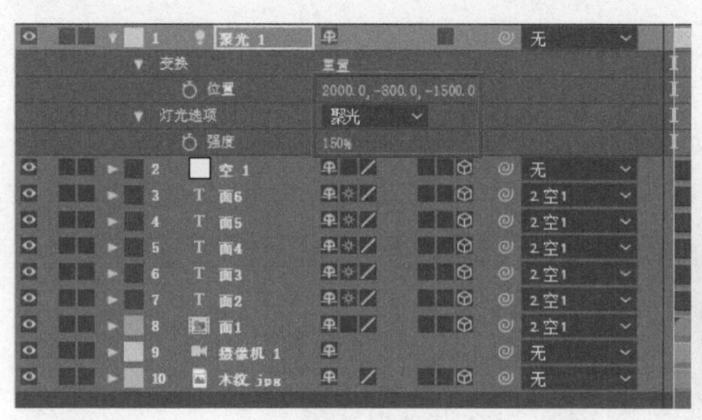

图 12-12 添加聚光

STEP 3

再选择菜单“新建>图层>灯光”，建立一个“环境光1”。环境光的好处是能够全方位无死角地统一增加亮度，无论正面、侧面还是背面，都不存在照射不到的地方。对比场景的亮度设置环境光的“强度”，这样简单快捷地布置了灯光。最后打开“聚光1”和立方盒各层下的“投影”开关，产生投影效果，如图12-13所示。

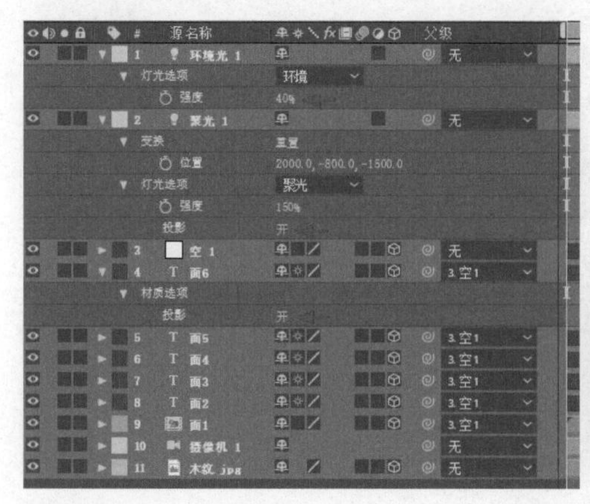

图 12-13 添加环境光和设置投影

操作2 主光加辅光布光

STEP 1

这里在新的合成中，使用上一场景，删除灯光重新设置，准备为其布置一个主光加一个辅光的照明效果。

STEP 2

新建一个聚光作为主光，调整位置，移至右上部，设置“强度”，并打开“投影”开关。

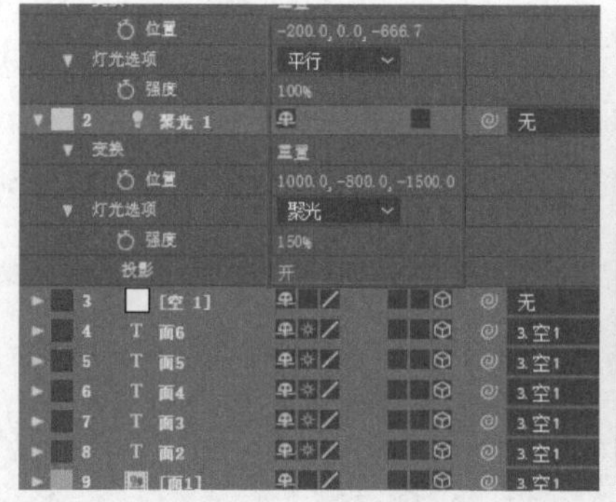

图 12-14 添加聚光和平行光

STEP 3

新建一个平行光作为辅光，调整位置，移至左上部，设置“强度”。这里使用“2个视图-纵向”查看，如图12-14所示。

STEP 4

这个辅光可以是点光或聚光，例如，这里可以修改“平行1”层的“灯光类型”为“点”，将其转变为点光。此时图层的名称虽然是“平行光1”，但灯光类型已改变，可以根据需要修改图层名称，如图12-15所示。

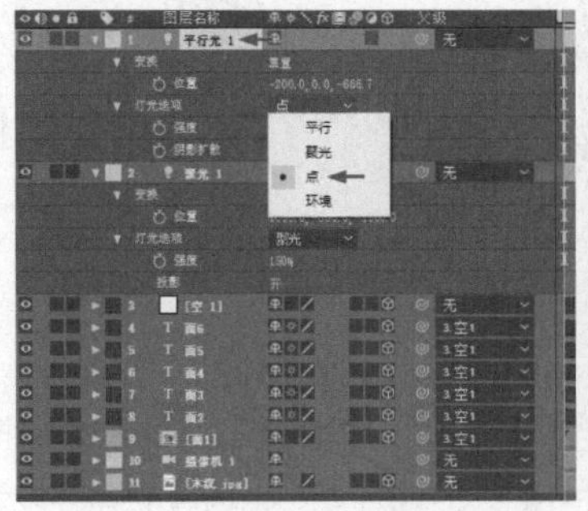

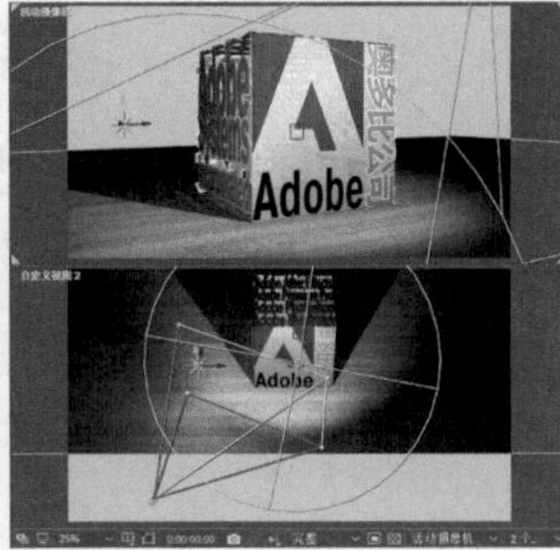

图 12-15 更改灯光类型

操作 3 多灯光布光

STEP 1

这里在新的合成中，使用上一场景，删除灯光重新设置，准备为其布置多灯光的照明效果。

STEP 2

新建一个环境光作为基础照明，使用较弱的光线强度。

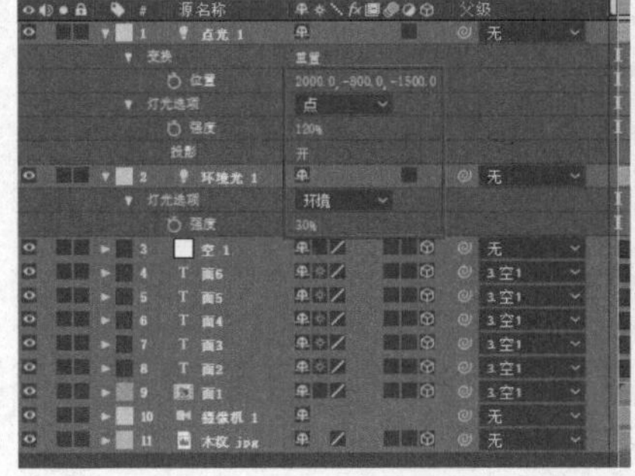

图 12-16 添加环境光和点光

STEP 3

新建一个点光作为主光，调整位置，移至主体前上部，设置“强度”，并打开“投影”开关。这里使用“2个视图-纵向”查看，如图12-16所示。

STEP 4

新建一个平行光，放置在主体的前侧方，对比场景中的效果调整“强度”。

STEP 5

最后添加一个点光，放置在主体的侧上方，增加局部亮度。可以设置“灯光选项”下的“衰减”来控制光线照射的距离，使其对距离范围内的对象照明，如图12-17所示。

图 12-17 添加平行光和点光

12.3 灯光的颜色与图层的材质

默认的灯光颜色为白色，如果设置为彩色，会影响场景中三维元素的颜色，例如，将灰度的颜色变成灯光的颜色，会使其他有色彩的三维元素产生颜色的变化。而三维元素本身的颜色，是根据不同的材质选项设置的，会不同程度地受到光照的影响。

操作 1 设置灯光颜色

STEP 1

在场景中放置3D图层，包括水平的纯色平面、图标和文字，建立摄像机并调整倾斜俯视的角度，准备增加照明和投影效果。针对有颜色的灯光，这里放置的图标和文字也包括不同的颜色，如图12-18所示。

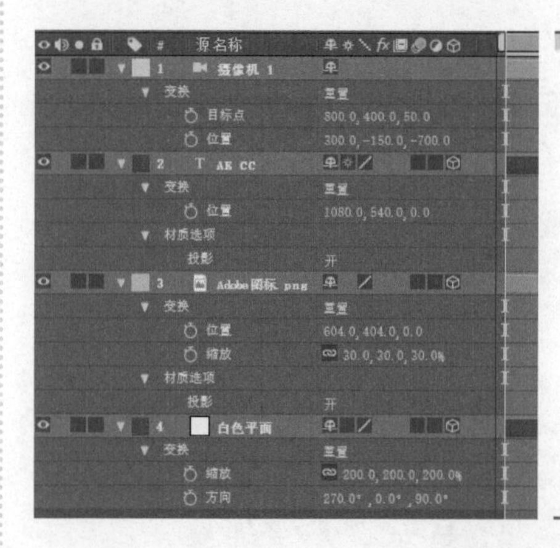

图 12-18 准备场景

STEP 2

添加一个“聚光1”层，调整“位置”和“强度”，打开“投影”开关。设置“颜色”为黄色，RGB为（255，255，0）。可以看到白色的平面变为了黄色，橙色、青色和紫色也受黄色光的影响产生了偏色，如图12-19所示。

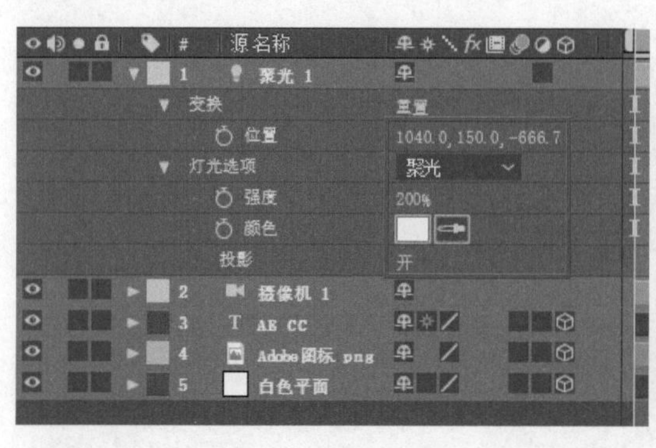

图 12-19 添加灯光和设置投影

STEP 3

设置文本层和图标层“材质选项”下的“透光率”，从不透明的0%调整到100%，这样会完全投下彩色的影子。这里设置灯光的“阴影深度”为50%，与主体区别开，如图12-20所示。

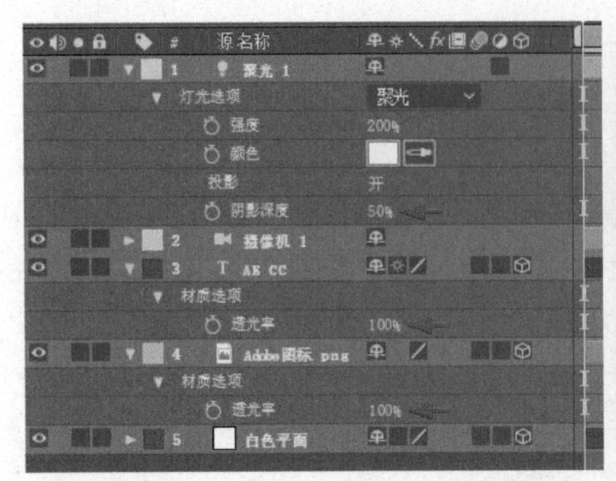

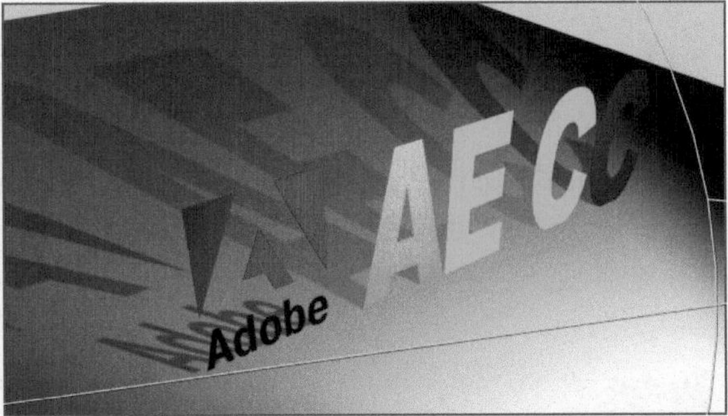

图 12-20 设置透过率和阴影深度

操作2 设置图层材质

STEP 1

在场景中放置3D的平面和文字，然后建立摄像机和灯光，其中文字颜色为黄色，RGB为（255，192，0），为了对比之后的材质设置，这里将文字层命名为“AE CC无材质设置”，为平面层添加一个“棋盘”效果，作为衬托背景，如图12-21所示。

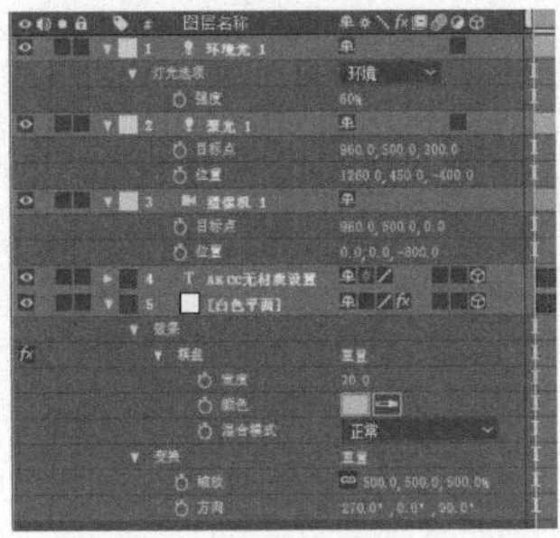

图 12-21 设置普通的文字

STEP 2

选择文字层，按Ctrl+D快捷键创建一个副本，并将其重命名为“AE CC材质”，关闭原文字层的显示。展开“AE CC材质”层下的“材质选项”，设置“环境”为40%，“镜面强度”为75%，“镜面反光度”为30%，并打开“投影”开关，如图12-22所示。

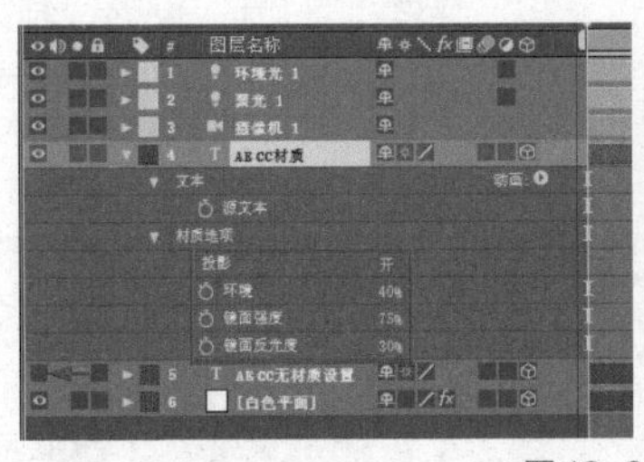

图 12-22 设置文字材质

STEP 3

由于调整材质后的文字光线较暗，所以这里再添加一个“点光”，并设置摄像机转换视角的动画，设置摄像机“位置”在第0帧时为（0.0，0.0，-800.0），在第3秒时为（1500.0，200.0，-800.0），如图12-23所示。

图 12-23 设置灯光和摄像机

STEP 4

查看动画中的文字，可以发现与未设置材质时单一的颜色有所不同，设置材质后，受光线和视角的影响，亮部和颜色有所不同，如图12-24所示。

图12-24 文字材质效果

12.4 灯光投影的嵌套设置

前面介绍了投影效果需要查看和设置3处选项，在合成中对于打开“折叠变换”的嵌套图层，“材质选项”处于不可用的状态，此时如果要设置投影，需要从源头的原始合成中做起。

制作嵌套合成的灯光投影

STEP 1

这里在高清场景中放置3D图层的平面层、嵌套的文字和立方盒，并建立摄像机和灯光，准备查看嵌套合成的投影，如图12-25所示。

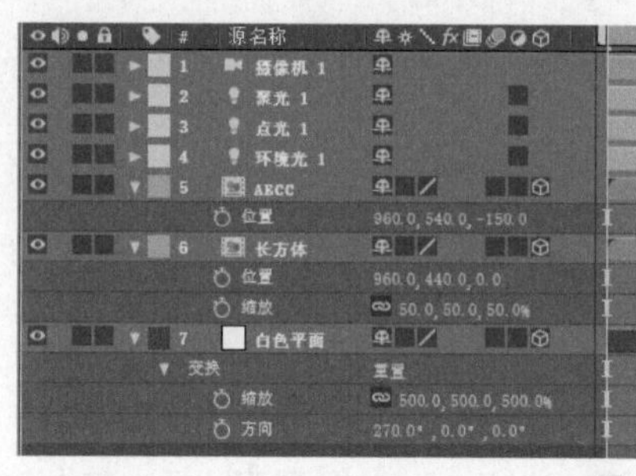

图12-25 准备场景

STEP 2

选择“AE CC”层，打开“材质选项”下的“投影”开关即可产生投影，但“长方体”层由于是多个面围成的空间立方体，所以需要打开“折叠变换”开关来还原立体的图形。但打开“折叠变换”开关后，图层的“材质选项”将变为不可用的状态，如图12-26所示。

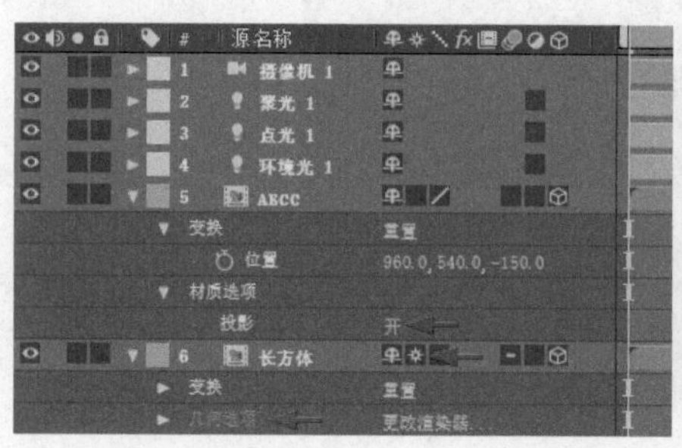

图12-26 设置投影

STEP 3

打开“长方体”合成，选中组成立方盒的6个图层，展开其中一个图层“材质选项”下的“投影”，默认为“关”。然后在保持选中6个图层的状态下，在“投影”后的“关”上单击，这样选中图层的“投影”将一同转换为“开”，如图12-27所示。

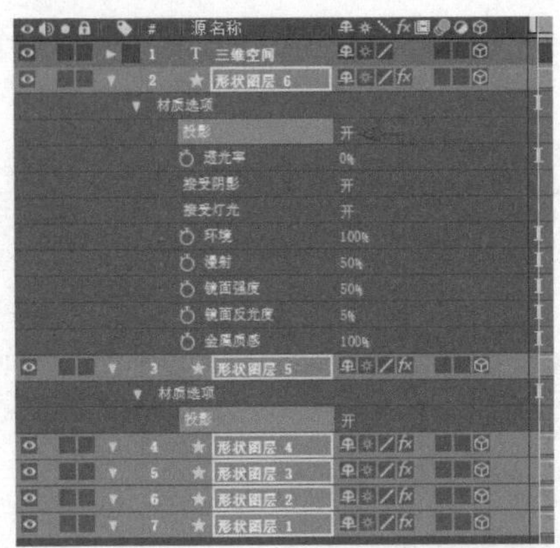

图 12-27 设置嵌套合成中的投影

STEP 4

切换合成查看，“长方体”层也在场景中产生了投影效果。这里设置一个摄像机变换位置的视图动画，查看立体对象的投影，如图12-28所示。

图 12-28 修正投影

实例 制作画册翻页动画

实例说明

这里在对应的素材文件夹中准备了一组图像素材，建立一个灯光下翻动画册的场景动画，包括用作平面并接受灯光阴影的木板、存在于画册各个页面中的画面，以及封底的条形码图像。首先建立画册的各个页面，然后在空间中将其摆放成画册，并设置翻动的动画，最后添加灯光、设置投影效果。图像素材如图12-29所示。

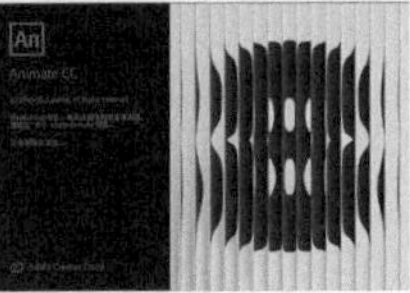

图 12-29 使用素材

制作完成的动画效果如图12-30所示。

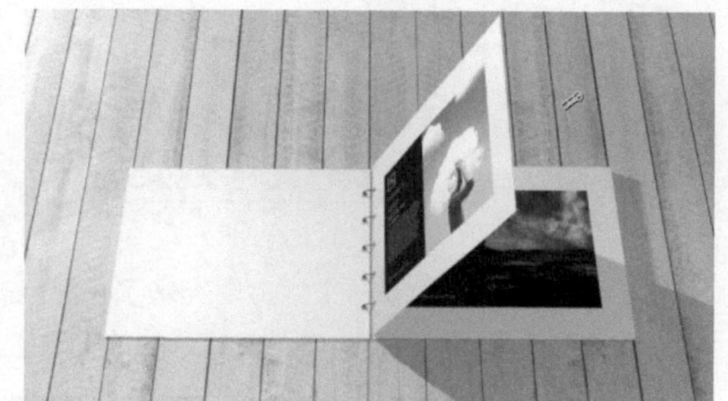

图12-30 实例效果

实例制作流程图如图12-31所示。

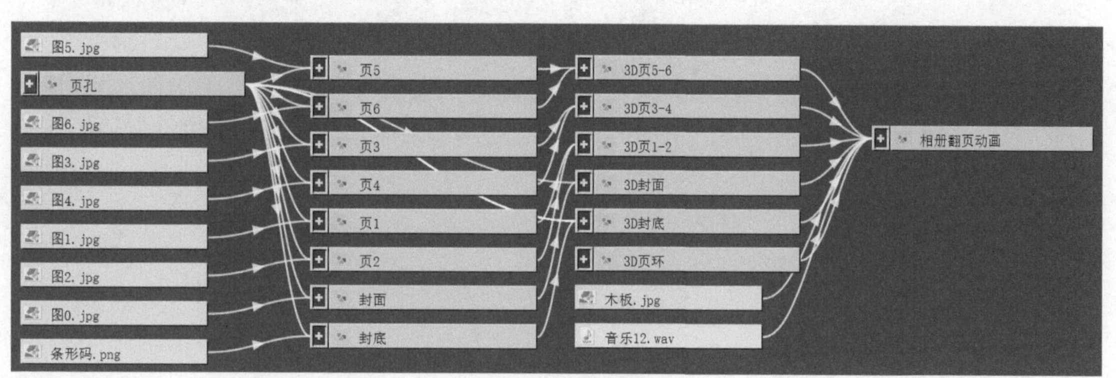

图12-31 实例制作流程图

扫码观看实例制作步骤讲解视频	实例制作步骤图文讲解
	详见配书资源中的《实例制作步骤图文详解》PDF文档。 下载方式见封底。

制作光影文字效果

这里在对应的素材文件夹中准备了一段点光视频素材，在三维场景中建立文字、添加灯光，配合点光的移动，设置文字投射阴影的效果动画，如图12-32所示。

图12-32 实例效果

实例制作流程图如图12-33所示。

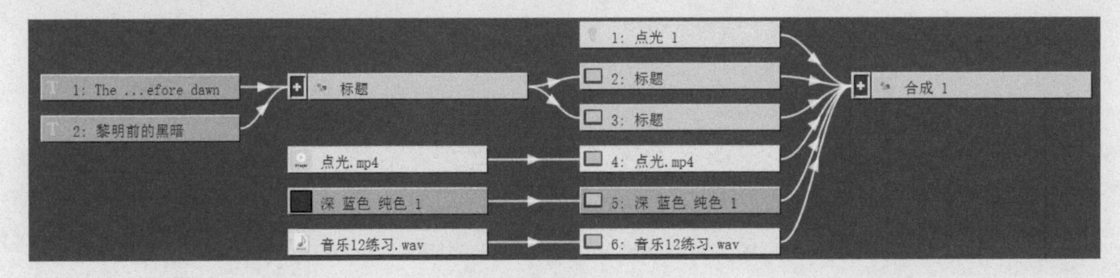

图12-33 实例制作流程图

立体文字和图形实现三维效果

学习完前面的三维制作，我们了解到在After Effects中，三维合成是一种三维场景中平面层的合成，不同于三维建模制作。而这一章将在After Effects中进行三维建模，制作有立体厚度的三维元素，包括文字与形状图层的立体建模与材质设置，为图形Logo和文字标题的动画制作带来便捷。

13.1 逐字 3D 化文字动画

逐字3D化可以使用3D动画属性以三维形式移动、缩放和旋转单个字符。在为图层启用逐字3D化属性时，这些属性将变得可用。位置、锚点和缩放将获得第三个维度，两个额外的旋转属性（“*x* 轴旋转”和“*y* 轴旋转”）将变得可用。2D 图层的单个“旋转”属性被重命名为“*z* 轴旋转”。

3D文本图层有一个自动方向选项，即“独立定向每个字符”，该选项将围绕每个字符各自的锚点定向每个字符，以面向活动摄像机。

逐字3D化文本

STEP 1

在合成中建立一个简单的空间场景，包括平面、3D文字和摄像机，如图13-1所示。

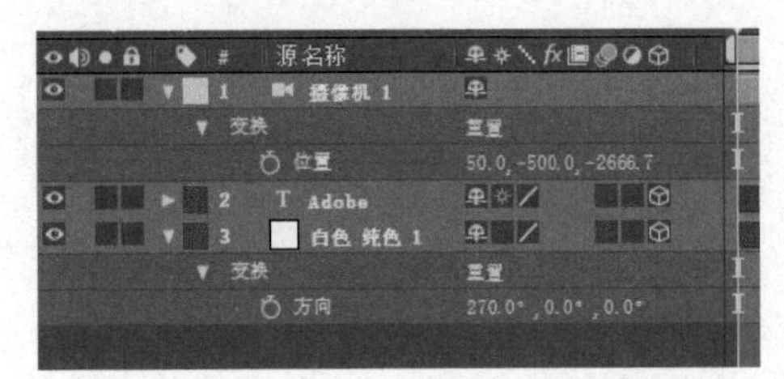

图 13-1 建立场景

STEP 2

在文字层下的“动画”菜单中选择“位置”，添加一个包含“位置”属性的“动画制作工具1”，然后在“动画制作工具1”后的“添加”菜单中选择“旋转”，添加一个“旋转”属性。这里调整这两个属性，目前“位置”只能上下或左右移动，“旋转”只能按*z*轴方向旋转，如图13-2所示。

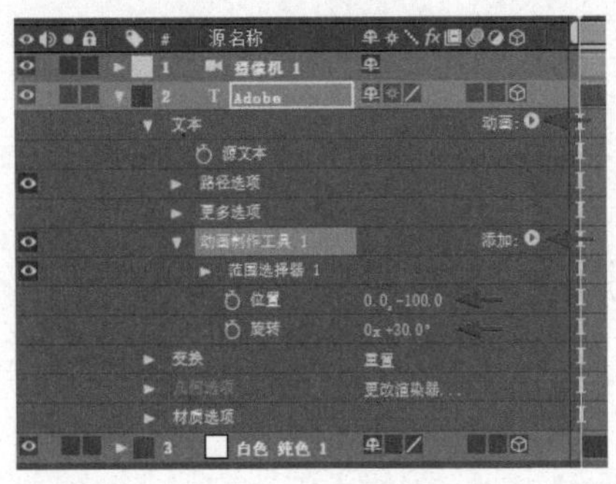

图 13-2 设置文字动画

STEP 3

恢复调整的位置和角度，在“动画”菜单中选择“启用逐字3D化”，会发现原来前面添加的两个属性，其维度从二维变为了三维。这里设置“位置”为（400.0，0.0，400.0），“*y*轴旋转”为-1x+0°，文字将在空间中产生位置和旋转的变化，如图13-3所示。

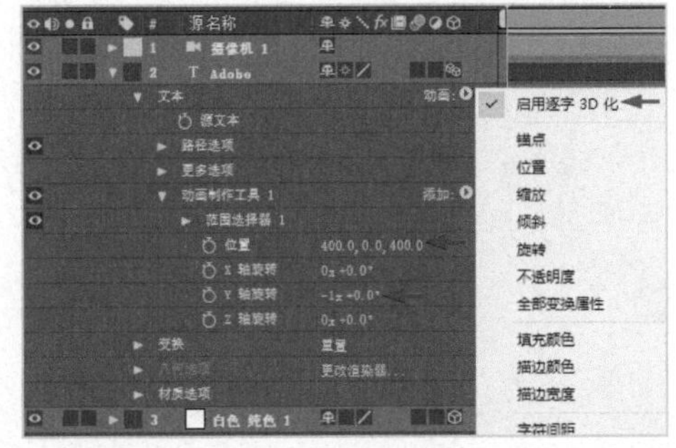

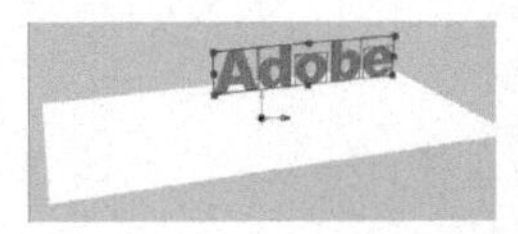

图 13-3 启用逐字 3D 化

STEP 4

设置“范围选择器1”下的“偏移”，设置在第0帧处为0%，在第3秒处为100%。使文字在空间中产生逐字位移和旋转的动画，如图13-4所示。

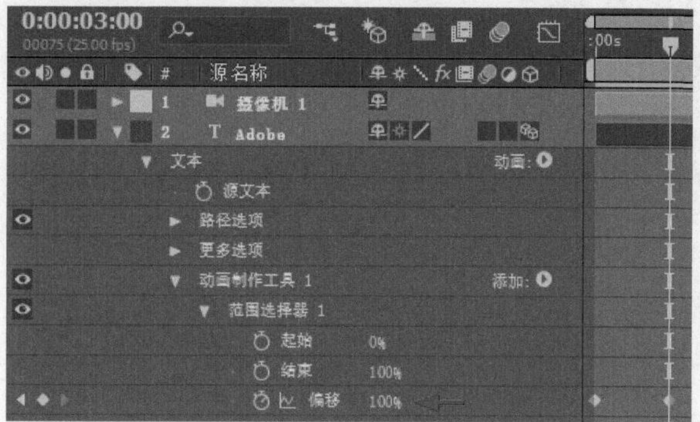

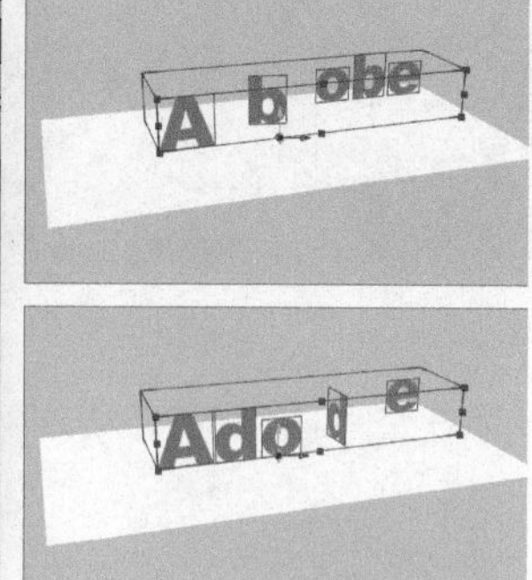

图 13-4 空间逐字动画效果

操作2 逐字3D化标题动画

STEP 1

这里在场景中建立2D的背景层、3D的平面、文字和条块层，建立摄像机和灯光，如图13-5所示。

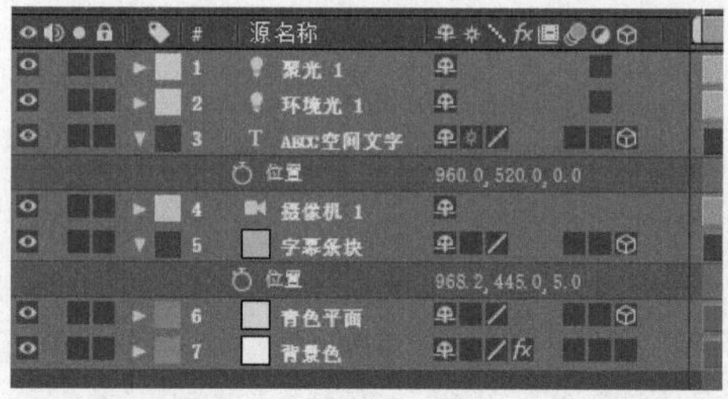

图 13-5 建立场景

STEP 2

在“动画”菜单中选择“启用逐字3D化”，在文字层下的“动画”菜单中选择“位置”，添加一个包含“位置”属性的“动画制作工具1”，设置“位置”的z轴数值为-500.0，移动文字到前方，设置“位置”的y轴数值为50.0，移动文字至平面上。然后在“动画制作工具1”后的“添加”菜单中选择“旋转”，添加一个“旋转”属性，设置x轴数值为0x-90.0°，y轴数值为1x+0.0°，将文字旋转平放在平面上，如图13-6所示。

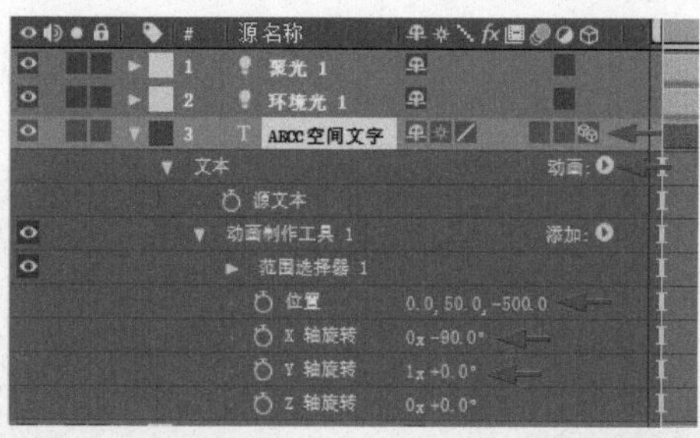

图 13-6 设置文字动画属性

STEP 3

设置“范围选择器1”下的“偏移”在第0帧处为-100%，在第4秒处为100%，“高级”下的“形状”选择为“上斜坡”，这样文字旋转着陆续飞起到条块上，如图13-7所示。

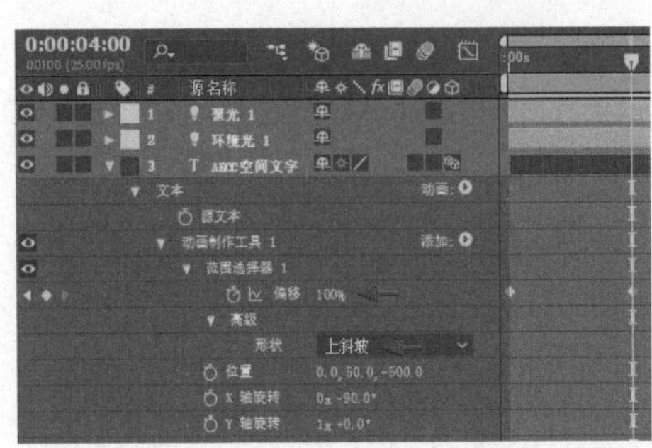

图 13-7 设置文字动画

STEP 4

查看文字在空间的旋转和移动效果，如图13-8所示。

图 13-8 文字动画效果

操作3 制作空间圆形路径上的3D文本

STEP 1

在合成中放置一个2D的星空背景、一个3D的星球图层，建立一个文字层，并为文字层添加一个椭圆蒙版，如图13-9所示。

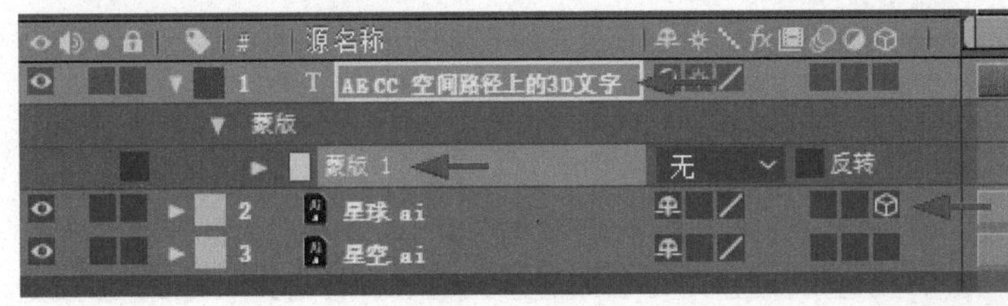

图 13-9 建立文字蒙版路径

STEP 2

将文字层下的“路径”选择为“蒙版1”，打开3D图层开关，调整图层“变换”下的“方向”的x轴数值为290.0，设置文字在椭圆路径上围绕的效果。在文字的“动画”菜单中选择“旋转”属性，添加“动画制作工具1”，但其下的“旋转”目前只有一个轴向，只能调整文字在一个平面上的角度，如图13-10所示。

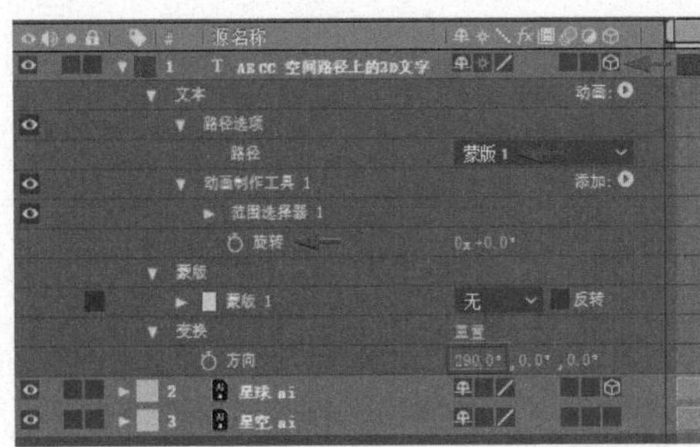

图 13-10 设置路径文字

STEP 3

在“动画”菜单中选择“启用逐字3D化”，“动画制作工具1”下的“旋转”属性变化为3个轴向，调整“x轴旋转”为0x+90.0°，使文字在原来绘制蒙版的平面上竖立起来，如图13-11所示。

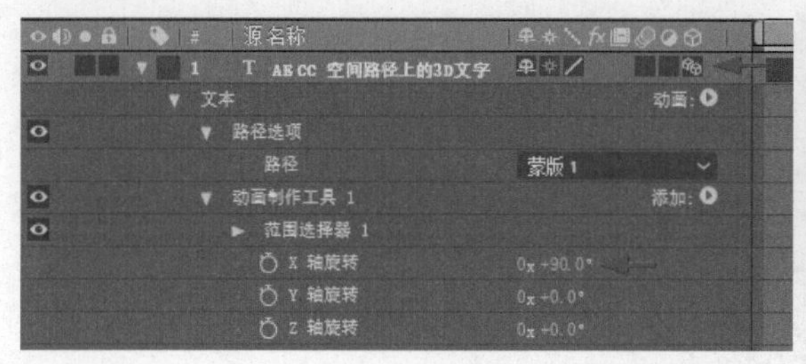

图 13-11 设置文字在路径上的空间旋转

STEP 4

设置文字从星球的后方沿着路径顺时针转到前方的动画，在“路径选项”下设置“首字边距”在第0帧处为2300.0，在第4秒处为0.0。在“动画”菜单中选择“不透明度”属性，添加一个“动画制作工具2”，设置“不透明度”为0%，设置“范围选择器1”下的“偏移”在第0帧处为0%，在第2秒处为100%，使文字在后方逐一显示出来，可以临时关闭一下星球层进行查看，如图13-12所示。

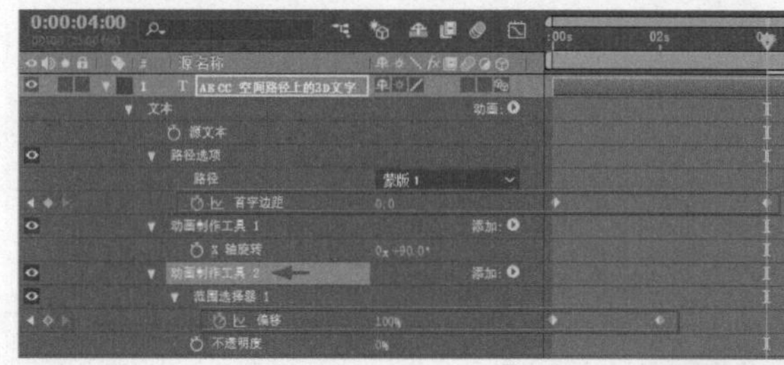

图 13-12 设置文字沿路径动画

STEP 5

这样文字从左侧开始动画时不显示，至后方时才显示，从而制作出文字从后方沿路径旋转到前方的动画效果，如图13-13所示。

图 13-13 空间路径文字动画效果

操作4　制作空间转折曲线路径上的3D文本

STEP 1

在准备的合成场景中有平面、3个立方体、摄像机和灯光，建立一行文字，如图13-14所示。

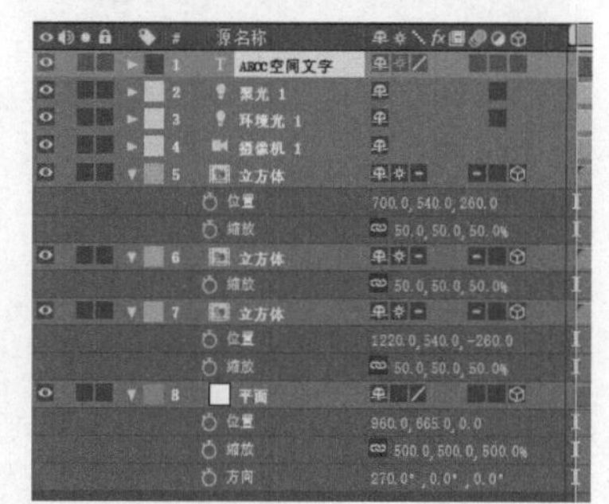

图 13-14 准备场景

STEP 2

选中文字层，打开3D图层开关，设置“方向”的x轴数值为270.0°，切换到“顶部”视图，在立方体朝向左下方向的边缘外绘制连续的转折路径，如图13-15所示。

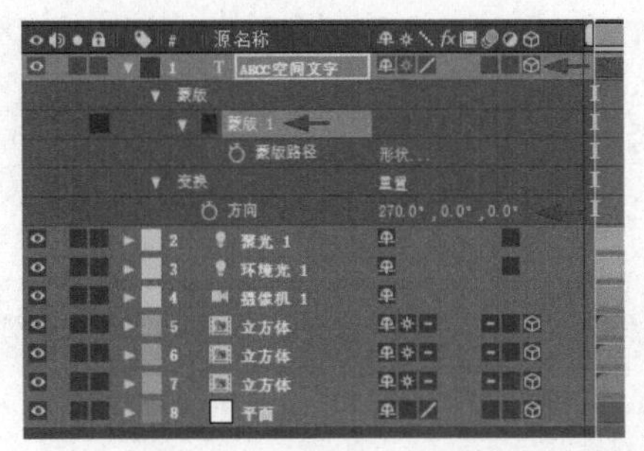

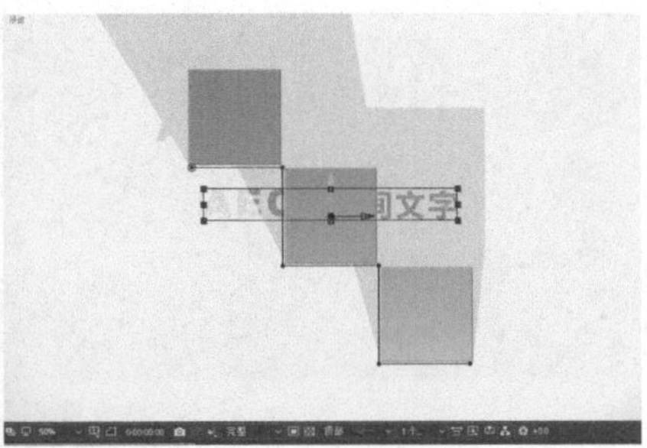

图13-15 设置文字和蒙版路径

STEP 3

切换到“活动摄像机”视图，将文字层“路径选项”下的“路径”选择为“蒙版1”，在“动画”菜单中选择“启用逐字3D化”，设置“动画制作工具1”下的“x轴旋转”为0x+90.0°，使文字在蒙版路径上竖立起来，如图13-16所示。

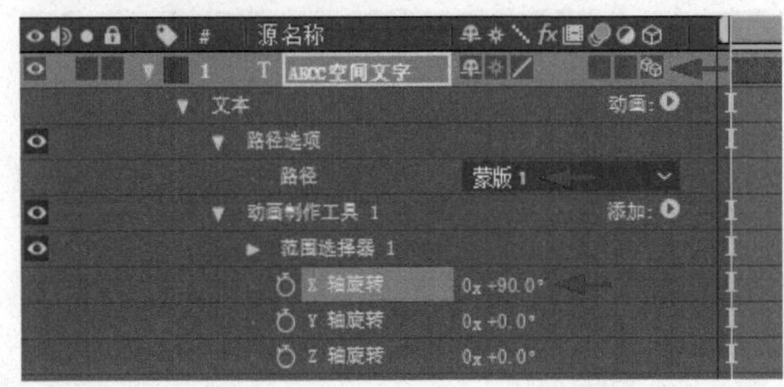

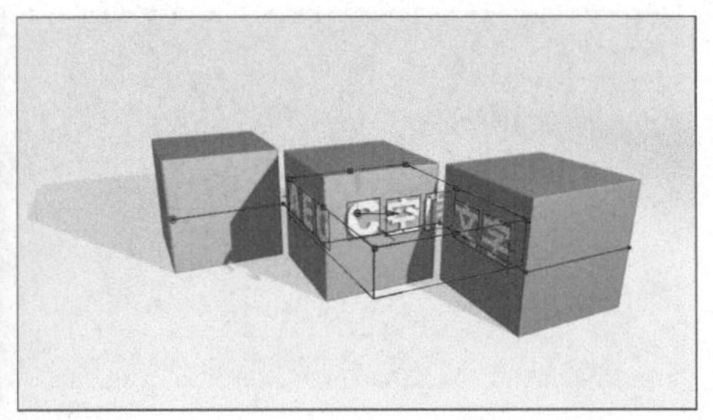

图13-16 添加文字动画

STEP 4

设置“路径选项”下的“首字边距”在第0帧时为-1300.0，在第4秒时为220.0，使文字沿着路径的方向移动，如图13-17所示。

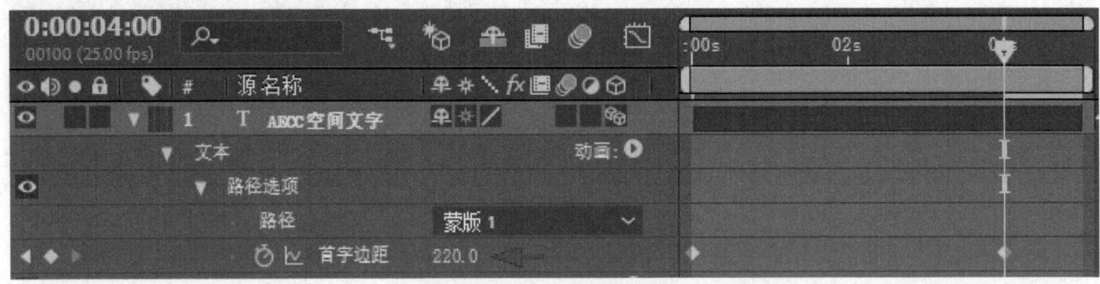

图13-17 设置文字在路径上的移动

STEP 5

查看文字从屏幕外移动到路径上，并沿着立方体的表面转折方向移动的效果，如图13-18所示。

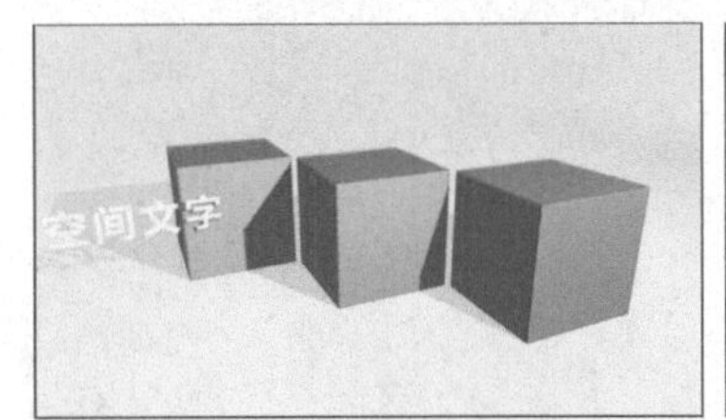

图13-18 文字的动画效果

操作5　应用三维文字预设

STEP 1

在合成的底层放置“背景色”，在其上放置“屏幕背景.mp4”，并设置图层模式为“屏幕”。建立文字，打开文字层的3D图层开关。建立“预设”为“35毫米”的双节点摄像机，设置其“位置”的z轴数值在开始的第0帧处为-1800.0，在结尾的第7秒24帧处为-2500.0，使文字有一个从近拉远的效果，如图13-19所示。

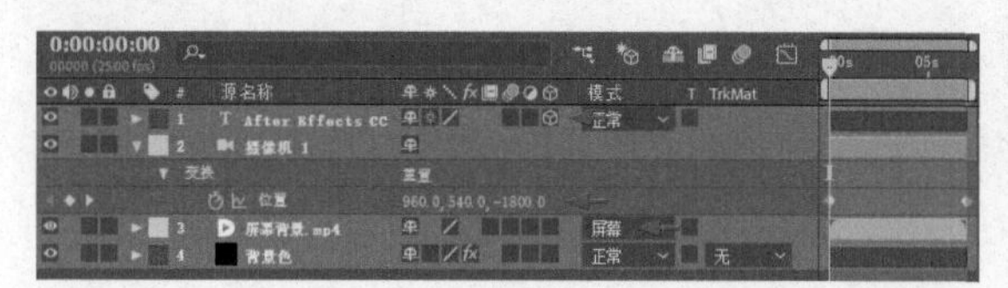

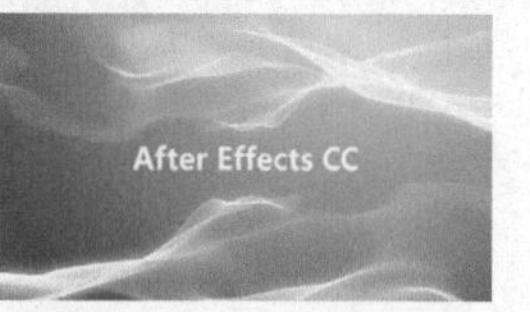

图 13-19 准备合成

STEP 2

确定时间指示器在合成的开始位置，选中文字层，选择菜单“动画>浏览预设”打开Adobe Bridge浏览预设，在Presets\Text\3D Text文件夹内浏览并选中“3D随机下飞和旋转 Y.ffx”文件，双击后将其应用到After Effects中选中的图层上，如图13-20所示。

STEP 3

切换回After Effects，快速按两次U键显示文字层的变换属性，可以看到添加了文字动画的预设，如图13-21所示。

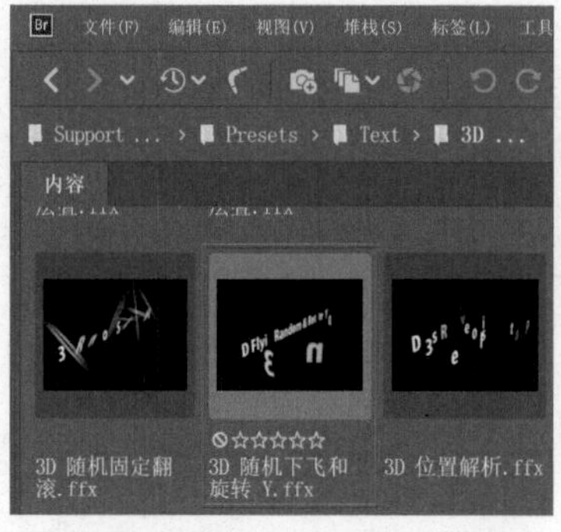

图 13-20 打开 Adobe Bridge 浏览预设

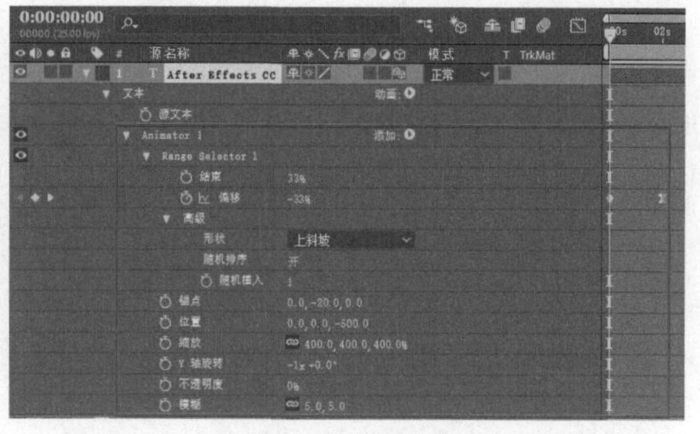

图 13-21 应用预设

STEP 4

此时预设的动画如图13-22所示。

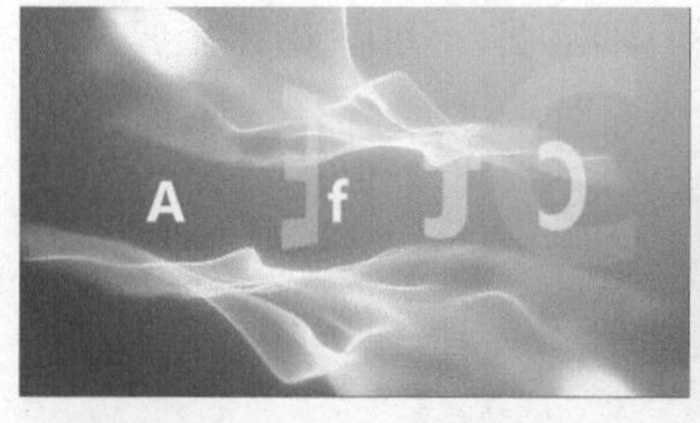

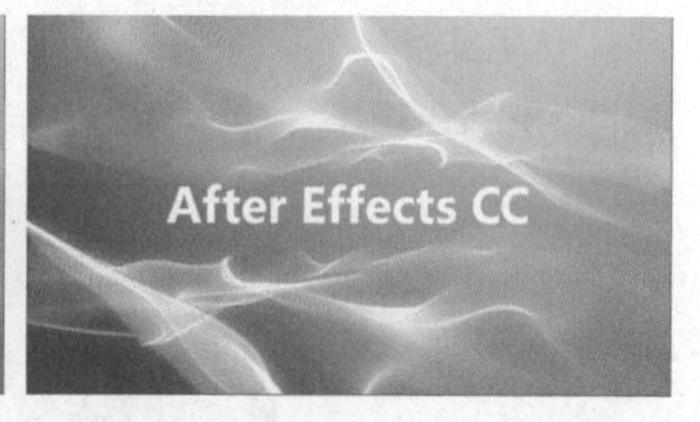

图 13-22 文字预设动画效果

STEP 5

在文字的下面新建一行小的文字，打开其3D图层开关，设置“不透明度”关键帧在1~3秒内从0%至100%淡入。在合成中添加“屏幕光效.mov”和“屏幕粒子.mov”，图层模式设为“屏幕”，放置在文字飞入过程的时间段，效果叠加在文字之上。最后为文字添加“发光”效果，如图13-23所示。

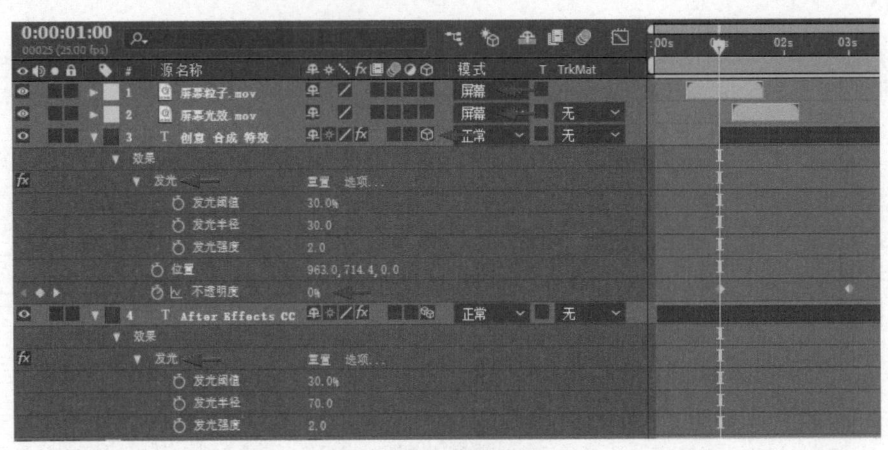

图 13-23 为文字添加效果

STEP 6

查看应用预设的文字在动态背景和前景中的合成动画，如图13-24所示。

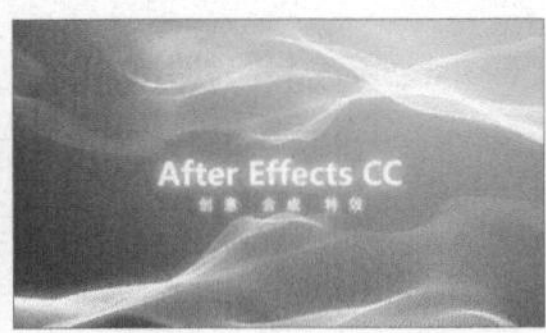

图 13-24 文字合成动画效果

13.2 CINEMA 4D 合成渲染器

CINEMA 4D合成渲染器是After Effects中的新3D渲染器，它是用于文本和形状凸出的工具，可以使用此渲染器更快地从头开始创建3D动画。CINEMA 4D合成渲染器具备以下功能。

（1）不使用任何特定硬件，即可在After Effects内生成交互式3D文本、徽标和2D曲面。

（2）可以用单个滑块控制品质和渲染设置，同时摄像机、光线和文本动画保持不变。

（3）与早期版本使用的CPU上的光线追踪3D渲染器相比，能更快地进行渲染。

操作1 使用经典3D渲染器

STEP 1

这里准备一个高清合成，默认在“合成设置”的“3D渲染器”下，“渲染器”使用的是“经典3D”，如图13-25所示。

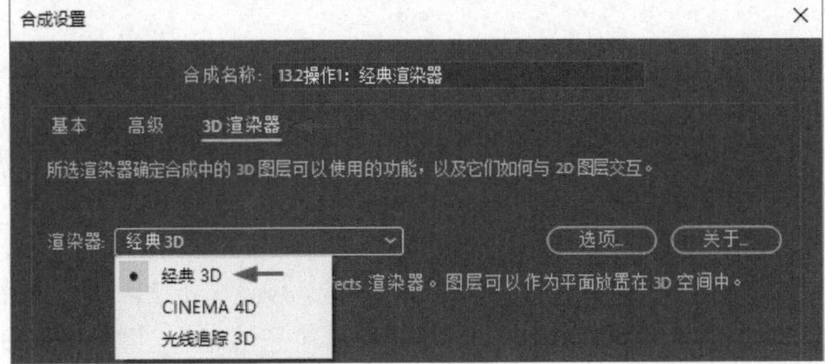

图 13-25 使用经典 3D 渲染器

STEP 2

建立“背景色”2D纯色层，添加效果为“棋盘”的“白色平面”3D纯色层，建立文字3D层，并添加“预设”为“28毫米”的双节点摄像机，建立3个灯光。文字从“聚光1”和“点光1”中产生投影，如图13-26所示。

图 13-26 建立场景

STEP 3

打开摄像机的“景深”开关，调整“焦距”到文字中部，设置“光圈”和“模糊层次”，使中心的文字部分清晰，外围部分产生景深模糊，如图13-27所示。

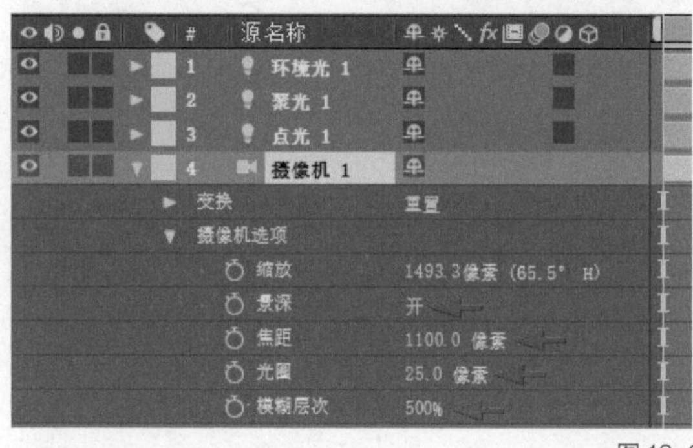

图 13-27 设置景深

STEP 4

在文字的“动画”菜单中勾选“启用逐字3D化”，再从“动画”菜单中选择“旋转”，添加“动画制作工具1”，设置其下的“*y*轴旋转”在第0帧处为0x+0.0°，在第4秒处为1x+0.0°，使文字在平面上旋转，如图13-28所示。

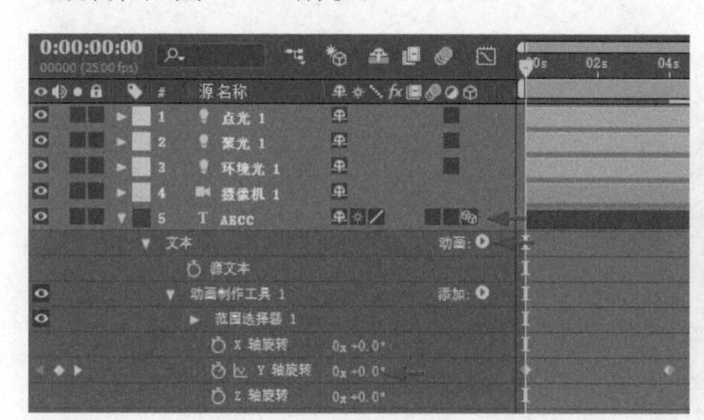

图 13-28 设置文字动画

操作2 使用CINEMA 4D合成渲染器

STEP 1

在项目面板中选中上一合成，按Ctrl+D快捷键创建一个副本合成，重新命名合成并双击打开其时间轴。按Ctrl+K快捷键打开其合成设置面板，在“3D渲染器”下的“渲染器”后选择“CINEMA 4D”。可以看到在合成中启用了一些新的功能，同时也禁用了部分功能，面板中给出了相应的“启用”和“禁用”提示，如图13-29所示。

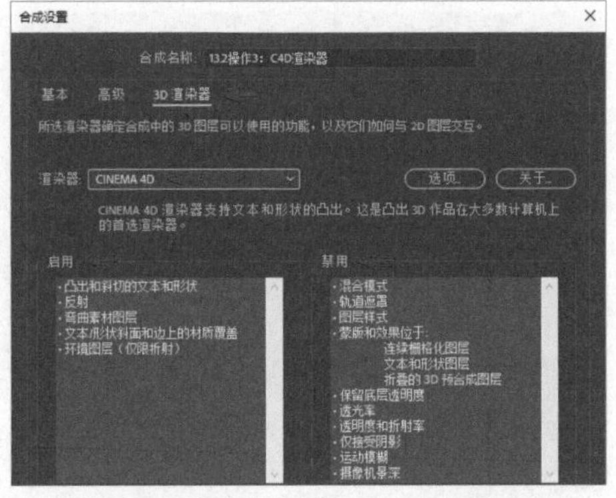

图13-29 使用CINEMA 4D合成渲染器

STEP 2

更改成“CINEMA 4D”后，在文字层中会出现新的“几何选项”属性，在其下设置“斜面样式”为“凸面”，“斜面深度”为5.0，“凸出深度”为50.0，产生立体的文字，如图13-30所示。

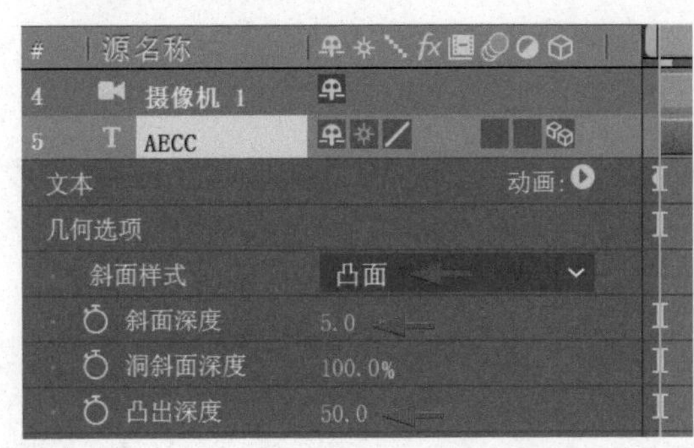

图13-30 调整景深和设置几何选项

STEP 3

更改成“CINEMA 4D”后，合成中的“材质选项”增加了属性，这里将“镜面强度”设为100%，将“镜面反光度”设为5%，将“反射强度”设为50%，可以看到文字的表面和侧面都反射出平面的纹理，如图13-31所示。

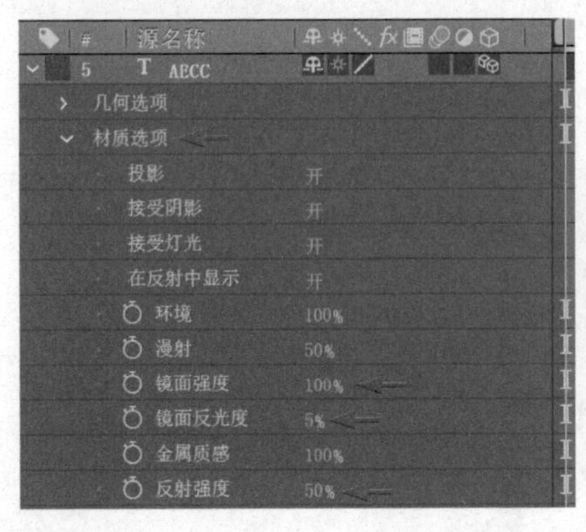

图13-31 设置材质选项

STEP 4

查看此时立体文字的旋转动画，中心锚点在文字的前面，没有按立体文字厚度的中心旋转。此时可以切换到“顶部”视图查看。这里在“动画”菜单中选择“锚点”属性，添加一个“动画制作工具2”，设置其下“锚点”的z轴数值为25.0，这样校正每个字母转动的中心轴，如图13-32所示。

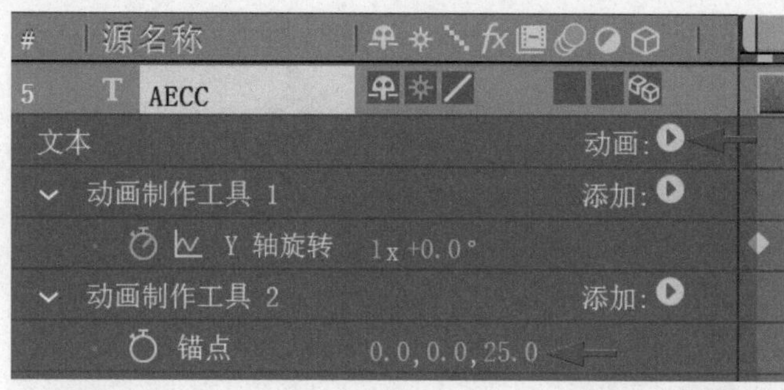

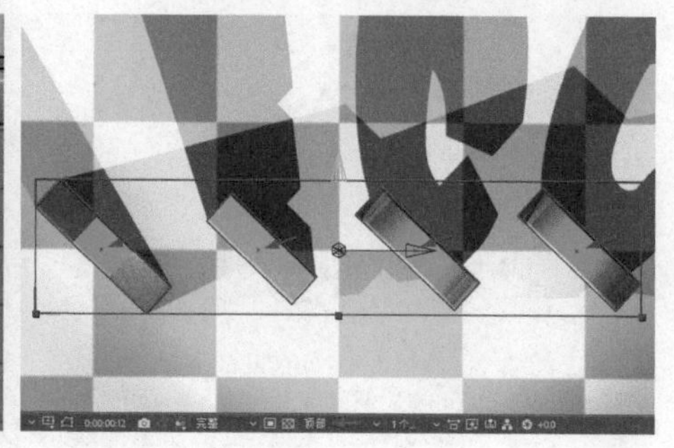

图 13-32 调整锚点

STEP 5

切换回“活动摄像机”视图，查看立体文字的旋转动画和材质效果，如图13-33所示。

图 13-33 查看立体文字效果

13.3 立体文字表面颜色的设置

使用CINEMA 4D合成渲染器创建立体文字后，文字的颜色除了受文本颜色和灯光颜色的影响，用户还可以在文字层下的文本菜单中进行表面、斜面、边线和背面颜色的设定。

操作1 设置立体文字各面颜色

STEP 1

在项目面板中选中上一合成，按Ctrl+D快捷键创建一个副本合成，重新命名合成并双击打开其时间轴。

STEP 2

展开文字层，在其“动画”菜单中选择“前面>颜色>RGB”，添加包含“正面颜色”属性的“动画制作工具3”，颜色设置为蓝色，其RGB为（0，128，255）。

STEP 3

在“动画制作工具3”后的“添加”菜单中选择“属性>斜面>颜色>RGB”，添加一个“斜面颜色”属性，颜色设置为浅蓝色，其RGB为（200，200，255）。

STEP 4

在“动画制作工具3”后的“添加”菜单中选择“属性>边线>颜色>RGB”，添加一个“边线颜色”属性，颜色设置为紫色，其RGB为（100，50，255）。

STEP 5

继续在“动画制作工具3”后的“添加”菜单中选择“属性>背面>颜色>RGB”，添加一个“背面颜色”属性，设置颜色与“正面颜色”相同。这样为立体文字的正面、斜面、侧面和背面都指定了颜色，如图13-34所示。

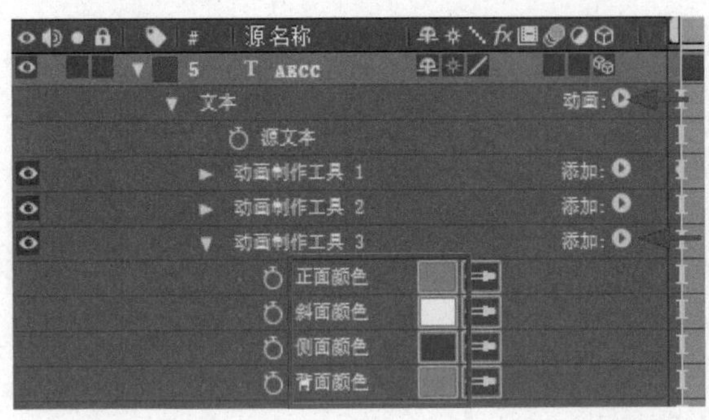

图 13-34 添加和设置各个面的颜色

STEP 6

查看旋转文字的颜色效果，如图13-35所示。

图 13-35 文字颜色效果

操作2 制作伸缩立体文字

STEP 1

这里建立一个高清合成，其“3D渲染器”下使用“CINEMA 4D”渲染器。

STEP 2

建立2D的“渐变背景色”层，添加“梯度渐变”效果并设置渐变色，如图13-36所示。

STEP 3

建立文字并打开3D图层开关，这里将文字的“设置基线偏移”设为75，使文字在层的锚点上方，便于后面设置的立体文字能显示出文字下部的侧面。

STEP 4

展开文字层的“几何选项”，设置“斜面样式”为“无”，“凸出深度”为4000.0。此时文字前面与侧面的颜色均为白色，在两侧建立两个平行光照亮文字的侧面。再建立一个“预设”为“15毫米”的摄像机，增强立体文字的透视感，如图13-37所示。

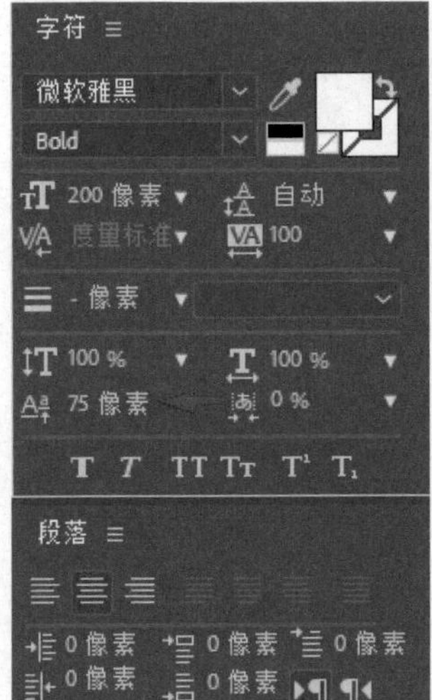

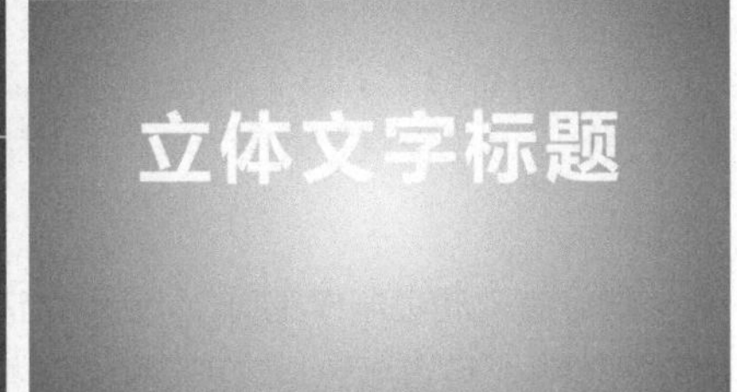

图 13-36 设置背景和文字

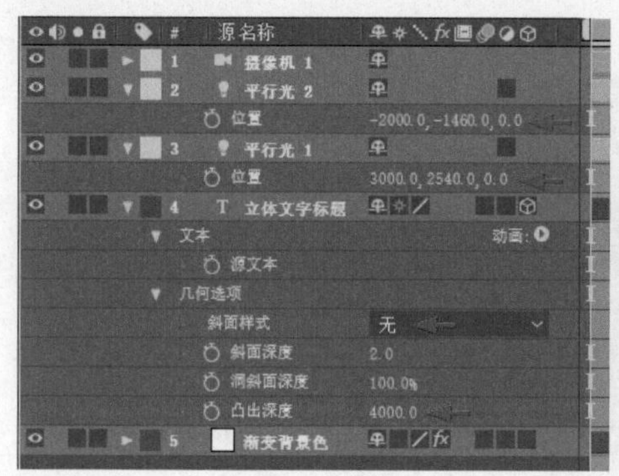

图 13-37 设置透视文字

STEP 5

添加一个环境光，照亮文字的前面。

STEP 6

在文字层的“动画”菜单中选择“前面>颜色>RGB”，添加包含“正面颜色”属性的“动画制作工具1”，颜色设置为青色，这里RGB为（33，255，247）。在“动画制作工具1”后的“添加”菜单中选择“属性>边线>颜色>RGB”，添加一个“边线颜色”属性，颜色设置为深蓝色，其RGB为（0，56，103），如图13-38所示。

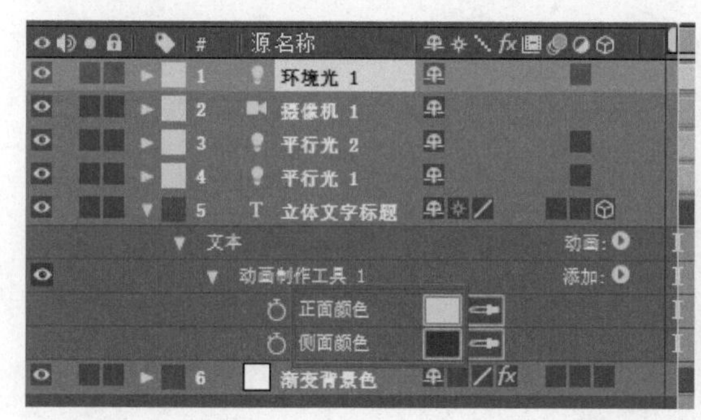

图 13-38 设置文字颜色

STEP 7

在文字层的“几何选项”下设置“凸出深度”在第0帧处为0.0，在第2秒处为4000.0，即文字从当前位置向后方远处挤压出侧面。然后展开文字层“变换”属性下的“位置”，设置*z*轴数值在第0帧处为4000.0，在第2秒处为0.0，即文字从挤压的最远距离移到当前位置。挤压立体侧面与位置移动的动画，一反一正相抵消，产生文字的立体深度从远处伸到当前的动画，如图13-39所示。

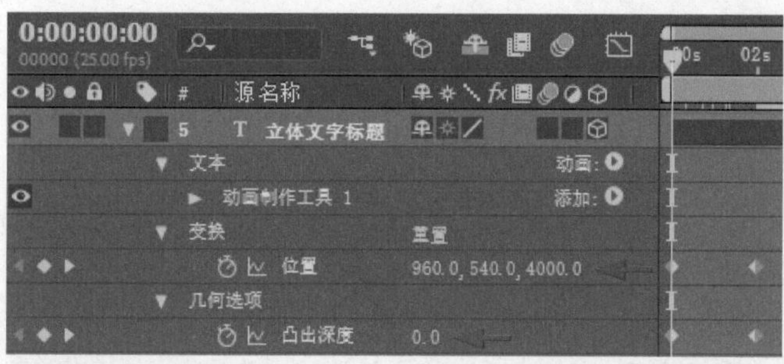

图 13-39 设置文字动画

STEP 8

选中文字层并创建副本，将文字的“设置基线偏移”设为-144，使文字在层的锚点下方，修改文字的内容和大小，建立一行相似的小字。

STEP 9

建立一个黑色的纯色层，添加“镜头光晕”效果，设置图层模式为“屏幕”，为文字动画添加光效，设置如图13-40所示。

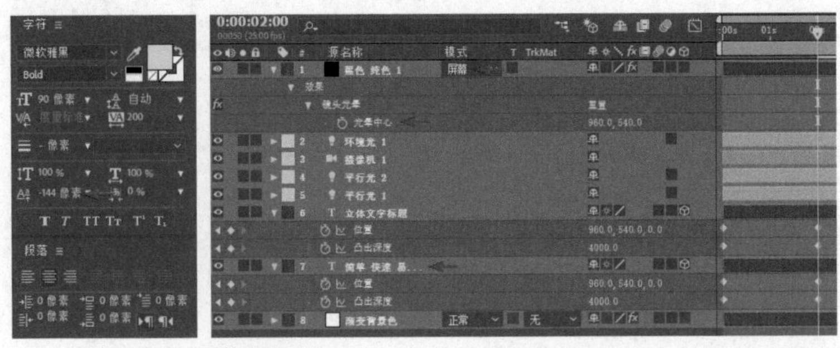

图13-40 设置文字和光效

STEP 10

查看文字的动画效果，如图13-41所示。

图13-41 文字动画效果

STEP 11

可以调整文字的颜色和“凸出深度”关键帧，制作进一步的动画效果，例如，这里设置“正面颜色”为黄色，设置“侧面颜色”为橙色，设置“凸出深度”减小的关键帧动画，如图13-42所示。

图13-42 设置动画与修改颜色

13.4 立体图形

像制作立体的文字一样，CINEMA 4D合成渲染器还可以制作立体的形状，包括矢量的图形素材和After Effects中的形状图层，用户可以使用此渲染器快速地从头开始创建3D动画。

建立立体形状并设置颜色

STEP 1

这里建立了一个高清合成，其“3D渲染器”下使用“CINEMA 4D”渲染器。在合成中使用钢笔工具建立一个常用的箭头图形，这是一个有转折的箭头，展开形状图层下的“路径”，在第0帧处打开其秒表，绘制一个箭头，然后分别在第12帧、第1秒、第2秒处一边添加顶点，一边调整绘制，绘制过程如图13-43所示。

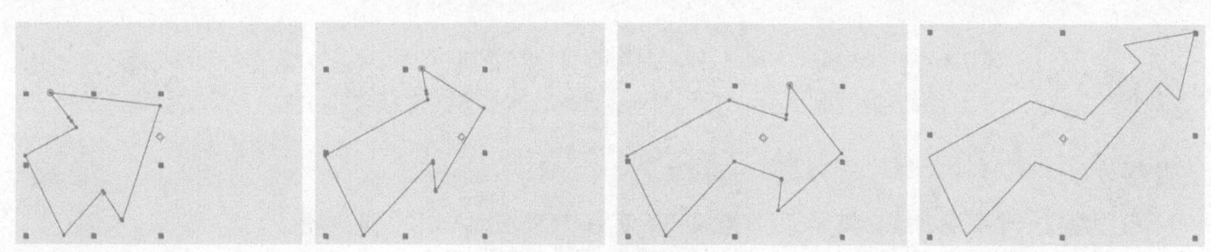

图13-43 建立形状图形动画

STEP 2

勾选“填充1”启用填充，打开3D图层开关，设置图层“变换属性”下的“方向”为（15.0°，340.0°，0.0°）。

STEP 3

展开“几何选项”，设置“斜面样式”为“尖角”，“斜面深度”为5.0，“凸出深度”为100.0。查看立体图形，如图13-44所示。

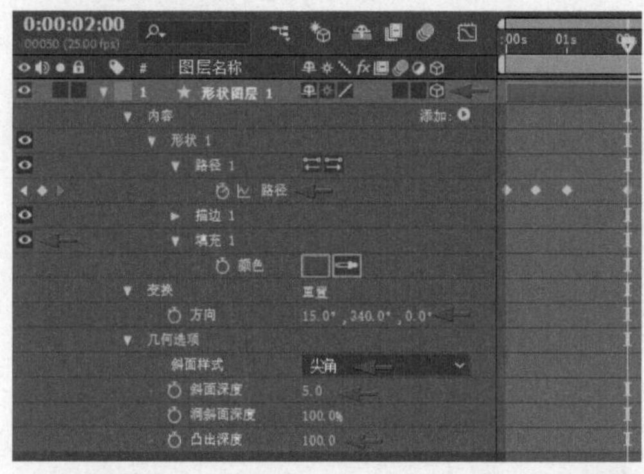

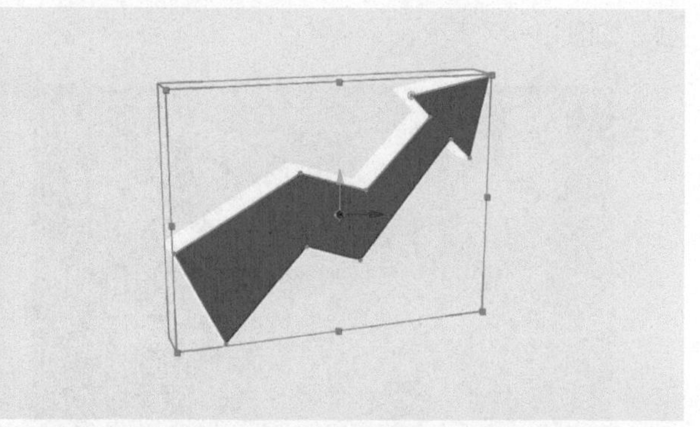

图13-44 设置立体效果

STEP 4

准备给立体图形设置各个面的颜色，在指定颜色时，需要先选中“形状1”，然后在“添加”菜单中选择“前面>颜色>RGB”，添加包含“正面颜色”属性的“动画制作工具1”，颜色设置为橙色。然后继续在“动画制作工具1”后的“添加”菜单中选择属性，添加“斜面颜色”并设置为黄色，添加“侧面颜色”并设置为棕色，如图13-45所示。

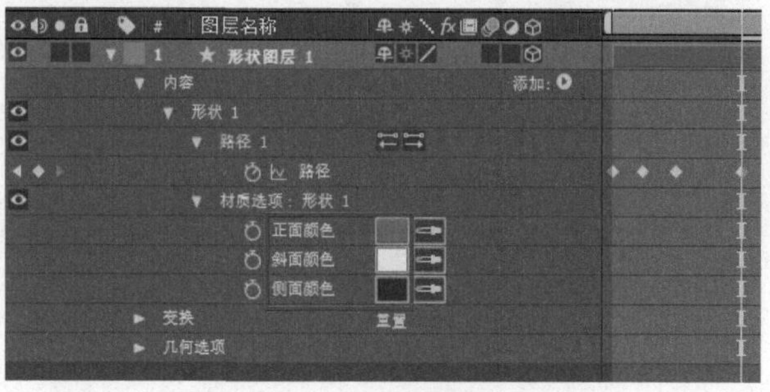

图13-45 设置颜色

STEP 5

这样，没有使用灯光与摄像机，在合成中制作了一个箭头的元素。查看颜色与动画效果，如图13-46所示。

图13-46 立体箭头动画效果

操作2 利用形状和文字制作立体游戏币

STEP 1

这里建立一个高清合成，其“3D渲染器”下使用“CINEMA 4D”渲染器。

STEP 2

在工具栏中双击“椭圆”工具，在合成中心建立椭圆的“形状图层1”图层，设置其下的椭圆路径的“大小”为（500.0，500.0）。开启填充，设置填充“颜色”为浅灰色，RGB为（180，180，180）。

STEP 3

打开“形状图层1”的3D图层开关，切换到“自定义视图1”，设置图层“几何选项”下的“斜面深度”为5.0，“凸出深度”为26.0。相应地设置图层“变换”属性下的“锚点”的z轴数值为13.0，设置锚点在立体图形的中心点。这里使用“2个视图”来查看，其中“顶部”视图可以查看锚点在立体的中心，如图13-47所示。

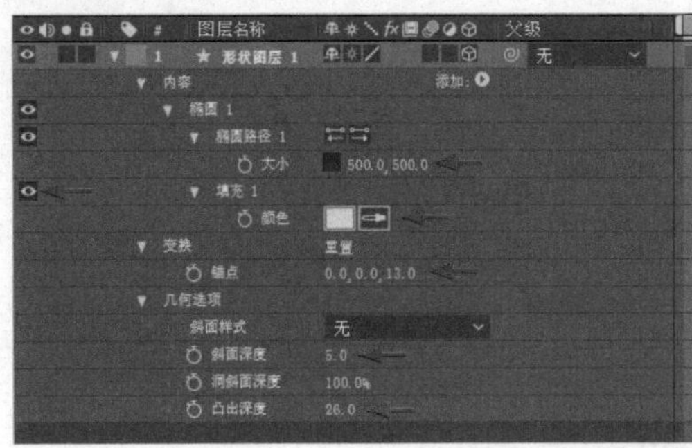

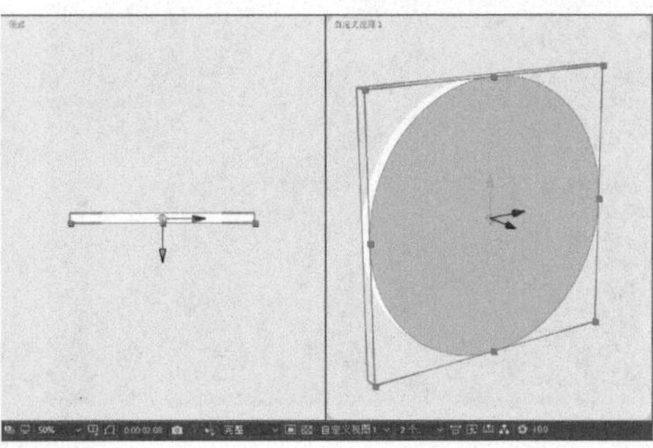

图13-47 建立立体的圆形

STEP 4

选中“形状图层1”，按Ctrl+D快捷键创建副本层“形状图层2”。展开“形状图层2”图层，选中“椭圆路径1”，按Ctrl+D快捷键创建副本“椭圆路径2”。这里暂时只显示“形状图层2”。

STEP 5

在“形状图层2”中选中“椭圆1”，在“添加”菜单中选择“合并路径”，添加“合并路径1”，设置“模式”为“相减”，形成圆环形状。

STEP 6

在“几何选项”下设置“凸出深度”为40.0，加厚一点。然后设置“变换”属性下的“锚点”的z轴数值为20.0，设置锚点在立体图形的中心点，如图13-48所示。

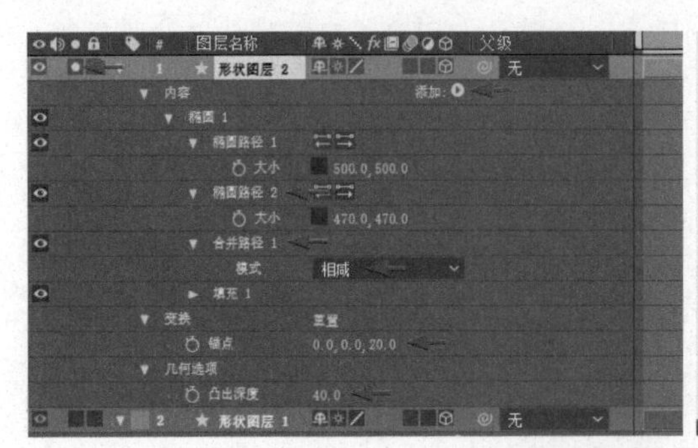

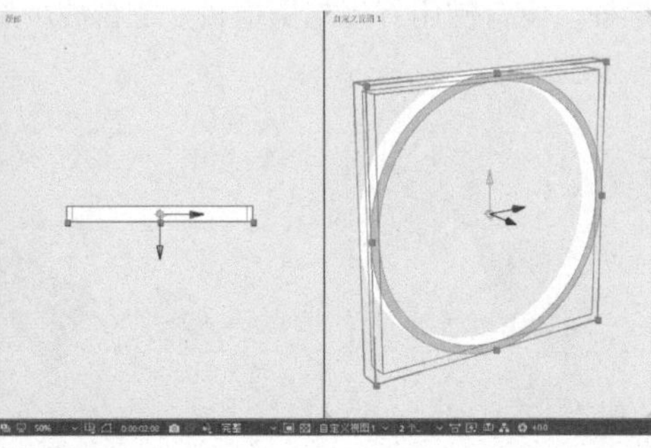

图13-48 建立立体的环形

STEP 7

建立一个浅灰色数字0文字层，打开3D图层开关，设置“几何选项”下的“斜面样式”为“凹面”，“凸出深度”为40.0。相应地设置图层“变换”属性下的“锚点”的z轴数值为20.0，设置锚点在立体图形的中心点，使其与两个形状图层一起组成游戏币元素，如图13-49所示。

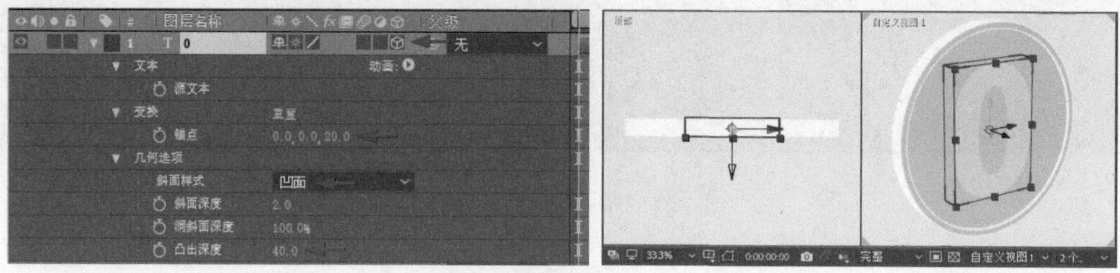

图 13-49 建立立体的文字

STEP 8

建立一个“预设”为“28毫米”的摄像机，建立灯光，调整摄像机与灯光，使用“活动摄像机视图”查看，如图13-50所示。

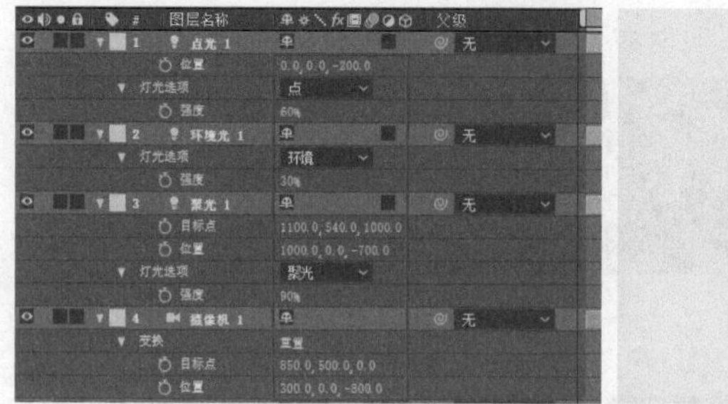

图 13-50 添加摄像机和灯光

STEP 9

添加“金属纹理.jpg”到底层，打开3D图层开关，调整为平面放置在游戏币下方。

STEP 10

展开“形状图层1”的“材质选项”，设置投影和反射效果。选中“材质选项”并按Ctrl+C快捷键复制设置，选中另外的形状图层和文字层，按Ctrl+V快捷键粘贴为相同的“材质选项”设置。

STEP 11

建立一个空对象层，打开3D图层开关，将形状图层和文字层的父级层选择为空对象层。设置空对象层的“y轴旋转”在第0帧处为0x+0.0°，在第4秒处为1x+0.0°，制作游戏币在平面上旋转的动画，如图13-51所示。

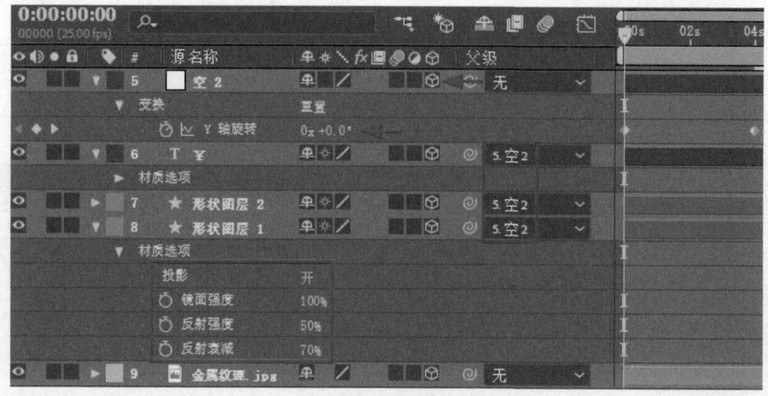

图 13-51 设置场景动画

STEP 12

查看游戏币的动画效果，如图13-52所示。

图 13-52 动画效果

实例 制作立体文字砸落动画

实例说明

这里在对应的素材文件夹中准备了两段地面开裂的视频素材和一个图标，用以制作三维的立体图标和文字下落砸裂地面的动画效果。其中在三维元素的合成制作中，设置合成使用了“CINEMA 4D”渲染器，从图标图像素材跟踪产生蒙版，将蒙版转换为形状，再根据形状产生3D元素。实例素材如图13-53所示。

制作完成的动画效果如图13-54所示。

图 13-53 使用素材

图 13-54 实例效果

实例制作流程图如图13-55所示。

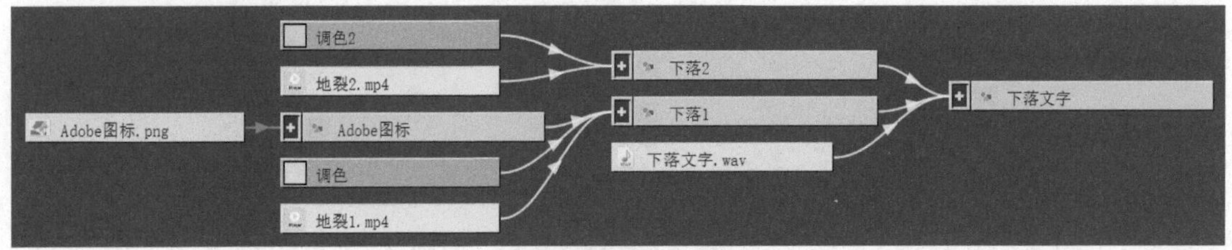

图 13-55 实例制作流程图

扫码观看实例制作步骤讲解视频	实例制作步骤图文讲解
	详见配书资源中的《实例制作步骤图文详解》PDF 文档。 下载方式见封底。

制作立体标题动画

这里在合成中使用“CINEMA 4D”或者“光线追踪 3D”渲染器，制作立体文字的动画，其中文字的材质需要多个灯光来配合。调整动画时如果因为渲染器引起响应迟缓，可以暂时使用合成的“经典 3D”渲染器来改善响应速度，等调整完毕后，在输出前再使用“CINEMA 4D”或者“光线追踪 3D”渲染器还原立体效果即可，如图13-56 所示。

图 13-56 实例效果

实例制作流程图如图13-57 所示。

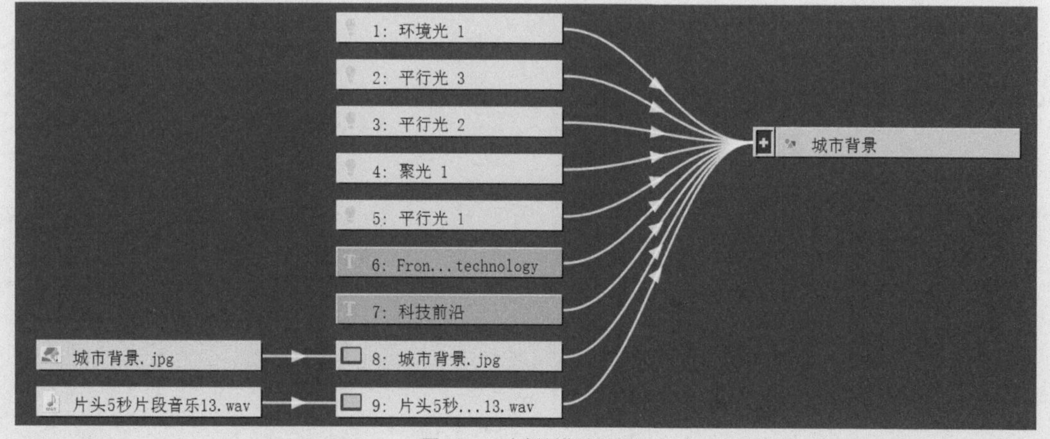

图 13-57 实例制作流程图

跟踪和内容识别填充
运动视频的完美合成

为实拍画面进行局部替换或添加内容，是合成制作的一大特色功能，而这就需要使用合成软件的跟踪功能。跟踪功能可以在动态画面上跟踪局部内容，并使用新的内容对其进行替换，众多大片中的人物置身于特殊场景的效果就可以通过这样来制作。软件的稳定功能，则是先基于跟踪功能所得到的结果，进行相对抵消来实现。这一章将介绍与跟踪相关的合成技术。

内容识别填充功能可以从视频中移除不想要的对象或区域，如视频中的话筒、电线杆和人等。这项工作在以前既烦琐复杂又很消耗时间，现在使用内容识别填充功能，因为其具备即时感知能力，所以只需环绕某个区域绘制蒙版，即可马上将该区域的图像内容替换成根据其他帧相应内容生成的新图像内容。

14.1 变形稳定器

变形稳定器效果用来稳定运动，可消除因摄像机移动造成的抖动，将摇晃的手持拍摄素材转变为稳定、流畅的拍摄内容。

14.1.1 缓动稳定

操作　缓动稳定视频素材

STEP 1

将“飞行.mp4”放置到新的合成中，预览画面，可以发现这是一段晃动的航拍视频。在图层上单击鼠标右键，选择弹出菜单中的“变形稳定器VFX”，或者选择软件顶部菜单“动画>变形稳定器VFX”，或者选择菜单“效果>扭曲>变形稳定器VFX”，都能为图层添加这个效果。可以看到效果添加后会显示自动在后台分析的提示，并在效果控件面板中显示了分析的百分比进度，分析完成后将按默认设置自动进行稳定处理，如图14-1所示。

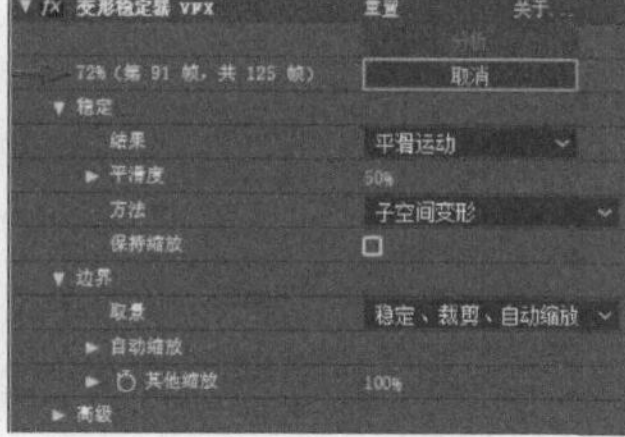

图 14-1 添加自动稳定

STEP 2

画面上短暂的“稳定”提示消失后，就可以预览处理过的效果了。大多情况下，经过这样简单的效果指定和自动处理后，就可以得到满意的稳定效果，这里的视频素材的晃动经过平滑处理，校正了画面，并自动裁剪了晃动产生的边缘空隙，画面被少许放大，如图14-2所示。

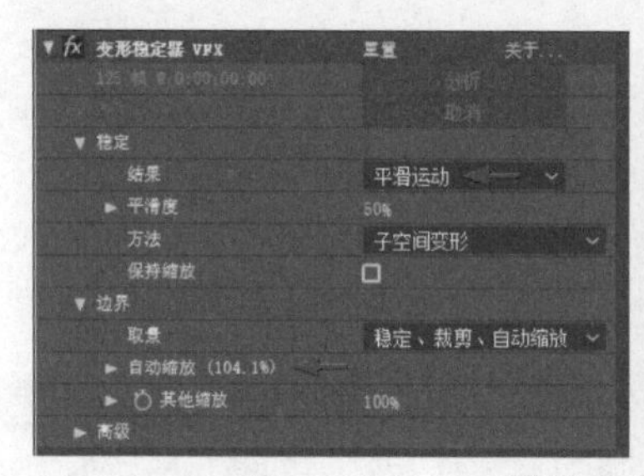

图 14-2 查看稳定设置和效果

14.1.2 固定位置

操作　固定视频画面的位置

STEP 1

这里将“人面狮身像.mp4”放置到新合成中，预览视频效果，可以发现有缓慢的晃动和倾斜的现象。在图层上单击鼠标右键，选择弹出菜单中的“变形稳定器VFX”，提示自动在后台分析，并在效果控件面板中显示了分析的百分比进度，分析完成后将按默认设置自动进行稳定处理。预览效果，发现缓慢的晃动和倾斜的现象仍然存在。

STEP 2

将效果下的“结果”从默认的“平滑运动”改为“无运动”方式，再预览视频效果，可以看到画面固定了下来，消除了晃动的现象，如图14-3所示。

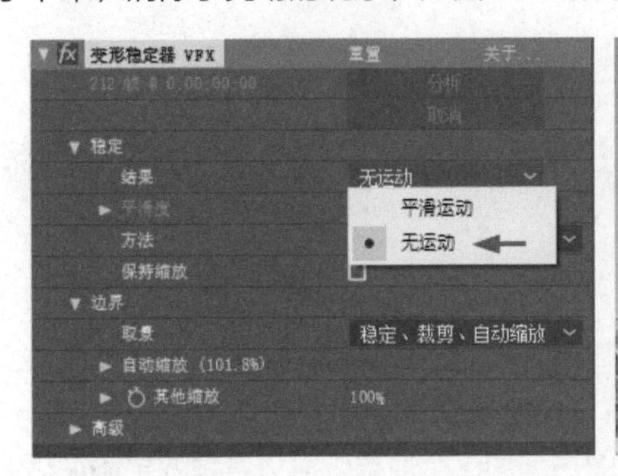

图 14-3 设置“无运动”的稳定效果

14.2 跟踪摄像机

跟踪摄像机功能对拍摄的视频文件素材或视频序列文件素材进行分析，以反向提取拍摄时摄像机运动和3D场景的数据。应用跟踪摄像机功能的图层上会添加一个“3D 摄像机跟踪器”效果，允许基于2D 素材正确合成 3D 元素。

14.2.1 跟踪与创建摄像机

操作 对视频素材跟踪与创建摄像机

STEP 1

这里将“上海跟踪.mp4”放置到新的合成中，在图层上单击鼠标右键，选择弹出菜单中的“跟踪摄像机”，或者选择软件顶部菜单“动画>跟踪摄像机”，或者选择软件菜单“效果>透视>3D 摄像机跟踪器”，都能为图层添加这个效果。可以看到效果添加后会显示自动在后台分析的提示，并在效果控件面板中显示了分析的百分比进度，在“解析摄像机”提示消失后，后台的自动处理就完成了，如图14-4所示。

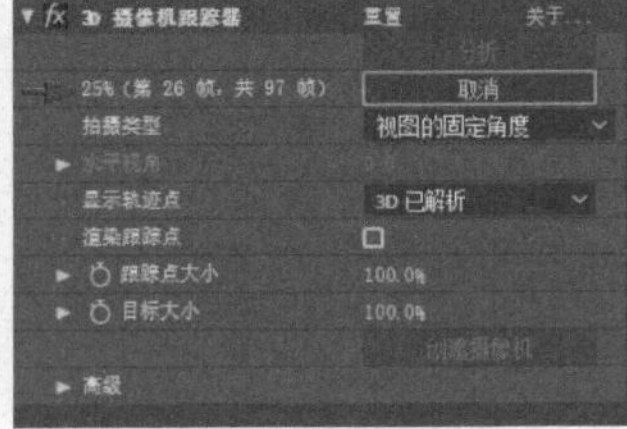

图 14-4 添加 3D 摄像机跟踪器

STEP 2

在选中效果的状态下，可以看到画面中跟踪计算产生的跟踪点。展开“高级”选项，可以查看当前自动分析所采用的方法和误差情况，如图14-5所示。

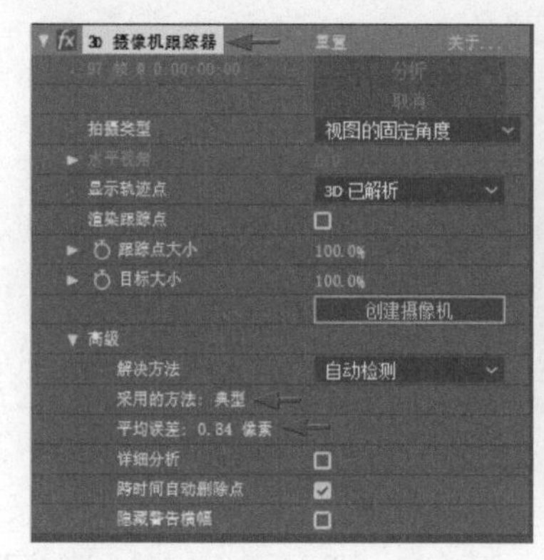

图 14-5 查看设置和跟踪点

STEP 3

在效果下单击“创建摄像机”按钮，在合成时间轴中创建一个“3D 跟踪器摄像机”层，展开摄像机层，可以看到其“位置”和“方向”由跟踪分析产生了逐帧的关键帧，如图14-6所示。

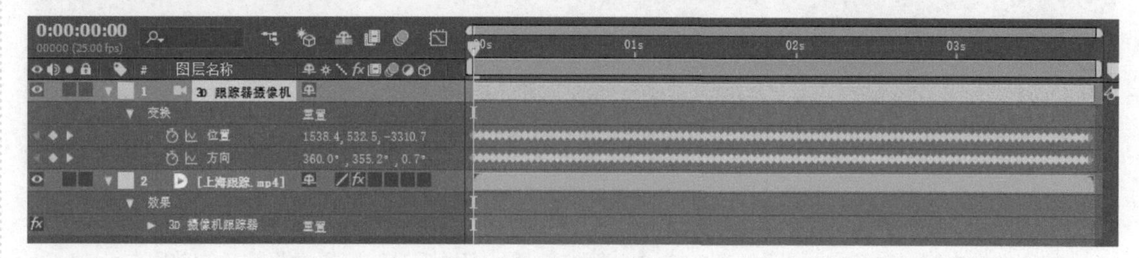

图 14-6 创建摄像机层

STEP 4

此时选择菜单“图层>新建>文本”，建立一个文字层并打开其3D图层开关，预览时可以看出文字虽然没有设置动画，但因摄像机也产生了与画面中的内容一同转动的效果，如图14-7所示。

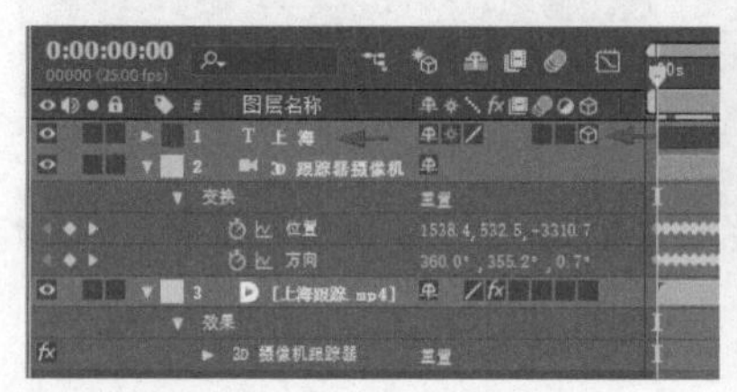

图 14-7 建立文字层

STEP 5

使用“2个视图-水平”查看，可以看到所建立的摄像机关键帧运动的轨迹和视角，如图14-8所示。

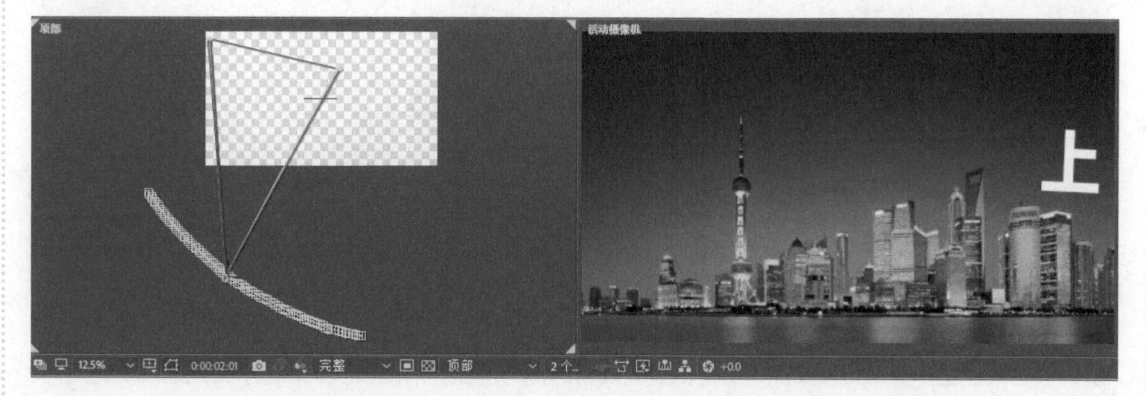

图 14-8 使用多视图查看

14.2.2 创建跟踪图层

创建跟踪文本层

STEP 1

这里使用“上海跟踪.mp4”视频素材，将其放置到新合成中，在图层上单击鼠标右键，选中弹出菜单中的“跟踪摄像机”，跟踪解析摄像机。

STEP 2

单击选中效果下的“3D 摄像机跟踪器”，在合成视图中显示出跟踪点，然后配合Ctrl键，选中画面中东方明珠塔上的一个跟踪点，单击鼠标右键选择弹出菜单中的“创建文本和摄像机”，在时间轴中建立摄像机层和文本层，如图14-9所示。

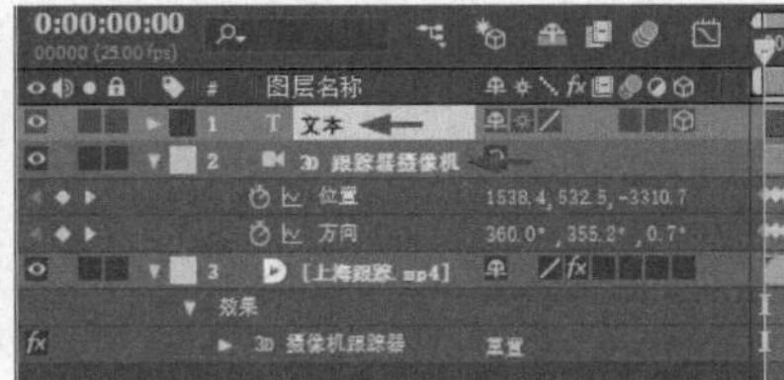

图14-9 创建文本层和摄像机层

STEP 3

修改文本内容，对齐方式设为左对齐文本，预览效果，可发现文本随摄像机转动的效果与14.2.1小节中的效果不同，这次跟踪锁定在画面中的塔尖附近，如图14-10所示。

图14-10 修改文本后查看效果

14.2.3 详细跟踪解决方法

对视频素材的详细跟踪解决方法

STEP 1

这里将“cam1.mov”放置到新的合成中，在图层上单击鼠标右键，选中弹出菜单中的“跟踪摄像机”，跟踪解析摄像机，准备在画面中近处的地面上添加跟踪的物体。

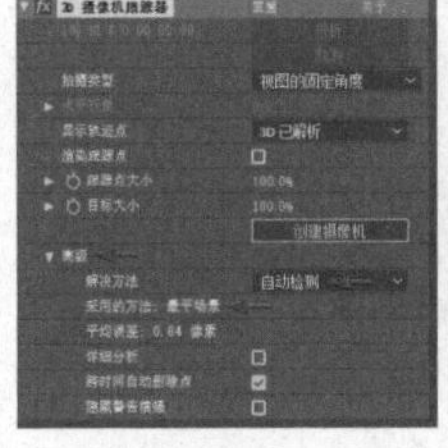

图14-11 默认跟踪效果

STEP 2

单击选中效果下的“3D 摄像机跟踪器”，在合成视图中显示出跟踪点，此时由于大面积的镜头模糊，所以按默认设置中使用的解决方法时，跟踪点较少，效果不理想，如图14-11所示。

STEP 3

在效果的“高级”下将“解决方法”指定为“典型”，勾选“详细分析”，效果会自动重新解析摄像机，得到理想的跟踪点，如图14-12所示。

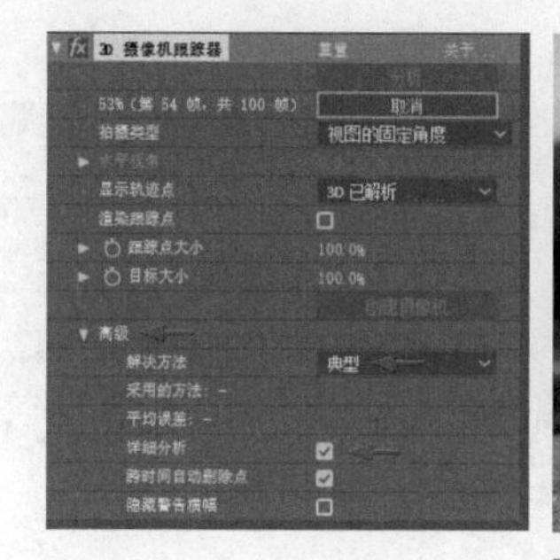

图 14-12 设置高级选项

STEP 4

选中地面中部的一个跟踪点，单击鼠标右键并选择弹出菜单中的“创建空白和摄像机”，建立摄像机层和跟踪点处的空对象层，如图14-13所示。

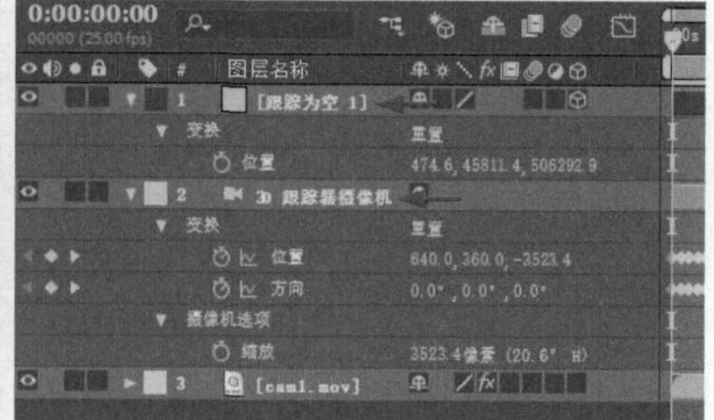

图 14-13 创建空对象层和摄像机层

STEP 5

从项目面板中选择“Adobe图标.png”，添加到时间轴中，打开3D图层开关。选中空对象层的“位置”属性，按Ctrl+C快捷键复制，再选中“Adobe图标.png”层，按Ctrl+V快捷键粘贴，将“Adobe图标.png”放置到相同的位置点，然后放大图像，并调整“锚点”的y轴数值，将图像移动到位置点上部，如图14-14所示。

图 14-14 应用跟踪图像

STEP 6

预览效果，可以看到图标随着摄像机的晃动，然后锁定到地面的跟踪点位置，与地面一同晃动。

操作2　跟踪替换画面

STEP 1

这里将“平板移动.mp4”放置到新的合成中，在图层上单击鼠标右键，选中弹出菜单中的“跟踪摄像机”，跟踪解析摄像机，准备跟踪和替换画面中移动的平板屏幕。

STEP 2

单击选中效果下的“3D 摄像机跟踪器”，在合成视图中显示出跟踪点，配合Ctrl键选中平板屏幕4个角的跟踪点，显示选择了一个平面，在其上单击鼠标右键并选择菜单“创建实底和摄像机”，建立纯色层和摄像机层，如图14-15所示。

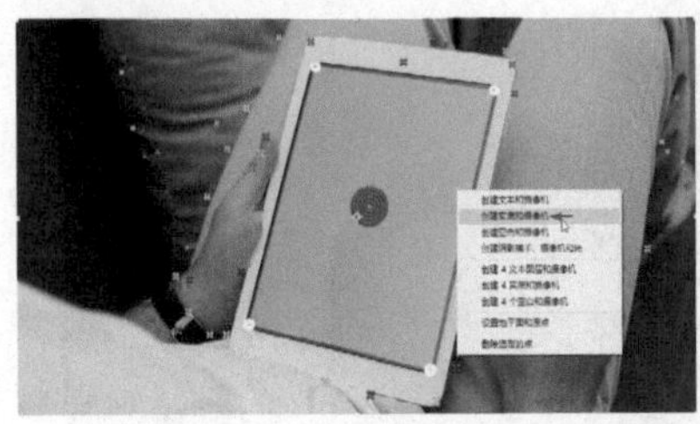
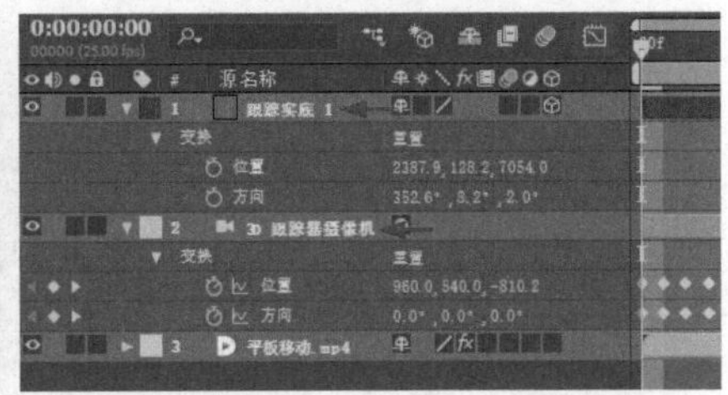

图 14-15 选择“创建实底和摄像机”

STEP 3

选中时间轴的纯色层，再按住Alt键从项目面板中将“壁纸1.jpg”拖至纯色层上并释放，将其替换，然后调整大小和z轴的角度，与平板对应，如图14-16所示。

图 14-16 替换和调整图层

STEP 4

将“壁纸1.jpg”放置到底层，选中“平板移动.mp4”层，选择菜单“效果>抠像>Keylight”，使用效果下“Screen Colour”后的颜色吸管在平板的绿色上单击，抠除选取的颜色，将壁纸画面跟踪和替换到平板上，如图14-17所示。

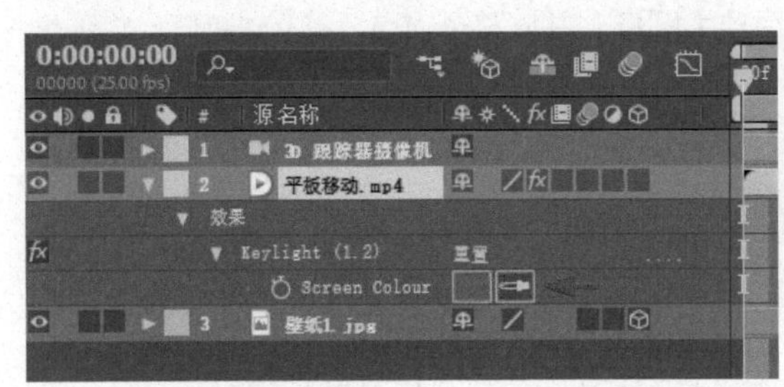

图 14-17 合成跟踪图像

14.3 稳定运动的流程操作

相对于“变形稳定器”的自动化，“稳定运动”是通过手动设置来跟踪视频画面中晃动的像素的，反向计算并产生抵消稳定所需的位置、缩放或角度变化。首先需要在画面中挑选对比明显的像素区域，建立一个或两个跟踪点线框，其中每个跟踪点线框由一大一小的矩形框和一个位置点组成，小矩形框内为有显著特征的跟踪像素区域，为跟踪的依据；大矩形框区域为搜索范围，前后帧的跟踪像素需要控制在大的搜索框内，但搜索框过大会影响分析速度；位置点为搜索分析后产生的跟踪坐标，可以预设在线框内或线框外。

14.3.1 位置稳定

对视频素材进行位置稳定

STEP 1

这里放置“手动稳定.mp4”到新的合成中，先在图层上单击鼠标右键，选择弹出菜单中的“变形稳定器VFX”，即使用自动稳定功能，但结果效果却不理想，因为晃动草叶上的跟踪点不正确，会出现“稳定失败”或者画面仍然晃动的现象，如图14-18所示。

图 14-18 默认自动稳定

STEP 2

这里使用手动的方式指定跟踪点来稳定运动。确认在菜单“窗口”下已将“跟踪器”选中，显示出跟踪器面板，其中上部的“跟踪摄像机”和“变形稳定器”，对应图层右键菜单中的“跟踪摄像机”和“变形稳定器VFX”。

STEP 3

单击跟踪器面板中的“稳定运动”，自动打开图层面板，并显示一个“跟踪点1”线框。这里将线框放大一点，并将其移动到画面左上部一个像素有明显对比的位置，以此处为跟踪区域，如图14-19所示。

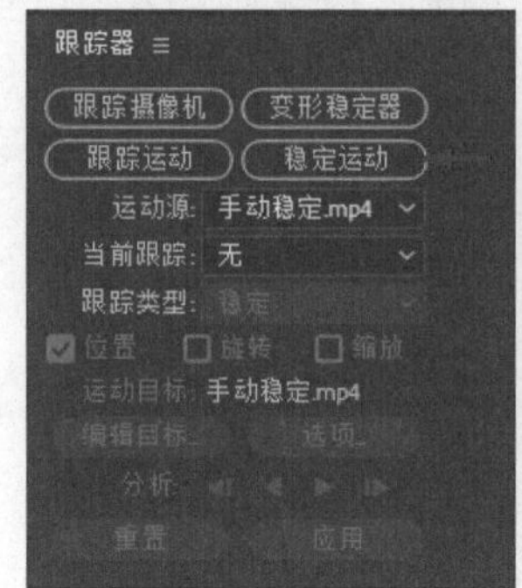

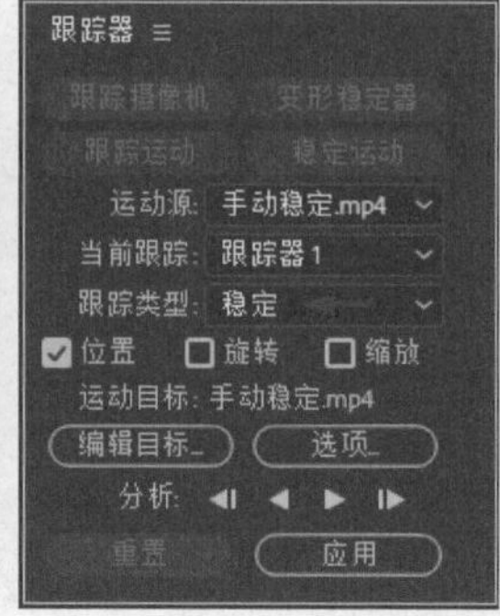

图 14-19 设置稳定运动

STEP 4

在跟踪器面板中单击“分析”后第3个向右分析的按钮，开始跟踪分析“跟踪点1”线框内的像素在画面中位移的情况，分析结束后，展开图层“动态跟踪器”下的“跟踪点 1”，可以发现产生了跟踪关键帧，如图14-20所示。

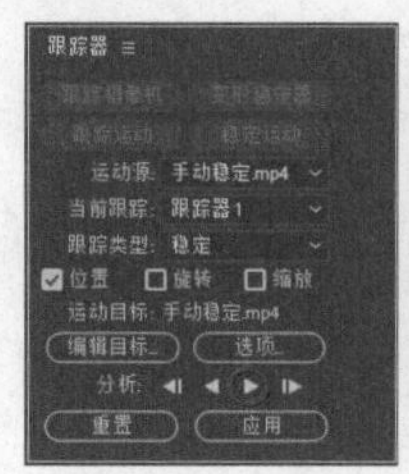

图 14-20 跟踪分析

STEP 5

在跟踪器面板中单击“应用”按钮，提示“应用维度”为“X和Y”，单击“确定”按钮，在图层“变换”下的“锚点”上应用位置晃动相互抵消的关键帧。切换到合成视图预览画面，可以发现原来晃动的画面稳定了下来，如图14-21所示。

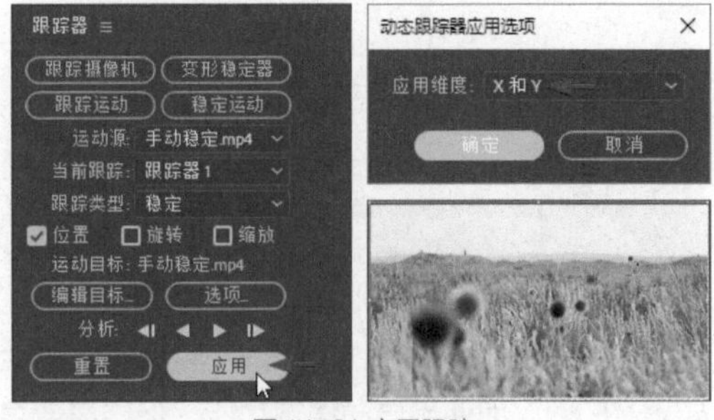

图 14-21 应用跟踪

STEP 6

当前稳定的素材中，因为抵消画面的晃动，应用操作后画面边缘会有一部分空隙，这里使用放大图层的方法，使稳定后的画面满屏，这样就完成了稳定操作，如图14-22所示。

图 14-22 调整缩放

14.3.2 综合稳定

对视频素材进行综合稳定

STEP 1

这里将“飞行.mp4”放置到新的合成中，选择“变形稳定器VFX”，使用“无运动”的方式，会发现结果不理想，机翼没有达到不动的状态，如图14-23所示。

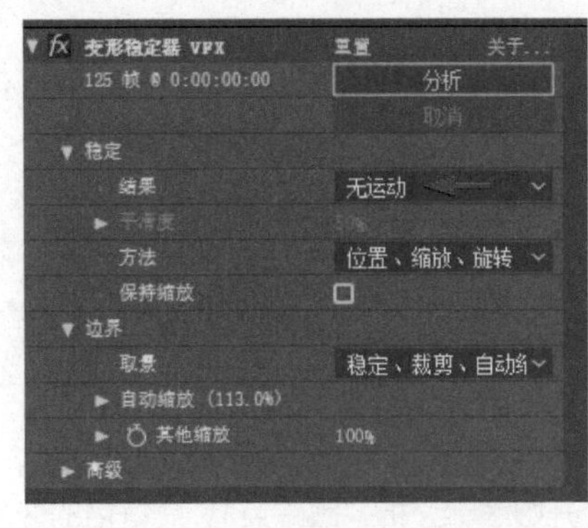

图 14-23 使用自动稳定

STEP 2

选择图层，在跟踪器面板中，单击“稳定运动”，勾选“位置”“旋转”和“缩放”，自动打开图层视图，显示出“跟踪点1”和“跟踪点2”两个跟踪线框，这里将跟踪线框放大一些，移至机翼下两个像素反差较大的尖角位置，如图14-24所示。

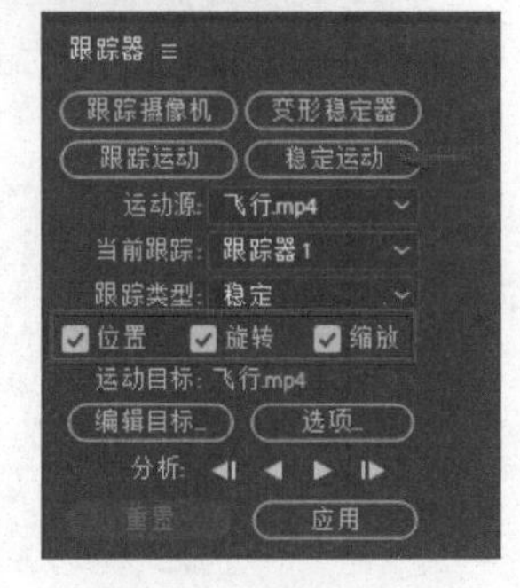

图 14-24 使用稳定运动

STEP 3

在跟踪器面板中单击“分析”后第3个向前分析的按钮，开始跟踪分析“跟踪点1”和“跟踪点2”线框内的像素在画面中位移的情况。分析结束后，展开图层“动态跟踪器”下的“跟踪点 1”和“跟踪点 2”，可以发现产生了跟踪关键帧，单击“应用”按钮，按“应用维度”为“X和Y”应用稳定操作，如图14-25所示。

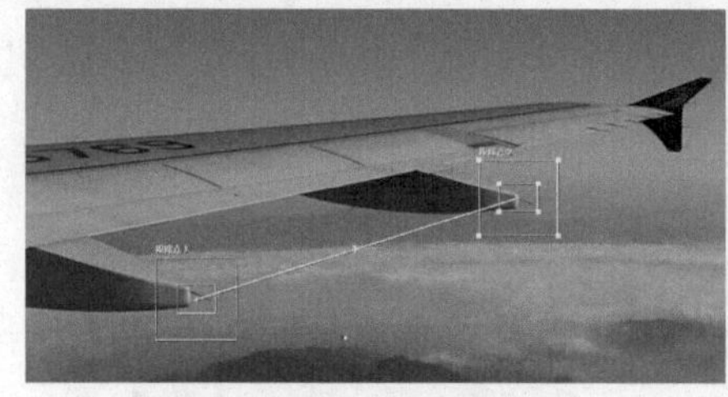

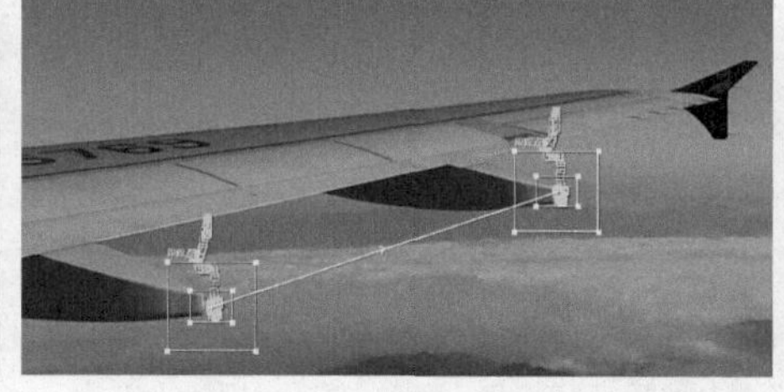

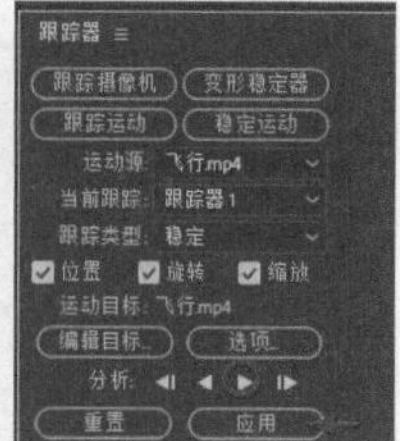

图 14-24 使用稳定运动（续）　　图 14-25 分析和应用跟踪

STEP 4

此时，时间轴图层下产生了“跟踪点1”和“跟踪点2”的关键帧，应用稳定操作后则会产生“变换”下的关键帧。切换到合成视图预览画面，可以发现原来晃动的画面中，机翼部分稳定了下来，同时产生了边缘的空隙，如图14-26所示。

图 14-26 查看跟踪关键帧和效果

STEP 5

此时需要放大“飞行.mp4”层以消除边缘空隙，但“变换”下的“缩放”已有了关键帧，不可再用，这里采用调整父级层带动当前层放大的办法。建立一个空对象层，将“飞行.mp4”层的父级层设为空对象层，然后设置空对象层的“缩放”和“位置”，消除“飞行.mp4”层画面的空隙，如图14-27所示。

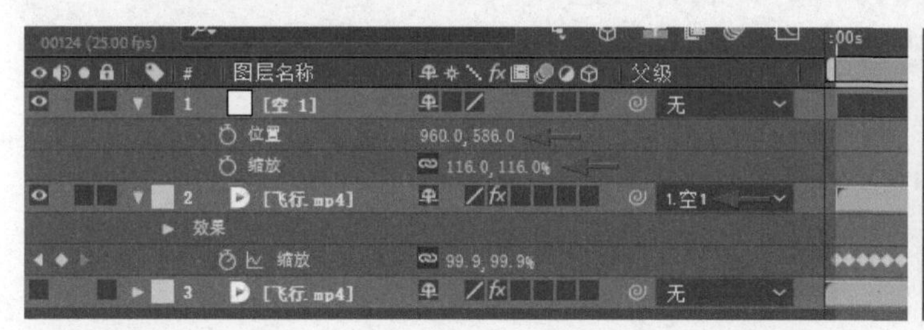

图 14-27 设置画面放大到满屏

14.4 跟踪运动的流程操作

相对于“跟踪摄像机”自动化，“跟踪运动”是通过手动设置来跟踪对象的运动的，将该运动的跟踪数据应用于另一个对象（如另一个图层或效果控制点）来创建图像和效果跟随运动的合成。

14.4.1 变换跟踪

对视频素材进行变换跟踪

STEP 1

这里将“山顶.mp4”放置到新的合成中，选中图层，在跟踪器面板中单击“跟踪运动”，软件将自动打开图层视图，显示出“跟踪点1”跟踪线框，这里将跟踪线框放大一些，并将其移至人物头部的位置，如图14-28所示。

图 14-28 使用跟踪运动

STEP 2

单击跟踪器面板“分析”后第3个向前分析的按钮，开始跟踪分析“跟踪点1”线框内的像素在画面中位移的情况。分析过程中，跟踪框内的像素在不受画面中相似像素干扰的情况下，会准确完成。如中途遇到干扰，可能会出现偏差，例如，这里在第4秒05帧后，跟踪区域遇到暗部画面内容后出现偏差。这里先删除有偏差的关键帧，如图14-29所示。

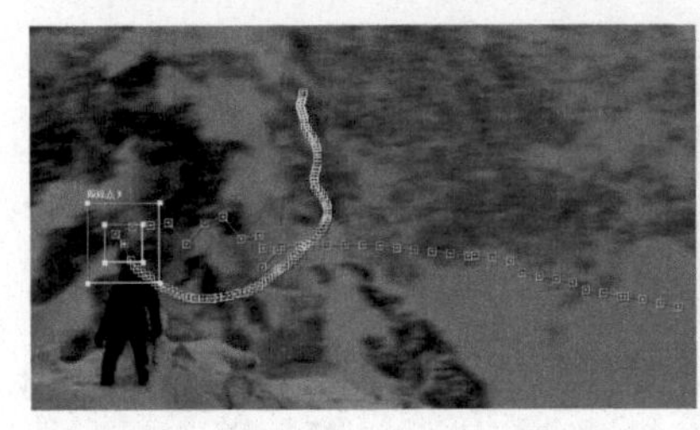

图 14-29 跟踪分析的偏差现象

STEP 3

这时通常有以下几种可能性和处理方法。

一种是校正几帧即可顺利跟踪，可以在第4秒05帧处手动移动跟踪线框到正确的位置，单击“分析”后第4个“向前分析1个帧”的按钮，进行单帧分析，如果依然出现偏差，则继续手动调整和进行单帧分析，直至能顺利跟踪，再单击向前分析的按钮自动分析。

还有一种方法是按时间轴从左向右跟踪分析出错时，可直接将时间指示器移至尾部，手动指定正确的跟踪位置，单击跟踪器面板“分析”后第2个分析的按钮，按时间轴从右向左逆向分析，即从时间相反的一端开始分析，或者从两端向中间分析，对出错的时间点或时间段进行手动校正。

这里在时间轴尾部确定跟踪点后，单击第2个分析按钮进行逆向分析，在中部出现偏差时按空格键停止分析，删除有偏差的跟踪关键帧，如图14-30所示。

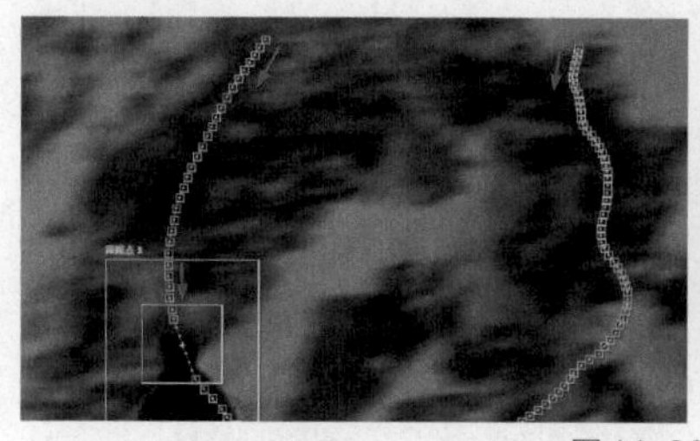

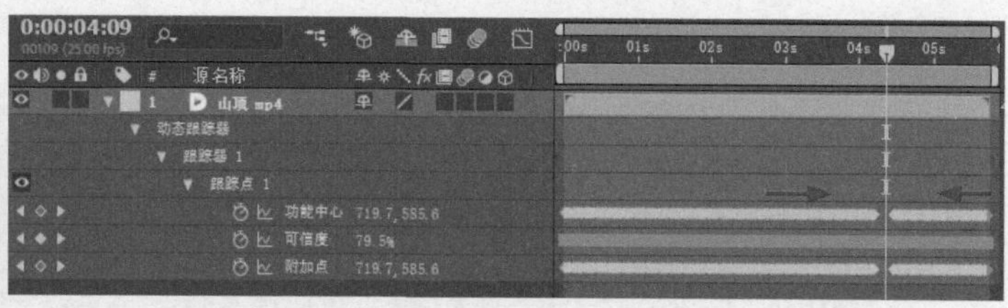

图 14-30 校正跟踪

STEP 4

中部删除关键帧的空隙，根据预览效果进行手动校正和添加跟踪点，或者默认间隔符合跟踪路径时可以不添加关键帧，完成跟踪分析。在合成中建立一个文本，放置在跟踪点附近。

STEP 5

选择“山顶.mp4”层，在跟踪器面板的“运动源”后选择“跟踪器1”，打开之前的跟踪设置，继续操作。单击“编辑目标”并选择文字层“登山者”，单击“确定”按钮将其作为运动目标，再单击“应用”按钮，按X和Y应用维度将文字跟踪到画面中的人物附近，如图14-31所示。

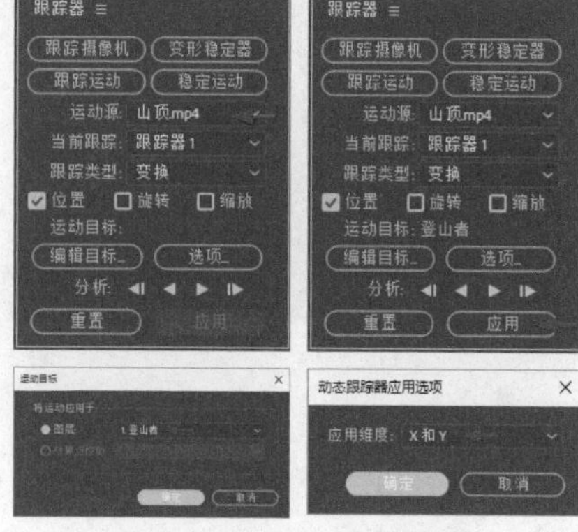

图 14-31 设置运动目标应用跟踪

STEP 6

可以通过调整文字的“锚点”来调整文字与人物的相对距离，这里设置“锚点”的x轴数值为-50，将文字移到人物右侧附近，随着人物在画面中一同位移，如图14-32所示。

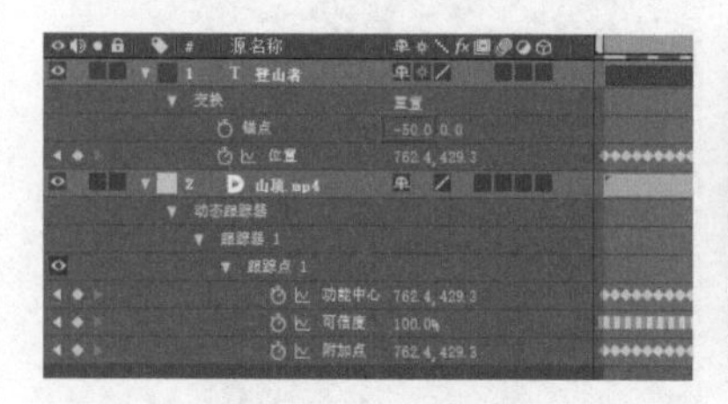

图 14-32 调整跟踪文字

14.4.2 透视边角定位跟踪

操作　对视频素材进行透视边角定位跟踪

STEP 1

这里将“相框A.mov”和“向日葵照片.jpg”放置到新的合成中，准备使用跟踪的方法将照片跟踪到摇晃的相框内。暂时关闭照片图层的显示，选中“相框A.mov”层，单击跟踪器面板中的“跟踪运动”，将“跟踪类型”选择为“透视边角定位”，在画面中显示出4个跟踪线框，如图14-33所示。

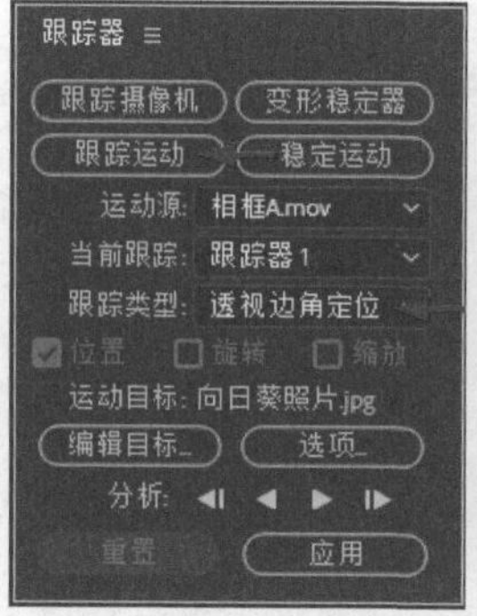

图 14-33 使用跟踪运动

STEP 2

由于相框外角像素对比度较明显，容易追踪，因此这里调整跟踪线框到相框的4个外角。由于最终照片需要缩小放置到相框内的空白处，因此这里调整附加点到相框内的4个内角位置。设置完毕后单击向前分析按钮开始自动分析，如图14-34所示。

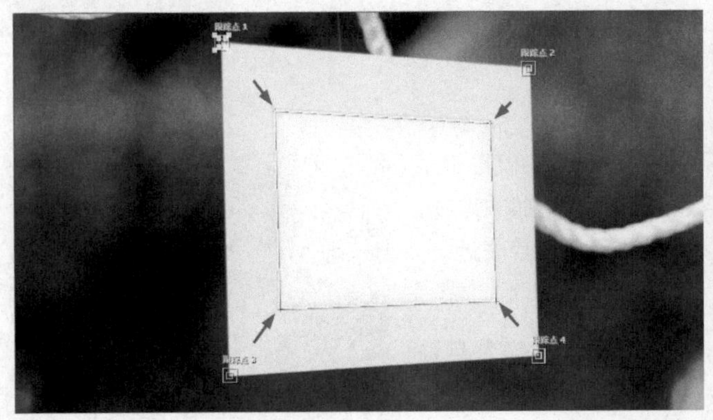
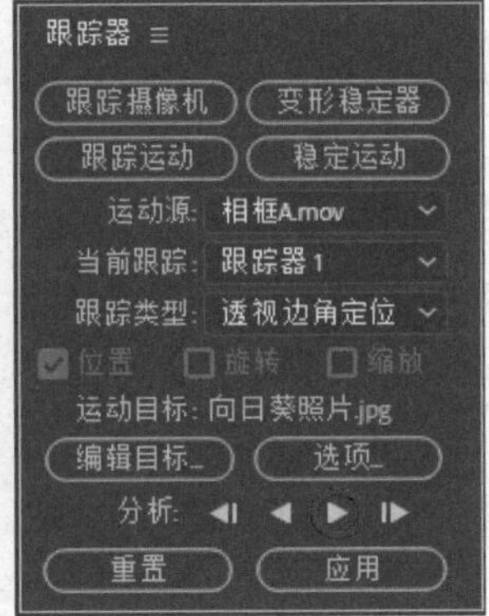

图14-34 设置跟踪线框并分析

STEP 3

分析结束后将产生一系列关键帧，确认运动目标为“向日葵照片.jpg”后，单击“应用”按钮，如图14-35所示。

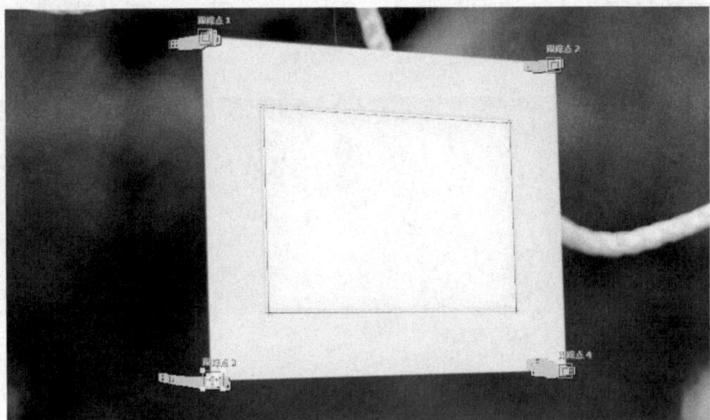
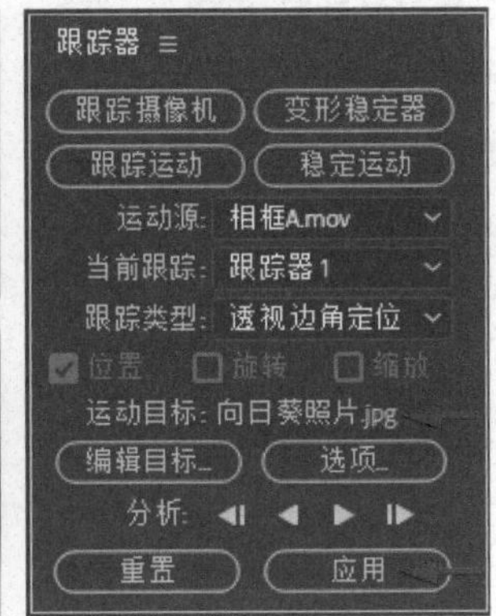

图14-35 应用跟踪

STEP 4

在合成的时间轴中打开“向日葵照片.jpg”图层的显示，可以看到图层下添加了“边角定位”效果，效果和“位置”属性都应用了一系列的关键帧，照片画面被准确跟踪到相框4个附加点确定的区域内，随相框一起晃动，如图14-36所示。

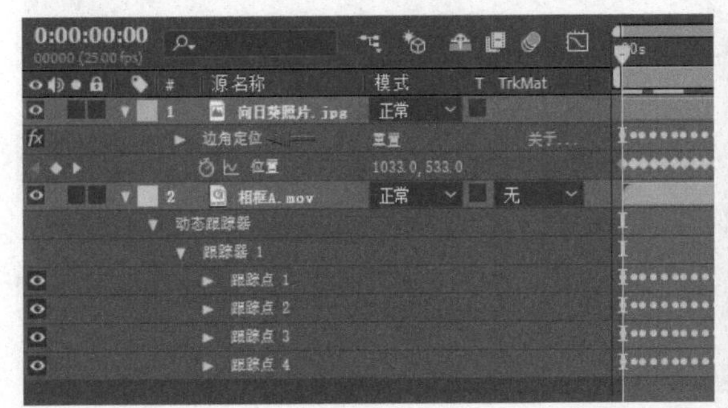

图14-36 查看跟踪结果

14.5 蒙版跟踪与脸部跟踪

使用“蒙版跟踪器”可以对蒙版进行分析和跟踪，可以变换蒙版，使其跟随影片中的对象的动作。通常在创建和使用蒙版时，可以从最终输出中隐藏剪辑、选择图像或视频的一部分来应用效果，或者组合来自不同序列的剪辑。

使用“蒙版跟踪器”时，为了进行有效跟踪，跟踪对象必须在整个影片中保持同样的形状，而跟踪对象的位置、比例和视角都可更改。在开始跟踪操作之前可选择多个蒙版，然后将关键帧添加到每个选定蒙版的“蒙版路径”属性中。所跟踪的图层必须是跟踪遮罩、调整图层或其源可包含运动的图层，这包括基于视频素材和预合成的图层，但不包括纯色层或静止图像。

14.5.1 蒙版跟踪

对视频素材进行蒙版跟踪

STEP 1

这里将“电路板.mp4”放置到新合成中，新建一个调整图层，选中调整图层，使用工具栏中的钢笔工具为画面中较大的矩形电子芯片建立一个“蒙版1”，如图14-37所示。

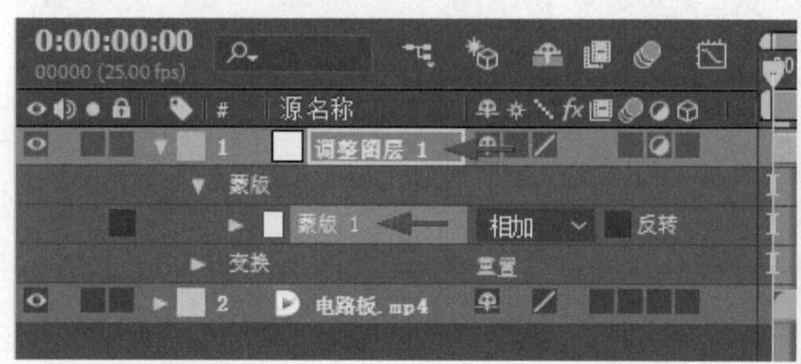

图 14-37 建立蒙版

STEP 2

在“蒙版1”上单击鼠标右键，弹出一个“跟踪蒙版”菜单，选中后显示出跟踪器面板，此时跟踪器面板中的选项内容发生变化，只针对蒙版显示较少的选项，这里在“方法”后选择“透视”，如图14-38所示。

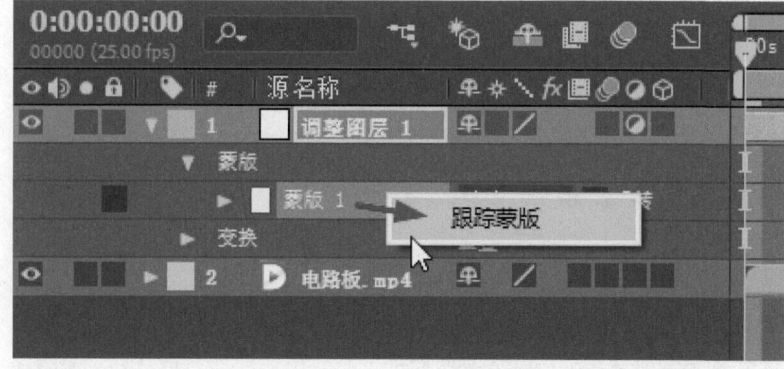

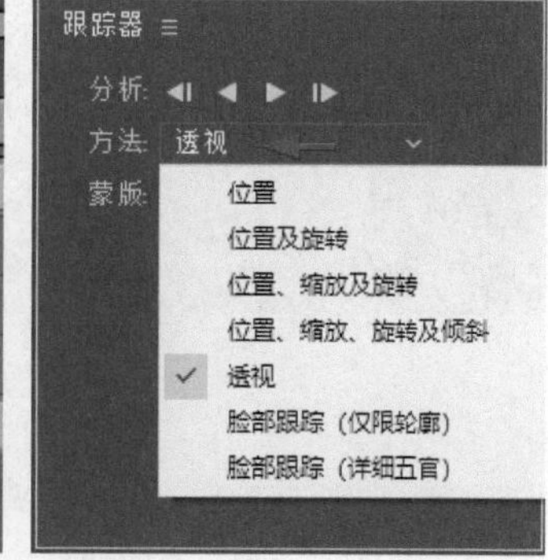

图 14-38 跟踪蒙版的设置

STEP 3

单击跟踪器面板中“分析”后的第3个“向前跟踪所选蒙版”按钮，对蒙版进行自动分析跟踪，为“蒙版路径”应用跟踪关键帧，如图14-39所示。

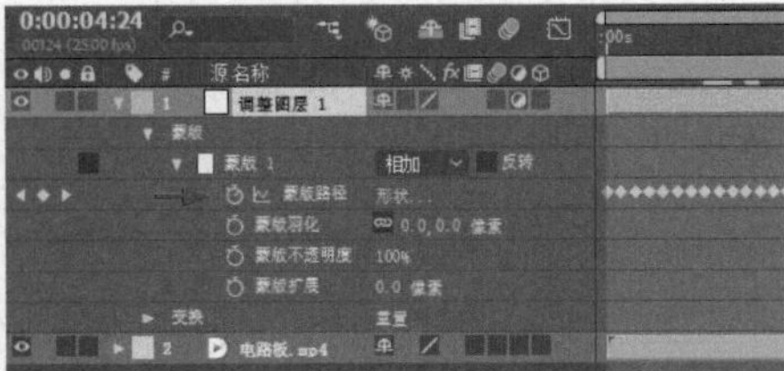

图 14-39 跟踪分析

STEP 4

选中调整图层，选择菜单“效果>生成>填充”，使用“颜色”属性后的颜色吸管，在矩形芯片上吸取一个近似颜色。设置“蒙版羽化”消除蒙版的边缘痕迹，然后将调整图层的图层模式设为“变暗”模式，这样利用蒙版跟踪功能，跟踪消除芯片上原有的文字，如图14-40所示。

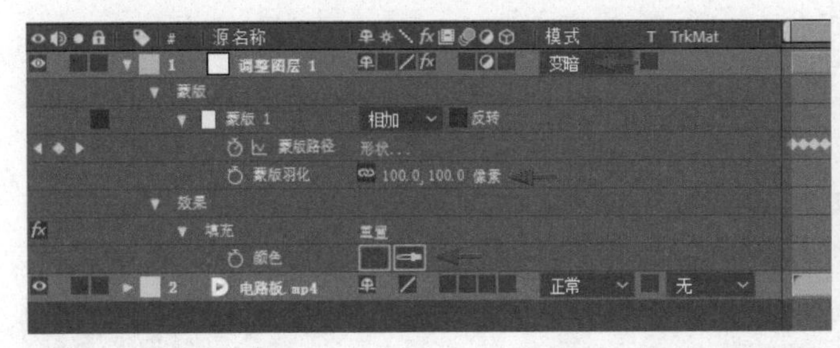

图 14-40 为跟踪蒙版设置效果

14.5.2 脸部跟踪

操作 对视频素材进行脸部跟踪

STEP 1

这里将“跑步.mp4”放置到新合成中，建立一个调整图层，并在调整图层上按人物头部的区域绘制一个椭圆形的蒙版，如图14-41所示。

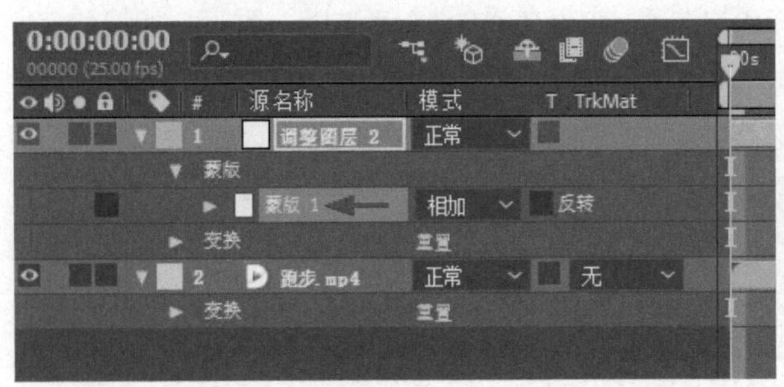

图 14-41 建立蒙版

STEP 2

显示跟踪器面板，在“方法”后选择“脸部跟踪（仅限轮廓）”，单击“分析”后的第3个“向前跟踪所选蒙版”按钮，蒙版形状会自动从椭圆形变化为适配人物脸部的形状，然后自动分析并为“蒙版路径”应用跟踪关键帧，如图14-42所示。

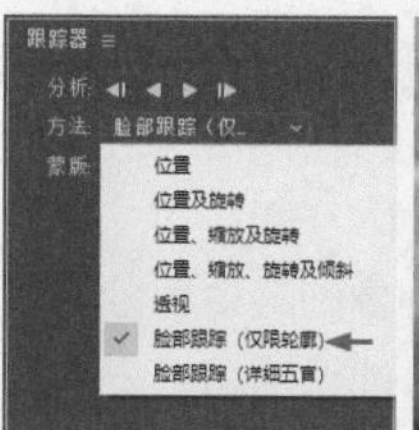

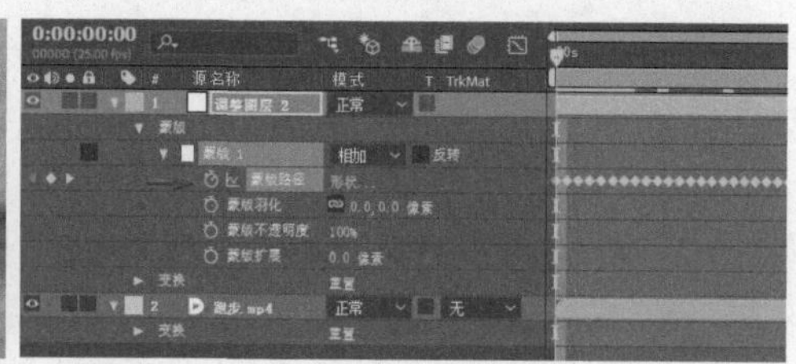

图 14-42 使用脸部轮廓跟踪

STEP 3

还可以为跟踪的蒙版添加效果，例如，这里添加“马赛克”效果并调整蒙版的羽化和扩展，如图14-43所示。

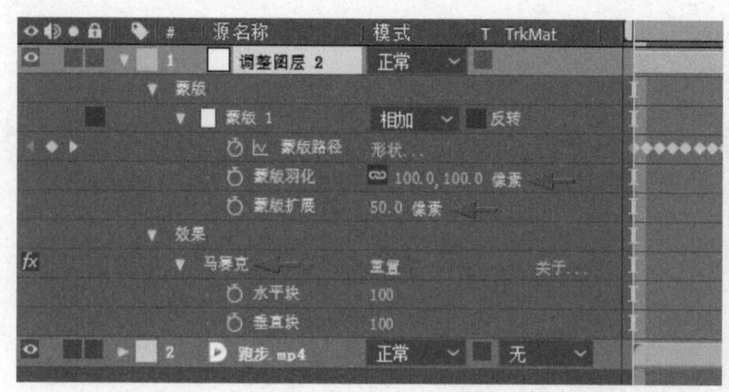
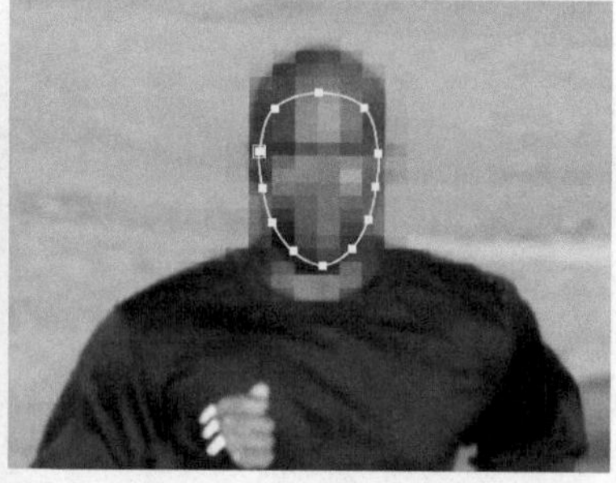

图 14-43 为跟踪蒙版添加效果

STEP 4

这里关闭“调整图层2”的显示，再建立一个“调整图层3”，同样在人物头部绘制一个椭圆形的蒙版，然后在跟踪器面板中选择“方法”为“脸部跟踪（详细五官）”，如图14-44所示。

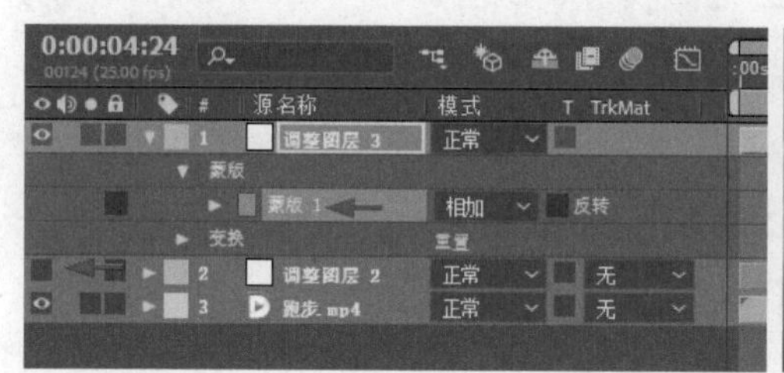
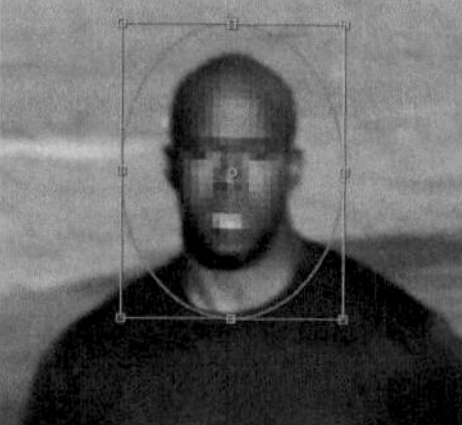
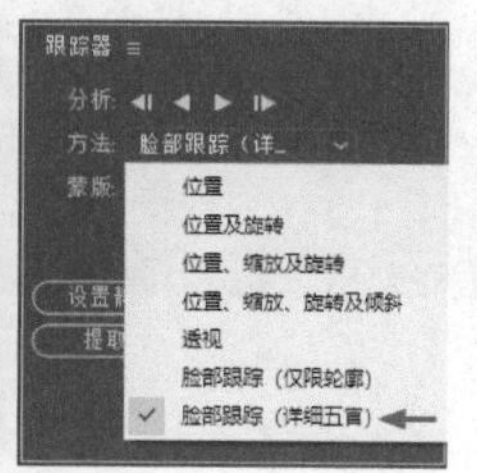

图 14-44 使用脸部五官跟踪

STEP 5

单击“分析”后的第3个“向前跟踪所选蒙版”按钮，蒙版形状会自动从椭圆形变化为适配人物脸部的形状，同时按脸部五官位置产生跟踪点，然后自动分析和跟踪。跟踪完成后，除了会产生蒙版路径关键帧，在图层下还添加了“脸部跟踪点”效果，并产生了跟踪关键帧，如图14-45所示。

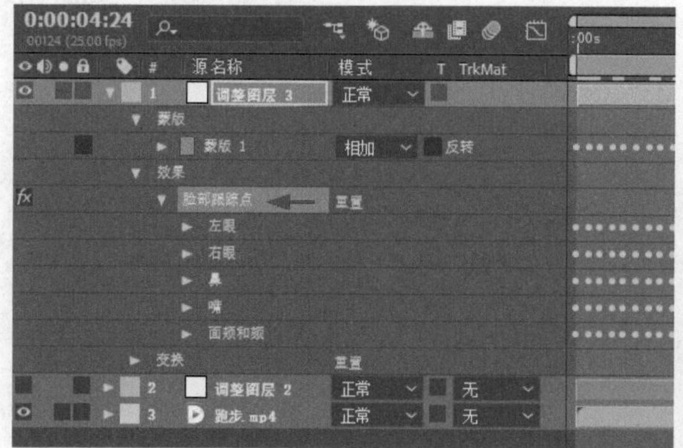
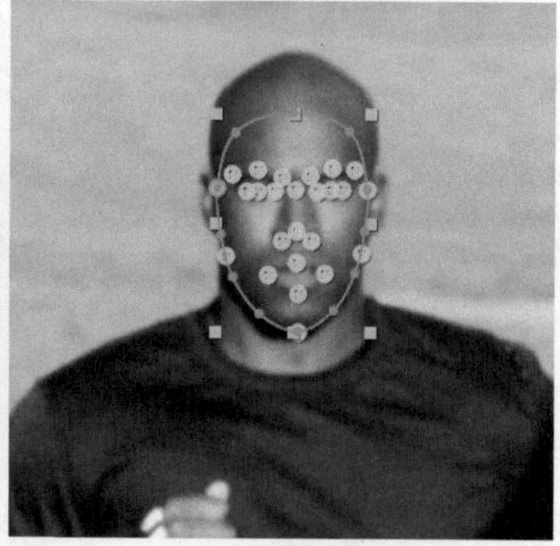

图 14-45 查看跟踪结果

14.6 内容识别填充

内容识别填充功能可以通过智能分析自动生成填充内容，并更好地与图像的其余部分相匹配，大幅减少手动操作修复的工作量。在某些情况下，仅使用内容识别填充功能可能无法精确去除对象，要改善结果，可以采用创建参考帧并将其导入Photoshop进行去除修复的方法。

使用“生成填充图层”时，会对放置在时间轴上的图像序列进行渲染，这些文件可能会占据硬盘上的大量空间，具体空间大小取决于素材的种类以及序列的持续时间。

14.6.1 蒙版跟踪与识别填充

对视频素材进行对象填充

STEP 1

这里将“云中楼.mp4”放置到合成中，选中调整图层，选择工具栏中的钢笔工具，为画面中露出云雾的楼体建立一个不规则的“蒙版1”，并查看合成范围内楼体始终在蒙版内，如图14-46所示。

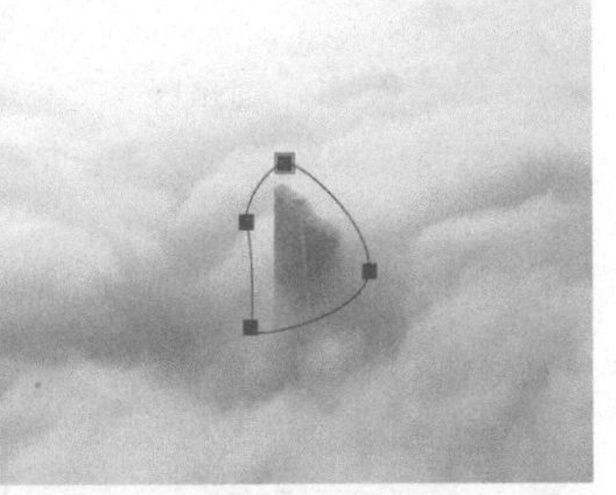

图14-46 建立蒙版

STEP 2

在进行内容识别填充前，需要先将图层的蒙版模式设为“相减”，将楼体在画面中排除。然后选择菜单“窗口>内容识别填充”显示出内容识别填充面板，确定“填充方法”为“对象”，“范围”为“工作区”，单击“生成填充图层”按钮，如图14-47所示。

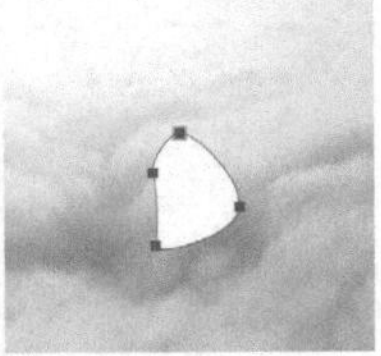

图14-47 设置识别选项

STEP 3

短暂的运算之后，在合成上层新建了一个“填充[00-49].png”图层，这是智能识别产生的填充画面，能够在工作区的范围动态地使用云雾无缝填充蒙版区域，如图14-48所示。

图 14-48 识别填充

操作2 对视频素材进行表面填充

STEP 1

这里将“环岛.mp4”放置到合成中，选择工具栏中的钢笔工具，确认时间为第0帧，在画面中围绕其中的3个物体绘制一个不规则的蒙版，准备将其从地面上排除，如图14-49所示。

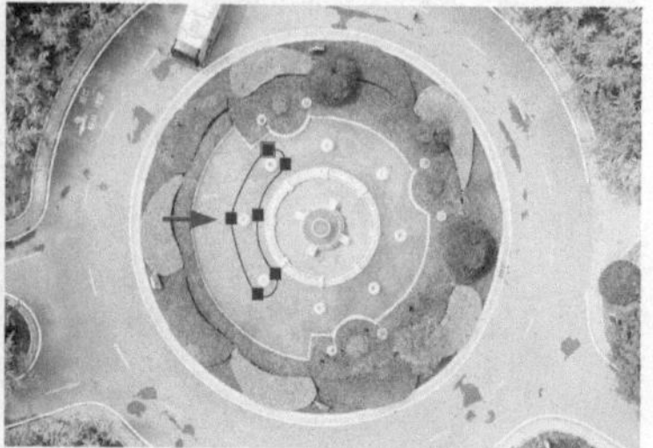

图 14-49 建立蒙版

STEP 2

选择菜单“窗口>跟踪器”，显示出跟踪器面板。选中“蒙版 1”，设置跟踪器面板中的“方法”选项为“位置、缩放及旋转”，然后单击“向前跟踪所选蒙版”分析按钮。经过短暂的跟踪运算后，在合成中产生跟踪视频的“蒙版路径”关键帧，如图14-50所示。

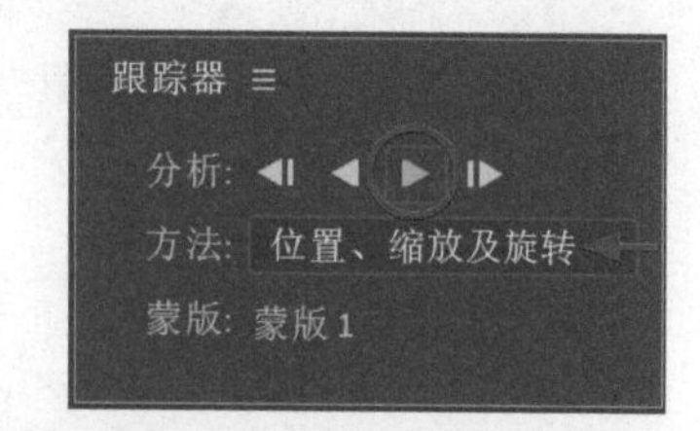

图 14-50 跟踪蒙版

提示：跟踪器面板默认的显示内容为“跟踪运动”“稳定运动”等选项，当选择蒙版后则改变显示内容为蒙版选项。

STEP 3

先设置“蒙版 1”的模式为“相减”，然后在内容识别填充面板中将“填充方法”设为“表面”，单击“生成填充图层”按钮，如图14-51所示。

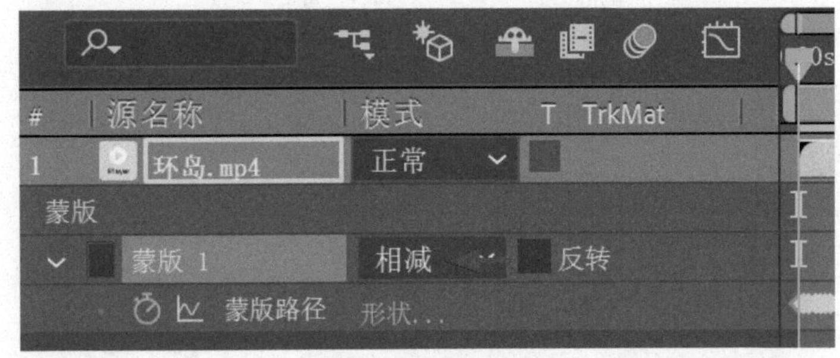

图 14-51 设置识别选项（1）

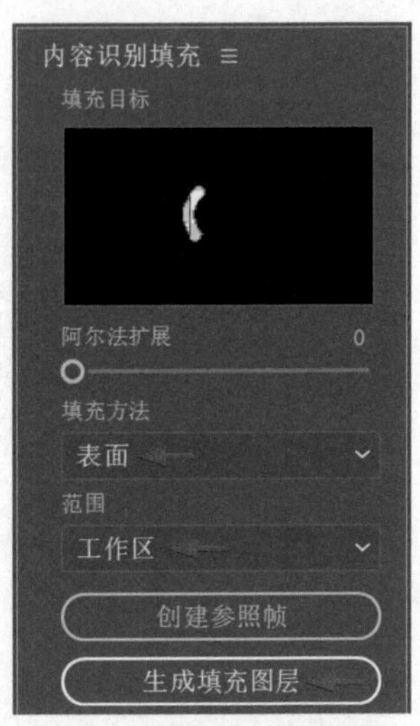

图 14-51 设置识别选项（2）

STEP 4

短暂的运算之后，在合成上层新建了一个智能识别产生的“填充[00-49].png”图层，可以看到蒙版区域的物体被替换成地面，如图14-52所示。

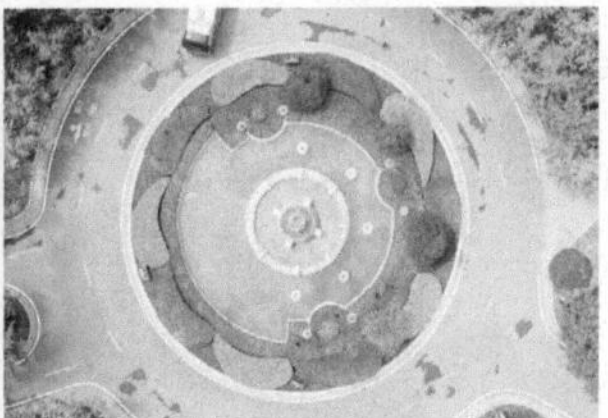

图 14-52 识别填充

操作3 对视频素材进行边缘混合填充

STEP 1

这里将“路牌.mp4”放置到合成中，选中图层，选择工具栏中的钢笔工具，确认时间为第0帧，在画面中围绕文字绘制一个不规则的蒙版，准备将其排除，如图14-53所示。

图 14-53 建立蒙版

STEP 2

选择菜单“窗口>跟踪器”，显示出跟踪器面板。选中“蒙版 1”，设置跟踪器面板中的“方法”选项为“位置、缩放及旋转”，然后单击“向前跟踪所选蒙版”分析按钮。经过短暂的跟踪运算后，在合成中产生跟踪视频的“蒙版路径”关键帧，如图14-54所示。

图 14-54 跟踪蒙版

STEP 3

先设置“蒙版 1”的模式为“相减”，然后在内容识别填充面板中将“填充方法”设为“边缘混合”，单击“生成填充图层”按钮，如图 14-55 所示。

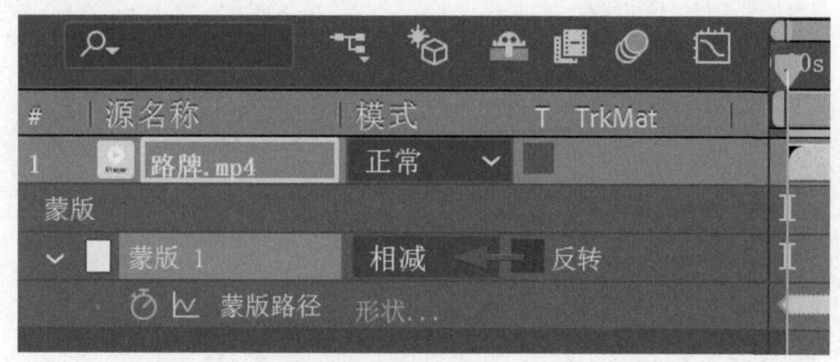

图 14-55 设置识别选项（1）

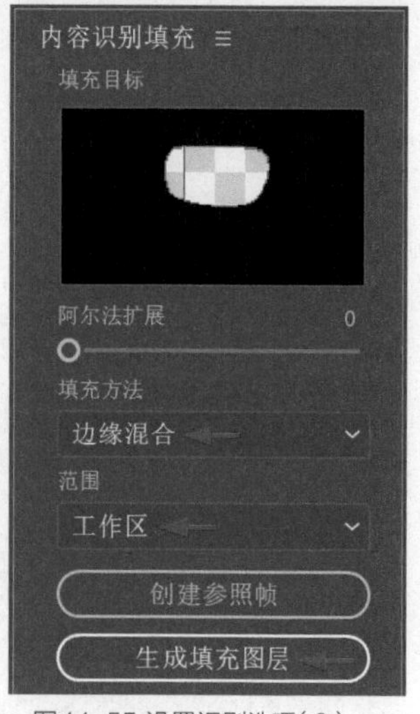

图 14-55 设置识别选项（2）

STEP 4

短暂的运算之后，在合成上层新建了一个智能识别产生的“填充[00-49].png”图层，可以看到原来的文字被替换成路牌上的红色，如图 14-56 所示。

图 14-56 识别填充

STEP 5

新建一个名为“AE”的合成，修改合成的“宽度”为 700 像素，“高度”为 300 像素，在合成中建立文字 AE，如图 14-57 所示。

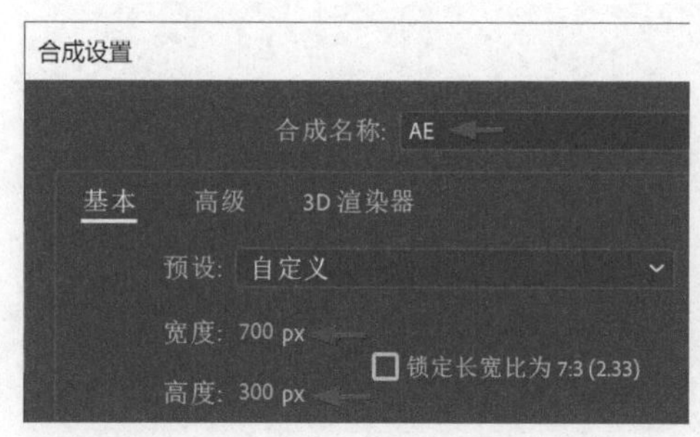

图 14-57 建立文字

STEP 6

将AE合成作为图层添加到“填充 [00-49].png”图层的上层，选中“路牌.mp4”，在跟踪器面板中选择“跟踪类型”为“透视边角定位”，设置好跟踪点，单击分析按钮进行跟踪分析。经过短暂的分析计算后产生跟踪关键帧，然后设置“运动目标”为“AE”，如图14-58所示。

STEP 7

最后单击跟踪器面板中的“应用”按钮，将“AE”跟踪到路牌上。产生的跟踪关键帧和跟踪效果如图14-59所示。

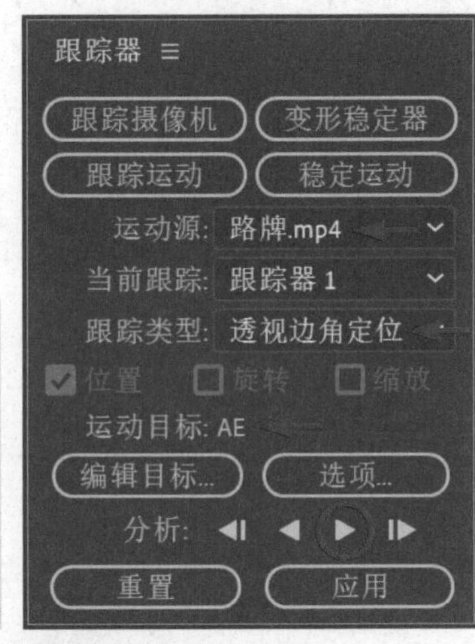

图 14-58 设置跟踪

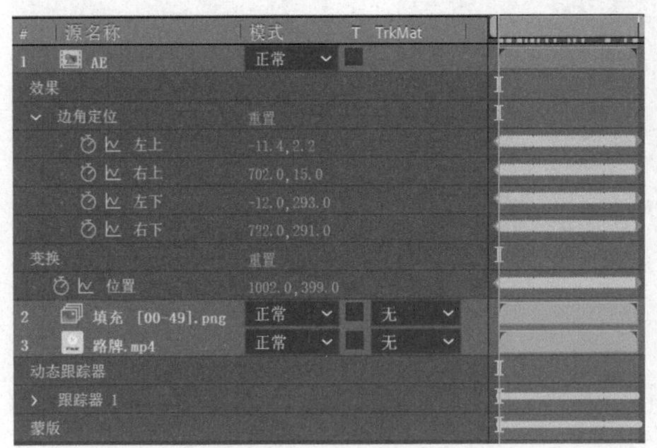

图 14-59 跟踪关键帧和跟踪效果

14.6.2 使用 Photoshop 创建参考帧

操作 对视频素材进行参考帧填充

STEP 1

这里将“茶园.mp4”放置到合成中，选中图层，选择工具栏中的钢笔工具，确认时间为第0帧，在画面中绘制两个不规则的蒙版，准备将远处的人物排除，如图14-60所示。

图 14-60 绘制蒙版

STEP 2

选择菜单“窗口>跟踪器”，显示出跟踪器面板。同时选中两个蒙版，设置跟踪器面板中的“方法”选项为“位置、缩放及旋转”，然后单击“向前跟踪所选蒙版”分析按钮。经过短暂的跟踪运算后，在合成中产生跟踪视频的“蒙版路径”关键帧，如图14-61所示。

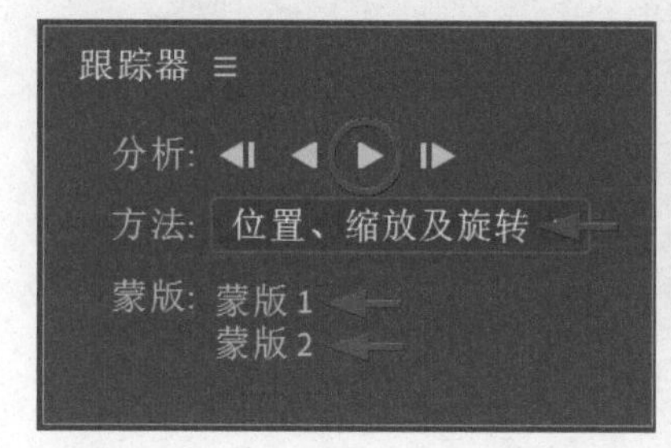

图 14-61 跟踪蒙版

STEP 3

此时按常规的方法，先设置蒙版模式为“相减”，然后在内容识别填充面板中将“填充方法”设为“对象”，单击“生成填充图层”按钮生成填充图层，如图14-62所示。

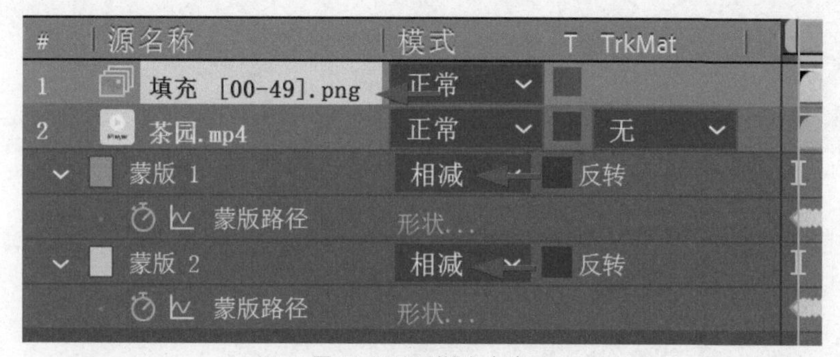

图 14-62 识别填充（1）

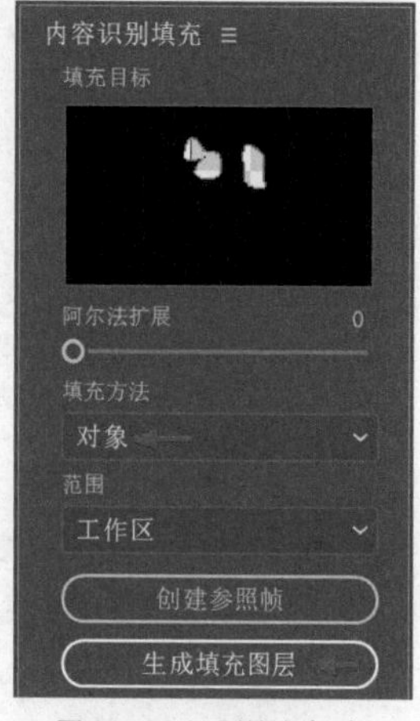

图 14-62 识别填充（2）

STEP 4

查看效果时发现，填充画面的局部出现模糊的现象，效果不理想，如图14-63所示。

STEP 5

删除填充图层，选中“茶园.mp4”层，将蒙版模式由“相减”改为“无”，单击内容识别填充面板中的“创建参照帧”按钮，软件将自动在图层下添加一个“引用帧”图层，然后启动Photoshop软件来编辑这个画面，并使用“修补工具”或“仿制图章”等工具将远处的人物去除，如图14-64所示。

图 14-63 默认效果有局部模糊

STEP 6

修补画面时时只修改对应蒙版的人物部分即可，尽量减少人物之外区域的修改。修补后的画面如图14-65所示。

图 14-64 创建参照帧时启动 Photoshop

图 14-65 修补消除对应蒙版处的人物

STEP 7

在Photoshop软件中保存这个文件之后，返回After Effects软件，此时“引用帧”对应蒙版区域的画面将自动更新，如图14-66所示。

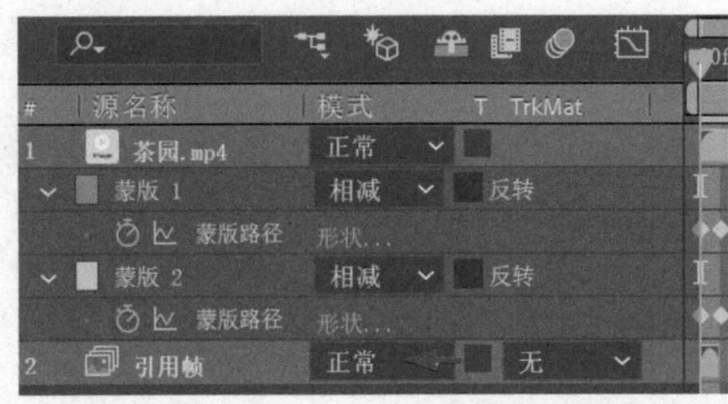

图 14-66 在 After Effects 中自动更新画面

STEP 8

此时，在内容识别填充面板中单击“生成填充图层”按钮，软件将使用“引用帧”画面来进行跟踪和填充，对画面进行完美匹配，如图14-67所示。

图 14-67 通过“引用帧”画面识别填充

实例 制作捧出 Logo 动画

实例说明

这里在对应的素材文件夹中准备了一段手势的视频和一个图标图像，使用跟踪器面板中的“跟踪运动”功能跟踪手势的动作，制作图标跟随手势被捧出来的动画。图像素材如图14-68所示。

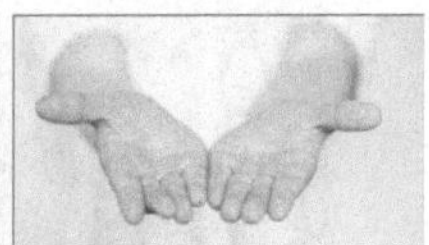

图 14-68 使用素材

制作完成的动画效果如图14-69所示。

图 14-69 实例效果

扫码观看实例制作步骤讲解视频	实例制作步骤图文讲解
	详见配书资源中的《实例制作步骤图文详解》PDF 文档。 下载方式见封底。

制作快速手写动画

这里在对应的素材文件夹中准备了握笔图形和纸张背景，建立文字，然后使用“动态草图”捕捉功能制作挥笔快速写出文字的动画，效果如图14-70所示。

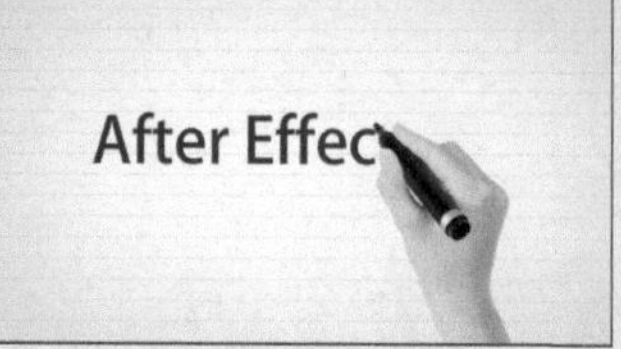

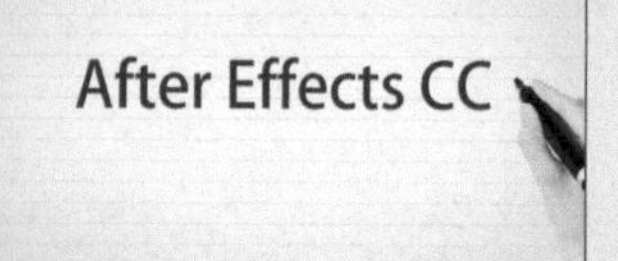

图 14-70 实例效果

实例制作流程图如图14-71所示。

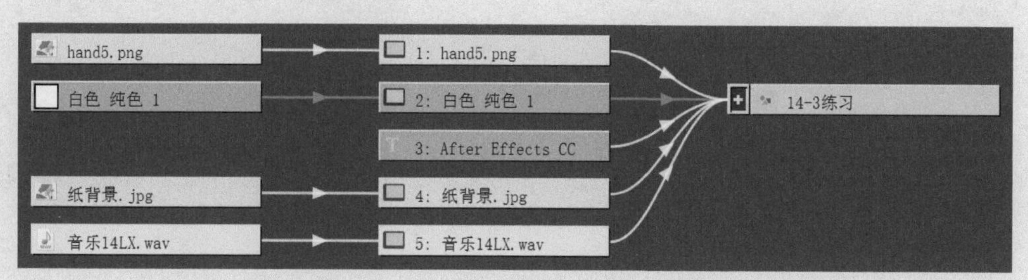

图 14-71 实例制作流程图

调色
视觉效果的重要指标

不管是图片还是视频，从初始拍摄的素材画面到最终的作品画面，往往都有调色的技术参与其中，而且前后效果对比显著。这也是作品中的场景、人物，有时比现实中观看的效果更好的一个重要原因。After Effects提供了众多的调色工具来应对不同的调色要求，这一章将从基础、简单的调色开始讲起，介绍使用各种工具进行调色的方法，其中包括功能较为全面的Lumetri调色工具。

15.1 颜色查看与色阶调色

After Effects中有一个名为“色彩”的工作区，可以与Lumetri Scopes面板和“ Lumetri Color”效果配合使用。Lumetri Scopes面板用于分析和显示在当前查看器面板中所做的更改，从当前合成、图层或素材面板中测量色彩。Lumetri Scopes面板可以帮助使用者输出符合广播标准的视频节目，并根据审美考虑事项（如颜色校正）进行调整。Lumetri Scopes面板包含4种类型的示波器：矢量示波器、直方图、分量和波形。After Effects中的Lumetri Scopes面板和Premiere Pro中的Lumetri Scopes面板拥有类似的工作流程。

色阶是表示图像亮度强弱的指数标准，在数字图像处理中指的是灰度分辨率，决定图像的色彩丰满度和精细度。色阶的调整会在直方图中显示对应的效果，是一种便于初步了解色彩的操作方法。

15.1.1 颜色工作区与示波器

查看颜色工作区与示波器

STEP 1

这里在合成中放置“向日葵1.mp4”素材，选择菜单“窗口>工作区>颜色”，或者在工具栏中单击“颜色”，切换界面布局以显示调色的相关面板，除了保留显示必备的时间轴面板和合成视图面板之外，显示了选择效果的效果和预设面板、调整效果的效果控件面板和监视颜色信息的Lumetri Scopes面板。这样的布局可以为调色工作带来方便。

STEP 2

这里重点要关注的是Lumetri Scopes面板，其有工业标准的颜色仪表图示，为视图画面的色彩提供了客观真实的信息，用数据来检测颜色是否达标，也为了解调色制作规律、积累经验和掌握技巧带来了帮助。可以在Lumetri Scopes面板下部单击“设置”按钮弹出菜单，从中勾选图示来查看，如图15-1所示。

图 15-1 Lumetri Scopes 面板

STEP 3

弹出的菜单中有以下几个选项。

第1个为“矢量示波器HLS”，显示一个圆形图（类似于色轮），简洁显示色相、饱和度、亮度和信号信息。

第2个为“矢量示波器YUV”，显示一个圆形图（类似于色轮），并在圆形图上显示附加坐标，用于显示视频的色度信息。

第3个为“分量（RGB）”，显示代表红色、绿色和蓝色通道级别的波形。

第4个为“波形（RGB）”，显示被覆盖的 RGB 信号，以提供所有颜色通道信号级别的快照。

第5个为“直方图”，显示每个颜色强度级别上像素密度的统计分析。直方图可以帮助我们准确评估阴影、中间调和高光，并调整总体的图像色调等级。

STEP 4

为了快速直观地读懂图示与画面颜色的关系，这里为合成中的素材添加一个“效果>生成”下的“填充”效果，这样整个画面为一个单色画面。单击效果下“颜色”的色块，打开颜色设置面板，在不关闭面板的状态下，选择不同的颜色，实时观察所选用的颜色在Lumetri Scopes面板各图示中显示的位置。当画面完全为红色时，在第1个“矢量示波器HLS”中显示在红色边缘位置，是因为颜色为红色且饱和度最高；在第2个“矢量示波器YUV”中显示在R的方格中，是因为这是饱和度高的纯红色；在第3个“分量（RGB）”、第4个“波形（RGB）”和第5个“直方图”中都显示红色线段在最顶部，是因为构成画面颜色的RGB3个通道中只有R（红色）通道的像素，且数值达到最大，如图15-2所示。

图15-2 查看红色显示的信息

STEP 5

当画面完全为白色时，在第1个“矢量示波器HLS”中显示在中心位置，是因为亮度最高、饱和度最低；在第2个“矢量示波器YUV”中显示在中心位置，是因为饱和度最低；在第3个“分量（RGB）”、第4个“波形（RGB）”和第5个“直方图”中都显示在最顶部，是因为RGB3个通道的颜色叠加合成为亮度最高的白色时，数值都达到了最大，如图15-3所示。

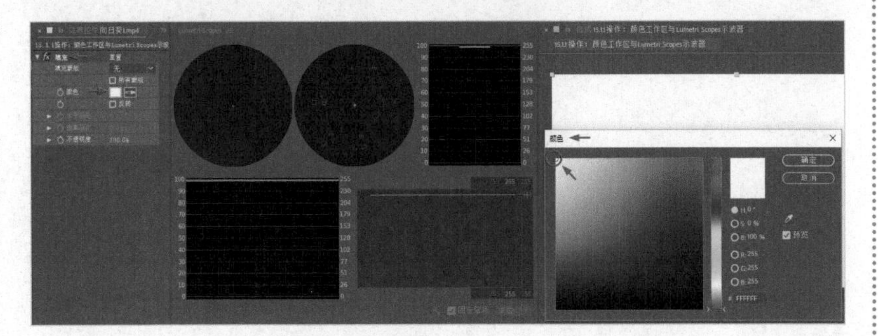

图15-3 查看白色显示的信息

STEP 6

当画面完全为黑色时，在第1个“矢量示波器HLS”中显示在边缘位置，是因为亮度最低、饱和度最低；在第2个“矢量示波器YUV”中显示在中心位置，是因为饱和度最低；在第3个“分量（RGB）”、第4个“波形（RGB）”和第5个“直方图”中都显示在最底部，是因为在纯黑色的状态下，RGB3个通道的数值都为0，如图15-4所示。

STEP 7

当画面完全为灰度的黄色时，在第1个“矢量示波器HLS”、第2个“矢量示波器YUV”中显示在偏向黄色一侧的位置；在第3个“分量（RGB）”、第4个“波形（RGB）”和第5个“直方图”中都显示R、G通道在中部，B通道在中下部，是因为灰度由RGB3个通道的像素混合而成，而黄色则由红色和绿色混合得到，如图15-5所示。

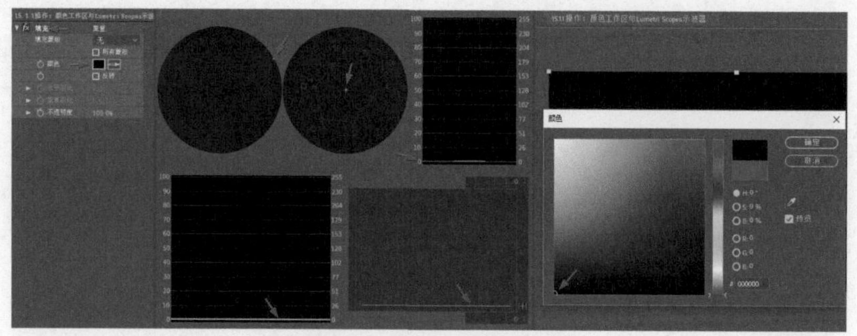

图 15-4 查看黑色显示的信息

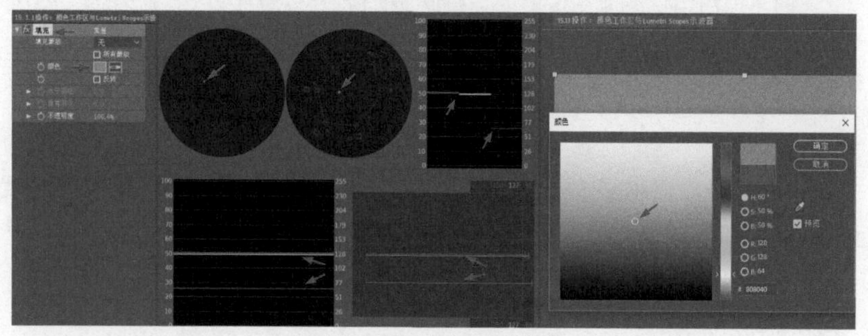

图 15-5 查看黄色显示的信息

STEP 8

打开一个素材“彩条.png”并查看画面，可以看到这个标准的彩条在各个图示中显示的色彩信息，如图15-6所示。

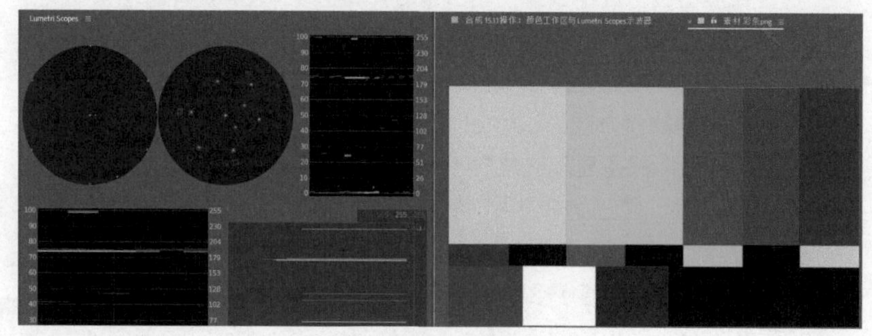

图 15-6 查看标准彩条的色彩信息

STEP 9

了解各种颜色在图示中的显示位置后，再关闭“向日葵1.mp4”的“填充”效果，回过头查看Lumetri Scopes面板中各个图示对向日葵画面的颜色显示信息。

15.1.2 使用色阶直方图查看调色

在RGB模式下有3个通道，即R、G、B（不包括Alpha通道）。对于“每通道8位”，它的位深度是24bit，可以存储16777216种颜色，这是最常见的素材标准。对于“每通道16位”，它的位深度是48bit，可以存储281474976710656种颜色。对于“每通道32位”，它的位深度是96bit，可以存储更多种颜色。

位深度越高，能存储的颜色就越多、层次就越丰富，但也加大了素材文件的存储空间，增加了图形加速卡所要处理的数据量。在以上3种设定中，第一种“每通道8位”是最常见的，也是大多数素材的标准。另外两种主要针对电影胶片，以满足电影胶片大范围的色彩宽容度。对低位深度的图像来说，提高它的位深度，意义之一在于方便调色，使颜色调节的范围大大扩展，可以减少因为反复调色带来的画质损失。

操作1 颜色深度与色阶对比

STEP 1

After Effects的项目中，有一个默认的颜色设置，可以选择菜单“文件>项目设置”，打开设置面板并在“颜色设置”下查看，在“深度”选项后有“每通道8位”“每通道16位”和“每通道32位（浮点）”3种分类。

STEP 2

通常项目默认的颜色深度为“每通道8位”，软件中以8bpc表示，即8bits per channel，可以在项目面板的下部看到8bpc的选项。按住Alt键单击8bpc处，可以在8bpc、16bpc和32bpc之间循环切换。

STEP 3

勾选菜单“窗口>效果和预设”可以显示出效果和预设面板，在面板中展开效果组，可以看到效果名称之前有8、16和32的数字小图标，表示这个效果支持所达到的颜色深度的素材。数字越高兼容性越大，即32位效果适用于32位、16位和8位颜色深度的素材，16位效果适用于16位和8位颜色深度的素材，8位效果仅适用于8位颜色深度的素材，如图15-7所示。

STEP 4

这里在准备的合成中放置“城市.mp4”，选中视频图层，选择菜单“效果>颜色校正>色阶”，在效果控件面板中查看“色阶”的属性数值和直方图，其中效果中的直方图与Lumetri Scopes面板中的直方图一致，只是显示的方向不同。因为当前颜色深度默认为“每通道8位”，每通道256种颜色，用二进制表示时为8位数，从00000000到11111111，属性中以数值0~255来表示。此时效果下属性数值即为0~255的范围。

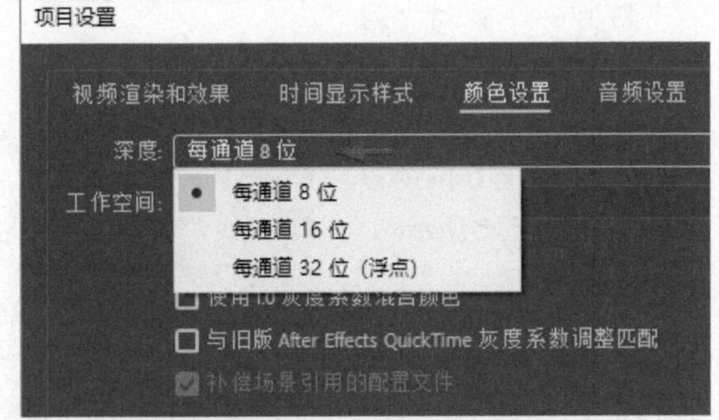

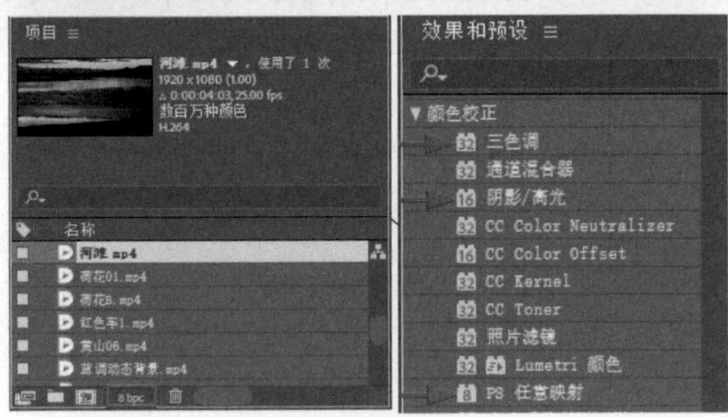

图15-7 颜色深度

STEP 5

按住Alt键并单击项目面板下的8bpc处，将其切换到16bpc，“色阶”属性的数值变化为0~32768的范围。

STEP 6

按住Alt键并单击项目面板下的16bpc处，将其切换到32bpc，“色阶”属性的数值可以在0~1以小数点后4位的精度大范围调整，如图15-8所示。

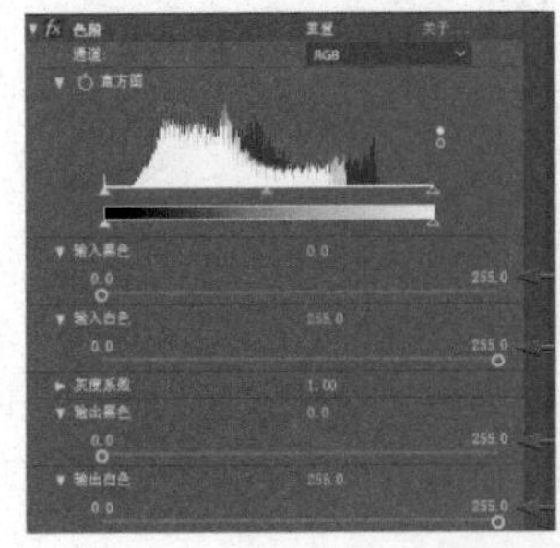
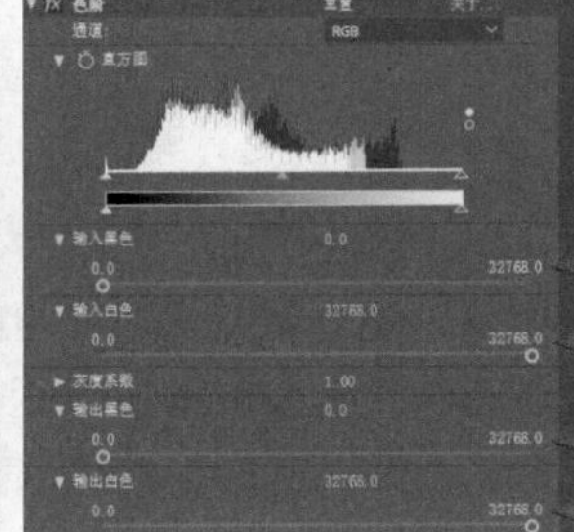
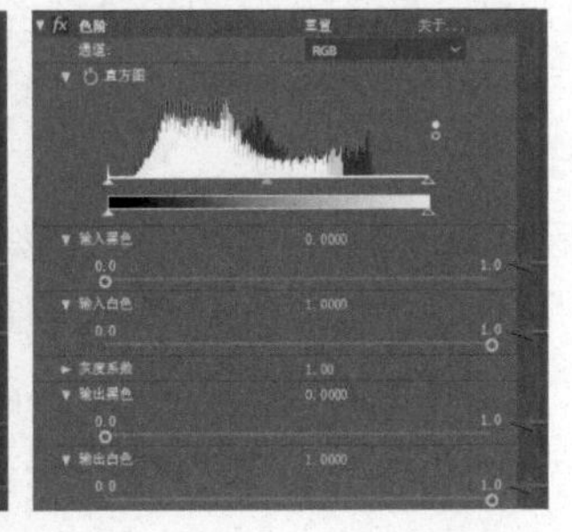

图15-8 区别8bpc、16bpc和32bpc的属性数值

STEP 7

切换到平时制作标准中的8bpc，将“直方图”上部的两个小三角向中部收拢，排除两端空白部分的颜色。这样使用简单的方法改善原来灰蒙蒙的画面，合理控制暗部和亮部到最佳状态，使画面中颜色从最暗到最亮得到合理分配，从而使视觉效果更佳，如图15-9所示。

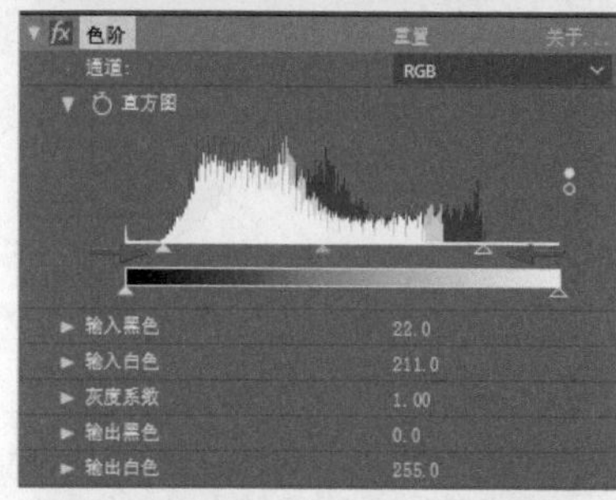

图15-9 调整色阶范围

STEP 8

在Lumetri Scopes面板中对比调整前后的图示，如图15-10所示。

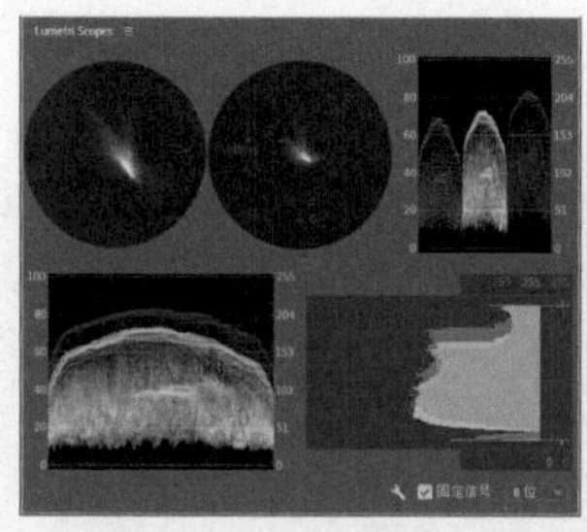

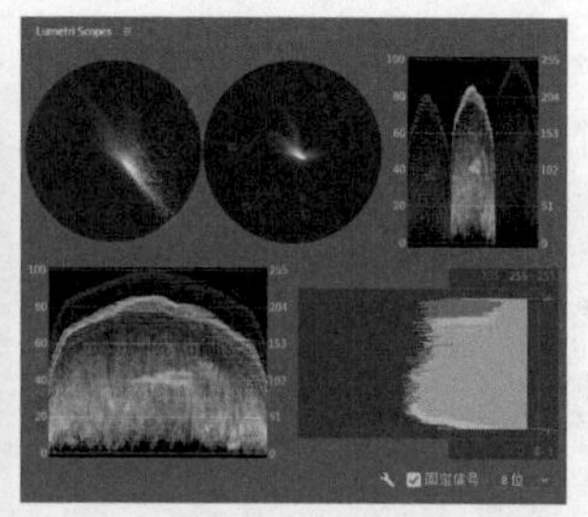

图15-10 在Lumetri Scopes面板中对比调整前后的图示

操作2 几种图像色阶直方图的对比

STEP 1

这里在合成中放置了6段素材，如图15-11所示。

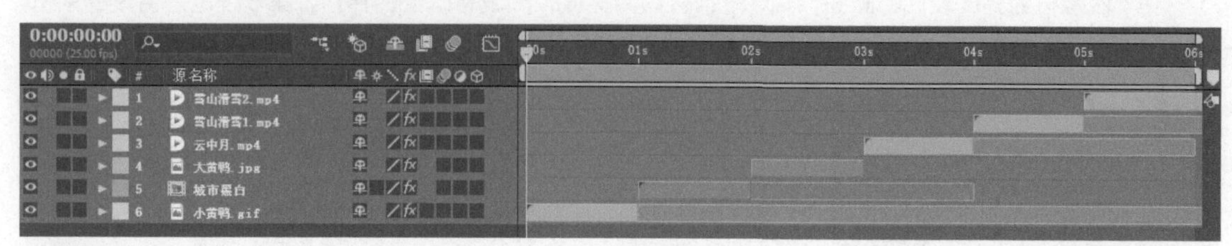

图15-11 放置素材

STEP 2

第1段素材为一个GIF动画，颜色数量较少，同时这也不是常规的调色素材；第2段素材为黑白的视频；第3段素材为平时常见的彩色画面，如图15-12所示。

图15-12 素材画面

STEP 3

分别为这3段素材添加“色阶”效果，通过“直方图”可以进行直观的比较，第1段素材显示有较少的颜色；第2段没有彩色的颜色，只有从黑到白的灰度色阶；第3段具有红、黄、蓝、绿和白色的色阶，其中黄色为红色与绿色重叠混合产生的颜色，如图15-13所示。

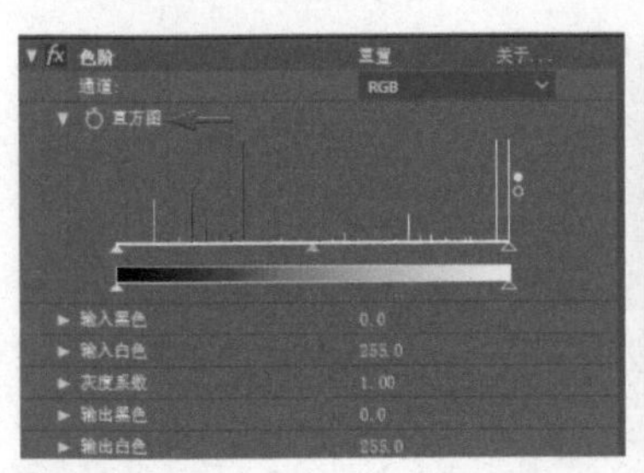

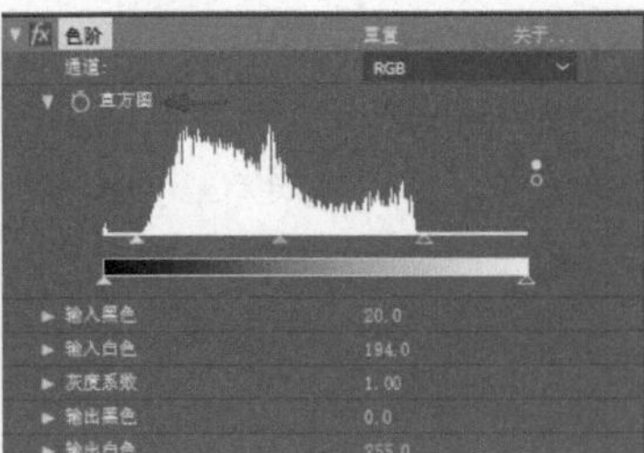

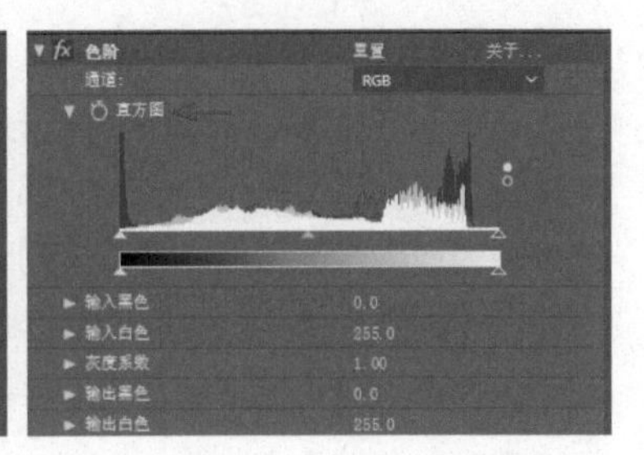

图 15-13 对应色阶

STEP 4

查看Lumetri Scopes面板中对应的分量（RGB）图示，其中黑白图像的R、G和B通道图形完全相同，如图15-14所示。

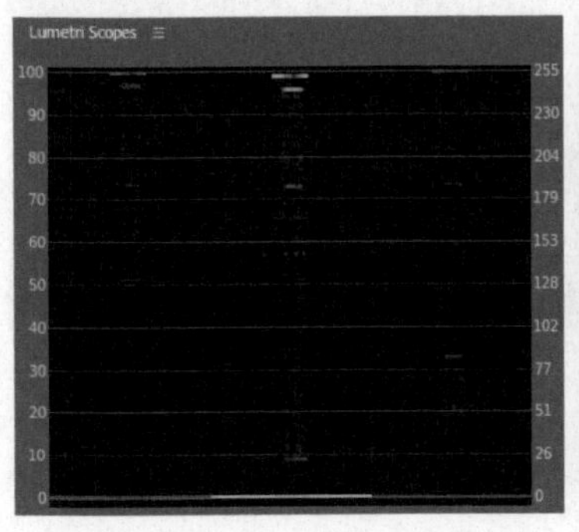

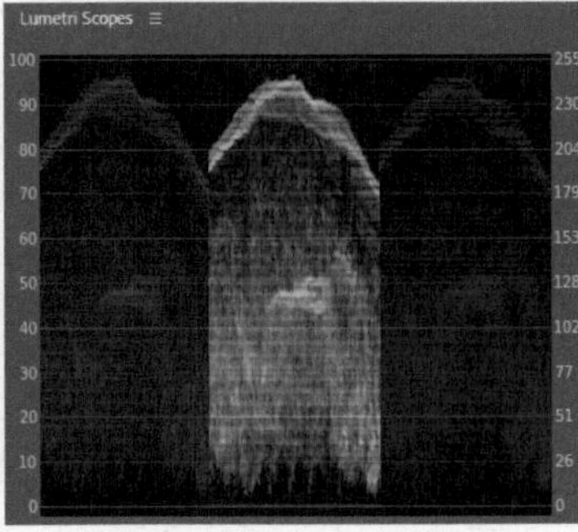

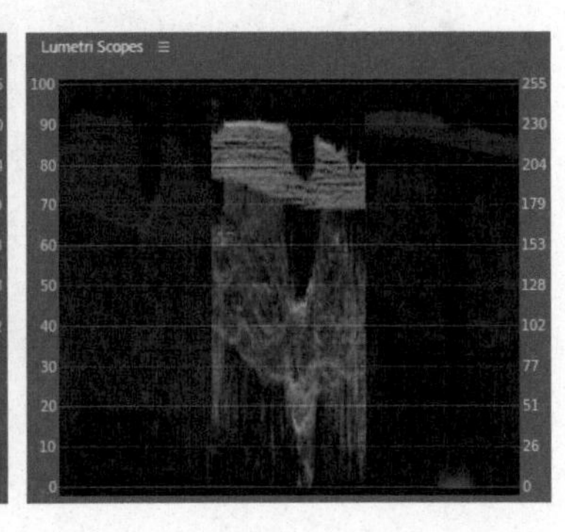

图 15-14 对应的分量（RGB）图示

STEP 5

第4段素材为亮度较低的画面，第5段素材则为亮度较高没有暗部的雪景，第6段也是雪景的素材，但比起第5段素材中的雪景多一些暗部，如图15-15所示。

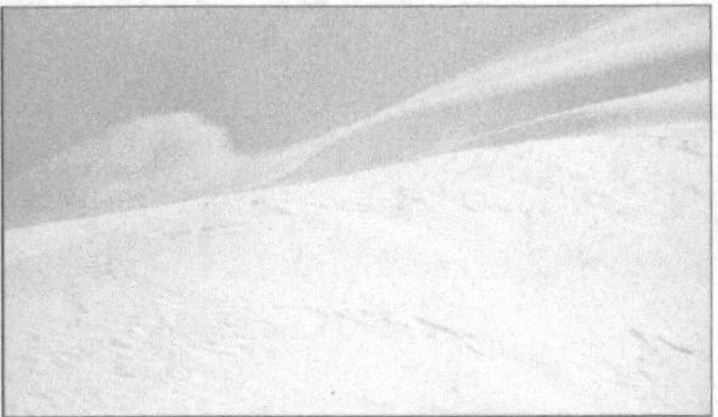

图 15-15 素材画面

STEP 6

为这3段素材添加“色阶”效果后，通过“直方图”进行对比查看，第4段素材的颜色图示偏向左侧黑色端；第5段由于较亮，图示集中到中心右侧的白色端；第6段则也偏向右侧，但图示分布相对较宽，如图15-16所示。

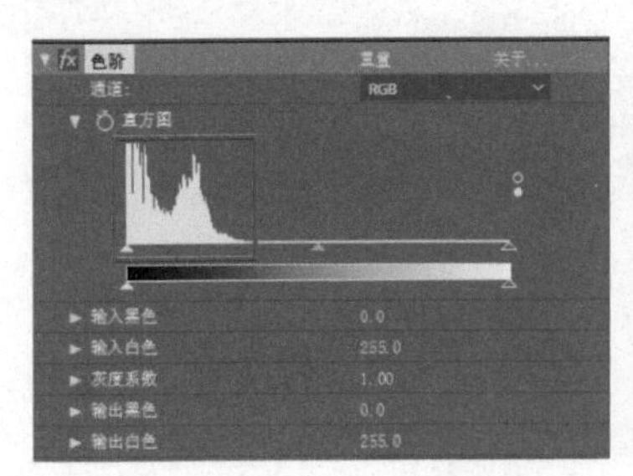

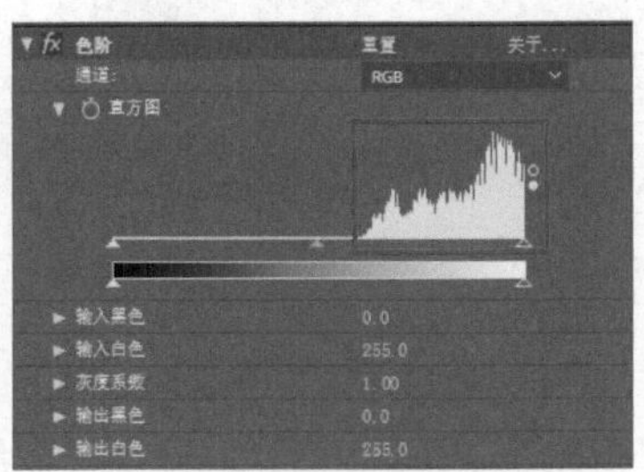

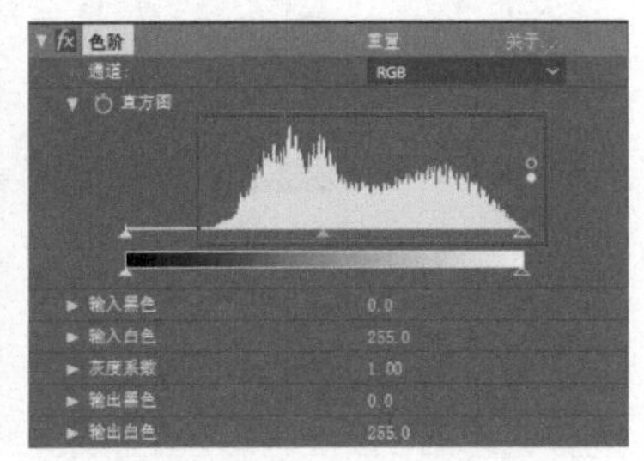

图 15-16 对应色阶

STEP 7

查看Lumetri Scopes面板中对应的分量（RGB）图示，颜色信息分别处于下部、上部和中上部，如图15-17所示。

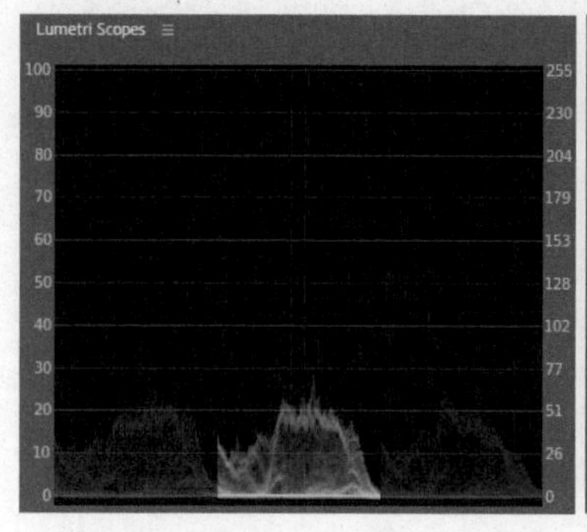

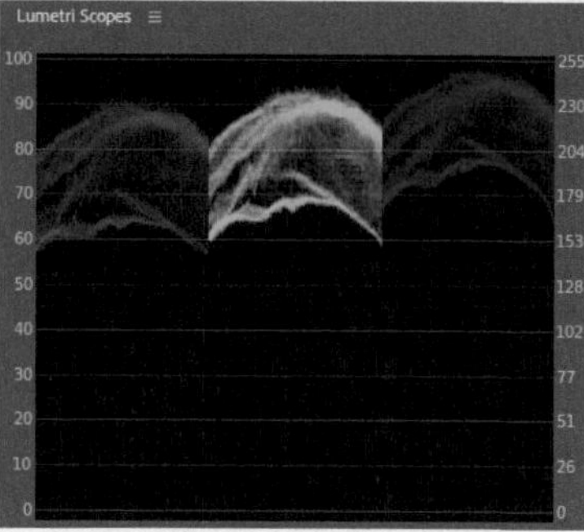

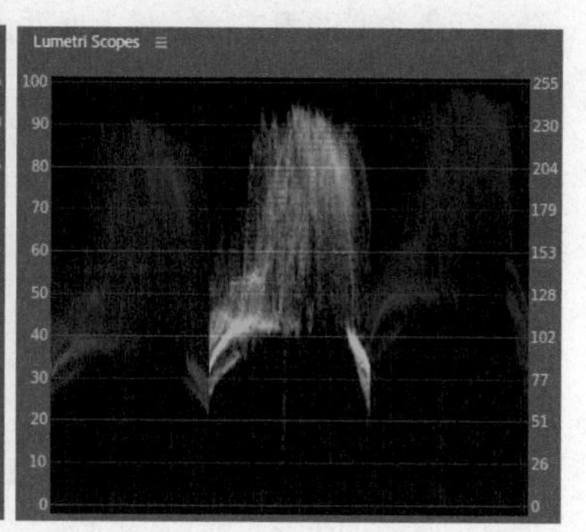

图 15-17 对应的分量（RGB）图示

STEP 8

查看第6段素材“色阶”效果“直方图”下的第二行从黑到白的图示，为输出黑色和白色的调节图示，将左侧的小三角形移至中部，可以看到“输出黑色”的数值发生了相应的变化，合成视图中雪景画面也变得更加明亮。此时如果再添加一个“色阶”效果，显示为“色阶2”，可以看到在调整后的基础上所显示的色阶更加偏向右侧的白色端，如图15-18所示。

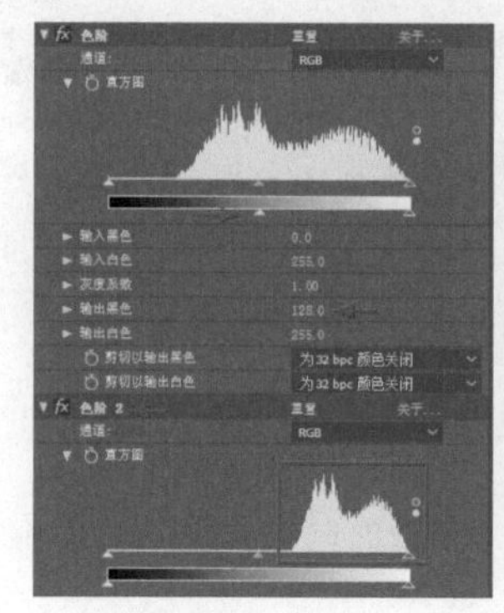

图 15-18 色阶的变化

操作3 使用色阶校正对比和偏色

STEP 1

在合成中放置“城市.mp4”，当前画面颜色为偏蓝的色调，添加“色阶”效果，如图15-19所示。

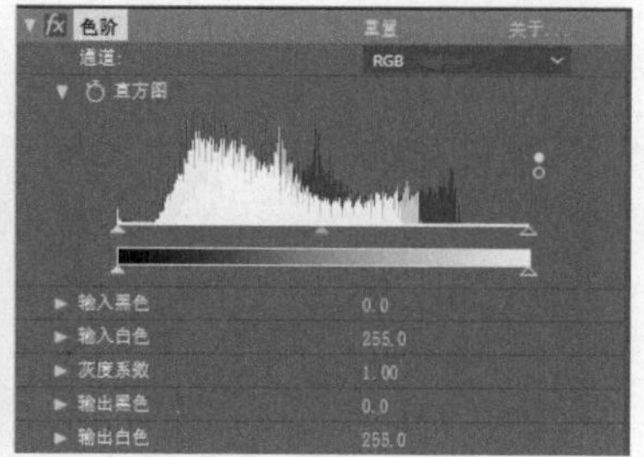

图 15-19 查看画面和对应色阶

STEP 2

将“通道”选择为“红色”，会将红色在0~255的直方图中显示在前，同时在后面显示其他颜色的直方图以做参考。直方图右侧有两个圆点选项，上面的选项为全部显示，下面的选项为单独显示，这里单独显示红色通道的直方图。将上面两侧的两个小三角向中部收拢，排除两端空白部分，如图15-20所示。

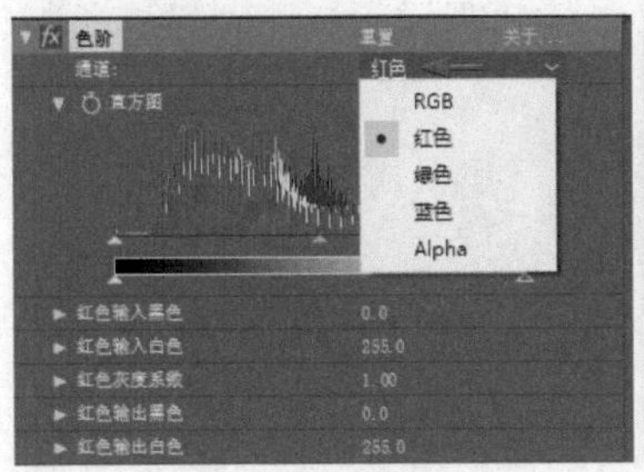

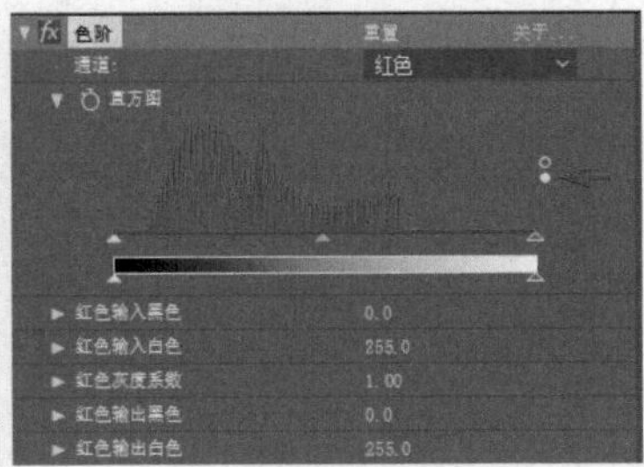

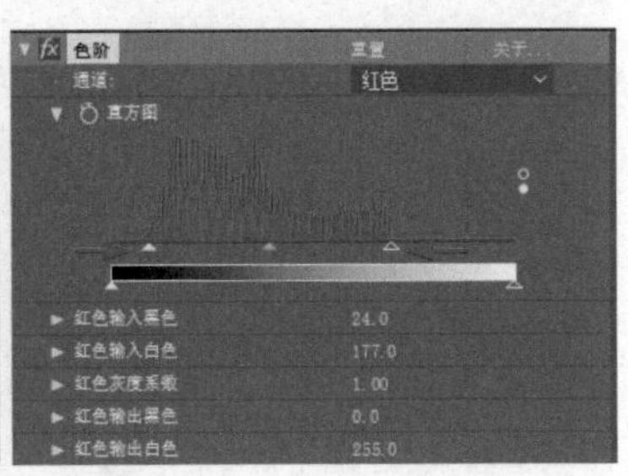

图15-20 调整红色通道色阶

STEP 3

同样，切换“通道”到“绿色”，调整直方图上面两侧的两个小三角向中部收拢，排除两端空白部分。再切换“通道”到“蓝色”，调整直方图上面两侧的两个小三角向中部收拢，排除两端空白部分。最后可以切换回RGB通道，3个通道的颜色在直方图中向两端重排，如图15-21所示。

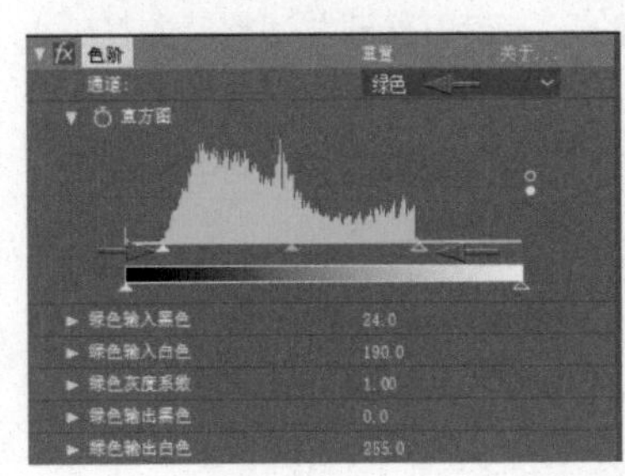

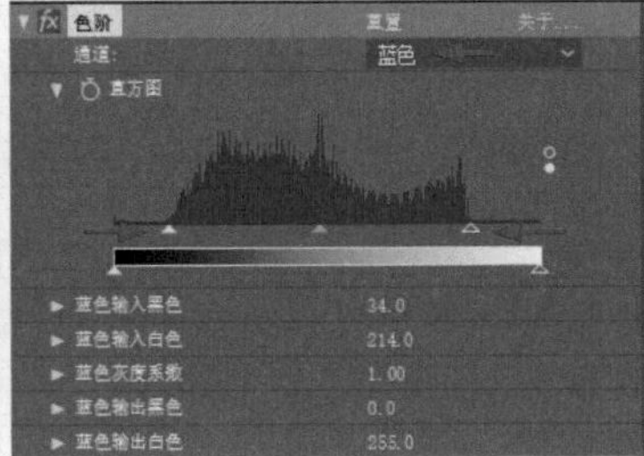

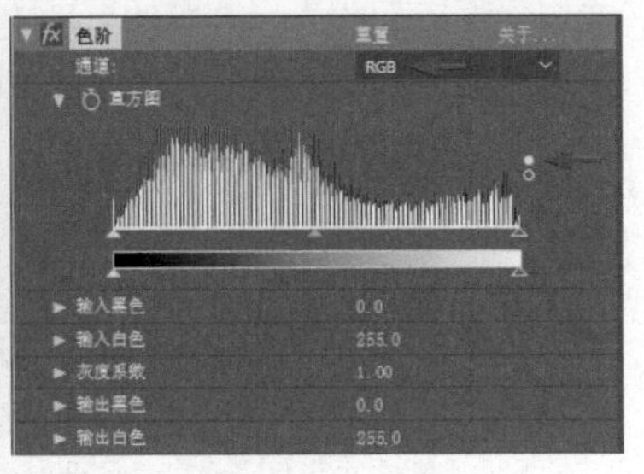

图15-21 调整绿色、蓝色通道的色阶和切换回 RGB 通道

STEP 4

这样从暗部到亮部分配变得更加合理，同时消除了原来明显的蓝色调偏色现象，查看Lumetri Scopes面板中的图示和视频画面，如图15-22所示。

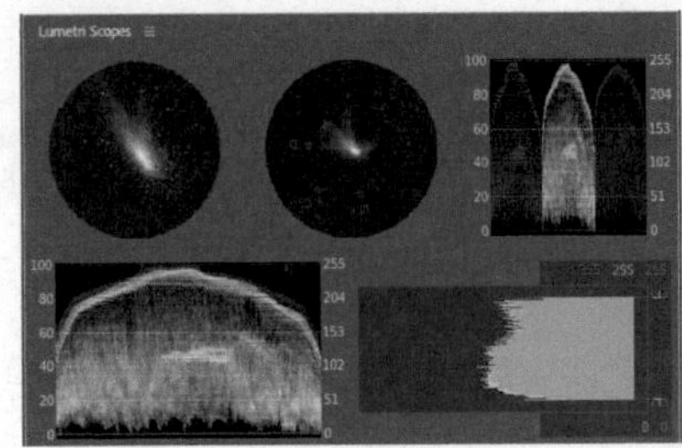

图15-22 查看调整结果

操作4 使用色阶调整色彩通道效果

STEP 1

在合成中放置“光斑.mp4”，当前暗背景上呈现黄色、橙色和绿色调的光斑效果，为其添加“色阶”效果，如图15-23所示。

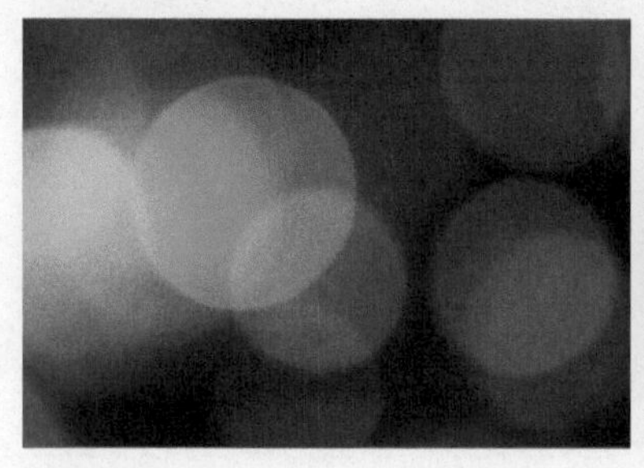
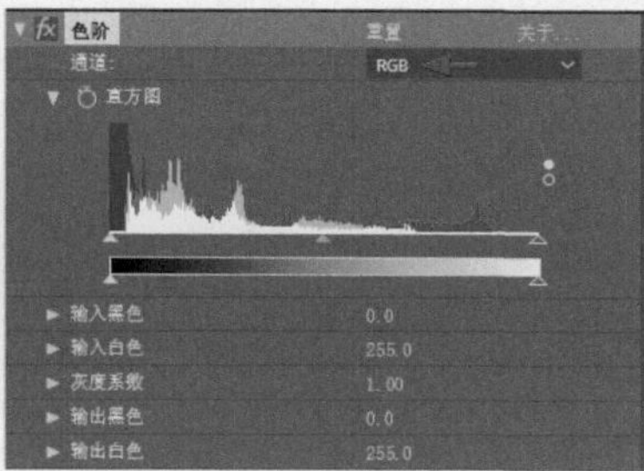

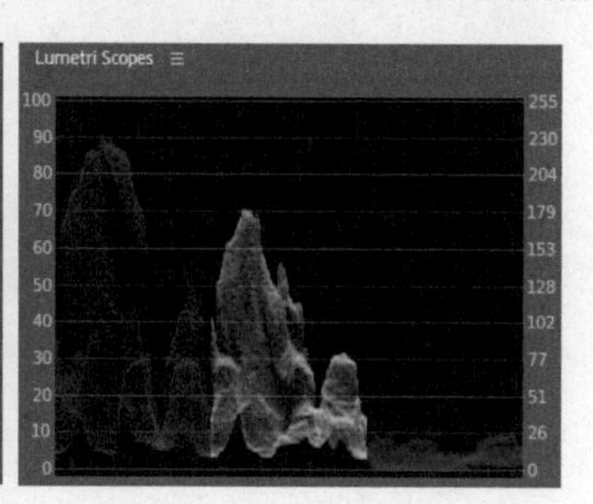

图15-23 查看当前素材

STEP 2

将“色阶”选择为“红色”，将直方图上方左侧的小三角向右侧拖移，即从画面中排除，这样视频画面颜色变成绿色调，如图15-24所示。

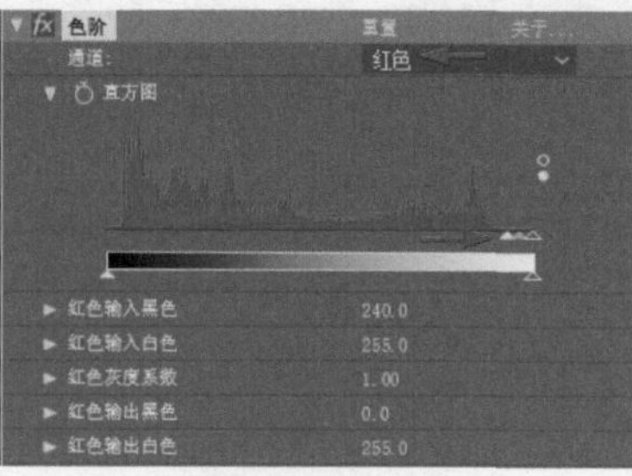

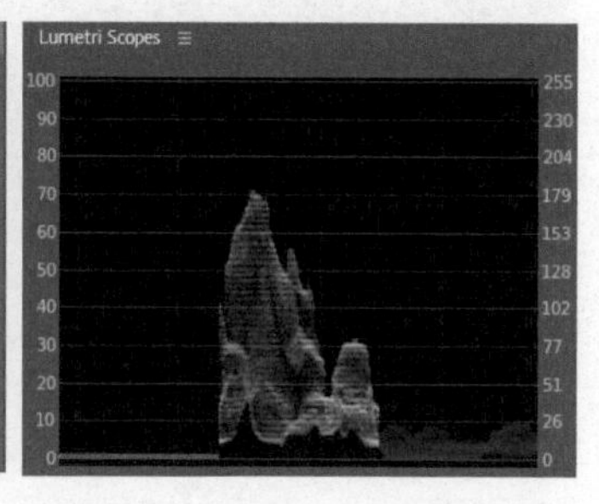

图15-24 调整红色通道色阶

STEP 3

如果重置效果恢复红色的直方图，那么将“色阶”选择为“绿色”，将直方图上方左侧的小三角向中部拖移，从画面中排除一部分绿色，这样剩下的少量的绿色与红色混合出橙色，此时暗部少量的蓝色对画面的影响不大，视频画面的颜色变成橙色调，如图15-25所示。

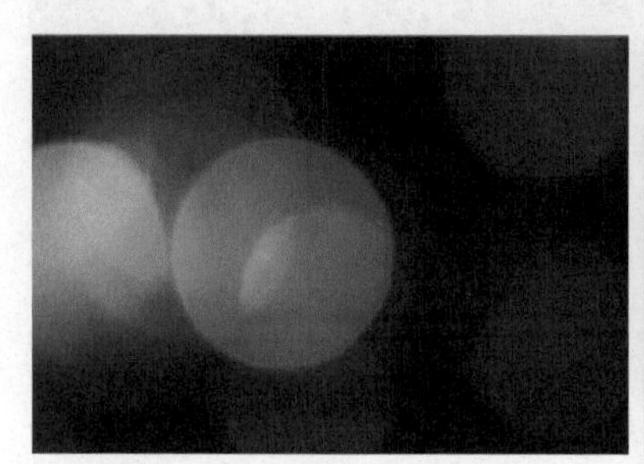
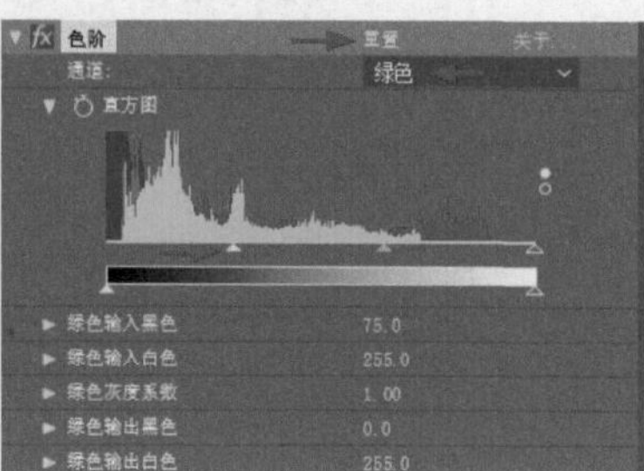

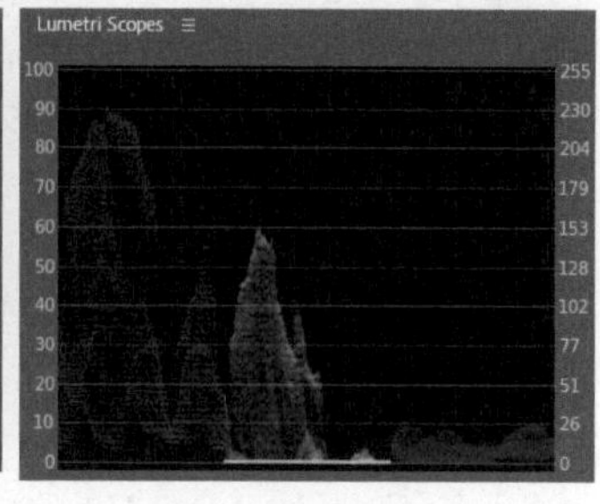

图15-25 调整通道色阶

15.2 分类调色效果

每个视频帧都由像素组成，每个像素都带有色彩属性，可以将这些属性归类为色度、亮度和饱和度。用户可以评估色彩属性，从而对视频进行颜色校正并确保镜头间的一致性。

After Effects的“颜色校正”效果组下有多种效果，例如，有对颜色、对比度或色阶进行单独调色的效果，也有同时调整亮度、对比度，或者色相、饱和度的效果。调色时通常需要调整或校正一个或多个图层的颜色。此类调整可能出于多种原因，例如，需要使多个素材项目看起来好像是在相同条件下拍摄的，以便可以一起合成或编辑它们；需要调整镜头的颜色，以使其看起来像是在夜晚而非白天拍摄的；需要调整图像的曝光度，以从过度曝光的高光中恢复细节；需要增强镜头中的一种颜色，以合成其中具有该颜色的图形元素；需要将颜色限制到特定范围，如广播安全范围。

15.2.1 自动调色效果

在软件中查看自动调色效果

STEP 1

在合成中放置“沙滩.mp4”和“星空下的树”，按Ctrl+Shift+D快捷键分割图层为每秒1段，共放置7段素材，前3段素材为“沙滩.mp4”，后4段素材为“星空下的树”，如图15-26所示。

图15-26 放置素材

STEP 2

查看当前“沙滩.mp4”的画面及Lumetri Scopes面板中的分量（RGB）图示。选择菜单“窗口>效果和预设”，显示出效果和预设面板，在面板中展开“颜色校正”，将“自动色阶”添加到第1段素材中，将“自动对比度”添加到第2段素材中，将“自动颜色”添加到第3段素材中。这些效果也可以通过在面板中的搜索栏中输入“自动”来筛选显示，如图15-27所示。

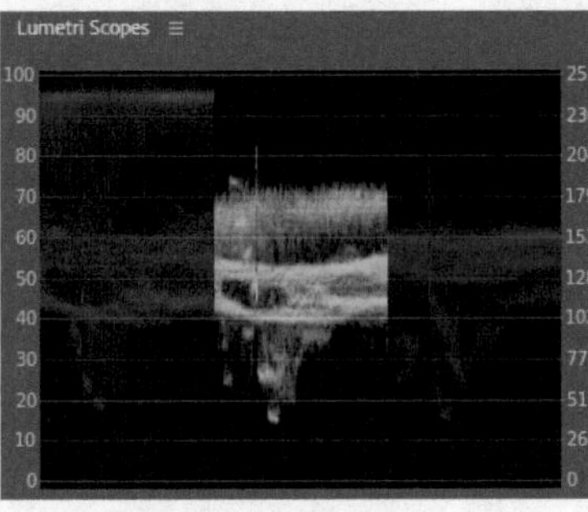

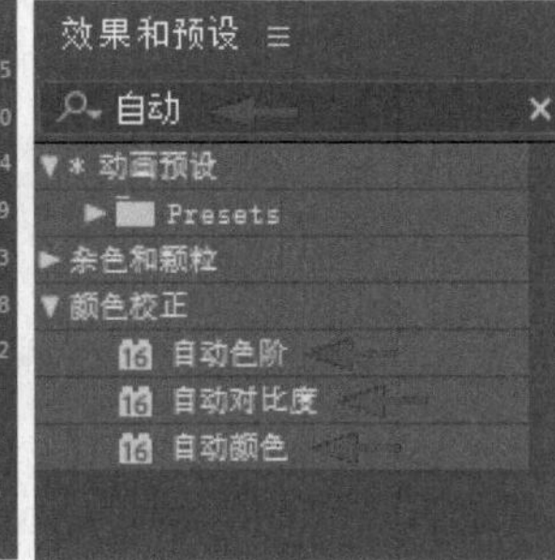

图15-27 查看当前素材和搜索效果

STEP 3

查看画面效果，可以看到根据软件的自动分析和处理，画面都得到了不同程度的改善，其中，“自动色阶”对画面的色阶进行了自动优化，同时影响到色彩和对比度；“自动对比度”对明暗对比进行了优化；“自动颜色”优化了画面的色彩，如图15-28所示。

图15-28 使用“自动色阶”“自动对比度”和“自动颜色”优化画面

STEP 4

查看Lumetri Scopes面板中对应的分量（RGB）图示，如图15-29所示。

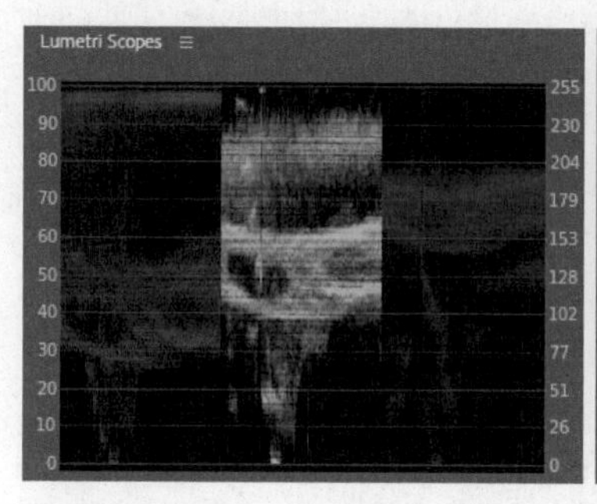

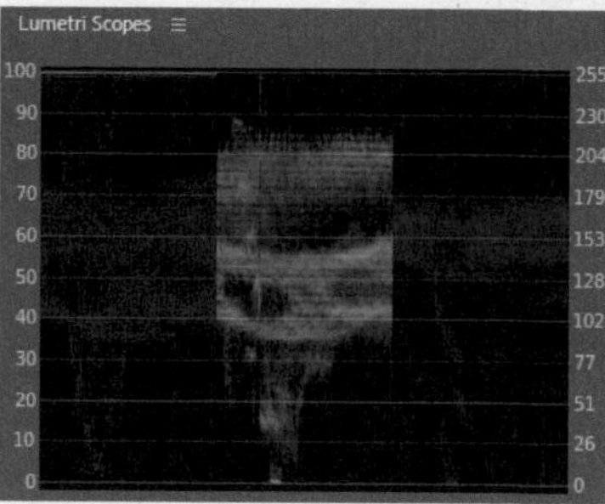

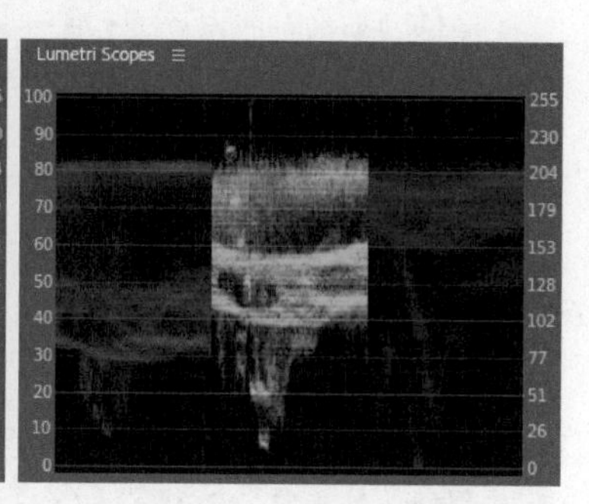

图 15-29 对应的分量（RGB）图示

STEP 5

为第4段素材添加“阴影/高光”效果，为第5段素材添加“色调均化”效果，如图15-30所示。

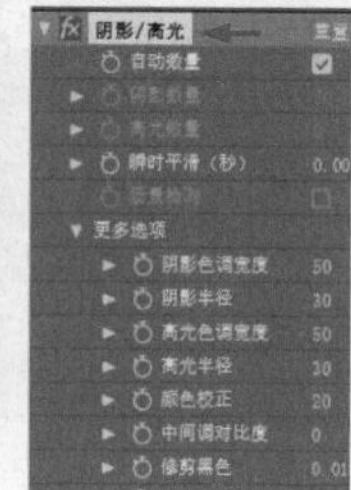

图15-30 查看素材与添加效果

STEP 6

这两个效果都会自动将素材暗部提亮，显示出更多的细节，“色调均化”效果甚至能提亮到类似白天的效果。这些自动的颜色效果还可以进一步调整其下的属性，进行手动调整，如图15-31所示。

图 15-31 “阴影 / 高光”效果和“色调均化”效果

STEP 7

为第6段素材添加默认的“色调”效果，为第7段素材添加“黑色和白色”效果，都可以得到相同的黑白画面，如图15-32所示。

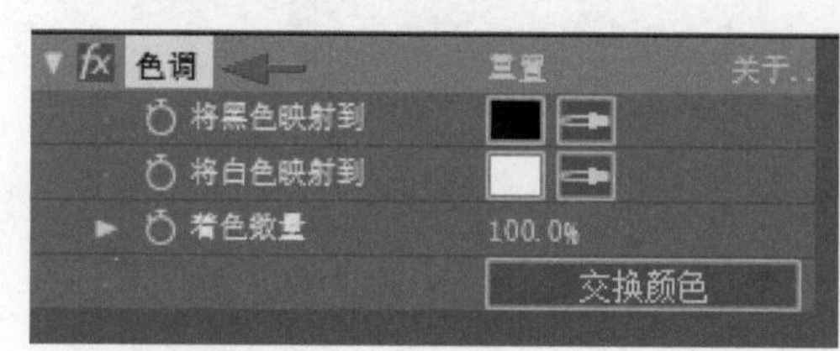

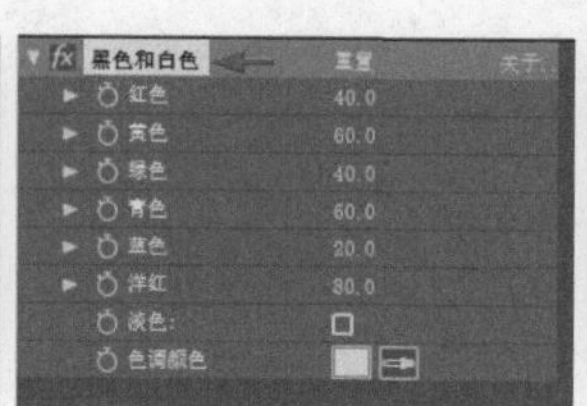

图15-32 黑白画面的效果

STEP 8

这两个效果也不仅限于制作黑白的画面，也可以进行偏色制作。例如，修改“色调”效果的颜色映射、调整“黑色和白色”下对应的颜色和使用“色调颜色”，将普通的视频素材调整为不同风格色调的画面，如图15-33所示。

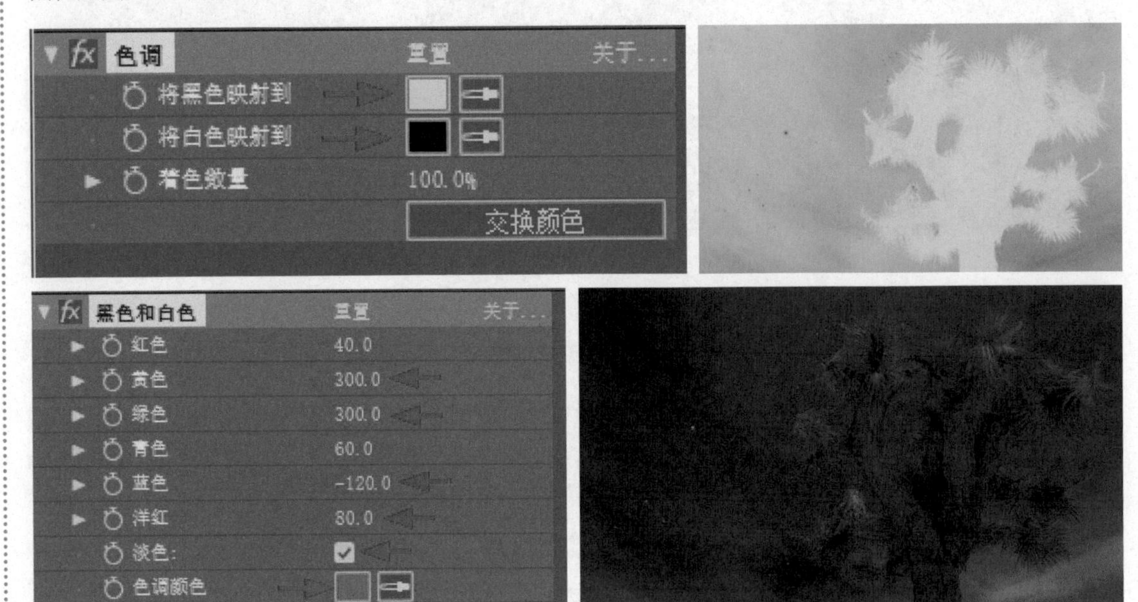

图15-33 设置不同色调

15.2.2 基本的明暗对比

对视频素材进行基本的明暗对比

STEP 1

这里在合成中放置3段“梯田.mp4”视频素材，并查看当前素材，可以发现画面整体偏暗、对比度不高，如图15-34所示。

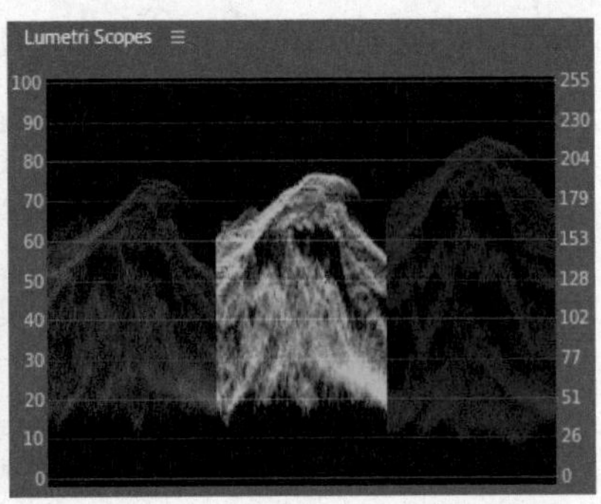

图15-34 查看素材

STEP 2

在第1段素材上添加“亮度和对比度”效果，效果下为“亮度”和“对比度”属性，参考画面分别增加属性的数值即可改善效果，如图15-35所示。

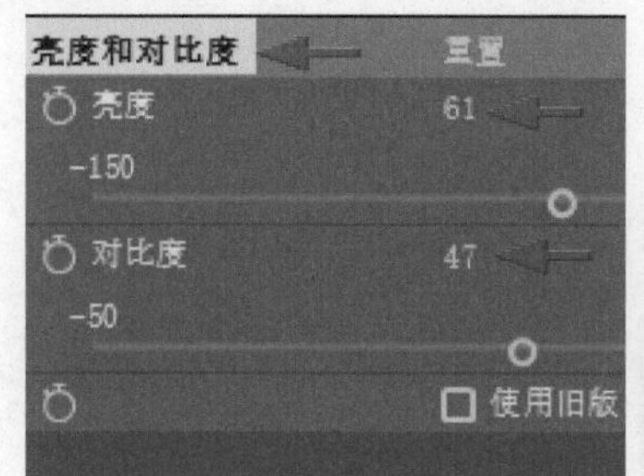

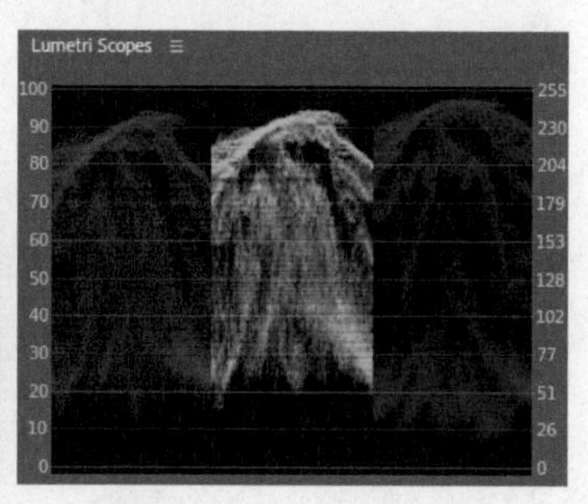

图 15-35 “亮度和对比度”效果

STEP 3

在第2段素材上添加“曝光度”效果，增加效果下的“曝光度”属性的数值，降低“灰度系数校正”属性的数值，改善原来偏暗和对比度低的现象。在合成视图右下角也可以调整“曝光度”属性的数值，不过此处只影响素材在面板中显示的曝光度，对最终合成输出的结果不起作用，如图15-36所示。

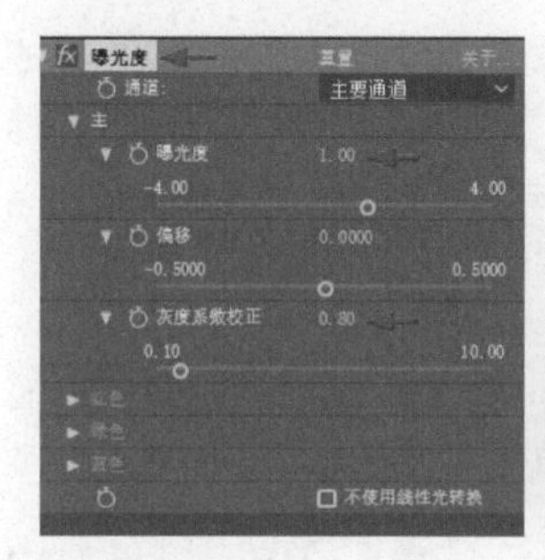

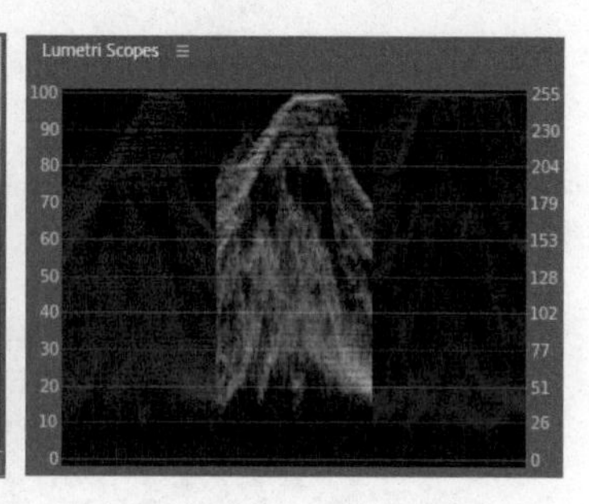

图 15-36 “曝光度”效果

STEP 4

在第3段素材上添加“曲线”效果。效果中左下角曲线为暗部调整，右上角曲线为亮部调整；水平轴代表像素的原始亮度值（输入色阶），垂直轴代表新的亮度值（输出色阶）。在默认对角线中，所有像素的输入值和输出值均相同，在对角线上单击添加一点，向左上方拖曳时提亮画面，向右下方拖曳则压暗画面。这里在对角线上部添加一点向上拖曳，根据曲线偏离对角线的影响范围，将画面高光和中间调部分都相应地提亮；相反，在对角线下部添加一点向下拖曳，曲线有较少的偏离量，将画面暗部相应地降低，增加画面的色彩和明暗对比，如图15-37所示。

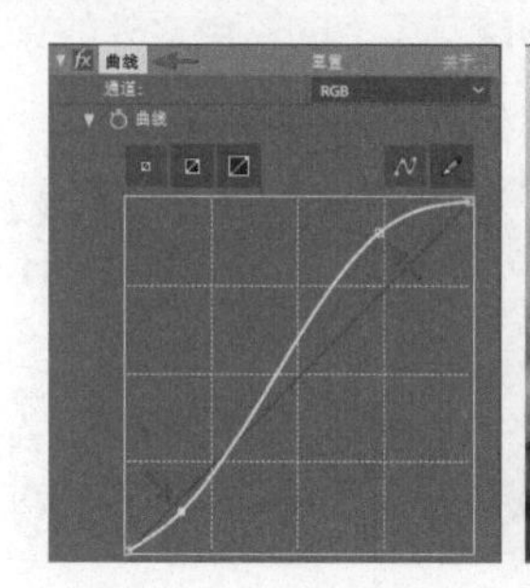

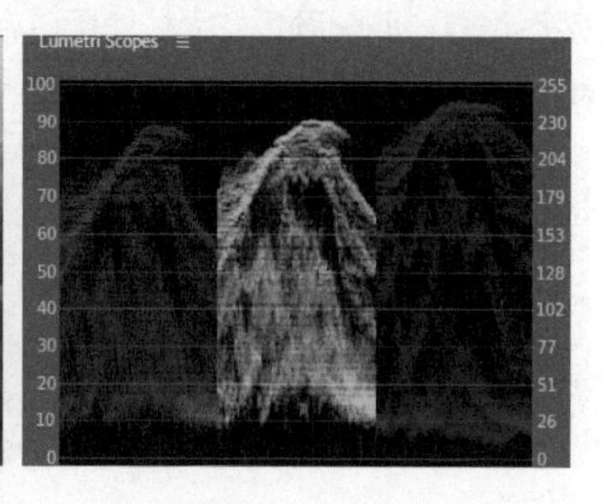

图 15-37 “曲线”效果

15.2.3 替换颜色

对视频素材进行替换颜色

STEP 1

这里在合成中放置3段素材，分别为“荷花01.mp4”“红色车.mp4”和“小花.mp4”。

STEP 2

为第1段素材“荷花01.mp4”添加“颜色校正”下的“更改为颜色”效果，在效果下使用“自”之后的颜色吸管在画面中荷花上单击以吸取颜色，然后为“至”设置一个新的颜色，这里设为紫色，然后设置“容差”下的“色相”为12.0%，这样就从画面中将一种颜色替换为另一种颜色，如图15-38所示。

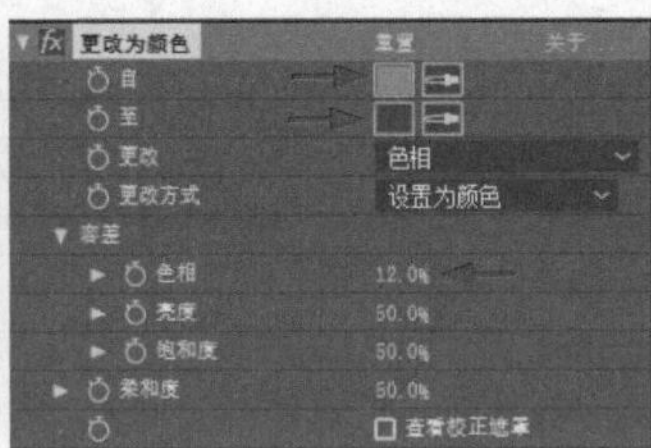

图15-38 “更改为”颜色效果

STEP 3

为第2段素材“红色车.mp4”添加“颜色校正”下的“更改颜色”效果，在效果下使用“要更改的颜色”之后的颜色吸管在画面中车体的红色上单击以吸取颜色，将“匹配颜色”选择为“使用色相”，然后调整“色相变换”设置一个新的颜色，这里设为黄色，然后设置“匹配柔和度”为2.0%，这样就从画面中将选定颜色替换为另一种颜色，如图15-39所示。

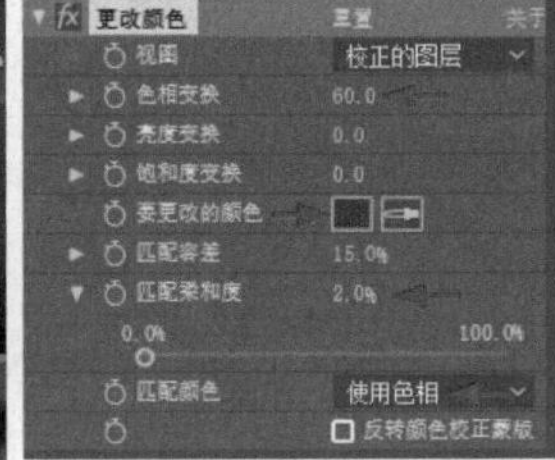

图15-39 “更改颜色”效果

STEP 4

为第3段素材添加“保留颜色”，这个效果的作用是将画面中除保留的颜色之外，其他颜色都替换为没有颜色的灰度图。使用效果下“要保留的颜色”后的颜色吸管在画面中花的粉色上单击以吸取颜色，然后设置“匹配颜色”为“使用色相”，调整“脱色量”和“容差”，将画面中除花瓣上的粉色之外的其他颜色转换为没有颜色的灰度画面，如图15-40所示。

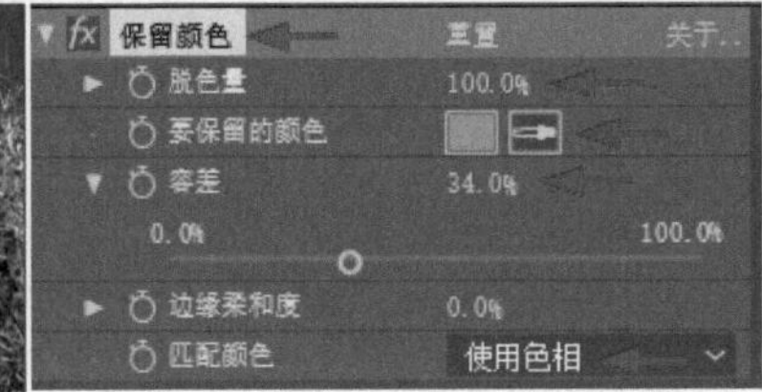

图15-40 “保留颜色”效果

15.2.4 颜色饱和度

调整视频素材的颜色饱和度

STEP 1

在合成中放置“鸟巢.mp4”“山林.mp4”“场景1.mp4”和“雪地.mp4”4段视频素材。

STEP 2

查看第1段素材“鸟巢.mp4”的画面，原本美轮美奂的灯光效果因为当前颜色纯度较低，表现得有些黯淡。这里为“鸟巢.mp4”添加“色相/饱和度”，然后增加“主饱和度”属性的数值，使画面变得鲜明，改善视觉效果，如图15-41所示。

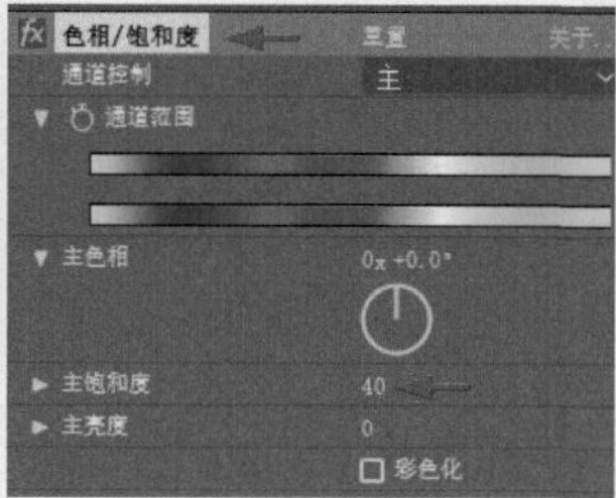

图15-41 “色相/饱和度”效果

STEP 3

查看第2段素材“山林.mp4”，发现视频中的颜色不鲜明，画面同样黯淡无光，为“山林.mp4”添加“颜色平衡（HLS）”效果，增加效果下的“饱和度”属性的数值，即可让画面效果得到改善，如图15-42所示。

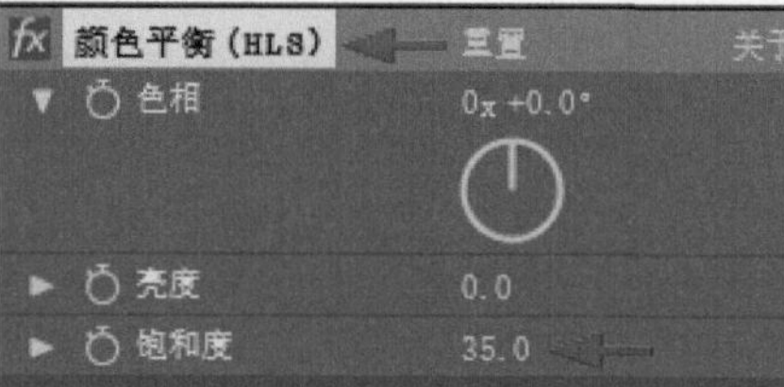

图15-42 “颜色平衡（HLS）”效果

STEP 4

在制作中经常通过调整效果中的饱和度使画面颜色鲜明，不过针对不同的需要，有些则需要降低画面颜色的鲜艳度。例如，制作类似老电影的视频，色彩艳丽的画面需要进行做旧处理，以贴合早期风格。这里为第3段素材“场景1.mp4”添加“自然饱和度”，然后在效果下减小“自然饱和度”的数值，如图15-43所示。

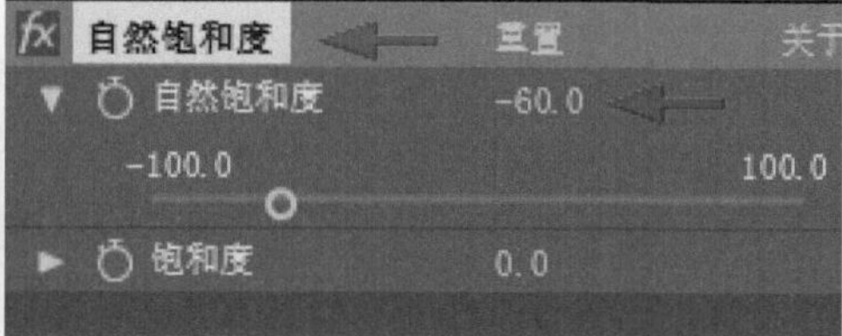

图15-43 “自然饱和度”效果

STEP 5

查看第4段素材“雪地.mp4”，发现画面中含有多余蓝色的偏色现象，添加“色相/饱和度”效果，在“通道控制”后选择“蓝色”，然后降低“蓝色饱和度”的数值，即该效果不仅可以调节整体画面的饱和度，也可以调节某个颜色通道的饱和度。这里减弱画面中的蓝色，得到了修正偏色的效果，如图15-44所示。

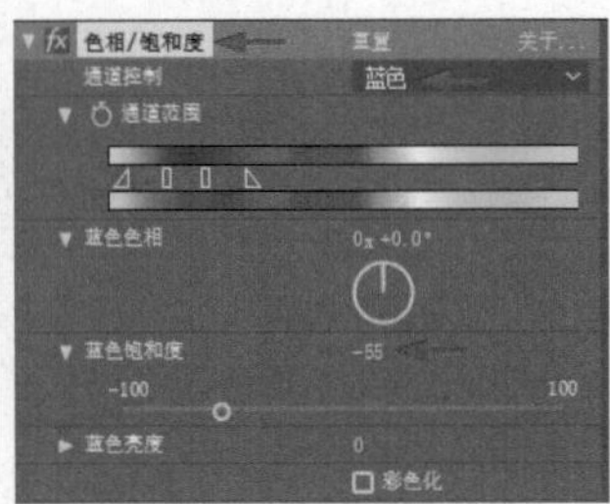

图 15-44 在“色相 / 饱和度”效果中调整蓝色通道

15.2.5 色相调整

对视频素材进行色相调整

STEP 1

在合成中放置“蓝调动态背景.mp4”“鸟巢.mp4”和“色彩圆圈背景.mp4”3段视频素材。

STEP 2

为第1段素材“蓝调动态背景.mp4”添加“色相/饱和度”效果，调整效果下的“主色相”可以改变画面的色调。这里设置“主色相”为0x-100°，原来蓝色调的动态背景转换为绿色调，如图15-45所示。

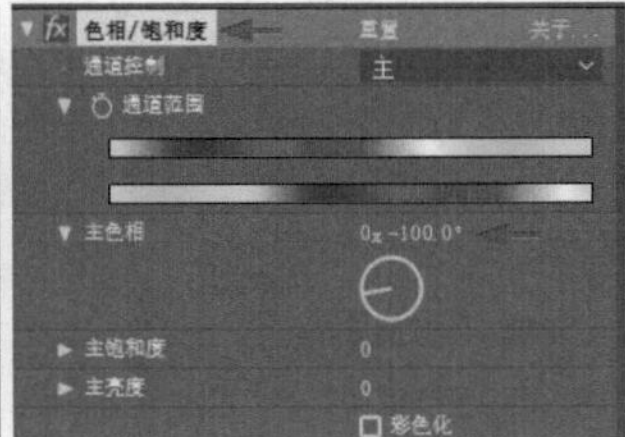

图 15-45 添加“色相 / 饱和度调”并调整“主色相”

STEP 3

为第2段素材“鸟巢”添加“色相/饱和度”效果，效果下默认调整“主”通道，这里先调整“主饱和度”为40，改善整体饱和度。

STEP 4

查看效果调节选项中的“主色相”“主饱和度”和“主亮度”没有关键帧的秒表，将它们都一同对应到“通道范围”处。这里设置色调变化的关键帧动画，在素材开始处打开“通道范围”前的秒表。设置“通道控制”为“红色”，原来对应的“主色相”改变为“红色色相”，当前为0x+0.0° 。开始关键帧的设置和画面如图15-46所示。

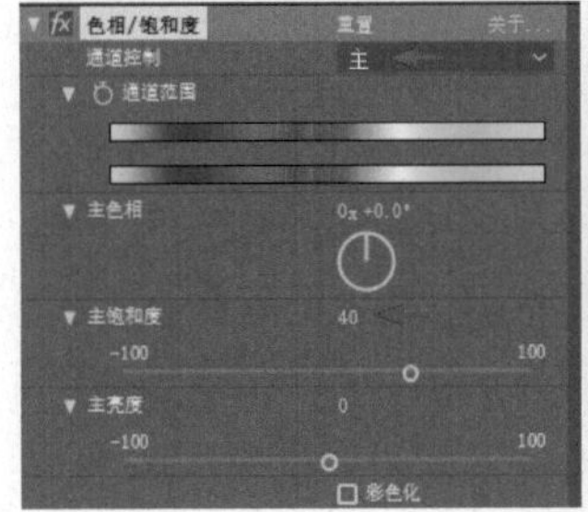

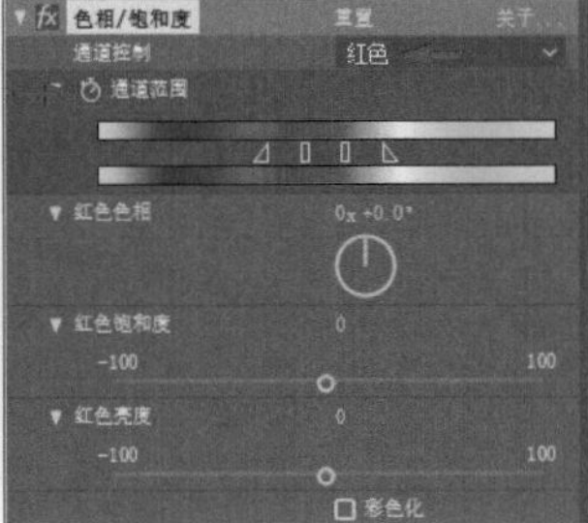

图15-46 设置关键帧

STEP 5

将时间指示器移至本段素材结尾，调整“红色色相”为0x+30.0°，使原来偏红的色调变成偏黄的色调，结束关键帧的设置和画面如图15-47所示。

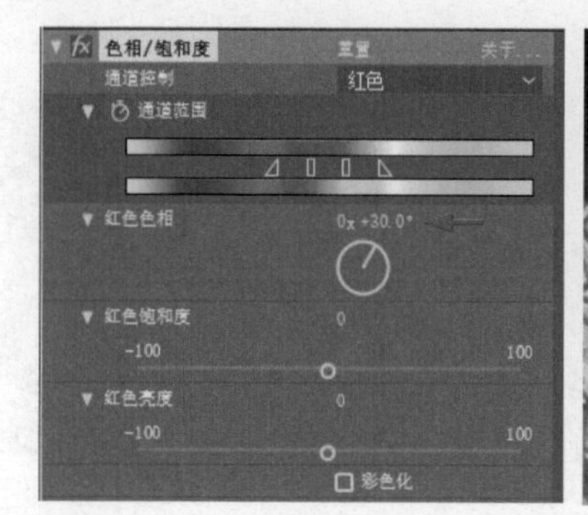

图15-47 设置关键帧

STEP 6

为第3段素材“色彩圆圈背景.mp4”添加“CC Color Offset”效果，调整其下颜色的色相即可改变画面的颜色，这里将原来3个颜色的色相分别进行偏移，设置不同的彩色画面，如图15-48所示。

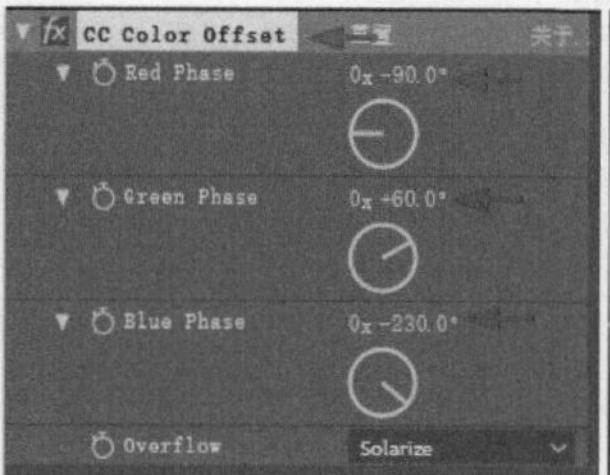

图15-48 使用“CC Color Offset”效果

15.2.6 为画面重新上色

操作 为视频素材的画面重新上色

STEP 1

这里在合成中按顺序放置“河滩.mp4”“云天.mp4”和4段“场景1.mp4”视频素材。

STEP 2

选中第1段素材“河滩.mp4”，添加“色相/饱和度”效果，勾选“彩色化”，将原有的颜色转化为灰度的画面，然后根据“着色色相”来重新上色，这里调整“着色色相”为0x+210.0°，并增加“着色饱和度”，设置画面为类似夜晚灰蓝色的色调，如图15-49所示。

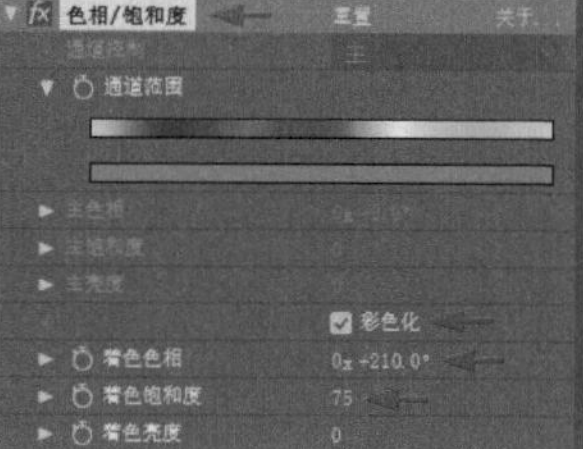

图15-49 “色相/饱和度”效果的彩色化

STEP 3

为第2段素材“云天.mp4”添加“色光”效果，该效果可以对画面的颜色重新设定输出风格多变的色调，这里在“输出循环”下将“使用预设调板”选择为“火焰”，可以看到一个普通的蓝天白云画面转换为了色彩强烈的火烧云效果，如图15-50所示。

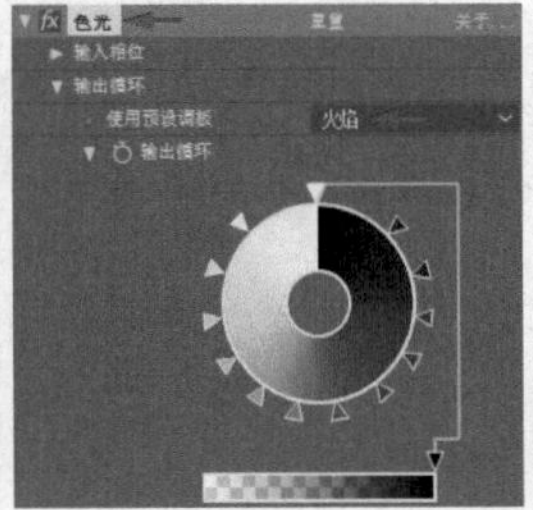

图15-50 使用“色光”效果的“火焰”预设

STEP 4

为第3段素材“场景1.mp4”添加“色调”效果，软件默认会转换彩色的画面为黑白的效果，也可以指定效果下的映射颜色为某种彩色，这里设置“将黑色映射到”为深蓝色，画面中原来的深色转换为了深蓝色，原来较亮的部分对应为浅蓝色或白色，如图15-51所示。

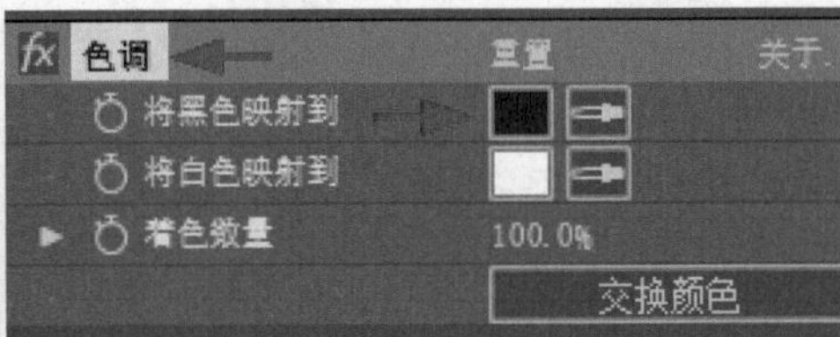

图15-51 “色调”效果

STEP 5

为第4段素材“场景1.mp4”添加“三色调”效果，这个效果比只有两种颜色的“色调”效果多出一个“中间调”，可以设置第3种颜色，这样通常用来指定一个“中间调”颜色，最亮部分保留“高光”为白色，最暗部分保留“阴影”为黑色。这里将“中间调”设为灰橙色，如图15-52所示。

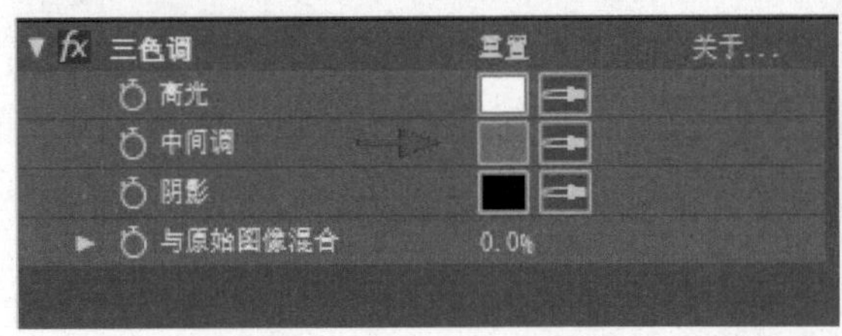

图15-52 “三色调”效果

STEP 6

为第5段素材“场景1.mp4”添加“CC Toner”效果，这个效果与“色调”和“三色调”类似，但有5种可设置转换不同灰度等级的颜色，这里分别设置这5种颜色，如图15-53所示。

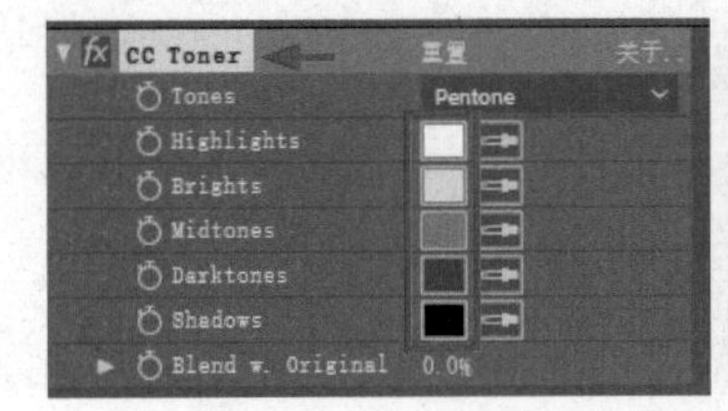

图15-53 “CC Toner”效果

STEP 7

为第6段素材“场景1.mp4”添加“照片滤镜”效果，这个效果类似于在画面上放一个某种颜色的滤镜，使画面偏向某种颜色的色调风格，这里选择效果下的“冷色滤镜（82）”，调整“密度”为60.0%，转换画面为蓝色调，如图15-54所示。

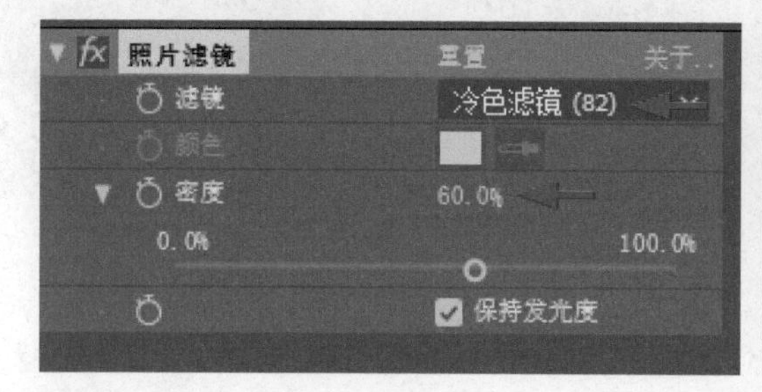

图15-54 “照片滤镜”效果

15.3 Lumetri 全面调色

After Effects当前版本中的“Lumetri 颜色”效果模块得到进一步的增强和完善，与之前众多的分类调色效果不同，这里将多种调色手段集中到一起，便于满足大多数调色要求。“Lumetri颜色”下设有“基本校正”类选项，其下可以使用对应的LUT预设，也可以手动对画面的明暗、对比、曝光不足、白平衡偏色等进行基本的校正，改善素材的颜色问题。在校正的基础上，“Lumetri颜色”下还设有“创意”类选项，可以使用对应的“Look”预设，或者手动进行创意色彩的制作。此外，“Lumetri颜色”还设有“曲线”“色轮”“HSL次要”和“晕影”类选项，每个选项下又有多种颜色调整方法。功能强大的“Lumetri 颜色”效果模块，让大多数摄制素材不需要其他专业的调色设备即可达到调色要求。

15.3.1 基本校正

操作　使用Lumetri基本校正

STEP 1

查看“向日葵1.mp4”素材的画面，其中白云本应是纯白的颜色，而当前则为淡蓝色。图像及“分量（RGB）”图示如图15-55所示。

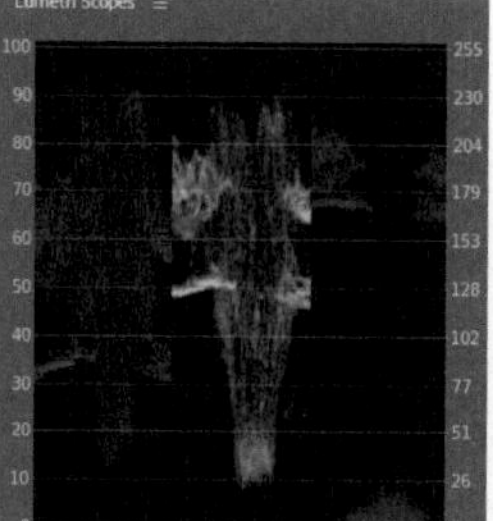

图15-55 查看素材

STEP 2

这里添加“Lumetri 颜色”效果，展开其下的“基本校正”，对“向日葵1.mp4”进行调色。在“白平衡”下选择“白平衡选择器”的颜色吸管，在画面中白云的高光处单击以吸取颜色，可以看到“色温”和“色调”的数值发生变化，画面中白云上的淡蓝色变为白色。这里也分别提高“对比度”和“白色”的数值，以改善画面色彩效果，如图15-56所示。

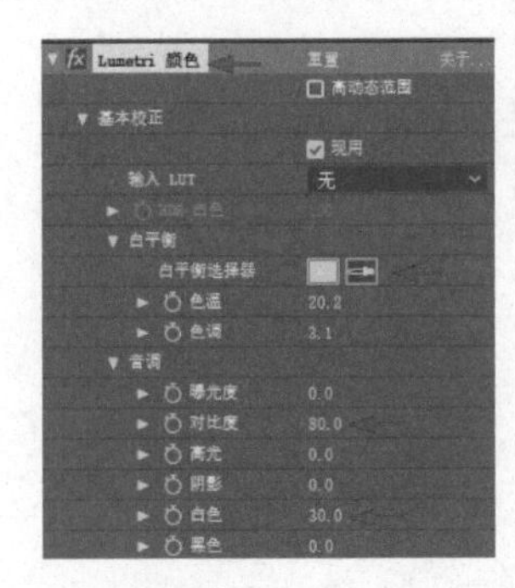

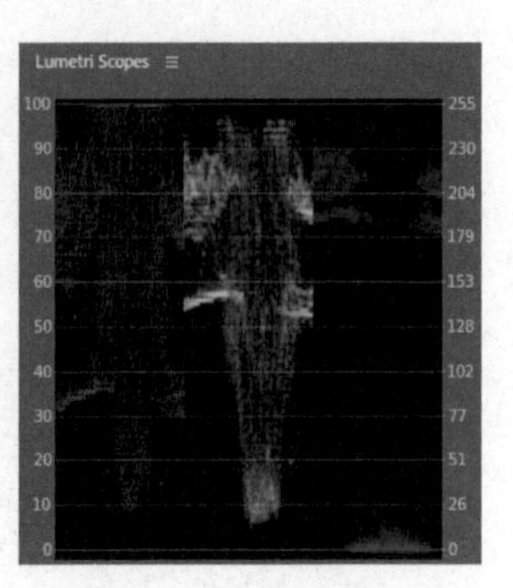

图 15-56 添加“Lumetri 颜色”效果并进行色彩改善设置

STEP 3

这对之前雪景素材中的蓝色偏色的情况，也提供了一个很好的消除方法。这里在合成中放置“雪地.mp4”素材，查看到当前有明显的偏色，图像及“分量（RGB）”图示如图15-57所示。

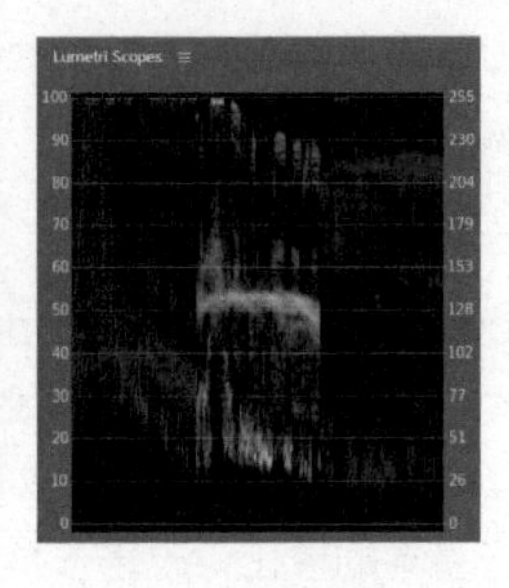

图15-57 查看素材

STEP 4

为其添加“Lumetri 颜色”。在“白平衡”下选择“白平衡选择器”的颜色吸管，在画面中的雪地处单击以吸取颜色即可。还可以为“高光”设置逐渐加强的关键帧动画，如素材开始处设为0.0，素材结束处设为100.0，模拟太阳升起时光线逐渐加强的效果，如图15-58所示。

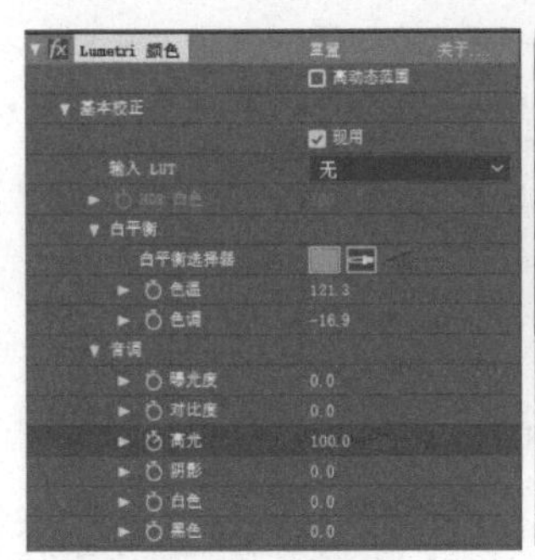

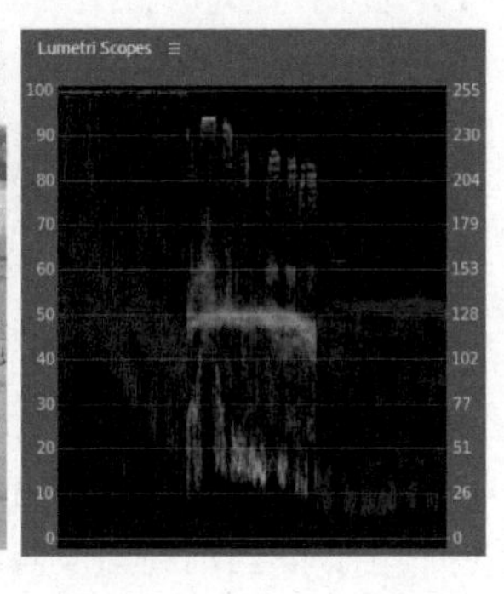

图 15-58 添加“Lumetri 颜色”并调整白平衡

15.3.2 创意

操作 使用Lumetri创意

STEP 1

这里先查看合成中放置的“黄山06.mp4”，当前为近似灰度画面的效果，图像及“分量（RGB）”图示如图15-59所示。

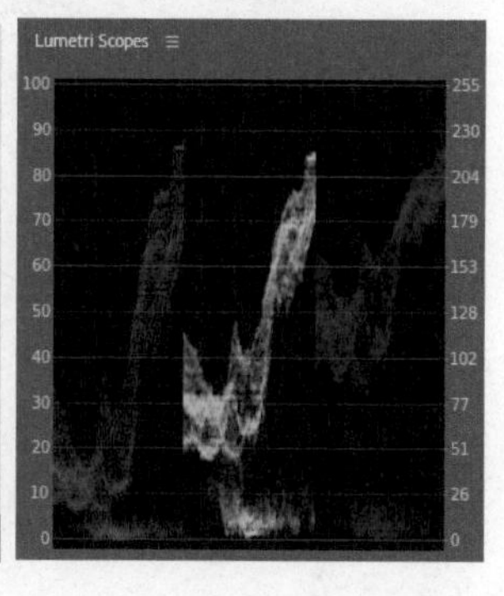

图15-59 查看素材

STEP 2

添加“Lumetri 颜色”效果，展开“创意”为其制作蓝色的色调效果。

STEP 3

先在“Look”后选择一个“SL BIG”预设，然后在“分离色调”下“阴影淡色”的中部单击并拖至蓝色的边缘，可以看到画面中原来灰色的云雾部分产生明显的蓝色色调，如图15-60所示。

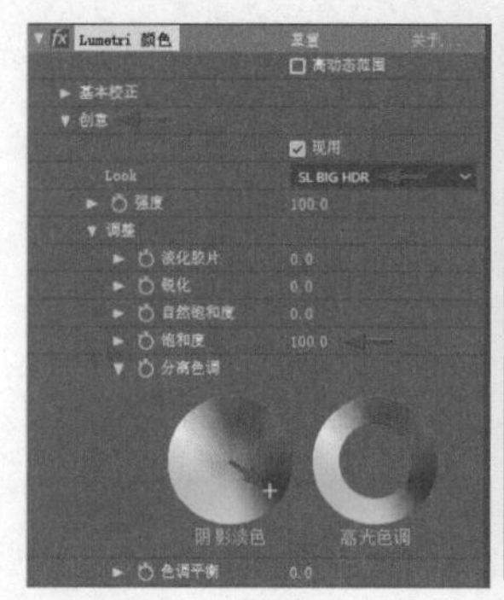

图15-60 使用预设并设置色调

15.3.3 曲线

操作　使用Lumetri曲线

STEP 1

这里在合成中查看“沙滩.mp4”的画面及“分量（RGB）”图示，如图15-61所示。

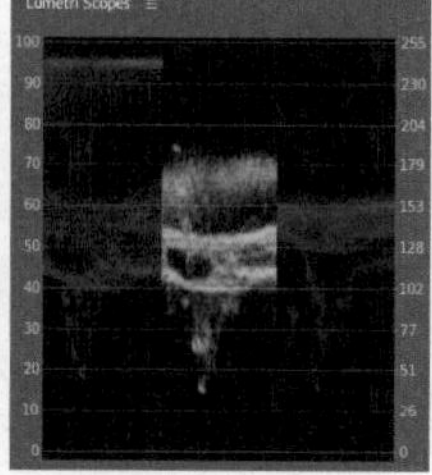

图15-61 查看素材

STEP 2

添加“Lumetri 颜色”效果，展开“曲线”选项，与“曲线”效果一样，右上角曲线为亮部调整，左下角曲线为暗部调整；水平轴代表像素的原始亮度值（输入色阶），垂直轴代表新的亮度值（输出色阶）；在默认对角线上，所有像素的输入值和输出值均相同。这里在默认的RGB通道下先整体调整，在对角线上部添加一点向上拖曳，将画面高光和中间调部分相应地提亮；在对角线下部添加一点向下拖曳，将画面暗部相应地降低；增加画面的色彩和明暗对比。然后选中红色通道，在对角线中部添加一点向下拖曳，减弱红色通道的颜色。

STEP 3

如果要进一步调暗沙滩上的颜色，可以在“色相饱和度曲线”下选择沙滩的颜色，降低其饱和度。这里单击与沙滩颜色相近的红色和黄色，在色环上显示调整点，然后选中黄色和红色中间的橙色点，将其向中部拖曳以降低饱和度，调暗沙滩的颜色。对“RGB曲线”和“色相饱和度曲线”的调整如图15-62所示。

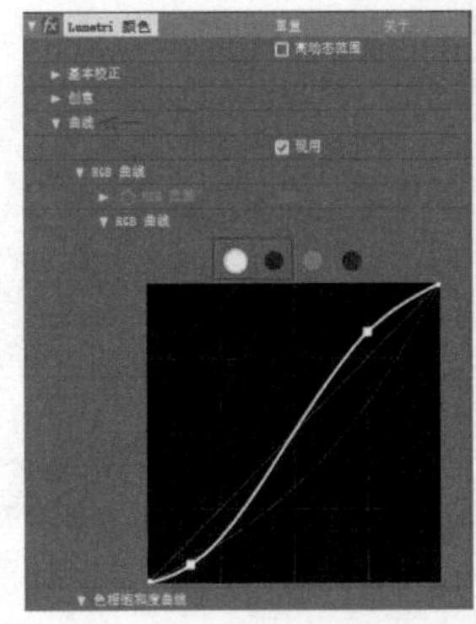
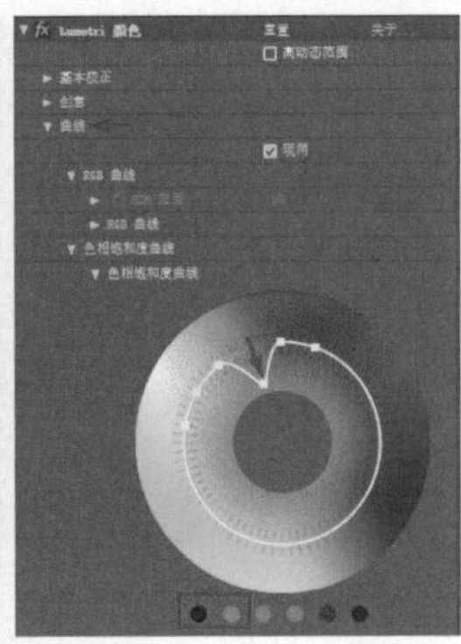

图15-62 调整曲线选项

STEP 4

查看曲线调整后的画面和“分量（RGB）”图示，如图15-63所示。

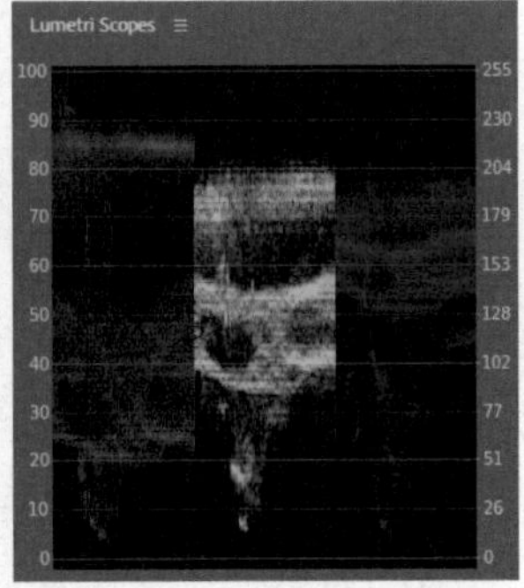

图15-63 查看调色效果

15.3.4 色轮

操作 使用Lumetri色轮

STEP 1

这里在合成中查看“模特人物1.jpg”，当前为偏蓝的色调，暗部和中间调有明显的蓝色，高光部分仍为正常的白色。画面及“分量（RGB）”图示，如图15-64所示。

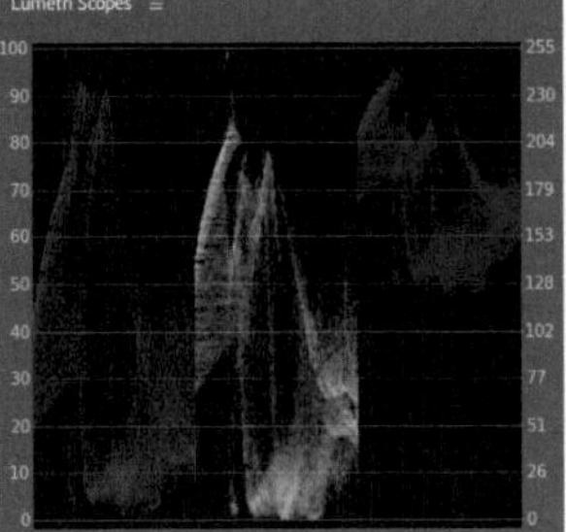

图15-64 查看素材

STEP 2

添加“Lumetri 颜色”效果，展开“色轮”，在“中间调”的色轮中单击并向蓝色相反的方向（即黄色区域）拖曳，同样，在“阴影”的色轮中单击并向黄色区域拖曳，结合画面效果和“分量（RGB）”图示中各通道颜色的范围，拖曳过多则会使画面出现相反的偏黄色，拖曳适当的幅度将画面中的蓝色偏色现象消除即可，如图15-65所示。

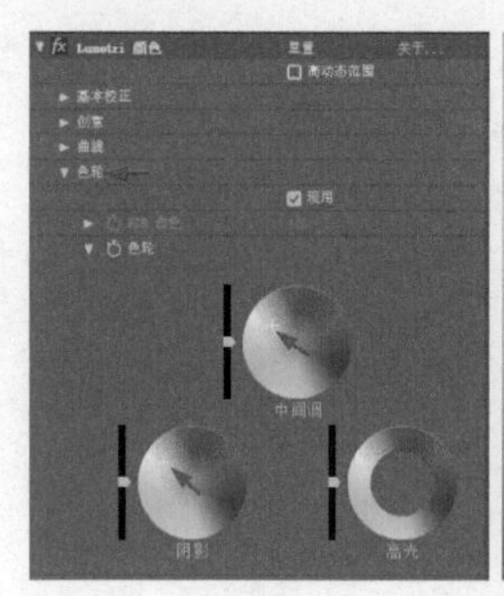

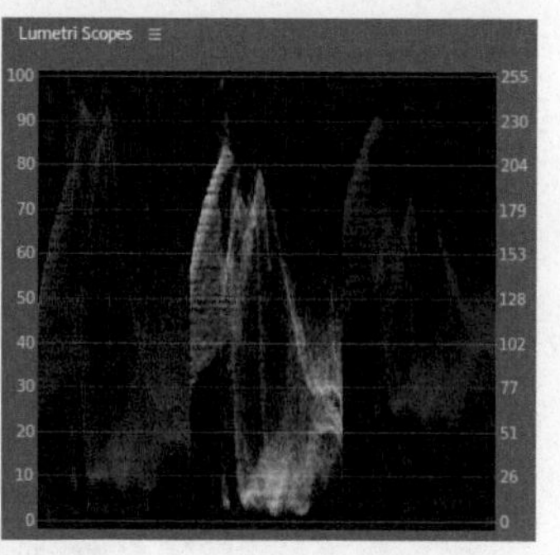

图15-65 调整色轮

15.3.5 HSL 次要

使用Lumetri HSL次要

STEP 1

这里在合成中查看“荷花02.mp4”，当前画面内容为粉色的荷花和绿色的荷叶，这里不对其进行整体的一级校色，而是对视频画面中的荷花进行局部选区的二级校色。当前画面及“分量（RGB）”图示，如图15-66所示。

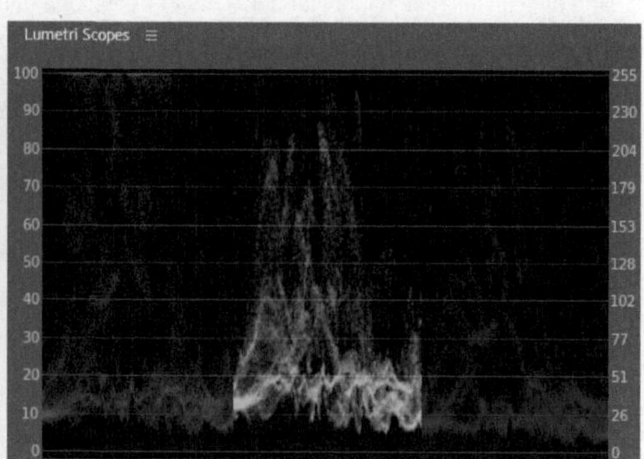

图15-66 查看素材

STEP 2

添加“Lumetri 颜色”效果，展开“HSL次要”选项，在“键”下使用“设置颜色”后的颜色吸管在荷花的花瓣上单击以吸取颜色。然后打开“显示蒙版”，在合成视图中查看与颜色接近的蒙版区域，将S（饱和度）的勾选去掉，保持H（色相）和L（亮度）的勾选，并将L下部的小三角调节到左侧，增大容差度，初步建立荷花花瓣的蒙版，如图15-67所示。

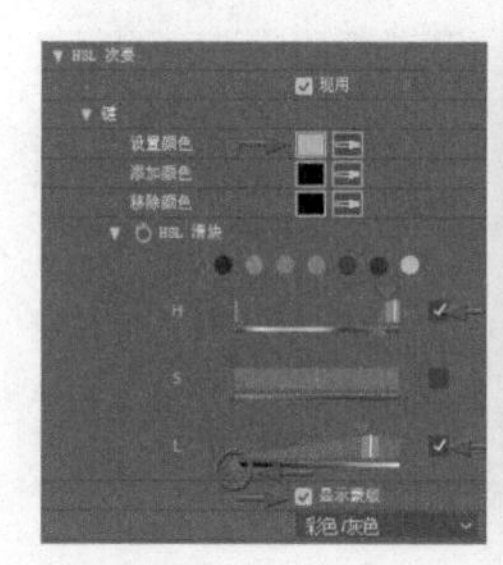

图15-67 建立荷花花瓣蒙版

STEP 3

下部花瓣由于颜色较深，与选取的颜色有差异，在蒙版中的显示效果较弱。这里关闭“显示蒙版”，显示原始色彩的画面，使用“添加颜色”后的吸管在下部花瓣中单击以吸取颜色，再打开“显示蒙版”，查看蒙版效果，如图15-68所示。

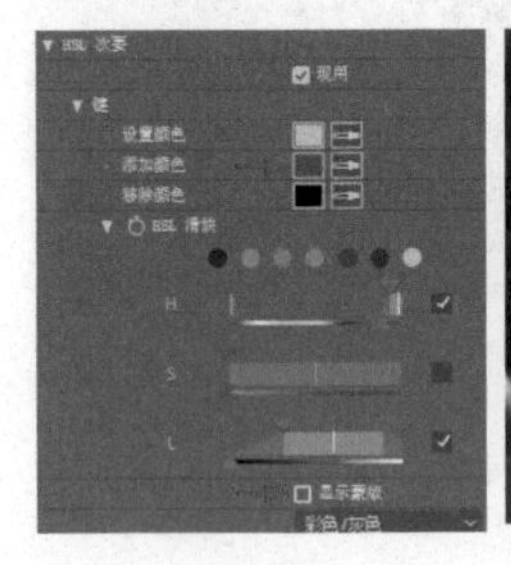

图15-68 设置颜色范围

STEP 4

建立好颜色的选区蒙版后，在“更正”下展开“色轮”，在色轮上将中心点的十字标记拖至蓝色边缘，或者在蓝色边缘处单击，都可以改变当前的粉色偏向蓝色，关闭“显示蒙版”，可以看到画面其他颜色不变，只有花瓣的颜色发生变化，如图15-69所示。

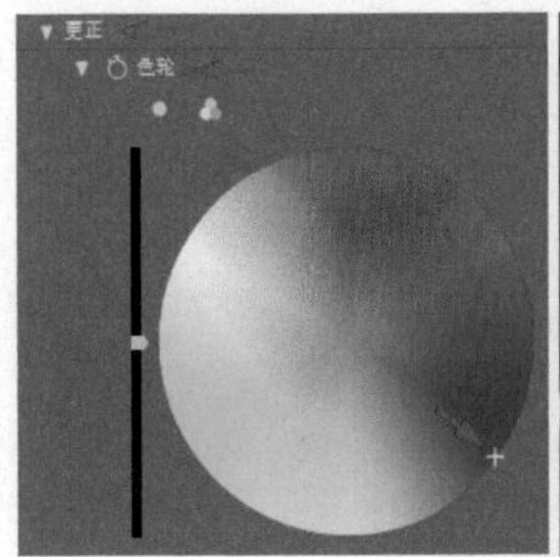

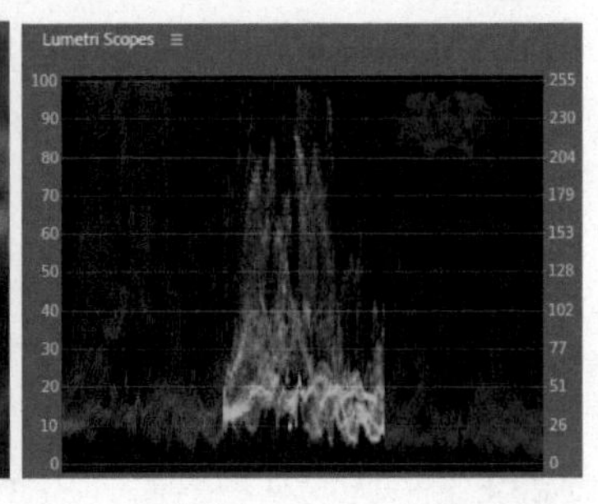

图15-69 为颜色选区调色

15.3.6 HSL 晕影

使用Lumetri晕影

STEP 1

为合成中的“荷花02.mp4”添加“Lumetri 颜色”效果，展开“晕影”选项，这里先设置“羽化”为0.0，以便可以更好地了解相关选项设置。设置“数量”为3.0，可以看到画面边角建立白色的椭圆蒙版；设置“数量”为-3.0，设置“圆度”为100.0，则建立黑色圆形的蒙版，如图15-70所示。

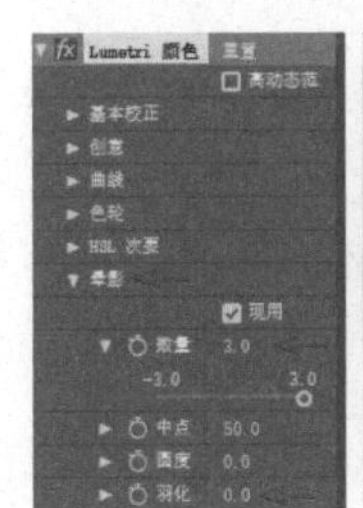

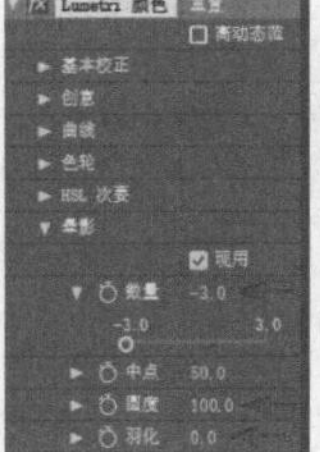

图15-70 设置晕影

STEP 2

将“圆度”设为0.0，恢复为椭圆。增大“中点”时，蒙版会向外扩展。设置羽化为50.0时，会变为常用的边角暗色晕影效果，如图15-71所示。

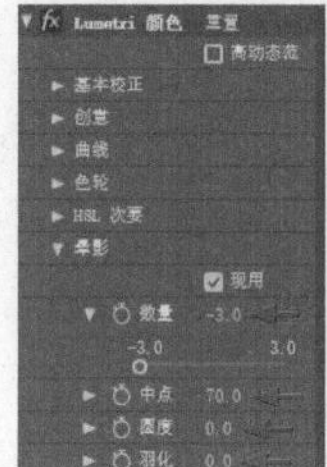

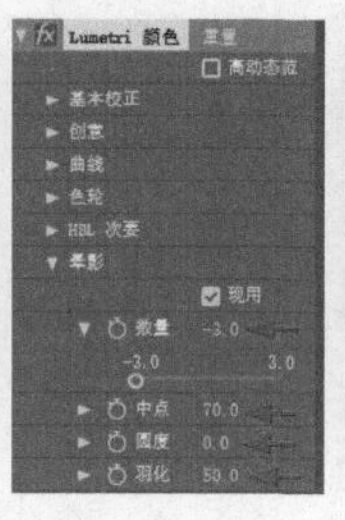

图 15-71 设置边角暗色晕影

实例　制作树林调色效果

实例说明

将一个偏色的素材校正，不同的调色者，虽然使用的工具不同，但调色后最终所得的效果都是近似正常的颜色。而将一个素材发挥想象改变为其他风格色调，每个人调出的效果可能不尽相同，但最终还是要符合使用要求。这里将一个画面通过调色，制作出阳光明媚的春天、郁郁葱葱的夏天、金色的秋天以及失色冷清的冬天4种风格，另外再将场景转换白日为夜月。调色方法主要使用Lumetri 颜色，尽量使用少数的属性完成风格区分。素材画面如图15-72所示。

图15-72 使用素材

制作完成的动画效果如图15-73所示。

图15-73 实例效果

扫码观看实例制作步骤讲解视频	实例制作步骤图文讲解
	详见配书资源中的《实例制作步骤图文详解》PDF 文档。 下载方式见封底。

制作四季调色效果

这里将一段视频调整为4种不同的色调，模拟出四季的效果，在经过实例中“Lumetri 颜色”效果的调色制作之后，可以尝试用自己的方式完成这个制作，效果如图15-74所示。

图 15-74 实例效果

抠像
合成大片的秘诀

抠像技术开始于20世纪50年代，在人物的背后用单色幕布遮挡场景进行拍摄，这样只要抠出幕布的颜色，就可以把人物合成到任何能想象到的场景中，极大地拓展了表演舞台和情景设计，是好莱坞大片不可缺少的一种摄制手段。如今随着抠像技术的不断提升，抠像技术的创意制作在影视广告、商业或个人创意视频中随处可见。这一章将使用多种方法来应对不同的抠像问题。

16.1 简单颜色抠像

“抠像”一词是从早期电视制作中得来的，英文称作“Key”，意思是吸取画面中的某一种颜色作为透明色，将它从画面中抠去，从而使背景空出来，形成二层画面的叠加合成。

抠像是要把画面中的某一种颜色彻底抠除掉，留下需要的主体。理论上任何一种单色都可以作为背景色，不过实际应用中，红色、黄色及一些暖色调的颜色，在人的肤色及日常生活中较为常见，用这些颜色作为背景实施起来不理想，所以常选用与日常生活反差较大的蓝色或绿色作为背景色。其中，国内大部分用蓝色幕布来抠像，西方人因为很多人的眼睛是蓝色的，所以多用绿色幕布来抠像，如图16-1所示。

图16-1 抠像效果

操作 对视频素材进行简单颜色抠像

STEP 1

这里准备了一个“打板.mp4”素材，将其放置到合成中，选择菜单“效果>过时>颜色键”，添加“颜色键”效果，使用效果下“主色”的颜色吸管在绿色背景上单击设置主色，背景中大面积的绿色被抠出，但有部分残留，如图16-2所示。

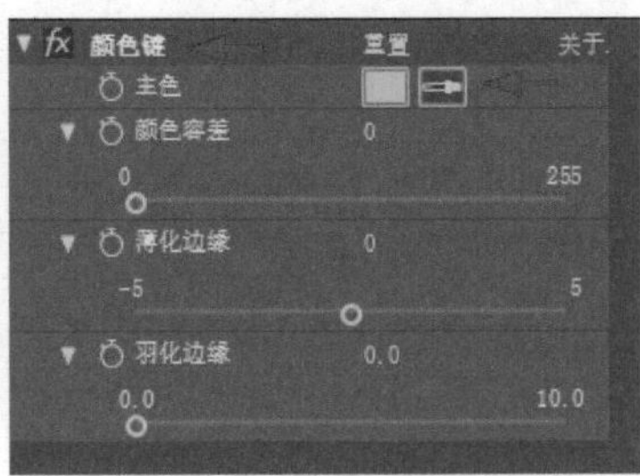

图16-2 使用“颜色键”抠像

STEP 2

调整“颜色容差”到160可以消除绝大部分残留的颜色，主体边缘残留的少许颜色可以通过调整“薄化边缘”来修剪消除，同时还可以设置“羽化边缘”的数值来改善边缘的硬度，如图16-3所示。

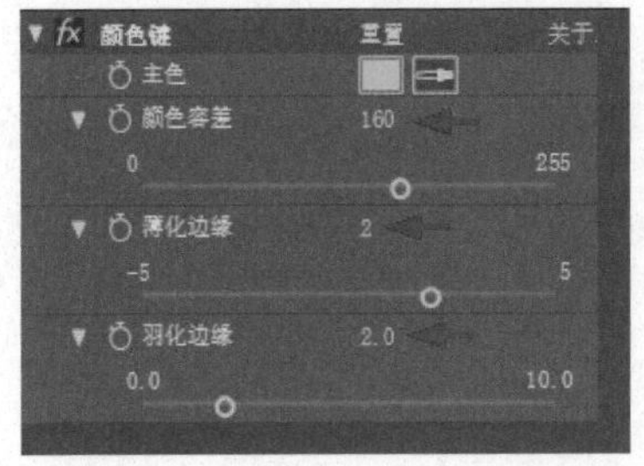

图16-3 调整边缘

STEP 3

在抠像的素材下层放置其他素材，查看效果，如图16-4所示。

图16-4 合成抠像素材

16.2 常用的抠像操作

通过“颜色键”可以了解简单的抠像原理，而实际制作中，面对不同的拍摄素材，抠像往往不会一键完成，还需要解决出现的各种问题来改善最终的抠像效果。虽然抠像素材状况各异，但也有基本的规律和抠像步骤：对于画面干净的素材，先抠出主要背景颜色，然后消除主体边缘残留的颜色；如果画面中有多余内容，先使用蒙版屏蔽，再进行抠像。复杂一点的抠像步骤将包括：建立蒙版以排除部分画面、抠出主色、扩展或收缩边缘、边缘颜色修正、主体颜色校正。

16.2.1 改善边缘

操作　对视频素材进行抠像和改善边缘

STEP 1

这里将“抠像A1.mp4”放置到新合成中，对于这个素材简单的“颜色键”已经不能胜任。这里选择菜单“效果>抠像>线性颜色键”，使用效果下“主色”的颜色吸管在背景色上单击选定颜色，背景颜色被抠出，但主体人物部分受影响过大，从而变虚、变透，如图16-5所示。

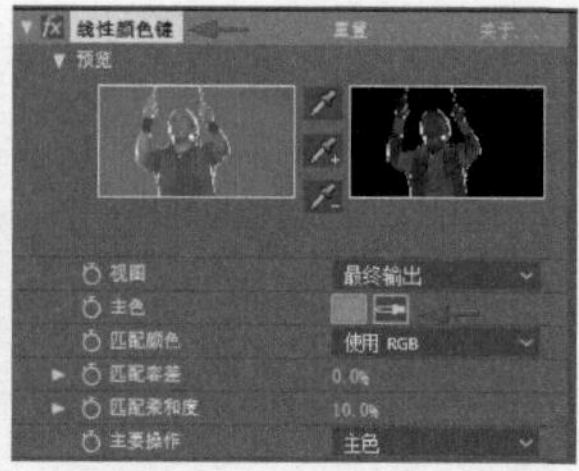

图 16-5 使用“线性颜色键”抠像

STEP 2

调整“匹配柔和度”为1.0%，“匹配容差”为4.0%，“匹配颜色”选择为“使用色度”，这样可以改善抠像效果。可以在效果下将“视图”选择为“仅限遮罩”来检查抠像效果产生的遮罩，全黑为透明，全白为实心的前景，而半灰色则是半透的前景或背景。图16-6所示为调整前和调整后的遮罩对比。

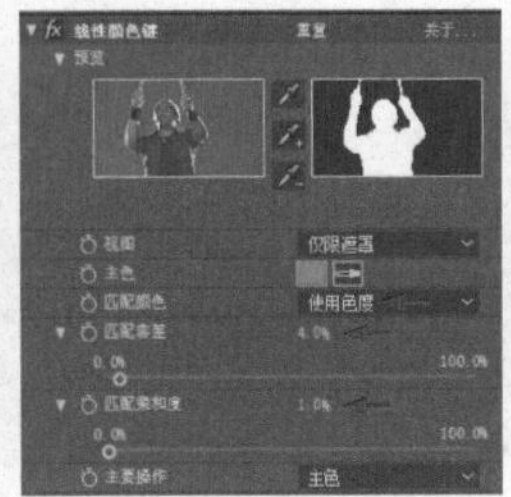

图16-6 调整和查看遮罩

STEP 3

切换效果的“视图”为“最终输出”，可以看到主体人物已经调整变实，但主体的边缘仍然存在残留的绿色。选择菜单“效果>抠像>高级溢出抑制器”，可以对主体受背景色影响产生的绿色进行抑制，使颜色变得正常，如图16-7所示。

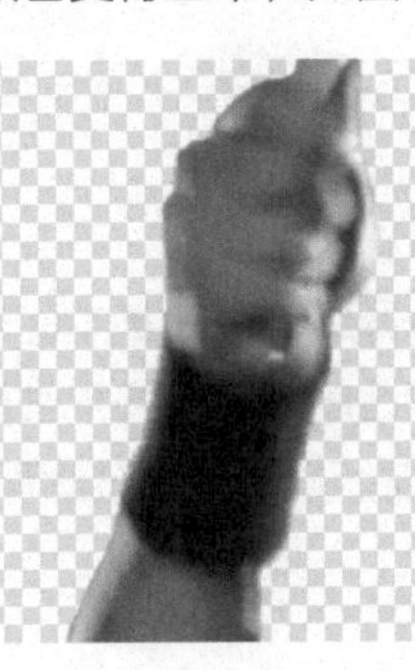
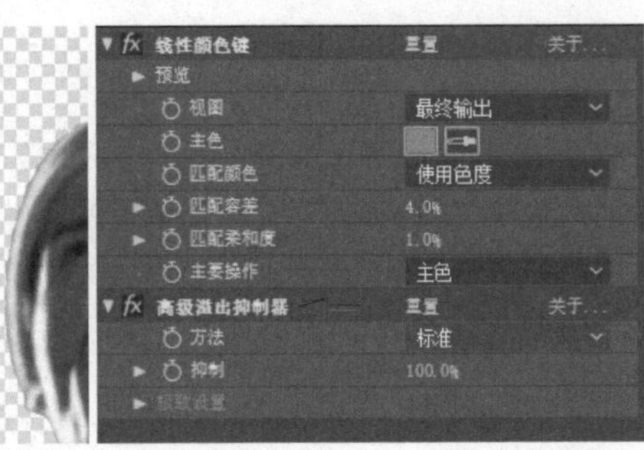

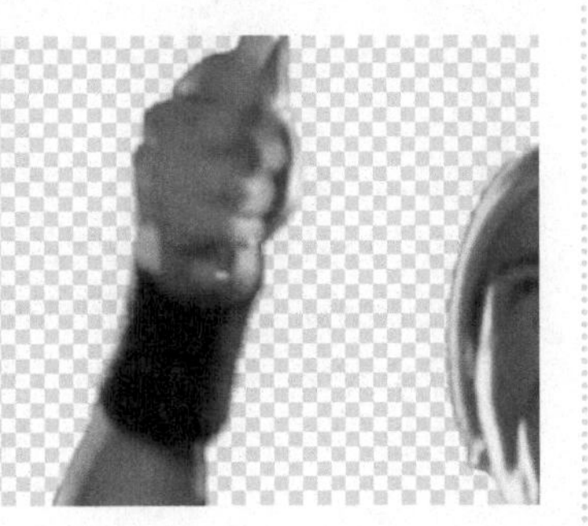

图16-7 使用“高级溢出抑制器”改善边缘

STEP 4

完成抠像和调整，在下层放置背景素材，如图16-8所示。

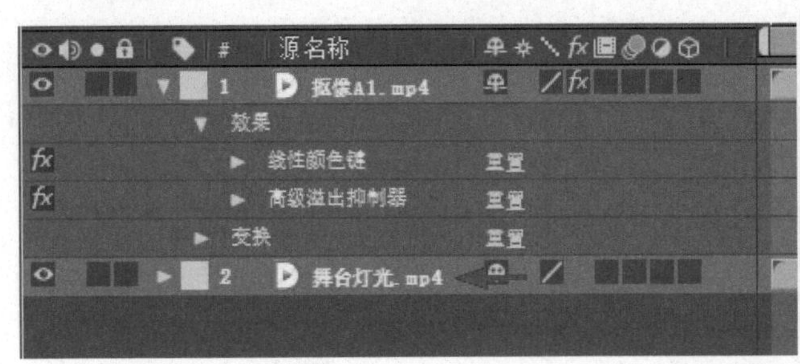

图16-8 合成抠像素材

16.2.2 使用蒙版和校色

使用蒙版抠像和校色

STEP 1

这里放置一个“办公桌面.mp4”到新合成中，选择菜单“效果>抠像>线性颜色键”，使用“主色”后的颜色吸管在右侧平板的绿色屏幕上单击，吸取要抠除的颜色，然后调整抠像效果，可以完成这个平板屏幕颜色的抠除，如图16-9所示。

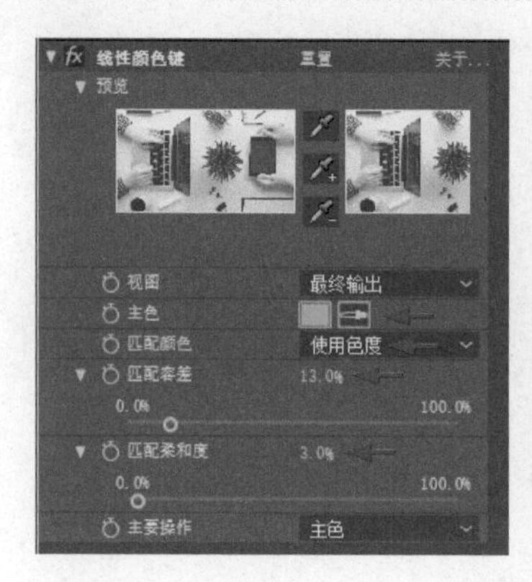

图 16-9 使用“线性颜色键”抠像

STEP 2

准备进一步抠除右下角平板屏幕的黄颜色，因为画面左侧还有其他黄色的物体，所以先使用钢笔工具在黄颜色平板的屏幕上建立一个蒙版。选中图层，按Ctrl+D快捷键创建副本，设置下层的蒙版为“反转”，“蒙版扩展”设为-3.0，使两层之间有少许重叠，不至于在蒙版处出现空隙，如图16-10所示。

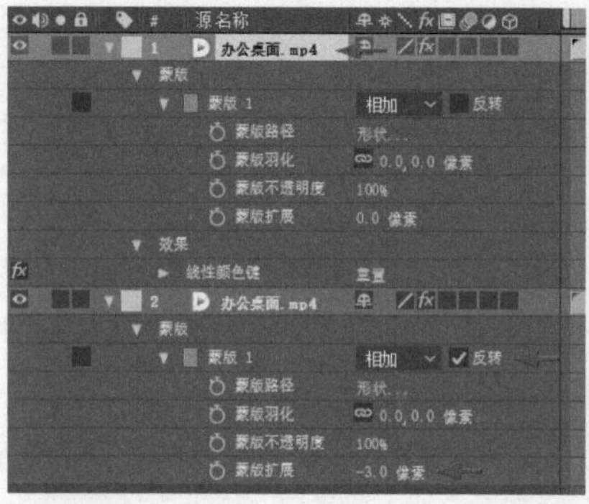

图 16-10 使用副本设置蒙版

STEP 3

暂时关闭下层的显示，这样可以对上层的黄色屏幕进行单独抠像。选中上层，修改原来针对绿色的抠像，使用“主色”的颜色吸管在黄色屏幕上单击，选定抠除颜色，抠除右下角的黄色，如图16-11所示。

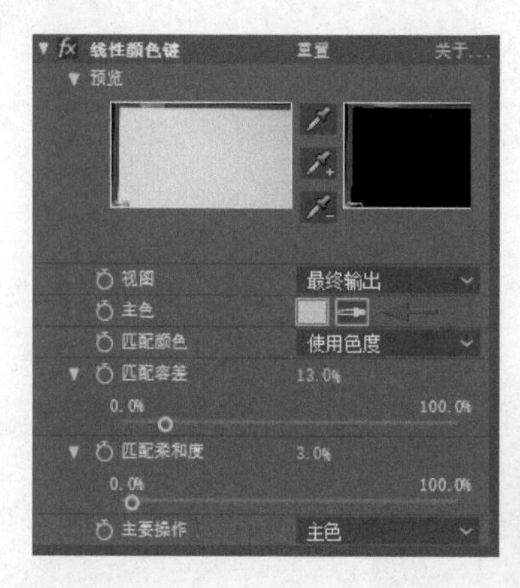

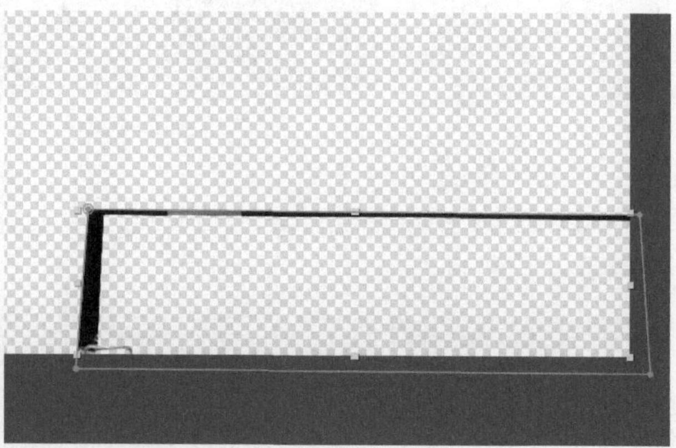

图 16-11 抠除蒙版内的黄色

STEP 4

在抠除颜色的图层下放置图形，如图16-12所示。

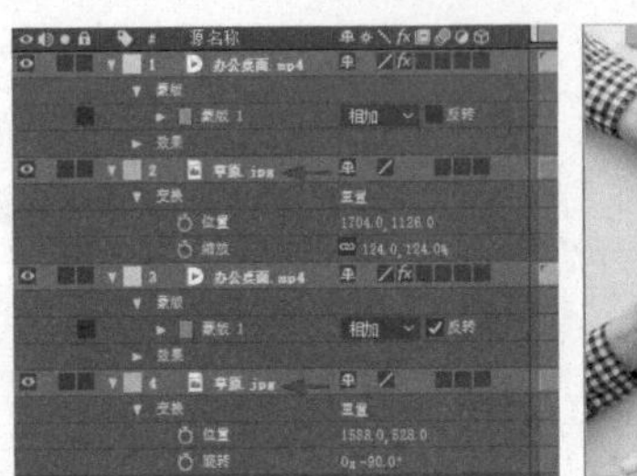

图 16-12 合成抠像素材

16.3 特殊类型抠像

常规抠像使用“颜色键”进行操作，而这里有几类不同的素材则不使用吸取颜色的方法来完成抠像制作，如吊威亚的拍摄画面、明暗高对比的画面、有毛发边缘的画面，这些可以用其他几种方法来完成抠像制作。

16.3.1 擦除细线

擦除画面中的细线

STEP 1

将“威亚抠像.jpg”放置到新的合成中，先使用蒙版工具为其建立蒙版，排除周边其他颜色和内容的干扰。

STEP 2

选择菜单“效果>抠像>CC Simple Wire Removal”，可以看到在画面中出现了两个位置点，如图16-13所示。

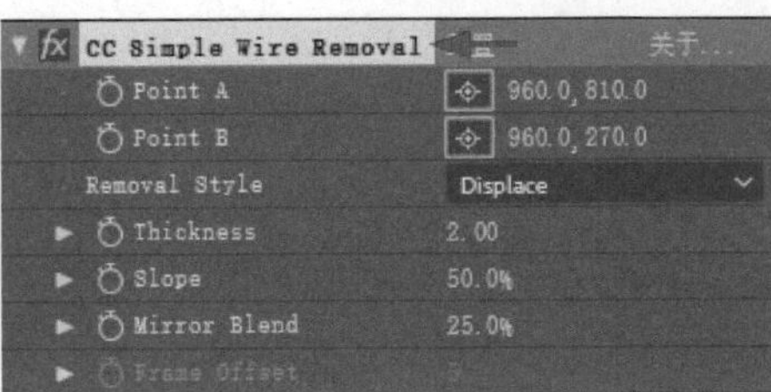

图 16-13 添加抠像效果并建立蒙版

STEP 3

调整位置点到一条威亚细线的两端，调整效果下“Thickness”属性数值的大小，直至这条威亚在画面中消失，如图16-14所示。

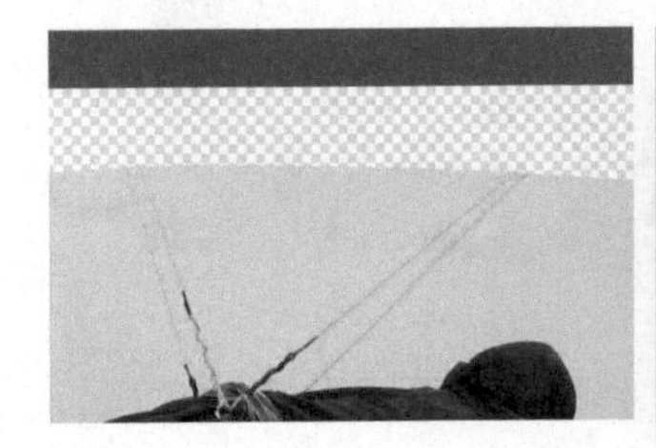
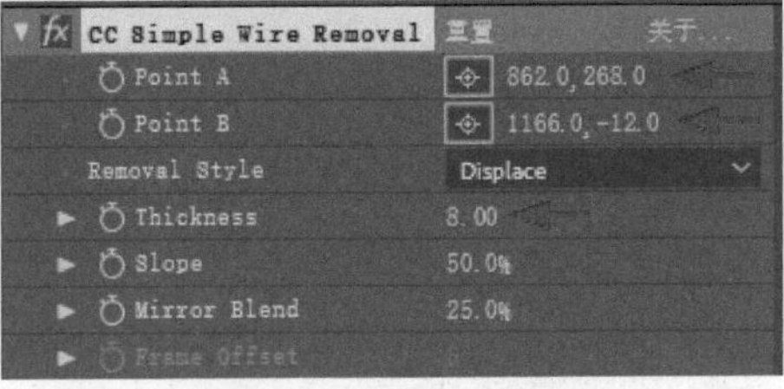

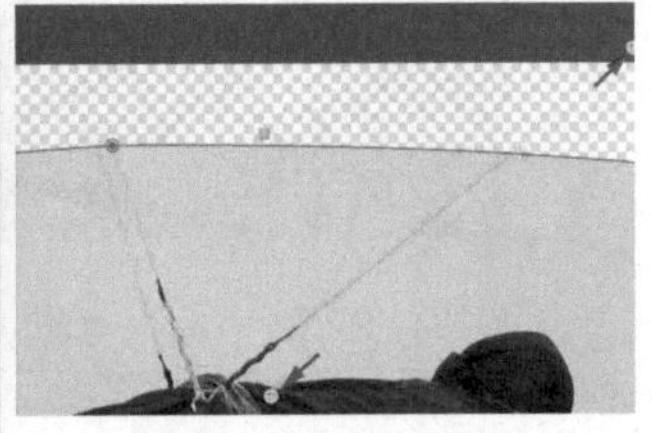

图 16-14 设置威亚线条抠像

STEP 4

同样，创建“CC Simple Wire Removal”效果副本，移动位置点到对应细线的两端，调整“Thickness”属性数值的大小，消除细线。这里为4条细线设置4个“CC Simple Wire Removal”效果，如图16-15所示。

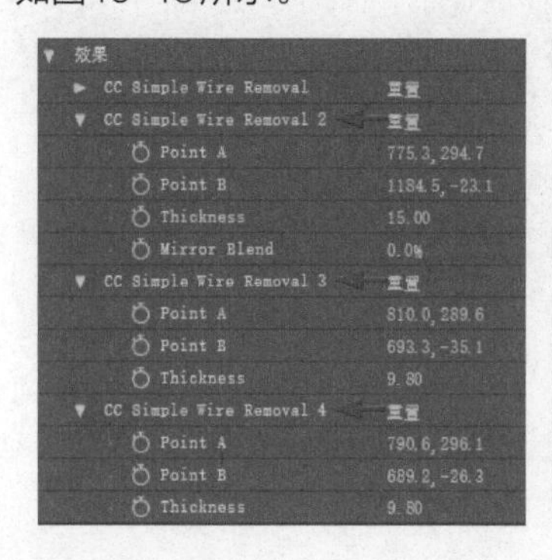

图16-15 设置其他威亚线条抠像

STEP 5

完成细线的擦除后，再选择菜单“效果>抠像>颜色差值键”进行抠像。选择效果“主色”的颜色吸管，在画面绿色背景上单击以吸取颜色，将背景颜色初步抠除一些，如图16-16所示。

图16-16 抠出背景色

STEP 6

使用“预览”效果下的第2个吸管，在背景残留的绿色上继续单击，进一步抠出背景颜色，如图16-17所示。

图16-17 改善抠像

STEP 7

使用第3个吸管工具在主体上单击，恢复抠除过度的颜色，如图16-18所示。

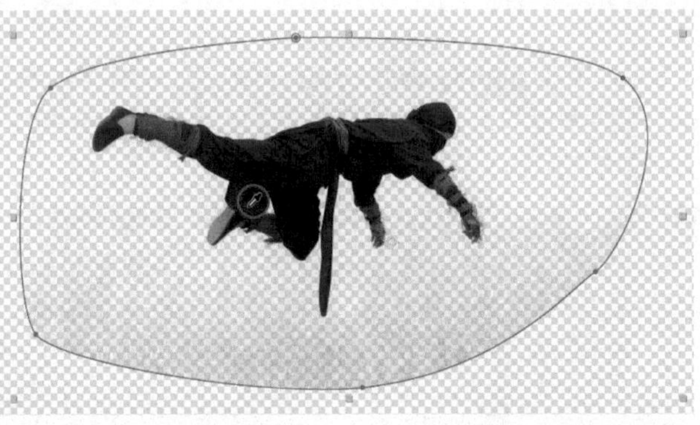

图 16-18 改善主体效果

STEP 8

当残留少许背景色时，选择菜单“效果>遮罩>遮罩阻塞工具”，可以消除残留的背景色，如图16-19所示。

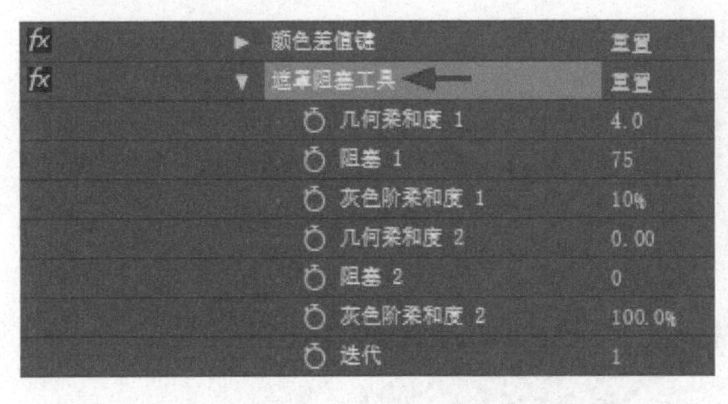

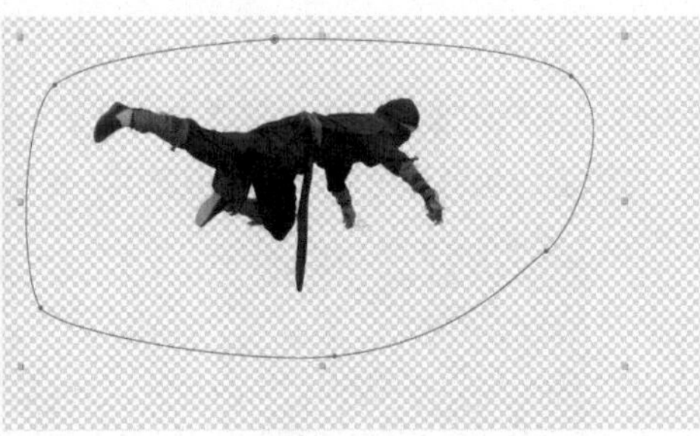

图 16-19 使用“遮罩阻塞工具”

STEP 9

最后在底层放置背景素材，如图16-20所示。

图16-20 合成抠像素材

16.3.2 高对比提取

操作 对画面进行高对比提取

STEP 1

这里将“展示画框.jpg”放置到高清的合成中，观察画面，要抠除的部分为白色，比保留的内容亮度要高。当亮度通道或RGB中某个通道存在明显差异时，可以使用“提取”效果来抠像。选中素材，选择菜单“效果>抠像>提取”，“通道”设为“明亮度”，降低“白场”的数值，从画面中亮度最高的像素开始排除，这里调整“白场”为245，设置“白色柔和度”为5，柔和边缘，如图16-21所示。

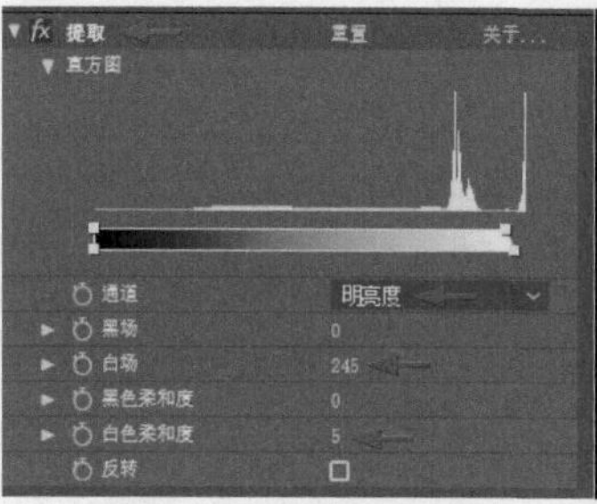

图 16-21 设置“提取”效果

STEP 2

放大发现手的边缘有残留的白色，选择菜单“效果>遮罩>简单阻塞工具”，调整“阻塞遮罩”为2.00，消除白色，改善边缘，如图16-22所示。

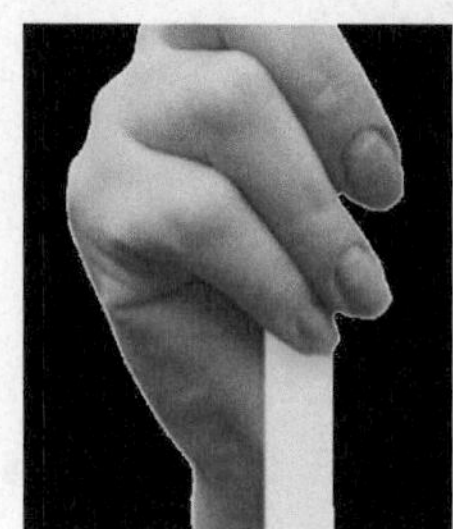
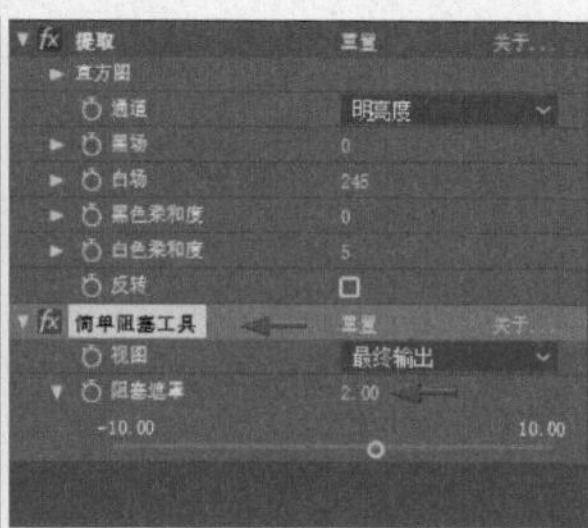

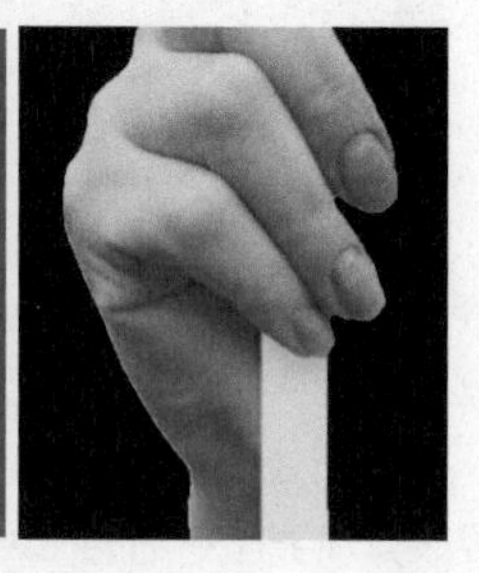

图16-22 改善边缘效果

STEP 3

最后在合成中为画框内添加画面素材和背景素材，如图16-23所示。

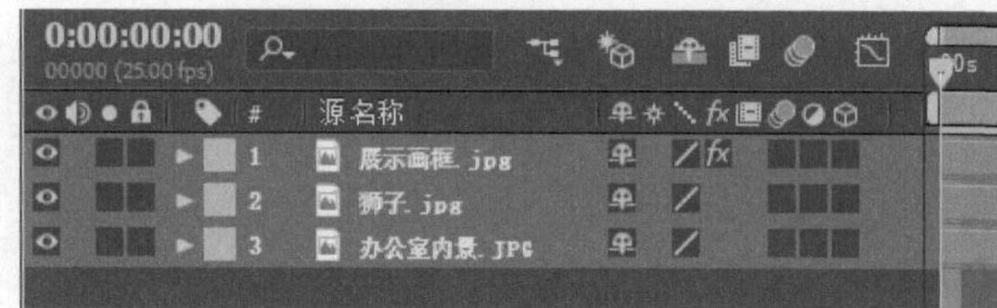

图16-23 合成抠像素材

16.3.3 毛发边缘抠像

操作　对画面进行毛发边缘抠像

STEP 1

在处理带有毛发边缘的画面时，可以在主体毛发边缘的内外各建一个蒙版，使用“内部/外部键”效果通过两个蒙版来进行抠像。这里将“狮子.jpg”放置到高清的合成中，按主体的内部和外部建立两个蒙版，将蒙版模式由默认的“相加”修改为“无”，如图16-24所示。

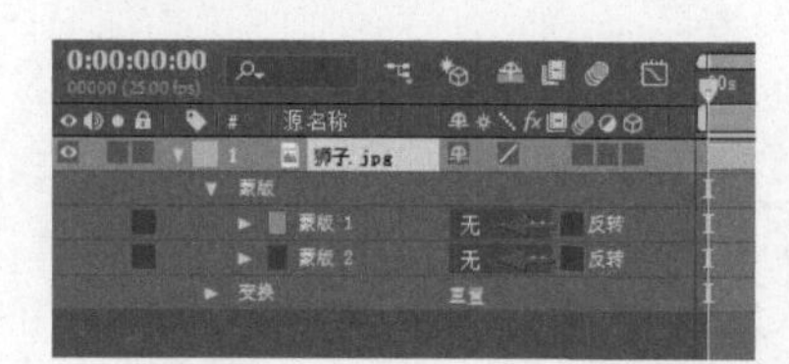

图16-24 建立蒙版

STEP 2

选中图层，选择菜单“效果>抠像>内部/外部键”，“效果”下“前景（内部）”为内部的“蒙版1”，“背景（外部）”为外部的“蒙版2”，这样在抠出背景的同时能够较好地保留边缘的毛发。这样，完成抠除原始背景并合成并到新的背景素材中，如图16-25所示。

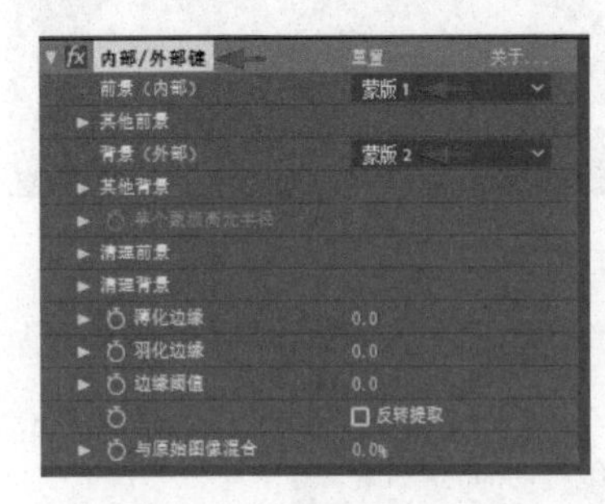

图 16-25 使用“内部 / 外部键”抠除毛发

16.4Keylight 抠像

Keylight是一个在实际操作中非常好用的蓝绿屏幕抠像工具，随After Effects安装在效果中。像其他内置效果一样，其擅长处理反射、半透明区域和头发等有难度的抠像制作，还包括了不同颜色校正、抑制和边缘校正工具来实现更加精细的微调结果。

16.4.1 基本抠像操作

操作 Keylight基本抠像操作

STEP 1

将“猫.mp4”放置到合成中，查看其背景为绿色，主体边缘有毛发和景深模糊效果，这里选择菜单“效果>抠像>Keylight”，使用“Keylight”效果来抠除背景。

STEP 2

在“效果”下使用“Screen Colour”后的颜色吸管在背景颜色上单击，吸取绿色，初步抠除背景颜色，如图16-26所示。

图 16-26 使用 Keylight 效果

STEP 3

将“View”选择为“Screen Matte”或“Combined Matte”，可以查看当前的抠像蒙版，白色部分为保留的主体部分，黑色部分为已经抠除的透明部分，灰色部分为半透的像素。因为猫眼睛的颜色与背景色接近，所以受影响显示为灰色，增大“Screen Balance”的数值直至猫眼部分也变成白色。画面左下角有白色的噪点，增大“Screen Gain”的数值进行清除，如图16-27所示。

图16-27 调整遮罩

将“View”选择为“Final Result”，查看抠像效果，然后添加新的背景素材，如图16-28所示。

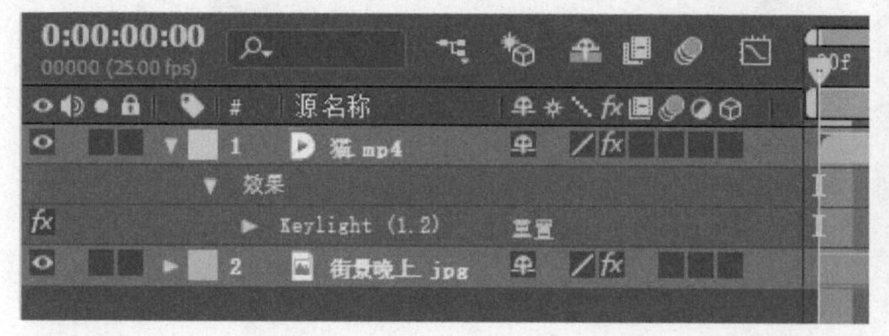

图16-28 合成抠像素材

16.4.2 使用蒙版

操作 Keylight使用蒙版

STEP 1

在合成中查看“抠像B1.mp4”的画面，准备抠除画面中车前的绿色部分，先添加“Keylight”效果。

STEP 2

在“效果”下使用“Screen Colour”后的颜色吸管在绿色上单击，初步抠除颜色，如图16-29所示。

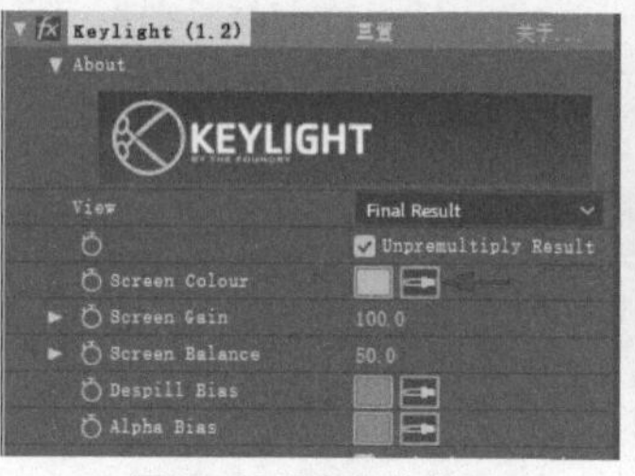

图16-29 添加抠像效果

STEP 3

将“View”选择为“Screen Matte”，查看当前的抠像蒙版，要抠除的范围中有残留的白色，要保留的主体有残留的黑色，需要进一步修正。展开“Screen Matte”，增大“Clip Balck”的数值以消除抠除范围中残留的白色，减小“Clip White”的数值以消除主体中残留的黑色，如图16-30所示。

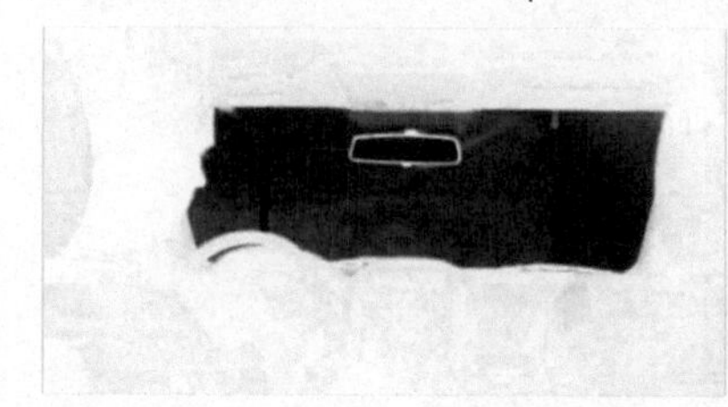
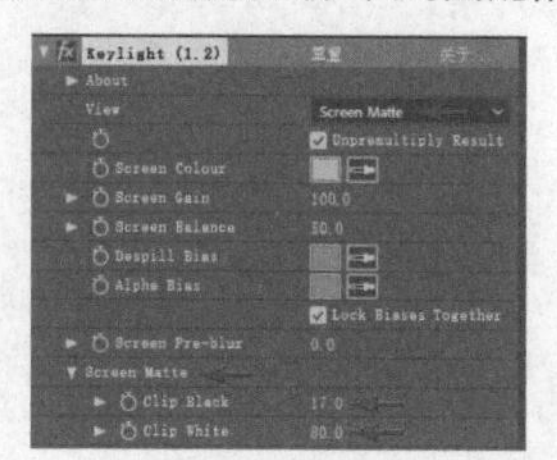
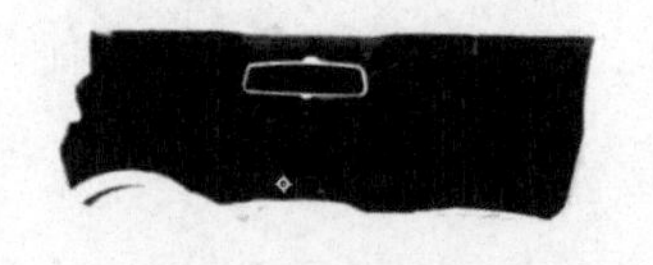

图16-30 设置遮罩

STEP 4

将“View”选择为“Final Result”，查看抠像效果，在播放时会发现主体的颜色受抠像影响出现闪烁的现象。此时可以在图层画面中抠除部分的外围绘制一个“蒙版1”，在图层下将“蒙版1”的图层模式由默认的“相加”改为“无”，并设置“Inside Mask”下的“Inside Mask”为“蒙版1”，勾选“Invert”选项并设置“Inside Mask Softness”羽化边缘的数值，如图16-31所示。

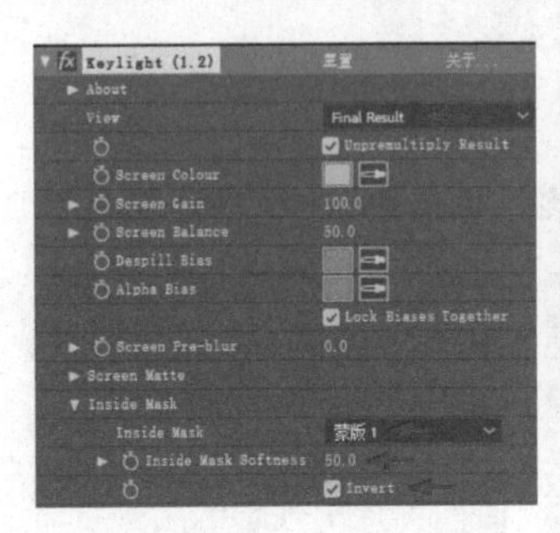

图16-31 添加蒙版

STEP 5

在合成中重新添加“抠像B1.mp4”到顶层，按画面中后视镜的范围建立一个蒙版。然后在其下层放置显示在后视镜中的画面的素材，设置“TrkMat”栏为“Alpha”遮罩，单独制作后视镜部分的画面。

STEP 6

最后添加“抠像B2.mp4”到合成的底层，合成车内外的视频效果，如图16-32所示。

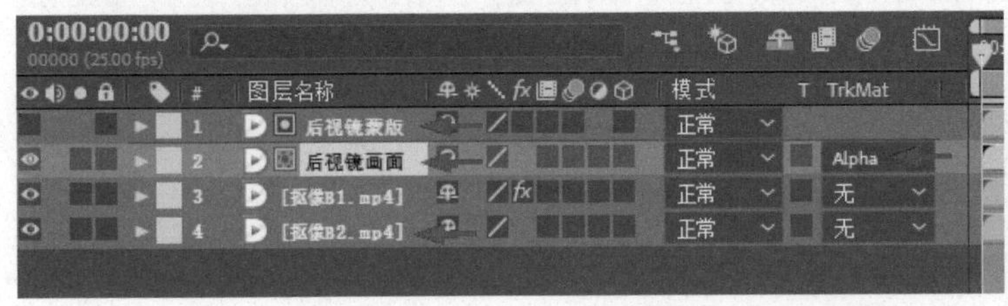

图16-32 合成抠像素材

16.4.3 使用颜色校正

操作 Keylight使用颜色校正

STEP 1

在高清合成中放置“手枪1.mp4”素材，准备抠除画面中的绿色背景。先添加“Keylight”效果。

STEP 2

在“效果”下使用“Screen Colour”后的颜色吸管在绿色上单击，初步抠除颜色，如图16-33所示。

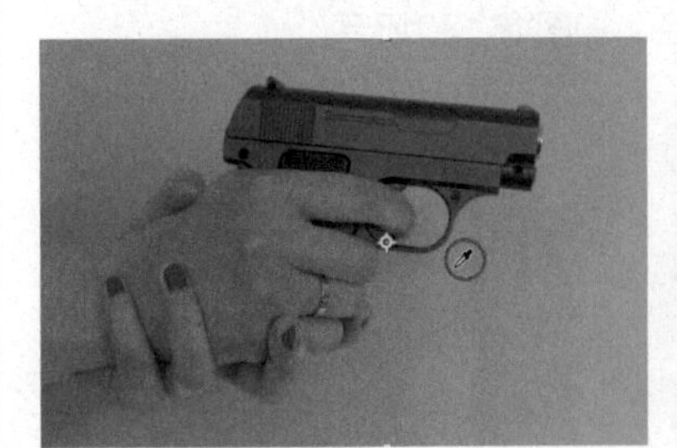

图16-33 初步抠像

STEP 3

将“View”选择为“Screen Matte”，查看当前的抠像蒙版，发现有残留的颜色需要修正。展开“Screen Matte”，增大“Clip Balck”的数值，消除抠除范围中残留的白色，减小“Clip White”的数值，消除主体中残留的黑色，如图16-34所示。

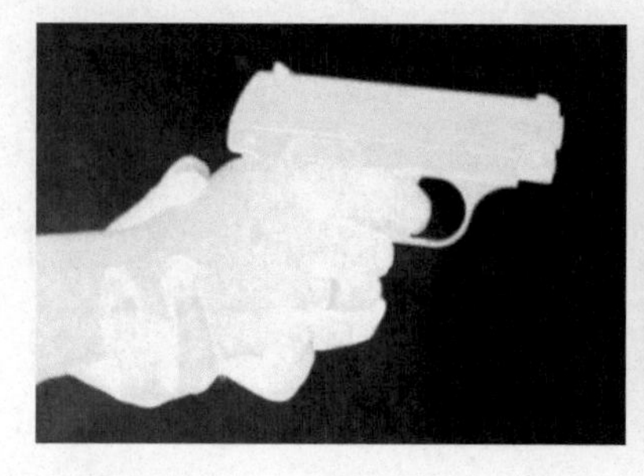

图16-34 设置遮罩

STEP 4

将“View”选择为“Final Result”，查看抠像效果，发现背景的抠除完成，但主体的颜色较暗并偏黄，需要校正。展开“Foreground Colour Correction”，勾选“Enable Colour Correction”，增大“Contrast”和“Brightness”的数值，改善亮度和对比度，如图16-35所示。

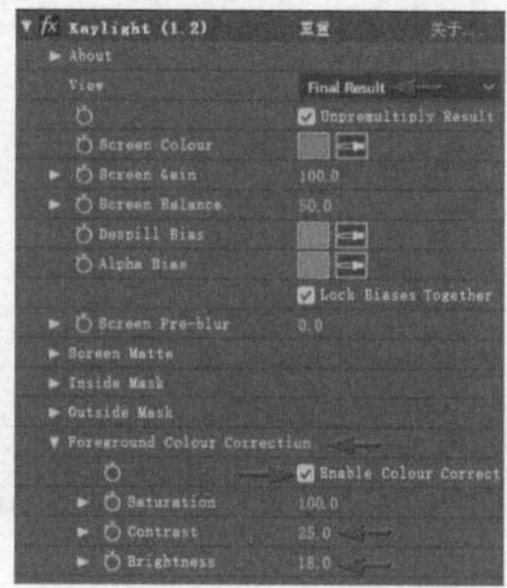

图16-35 调整前景颜色

STEP 5

展开“Colour Balancing”，增大“Sat”的数值，提高饱和度，调整“Hue”色相偏向蓝色的一方，抵消黄颜色的偏色，如图16-36所示。

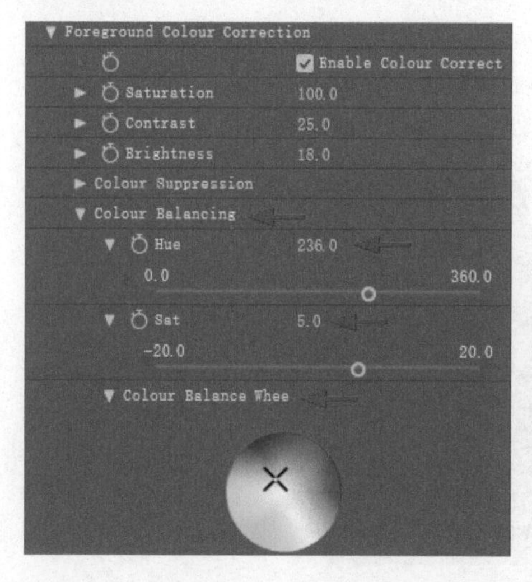

图16-36 校正颜色

STEP 6

在合成的下层放置背景素材，查看抠像的合成效果，发现主体抠像的边缘较暗。展开“Edge Colour Correction”，增大“Brightness”和“Edge Softness”的数值，使主体边缘产生轮廓光的效果，完成抠像设置，如图16-37所示。

图16-37 合成抠像素材并调整边缘

16.5 Roto 抠像

对于需要分离前景对象（如演员）与背景的视频，在实际的拍摄制作中，很多情况下不便于布置抠像背景和灯光设备，此时往往会用创建隔离遮罩的办法，利用跟踪动态对象的遮罩将需要抠像的对象从背景中分离出来。手工逐帧绘制遮罩的工作效率低下、耗时耗力，Roto笔刷工具可以为这一工作提供另一种更快、更有效的解决方案。

16.5.1 Roto 笔刷工具抠像

操作 使用Roto笔刷工具抠像

STEP 1

这里将“鸟1.mp4”放置到合成中，准备将画面中近景的鸟和树桩一同抠出。先双击“鸟1.mp4”层打开其图层视图。

STEP 2

在工具栏中选择“Roto笔刷”工具，按住Ctrl键不放的同时，按下鼠标左键上下拖曳，可以放大或缩小画笔直径，也可以选择菜单“窗口>画笔”显示出画笔面板，设置“直径”的大小。在素材开始时间位置，准备使用调整好大小的“Roto笔刷”工具来创建一个Roto抠像基础帧，如图16-38所示。

图16-38 使用Roto笔刷

STEP 3

从画面中鸟的头部开始，从上至下到树桩上绘制一笔，在视图画面中的鸟和树桩上初步建立一部分选区，同时在图层视图的下部显示第0帧的基础帧和作用范围，图层视图下部右侧的“视图”选项显示为“Roto笔刷和调整边缘”的视图，如图16-39所示。

图16-39 建立基础帧

STEP 4

紧接着，配合工具栏中的“手形”工具移动画面，滚动鼠标滚轮缩放画面，放大显示鸟嘴部的局部画面，将画笔直径缩小，补充绘制嘴部选区，如图16-40所示。

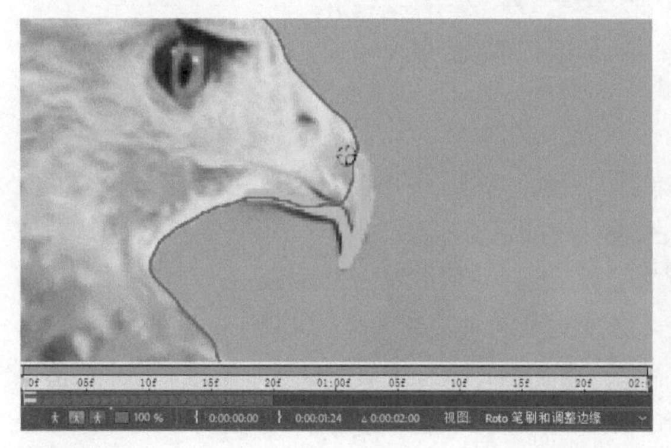

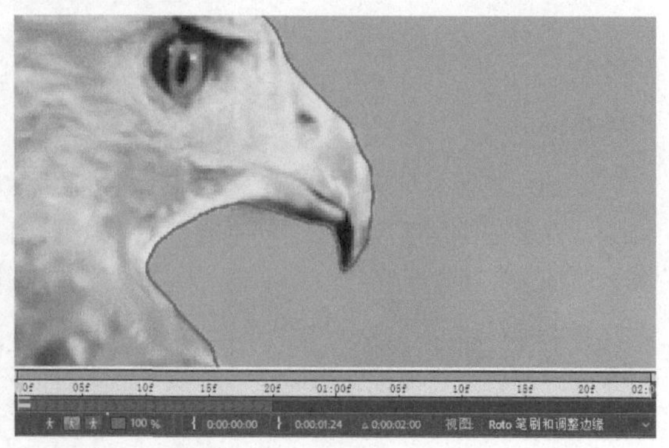

图16-40 设置局部选区

STEP 5

放大显示鸟腿部的局部，调整画笔直径，补充绘制选区，如图16-41所示。

图16-41 设置局部选区

STEP 6

用同样的方法，放大鸟爪子的局部并补充绘制选区，放大树桩的局部并补充绘制选区，如图16-42所示。

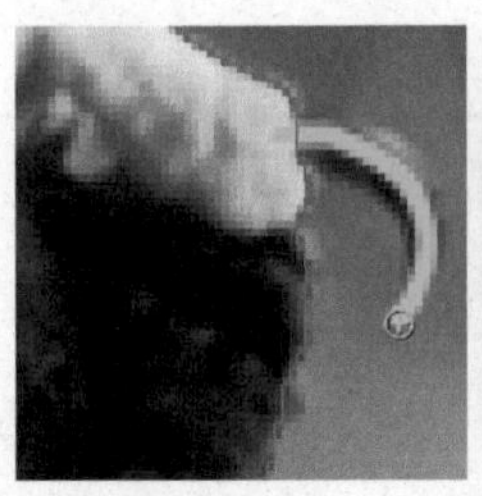
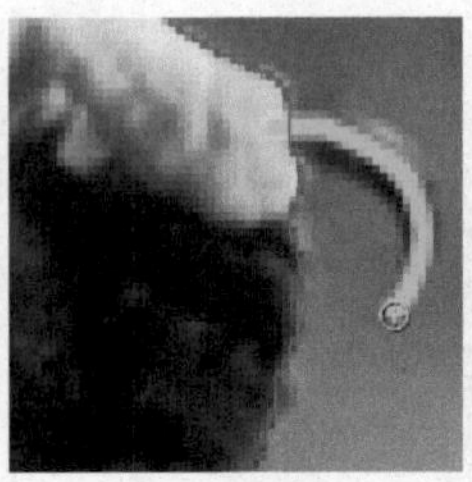
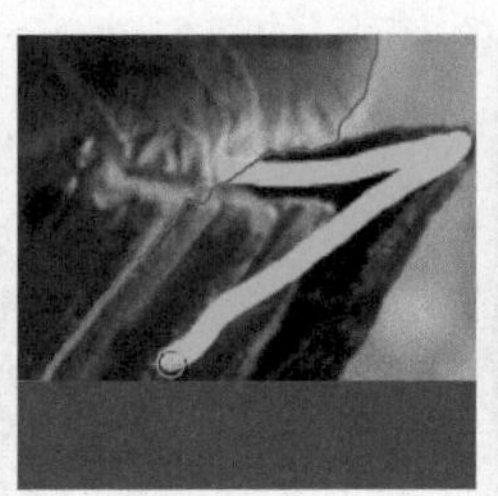

图16-42 设置局部选区

STEP 7

对于多出的选区，按住Alt键不放时，“Roto笔刷”上显示的加号会改变为减号，在多出的选区处绘制，可以有选择地排除选区，如图16-43所示。

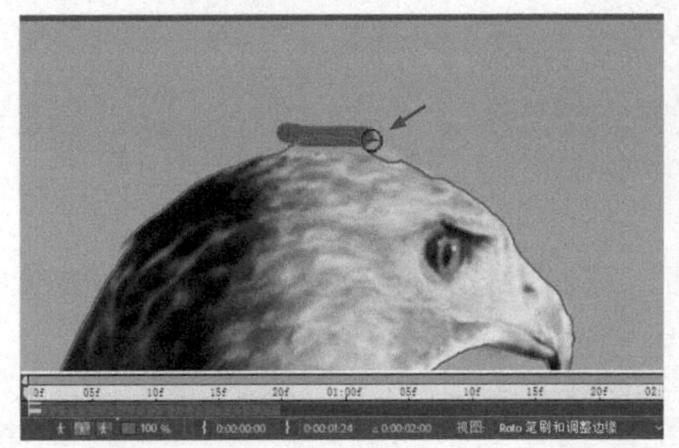

图 16-43 排除多出的选区

STEP 8

这样建立好基础帧的选区蒙版，在合成图层下有使用“Roto笔刷”时添加的“Roto笔刷和调整边缘”效果，这是在使用笔刷绘制时产生的，不在“效果和预设”的效果组内出现。“Roto笔刷和调整边缘”效果的“描边”下显示了绘制的笔刷，建立选区的笔刷为前景，排除选区的笔刷为背景。在透明背景下查看Roto笔刷建立的基础帧的抠像效果，按Page Down键将按基础帧的设置计算和渲染下一帧的抠像效果，如果跟踪顺利也可以按空格键连续渲染，这样可以不用每一帧都手动建立重复的蒙版来抠像。如果在渲染过程中的某一帧出现抠像偏差，可以在这一帧进行修改校正后再按修改帧继续渲染。这里默认可以按基础帧渲染20帧，如图16-44所示。

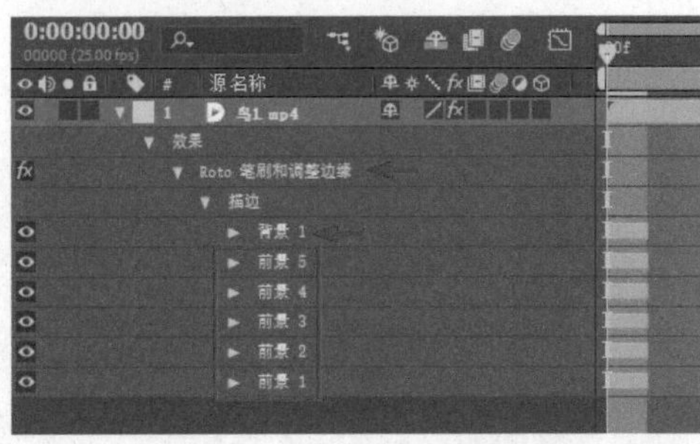

图16-44 根据基础帧跟踪渲染

STEP 9

这里渲染比较顺利，在20帧时长的作用范围后结束。将鼠标指针移至图层视图下第20帧标记处，鼠标指针变成指向左右的小箭头，此时按下鼠标左键向右拖曳延长Roto笔刷的作用范围至素材尾部，然后继续渲染，如图16-45所示。

图 16-45 调整跟踪渲染范围

STEP 10

这样，通过Roto笔刷建立的基础帧，软件自动跟踪计算，完成整段视频素材的跟踪抠像，最后为抠像的主体添加新的背景素材，如图16-46所示。

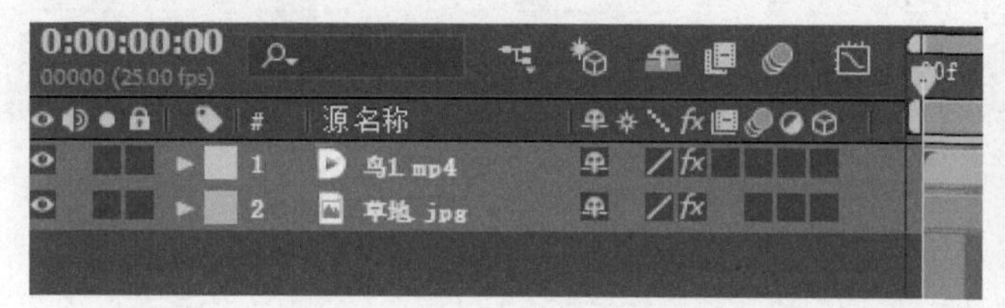

图16-46 合成抠像素材

16.5.2 Roto 笔刷工具调整抠像边缘

操作 使用Roto笔刷工具调整抠像边缘

STEP 1

这里将“鸟2.mp4”放置到合成中，准备使用Roto笔刷工具抠像并调整边缘羽毛的效果。先双击“鸟2.mp4”层打开其图层视图。

STEP 2

在工具栏中选择“Roto笔刷”工具，调整画笔“直径”的大小，在素材开始时间位置，使用“Roto笔刷”工具创建一个Roto抠像基础帧。在图层视图中显示初步建立的选区，在图层视图下部显示基础帧与作用范围，如图16-47所示。

图 16-47 创建基础帧

STEP 3

在工具栏中选择"Roto调整边缘"工具，调整画笔"直径"的大小，沿选区向外扩展的边缘绘制并确保覆盖羽毛部分，如图16-48所示。

图16-48 使用"Roto 调整边缘"工具建立羽毛部分的范围

STEP 4

针对边缘的羽毛进行特殊的抠像，Roto调整边缘笔刷的黑色为透明部分，白色为不透明部分。单击图层视图下部的"切换调整边缘X射线"按钮，可以用不同的方式来查看结果，如图16-49所示。

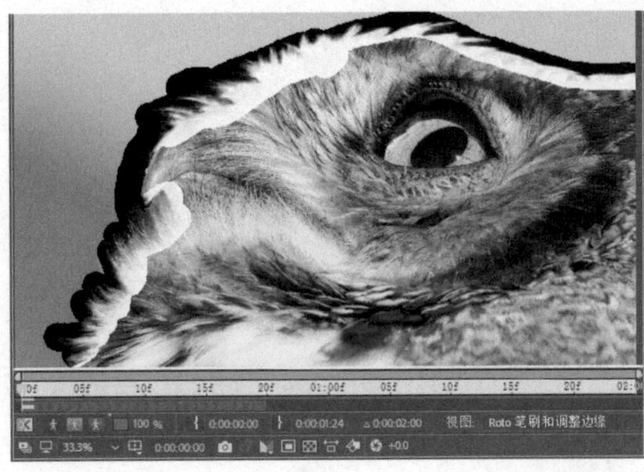

图16-49 查看结果

STEP 5

按Page Down键逐帧渲染，有问题的话及时修改校正，然后继续渲染。这里渲染顺利，按空格键连续渲染，在默认第20帧作用范围处，拖曳鼠标增加作用范围到素材结尾，然后全部渲染，如图16-50所示。

图16-50 跟踪渲染

STEP 6

在时间轴合成中，“鸟2.mp4”添加了“Roto笔刷和调整边缘”效果，其下的“描边”添加了“前景1”和“边缘调整1”。

STEP 7

为抠像素材添加新的背景素材，如图16-51所示。

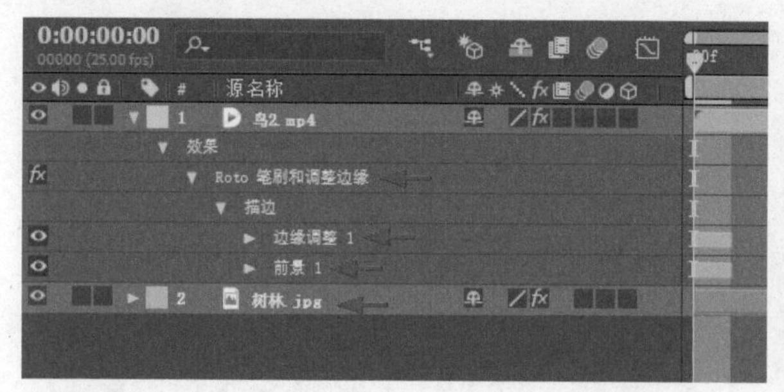

图16-51 合成抠像素材

实例　制作平板滑屏动画

实例说明

这里在对应的素材文件夹中准备了一个手拿绿色屏幕的平板并在其上滑动的视频素材，以及两个用来放在平板中的图像素材。制作时先对平板的绿屏进行抠像，然后使用“跟踪运动”功能，将画面跟踪对应到平板屏幕中，并对应手势设置画面滚动的动画，图像素材如图16-52所示。

图16-52 使用素材

制作完成的动画效果如图16-53所示。

图16-53 实例效果

实例制作流程图如图16-54所示。

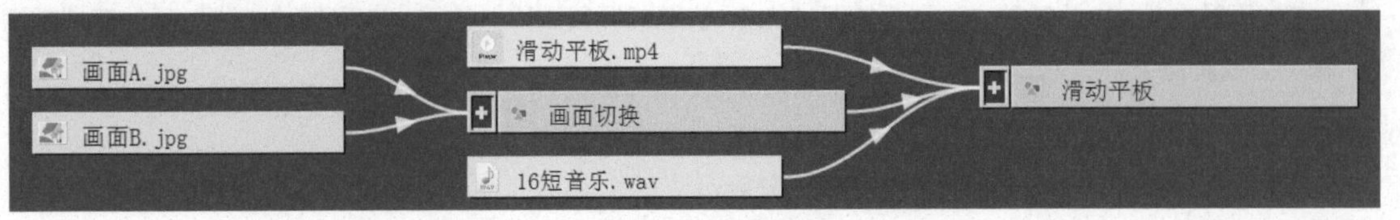

图16-54 实例制作流程图

扫码观看实例制作步骤讲解视频	实例制作步骤图文讲解
	详见配书资源中的《实例制作步骤图文详解》PDF文档。 下载方式见封底。

制作手机快速滑屏动画

这里使用一个手拿手机的视频，使用实例中的方法对手机进行抠像和跟踪，并对应手势制作画面快速滚动的动画，效果如图16-55所示。

图16-55 实例效果

人偶工具
角色动画的制作利器

人偶工具是个有趣、实用，又智能化的变形工具，可以让静态的元素、人物鲜活地动起来，对于制作角色动画很有帮助。本章将使用人偶工具组中几个不同的工具，来进行类似木偶动画的制作，让图像中的人或物鲜活地动起来。

17.1 人偶位置控点工具

在工具栏中有一组人偶控点工具，默认使用的为“人偶位置控点工具”，此工具可以在图层上添加位置控点，然后通过设置位置控点的位移关键帧来制作人偶动画。人偶控点所应用的图层可以是具有Alpha通道的人物图像，或者是建立蒙版的图形图像，通常用于具有类似肢体和触手的部分，便于设置丰富的局部动作变形动画。

17.1.1 添加操控点并调整姿态

为图像添加操控点并调整姿态

STEP 1

这里将“符号人.png”放置在高清合成中，选择工具栏中的“人偶位置控点工具”，在小人头部单击添加一个“操控点1”，图层会相应添加一个“操控”效果，建立一个“网格1”和其下的“操控点1”，如图17-1所示。

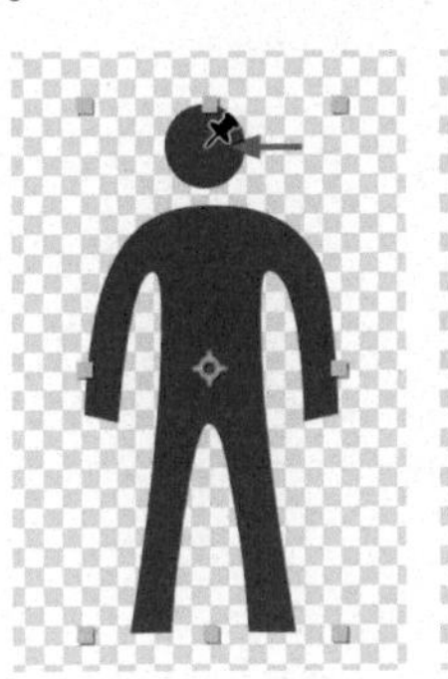
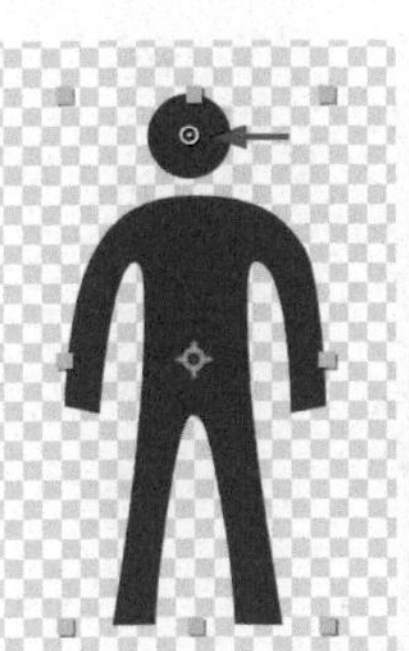
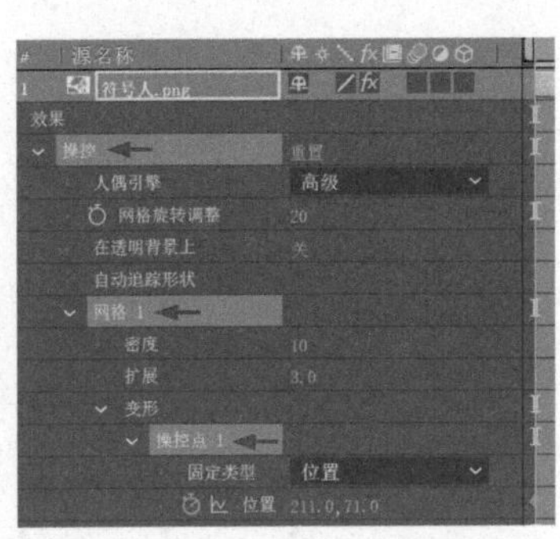

图17-1 添加头部操控点

STEP 2

继续添加操控点，当鼠标指针移至图层图形时会出现黄色的轮廓，可以在轮廓内单击添加新的操控点。这里在身体的胸部、手臂、腰部、腿部分别添加操控点，建立“网格2”和其下相应的操控点，如图17-2所示。

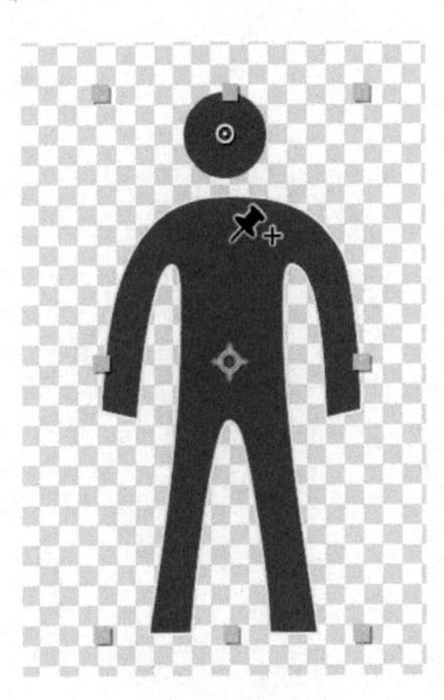
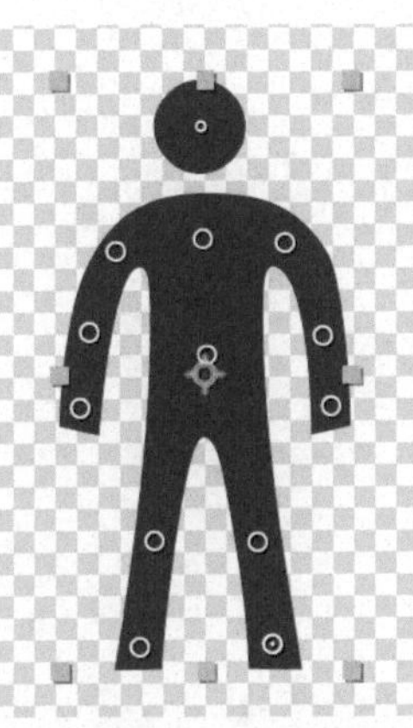
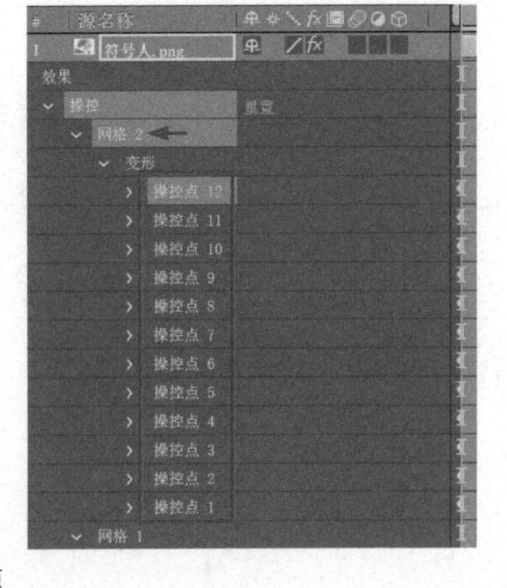

图17-2 添加身体操控点

STEP 3

此时移动手部、肘部或其他操控点，可以调整人物姿态，如图17-3所示。

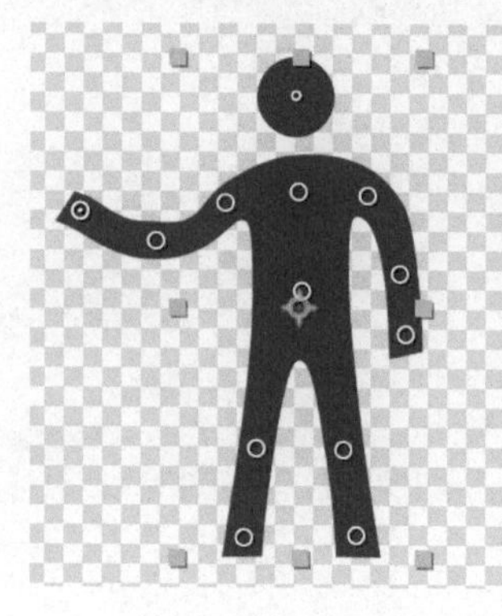
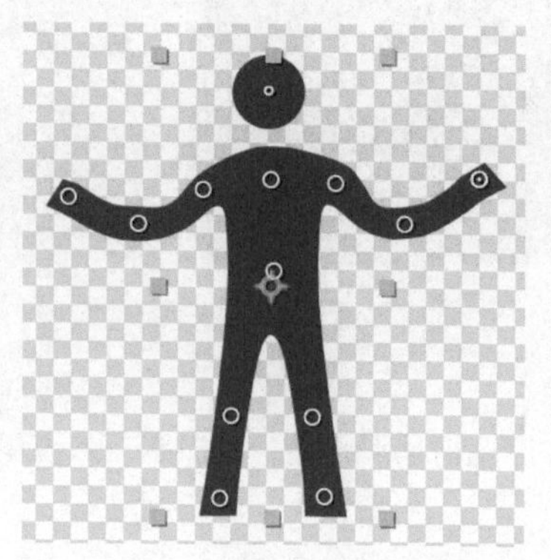
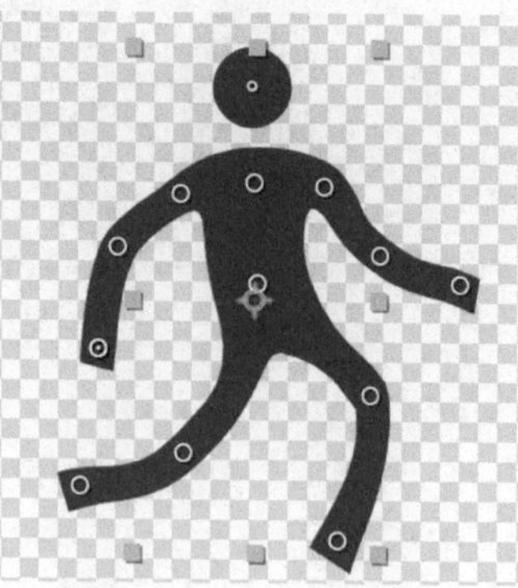

图17-3 调整操控点控制姿态

17.1.2 网格属性控制效果

在“操控”效果下，为每个独立的图像添加操控点时会建立一个“网格”，“网格”下有“密度”“扩展”和变形的“操控点”这3类属性，它们影响着图像变形的效果。“密度”的数值较小时，图像变形时可能产生边缘棱角；“密度”的数值较大时，图像变形的边缘更平滑。“扩展”属性可以扩大或减小操控点建立和影响的范围，有助于包含描边。如果出现变形图像丢失边缘像素的现象，可以增大“扩展”数值将丢失的像素包括到影响范围内。

操作 设置网格属性以控制效果

STEP 1

这里将“海豚.png”放置在高清合成中，在工具栏中选中“人偶位置控点工具”后，会在工具栏后显示对应的选项信息，这里勾选“网格”后的“显示”，“扩展”默认为3，“密度”默认为10。

STEP 2

在海豚图像中从尾部到头部单击建立4个操控点，同时图层下也相应增加了“操控”效果和相关选项，如图17-4所示。

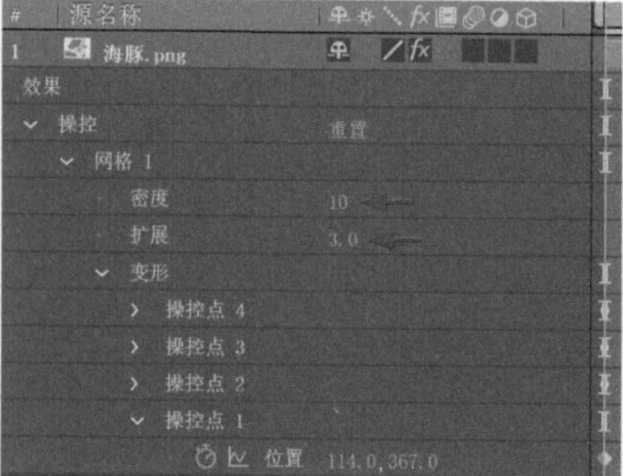

图17-4 设置网格和添加操控点

STEP 3

此时调整尾部的两个操控点，“密度”数值过小会使得图像边缘不够平滑，“扩展”数值过小或是负数会使得图像轮廓像素丢失，如图17-5所示。

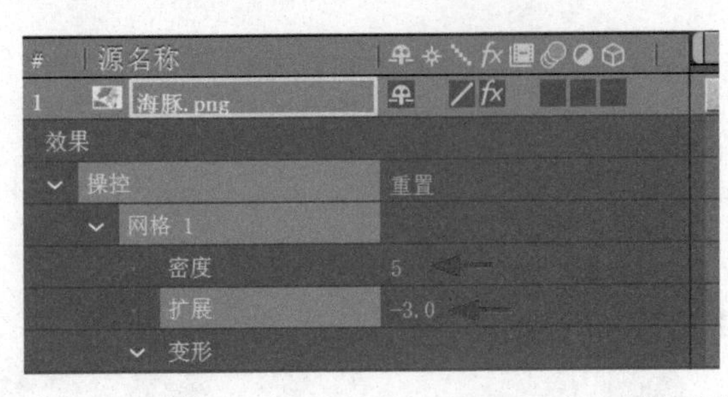

图17-5 三角形数量和扩展范围

STEP 4

增大“密度”数值使得图像边缘变得平滑，增大“扩展”数值包含完整图像并改善扭曲的效果，如图17-6所示。

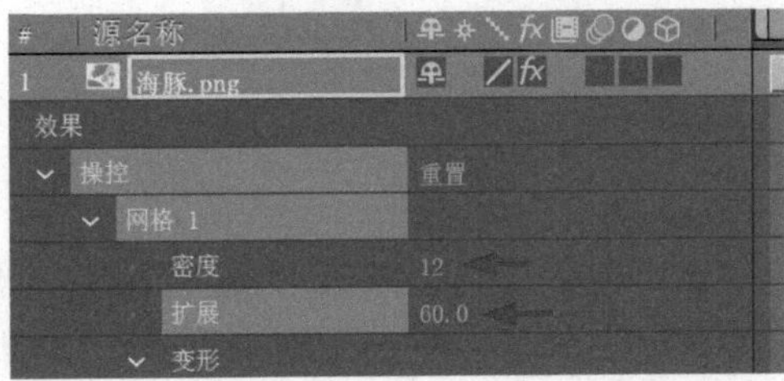

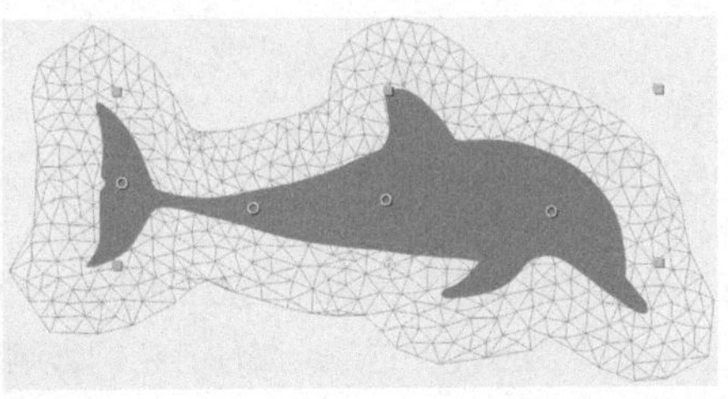

图17-6 修改数值

STEP 5

在工具栏中选中“人偶位置控点工具”后，就可以设置对应选项的默认信息，例如，设置“扩展”为3，“密度”为10，这样下次使用时将按这个默认的数值使用。

17.1.3 使用操控点制作元素动画

对图像使用操控点制作元素动画

STEP 1

这里将“剪纸猪.png”“蝙蝠.png”和“握手特写.png”放置在高清合成中，每个图像设置2秒的长度并前后连接，然后使用添加操控点的方法，让画面动起来。

STEP 2

选中“剪纸猪.png”层，在素材开始的第0帧处，在图像中4条腿的上部分别添加4个位置操控点，然后在4条腿的下部分别添加4个位置操控点。添加操控点后，软件将自动在第0帧处添加操控点位置的关键帧，如图17-7所示。

图17-7 添加操控点

STEP 3

在第10帧处，将4条腿下部的操控点分别向右侧移动，建立第10帧处的4个关键帧。框选中这两个时间位置的4组关键帧，按Ctrl+C快捷键复制，如图17-8所示。

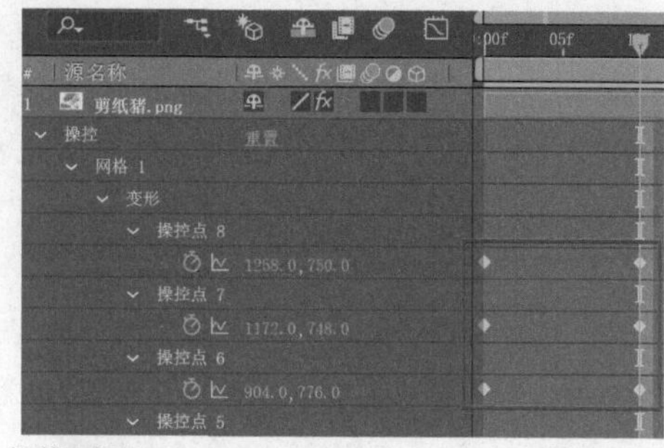

图17-8 调整和复制

STEP 4

将时间指示器移至第20帧处，按Ctrl+V粘贴，同样在第1秒15帧处继续粘贴，使4个脚部产生重复的关键帧动作，让图像动起来，如图17-9所示。

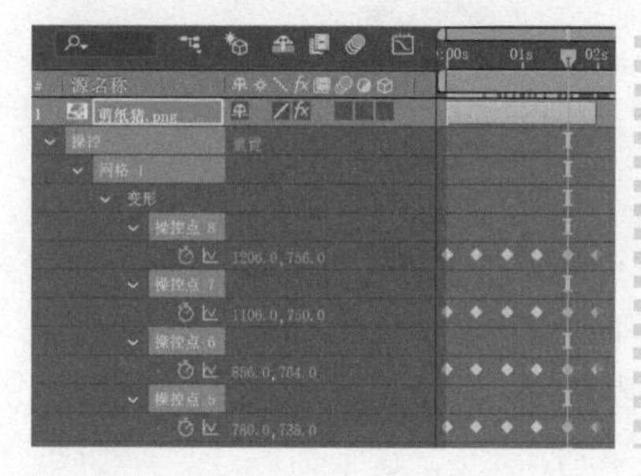

图17-9 重复动作

STEP 5

选中“蝙蝠.png”层，将时间指示器移至素材入点处，在翅膀与身体的连接处添加两个位置操控点，然后在两个翅膀两端和两个脚部添加位置操控点。

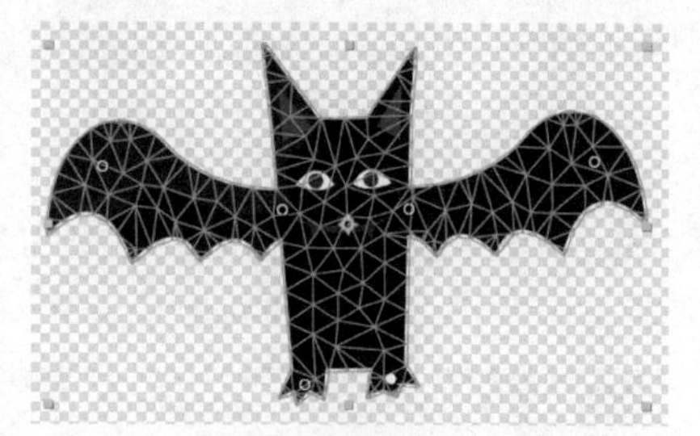

图 17-10 添加操控点

STEP 6

将时间指示器向后移动10帧，向下调整翅膀两端的操控点制作向下扇动翅膀的动作，向上调整脚部的操控点制作脚部向上提起的动作，如图17-10所示。

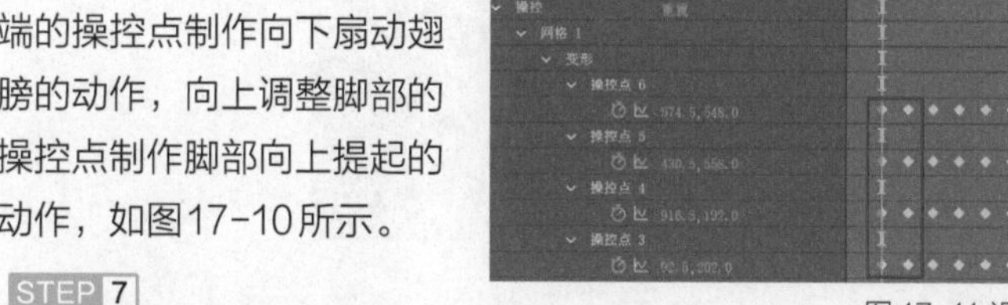

图 17-11 设置扇动翅膀的效果

STEP 7

框选关键帧并复制，然后在后面粘贴，重复动作，制作蝙蝠不停扇动翅膀的动画，如图17-11所示。

STEP 8

选中“握手特写.png”层，将时间指示器移至素材入点处，在手臂的左侧上下两边添加两个位置操控点，在手臂的右侧上下两边添加两个位置操控点，然后在手的中心添加一个位置操控点。

STEP 9

将时间指示器向后移动10帧，向上移动中心的操控点制作向上抬手的动作，然后复制关键帧制作重复的动作，并配合手的上下动作设置图层“位置”关键帧做少量上下的移动，如图17-12所示。

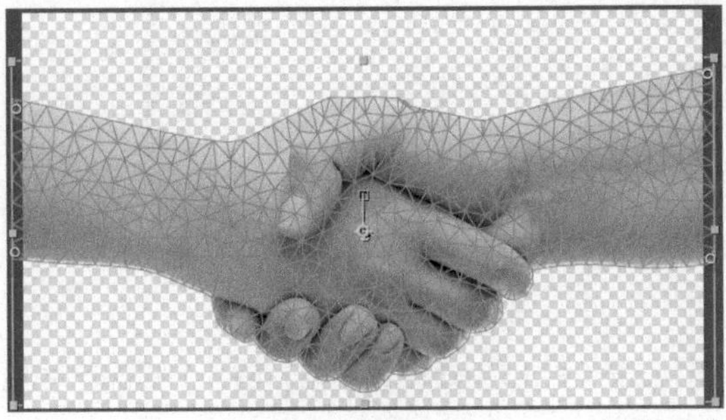
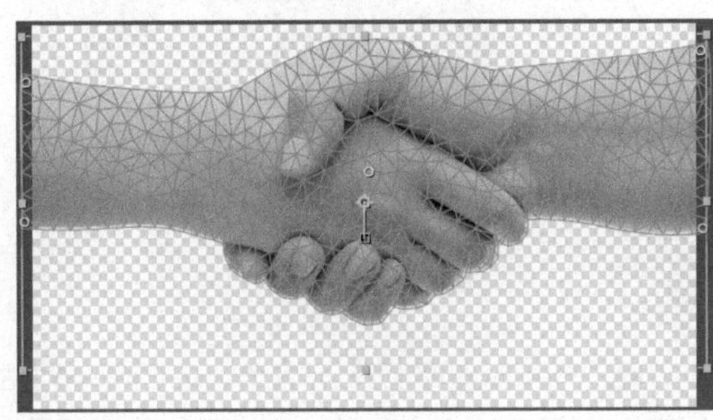

图17-12 设置握手动作

17.2 人偶固化控点工具

工具栏中的人偶控点工具组中有一个“人偶固化控点工具”，此工具可以在图层上添加“扑粉”类型的控点，通过其僵化图像的某些部分使其较少发生扭曲。每个人偶工具都可用于添加和修改某种特定类型的控点，例如，可以使用“人偶固化控点工具”添加“扑粉”类型的控点，也可以先添加“位置”类型的控点，然后在“固定类型”中将其转换为“扑粉”类型。

对图像使用人偶固化控点工具

STEP 1

将“商务人正面.png”放置在高清合成中，选中图层，使用操控点工具在图像中人物的双脚处添加两个位置操控点，在人物一侧的肩部、肘部、手部和提包处分别添加一个位置操控点，如图17-13所示。

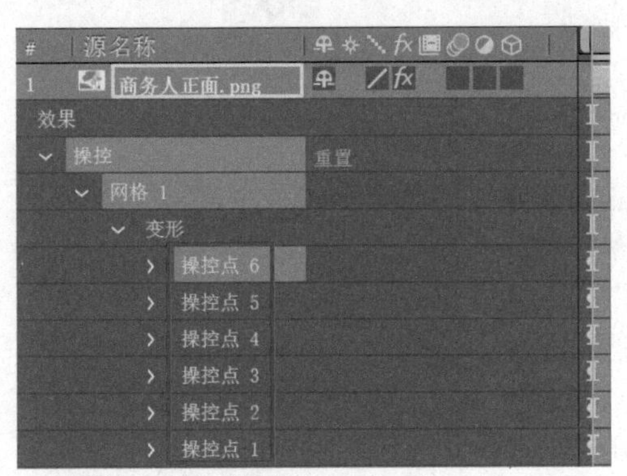

图17-13 添加操控点

STEP 2

选中手部和提包处的操控点向外侧移动，然后单独调整提包的操控点的位置，调整提包为竖直方向，此时提包产生扭曲变形，如图17-14所示。

图 17-14 设置动作

STEP 3

从工具栏中切换选择“人偶固化控点工具”，在提包处单击添加一个操控点，同时图层效果下相应增加一个“固定类型”为“扑粉”的“操控点 7”，如图17-15所示。

图 17-15 添加固化控点

STEP 4

这样，通过这个“扑粉”类型的操控点校正了扭曲变形的提包，如图17-16所示。

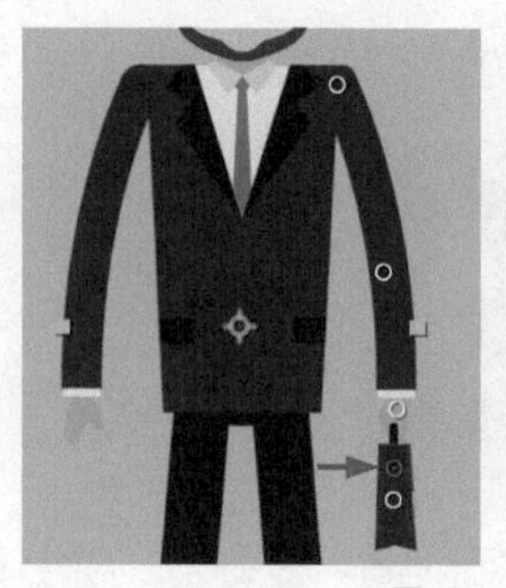

图 17-16 校正交形

17.3 人偶弯曲控点工具

工具栏中的人偶控点工具组中有一个“人偶弯曲控点工具”，可以在图层上添加“弯曲”类型的控点。“弯曲”控点可以自动计算自身与周边控点（如扑粉控点）的相对位置，同时还允许用户控制控点的缩放和旋转。

对图像使用人偶弯曲控点工具

STEP 1

将“小葵花.png”放置在高清合成中，选中图层，从工具栏中选择“人偶位置操控点工具”，在图像中花盆的下部和上部分别添加一个位置操控点，固定花盆，如图17-17所示。

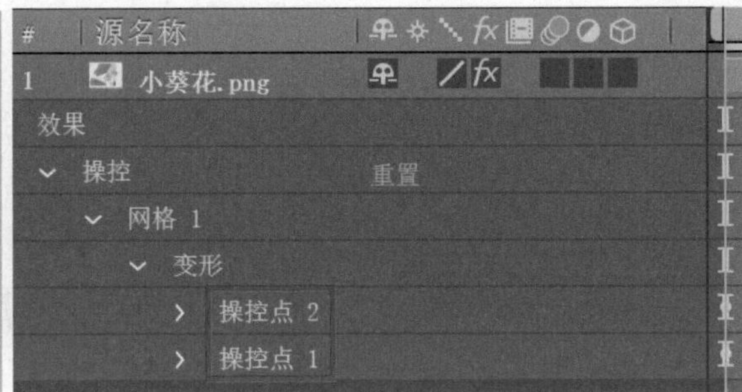

图 17-17 添加位置控点

STEP 2

从工具栏中选择“人偶弯曲控点工具”，在两片叶子之间添加一个“操控点 3”，“固定类型”显示为“弯曲”，其下有“缩放”和“旋转”属性，如图17-18所示。

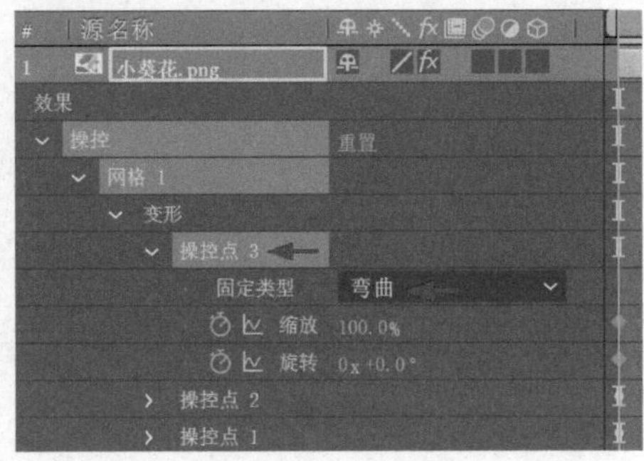

图 17-18 添加弯曲控点

STEP 3

将时间指示器移至第1秒，调整“旋转”为0x+30.0° ，花和叶转向右侧，如图17-19所示。

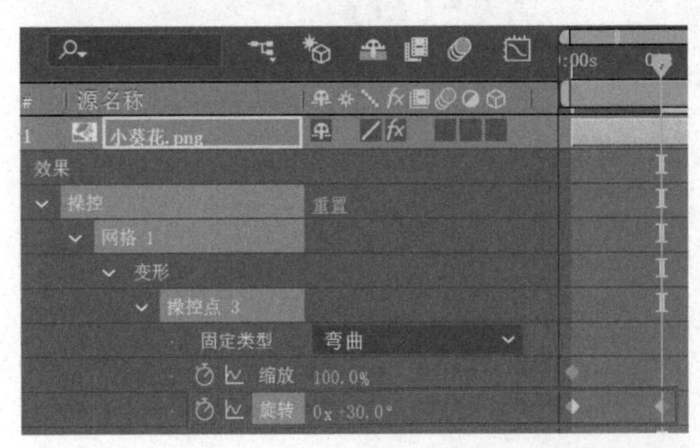

图 17-19 旋转局部图像

STEP 4

在第1秒处，调整“缩放”为70.0%，花和叶部分被缩小，如图17-20所示。

图17-20 缩放局部图像

STEP 5

同样，在第3秒处设置“旋转”为0x-30.0°，“缩放”为120.0%，花和叶部分转向左侧并放大，如图17-21所示。

图 17-21 放大局部图像

在对弯曲操控点的操作中，如果要更改“旋转”，可单击“弯曲”控点所显示的外圈的任何位置，并绕圆圈拖曳，按住Shift键的同时进行拖曳，可以将旋转约束为以15°为增量如果。如果要更改“缩放”，可单击方形手柄，并从外圈向内或向外拖曳，按住Shift键的同时进行拖曳，可以将缩放约束为以5%为增量。

17.4 人偶高级控点工具

工具栏中的人偶控点工具组中有一个“人偶高级控点工具”，可用于控制控点的“位置”“缩放”和“旋转”。使用此工具，可有效控制控点周围“操控”效果网格的变形方式。如果没有驱动所有3个属性，网格可能会生成明显的切变。例如，可使用高级控点驱动角色的头部向侧面移动并向后看，如果不手动驱动“旋转”，头部将一直朝向同一个方向且会造成外观拉伸的现象。

操作　对图像使用人偶高级控点工具

STEP 1

将“小葵花.png”放置在高清合成中，选中图层，从工具栏中选择“人偶高级操控点工具”，在图像中盆与花的连接处添加“操控点 1”，在两片叶子之间添加“操控点 2”，“固定类型”设置为“高级”，其下有“位置”“缩放”和“旋转”属性，更加方便对图像变形的调整，如图17-22所示。

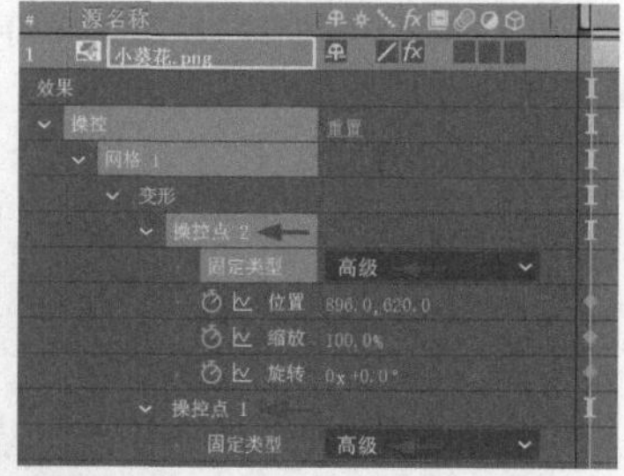

图17-22 添加高级控点

STEP 2

将时间指示器移至第1秒，调整“位置”使得操控点向右侧移动一些，设置“缩放”为70.0%，设置“旋转”为0x+45.0°，花和叶转向右侧并缩小，如图17-23所示。

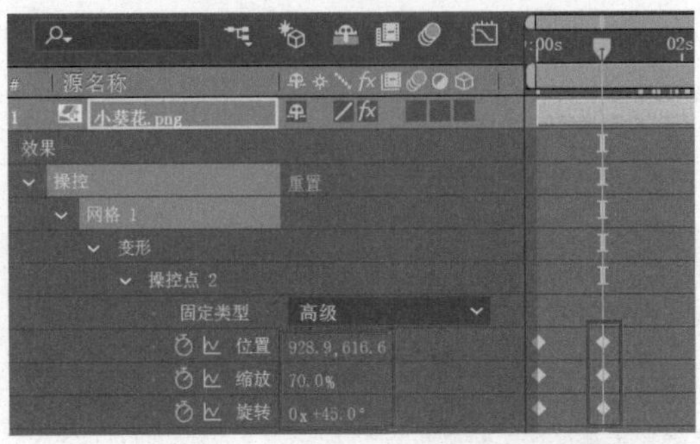

图17-23 调整高级控点

STEP 3

将时间指示器移至第1秒，调整“位置”使得操控点向左侧移动一些，设置“缩放”为120.0%，设置“旋转”为0x-90.0°，花和叶转向左侧并放大，如图17-24所示。

图17-24 调整高级控点

17.5 人偶重叠控点工具

工具栏中的人偶控点工具组中有一个“人偶重叠控点工具”，在扭曲图像的一部分时，用来控制图像的哪一部分出现在其他部分的前面。例如，在做摆臂动作时，可以控制手臂始终位于头部的前面或者后面。使用时需要将“重叠”控点添加在应用对象的初始轮廓中，而不是变形后的图像上。

操作 对图像使用人偶重叠控点工具

STEP 1

将“商务人正面.png”放置在高清合成中，选中图层，使用操控点工具在图像中人物的双脚、人物一侧的肩部和提包处分别添加一个位置操控点，如图17-25所示。

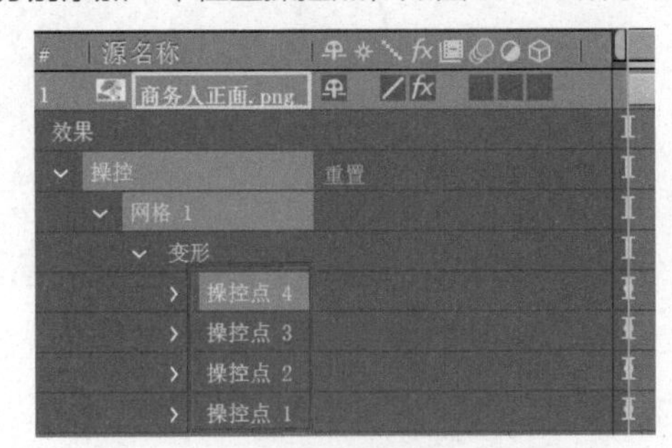

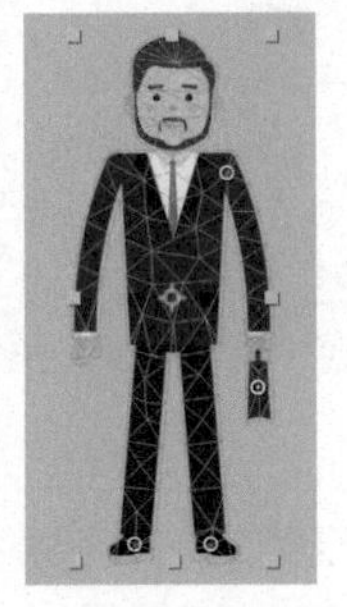

图17-25 添加操控点

STEP 2

调整提包的位置，此时提包显示在人物前面，如图17-26所示。

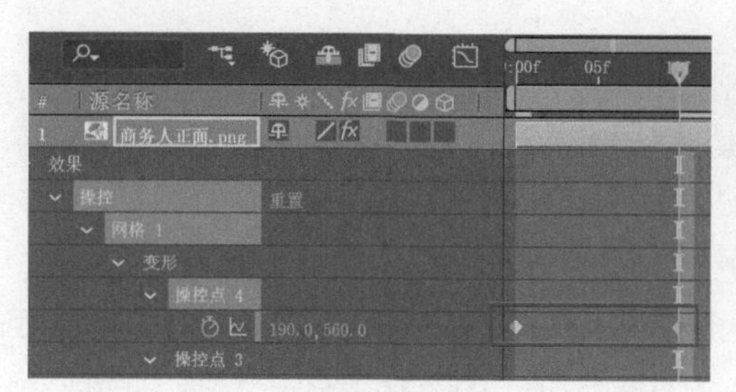

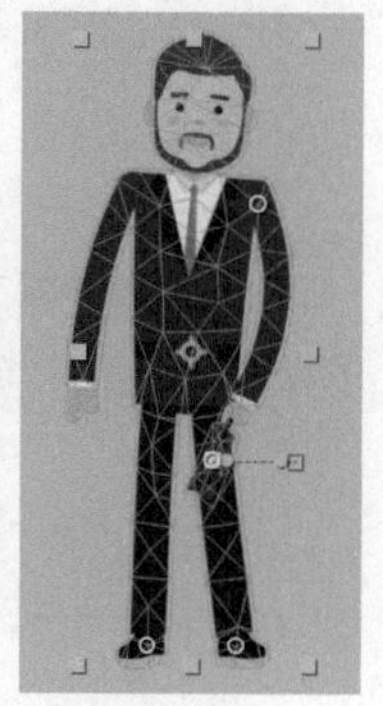

图17-26 移动提包

STEP 3

选中这两个关键帧按，按Ctrl+C快捷键复制，在第20帧处按Ctrl+V快捷键粘贴，准备调整最后一帧处手的位置，将其移至人物的身后。

STEP 4

在工具栏中将“人偶位置控点工具”切换为“人偶重叠控点工具”，此时画面中显示出图像原始位置的轮廓，在提包处单击添加一个重叠点，同时图层的效果下相应新增“重叠1”和其下的属性，如图17-27所示。

图17-27 添加重叠点

STEP 5

增大“程度”的数值，可以使在画面中查看对应的重叠点影响范围增大。当前“前面”的数值为50.00%，此时影响范围的区域显示为半透的白色。在“前面”的数值上按下鼠标左键向左拖曳，当数值减小时，区域的白色逐渐变得透明，继续减小到负数时，颜色转变为半透的黑色，负数越大黑色越深。当“前面”的数值为负数时，手移至人物身体的后面，被身体遮挡。这里设置在10帧处“前面”的数值为100.00%，提包在身前；设置在1秒05帧处“前面”的数值为-100.00%，提包在身后，如图17-28所示。

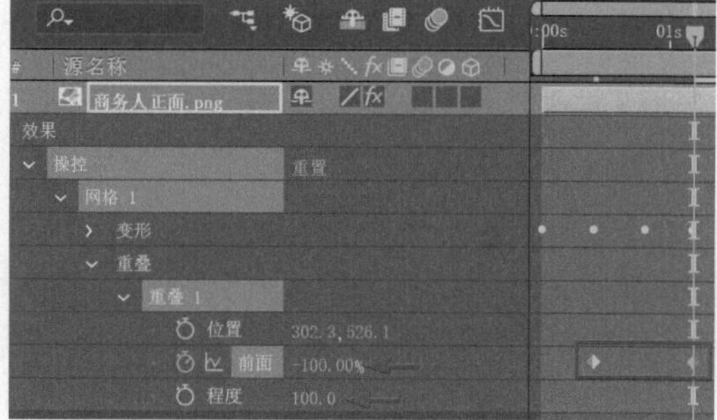

图17-28 调整到身后

17.6 实时录制人偶动画

在人偶动画制作中，有一项实时录制人偶动画的功能。在工具面板中有一个“记录选项”，单击打开后，可以设置“操控录制选项”。根据选项设置，配合Ctrl键就可以实时或按指定的速度，绘制一个或多个变形控点的运动路径。

其中，“操控录制选项”中的“速度”，用于设置运动速度和播放速度的比率。如果速度是100%，则运动以记录它时的速度回放；如果速度大于100%，则运动的回放速度慢于它的记录速度。

“操控录制选项”中“平滑”的数值设置得较高时，可在绘制运动路径时移除其中额外的关键帧，创建更少的关键帧，使运动更平滑。

“操控录制选项”中的“使用草图变形”在记录期间显示的扭曲轮廓不考虑扑粉控点，此选项可以提高复杂网格的性能，使实时录制时避免或减少因运算量大而出现的显示卡顿现象。

操作1 录制动画

STEP 1

这里将“锦鲤.png”放置在高清合成中，使用添加操控点的方法，让鱼游动起来。

STEP 2

选中“锦鲤.png”层，在工具栏中选择操控点工具，这里为了提高图像变形时边缘的顺滑度，将“扩展”设置为50，使用操控点工具在前两个鱼鳍之间、后两个鱼鳍之间和尾部分别添加一个操控点，如图17-29所示。

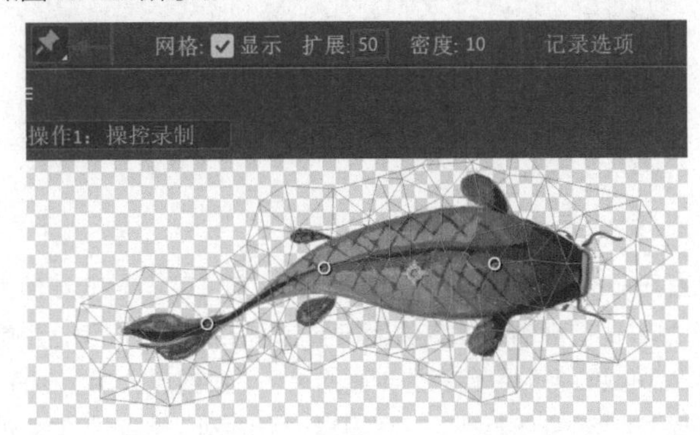

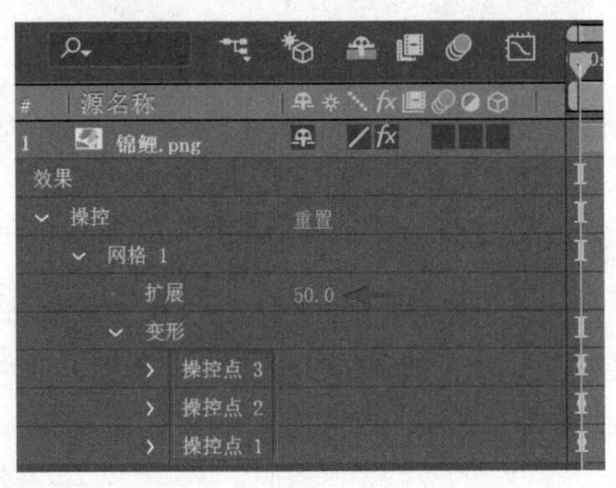

图17-29 添加操控点

STEP 3

单击工具面板中的“记录选项”，打开“操控录制选项”，当前“速度”为100%，即按实时录制的速度；同时按“平滑”为10的系数来生成关键帧数量，数值越小生成的关键帧相对越多。如果担心实时录制操作跟不上节奏，可以设置“速度”为较小的数值，如50%或25%，这样录制时会慢速播放。

STEP 4

将时间指示器移至第0帧，按住Ctrl键不放时，使用操控点工具指向中部的操控点，会出现附加秒表的鼠标指针，按住鼠标左键不放并上下拖曳中部的操控点，从第0帧到第3秒的时间范围内，多次上下拖曳，使鱼产生游动的扭动效果，在第3秒后释放鼠标左键和Ctrl键，结束录制，可以看到产生了一系列关键帧，如图17-30所示。

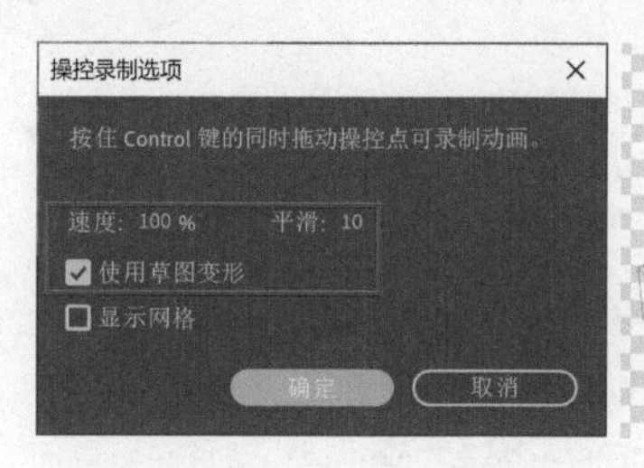

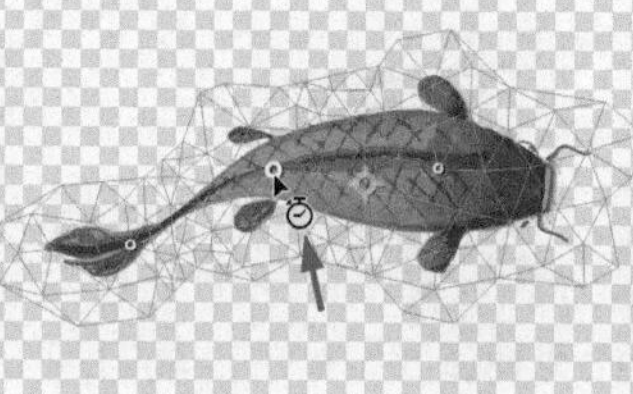

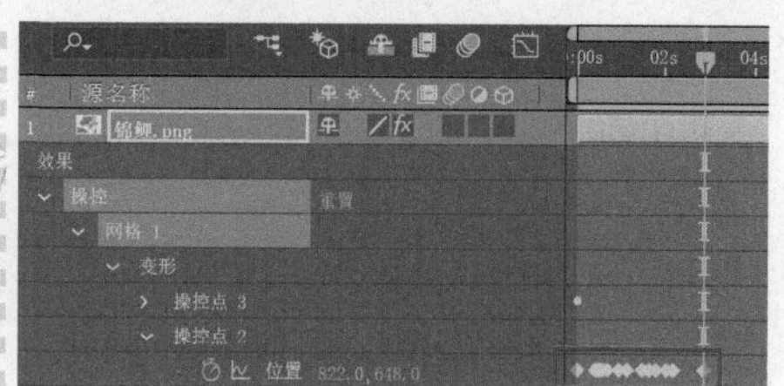

图 17-30 操控录制

STEP 5

查看动画效果，根据拖曳操控点录制产生的实时动画效果，如图17-31所示。

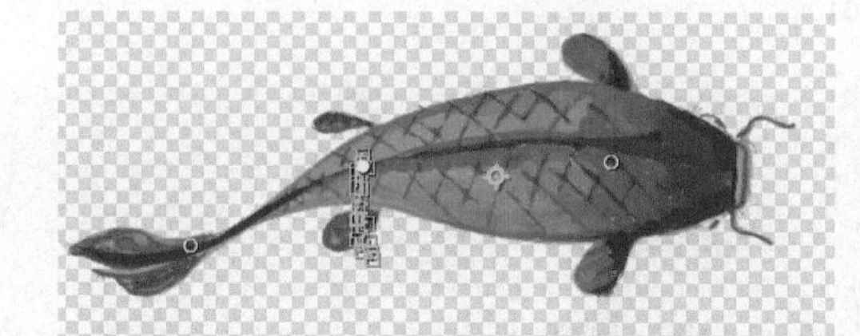

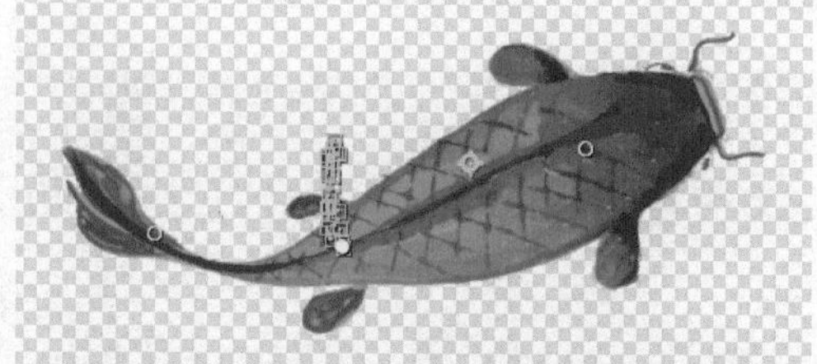

图 17-31 查看录制动画效果

操作2 进行关键帧数量和时间的调整

STEP 1

这里在前面制作的录制动画的基础上，对关键帧进行调整。在菜单“窗口”下将“平滑器”勾选，显示出平滑器面板，设置“容差”为50，单击“操控点2”下的“位置”，将系列关键帧全部选中，然后单击平滑器面板中的“应用”按钮，可以将较多的关键帧精简为较少的关键帧，动画相比原先也较为平滑，如图17-32所示。

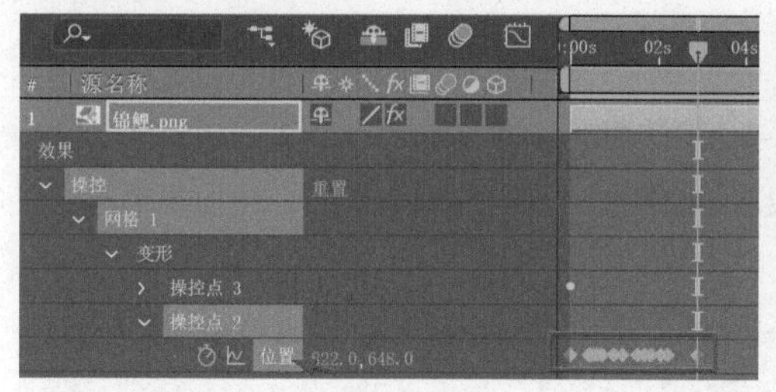

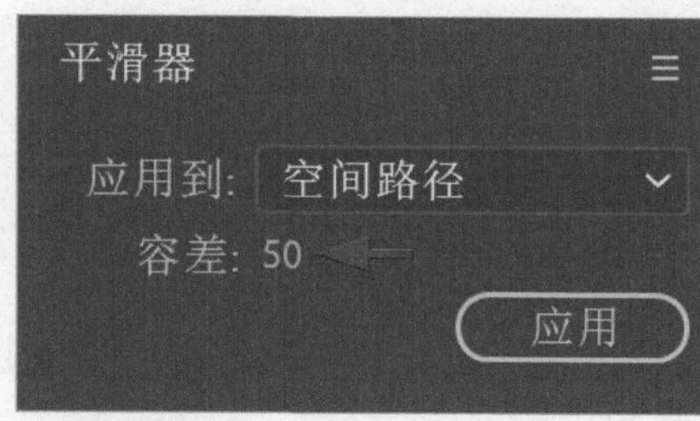

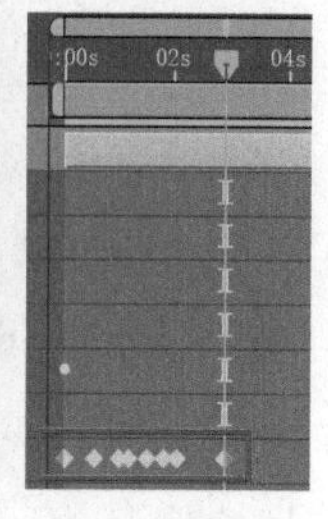

图 17-32 使用平滑器

STEP 2

当前关键帧范围在3秒内，如果要调整为5秒的范围，可以先全选关键帧，按住Alt键的同时，拖曳最右侧的一个关键帧，将其移至第5秒，这样选中关键帧的时间范围变为5秒，动画相对变慢，如图17-33所示。

图 17-33 关键帧范围缩放

操作3 使用嵌套进行时间调整

STEP 1

对于设置好关键帧长度的动画制作，如果要调整整体的动画时间，也可以使用嵌套后进行变速设置的方法。这里将前面制作好的3秒动画录制合成，将其作为嵌套图层添加到一个新的合成中。

STEP 2

在合成中显示时间栏列，将图层的“伸缩”由100.0%修改为50.0%，这样原来3秒的动画时间会加快为1秒半的时间，播放时动画的速度加快一倍，如图17-34所示。

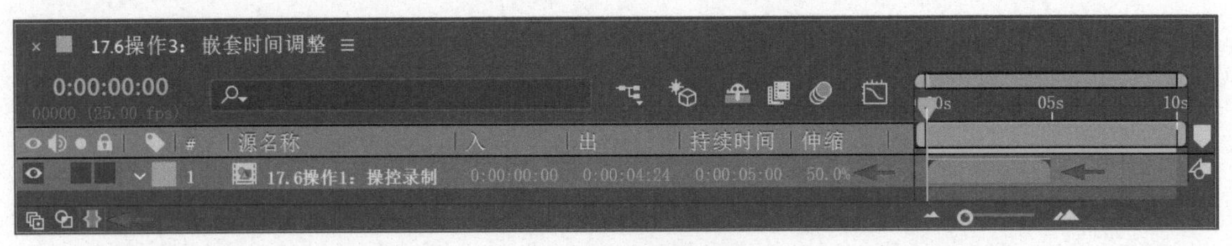

图17-34 嵌套与调整速度

STEP 3

恢复“伸缩”为100.0%，选中图层，选择菜单“图层>时间>启用时间重映射”，并在第3秒处添加一个关键帧，如图17-35所示。

图17-35 选择“启用时间重映射”

STEP 4

此时调整第3秒的关键帧到某个时间位置即可整体改变关键帧的时间范围，例如，这里移至第6秒处，即将原来的动画慢放一倍，如图17-36所示。

图17-36 慢放动画

STEP 5

此外，“时间重映射”还可以在“图标编辑器”中调整关键帧的速率，例如，这里调整第1个关键帧缓出，第2个关键帧缓入，如图17-37所示。

图 17-37 设置缓动

实例　制作鱼儿游动动画

实例说明

在对应的素材文件夹中准备了鱼和荷花的图像素材，使用人偶控点工具为鱼制作摆动身体进行游动的动画。这里制作一个循环动画，然后嵌套使用。图像素材如图17-38所示。

图 17-38 使用素材

制作完成的动画效果如图17-39所示。

图 17-39 实例效果

扫码观看实例制作步骤讲解视频	实例制作步骤图文讲解
	详见配书资源中的《实例制作步骤图文详解》PDF 文档。 下载方式见封底。

制作奔跑动画

这里使用一个分层的人物图形素材，使用人偶控点工具添加操控点，制作奔跑的动作。其中先在“奔跑小人”合成中制作一组奔跑动作的关键帧，然后作为一个图层嵌套到新的合成中，添加“时间重映射”，设置动作时间的往复循环，效果如图17-40所示。

图 17-40 实例效果

这里制作循环动画时，使用了可循环的音乐，同时根据音乐的节奏，为人物的动作调整了关键帧的节奏。项目内容与合成时间轴如图17-41所示。

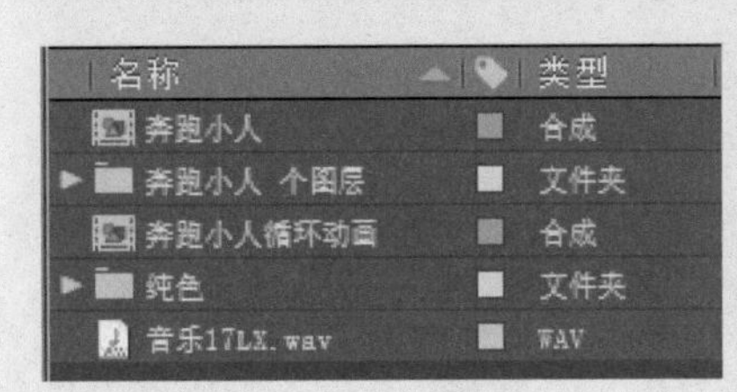

图 17-41 项目内容与合成时间轴

表达式 从看得懂到用起来

After Effects的表达式在合成制作中应用广泛，虽然看起来像编程，其实门槛很低，也很实用。从两个属性之间进行关联，到简单的加、减、乘、除，仅仅需要初步了解一些表达式的用法，就可以提高合成制作的效率。在常见的After Effects模板文件中，也存在着众多的表达式，其中大多数简单而实用。只要具备基本的表达式常识，想读懂和理解这些表达式并不困难。

本章从简单的表达式使用方法入手，列举了常见和实用的表达式操作实例，介绍了表达式的使用方法。有些表达式可以直接在制作中复制、修改，加以利用。小小的表达式，不仅可以大幅提高制作效率，还可以化解多种制作难题。

18.1 表达式基本操作

表达式的初步使用并不需要进行具体的代码编写，可以先回顾图层父子链接的制作方法，比较一下简单的表达式关联与图层父子链接的相似点和不同点。先学习表达式关联操作，再来着手学习表达式的基本操作。

操作1 建立关联表达式

STEP 1

这里一方面比较几个表达式与父子级别的异同，一方面使用简单的关联法建立几个表达式。先在高清合成中放置“TV.png”层和“TV彩条.png”层，如图18-1所示。

图 18-1 素材和合成效果

STEP 2

重命名图层，简化为“TV”层和“彩条”层，并建立父子级关系，将“彩条”层的父级层设为“TV”层，这样“彩条”将跟随“TV”层进行移动、缩放和旋转，但是“彩条”层的不透明度不受“TV”层的影响，如图18-2所示。

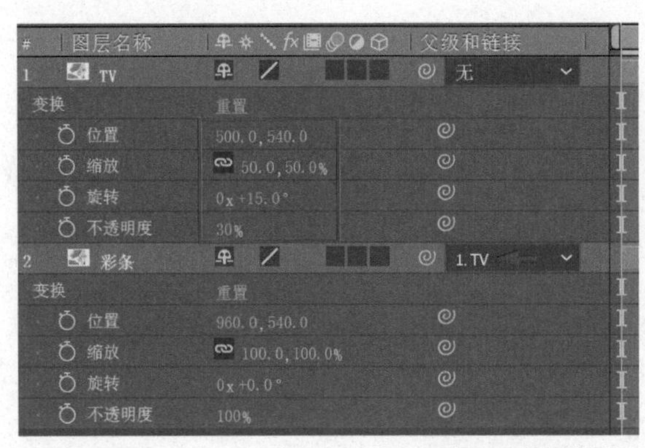

图 18-2 设置父子级别

STEP 3

这里先显示出两层的“不透明度”属性，按住Alt键并单击“彩条”层“不透明度”前的秒表，这样可以添加表达式，并显示出表达式的设置选项。

STEP 4

在表达式关联器按钮上按下鼠标左键并将其拖至“TV”层的“不透明度”属性名称上释放，这样可以建立属性关联，如图18-3所示。

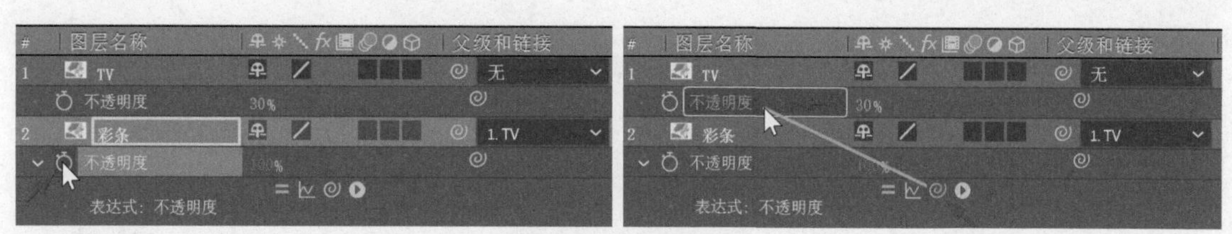

图 18-3 建立属性关联

STEP 5

查看建立关联后自动生成表达式，属性数值也跟着变化。自动生成的表达式语句如下：thisComp.layer(“TV”).transform.opacity。

含义为：这个合成.TV层.变化属性.不透明度。

即“彩条”层“不透明度”属性的数值来自“TV”层的“不透明度”，如图18-4所示。

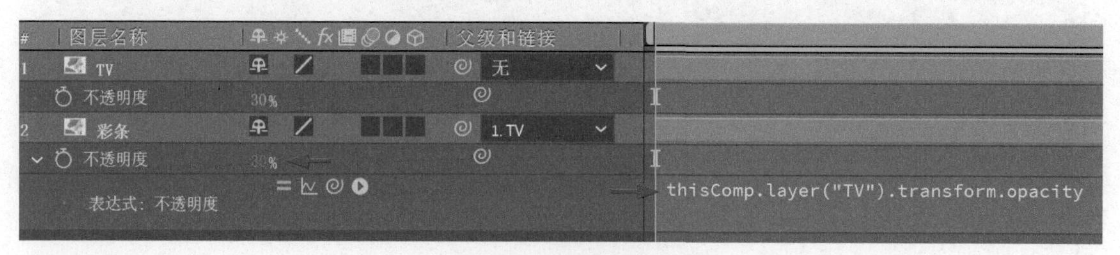

图 18-4 查看关联表达式

STEP 6

这样，就建立了一个属性的表达式。单击表达式属性下的等于号按钮（该按钮用于设置是否启用表达式），切换为不等于后，表达式会将不被启用，但表达式会被保留。按住Alt键再次单击表达式属性的秒表，将会取消并删除表达式，如图18-5所示。

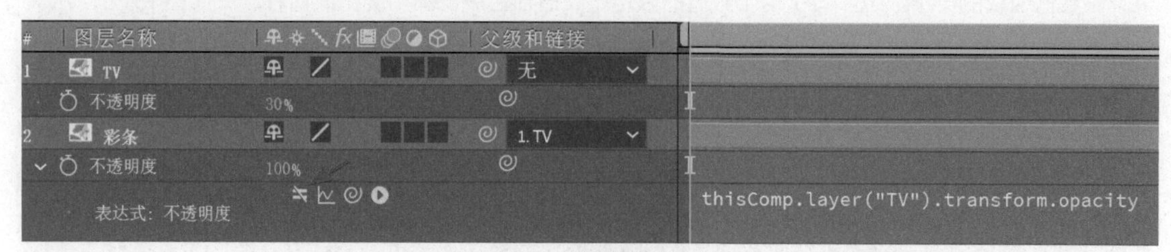

图 18-5 禁用的表达式

STEP 7

通过这个操作，可以了解父子级别的功能也可以用表达式来实现，例如，这里可以取消父子级别关系，继续关联对应的属性，如图18-6所示。

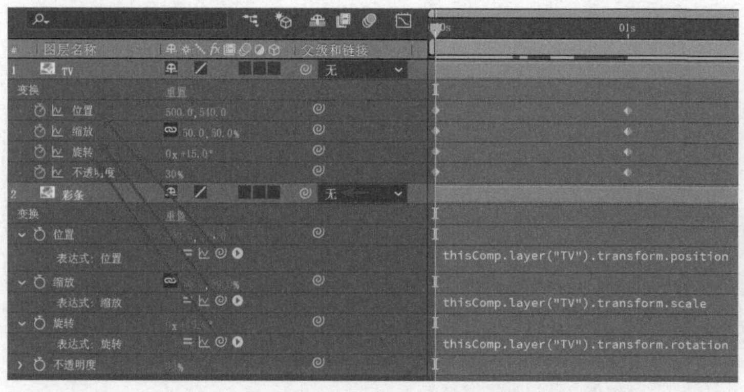

图 18-6 关联对应属性

输入表达式数值

STEP 1

这里将在制作中初步使用手动输入的简单表达式。在高清合成中从上至下依次放置“蓝色背景.mov”层、“TV.png”层和“TV彩条.png”层。在合成视图中先锁定“TV.png”层和“TV彩条.png”层不动，调整“蓝色背景.mov”层的大小和位置，准备将画面放到电视屏幕中。例如，这里确定“位置”为（900.0，600.0），“缩放”为（45.0，45.0）%，如图18-7所示。

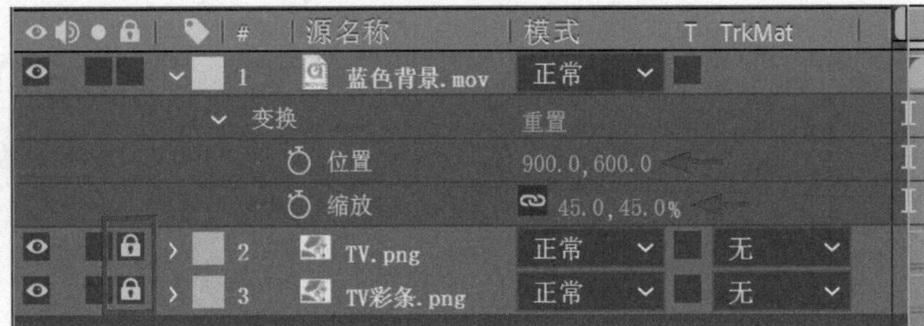

图18-7 调整图层的位置和大小

STEP 2

按住Alt键并单击“蓝色背景.mov”层“位置”的秒表，显示表达式输入框，修改填入以下表达式：

[900,600]

其中表达式的标点符号均为半角符号。这样，图层的位置被指定为一个数值，这个数值为x轴数值和y轴数值组成的一个数组。有了这个数值的限定，图层在合成视图中变得不可移动，如图18-8所示。

图18-8 指定固定数值

STEP 3

在时间轴中将“蓝色背景.mov”层放置到底层，设置“TrkMat”栏为“Alpha遮罩‘TV彩条.png’”，然后调整画面的大小，使电视屏幕中完全显示视频内容，如图18-9所示。

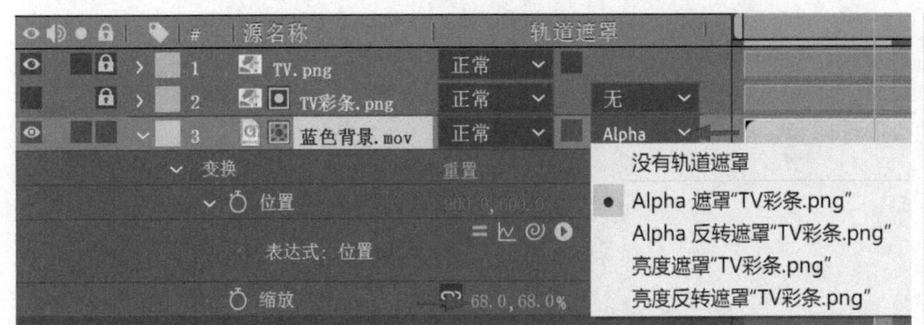

图18-9 设置遮罩

操作3 注释表达式

STEP 1

这里在合成中放置“TV.png”层并锁定不动。

STEP 2

按Ctrl+Y快捷键建立一个纯色层，按住Alt键并单击“位置”的秒表，显示表达式输入栏，根据上一操作，在这里可以直接输入数值，这里的表达式如下：

[900,600] //这是屏幕中心位置

即在数值之后，添加了注释，在一行表达式中，以//开头的内容，会被视作注释内容。//前也可以适当添加空格，使其与表达式拉开距离。

STEP 3

将纯色层放置在底层，调整“缩放”，使纯色层的颜色作为屏幕的颜色，如图18-10所示。

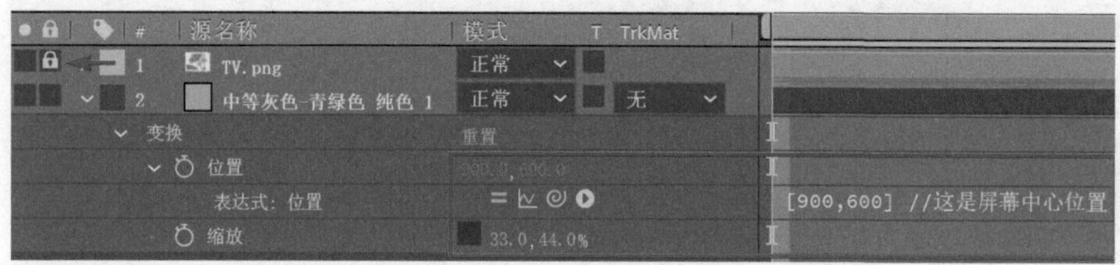

图 18-10 添加单行注释

STEP 4

新建一个文本层并输入The End，放置到电视屏幕内，如图18-11所示。

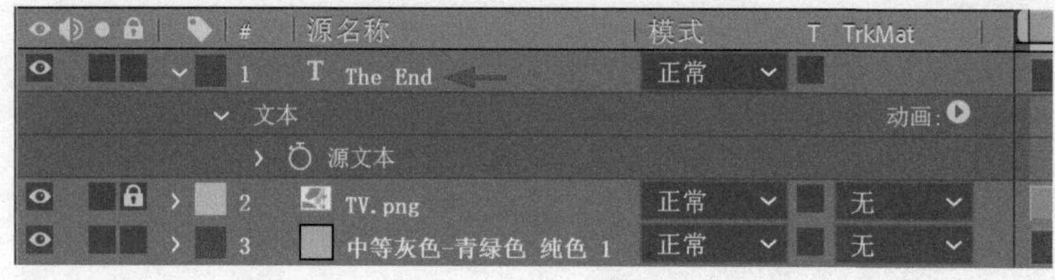

图 18-11 输入文本

STEP 5

展开图层，按住Alt键并单击“源文本”的秒表，显示出表达式输入框，可以在这里输入指定显示的内容，并添加多行的注释。这个表达式及多行的注释如下：

```
“谢谢观看”
/*
可以在这里输入文字
替换原来的文字
*/
```

这样，文字层在画面中显示的内容将改变，原来的英文变为现在的中文。表达式中引号为半角符号，另外表达式语句中的字符、标点符号，都需要是半角符号，可以在英文的半角符号输入法状态下输入，其中引号内引用的全角中文字符内容、注释范围内的中文内容及全角字符的标点除外。表达式栏如果显示不完整，可以拖曳下方的边界以扩大显示范围，如图18-12所示。

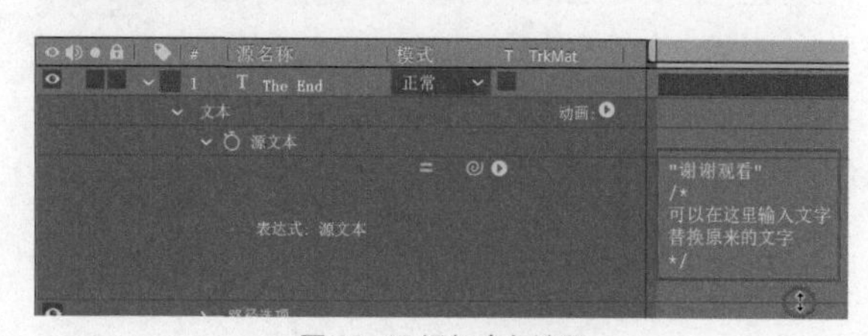

图 18-12 添加多行注释

STEP 6

注释以/*开始，至*/结束，优点是可以包括一行或多行的文字，适合注释文字较多时使用。清晰的表达式语句排版有利于更好地阅读理解。当然这里因为表达式较短，也可以在一行内完成，即可以改为以下的表达式：

“谢谢观看” /*可以在这里输入文字，替换原来的文字*/

操作4 进行表达式数值运算

STEP 1

导入“分层时钟.psd”文件，为了使默认的锚点都居中，因此“导入种类”选择为“合成”，即各层大小按文档统一的宽和高锚点居中。如果选择“合成 - 保持图层大小”，则按各自图层实际的宽和高锚点居中，因为实际大小和位置有所不同，所以图层锚点也有所不同，如图18-13所示。

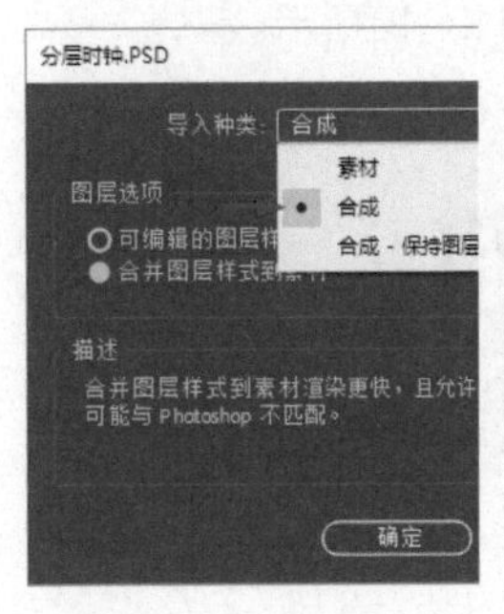

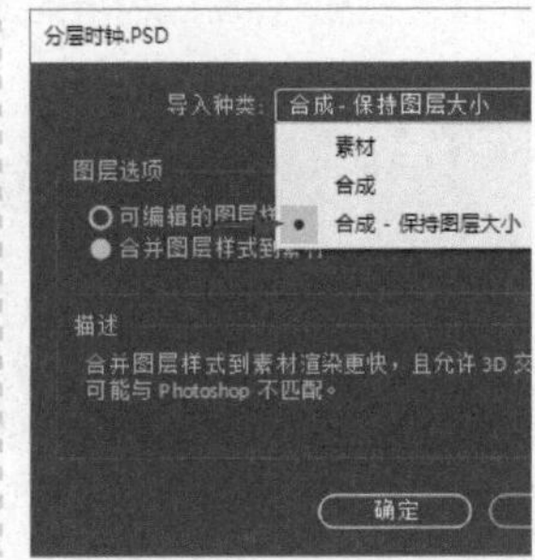

图 18-13 导入分层素材

STEP 2

在时长为5秒的合成中设置“分针”从12点位置转至1点的位置，即走动5分钟。设置“旋转”在第0帧处为0x-135.0°，在第4秒24帧处为0x-105.0°，如图18-14所示。

图 18-14 设置分针动画关键帧

STEP 3

展开“秒针”图层下的“旋转”属性，按住Alt键并单击“旋转”的秒表，添加表达式，在表达式关联器按钮上按下鼠标左键并拖至“分针”层的“旋转”属性名称上释放，生成对应的表达式，如图18-15所示。

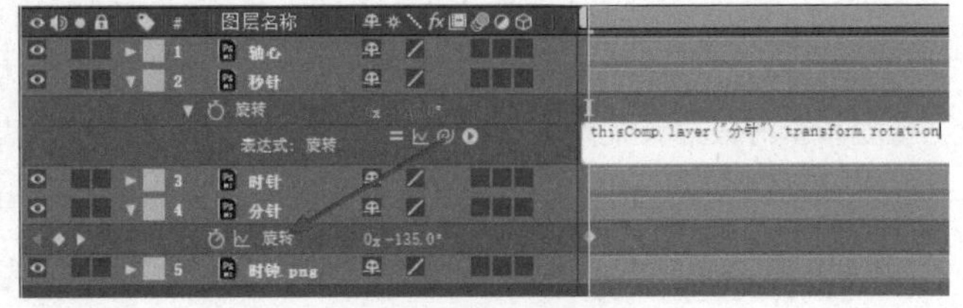

图 18-15 建立关联表达式

STEP 4

在表达式后输入 * 60，并添加注释，完整的表达式如下：

thisComp.layer(“分针”).transform.rotation * 60

/*

秒针旋转比分针快60倍

*/

即在生成的关联表达式的基础上再进行数值运算，因为秒针旋转速度比分针快60倍，所以在表达式后乘以60。预览动画，可以发现分针从12点到1点走动1的大格，秒针相应旋转5圈，如图18-16所示。

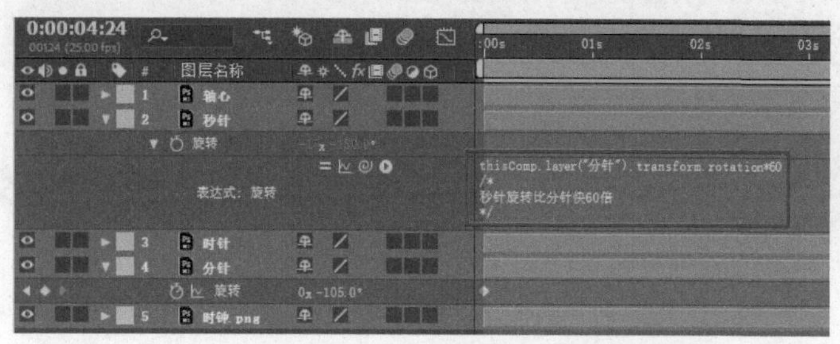

图 18-16 修改和注释表达式

STEP 5

设置完“秒针”再对“时针”做相似的设置，为其“旋转”属性添加表达式并关联“分针”层的“旋转”，并在关联表达式后除以12，即使时针的旋转速度比分针慢12倍，表达式如下：

thisComp.layer(“分针”).transform.rotation/12

/*

时针旋转比分针慢12倍

*/

这样利用表达式设置好时钟指针之间的动画关系，只需要调整“分针”的动画即可带动其他指针，如图18-17所示。

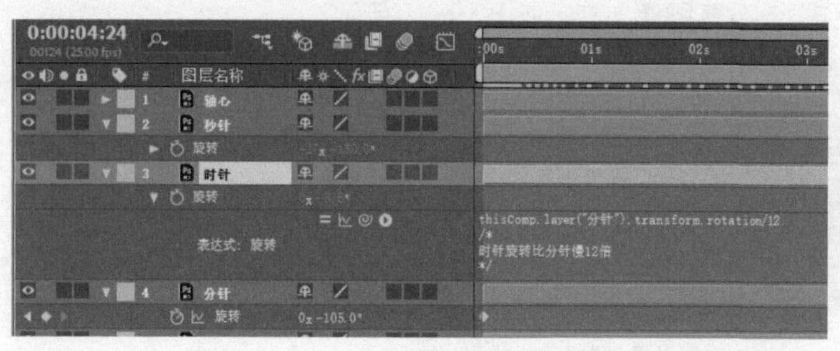

图 18-17 添加“时针”的表达式

操作5 输入多行表达式

STEP 1

这里在操作4的基础上对秒针进行微调，并输入多行表达式。先分析一下时钟的单位与旋转角度。时钟1圈分为12大格，每大格30°，1大格中分为5小格，每小格6°。

STEP 2

当前秒针的起始位置为第6点04的位置，即6大格加4小格，为6 * 30+4 * 6=180+24，所以表达式后可以继续添加运算。校正秒针从12点位置开始的表达式如下：

a=thisComp.layer(“分针”).transform.rotation; //关联属性

b=a * 60; //秒针旋转比分针快60倍

```
c=180+4 * 6;                    //秒针校正到12点位置开始
b-c
```

预览动画，可以发现秒针跟随分针从12点位置开始，如图18-18所示。

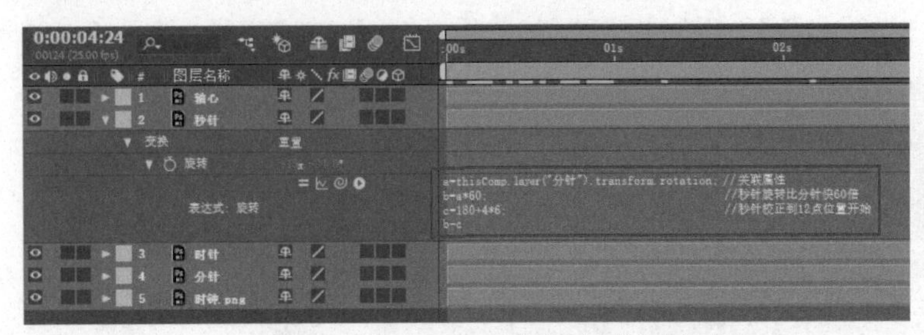

图18-18 输入表达式

STEP 3

多行表达式中，前面每行以半角的分号结尾，最后一行反馈属性的数值，不能添加分号。实际上，多行表达式中的分号有时也可以省略不用，但为了表达式的准确无误，目前大多还是采用分号结尾的习惯。

操作6 进行表达式数组运算

STEP 1

在高清合成中放置“字幕条.png”层。

STEP 2

建立一个文字层，准备放置到字幕条上匹配的位置，虽然有多种方法，但这里准备使用数组运算的方法来实现，并实践关联属性操作。字幕条图像与文字如图18-19所示。

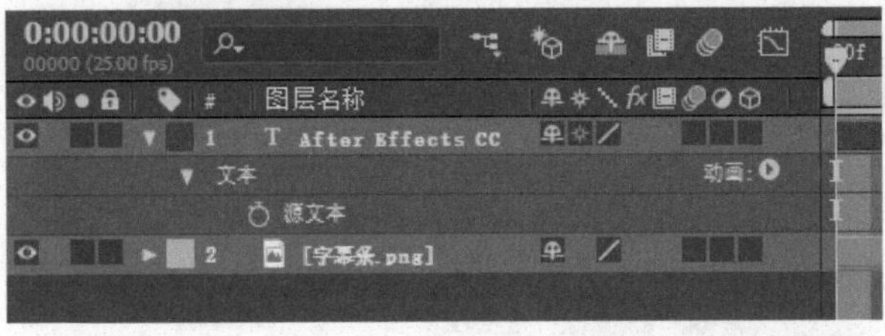

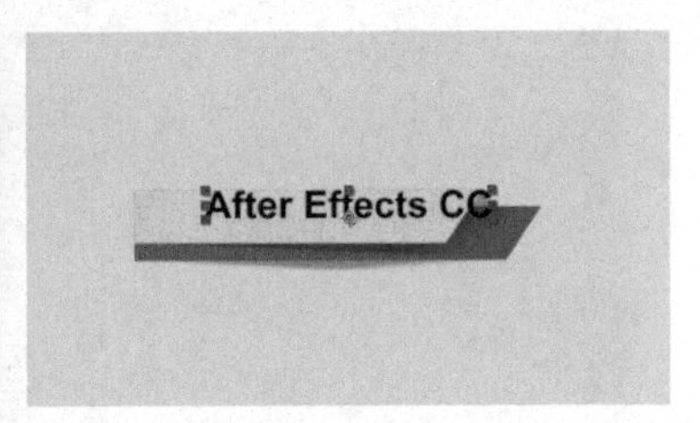

图18-19 图层与画面

STEP 3

按P键展开图层的“位置”属性，在合成视图中将文字移至合适的位置，如（810.0，570.0）处，按住Alt键并单击“位置”的秒表，显示出表达式框，将关联器拖至“字幕条.png”层的“位置”属性上并释放，生成关联表达式，如图18-20所示。

图18-20 建立关联表达式

STEP 4

在关联表达式后添加一个减号，再将关联器拖至自身属性上释放，如图18-21所示。

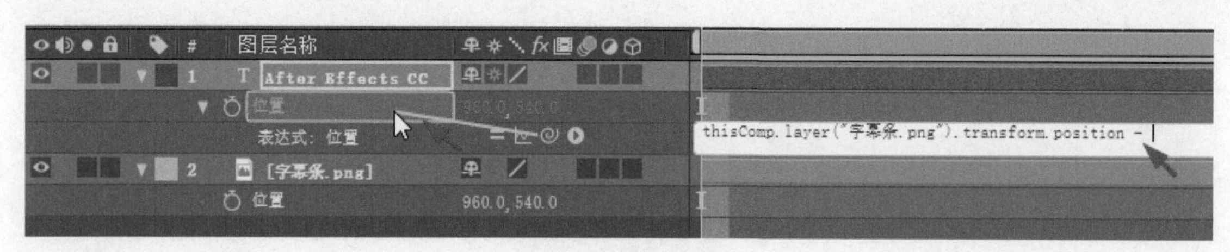

图 18-21 修改表达式

STEP 5

这样在减号后生成本属性表达式，当前的表达式如下：

thisComp.layer（“字幕条.png”）.transform.position - transform.position

减号后的关联表达式因为指向自身，所以省略了合成和图层的定位。当前表示两个图层位置的减法运算，并显示出运算结果为（150.0，-30.0），用数组表示则为[960，540] -[810，570]=[-150，30]，即x轴数值和y轴数值组成的二维数组间，x轴数值相互运算与y轴数值相互运算，结果组成新的数组，如图18-22所示。

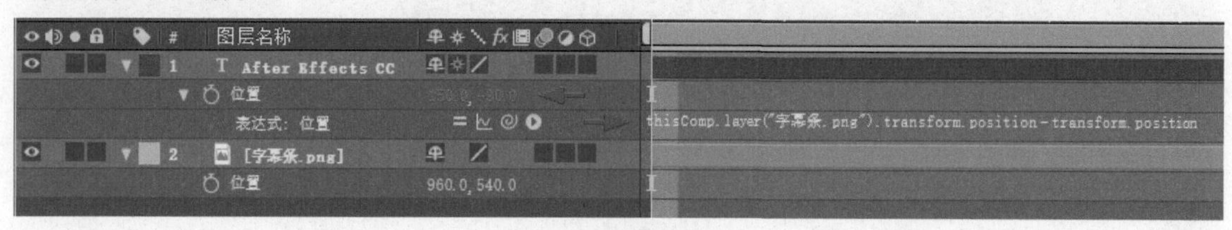

图 18-22 设置表达式

STEP 6

这个结果可以拿来参考，将减号后的表达式直接修改为[150,-30]，即可以校正文字与字幕条的位置偏差。即先找到合适的位置，然后用表达式测试出偏差数值，并用表达式建立固定关系，如图18-23所示。

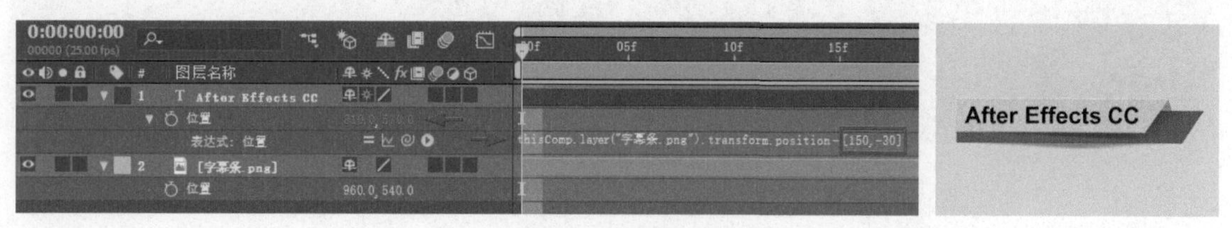

图 18-23 修改表达式

STEP 7

如果不使用关联的方法，而直接使用中心点减去偏差，即输入表达式[960,540]-[150,-30]，或者输入[810,570]，这样没有变量的表达式将变成一个固定的数值，只能限定属性不变，失去动画的作用。关联字幕条的“位置”属性参与运算后，字幕条移动到哪里，文字也将跟随到哪里。例如，这里移动字幕条至画面的中上部，文字也跟随到画面的中上部，如图18-24所示。

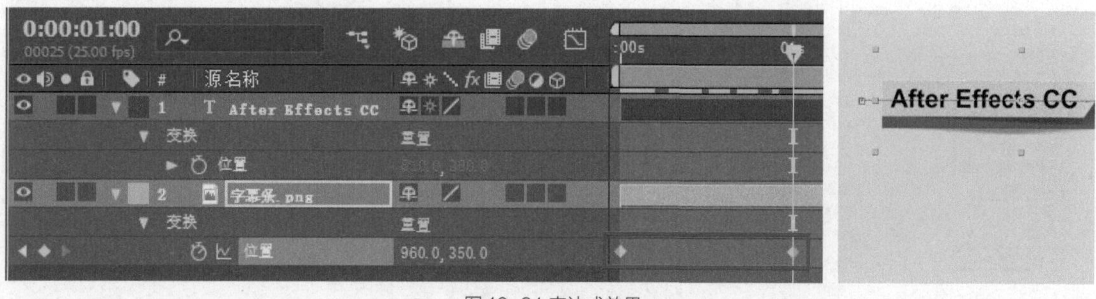

图 18-24 表达式效果

操作7 表达式指向同名图层的修改

STEP 1

在上一操作的基础上，选中两个层，按Ctrl+C快捷键复制，再按Ctrl+V快捷键粘贴，创建副本。此时文字层的名称有所区别，但字幕条的名称仍然相同。修改时间轴中前一个“字幕条.png”图层的位置关键帧，在屏幕下部做平移动画。由于两个文字层表达式都指向“字幕条.png”图层，软件默认依据前一个“字幕条.png”图层，这样另一个“字幕条.png”图层上没有文字，如图18-25所示。

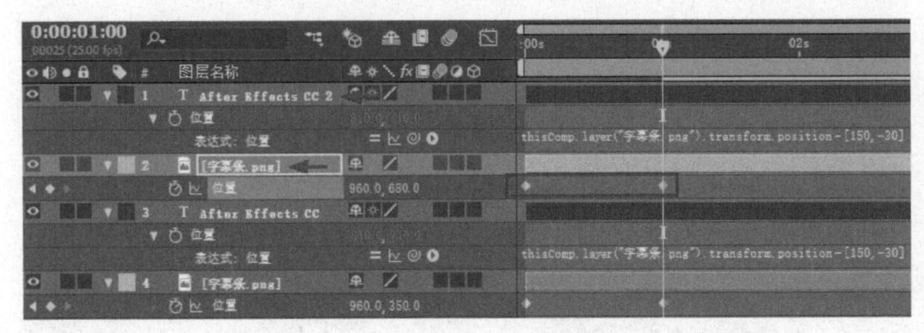

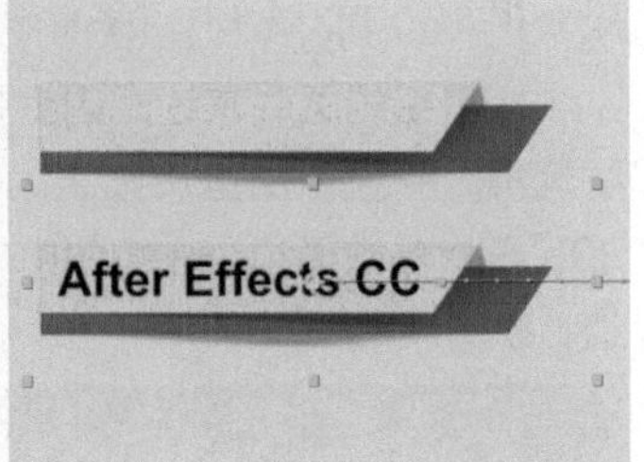

图18-25 表达式图层副本

STEP 2

此时，修改图层名称和表达式引用即可修正问题。即当表达式指向两个“源名称”相同的图层时，需要变换图层的“图层名称”，保持表达式指向的唯一性，避免产生歧义，如图18-26所示。

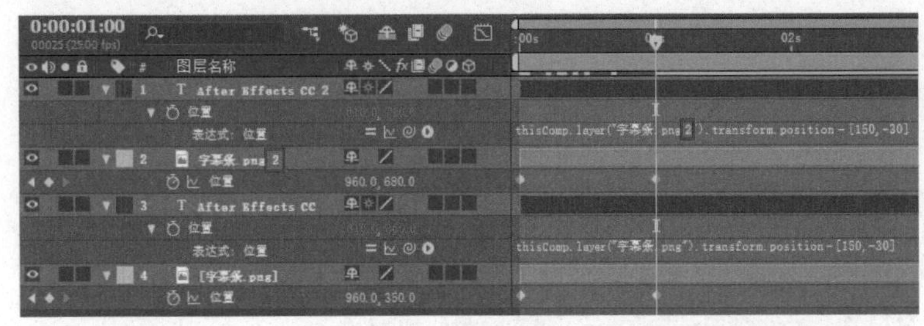

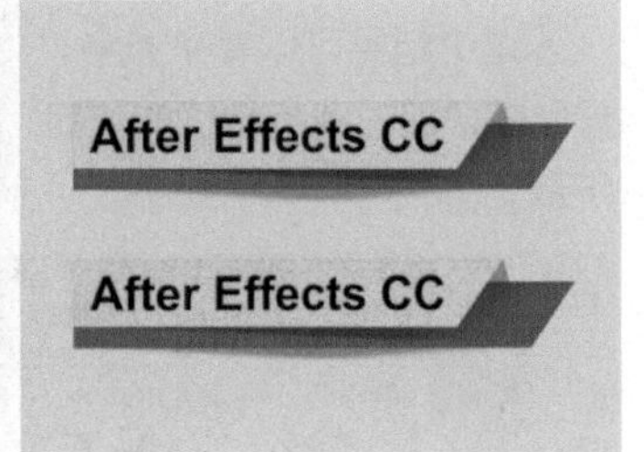

图18-26 保持表达式指向的唯一性

操作8 属性链接与表达式的复制

STEP 1

在“编辑”下有一组与复制相关的菜单，这里明确各自的区别。选中图层，按Ctrl+C快捷键复制后按Ctrl+V快捷键粘贴，该操作与按Ctrl+D快捷键一样，都可以得到相同的副本，如图18-27所示。

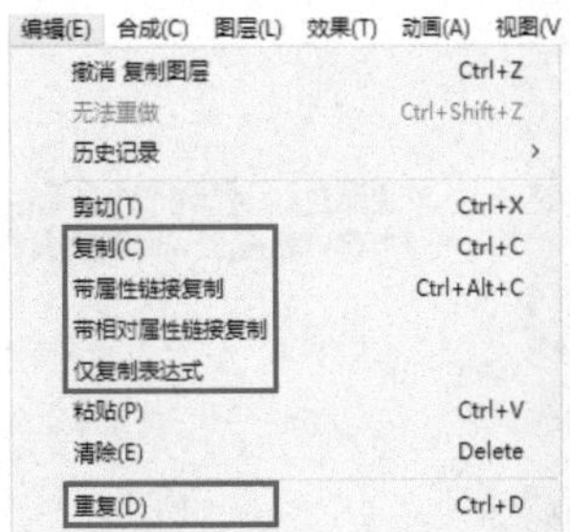

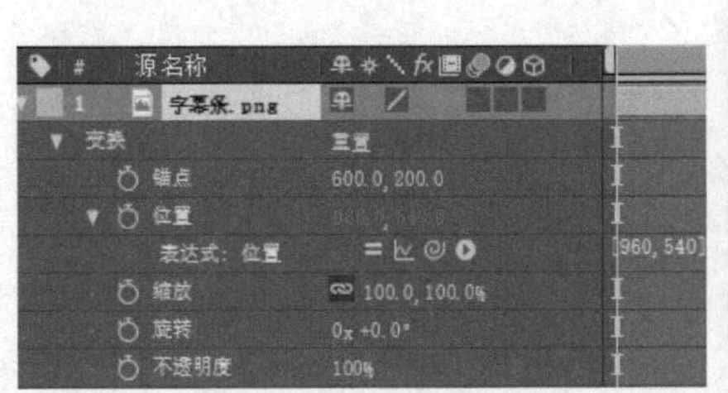

图18-27 复制相关菜单和创建图层副本

STEP 2

选中图层，选择菜单“带属性链接复制”，然后按Ctrl+V快捷键粘贴，产生的新图层中属性都添加了关联表达式，即都链接了复制图层的对应属性，并在产生的表达式中显示了合成名称与图层名称。这种精确的表达式指向，可以用在一个合成中指向另一个合成中的图层。

STEP 3

选中图层，选择菜单“带相对属性链接复制”，然后按Ctrl+V快捷键粘贴，产生的新图层中属性同样都添加了对应关联表达式，不同的是省略了合成名称与图层名称。同一合成中的表达式，常使用这种相对属性链接的形式，如图18-28所示。

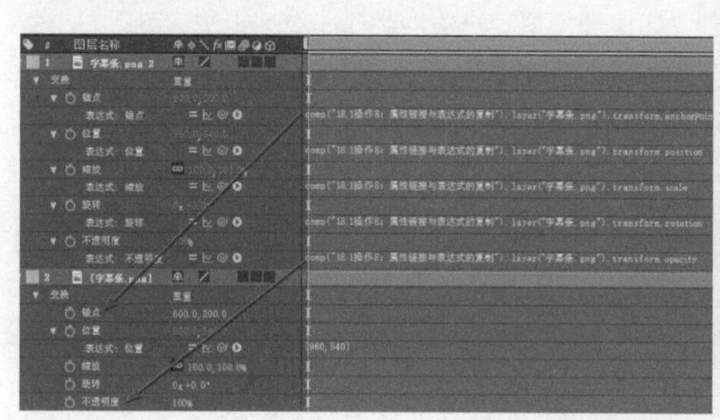

图 18-28 带属性链接复制与带相对属性链接复制

STEP 4

使用菜单“仅复制表达式”时，需要选中含有表达式的属性。这里选中“字幕条.png”层的“位置”属性，然后选择“仅复制表达式”菜单，再选中其他相同维度的属性，如文字层的“锚点”，按Ctrl+V快捷键粘贴，得到相同的表达式。也可以一次复制多个属性的表达式，然后粘贴到目标层，如图18-29所示。

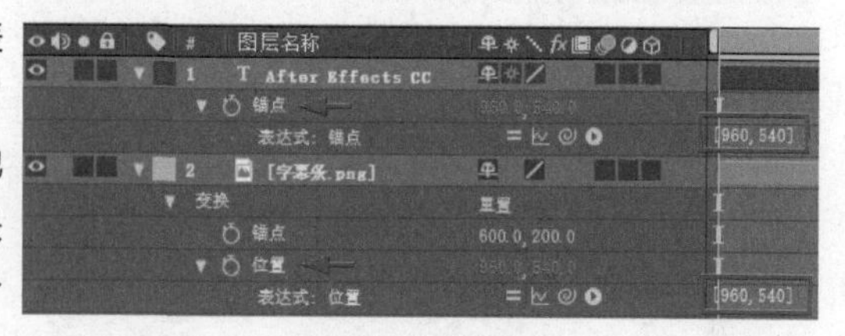

图 18-29 仅复制表达式

18.2 常用表达式函数

After Effects表达式基于JavaScript来编写，在菜单“表达式语言”中可以引用众多的函数，并将其添加到表达式中，为图层和效果的属性制作各类自动化的数值动画。往往在表达式中使用一个简单的函数，就可以节省大量手动设置关键帧的操作时间，而且在操作上更加规范有效。例如，利用函数可以自动计算时间、自动将小数转换为整数，自动按圆周率计算车轮转动与移动距离的对应关系。

操作 1　使用向下取整函数

STEP 1

在高清合成中放置“分层时钟.psd”的图层，按住Alt键并单击“秒针”的“旋转”属性，显示表达式输入框，单击“表达式语言菜单”按钮打开菜单选择“Global”下的“time”，建立一个函数表达式。这个函数将按合成中的时间位置反馈数值，1秒处反馈1，1秒与2秒之间反馈1.5，2秒处反馈2，依次类推，如图18-30所示。

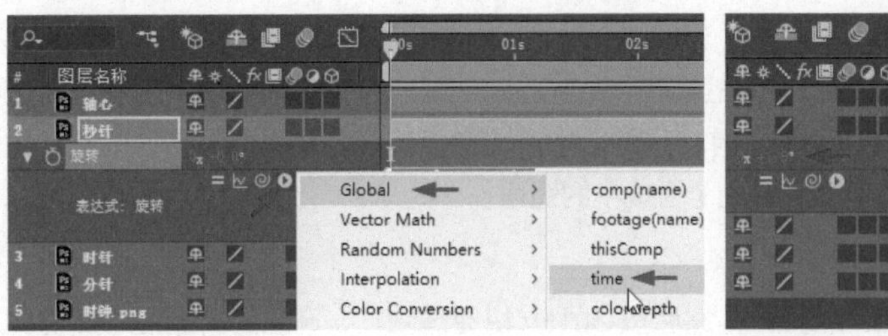
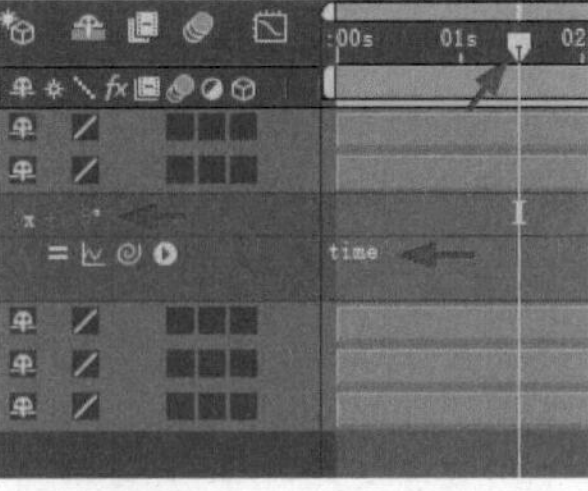

图 18-30 添加 time 函数

STEP 2

实时预览动画，可以发现秒针按时间匀速转动。如果要模拟秒针每秒跳动一次的走法，可以对小数进行取整，即从0至1之间的小数都反馈为0，1至2之间的小数都反馈1。修改表达式为a=time，换行插入光标，然后在“表达式语言菜单”中选择“JavaScript Math”下的“Math.floor(value)”，添加表达式函数，并修改括号内的数值为a，如图18-31所示。

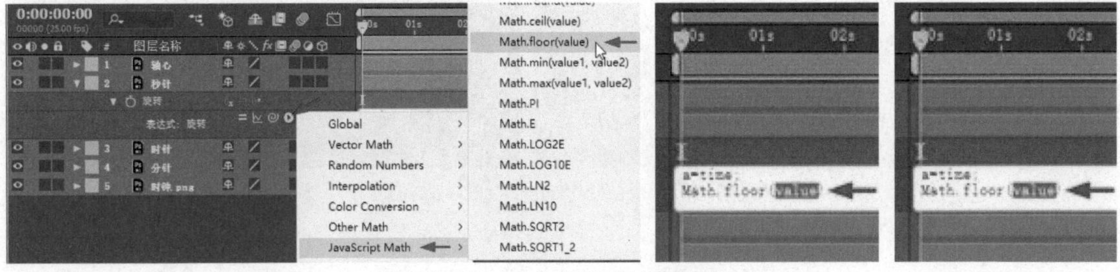

图 18-31 添加表达式函数和修改表达式

STEP 3

预览当前的动画，发现秒针每秒跳动一下，不过每秒旋转1°，角度过小。实际上秒针每秒应该旋转6°，进一步修改表达式如下：

```
a=time          //反馈合成时间数值
b=Math.floor(a)   //小数
b * 6           //每次旋转6°
```

这样模拟秒针跳动的动画效果，如图18-32所示。

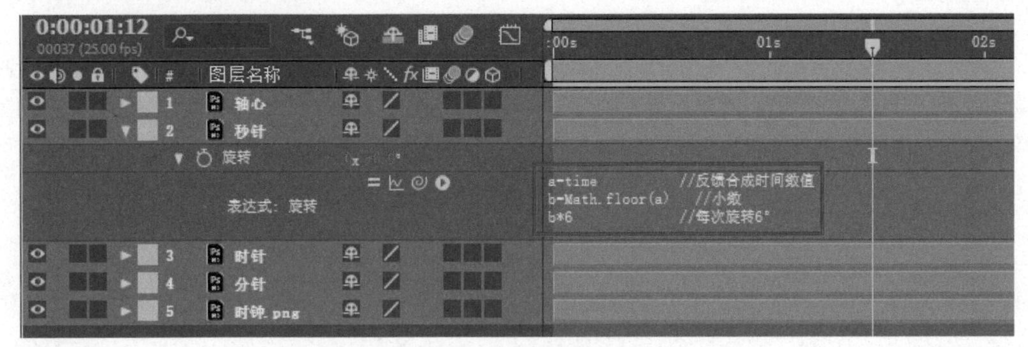

图 18-32 修改表达式

STEP 4

Math.floor(value)是一个对数值向下取整的函数，这里对几个实用的相关函数说明如下。

Math.abs(Value)，得到绝对值，即忽略数字前的负号。例如，Math.abs(-3)得到3。

Math.round(Value)，四舍五入取整。例如，Math.round(1.4)得到1，Math.round(1.5)得到2。

Math.ceil(Value)，对数值向上取整。例如，Math.ceil（1.01）得到2。

Math.floor(Value)，对数值向下取整。例如，Math.ceil（1.99）得到1。

Math.min(Value1,Value2)，得到多个数值中最小的一个。例如，Math.min（1，2，3，4）得到1。

Math.max(Value1,Value2)，得到多个数值中最大的一个。例如，Math.max（1，2，3，4）得到4。

操作2 设置时间延迟

STEP 1

在高清合成中放置“字幕条.png”，按Ctrl+D快捷键创建两个副本，将这3个图层分别重命名为“字幕条1”“字幕条2”和“字幕条3”。

STEP 2

设置“字幕条1”从屏幕右侧移入屏幕的关键帧动画，设置“位置”在第0帧时为（2600.0，230.0），在第1秒时为（960.0，230.0）。

STEP 3

为“字幕条2”的“位置”属性建立表达式，先输入a=，在其后关联“字幕条1”的“位置”属性，生成关联表达式，然后换行输入a+[0,300]，表达式为：

a=thisComp.layer(“字幕条1”).transform.position;

a + [0,300]

其中[0,300]表示*x*轴相同，*y*轴向下偏移300。同样为“字幕条3”建立相似的表达式并关联“字幕条2”的“位置”属性，如图18-33所示。

图 18-33 建立表达式

STEP 4

此时的动画同时出现，这里让后一个字幕条迟1秒出现，可以使用表达式函数来实现。在“字幕条2”表达式中插入一行，单击“表达式语言菜单”按钮打开菜单并选择“Property”下的“valueAtTime(t)”，插入这个函数，然后修改表达式，包括将括号内的数值修改为time-0.5，这样可以反馈一个延迟0.5秒开始的关键帧时间，修改后的表达式如下：

a=thisComp.layer(“字幕条1”).transform.position; //关联属性

b=a.valueAtTime(time-0.5) //动画延迟0.5秒

b+[0,300] //偏移位置运算

即使用a.valueAtTime(time-0.5)语句，可以使动画时间延迟0.5秒。同样，括号内的数值如果为time-1则为延迟1秒、如果为time+2则为提前2秒。为“字幕条3”也设置这个延迟的表达式，如图18-34所示。

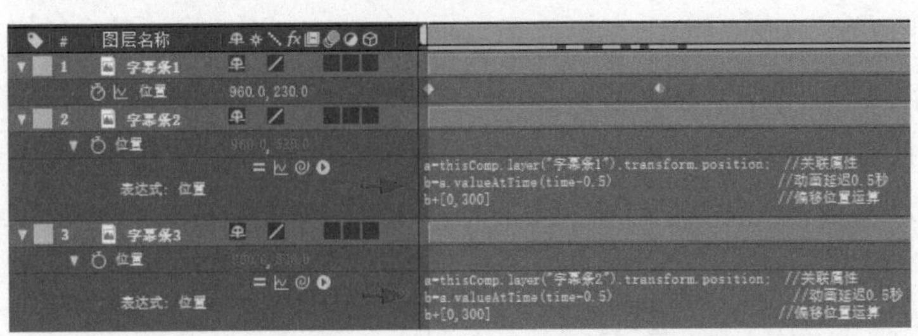

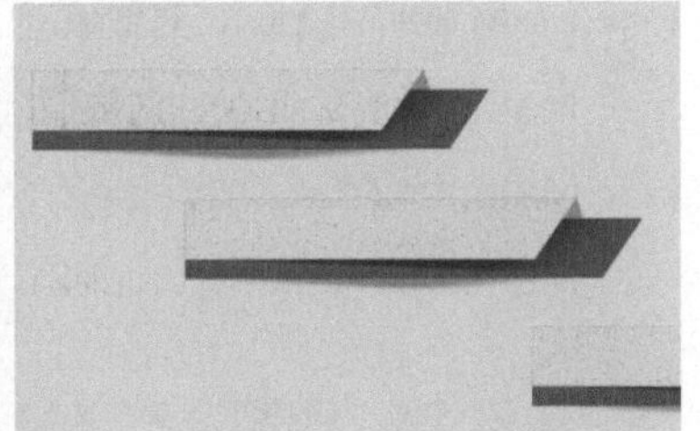

图 18-34 表达式延迟效果

操作3 取随机数

STEP 1

这里建立一个五角星的形状图层，设置大小和颜色，准备为其多个属性设置随机函数的表达式，如图18-35所示。

STEP 2

展开形状图层的变换属性，为“旋转”添加表达式，在“表达式语言菜单”中选择“random Numbers”下的“random()”，这是一个产生随机数的函数，默认为0至1内的随机数，这里在其后乘以10，即得到0至10内的随机数。

STEP 3

为“不透明度”添加random（0,100），指定反馈0至100的随机数。

图 18-35 建立五角星

STEP 4

为“缩放”添加随机数函数时，先指定a=random(50,100)，然后通过[a,a]返回两个数字相同的二维数组，以保证缩放时宽和高保持相同。

STEP 5

为“位置”添加随机数函数时，指定*x*轴为random(0,1920)，即将随机数限制在整个屏幕宽度内，指定*y*轴为random(440,640)，即将随机数限制在屏幕中部200像素的高度范围内。这个表达式如下：

[random(0,1920),random(440,640)]

也可以在函数的括号内设置数组的形式，即等同于以下表达式：

random([0,440],[1920,640])

这样为各个属性按不同的方法设置随机数函数，预览图形，可以看到在合成中按设置好的表达式属性进行动画，如图18-36所示。

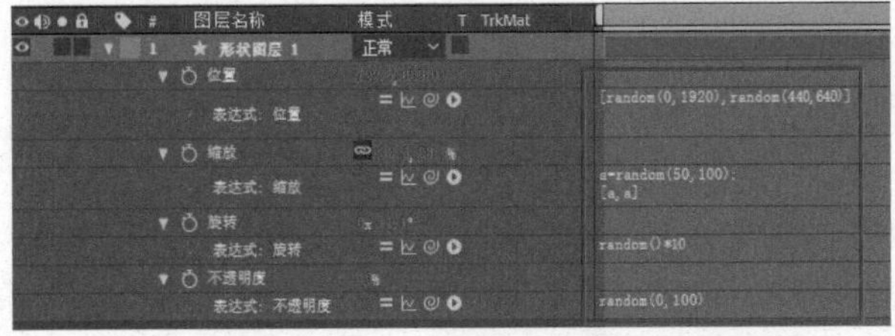

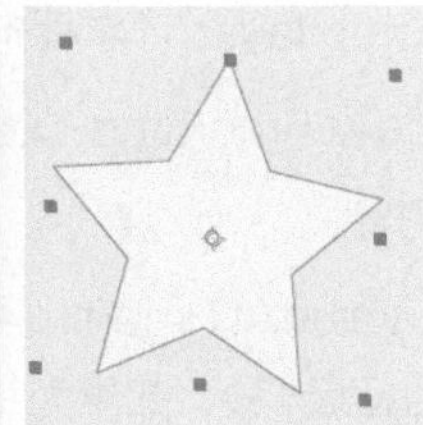

图 18-36 设置随机函数表达式

STEP 6

当前每一帧的图形都在变化，闪动过快，可以选择菜单“效果>时间>色调分离时间”，并设置效果下的“帧速率”为3.0来减慢闪动的频率，即每秒闪动3次。

STEP 7

选择菜单“效果>颜色校正>色相/饱和度”，设置“彩色化”为“开”，为“着色色相”添加表达式random(0,360)，为“着色饱和度”添加表达式random(25,100)，为图形重新着色，并随机变化颜色，如图18-37所示。

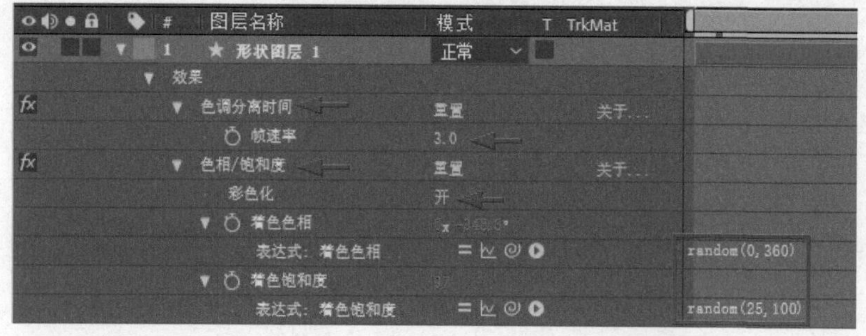

图 18-37 设置随机颜色

STEP 8

设置好一层的表达式后，因为产生的是随机数，按Ctrl+D快捷键创建多个副本，这样可以得到多个在控制范围内的随机图形，如图18-38所示。

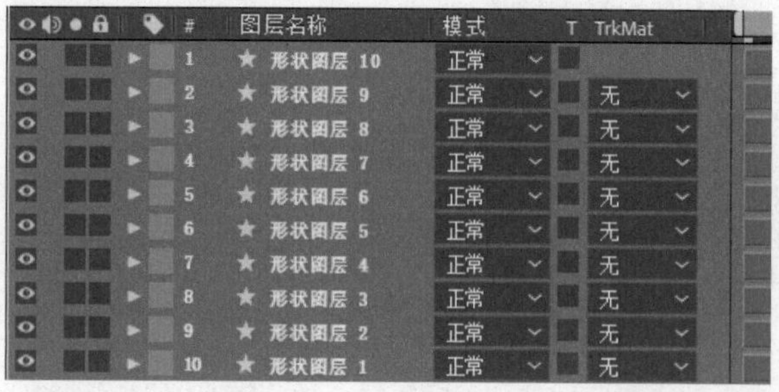

图 18-38 随机动画效果

操作4　使用摆动函数制作光斑效果

STEP 1

相对于随机数的变化不定，摆动函数则是在当前数值的基础上产生新的数值，相对来说有章可循，不会立即产生过大的偏差。这里在工具栏中双击“多边形工具”，建立一个六边形的形状图层，设置大小、角度并将颜色设置为浅黄色，如图18-39所示。

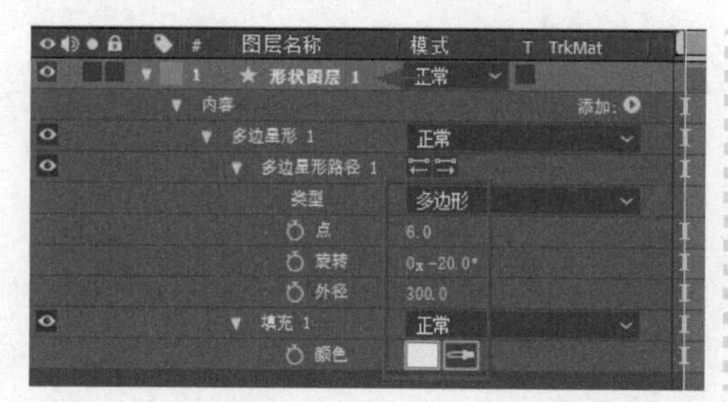

图 18-39 建立六边形

STEP 2

展开图层“变换”下的“位置”属性，添加表达式，并在“表达式语言菜单”中选择“Property”下的“wiggle”，并设置表达式为：

wiggle(0.1,1500)

其中常用的wiggle(freq, amp) 中，freq为频率，amp为范围。预览动画，发现这里由于频率数值较小，图形中的画面在缓慢运动，如图18-40所示。

图18-40 设置摆动表达式

STEP 3

选择菜单“效果>模糊和锐化>高斯模糊”，为形状图层添加“高斯模糊”效果，打开三维开关，降低不透明度。

STEP 4

建立一个“预防”为“35毫米”的摄像机，打开“景深”，增加“光圈”和“模糊层次”，如图18-41所示。

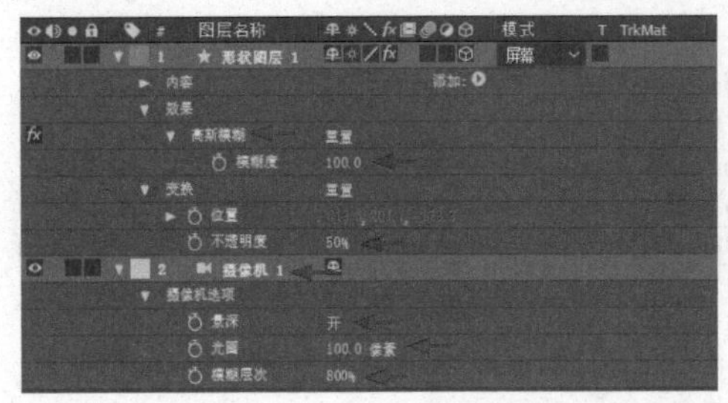

图18-41 设置属性

STEP 5

选中形状图层，按Ctrl+D快捷键创建多个副本，然后在底层放置视频素材，预览随机缓慢摆动的光斑效果，如图18-42所示。

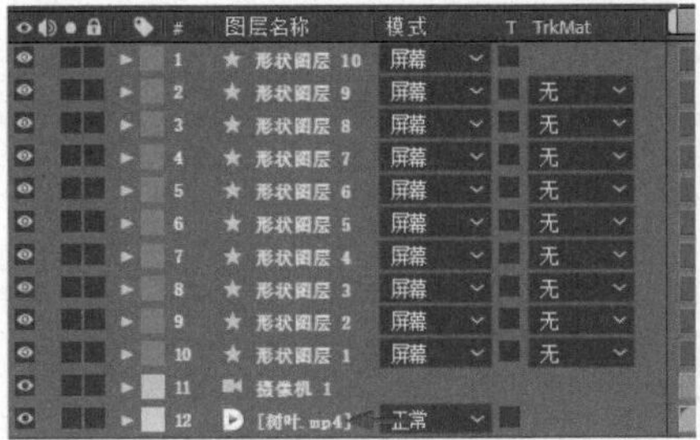

图18-42 创建多个副本

操作5 使用插值函数

STEP 1

这里准备一个简单的三维合成场景，包括一个平面、一个立方体和一个文本层。其中立方体由3个平面组成，将“面2”和“面3”的父级层设为“面1”。“面1”层的锚点在底部，准备通过其“缩放”属性制作增高动画，如图18-43所示。

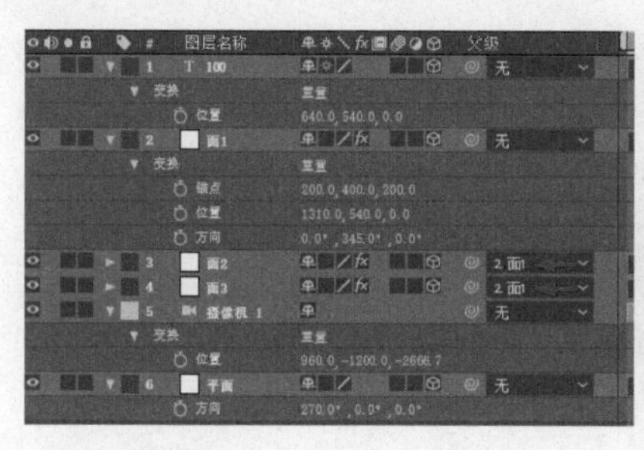
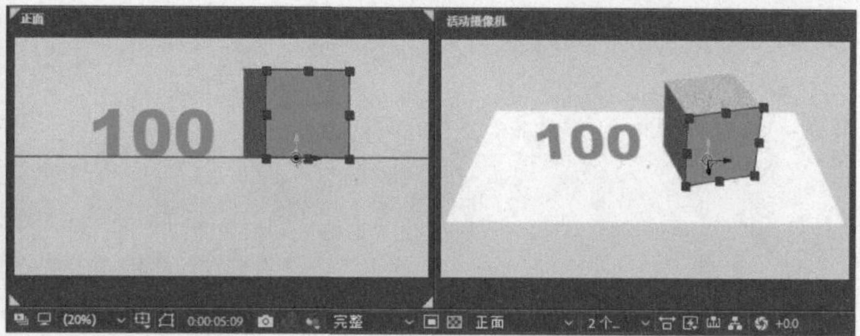

图 18-43 准备场景

STEP 2

展开“面1”的“缩放”属性，添加表达式，其中在“表达式语言菜单”中选择“Interpolation”下的“linear(t,tMin,tMax,value1,value2)”，添加插值函数到表达式输入框中，并修改为如下表达式：

```
a=linear(time, 1, 5, 1,100);
[scale[0],a,scale[2]]
```

其中t使用time时间函数，tMin设为从1秒开始，tMax设为到5秒结束，value1设为从1开始计数，value2设为到100结束，将这组数值指定为a。因为“缩放”属性数组中默认的x轴以scale[0]表示，y轴以scale[1]表示，z轴以scale[2]表示，这里设置“缩放”的x轴和z轴为默认值，y轴为a，如图18-44所示。

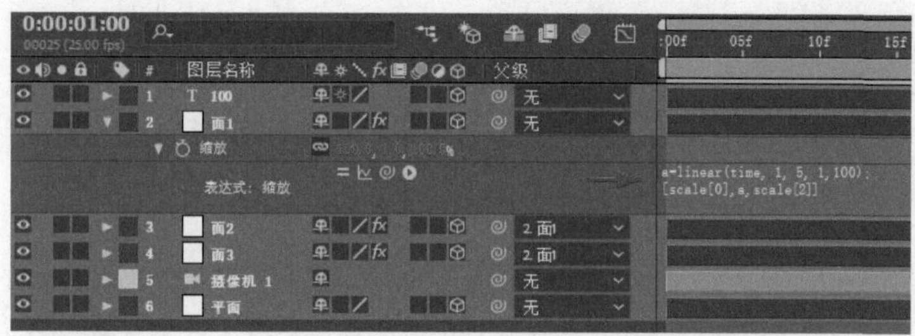

图 18-44 设置高度表达式

STEP 3

预览动画，立方体从第1秒处开始从1%的高度逐渐增高，至第5秒时增高100%。这里将立方体“缩放”属性的y轴数值作为文字层显示的内容，为文字层的“源文本”设置表达式，先使用关联“面1”层的y轴数值的方法自动生成表达式，如图18-45所示。

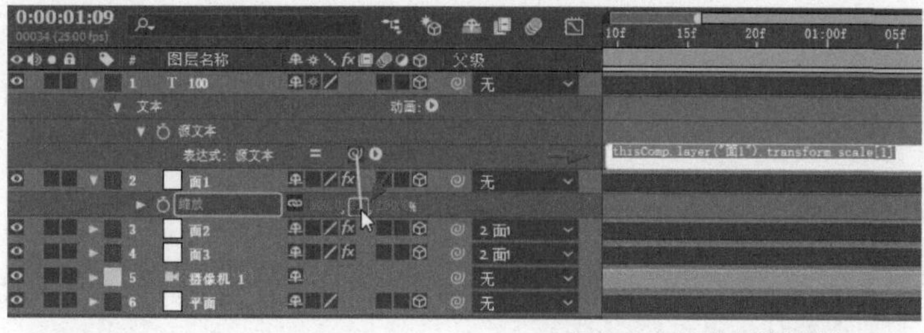

图 18-45 源文本关联数值

STEP 4

此时文本层显示的内容来自“面1”层“缩放”关键帧动画中的数值，显示从1到100的数字动画，默认包括两位小数。可以在表达式中添加取整函数，修改表达式如下：

```
a=thisComp.layer(“面1”).transform.scale[1];
b=Math.floor(a)
```

即对当前数值进行向下取整，这样在制作中没有添加关键帧的情况下，得到了从1到100的增长图形和数字动画，如图18-46所示。

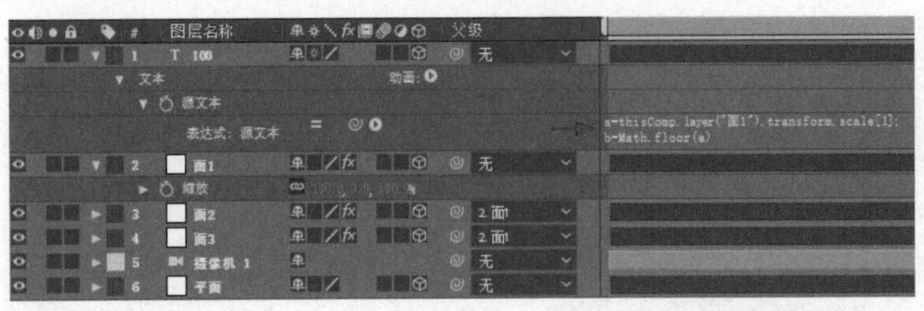

图 18-46 设置文本表达式

操作6 添加圆周率表达式制作车轮移动动画

STEP 1

导入“TAXI.psd”分层文件，在打开的导入设置面板中将“导入种类”选择为“合成-保持图层大小”，保证车轮的中心点在正确的位置。

STEP 2

在时间轴合成中重命名图层为“前轮”“后轮”和“车体”，设置“前轮”和“后轮”的父级层为“车体”，如图18-47所示。

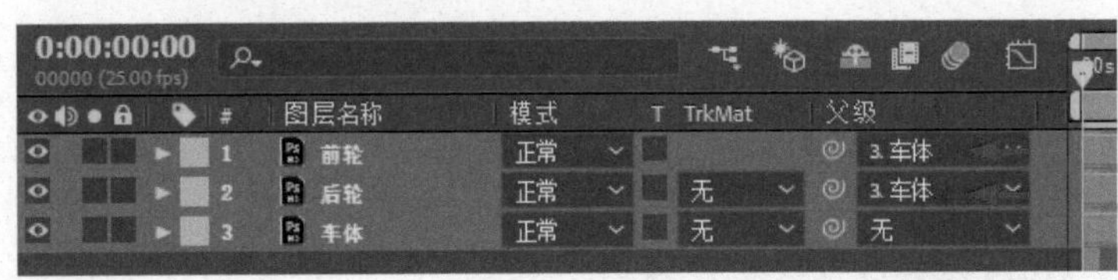

图 18-47 准备图层

STEP 3

在合成开始和结束时间为“车体”设置“位置”以制作从左侧到右侧的平移动画，设置其值在第0帧时为（500.0，540.0），在第5秒24帧时为（1350.0，540.0）。

STEP 4

设置“前轮”的“旋转”属性以制作跟随移动而产生的旋转动画，为其添加表达式，先关联“车体”“位置”属性的x轴数值并指定为a，然后设置如下表达式：

```
a=thisComp.layer(“车体”).transform.position[0];
b=width*Math.PI;
(a/b)*360
```

其中，关联数值a是车体平移的距离，也是轮子移动的距离。Width函数为图层宽度，即圆形的直径，Math.PI函数为圆周率，b就是直径乘以圆周率所得到的周长，最后(a/b)*360表示移动距离除以周长得到圆形的圈数，即“旋转”属性的旋转角度，如图18-48所示。

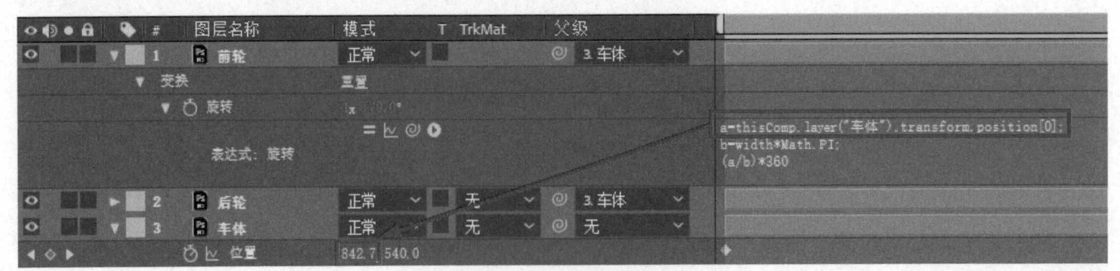

图 18-48 建立圆周率表达式

STEP 5

“后轮”的“旋转”属性随着“前轮”的变化而变化，可以直接建立一个关联表达式。这样就设置好车轮随位置而转动的动画了，如图18-49所示。

图 18-49 关联车轮旋转

18.3 表达式控制

在After Effects的“效果”下有一个“表达式控制”效果组，其下有多个用来关联各类属性的控制项。通常的用法是在合成中建立一个独立的空对象层（或者选择一个图层）作为主控制层，当需要控制合成中的某项属性时，可以从“表达式控制”效果组下将对应的控制项添加到主控制层中，然后设置关联表达式。用这样的方法可以在主控制层中关联和控制多个图层的属性。

操作1　使用表达式控制效果

STEP 1

这里导入“蝴蝶.psd”分层图形文件，在打开的素材设置面板中，将“导入种类”选择为“合成”，保证各层的锚点均在合成视图的中心。

STEP 2

修改导入的合成为HDTV 1080 25高清合成，依次修改图层的名称为“身体”“翅膀A”和“翅膀B”，打开各层的三维开关，将“翅膀A”和“翅膀B”的父级层设为“身体”层，如图18-50所示。

图 18-50 准备分层素材

STEP 3

选中“身体”层，选择菜单“效果>表达式控制>滑块控制”，添加“滑块控制”效果。按Ctrl+D快捷键创建一个效果副本。

STEP 4

重命名两个效果为“扇动快慢”和“扇动角度”，如图18-51所示。

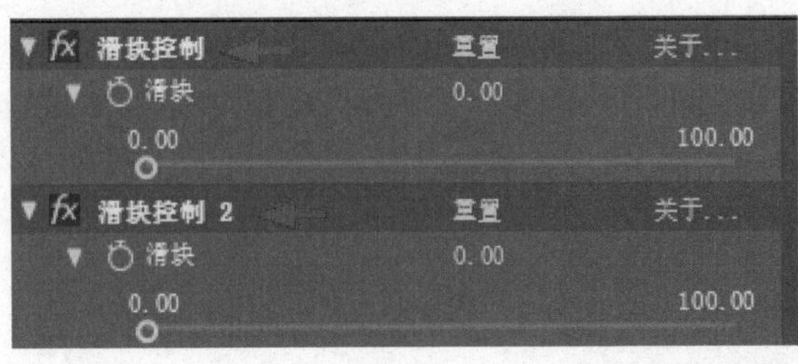

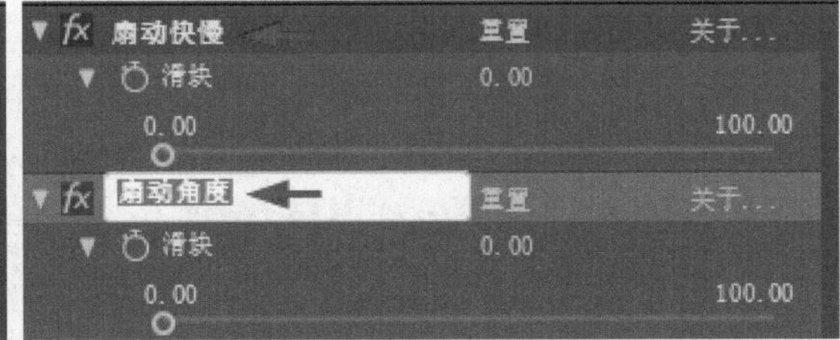

图 18-51 添加表达式控制效果并重命名

STEP 5

在时间轴中显示相关属性，为“翅膀A”的“y轴旋转”添加表达式。先关联“身体”层效果“扇动快慢”下的“滑块”生成表达式并指定为a，接着关联“身体”层效果“扇动角度”下的“滑块”生成表达式并指定为b，然后添加函数表达式Math.sin(time*a)*b，完整的表达式如下：

a=thisComp.layer(“身体”).effect(“扇动快慢”)(“滑块”);

b=thisComp.layer(“身体”).effect(“扇动角度”)(“滑块”);

Math.sin(time*a)*b

即使用函数Math.sin(x)反馈正弦值，其中参与运算的a和b由效果中的“扇动快慢”和“扇动角度”下的属性来控制。

STEP 6

设置“扇动快慢”为10.00，设置“扇动角度”为60.00，查看动画，发现有一个翅膀产生扇动的动画，如图18-52所示。

图 18-52 关联和设置一个翅膀的表达式

STEP 7

“翅膀B”可以依据“翅膀A”的动画，这里为其“y轴旋转”属性添加表达式。可以先关联到“翅膀A”层对应属性生成表达式，然后乘以-1得到一个负数，表达式如下：

thisComp.layer(“翅膀A”).transform.yRotation *-1

即得到一个负数的旋转角度，产生对称的翅膀动画，如图18-53所示。

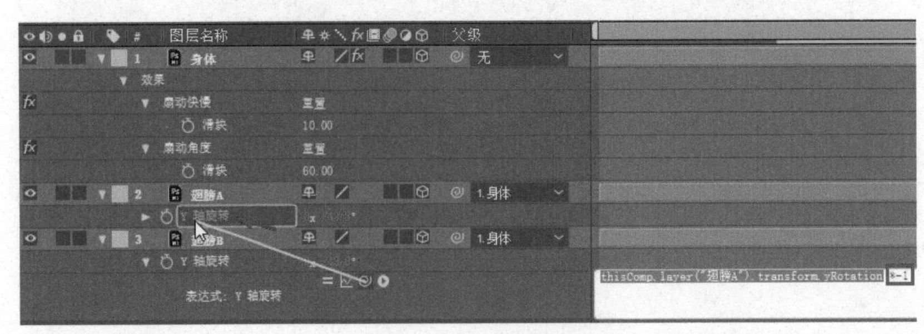

图 18-53 设置另一个翅膀的表达式

STEP 8

为“身体”建立一个跟随扇动产生晃动的动画，为“位置”属性添加表达式。先关联“扇动快慢”下的“滑块”生成表达式并指定为a，接着设置函数表达式Math.cos(tim*a)并指定为y，然后链接属性自身产生表达式与数组进行运算，完整的表达式如下：

a=effect(“扇动快慢”)(“滑块”);

y=Math.cos(time*a);

transform.position+[0,y,0]

其中y是一个晃动的位置变化，transform.position为属性本身的三维数组，加上[0,y,0]即只有*y*轴产生数组变化，这样身体随着扇动的节奏轻微晃动，如图18-54所示。

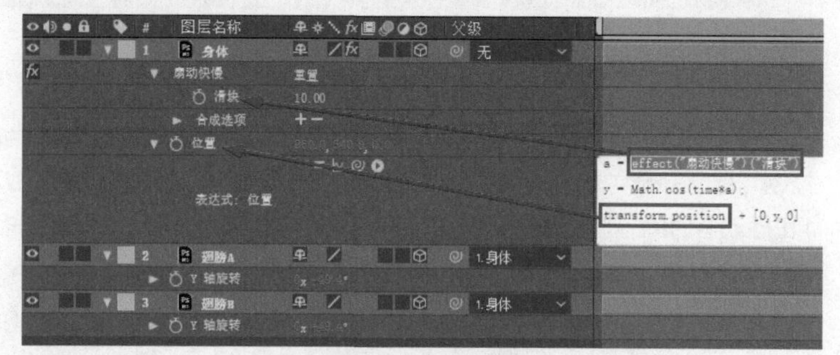

图 18-54 设置表达式

STEP 9

设置完表达式，可以调整效果“扇动快慢”和“扇动角度”的数组来改变蝴蝶翅膀扇动的频率和幅度，还可以添加变化的关键帧，产生忽快忽慢的效果。

操作2　使用表达式跨合成控制

STEP 1

这里准备制作翻书的动画效果，先准备页面内容，这里分别为“页1正面”“页1反面”“页2正面”“页2反面”。

STEP 2

“页1正面”合成中包括页面图像和文字层，其中文字层设置了从第0帧至第1秒的文本动画。其他3个页面合成同样包括对应的图像和1秒长度的文字动画，如图18-55所示。

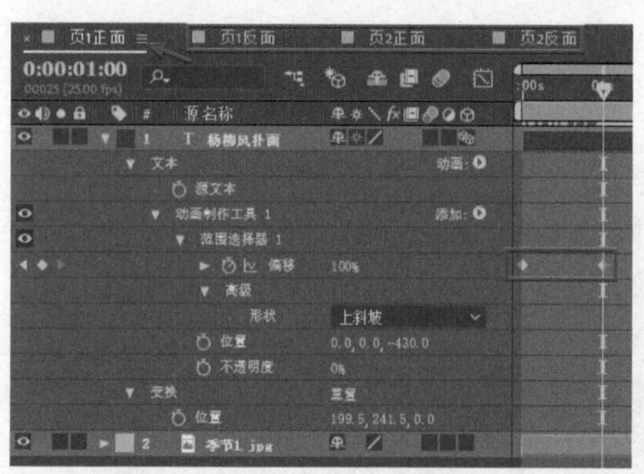

图 18-55 准备合成

STEP 3

在高清合成中嵌套放置4个页面合成，打开三维图层开关，设置各层“锚点”的位置，将影响旋转的中心点移至页面左侧，并使各层的*z*轴数值相差1形成从上到下的空间位置顺序，反转后则形成从下到上的空间位置顺序。使用“2个视图”查看从“顶部”查看图层的位置顺序，如图18-56所示。

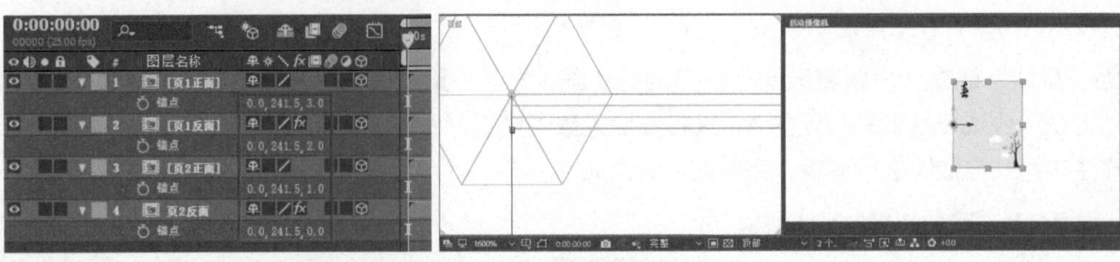

图 18-56 设置图层的锚点

STEP 4

建立一个空对象层，命名为“翻页控制”，选择菜单“效果>表达式控制>滑块控制”，添加“滑块控制”效果并选中效果，按Ctrl+D创建副本，建立6个效果，然后依次重命名为“翻页1”“翻页2”“页1正面动画时间”“页1反面动画时间”“页2正面动画时间”“页2反面动画时间”，如图18-57所示。

效果	重置	关于
滑块控制	重置	关于...
滑块	0.00	
滑块控制 2	重置	关于...
滑块	0.00	
滑块控制 3	重置	关于...
滑块	0.00	
滑块控制 4	重置	关于...
滑块	0.00	
滑块控制 5	重置	关于...
滑块	0.00	
滑块控制 6	重置	关于...
滑块	0.00	

效果	重置	关于
翻页1	重置	关于...
滑块	0.00	
翻页2	重置	关于...
滑块	0.00	
页1正面动画时间	重置	关于...
滑块	0.00	
页1反面动画时间	重置	关于...
滑块	0.00	
页2正面动画时间	重置	关于...
滑块	0.00	
页2反面动画时间	重置	关于...
滑块	0.00	

图 18-57 添加表达式控制效果并重命名

STEP 5

选中“翻页控制”层并按F3键显示其效果控件面板，单击“锁定”按钮锁定显示，这样切换到时间轴中的“页1正面”合成时，锁定的面板会一直保持显示状态。显示文字层，设置关键帧到“偏移”属性，按住Alt键并单击其秒表添加表达式。先在表达式输入框中输入a=，然后关联“页1正面动画时间”生成表达式，换行，输入b=，然后关联“偏移”生成表达式，再换行输入：b.valueAtTime(time-a)，完整的表达式如下：

a=comp(“18.3操作2：表达式跨合成控制”).layer(“翻页控制”).effect(“页1正面动画时间”)(“滑块”)；

b=text.animator(“动画制作工具 1”).selector(“范围选择器 1”).offset；

b.valueAtTime(time-a)

即按嵌套合成中的“页1正面动画时间”来延迟当前动画，如图18-58所示。

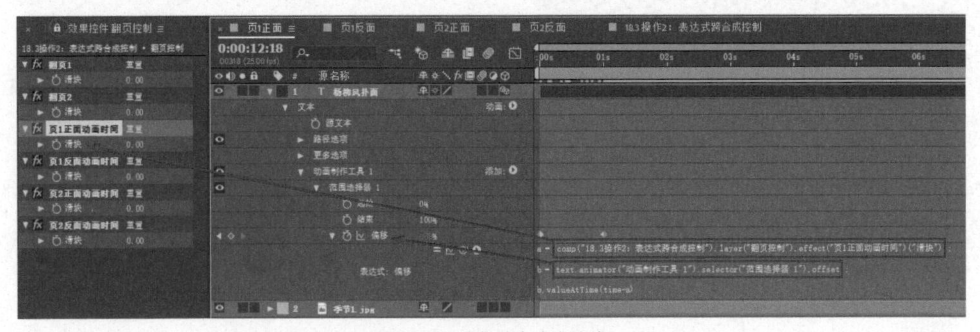

图 18-58 建立跨合成表达式

STEP 6

复制表达式，为其他3个页面合成中的文字动画的“偏移”属性粘贴相同的表达式，并修改指向对应的效果名称即可。

STEP 7

切换到主合成为各个页面设置翻页效果，显示各个页面层的“y轴旋转”属性建立关联表达式即可。其中对应关联如下。

“页1正面”的“y轴旋转”关联到效果“翻页1”的“滑块”。

“页1反面”的“y轴旋转”关联到“页1正面”的“y轴旋转”。

“页2正面”的“y轴旋转”关联到效果“翻页2”的“滑块”。

“页2反面”的“y轴旋转”关联到“页2正面”的“y轴旋转”。

这样自动建立表达式，如图18-59所示。

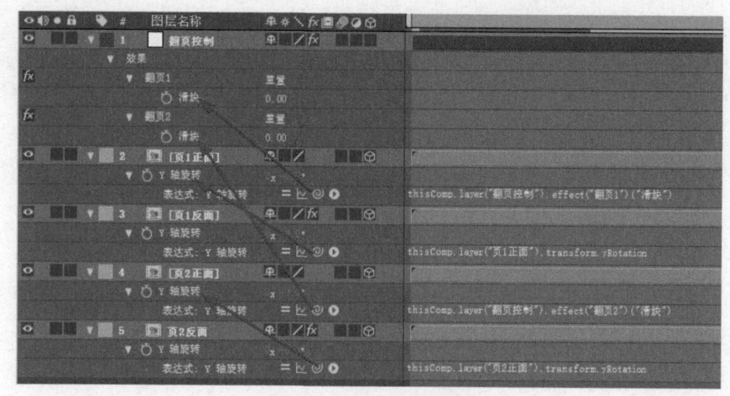

图 18-59 关联对应属性

STEP 8

在“翻页控制”中设置控制翻页的关键帧，其中页面从右侧翻转到左侧需要旋转180°，这里“滑块”下的滑条数值范围为0至100。如果需要在滑条上控制数值，可以在“滑块”名称上单击鼠标右键，在弹出的菜单中选择“编辑值”，打开设置面板，将滑块的范围设置为0至180，如图18-60所示。

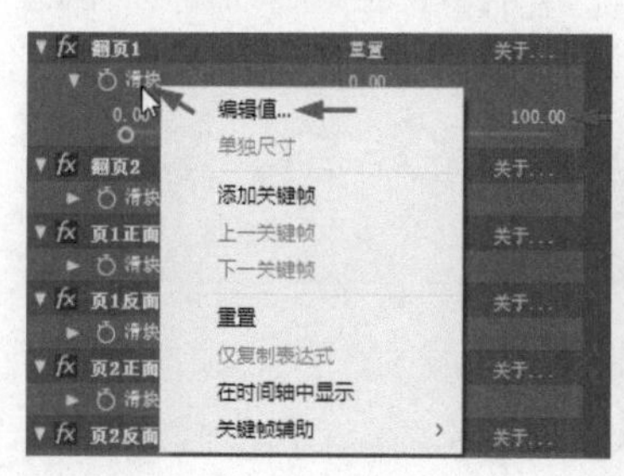

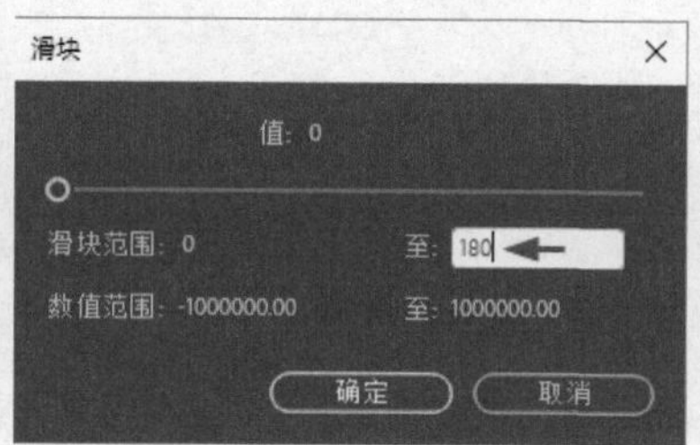

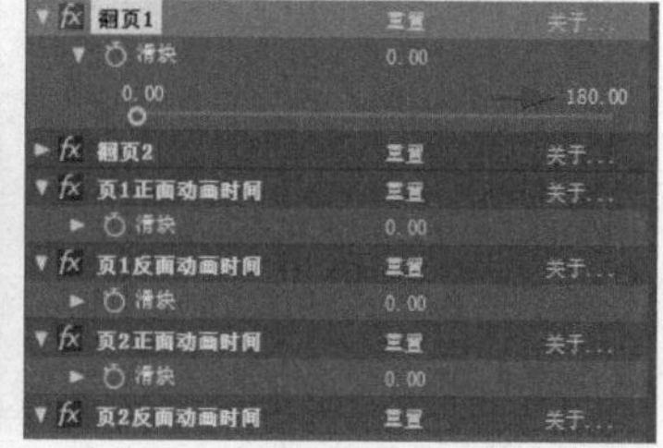

图 18-60 设置滑块默认数值的范围

STEP 9

在“翻页控制”中设置翻页动画并调整合理的页面动画进程。“页1正面动画时间”保持为0，即从第0帧开始页面内容动画。设置“翻页1”的“滑块”在第1秒处为0.00，在第2秒处为180.00，即在页面动画内容显示完后开始翻页。“页1反面动画时间”调整为2.00，即2秒后开始。“页2正面动画时间”调整为3.00，即3秒后开始。设置“翻页2”的“滑块”在第4秒处为0.00，在第5秒处为180.00，即在页面动画内容显示完后再翻页。“页2反面动画时间”调整为5.00，即从第5秒开始页面内容动画，如图18-61所示。

图 18-61 控制翻页

18.4 循环和重叠表达式

实际制作中利用表达式可以轻松解决一些类型动画的烦琐设置，例如，以下通过简单的语句制作各种属性中常用的重复关键帧动画，包括数值摆动和循环。

操作1 设置万能乒乓表达式

STEP 1

这里准备的图层的“旋转”属性设置有两个关键帧，在第0帧处为0x+30.0°，在第1秒处为0x-30.0°。

STEP 2

按住Alt键并单击“旋转”的秒表，添加表达式，输入以下内容：

loopOut(type=“pingpong”,numkeyframes=0)

这样通过对两个关键帧所设置的表达式，将产生“1、2、1、2”的关键帧延续，像打乒乓球的节奏一样。这个表达式适用于各种往复延续的动作效果，称为“万能乒乓表达式”，如图18-62所示。

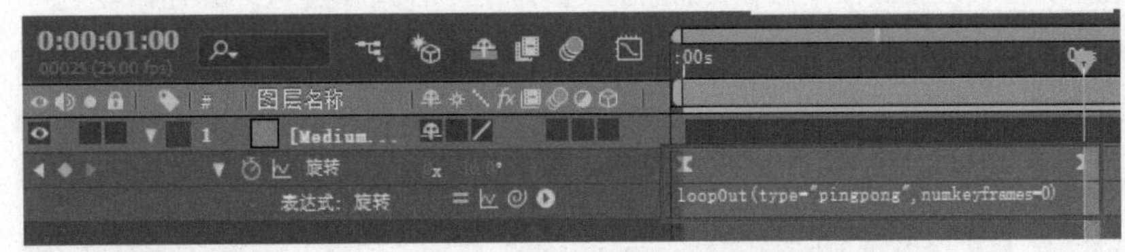

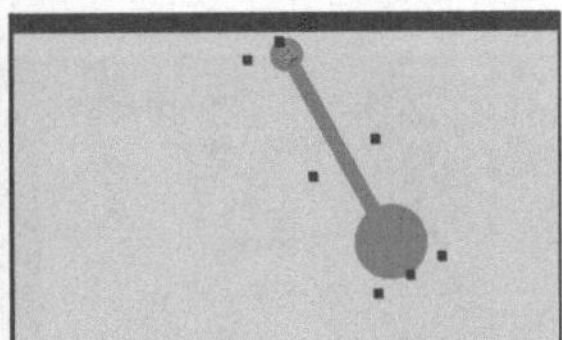

图18-62 设置万能乒乓表达式

操作2 设置万能循环表达式

STEP 1

这里准备的文字层中设置了“填充颜色”关键帧，每隔10帧转换一种颜色，分别为红、绿、蓝，然后相隔10帧后又转换回红色。

STEP 2

按住Alt键并单击“填充颜色”的秒表，添加表达式，输入以下内容：

loopOut(type =“cycle”, numKeyframes = 0)

这样通过对这组4个关键帧所设置的表达式，将产生“1、2、3、4，1、2、3、4”的关键帧循环延续，这个表达式适用于各种循环动作效果，称为“万能循环表达式”，如图18-63所示。

图18-63 设置万能循环表达式

实例　制作表达式图表动画

实例说明

这里在合成中使用形状工具和文字工具先建立数据图表，然后为图表的柱形图高度建立表达式控制，为柱形图对应的数据建立表达式控制，并为柱形图的高度和数据的变化建立表达式关联，使建立好的图表动画，既容易进行数据调整，又能保持准确无误。制作完成的动画效果如图18-64所示。

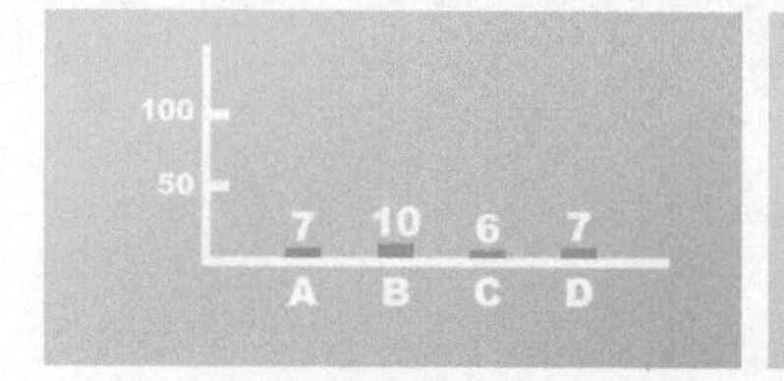

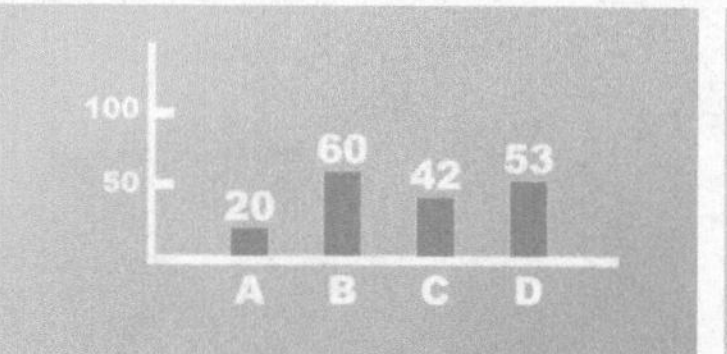

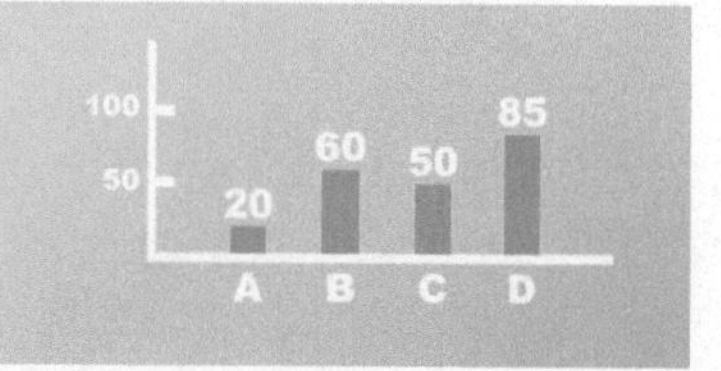

图 18-64 实例效果

扫码观看实例制作步骤讲解视频	实例制作步骤图文讲解
	详见配书资源中的《实例制作步骤图文详解》PDF 文档。 下载方式见封底。

动手练习

制作表达式文字动画

这里将使用表达式控制效果来控制文字动画。先建立一个空对象层，然后添加“表达式控制”效果下的“3D 点控制”“滑块控制”“点控制”和“复选框控制”，建立对应的表达式关联，最后利用空对象层的效果来调整文字动画，如图18-65所示。

图 18-65 实例效果

备份、输出与扩展保障制作成果

After Effects软件中的制作是一个将创意想法转换为动态视觉产品的工作过程，体现在参与制作的素材和项目文件中。完成制作后需要保存项目、输出作品，通常为了以后可能的修改和使用，需要安全备份相关文件。本章将讲解有关输出和备份的内容。另外，还将讲解相关的扩展知识点，例如，来自外部的、可以安装到软件中使用的脚本和插件，可以为软件的合成制作提供某些帮助，让软件容易实现更多精彩的制作。

19.1 整理工程和收集打包备份

项目面板中管理着制作项目的素材文件，根据制作需求，有时会从不同的位置导入众多的视频、图像、音频等素材。内容较多时，可以在项目面板内建立若干文件夹，分类管理。另外，有时会存在重复导入的素材、多余的素材、多余的合成，不利于提高工作效率，但又因为内容过多，不便一一找出来清除掉，这时候就可以使用“整理工程”的功能来解决。

整合重复和清除未用

STEP 1

项目中如有重复导入的素材，可以进行整合操作，清除重复导入的素材。选择菜单“文件>整理工程（文件）>整合所有素材”，即可将重复的素材清除，如图19-1所示。

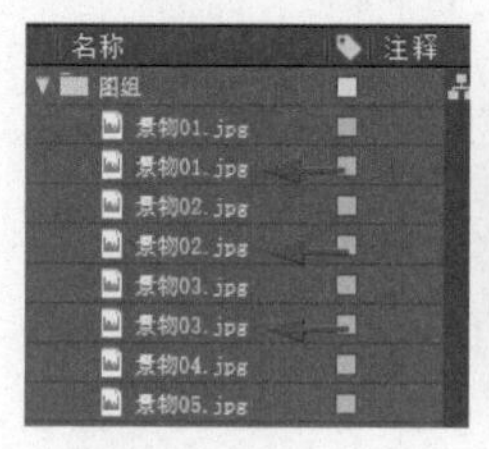

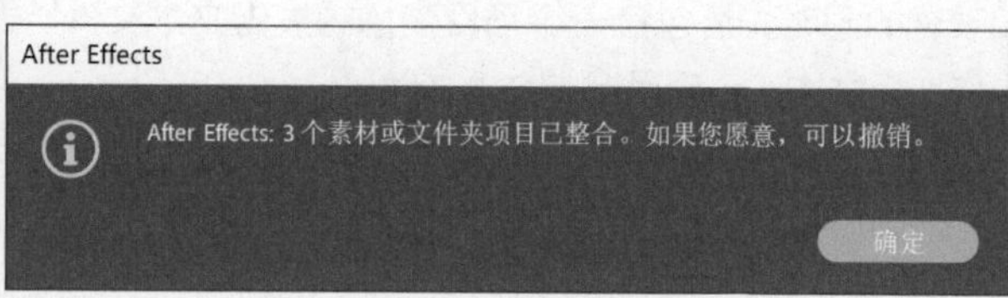

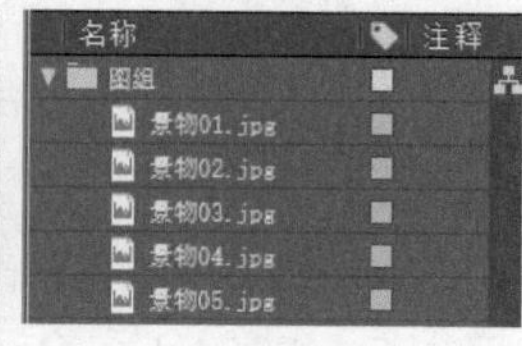

图19-1 整合清除重复素材

STEP 2

当项目中未使用的素材不再需要时，可以选择菜单“文件>整理工程（文件）>删除未用过的素材”，将未添加到合成中的素材移除。例如，这里将项目中未使用的几个素材移除，如图19-2所示。

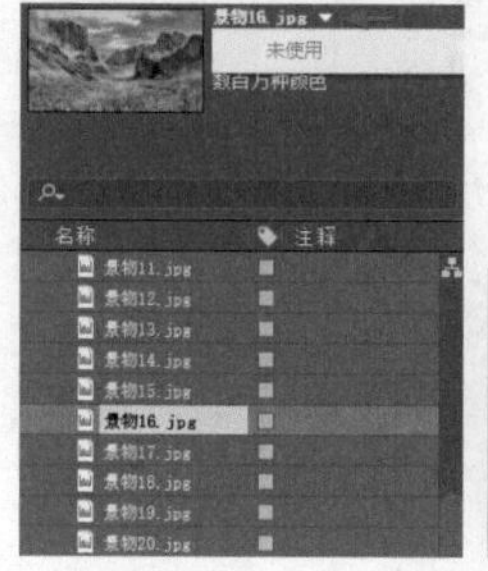

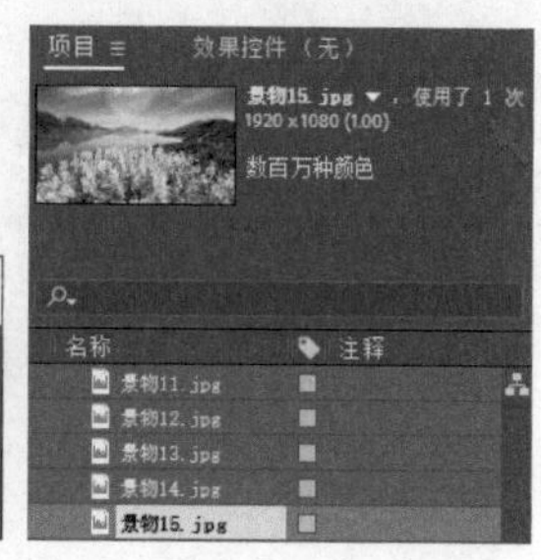

图19-2 移除未用素材

STEP 3

项目制作中通常包括主合成和多个嵌套的合成，有时也存在多余的合成，如非主合成的下级合成，即使删除对最终制作效果也没有影响。这里先选中项目面板中的主合成“多画面合成（主合成）”，然后选择菜单“文件>整理工程（文件）>减少项目”，这样，主合成所有下级嵌套关系的合成都会被保留。而“参考”和“测试”两个合成，因为没有参与主合成的嵌套制作而被删除。另外，“预览输出”合成中含有主合成，虽然参与了合成嵌套，但在主合成的上级，对主合成没有影响，所以也被删除，如图19-3所示。

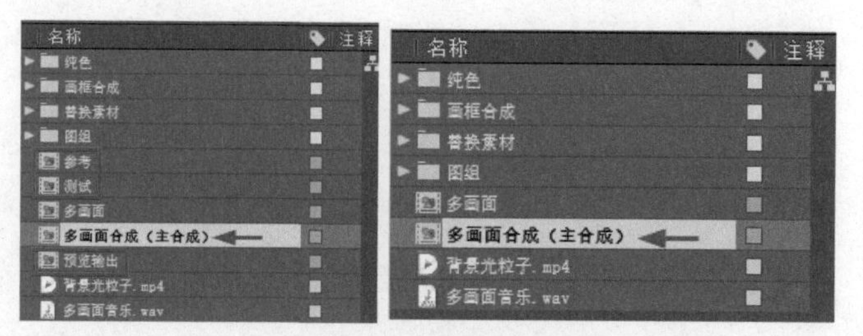

图19-3 删除未参与使用的合成

STEP 4

这里如果要保留“预览输出”合成，可以选中这个合成，再执行菜单命令。也可以在项目面板中同时选中多个合成，再执行命令，这样选中的合成及其下级合成都会被保留。

操作2 收集打包

STEP 1

在After Effects中制作项目时，除了要保存项目文件本身，还要保障素材的完整性。素材有时来源于不同的文件夹或不同的磁盘，通过对不同位置素材的收集，并与项目文件一起打包到指定的同一文件夹下，才是有效的备份方式。这里打开一个要备份的项目文件，选择菜单“文件>整理工程（文件）>收集文件”，在收集文件面板中设置“收集源文件”为“全部”，然后单击“收集”按钮，根据提示选择目标文件夹，这样就可以将项目文件及项目面板中导入的所有素材，都复制到目标文件夹中，以安全备份。

STEP 2

收集备份项目文件和素材的同时，还包括一个项目信息的报告文本文件。如果勾选了“仅生成报告”，将不进行收集复制操作，只生成一个项目报告文本文件。

STEP 3

如果项目中仅用软件自身创建的纯色层、形状层、文本层等进行合成制作，而没有使用外部素材，那么在收集文件时“全部”选项将不可用，但可以备份项目文件和报告文本文件，如果选择“无（仅项目）”则忽略报告文本文件，如图19-4所示。

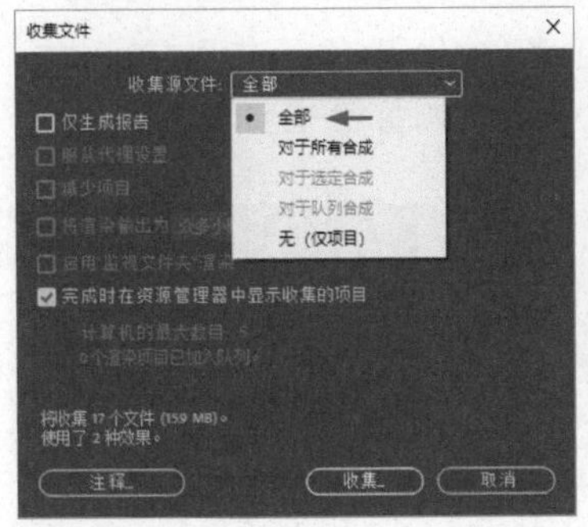

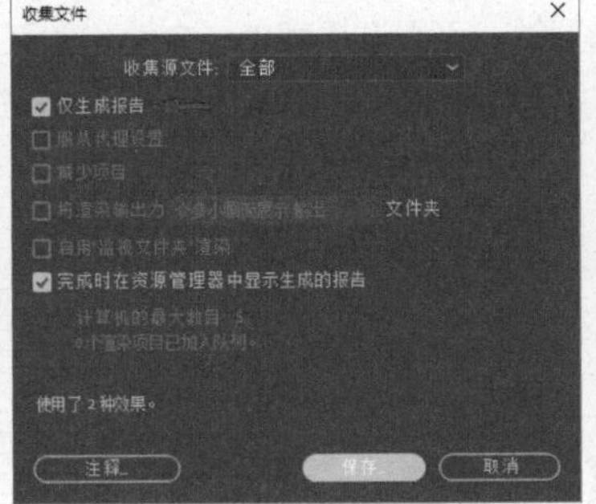

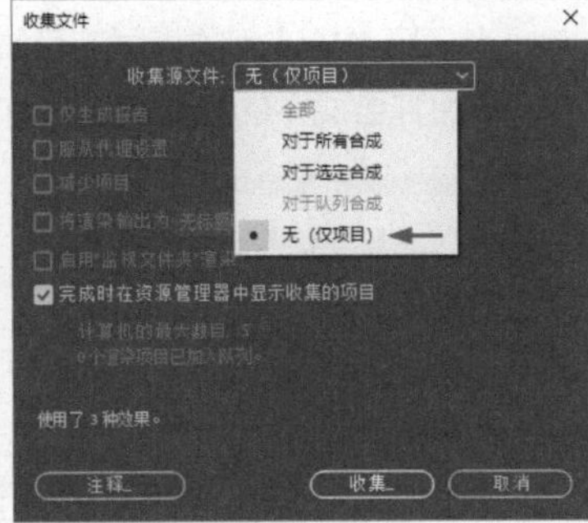

图 19-4 收集文件时的选项

STEP 4

收集打包是制作中一项重要的善后工作，用户有必要对复杂项目中的合成和素材进行规范的分类文件夹管理，对需要提示的内容进行注释说明，以保障别人或自己以后打开这个项目文件时能一目了然。这一点通过使用After Effects模板文件就可以感受到，直观、明确的命名、分类和说明，可以为使用者带来便利。

19.2 输出成品文件的各项设置

After Effects中的合成制作，通过渲染输出，转换为最终的视频成品文件，为了符合技审标准，或者得到一个既占用存储少、又清晰流畅的视频文件，合理的设置至关重要。通过在渲染队列面板中进行设置和输出，可以很灵活地处理对渲染的各项要求，同时渲染队列面板中的细节设置也较多，准确无误地进行设置对输出文件至关重要。

要渲染输出，先选中合成，选择菜单“合成>添加到渲染队列”(快捷键为Ctrl+M)，将合成添加到渲染队列面板中，或者从项目面板中将选中的合成拖至渲染队列面板中也可。

操作1 输出文件

STEP 1

这里在时间轴中打开“多画面合成(主合成)”，先将时间指示器移至第4秒24帧，按N键设置工作区的出点，即准备按工作区范围输出0帧至4秒24帧，共计5秒时长的视频，如图19-5所示。

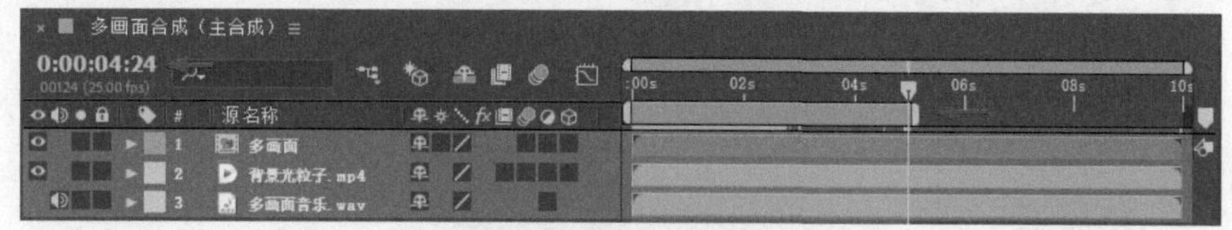

图19-5 设置工作区范围

STEP 2

按Ctrl+M快捷键，添加合成到渲染队列面板中，显示为队列中的1条，进一步设置其“渲染设置”“输出模块”和“输出到”(用于指定存储位置)，如图19-6所示。

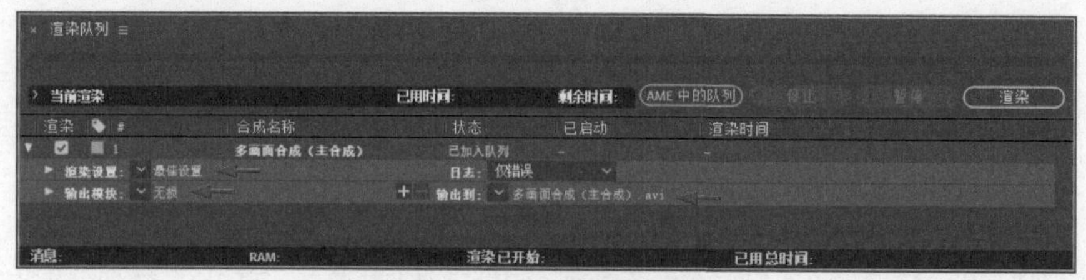

图19-6 添加合成到渲染队列面板

STEP 3

单击“渲染设置”后默认的预设，当前为“最佳设置”，打开渲染设置面板，在其中可以设置“品质”“分辨率”。制作中临时输出效果小样时，为了节省时间可以降低“品质”和“分辨率”，快速输出结果，最终输出时再使用“最佳”和“完整”的设置。其他的选项，如“代理使用”“帧速率”“开始”“结束”设置等通常按默认设置即可。这里为了测试，设置“分辨率”为“二分之一”，“持续时间”设为默认的工作区时长，如图19-7所示。

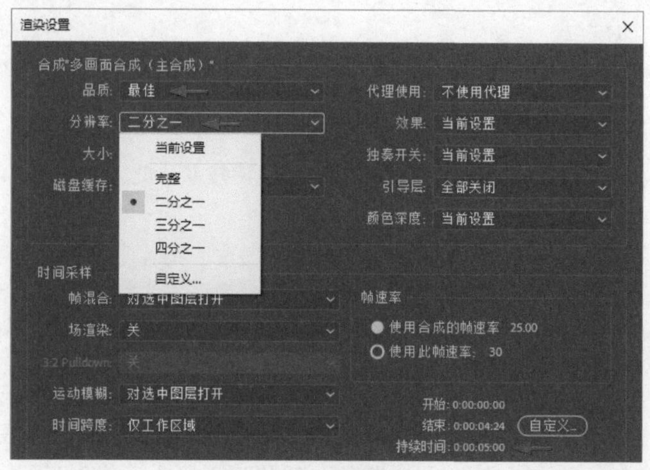

图19-7 进行渲染设置

STEP 4

单击“输出模块”后默认的预设，当前为“无损”，打开输出模块设置面板，设置“格式”为“QuickTime”。然后单击“格式选项”打开设置面板，设置“视频编解码器”为“H.264”，其下的“品质”为100。音频根据“自动音频输出”选项，可以自动判断合成中有无音频文件，然后输出含有音频的视频文件或仅输出视频部分，如图19-8所示。

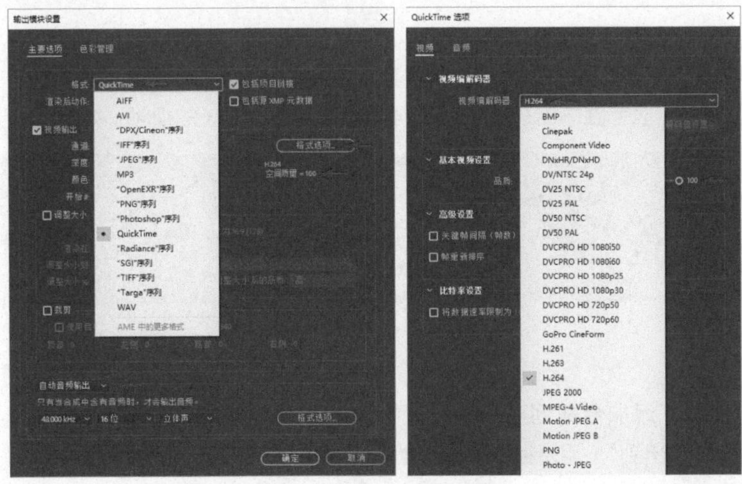

图19-8 进行输出模块设置

STEP 5

经过修改后，“渲染设置”和“输出模块”后面默认的选项名称发生变化，都显示有“自定义”字样，同时“输出到”后文件的格式也发生变化，由默认的.avi变为.mov。

STEP 6

在“输出到”后有预设和将要保存的文件名称。单击预设下拉菜单，可以选择文件名称的命名规则，默认使用“合成名称”作为输出后的文件的名称，这里使用“合成名称和尺寸”，如图19-9所示。

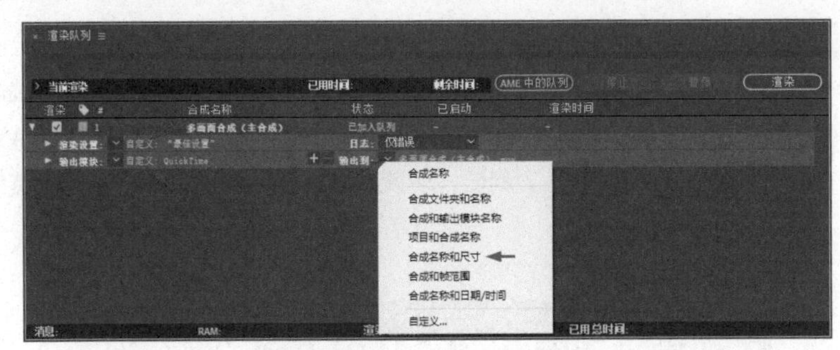

图19-9 设置文件名称的命名规则

STEP 7

单击文件名称，弹出指定文件位置的设置面板，否则将按默认位置存放文件。最后，单击“渲染”即可输出文件。

操作2 预设输出模板

STEP 1

在日常制作中，通常会制作输出某一种常用的格式，通过对输出模板进行预设，就不用每次在多个选项中设置，减少操作时间和设置误差。可以选择菜单“编辑>模板”，并在其下打开的渲染设置和输出模块的预设面板进行预设，也可以在渲染队列面板中进行相同功能的设置。最简单的方法是在渲染队列面板中添加一个输出合成，设置好“渲染设置”和“输出模块”并创建模板即可。例如，这里在操作1中设置“分辨率”为“二分之一”的基础上，在“渲染设置”的预设下拉菜单中选择“创建模板”，打开渲染设置模板面板，在“设置名称”处命名为“1/2分辨率”，单击“确定”按钮即可完成一个预设，如图19-10所示。

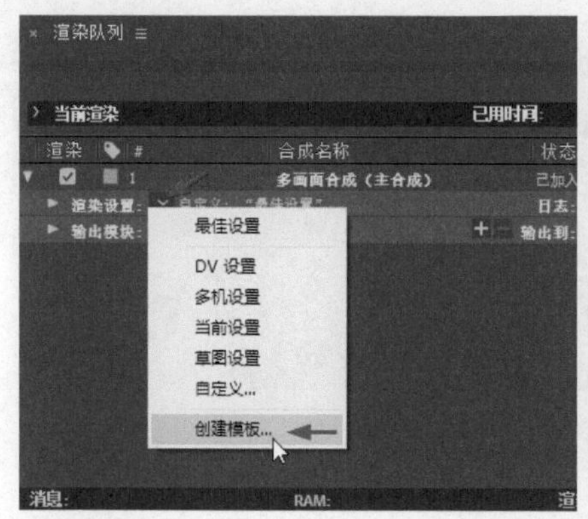
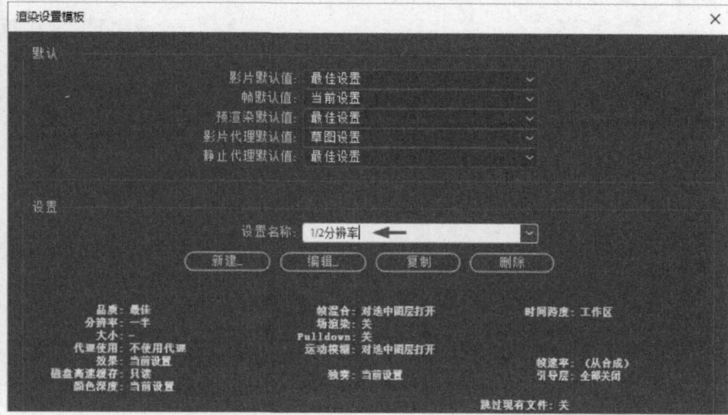

图 19-10 创建渲染设置模板

STEP 2

同样，在操作1中设置“格式”为“QuickTime”的基础上，在“输出模块”的预设下拉菜单中选择“创建模板”，打开输出模块模板面板，在“设置名称”处命名为“MOV-H264”，单击“确定”按钮完成预设的创建，如图19-11所示。

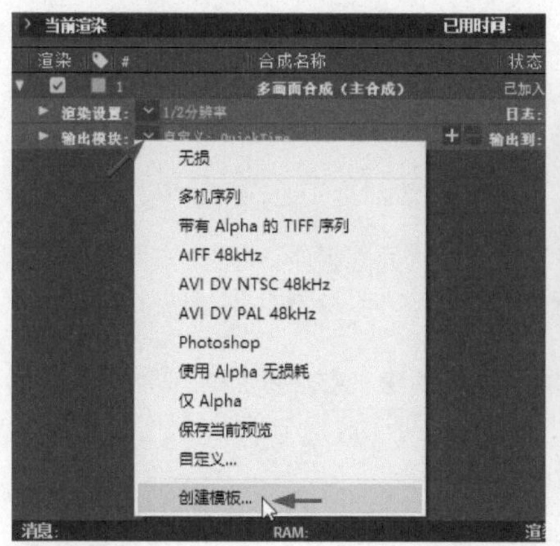
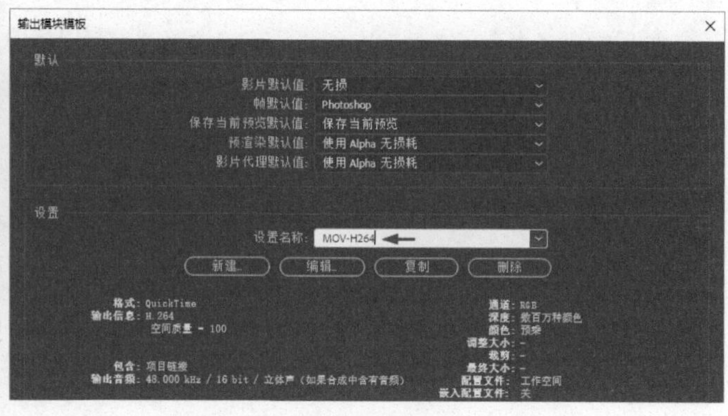

图 19-11 创建输出模块模板

STEP 3

这样，在以后添加合成到渲染队列面板后，只要在预设下拉菜单中选择对应的预设即可，如图19-12所示。

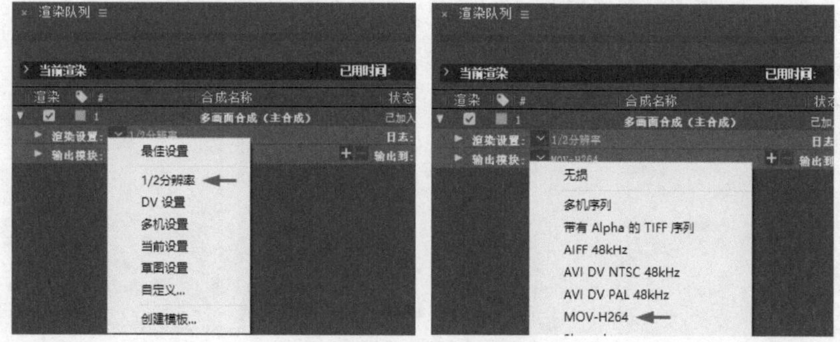

图 19-12 选择所预设的模板

STEP 4

还可以进一步设置某一种预设为默认设置，例如，“渲染设置”默认为“最佳设置”可以不用修改，要将“输出模块”默认为“MOV-H264”，可以选择菜单“编辑>模板>输出模块”，打开输出模块模板面板，在其中将“影片默认值”选择为“MOV-H264”即可。这样再次添加合成到渲染队列面板时，将按默认预设直接输出，如图19-13所示。

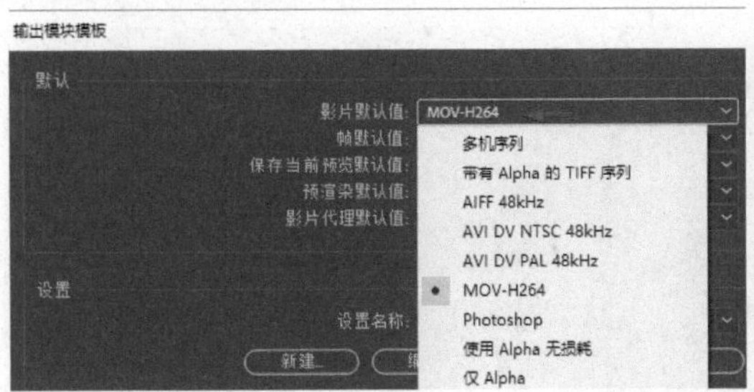

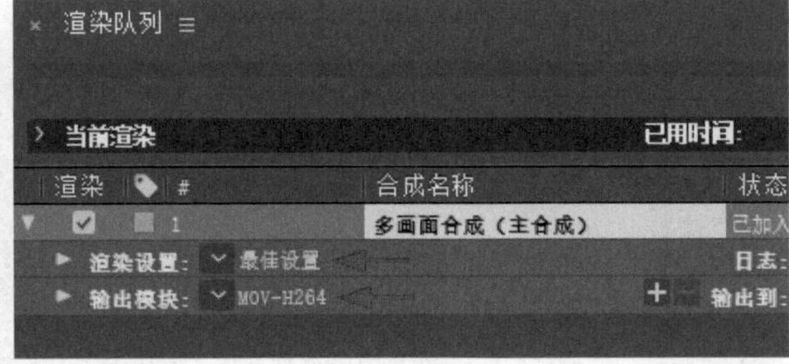

图 19-13 设置默认预设

操作3 设置批量输出

After Effects中的渲染队列面板的方便之处在于可以进行批量的添加、设置和输出，了解操作技巧可以事半功倍。

技巧 1

项目中有多个合成准备输出到同一存放位置时，可以先设置好第1个合成的存放位置，后面添加的合成将沿用前面设置好的位置，这样不用分别单独指定存放位置。

技巧 2

可以在项目面板中选中多个合成，按Ctrl+M快捷键一同加入到渲染队列面板中。

技巧 3

连续渲染不同项目文件中的合成时，可以将这些文件导入同一个项目中，然后添加合成到渲染队列面板中一次性批量输出。

技巧 4

在渲染队列面板中选中多个合成后，可以同时对其“渲染设置”或“输出模块”预设进行批量修改，如图19-14所示。

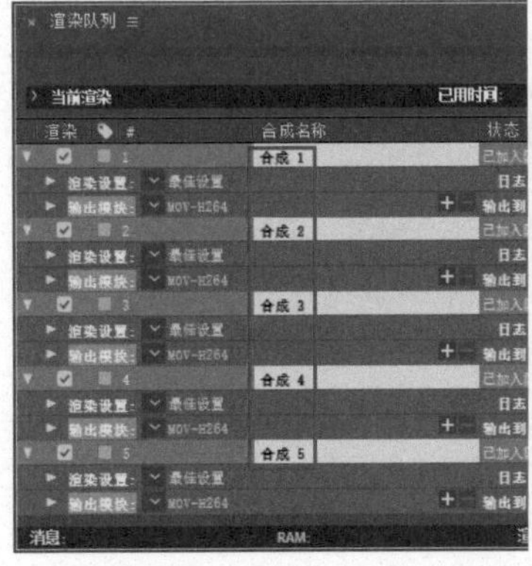

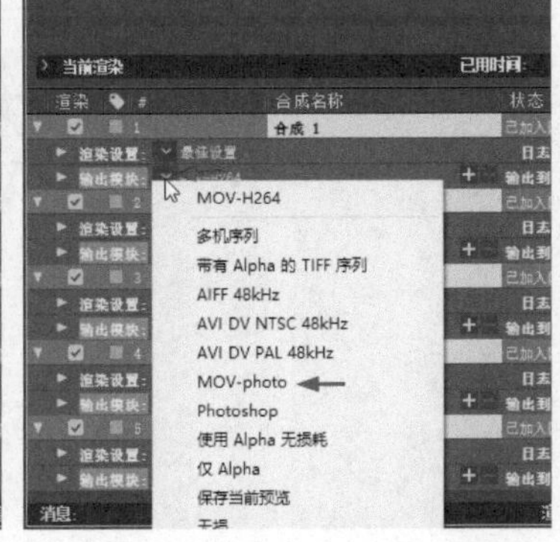

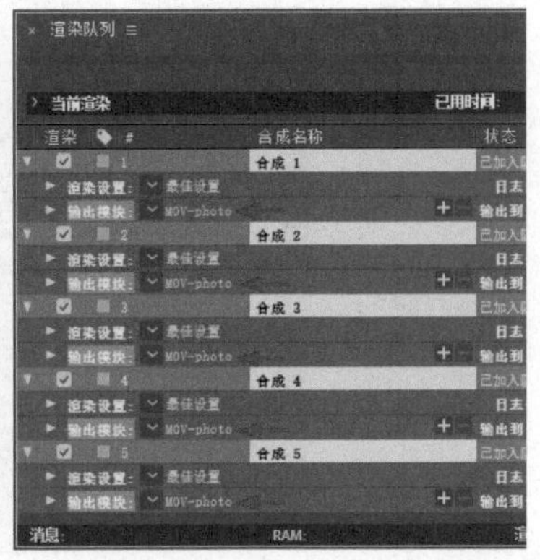

图 19-14 在渲染队列面板中进行批量修改

将一个合成同时输出多种格式

STEP 1

某一个合成如果需要输出为不同格式的文件，直接在渲染队列面板中增加多个输出模块即可。例如，这里先添加一个合成到渲染队列面板中，当前输出一个文件，单击“输出到”前的加号按钮，会增加一个“输出模块”和对应的输出文件名称，单击减号按钮则会删除对应输出项，这里增加两个输出模块，如图19-15所示。

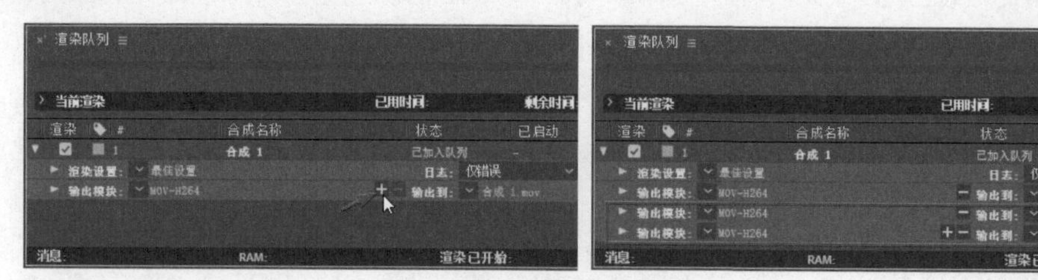

图19-15 增加输出模块

STEP 2

然后按需要修改输出模块的设置，同时文件格式也随之有所变化。这里增加输出不同编码的MOV文件和无损的AVI文件。这样，同一个合成将输出两种不同编码方式的MOV文件和一个AVI文件，如图19-16所示。

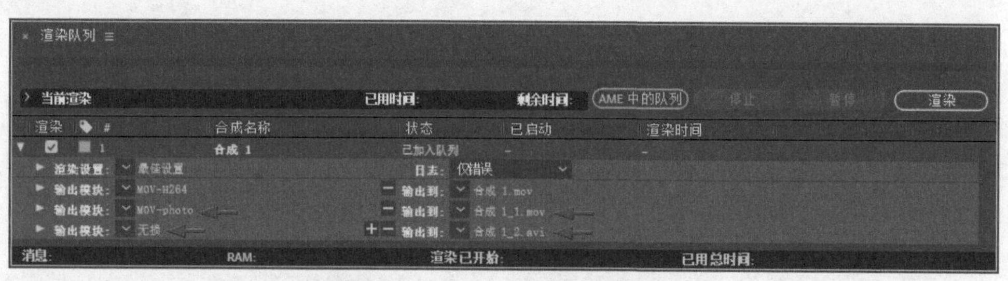

图19-16 将同一个合成进行不同的输出

19.3 输出透明图像和视频

具有透明背景的素材是合成制作中的一类重要素材，便于进行画面叠加合成。After Effects可以将图形、图像和视频文件都设置和输出为带有透明背景的Alpha通道文件。

输出透明图像

STEP 1

打开具有透明背景的“多画面”合成，选择菜单“合成>帧另存为>文件”，将合成中当前帧画面添加到渲染队列面板。

STEP 2

进一步设置“渲染设置”为“最佳设置”，单击“输出模块”默认的预设，打开输出模块设置面板，将“格式”选择为“PNG”序列，“通道”选择为“RGB+Alpha”，如图19-17所示。

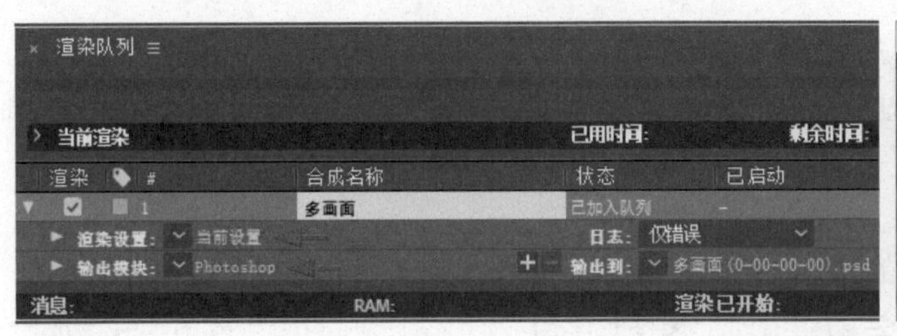

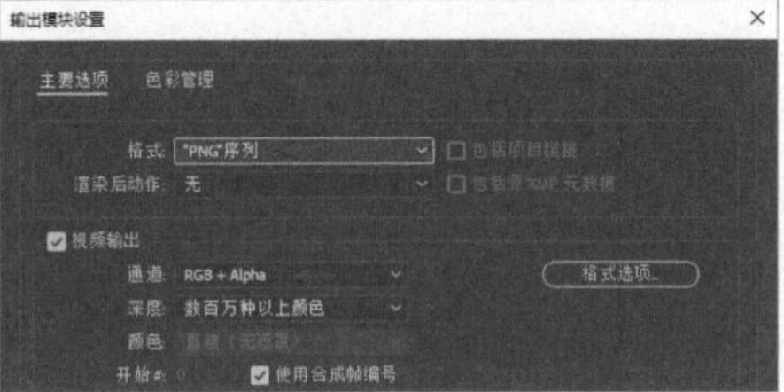

图 19-17 设置带通道选项

STEP 3

这样，文件的格式也随之改变，单击“渲染”将合成中的当前帧输出为一个带有透明背景的PNG图形文件。另外，带有透明背景的文件也可以是PSD文件，但PNG文件便于预览。此外，也可以输出附带Alpha通道的其他图像文件，如TGA、TIF文件等，如图19-18所示。

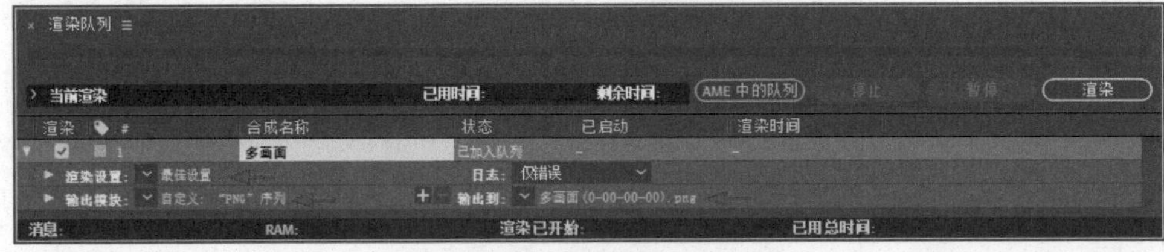

图 19-18 设置可保存透明背景的文件

输出透明视频

STEP 1

将具有透明背景的“多画面”合成添加到渲染队列面板中，单击“输出模块”默认的预设，打开输出模块设置面板，在其中查看“通道”选项中的“RGB+Alpha”选项为灰色不可用时，是由于“格式选项”设置有所限制，如图19-19所示。

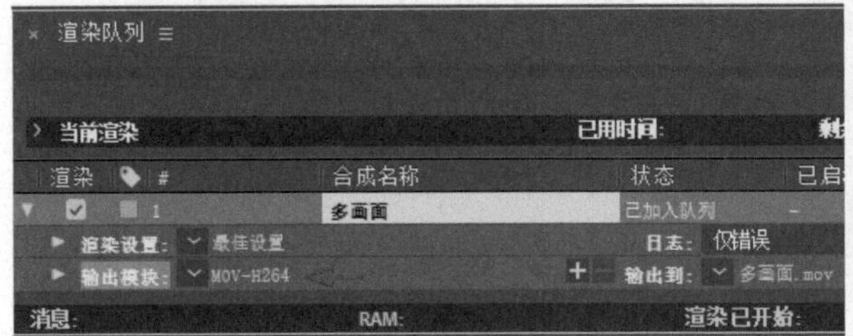

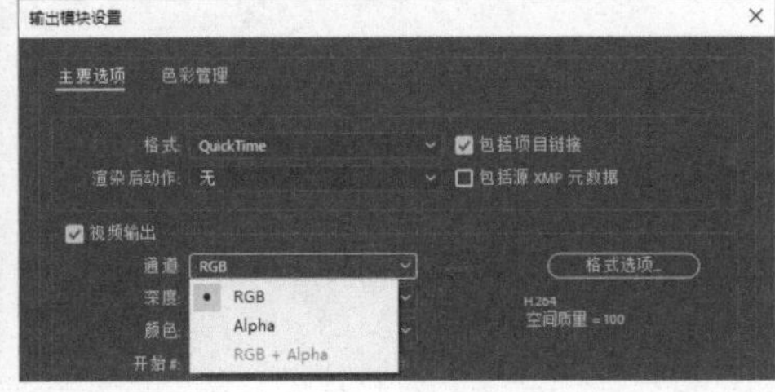

图 19-19 查看通道选项

STEP 2

这里单击“格式选项”打开设置面板，将“视频编解码器”选择为“动画”，确定并返回，此时再查看“通道”选项，“RGB+Alpha”选项变得可用，将其选中，即可输出具有Alpha通通透明背景的视频了，如图19-20所示。

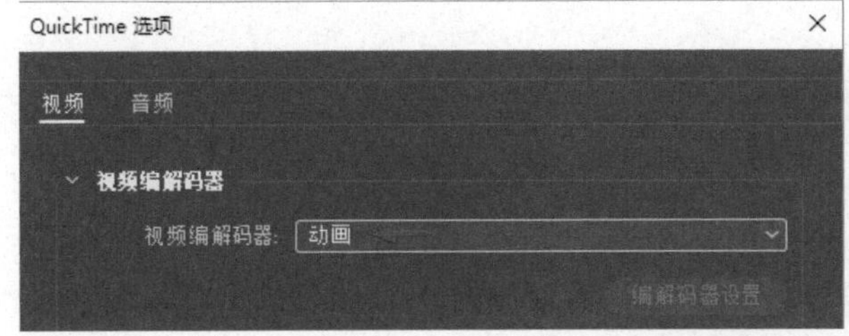

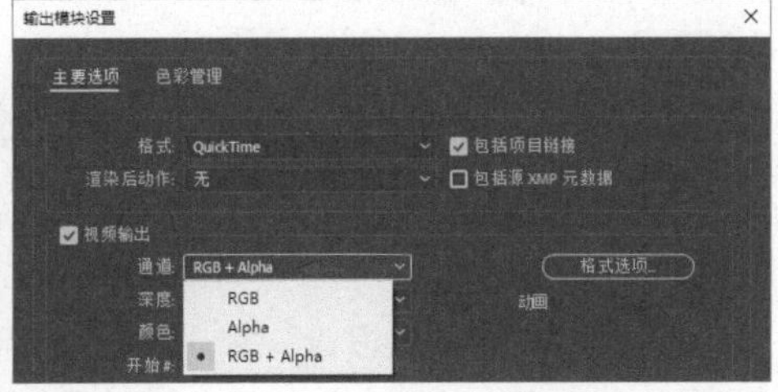

图 19-20 设置具有 Alpha 通道的选项

输出附加遮罩的视频

STEP 1

含有透明通道的视频有一个特征是所占用的存储空间相对较大。另一种解决透明背景的方法是输出视频文件时，附加一个黑白亮度遮罩视频文件，这样利用遮罩叠加合成，显示出透明背景。例如，这里将具有透明背景的合成添加到渲染队列面板中，单击“输出到”前的加号按钮，会增加一个“输出模块”和对应的输出文件名称。

STEP 2

单击后一个“输出模块”的预设，打开输出模块设置面板，将“通道”选项选择为“Alpha”，如图 19-21 所示。

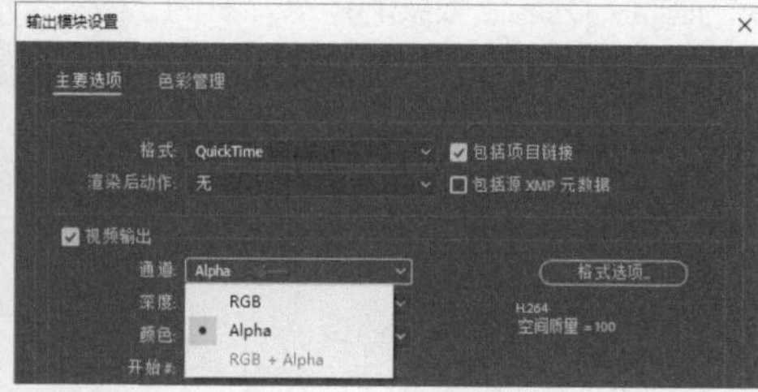

图 19-21 单独渲染通道部分

STEP 3

在文件名称后添加“遮罩”字样，单击“渲染”将输出一个常规视频和一个对应的黑白亮度遮罩视频文件。合成制作时，将这两个素材作为上下层，利用图层遮罩，即可产生透明背景。

19.4 使用 Adobe Media Encoder 进行后台输出

Adobe Media Encoder作为一个编码引擎的输出工具，具有强大、高效的特点。After Effects、Premiere Pro 等制作软件在制作过程中，可以向Adobe Media Encoder发送输出项进行后台输出，然后制作软件可以继续进行其他制作。Adobe Media Encoder提供了比较齐全的编码输出设置方案，也可以用作独立的编码器，进行文件格式的批量转换。

添加合成到Adobe Media Encoder中

STEP 1

在After Effects中，打开或选中要输出的合成，选择菜单“合成>添加到Adobe Media Encoder队列”(快捷键为Ctrl+Alt+M)，启动Adobe Media Encoder软件并进入设置界面，在队列中添加一个等待输出的合成，并显示导出格式、预设与文件名称，如图19-22所示。

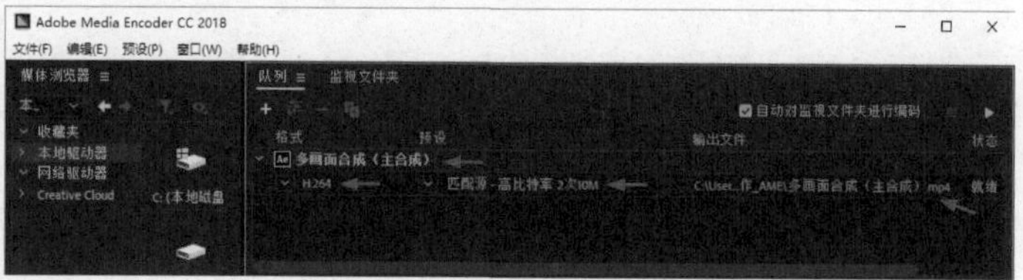

图 19-22 添加合成到 Adobe Media Encoder

STEP 2

在这里可以对输出格式与文件名称进行进一步设置。第1项文件格式可以在下拉菜单中选择，然后会在第2项中显示对应的预设，最后确定输出位置和名称，单击右上角的开始按钮启动输出。

操作2 在Adobe Media Encoder中控制输出文件的大小

STEP 1

如果需要自定义预设，可以在预设处单击，打开导出设置面板进行详细的自定义。查看导出设置面板左上角有“源”标签，显示原始画面，“输出”标签下的画面则为输出效果的预览。左侧下方为输出范围，当前按合成工作区域范围的时长输出。右侧上部为格式和预设，并保持“导出视频”和“导出音频”的勾选。右侧中部有重要的视频标签面板内容设置，右侧下部有“估计文件大小”的提示，如图19-23所示。

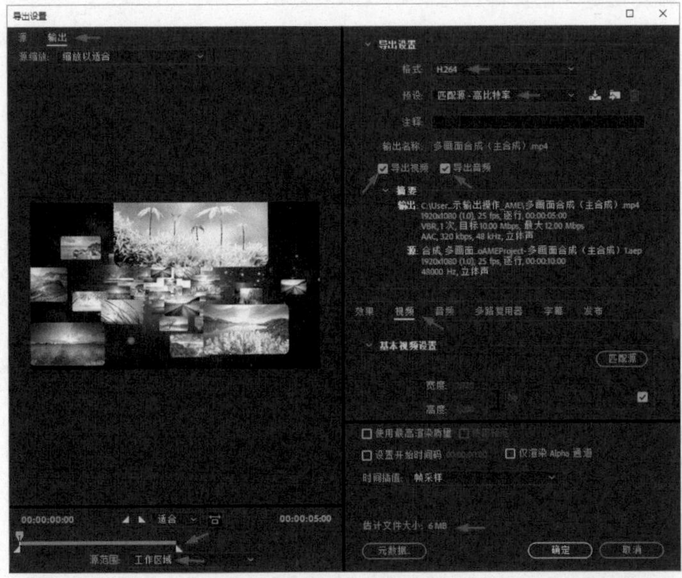

图 19-23 进行导出设置

STEP 2

在右侧的视频标签面板处滑动右侧滚动条，显示出“比特率设置”，这是一项影响文件大小的设置，如果要准确地控制文件的大小，可以设置“比特率编码”为“VBR,2次”，然后调节“目标比特率”的大小，通过查看“估计文件大小”的提示，确定“目标比特率”。视频文件输出是一个有损的压缩过程，默认“目标比特率”为10Mbps，画质损失较少，如果修改为5Mbps，或者甚至修改为1Mbps，储存文件会大幅缩小，不过画质也会有更多损失。这里选择“目标比特率”为5Mbps，此时“估计文件大小”提示储存大小为3MB，如图19-24所示。

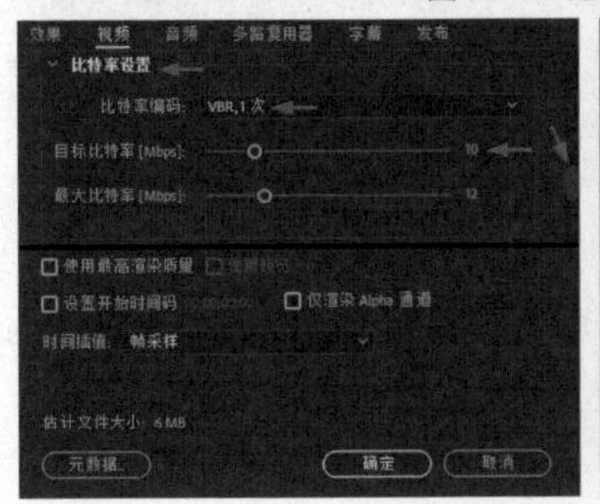

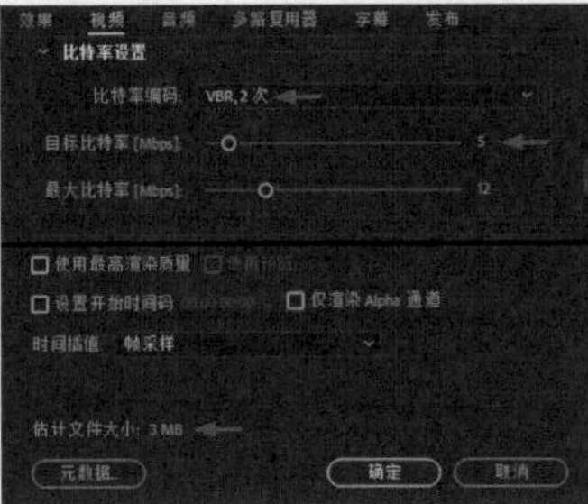

图 19-24 进行指定大小的设置

STEP 3

确定后返回“Adobe Media Encoder队列”的界面，单击右上角的开始按钮输出文件，即可得到指定大小的文件。

操作3 在Adobe Media Encoder中设置预设

STEP 1

对于经常使用的设置，可以保存为预设，方便以后的快速选用和统一输出设置。增加新预设的方法是，先在Adobe Media Encoder队列面板中单击默认预设进入导出设置面板，完成需要的设置。例如，这里按操作2的设置来保存预设。

STEP 2

在设置了“比特率编码”为“VBR,2次”，“目标比特率”为5Mbps之后，单击“预设”后的“保存预设”按钮，命名预设即可。这样在导出设置面板或者Adobe Media Encoder队列面板的预设下拉菜单中都可以选用新增加的预设，如图19-25所示。

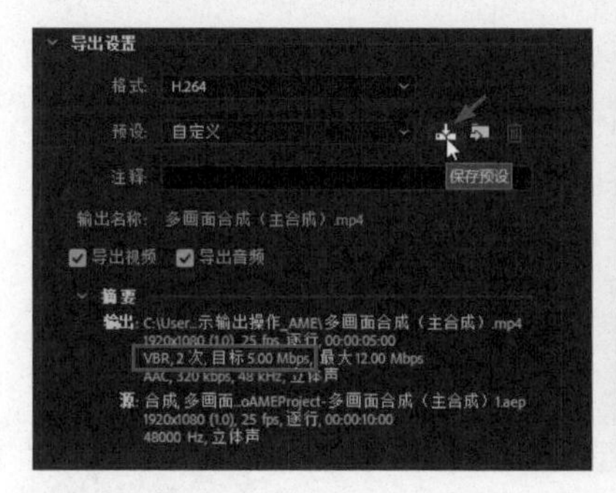

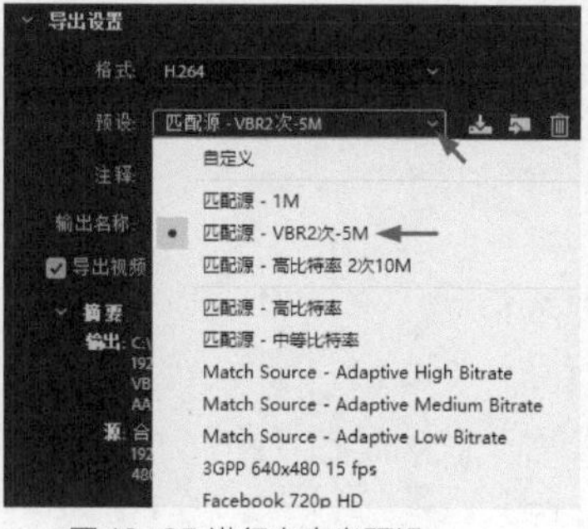

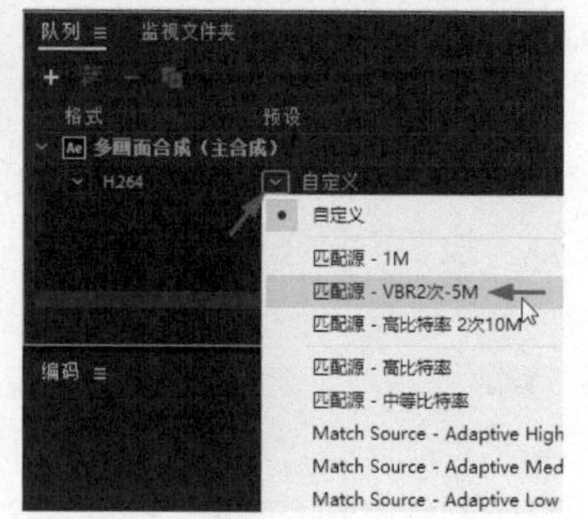

图19-25 进行自定义预设

19.5 使用脚本

脚本是一系列的命令，它告知应用程序执行一系列操作。用户可以在大多数 Adobe 应用程序中使用脚本来自动执行重复性任务、执行复杂计算，甚至使用一些没有通过图形用户界面的功能。例如，可以指示 After Effects对一个合成中的图层重新排序、查找和替换文本图层中的源文本。After Effects 脚本使用的是 Adobe ExtendScript 语言，该语言是 JavaScript 的一种扩展形式，文件具有 .jsx或 .jsxbin文件扩展名。

操作1　使用内置脚本

STEP 1

首次使用脚本时，需要在首选项中勾选“允许脚本写入文件和访问网络”，如图19-26所示。

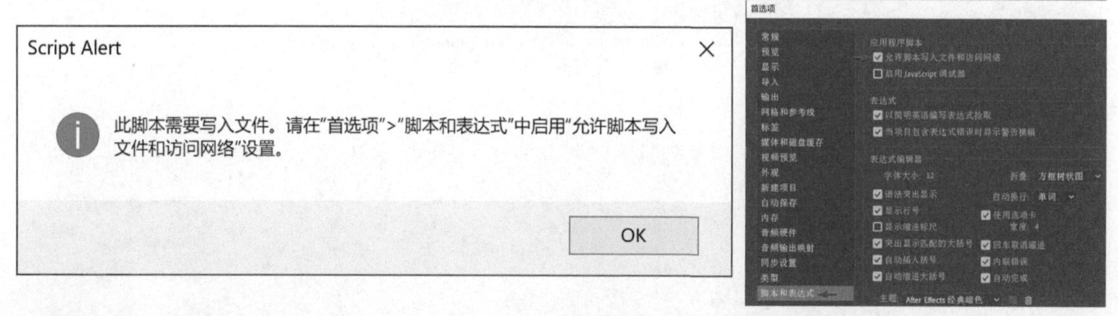

图19-26 使用脚本应勾选的选项

STEP 2

这里使用前面制作的一个合成，重命名为“高清1”，这是一个“宽度”为1920像素，“高度”为1080像素的合成，查看合成中部分图层的“位置”和“缩放”，准备与使用脚本后的属性做对比，如图19-27所示。

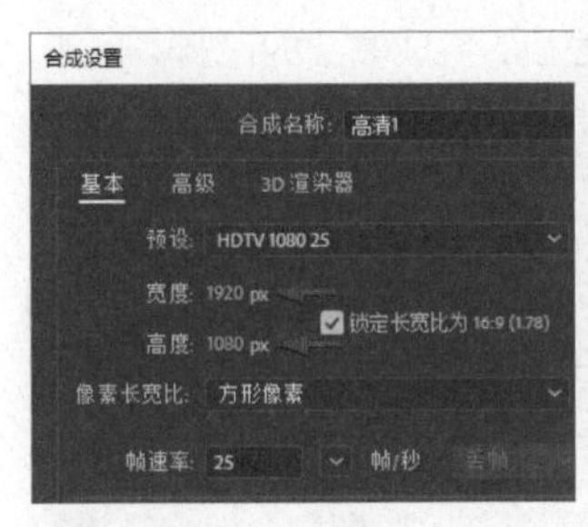

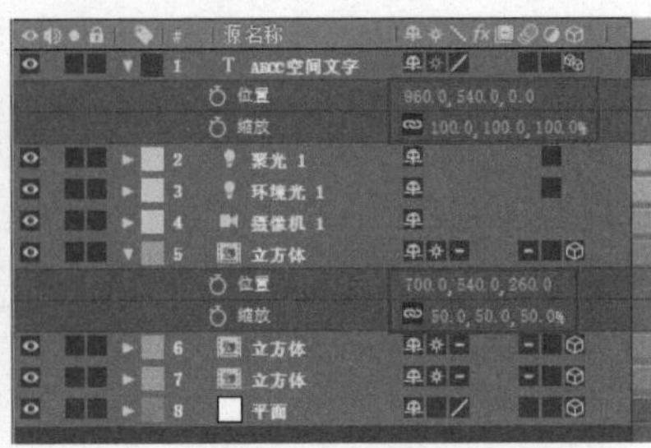

图 19-27 查看原来的属性

STEP 3

在项目面板中选中“高清1”合成，按Ctrl+D快捷键创建副本“高清1脚本转4K”，打开“高清1脚本转4K”合成，选择菜单“文件>脚本>Scale Composition.jsx”，调用这个软件内置的脚本，将打开Scale Composition脚本面板。

运行脚本文件...
安装脚本文件...
安装 ScriptUI 面板...
打开脚本编辑器
最近的脚本文件
Change Render Locations.jsx
Convert Selected Properties to Markers.jsx
Demo Palette.jsx
Double-Up.jsx
Find and Replace Text.jsx
Render and Email.jsx
Scale Composition.jsx
Scale Selected Layers.jsx

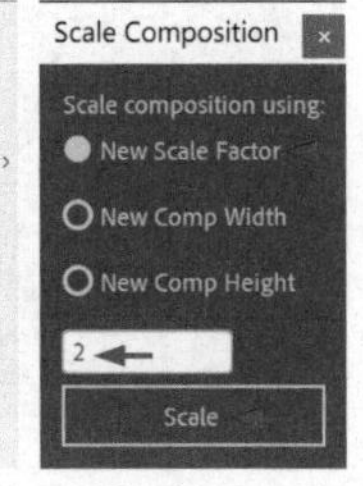

图 19-28 选用脚本

STEP 4

在Scale Composition脚本面板中，使用第一项“New Scale Factor”，设置缩放的倍数为2，单击“Scale”按钮，如图19-28所示。

STEP 5

在合成中可以看到画面都放大了2倍，变成了4K的大小，“宽度”为3840像素，“高度”为2160像素。查看合成中图层的“位置”自动匹配新合成，使合成中各个元素的大小和位置保持相对不变，如图19-29所示。

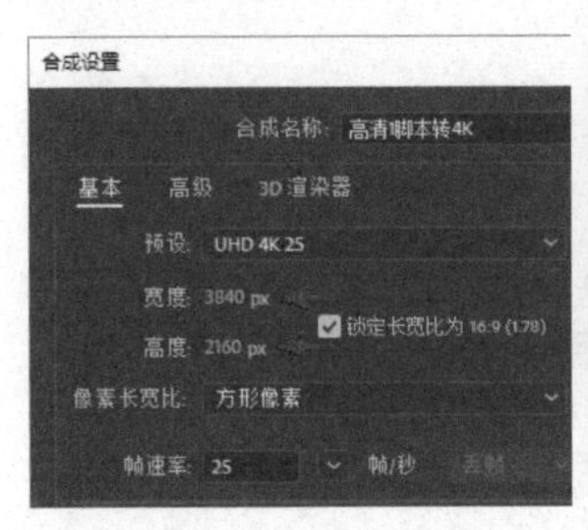

图 19-29 查看脚本操作后的属性

STEP 6

如果将高清合成制作完，再直接放大高清合成到4K，会出现模糊。而如果先放大高清合成到4K合成，然后调整各层重新制作，则可以保障正常的清晰度，而Scale Composition脚本可以简化这样的操作。对比放大高清合成的局部画面和4K制作中的局部画面，如图19-30所示。

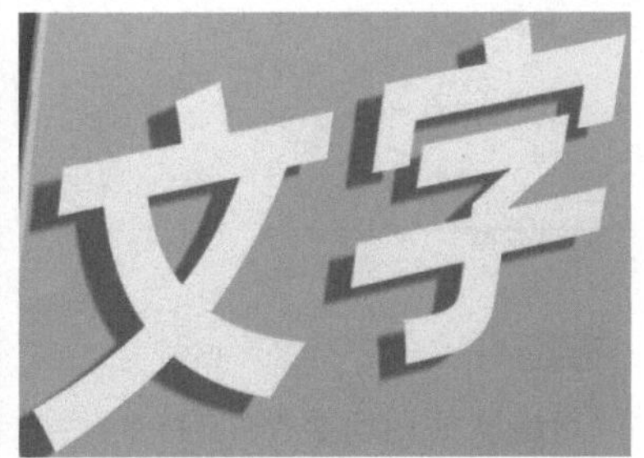

图 19-30 对比清晰度

安装脚本到脚本菜单下

STEP 1

除了内置的脚本，如有可用的外部脚本文件，可以选择菜单“文件>脚本>运行脚本文件”，从指定文件夹下选择脚本文件运行。

STEP 2

对于常用或重要的外部脚本，可以安装到软件中，像内置脚本一样，从菜单中方便地调用。脚本安装只要复制脚本文件即可，例如这里将脚本TypeMonkey.jsxbin添加到“脚本”菜单下时，直接将其复制到C:\Program Files\Adobe\Adobe After Effects 2020\Support Files\Scripts文件夹下即可。

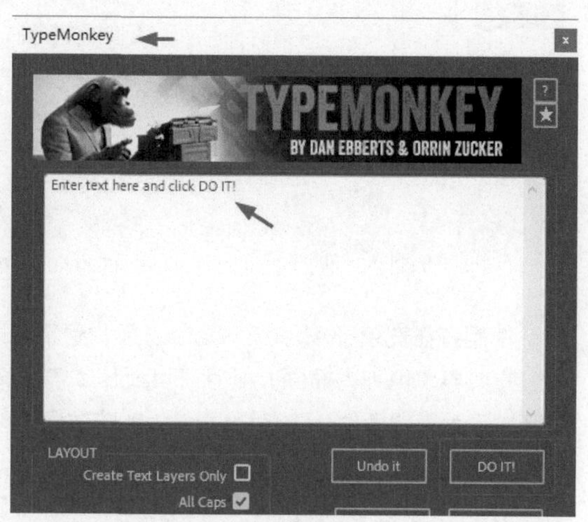

图 19-31 安装脚本

STEP 3

复制脚本后，打开软件，新建合成，然后在菜单“文件>脚本”下可以看到新增的TypeMonkey.jsxbin脚本，选择TypeMonkey.jsxbin会打开脚本设置面板，如图19-31所示。

STEP 4

这个脚本的功能是将多行文本自动生成文本动画，例如，这里输入多行文本，设置颜色，然后单击“Do IT!”按钮，在合成中会自动生成文字动画的图层。合成中隐藏了部分图层，单击时间轴上部的“消隐”开关可以显示隐藏的图层，如图19-32所示。

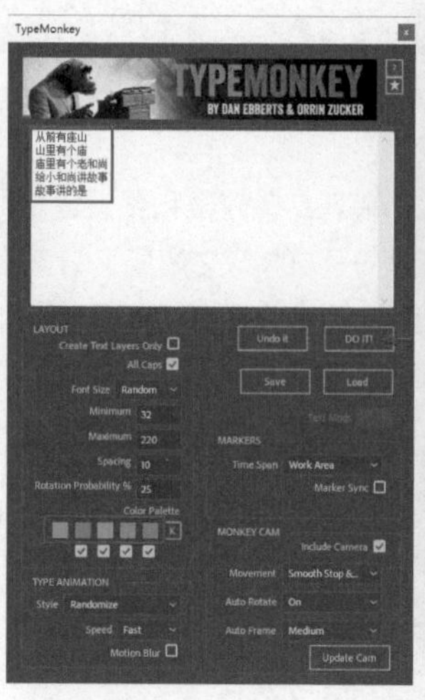

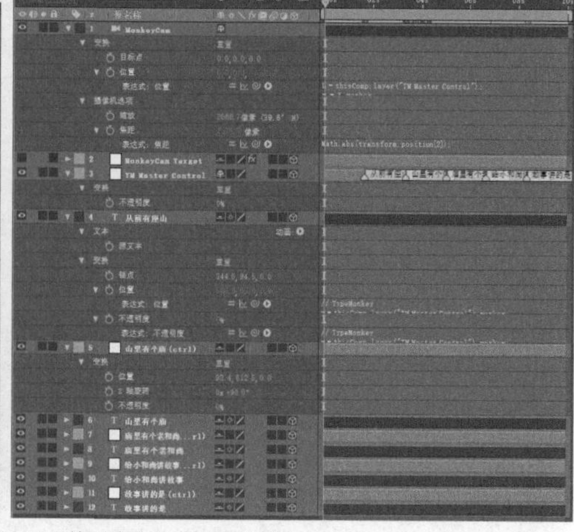

图 19-32 使用脚本生成动画图层

STEP 5

文字按空格或行断开，并按设置的颜色生成多屏动画，以灵活多变的动画形式出现。此外还可以在自动生成文字层的基础上，进行修改设置，或者加入其他图文，制作更丰富的图文视觉效果，如图19-33所示。

从前有座山

山里有个

庙里有个老和尚

山里有个庙

庙里有个老和尚

给小和尚讲故事

故事讲的是

图 19-33 脚本动画效果

安装脚本到窗口菜单下

STEP 1

脚本也可以安装到“窗口”菜单下，例如，操作中的脚本TypeMonkey.jsxbin复制到了C:\Program Files\Adobe\Adobe After Effects 2020\Support Files\Scripts文件夹下，这里将其移到Scripts文件夹中的下一级ScriptUI Panels文件夹下。

STEP 2

重新打开软件，因为TypeMonkey.jsxbin脚本已经从Scripts文件夹中移走，菜单“文件>脚本”下不再显示TypeMonkey.jsxbin，而是在菜单“窗口”下新增了TypeMonkey.jsxbin脚本。

19.6 使用插件

使用者在安装了After Effects之后，除了可以使用官方内置的多组效果，还可以按需安装非官方的第三方效果，也称为插件。After Effects本身的素材合成功能强大，使用广泛，加上有众多的第三方为之开发了大量的插件，让After Effects在效果制作上也如虎添翼。After Effects的插件数不胜数，应视需要有选择地安装使用。

区分内置插件和外挂插件

STEP 1

After Effects众多的效果可以在“效果”菜单下或者效果和预设面板中选择使用，中文版的软件中除了有多数的中文效果，还有部分以CC作为名称开头的英文效果，分散在多个效果组中。这些英文效果原本为Cycore Effects HD插件，后被内置到软件中，属于内置的插件。在效果和预设面板的搜索框中输入CC，可以显示出Cycore Effects HD插件，如图19-34所示。

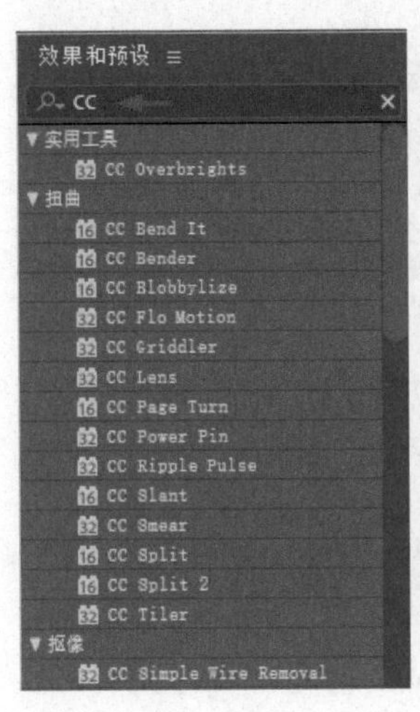

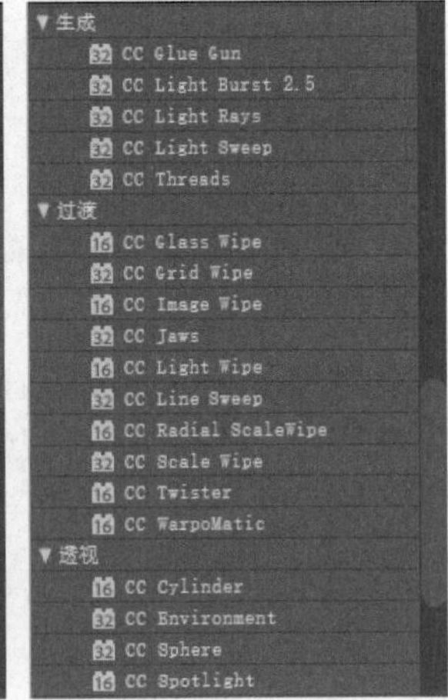

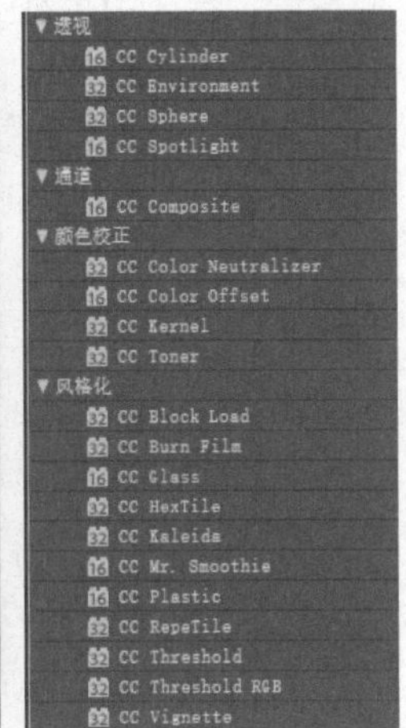

图19-34 众多的Cycore Effects HD效果

STEP 2

After Effects强大的效果制作功能，离不开众多插件的帮助，除了内置的插件，其他插件需要安装后才能使用。这些插件也称“外挂插件”，外挂插件安装后与内置效果一样，在“效果”菜单中会显示对应的插件组名称，在其下选择插件即可使用，如图19-35所示。

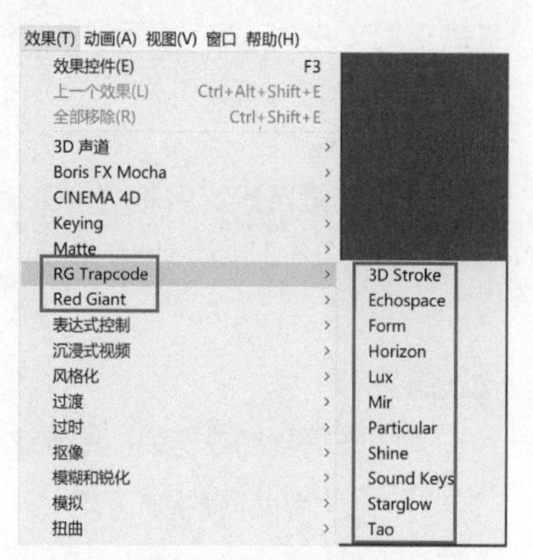

图19-35 外挂插件

操作2 安装插件的两个位置

位置 1

针对不同的插件，有些简单地复制到对应文件夹中即可使用，大多数需要执行安装程序，安装之后才能使用。插件安装的位置大多为After Effects专用插件文件夹，位置如下：

C:\Program Files\Adobe\Adobe After Effects 2020\Support Files\Plug-ins。

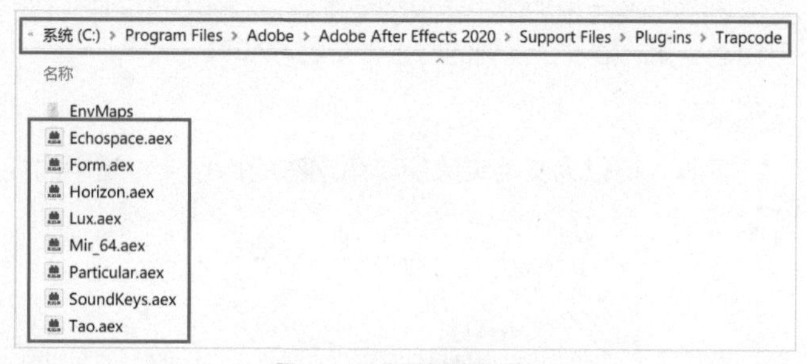

图19-36 专用插件文件夹

例如，这里安装Red Giant Trapcode Suite插件，其中部分插件文件被安装到After Effects专用插件文件夹中，如图19-36所示。

位置 2

部分同时支持多个软件的插件，例如，有些插件不仅支持After Effects，同时也支持Premiere Pro或Photoshop，其安装的位置将改变为Adobe软件的公用文件夹，即一处插件文件支持多个软件，位置如下：

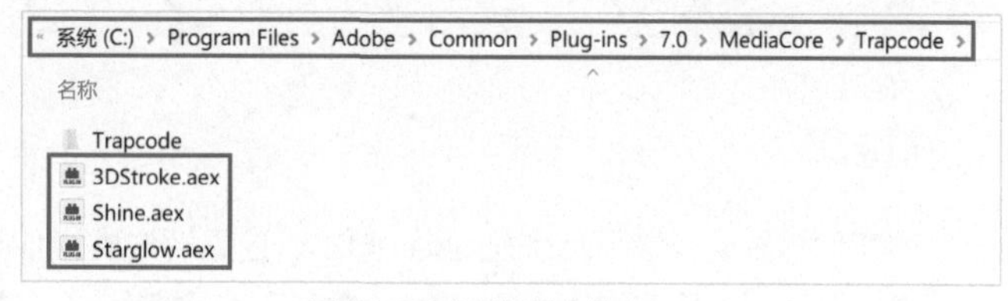

图19-37 公用插件文件夹

C:\Program Files\Adobe\Common\Plug-ins\7.0\MediaCore

例如，上面安装的Red Giant Trapcode Suite插件中，有部分插件文件被安装到了Adobe软件的公用文件夹中，这是因为这些插件同时支持多个软件。图19-37中的3个插件，既能在After Effects中使用，也能在Premiere Pro中使用。

操作3 管理插件的安装位置和加载

STEP 1

外挂插件作为效果制作的利器，优势明显，但安装过多的插件也会增加软件加载和运行的负担，另外，部分插件对软件的稳定性有负面影响，不过这些都可以进行控制管理，例如，按需安装插件、安装插件到指定文件夹、控制指定插件文件或文件夹的加载。首先为插件指定文件夹，插件文件可以安装到软件路径中的Plug-ins文件夹下，也可以安装到其下级的文件夹中，所以这里为了管理方便，可以在Plug-ins文件夹下建立一个专门存放外挂插件的文件夹，如这里自定义名称为“3Copy”的文件夹，如图19-38所示。

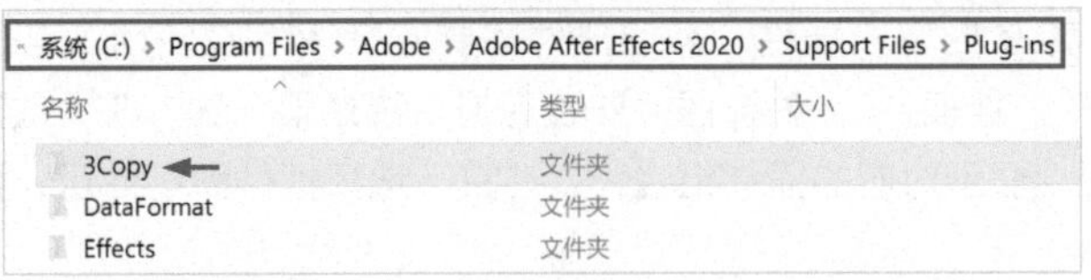

图19-38 自定义插件文件夹名称

STEP 2

可以按需复制或安装插件到这个自定义文件夹中，如图19-39所示。

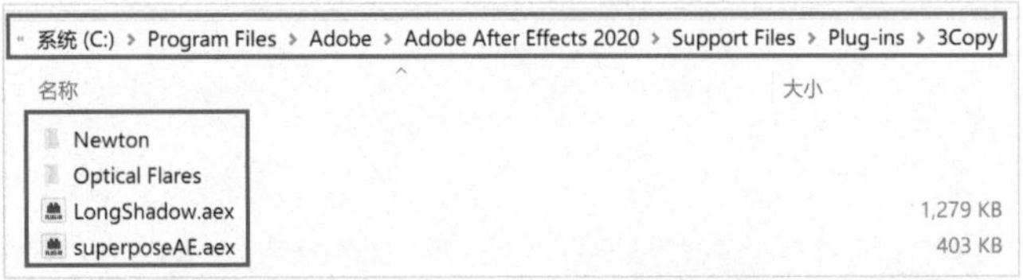

图19-39 用自定义文件夹管理插件

STEP 3

对于某些复制的插件，可以直接在名称上注释，更简明易懂。

STEP 4

为插件文件添加半角字符的括号后，启动After Effects时，这个插件将不会被加载。这样可以暂时停用而不删除插件，需要的时候恢复名称即可。

STEP 5

同样，可以为文件夹添加半角字符的括号，将其中的插件都停用，通过文件夹来管理插件的使用，如图19-40所示。

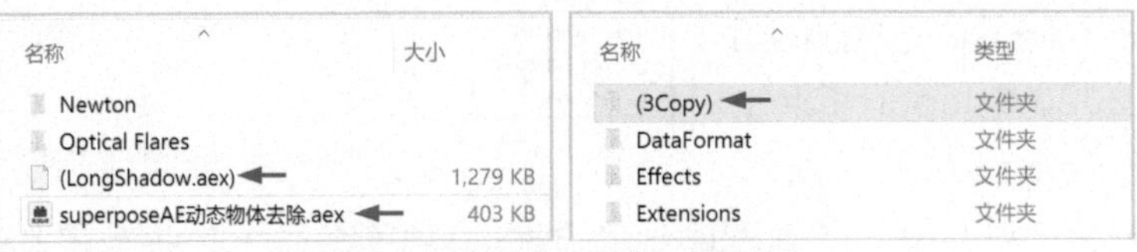

图19-40 命名插件和选择性停用插件

实例 制作 TypeMonkey 脚本解说文字动画

实例说明

本实例需要先安装TypeMonkey脚本，这是解说类短视频中一种流行文字动画的制作工具。通常配合解说，将唱词（即解说词）制作为形式多变但风格统一的文字动画。这个脚本的强大之处在于能一次性处理多行文本，快速生成大量文字的动画。例如，这里输入多行文本，设置颜色和动画方式，然后单击“Do IT!”按钮即可自动生成动画。动画效果如图19-41所示。

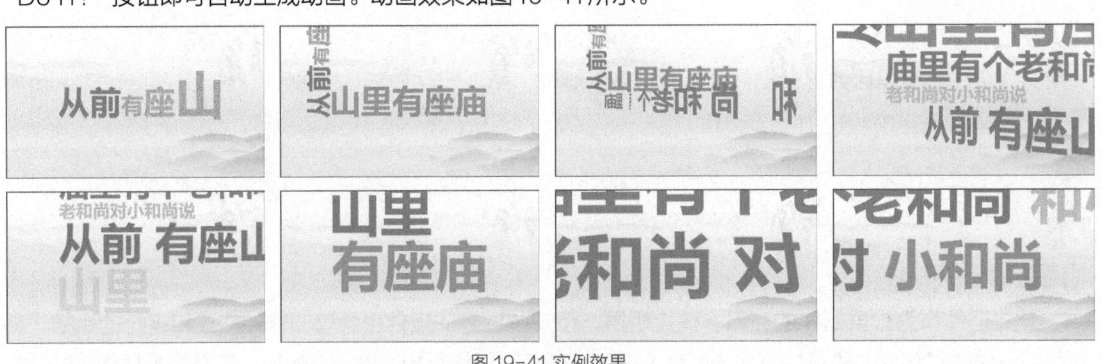

图19-41 实例效果

扫码观看实例制作步骤讲解视频	实例制作步骤图文讲解
	详见配书资源中的《实例制作步骤图文详解》PDF文档。 下载方式见封底。

制作 LayerMonkey 脚本图片展示动画

与TypeMonkey脚本类似，还有LayerMonkey、CircusMonkey、MotionMonkey和MonkeyCam Pro等脚本，都可以轻易生成数量众多、动画烦琐的效果。如果安装使用了Layer Monkey脚本，那么可以很简单地对批量的图像生成类似TypeMonkey文字动画的展示效果，如图19-42所示。

图19-42 实例效果

使用LayerMonkey时，先将需要展示的画面全部添加到合成中，然后在LayerMonkey设置面板中进行设置，并单击“DO IT!”按钮，即可一键建立全部画面的展示动画，如图19-43所示。

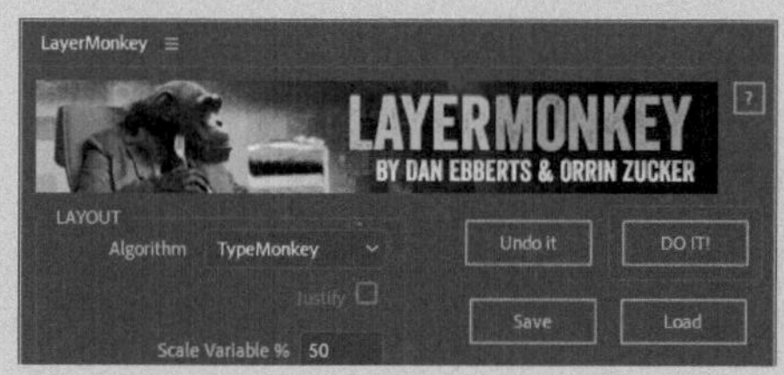

图19-43 脚本与生成的动画图层

After Effects 模板使用有要点

After Effects被广泛使用的一大原因是其有海量的模板文件可以参考和使用，为制作高水平的视频效果带来了便捷。即只要会修改和使用模板文件，就有可能借用和完成大师级效果。当然，由模板成功转换出一个完美的视频作品，不仅要归功模板的设计者，也需要使用者的慧眼选择和合理制作。

对于模板的使用也存在多种实际情况，有进行简单替换的，有进行部分截取的，也有大幅调整以至于改头换面的。使用模板最重要的结果是将其修改成符合制作要求的效果。完美地用好大多数模板，除了要懂得模板本身的使用规律，也需要对软件有扎实的基本功。

20.1 中英文版本及表达式出错的解决方法

After Effects中有海量精彩的模板，由于模板文件通常为英文版软件所制作，而且大多含有表达式，所以在使用中文版After Effects打开这类模板时，难免会出现一些表达式错误的提示，同时效果也会受到影响。遇到这样的问题，只要找到具体的原因就可以用对应的方法去解决。

操作 1　在中文版中修复表达式

STEP 1

对于英文版的模板文件，中文版软件在使用时，有些通用，有些则有兼容性问题，可以先试着用中文版软件打开测试。常出现的情况为表达式对中英文版本的不兼容，例如，这里打开一个项目文件，在合成视图的下面出现橙色的提示：此项目包含表达式错误，共“2”个。在右侧有切换错误提示的按钮和查找按钮，如图20-1所示。

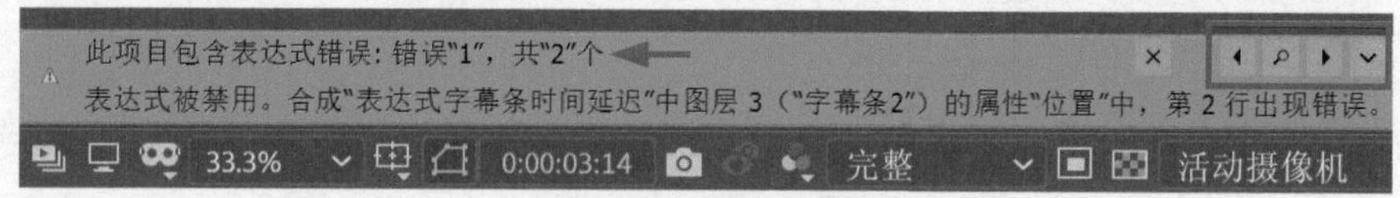

图 20-1 表达式错误提示

STEP 2

单击放大镜形状的搜索按钮，在合成中展开一个出现错误的表达式，软件以叹号图标提示错误，如图20-2所示。

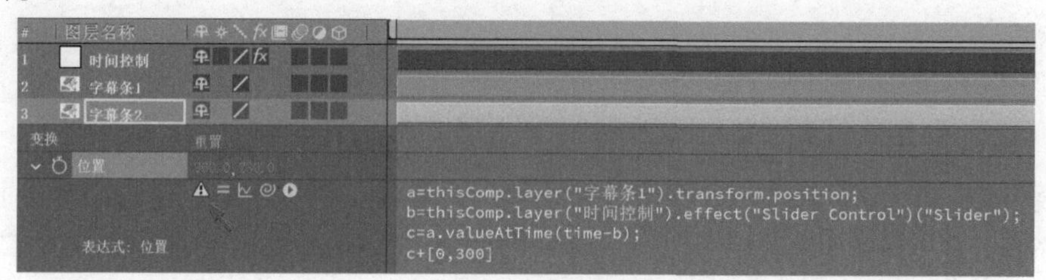

图 20-2 查看表达式

STEP 3

此时，对于简单的表达式错误，可以试着根据提示检查表达式的第2行，因为提示其中名为“Slider Control”的效果缺失，所以这里展开第2行表达式中指向的“时间控制”图层，检查其效果，可以看到引号的内容与效果下的属性名称不统一，这里改正表达式中的“Slider Control”为“滑块控制”“Slider”为“滑块”，按小键盘上的Enter键结束修改。这样叹号图标消失，修复好一个表达式，如图20-3所示。

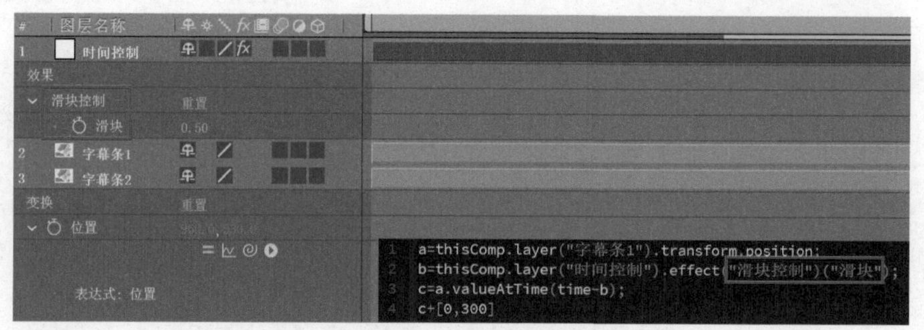

图 20-3 修改表达式

STEP 4

再查看合成视图的下面出现的橙色提示，发现只剩下1个错误，继续单击查找按钮，如图20-4所示。

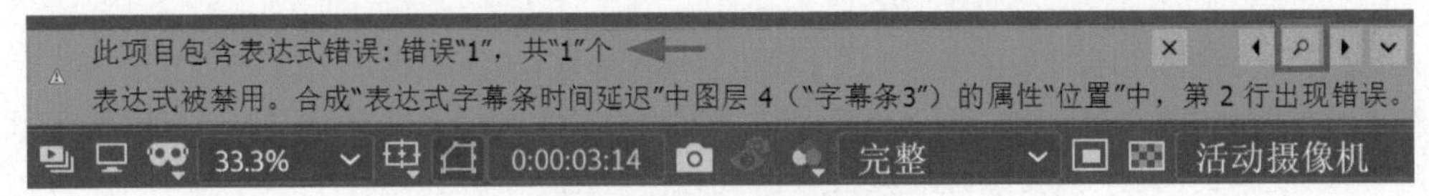

图 20-4 继续查找错误表达式

STEP 5

在展开的表达式中做相同的修改，这样解决了表达式的问题后，就可以用中文版软件来使用这个项目了，如图20-5所示。

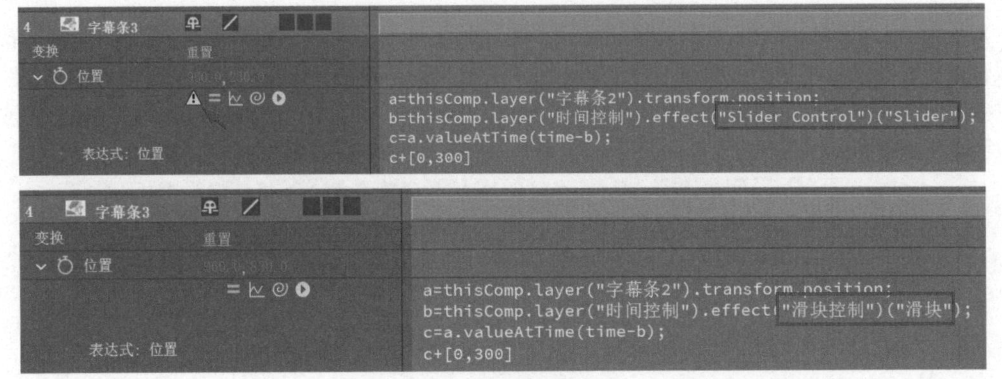

图 20-5 修改表达式

操作2 修改表达式中常见的属性名称

STEP 1

表达式出错多为在英文版转换到中文版时效果名称对应出错，这里再对比表达式控制效果下几种容易出错的效果。这里打开一个文字动画的项目，提示有4处表达式错误，单击查找按钮，展开对应图层的表达式，准备进行修改，如图20-6所示。

图 20-6 表达式错误提示

STEP 2

发现表达式控制效果下属性名称"3D 点""滑块""点"和"复选框"在表达式中均对应出错，如图20-7所示。

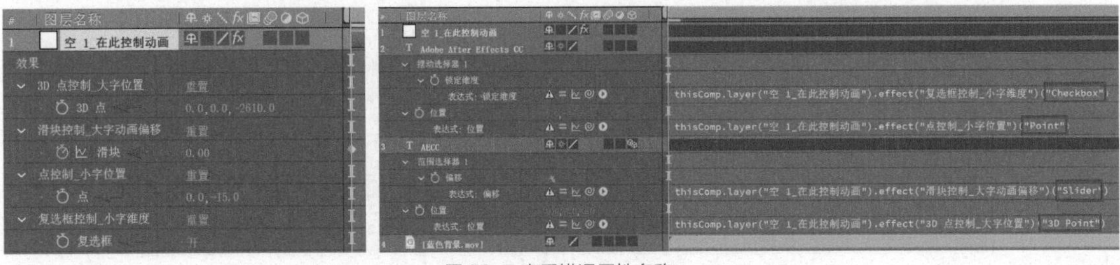

图 20-7 查看错误属性名称

STEP 3

这里分别将表达式中的“3D Point”改为“3D点”，“Slider”改为“滑块”，“Point”改为“点”，“Checkbox”改为“复选框”，完成表达式的修改，如图20-8所示。

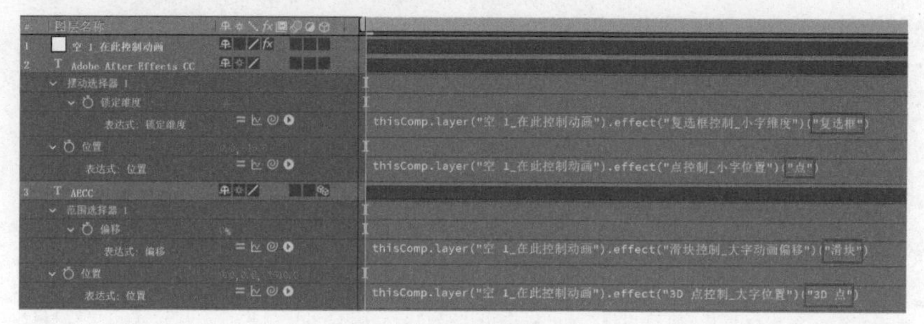

图 20-8 修改表达式

如表达式较多或较为复杂，可使用第1章切换中英文版的方法，使用英文版软件来制作。

20.2 缺失素材、效果与字体

打开模板文件的另一类常见问题是弹出缺失提示，例如，提示缺失素材、缺失效果以及缺失字体，同时画面效果也变得不完整，或者面目全非，这里分别根据提示来解决问题。

操作 1 解决缺失素材的问题

STEP 1

使用模板文件常出现的问题之一是出现缺失文件的现象。这里打开一个项目文件，出现文件丢失的提示，合成中丢失素材的画面以占位符代替，如图20-9所示。

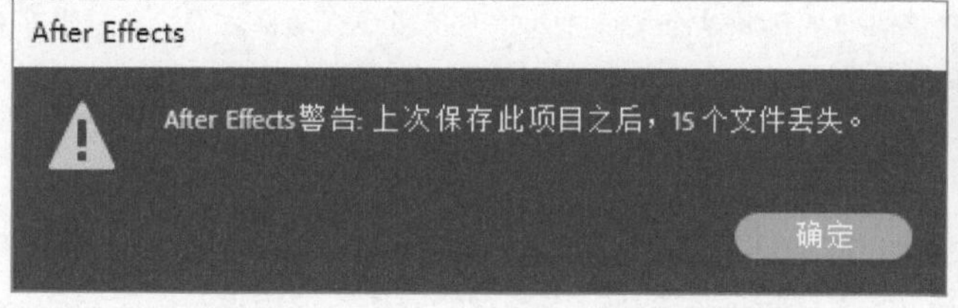

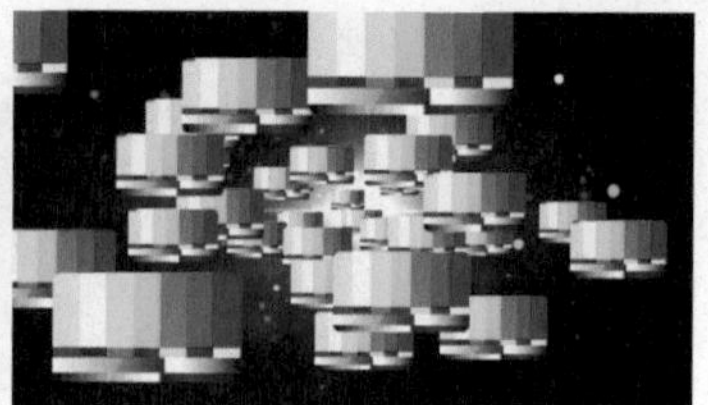

图 20-9 提示文件丢失

STEP 2

项目面板中仍显示素材的原始名称，时间轴中也保持原始素材的图层，所有制作的信息都被保留。可以在项目面板的搜索框左侧单击搜索图标，选择“缺失素材”，这样可以筛选并显示全部缺失的素材，如图20-10所示。

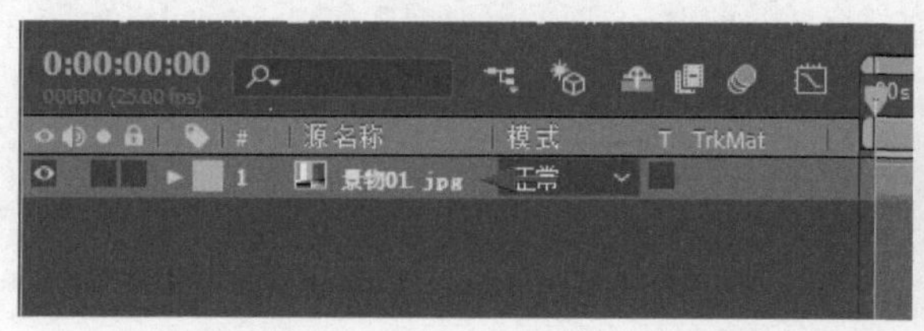

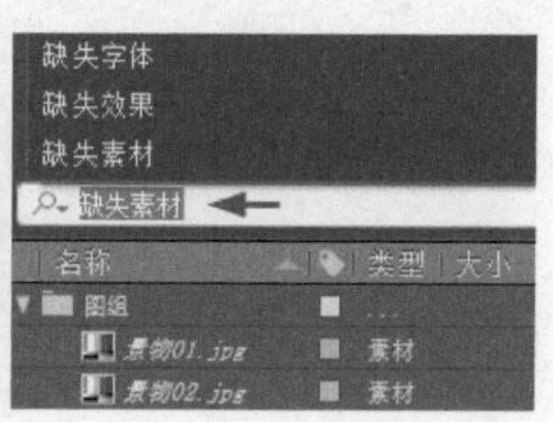

图 20-10 查找缺失素材

STEP 3

可以打开项目面板中的菜单，在“列数”后勾选“文件路径”，显示出素材原始的路径，当前这个路径指向存在问题，所以导致文件链接丢失，可以参考这个路径来查找原因，如图20-11所示。

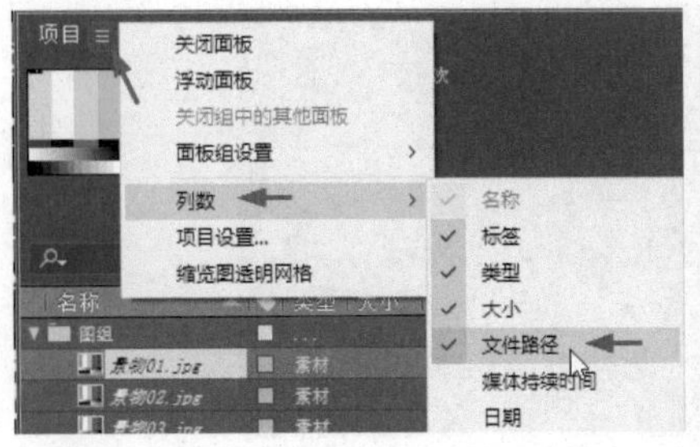

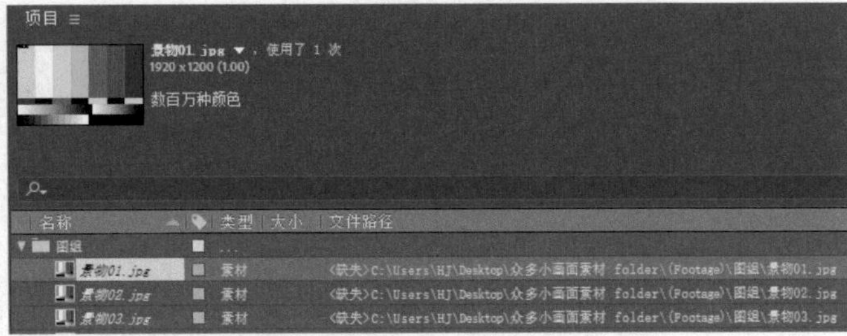

图 20-11 显示文件路径信息

STEP 4

如果原始文件还存在，只是路径位置变动造成文件丢失，属于文件链接丢失，此时重新建立路径链接即可。这里在项目面板中先选中一个缺失的文件，选择菜单“文件>替换素材>文件”（快捷键为Ctrl+H），或者直接在缺失的文件上单击鼠标右键，选择弹出菜单中的“替换素材>文件”，打开路径定位的窗口，选择当前正确的路径和文件即可，如图20-12所示。

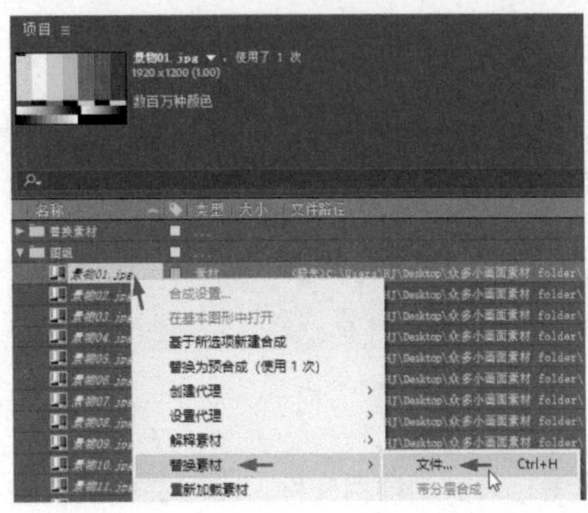

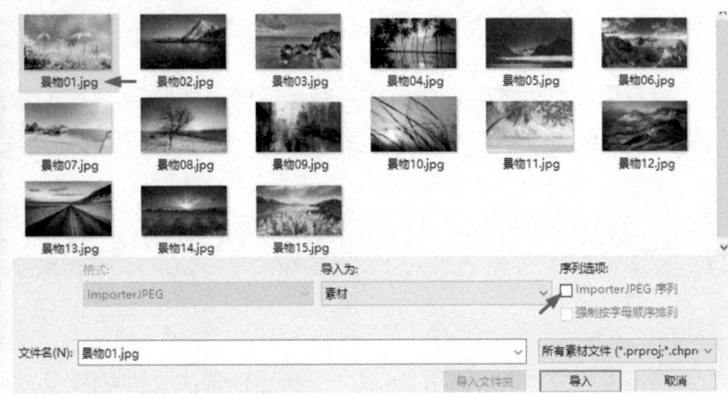

图 20-12 从正确路径替换文件

这里因为文件以序号的方式命名，但实际按单个文件导入，不使用序列动画方式，所以当序列选项处于勾选状态时，需要取消勾选。

STEP 5

在通过一个文件重新建立路径链接时，软件会检测新的路径是否符合其他丢失的文件，如果符合，则同时为其他丢失的文件一同修正链接问题，从而省去逐个替换素材的操作。这里提示同时找到另外的缺失项，通过一次替换操作，修正了同一位置下全部丢失文件的链接，如图20-13所示。

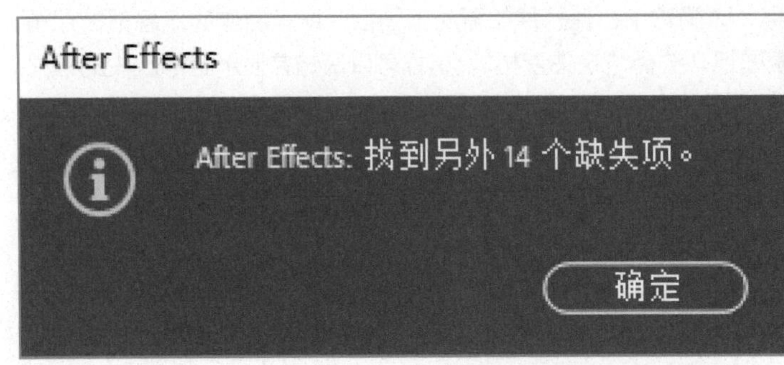

图 20-13 同时修正相关文件

操作2 解决缺失效果的问题

STEP 1

使用模板常遇到的一个问题是因为未安装某个外挂插件而出现的缺失效果。模板文件通常都附有视频效果预览文件，这里查看一个项目文件原来的制作效果，打开其项目文件。这里弹出缺少效果的提示，并显示所缺少效果的名称，如图20-14所示。

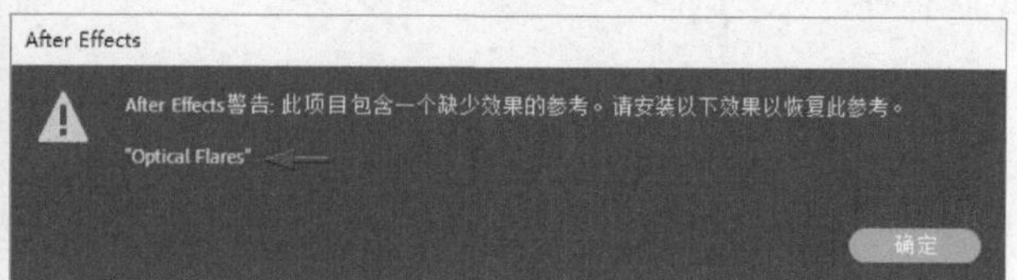

图 20-14 提示缺失效果

STEP 2

进入项目后，可以在项目面板的搜索框左侧单击搜索图标，选择“缺失效果”，这样可以筛选并显示全部缺失效果的合成，方便快速定位包含缺失效果的合成。

STEP 3

打开缺失效果的合成，在合成时间轴的上部也有相似的搜索框，在这里可以通过单击搜索图标，选择“缺失效果”，快速显示出图层下缺失的效果，如图20-15所示。

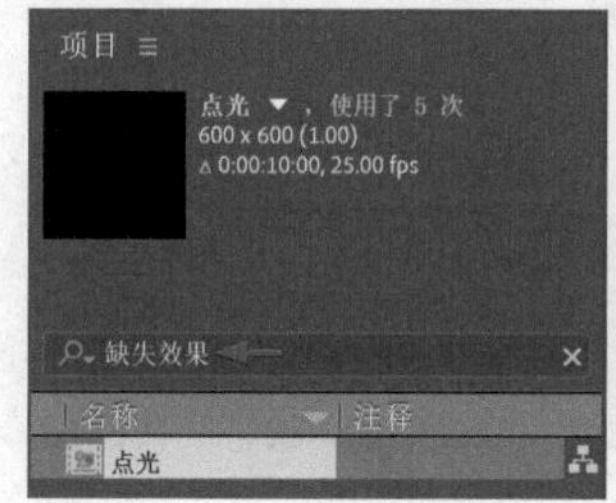

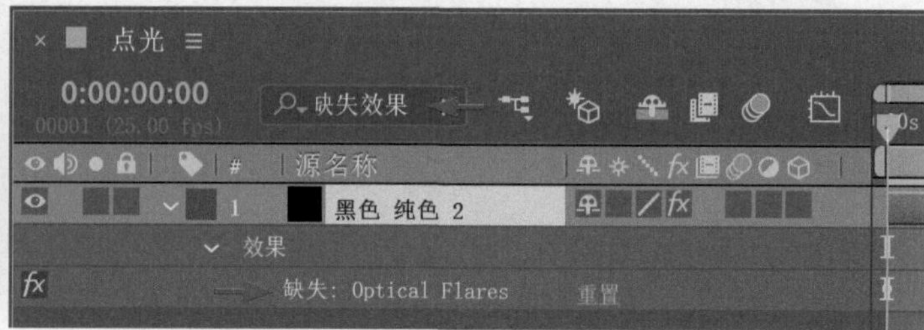

图 20-15 查找缺失效果

STEP 4

当前为黑色的纯色层，单击“合成微型流程图”按钮，切换到上级主合成，如图20-16所示。

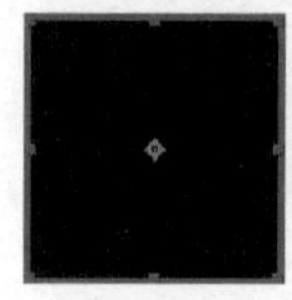

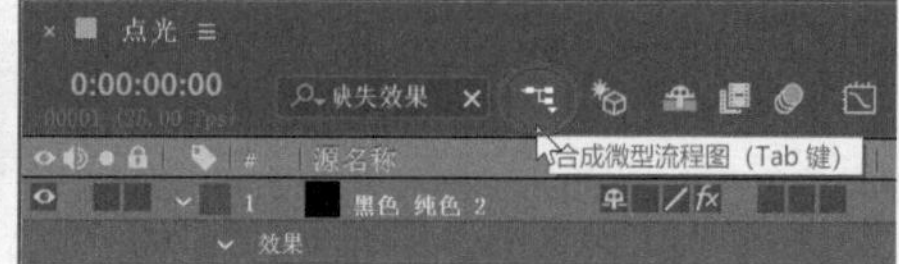

图 20-16 查看合成微型流程图

STEP 5

查看主合成中的效果，对比项目文件原来的制作效果，发现因为缺少效果使得画面上部缺少了部分点光，如图20-17所示。

图 20-17 查看缺失效果对画面的影响

STEP 6

这里切换到缺失效果的合成，使用内置的点光效果来代替缺失的点光效果，其中在制作时可以参考原来缺失效果中的关键帧设置，如图20-18所示。

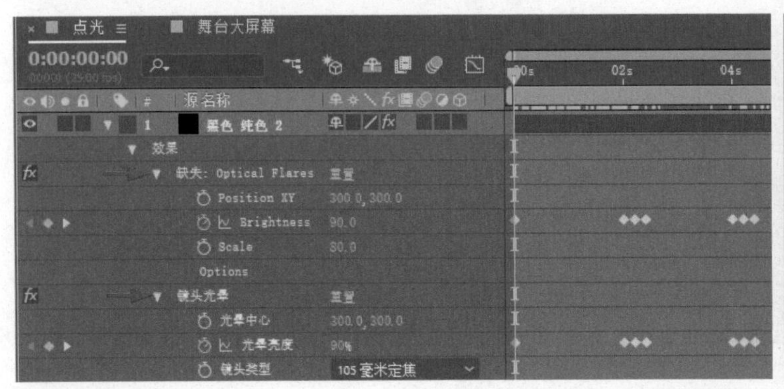

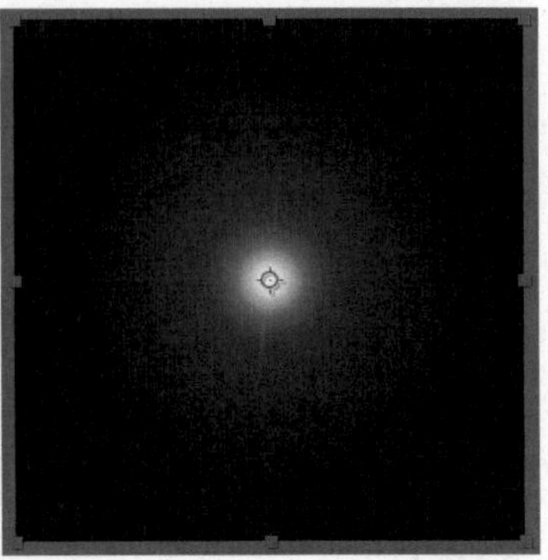

图 20-18 使用其他效果代替缺失的效果

STEP 7

切换到主合成，对比原来预览文件时的效果与修改后的效果，这样使用替换效果的方法，解决了效果缺失的问题，如图20-19所示。

图 20-19 对比替换前后的效果

操作3 解决缺失字体和字体出错的问题

STEP 1

当打开的模板涉及文本内容时，由于不同系统下字库的不同，有时模板中使用的字体不可用，可以忽略提示，在打开的合成中查看文字，视效果决定使用当前默认的字体还是替换为其他字体。

STEP 2

有时遇到不兼容的字体出错一直显示错误提示时，按住Esc键，等提示间断消失时，关闭文本层的显示，为文本层更换安全字体，然后再打开文本层的显示，如图20-20所示。

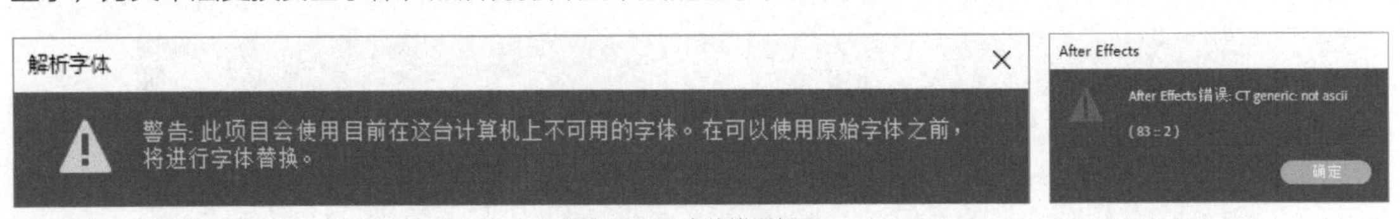

图 20-20 字体错误提示

STEP 3

为了防止下次不兼容的字体的错误使用，需要在系统字库中清除出错的字体，以避免因为字体出错造成制作损失。

20.3 模板分析

大多数模板在打开后往往项目面板中包括有众多的合成，合成的时间轴又有众多的图层，图层又有链接的、关联的、隐藏的，以及不同的效果、关键帧等，让人眼花缭乱，无从下手。正确地分析模板，理清合成嵌套级关系，找出修改项和输出项，对顺利修改、使用模板尤为重要。

模板分析操作方法

STEP 1

通过效果预览选择一个模板，先查看相关说明，对模板的技术指标有所了解。例如，查看使用版本，模板项目文件的版本不可高于当前使用软件的版本。模板项目文件的版本低于当前使用软件的版本时，会提示版本转换，将项目文件保存为新版本的文件，如图20-21所示。

图 20-21 使用版本提示

STEP 2

查看项目视频的分辨率大小。如果需要1080P的高清视频（宽度为1920像素、高度为1080像素），模板文件需要达到高清或高清以上的尺寸，2K、4K及以上都可以满足或转换。早期的标准清晰度视频，以及720P（宽度为1280像素、高度为720像素）的视频分辨率则过小。

STEP 3

查看可修改的范围。有些模板使用合成效果的视频素材，如果重要的效果不可以分层修改，会使实用性大打折扣。

STEP 4

查看是否需要外挂插件。需要插件时，可以根据插件名称安装使用，部分插件对版本有所要求，或者需要具备插件预设中附属的素材文件。此外可以尝试忽略插件效果或使用其他效果来代替。

STEP 5

确认需要哪些素材。有时模板需要特定的素材来配合制作，如透明背景的人物、符合风格的素材画面、匹配的Logo形状、长度合适的文字等。

STEP 6

打开项目文件后，首先在项目面板中找到主合成查看整体的最终效果，然后再查看可修改的合成、可替换的素材。切换合成时可以按Tab键显示合成微型流程图，按Shift+Esc快捷键在两个合成中切换。

STEP 7

合成中有时有些图层被隐藏，可以单击合成上部的消隐开关，将隐藏的图层显示出来，如图20-22所示。

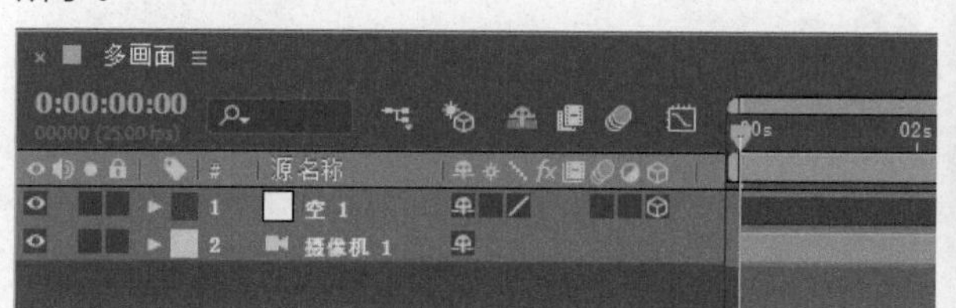

图 20-22 查看隐藏的图层

STEP 8

当打开一个合成准备修改时，通常需要先了解这些图层都做了哪些设置，快速按两次U键，可以展开显示出图层所有变动过的属性，即这些属性非默认设置。而按U键则可以展开显示出所有设置了关键帧的属性，如图20-23所示。

图20-23 显示所有变动过的属性和显示关键帧

STEP 9

显示类的快捷键可以帮助用户快速查看，如变换属性中的锚点（A键）、位置（P键）、缩放（S键）、旋转（R键）、不透明度（T键），蒙版路径（M键）、蒙版全部属性（快速按两次M键），显示效果（E键），显示表达式（快速按两次E键），显示音频音量（L键），显示音频波形（快速按两次L键）等。

STEP 10

当合成时间轴的时间单位不是时、分、秒、帧的时间码单位时，如需更改，可以选择菜单“文件>项目设置”，打开项目设置面板，在时间显示样式标签面板中，更改“帧数”显示的方式为“时间码”，也可以根据需要设置素材开始时间为0以便于查看，国内制作使用的视频默认基准设置为25，如图20-24所示。

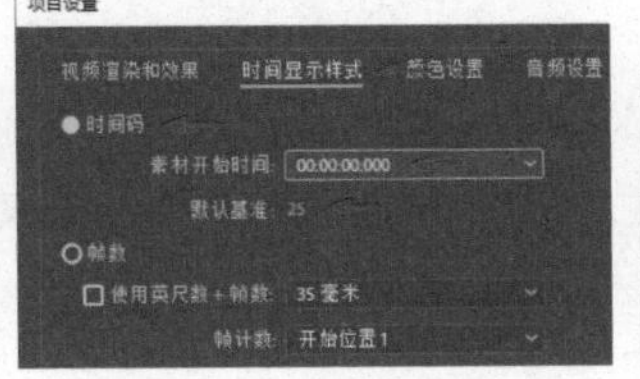

图20-24 设置时码显示方式

STEP 11

当使用的模板合成的帧速率为24或 29.97，而要求按25帧输出时，一种方法是在添加到渲染队列面板后，打开渲染设置面板修改“帧速率”为25帧；另一种方法是在项目面板中选中要输出的合成，在其上单击鼠标右键并选择“基于所选项新建合成”（或者将合成拖至“新建合成”按钮上释放）建立新合成，打开新合成，按Ctrl+K快捷键打开其合成设置面板，修改“帧速率”为25，然后按新合成的设置输出即可，如图20-25所示。

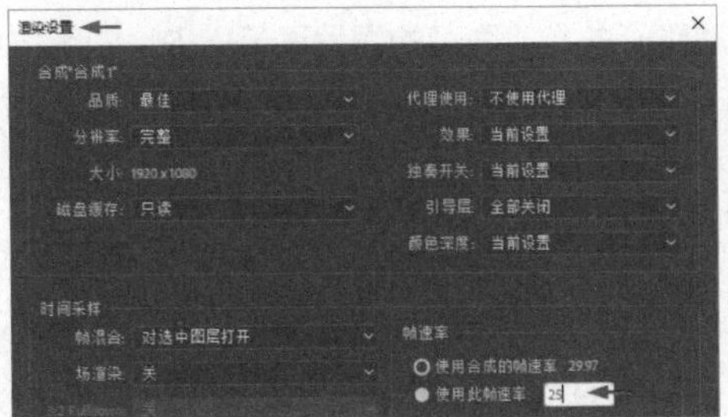

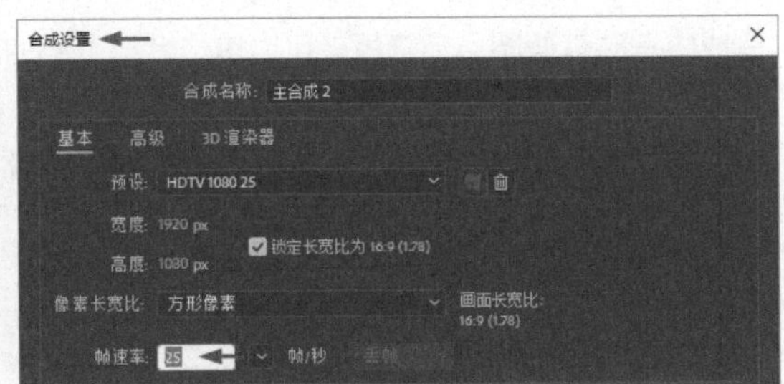

图20-25 按新的帧速率输出

STEP 12

向项目中导入序列图像时，按不同的帧速率导入所得到的长度是不同的，例如，300个画面的序列图像，按30帧/秒导入后时长为10秒，按25帧/秒导入后为12秒。导入时帧速率依据“首选项”中“导入”下“序列素材”处的设置，默认为30帧/秒，国内常修改为25帧/秒。对于已导入的素材如果要修改帧速率，可以选中项目面板中的序列图像素材，选择菜单“文件>解释素材>主要”，打开解释素材面板，重新设置“假定此帧速率”，如图20-26所示。

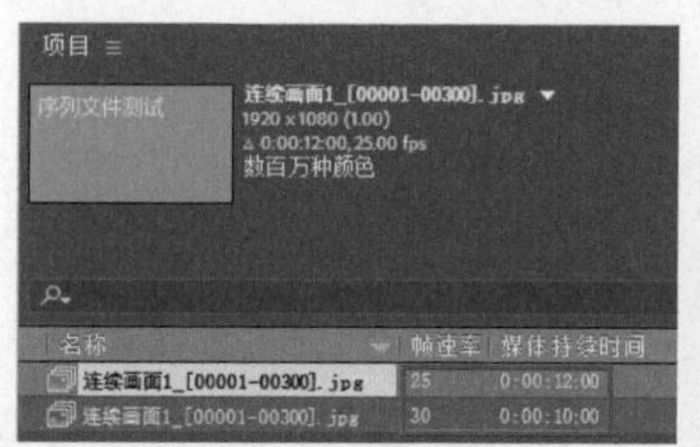

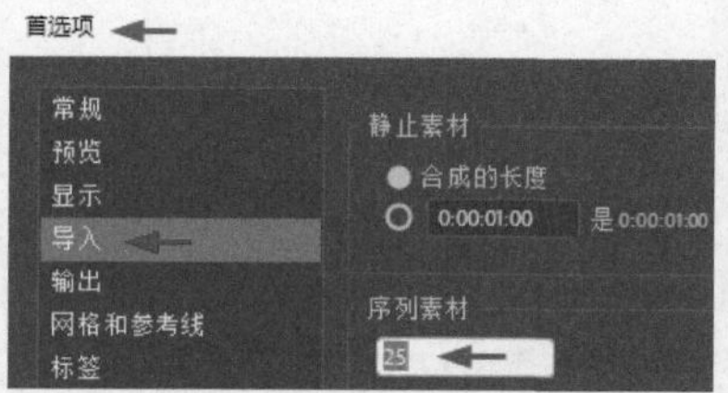

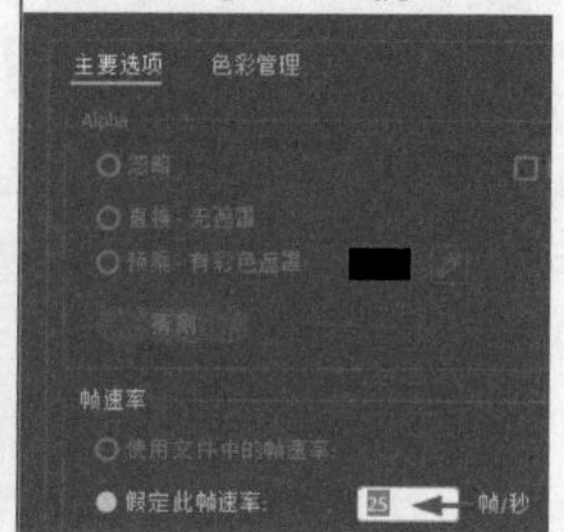

图 20-26 设置导入序列图像的默认帧速率

20.4 改善响应速度

设置操作可以多用快捷键来提高操作速度，显示响应的快慢则由软硬件环境，以及合成图层中的效果运算量的大小来决定。制作中显示响应的滞后是常见现象，这也一直在考验着制作者的耐心。硬件配置有限，软件的响应速度则需要从多方面来进行提升。

操作 改善显示响应速度的操作

STEP 1

当显示响应较慢，影响制作时，可以在合成视图面板中降低分辨率，少数时候使用“完整”分辨率检查画面，操作中的大多时间使用较低的分辨率检查时间。当显示画面放大率较小时也可以设置分辨率为“自动”，超过50%的放大率按“完整”显示，33.3%~50%的放大率时按“二分之一”显示，25%-33.3%的放大率时按“三分之一”显示，25%及以下按“四分之一”显示，放大率较小时软件将自动减少运算量加快响应速度，如图20-27所示。

图 20-27 设置视图显示分辨率

STEP 2

要改善显示响应速度，也可以在合成中更改主要图层的品质，即单击“质量和采样”开关，例如，单击此开关将默认的“高质量”切换为“草图”，加快响应，如图20-28所示。

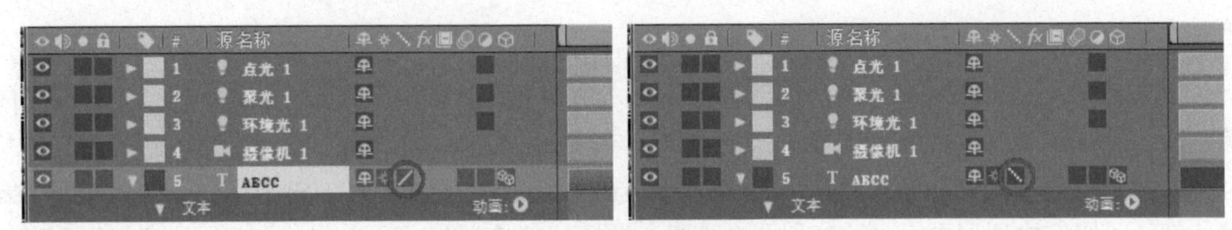

图 20-28 设置图层质量和采样

STEP 3

对于启用运动模糊的设置，可以暂时关闭，等全部制作完成至输出时再打开。

STEP 4

可以在合成视图面板中暂时使用目标区域预览局部。单击合成视图面板下部的“目标区域”按钮，在视图中建立局部区域画面，并保持“目标区域”按钮为激活状态，这样只显示区域内的画面，预览时会明显加快，如图20-29所示。

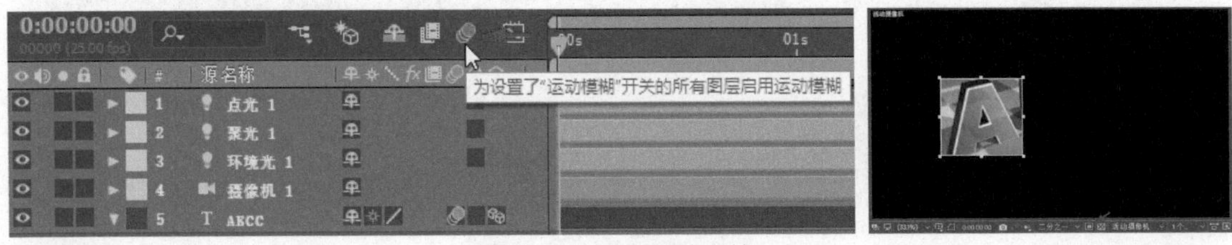

图 20-29 设置视图目标区域

STEP 5

暂时关闭图层中复杂的效果，或者关闭图层的显示，然后进行其他设置操作，待其他操作完成之后再恢复。

STEP 6

预渲染运算量大的图层，将其输出为普通的素材导入，替换影响速度的图层。

STEP 7

在预览时，可以设置跳帧预览，例如，在预览面板中设置“跳过”为5，即间隔5帧渲染1帧，用来大致了解动画效果，等检查完整效果时再将“跳过”恢复为0，进行逐帧渲染和预览。

STEP 8

在进行3D制作，对合成使用“CINEMA 4D”渲染器时，响应速度会变得很慢，可以先切换到“经典3D”渲染器，待关键帧动画等设置完毕后，最后再切换到“CINEMA 4D”渲染器，如图20-30所示。

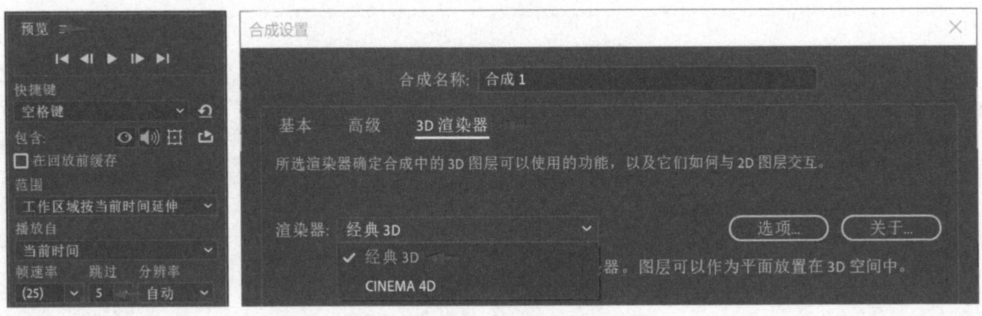

图 20-30 切换合成渲染器

STEP 9

对应复杂庞大的模板项目，如果只需要其中的部分效果，可以先另外保存文件。选中涉及的合成，选择菜单“整理工程（文件）>减少项目”，精简项目内容，只保留与选中合成相关的素材与子合成。也可以进一步对项目内不需要的内容进行安全删除，精简项目，减轻运算负担。

STEP 10

有时由于缓存的原因，修改完的结果不能及时更新，仍然显示为修改前的效果画面，此时可以选择菜单“编辑>清理”下的选项清理和刷新缓存，例如，清理“所有内存与磁盘缓存”，重新预览，正确地显示最新的修改效果，如图20-31所示。

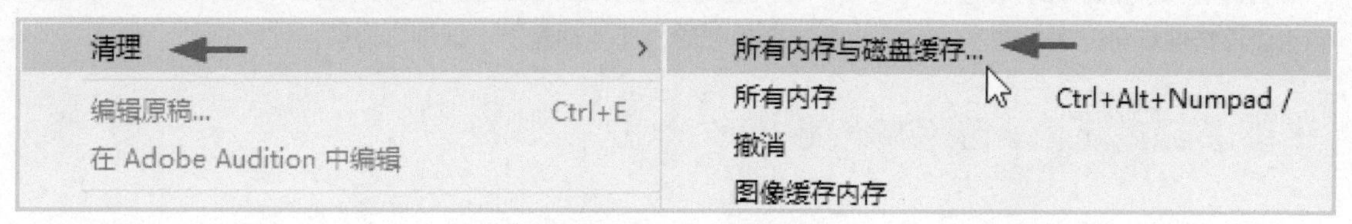

图 20-31 清理所有内存与磁盘缓存

20.5 性能、效率与常见问题

可以通过优化计算机系统、After Effects软件设置、制作中的项目和工作流程来提高性能。此处提供的某些建议不是通过提高渲染速度而是通过降低其他操作所需的时间来提高性能的。

20.5.1 通过硬件驱动和软件设置提高性能

STEP 1

确保安装After Effects的稳定版本和更新。

STEP 2

确保已经安装驱动程序和增效工具的最新版本，特别是视频卡驱动程序。

STEP 3

确保系统具有足够的RAM。计算机系统要想达到最佳性能，应为其每个核心处理器至少安装2GB的RAM。

STEP 4

退出不需要使用的应用程序。

STEP 5

停止或暂停其他应用程序中占用大量资源的操作（如Adobe Bridge中的视频预览）。

STEP 6

确保系统具有支持 OpenGL 2.0 或更高版本的显卡。虽然After Effects没有它也可以工作，但是OpenGL 能够加速各种类型的渲染，包括渲染到屏幕上以供预览。

STEP 7

如果可能，应在较快的本地磁盘驱动器上保存项目的源素材文件。如果源素材文件位于较慢的磁盘驱动器上（或具有较慢的网络连接），那么性能将受到影响。理想情况下，应为源素材文件和渲染的输出使用不同的快速本地磁盘驱动器。

STEP 8

将磁盘缓存文件夹分配到一个单独的快速磁盘（或磁盘阵列）最为理想。因为其速度优势，SSD（Solid State Disk，固态驱动器）能够很好地针对此功能进行工作。

STEP 9

为其他应用程序分配足够的内存。

STEP 10

通过选择“启用磁盘缓存”首选项，为预览启用将帧缓存到磁盘的功能。在After Effects中，应为磁盘缓存文件夹分配尽可能多的空间（在一个单独的快速驱动器上）以便实现最佳性能。

20.5.2 通过简化项目提高性能

简化和分割项目可以防止After Effects使用内存和其他资源处理目前没有使用的元素。此外，控制After Effects执行特定处理的时间，可以极大地提高整体性能。例如，可以避免重复某个只需发生一次的动作，或者可以延迟某动作，直至需要它为止。

方法 1

将未使用的元素从项目中删除。

方法 2

把复杂项目分割成更简单的项目，然后在渲染完成之前，重新组合它们。如果要重新组合项目，需要将所有项目导入单个项目中。

方法 3

在渲染之前，将所有的源素材文件置于较快的本地磁盘上，而不是置于要渲染和导出到的磁盘上。用于执行此操作的一个好方法是使用“收集文件”命令。

方法 4

预渲染嵌套合成。将已完成的合成渲染为影片，使After Effects不需要在每次显示该合成时都对其进行渲染。

方法 5

当不直接对某个源项目进行操作时，为该源项目替换一个低分辨率或静止图像代理。

方法 6

降低合成的分辨率。

方法 7

通过使用“独奏”开关隔离在处理的图层。

20.5.3 通过修改屏幕输出提高性能

可以采用许多方法来提高性能，这些方法不影响After Effects在工作时处理项目数据的方式，而仅影响向屏幕输出的方式。虽然在工作时查看特定项和信息通常很有用，但After Effects会使用内存和处理器资源更新此信息。由于需要在工作流程中的不同时间点查看项目的不同方面，因此，可以在各个阶段以不同的组合方式使用下列方法。

方法 1

按Caps Lock键，After Effects便不会更新素材、图层或合成面板。

方法 2

启用预览硬件加速，以使用GPU帮助将预览绘制到屏幕。

方法 3

关闭不需要的面板。

方法 4

创建目标区域。

方法 5

在时间轴面板菜单中取消选择“显示缓存指示器”以阻止After Effects在时间标尺中显示绿条和蓝条来指示所缓存的帧。

方法 6

取消选择“在信息面板和流程图中显示渲染进度”首选项以阻止将每个帧的每个渲染操作的详细信息都写入屏幕上。

方法 7

通过在渲染队列面板中单击“当前渲染详细信息”旁边的三角形以隐藏“当前渲染详细信息”。

方法 8

当不需要时，可以关闭显示色彩管理和输出模拟。

方法 9

将图层的显示质量降低为“草稿”。

方法 10

在时间轴面板菜单中选择“草图 3D”，禁用 3D 图层上的所有灯光和阴影效果。此操作还会对摄像机禁用景深模糊。

方法 11

通过使用“快速预览”按钮选择“关闭”之外的一个选项，在安排和预览光线追踪 3D 合成时，使用“快速绘图”模式。

方法 12

在时间轴面板菜单中取消选择“实时更新”以阻止After Effects自动更新合成。

方法 13

仅当需要时才在时间轴面板中显示音频波形。

方法 14

单击合成、图层或素材面板底部的“切换像素长宽比校正”按钮，可禁用像素长宽比校正。

方法 15

在外部视频监视器上预览视频时取消选择“计算机监视器上的镜像”。

方法 16

隐藏图层控件，如蒙版、3D 参考轴以及图层手柄。

方法 17

降低合成放大率。当After Effects以大于100%的放大率显示合成、图层和素材面板时，屏幕重绘速度会降低。

方法 18

在合成面板中将合成的“分辨率/向下采样系数”值设置为“自动”，以阻止不必要的渲染在低缩放级别时不会绘制到屏幕上的像素的行或列上。

20.5.4 在使用效果时提高性能

某些效果（如“模糊”和“扭曲”）需要大量内存和处理器资源，选择好应用这些效果的时间和方式，可以极大地提高整体性能。

方法 1

在晚些时候应用占用大量内存和处理器资源的效果。为图层制作动画效果并完成其他一些需要实时预览的工作后，再应用占用大量内存或处理器资源的效果（如“光亮”和“模糊”），因为这些效果可能会使预览速度低于实时预览。

方法 2

暂时关闭效果以提高预览速度。

方法 3

限制粒子效果生成的粒子数。

方法 4

不要将具有相同设置的同一效果应用于多个图层，而是对调整图层应用该效果。当某个效果应用于调整图层时，它只在由位于它之下的所有图层构成的合成上处理一次。

实例 制作打包上传的标题动画模板

实例说明

作为合成与特效制作软件，After Effects可以利用各种内置效果及外置效果，合成制作精彩的视觉特效，这个过程有时较为复杂，而一旦制作成通用的模板之后，再次改造和利用就容易很多。另外，对于利用插件制作的效果，通过渲染输出为素材文件在模板中使用，可以使得模板更加通用。这里就使用一段粒子光线素材来制作一个展示Logo或文字的通用模板。其中，制作时按4K的大小来制作，提供自定义部分，并设置4K和高清的输出选择。完成项目的制作后，可以整理打包、备用或上传分享。图像素材如图20-32所示。

图 20-32 视频素材

制作完成的动画效果如图20-33所示。

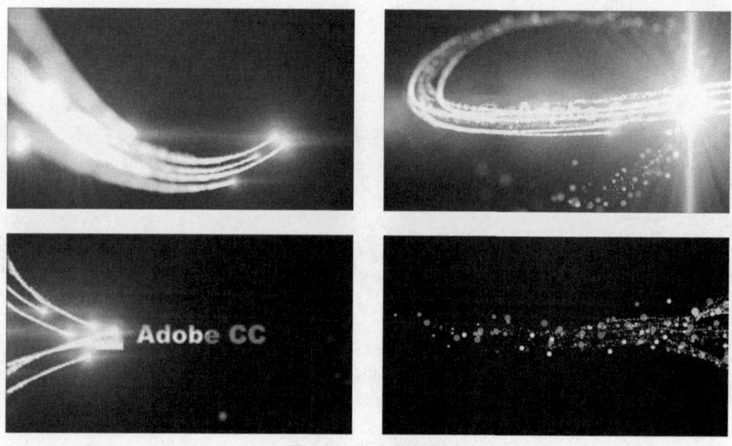

图 20-33 实例效果

实例制作流程图如图 20-34 所示。

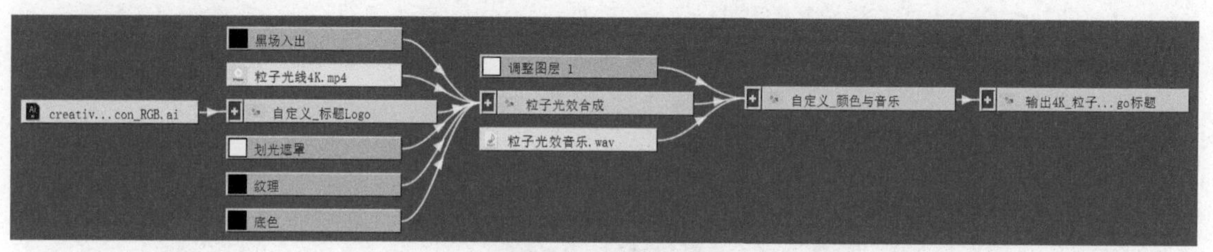

图 20-34 实例制作流程图

扫码观看实例制作步骤讲解视频	实例制作步骤图文讲解
	详见配书资源中的《实例制作步骤图文详解》PDF 文档。 下载方式见封底。

动手练习

制作滚动闪现的标题动画模板

这里在对应的素材文件夹中准备了一个模板文件做参考，自己动手制作一个模板文件。准备的项目中制作了光效快速闪过，出现标题或Logo的动画效果，这个效果是在After Effects CC

13.0版本（即After Effects CC 2014）中制作的，在制作中使用了内置效果，没有使用脚本和插件，可以使用相同或更高版本的软件打开使用。效果如图20-35所示。

图 20-35 实例效果

在打包的文件夹中，由于制作时没有使用其他素材，所以只包含有“光线快速闪过Logo copy (CC (13)).aep”“光线快速闪过Logo(CC2018).aep”文件和预览视频文件。其中，前一版本中使用了英文版制作，在使用中文版打开表达式时，请重新修正表达式，后一版本则使用了中文版修正了表达式。

在项目面板内包含了“4K版(3840X2160)”和“高清版(1920X1080) ”两个文件夹，请简化只保留4K版本，并增加4K版本输出高清的合成。实例制作流程图如图20-36所示。

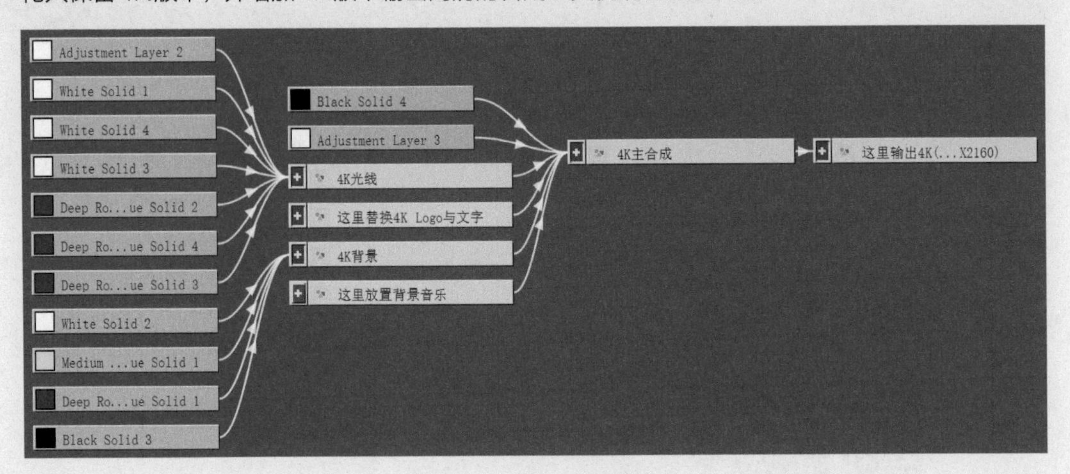

图 20-36 实例制作流程图